河北省环境科学学会环境监测分会组织编写

生态环境检测机构资质认定常见问题及解决方案

SHENGTAI HUANJING JIANCE JIGOU

ZIZHI RENDING CHANGJIAN WENTI JI JIEJUE FANG'AN

周　旋　刘国云 / 主编

中国环境出版集团 · 北京

图书在版编目（CIP）数据

生态环境检测机构资质认定常见问题及解决方案 / 周旌，刘国云主编．—北京：中国环境出版集团，2021.12（2024.3 重印）

ISBN 978-7-5111-4603-8

Ⅰ.①生… Ⅱ.①周… ②刘… Ⅲ.①生态环境—环境监测—环境质量—质量检验机构—资格认证—中国 Ⅳ.① X835

中国版本图书馆 CIP 数据核字（2021）第 269923 号

出 版 人 武德凯
责任编辑 田 怡
封面设计 彭 杉

出版发行 中国环境出版集团
（100062 北京市东城区广渠门内大街 16 号）
网 址：http: //www.cesp.com.cn
电子邮箱：bjgl@cesp.com.cn
联系电话：010-67112765（编辑管理部）
发行热线：010-67125803，010-67113405（传真）
印 刷 北京中科印刷有限公司
经 销 各地新华书店
版 次 2021 年 12 月第 1 版
印 次 2024 年 3 月第 3 次印刷
开 本 787 × 1092 1/16
印 张 31.75
字 数 658 千字
定 价 118.00 元

编委会名单

序　言

近几年来，随着国家对环境监测市场的全面放开，生态环境检测机构，尤其是社会环境检测机构日益发展壮大，从业人员和机构数量迅猛增长，市场规模高速扩张。

环境检测行业在快速发展的同时，由于市场准入机制不够健全，行业规则不够完善，部分管理者法律意识淡漠等问题，其机构间发展极不均衡，数据报告质量良莠不齐。在国家及地方生态环境主管部门监督检查中，机构运行不合规、管理不到位等问题频频出现，引起社会各界的普遍关注。部分机构面临技术和管理人员经验和能力不能满足当前工作要求，遇到的各种技术问题没有渠道解决和完善的苦恼。河北省环境科学学会监测分会本着服务会员，帮助第三方环境监测机构提升能力、规范发展的目的，邀请河北省资质认定评审经验丰富的老师编写了本书。

本书以资质认定评审、监督检查及机构自我运营中的常见问题为主线，以指导生态环境检测机构规范化运营为目的，参考行业相关文献及技术资料，在总结、归纳和检测实践的基础上，对检验检测机构资质认定申报流程、管理体系建立与运行、人员、场所环境、设备设施、记录与报告、授权签字人及考核、检测方法选择与验证、能力验证等方面的关键点进行了系统阐述，梳理了当前环境检测关键技术和困扰机构的技术问题，收集了大量具体案例进行分析，提出了解决方案，并征求了市场监管和生态环境等多领域有关专家的意见，突出实用性和针对性。本书可供生态环境检测人员和质量管理人员在工作中阅读参考。

本书一共有 12 章，其中第 1 章由王涛老师、滑鹏敏老师编写，第 2 章由王尔宜老师编写，第 3 章至第 5 章由康全影老师编写，第 6 章由樊新颖老师编写，第 7 章、第 8 章、第 11 章由周旌老师编写，第 9 章由高永宾老师编写，第 10 章由胡鹏举老师编写，第 12 章由王海鹏老师整理。本书编写中得到了河北省辐射环境管理站张继华老师、河北超泰环境科技有限公司尹明华老师、王亚老师，河北工院云环境检测技术有限公司赵树慈老师，河北省产品质量监督检验研究院赵慧老师及多位行业内老师的帮助，在此一并表示感谢。

由于时间仓促及编写人员水平和经验有限，书中疏漏与不妥之处在所难免，恳请广大读者及同行批评指正。

目　录

第 1 章　资质认定申报

《检验检测机构资质认定管理办法》（2021 年修改）“第二章　资质认定条件和程序”中规定：

> **第八条**　国务院有关部门以及相关行业主管部门依法成立的检验检测机构，其资质认定由市场监管总局负责组织实施；其他检验检测机构的资质认定，由其所在行政区域的省级资质认定部门负责组织实施。

国家级资质认定申报通过市场监管总局检验检测机构资质认定网上审批系统进行填报，网址为 http://cma.cnca.cn/cma；省级资质认定申报通过各省（区、市）的网络申报系统进行申报，河北省省级资质认定审批系统与国家系统基本要求相差不多，下面以河北省为例，介绍一下省级资质认定网上审批系统的申报事项。

1.1　省（市）局受理范围和机构

1.1.1　初次申请、场所迁址、复查换证、能力扩项申请

市局受理范围：各市（含定州、辛集市）市场监督管理局或行政审批局负责本辖区内以下专业领域检验检测机构的受理、审批工作。

（1）机动车检验检测机构（包括安全技术检验、综合性能检验和排气污染物检测）；

（2）在市、县（区）市场监督管理部门取得营业执照的建工建材、交通、市政等工程领域的检验检测机构；

（3）各市、县（区）农业、卫生（不包括临床医学）、交通、水利主管部门所属的企事业性质的检验检测机构；

（4）县级质监（市场监管）部门所属检验检测机构（加挂省级质检中心的机构除外）。

受理机构：各市市场监督管理局或行政审批局。

省局受理范围：省市场监督管理局（省政府政务服务中心）负责各市（含定州、辛集市）市场监督管理局或行政审批局负责范围外检验检测机构资质认定的受理、审批工作。

受理机构：省市场监督管理局受理大厅。

1.1.2　变更类受理

变更类型：检测标准、方法变更；检测标准、方法取消；场所变更（实际地址未变）；管理层变更；授权签字人变更；法人单位变更；机构名称变更。

市局受理范围：各市（含定州、辛集市）市场监督管理局或行政审批局负责本辖区内检验检测机构变更的受理、审批工作。

受理机构：各市市场监督管理局或行政审批局。

省局受理范围：省局只办理省直各厅局直属检验检测机构发生此类变更的事项。

受理机构：省局受理大厅。

1.2　资质认定网上管理系统上报材料要求

1.2.1　检验检测机构基础概况

1.2.1.1　机构地址

检验检测机构资质认定申请书中“1. 机构基础概况”一栏，填写地址要与企业营业执照或者法人登记 / 注册证书住所填写完全一致。

若企业营业执照或者法人登记 / 注册证书住所与实验室场所地址不一致，申请书中“4. 场所名称地址”一栏，主场所填写企业营业执照或者法人登记 / 注册证书住所，分场所填写实验室场所。

案例 1.1

【案例描述】企业营业执照或者法人登记 / 注册证书住所：沙城镇迎宾西路（武装部院后）。申请书地址：河北省张家口市怀来县沙城镇迎宾西路。

【不符合事实分析】申请书地址比营业执照多写了“河北省张家口市怀来县”，未填写“武装部院后”。

【可能发生的原因】不了解地址的填写必须与企业营业执照或者法人登记 / 注册证书住所完全一致。

【解决方案】将填写内容改为“沙城镇迎宾西路（武装部院后）”。

1.2.1.2　资质认定的专业类别

资质认定的专业类别要与检验检测能力表大类所占百分比对应，大类按照表 1-1 的分类进行统计。

表 1-1 河北省资质认定专业类别分类

资质认定的专业类别			
□食品占（ ）%	□建筑工程占（ ）%	□建材占（ ）%	
□卫生计生占（ ）%	□农牧渔业占（ ）%	□机动车安检占（ ）%	
□公安刑事技术占（ ）%	□司法鉴定占（ ）%	□机械占（ ）%	
□电子信息占（ ）%	□轻工占（ ）%	□纺织服装占（ ）%	
□环境与环保占（ ）%	□水质占（ ）%	□化工占（ ）%	
□医疗器械占（ ）%	□采矿冶金占（ ）%	□能源占（ ）%	
□医学占（ ）%	□生物安全占（ ）%	□综合占（ ）%	□其他占（ ）%

1.2.2 人员信息表

部门岗位、职务要与机构的部门设置（组织机构框图）一致，职务填报最高管理者、技术负责人、质量负责人、授权签字人、检测员等。

人员信息表示例见表 1-2。

表 1-2 人员信息表（示例）

姓名	文化程度	职务（岗位）	职称	所学专业	从事本技术领域年限	现在部门岗位
×××	硕士	最高管理者	未评定	环境工程	2	最高管理者
×××	本科	技术负责人、授权签字人	中级	环境工程	15	技术负责人
×××	大专	质量负责人、授权签字人	未评定	工业分析与检验	6	质量负责人
×××	本科	检测员	初级	应用化学	4	检测室
×××	本科	现场采样	未评定	农业资源与环境	5	现场采样室
×××	大专	样品管理员	未评定	化学工程与工艺	2	综合室

1.2.3 授权签字人申报表

1.2.3.1 签字领域

按照申请的检验检测能力表，授权签字人如果申请的大类为“环境与环保”的签字领域，则应表述为“本次申请的环境与环保检测项目”；如果仅申请大类中的部分类别（如水和废水、环境空气和废气、噪声等），则应表述为“本次申请的环境与环保

（此处填写具体类别，如水和废水、环境空气和废气、噪声等）检测项目”。

注意事项：对于已经通过资质认定水和废水、环境空气和废气、噪声等检测项目的机构，新增授权签字人时不能仅申请本次扩项的水和废水、环境空气和废气、噪声等检测项目。若仅申请本次扩项的水和废水、环境空气和废气、噪声等检测项目，该授权签字人签发报告时签字领域受限制，不利于实际工作的开展。

1.2.3.2　工作经历

授权签字人作为检验检测报告的签发人，其学历和技术职称必须满足《检验检测机构资质认定能力评价　检验检测机构通用要求》（RB/T 214—2017）（以下简称 RB/T 214—2017）标准和相关领域特殊要求，并与从事的检验检测活动相适应，原则上学历和技术职称不允许跨的领域过大。符合中级及以上相关专业技术职称规定的人员，必须具备 3 年以上所申请专业检验检测活动的工作经历，跨领域的检验检测工作经历不得累计。工作经历表述为 ×××× 年 ×× 月至 ×××× 年 ×× 月在 ××××× 单位从事 ×××× 检验检测工作。

具备同等能力的授权签字人，其从事相关（所申请）专业检验检测活动的工作经历，必须从其取得对应学历后算起。

1.2.3.3　授权签字人资格证明文件

（1）河北省内的检验检测机构可以提供标明所在机构名称的社保缴纳凭证或其他有效证明，也可提供对应年限的检测报告。

（2）河北省外的检验检测机构可以提供标明所在机构名称的社保缴纳凭证或其他有效证明及工作期间的资质认定证书，也可提供对应年限的检测报告。

（3）未取得中国计量认证（CMA）资质的机构需提供对应年限的原始记录。

1.2.4　检验检测能力表

大类：环境与环保。

类别：水（含大气降水）和废水、环境空气和废气、土壤和沉积物、固体废物、海水、海洋沉积物、生物、生物体残留、噪声、振动、电磁辐射、电离辐射、油气回收等。

填报能力表时从“我的证书”栏导出原有检测能力，在此基础上编辑扩项的能力，保存后单击“查看详情”按钮，原有检测能力“状态”栏应显示“未变”，扩项的检测能力显示“新增”，见表 1-3。

表 1-3　检验检测能力表（示例）

大类序号	大类名称	类别序号	类别（产品 / 项目 / 参数）	产品 / 项目 / 参数		依据的标准（方法）			限制范围	说明	状态
				序号	名称	名称	标准号	细则			
一	环境与环保	1	水和废水	1.1	臭和味	《水和废水监测分析方法》	（第四版增补版）	3.1.3.1　文字描述法			未变
						《生活饮用水标准检验方法　感官性状和物理指标》	GB/T 5750.4—2006	3.1 嗅气和尝味法		扩项	新增
				1.2	亚硝酸盐 / 亚硝酸盐氮	《水质　无机阴离子（F^-、Cl^-、NO_2^-、Br^-、NO_3^-、PO_4^{3-}、SO_3^{2-}、SO_4^{2-}）的测定　离子色谱法》	HJ 84—2016				未变
						《生活饮用水标准检验方法　无机非金属指标》	GB/T 5750.5—2006	10.1 重氮偶合分光光度法		扩项	新增
		2	环境空气和废气	2.1	PM_{10}	《环境空气　PM_{10} 和 $PM_{2.5}$ 的测定　重量法》（含修改单）	HJ 618—2011（XG1—2018）		只做 PM_{10}		未变
				2.2	非道路移动柴油机械排气烟度（光吸收系数）	《非道路柴油移动机械排气烟度限值及测量方法》	GB 36886—2018	5.2.1 不透光烟度法	只做 5.1.3 自由加速法	扩项	新增
				2.3	饮食业油烟	《固定污染源废气　油烟和油雾的测定　红外分光光度法》	HJ 1077—2019			扩项	新增
				2.4	气象参数	《环境空气质量手工监测技术规范》（含修改单）	HJ 194—2017（XG1—2019）	6.7　采样点气象参数观测	能测温度、压力、相对湿度、风向、风速共 5 项	扩项	新增

续表

大类序号	大类名称	类别序号	类别（产品 / 项目 / 参数）	产品 / 项目 / 参数		依据的标准（方法）			限制范围	说明	状态
				序号	名称	名称	标准号	细则			
一	环境与环保	3	噪声	3.1	环境噪声	《声环境质量标准》	GB 3096—2008				未变
				3.2	厂界噪声	《工业企业厂界环境噪声排放标准》	GB 12348—2008				未变
				3.3	社会生活环境噪声	《社会生活环境噪声排放标准》	GB 22337—2008				未变
		4	油气回收	4.1	密闭性	《加油站大气污染物排放标准》	GB 20952—2020	附录B（规范性附录）密闭性检测方法		扩项	新增
				4.2	液阻	《加油站大气污染物排放标准》	GB 20952—2020	附录A（规范性附录）液阻检测方法		扩项	新增
				4.3	气液比	《加油站大气污染物排放标准》	GB 20952—2020	附录C（规范性附录）气液比检测方法		扩项	新增
		5	土壤和沉积物	5.1	石油类	《土壤　石油类的测定　红外分光光度法》	HJ 1051—2019				未变
				5.2	总汞	《土壤和沉积物　汞、砷、硒、铋、锑的测定　微波消解 / 原子荧光法》	HJ 680—2013			扩项	新增
				5.3	总砷	《土壤和沉积物　汞、砷、硒、铋、锑的测定　微波消解 / 原子荧光法》	HJ 680—2013			扩项	新增

续表

大类序号	大类名称	类别序号	类别（产品 / 项目 / 参数）	产品 / 项目 / 参数		依据的标准（方法）			限制范围	说明	状态
				序号	名称	名称	标准号	细则			
一	环境与环保	5	土壤和沉积物	5.4	硒	《土壤和沉积物 汞、砷、硒、铋、锑的测定 微波消解 / 原子荧光法》	HJ 680—2013			扩项	新增
				5.5	锑	《土壤和沉积物 汞、砷、硒、铋、锑的测定 微波消解 / 原子荧光法》	HJ 680—2013			扩项	新增
				5.6	铋	《土壤和沉积物 汞、砷、硒、铋、锑的测定 微波消解 / 原子荧光法》	HJ 680—2013			扩项	新增

注：（1）检验检测能力应依据国家、行业、地方、团体或国际标准。依据其他标准或方法的，应在“说明”中注明。

（2）以产品标准申请检验检测能力的，对于不具备检验检测能力的参数，应在“限制范围”中注明；只能检验检测“产品标准”中非主要参数的，不得以产品标准申请。

（3）不含检验检测方法的各类产品标准、限值标准可不列入资质认定的能力范围，但在出具检验检测报告或证书时可作为判定依据直接使用。

（4）序号规定如下：

①大类序号应填写中文，如“一”“二”等。

②类别序号应填写正整数，如“1”“2”等。

③不同大类下的类别序号应连续编号（如一大类的类别序号排到 2，那么二大类的类别序号应从 3 开始排）。

④产品 / 项目 / 参数下的序号应根据类别序号进行排序，如类别序号为 3，那么产品 / 项目 / 参数下的序号应填写“3.1”“3.2”“3.3”等；如序号类别为 4，那么产品 / 项目 / 参数下的序号应填写“4.1”“4.2”“4.3”等，以此类推。

（5）特别注意：一行只能填写一条标准，不可将多条标准填写在一行内。

（6）机构填表时涉及上标、下标的地方要用上标、下标公式导入。

1.2.5 仪器设备（标准物质）配置表

编号、名称、型号/规格/等级、测量范围、溯源方式、有效截止日期、确认结果等均应填写，同时也应填写标准物质，示例见表1-4。

1.2.6 典型检验检测报告或证书（每个类别一份）

为便于查看，典型报告宜编制目录。上传典型报告要覆盖所有大型仪器设备，并附有原始记录。

注意事项：对于申请水和废水、环境空气和废气、噪声等检测项目的机构，此处至少应上传水和废水、环境空气和废气、噪声等检验检测报告各一份。

1.2.7 管理体系

为保证机构体系运行的有效性，体系文件应多级审核并上传正式发布版本的扫描件。

体系文件应按RB/T 214—2017架构编写，同时满足《检验检测机构资质认定 生态环境监测机构评审补充要求》（国市监检测〔2018〕245号）（以下简称《生态环境监测机构评审补充要求》）的规定。

表 1-4　仪器设备（标准物质）配置表（示例）

序号	类别（产品 / 项目 / 参数）	产品 / 项目 / 参数		依据的标准（方法）		仪器设备（标准物质）				溯源方式	有效日期	确认结果
		序号	名称	名称	标准号	编号	名称	型号 / 规格 / 等级	测量范围			
1	水和废水	1.1	臭和味	《水和废水监测分析方法　文字描述法》	（第四版增补版）							符合
				《生活饮用水标准检验方法　感官性状和物理指标》	GB/T 5750.4—2006							符合
		1.2	亚硝酸盐 / 亚硝酸盐氮	《水质　无机阴离子（F^-、Cl^-、NO_2^-、Br^-、NO_3^-、PO_4^{3-}、SO_3^{2-}、SO_4^{2-}）的测定　离子色谱法》	HJ 84—2016	BZ008	亚硝酸盐溶液	103412	100 mg/L	证书	2022-09-01	符合
						YQJC-17	离子色谱仪（电导检测器）	IC6100/ 定量重复性：0.5%	检出限：3.6×10^{-4} μg/mL（Cl^-）	校准	2021-08-03	符合
				《生活饮用水标准检验方法　无机非金属指标》	GB/T 5750.5—2006	BZ008	亚硝酸盐溶液	103412	100 mg/L	证书	2022-09-01	符合
						YQJC-41	紫外可见分光光度计	T6 新世纪 / Ⅲ级	190～900 nm	检定	2021-08-03	符合
2	空气和废气	2.1	PM_{10}	《环境空气　PM_{10} 和 $PM_{2.5}$ 的测定　重量法》（含修改单）	HJ 618—2011（XG 1—2018）	YQCY-43	中流量智能 TSP 采样器	崂应 2030 型 / 示值误差：1.2%	100 L/min	检定	2021-03-24	符合
						YQJC-12	电子天平	AL104/ ①级	0～110 g	检定	2021-12-03	符合
						YQJC-13	恒温恒湿培养箱	HS-150/ 温度波动度 ±0.3℃	控温范围：5～60℃；控湿范围：（RH）40%～90%	校准	2021-08-02	符合

续表

序号	类别（产品 / 项目 / 参数）	产品 / 项目 / 参数		依据的标准（方法）		仪器设备（标准物质）				溯源方式	有效日期	确认结果
		序号	名称	名称	标准号	编号	名称	型号 / 规格 / 等级	测量范围			
2	空气和废气	2.2	光吸收系数	《非道路柴油移动机械排气烟度限值及测量方法》	GB 36886—2018	YQCY-01	透射式烟度计	MQY-201，光道有效长度 215 mm，光吸收比示值误差 0.9%	光吸收系数（k）：0～16 m^{-1}	校准	2021-09-29	符合
						YQCY-02	滤光片	U=0.3%，K=2	N：50%	校准	2021-09-29	符合
		2.3	林格曼黑度	《固定污染源排放　烟气黑度的测定　林格曼烟气黑度图法》	HJ/T 398—2007	YQCY-58	林格曼烟气黑度图	JC-LB	林格曼黑度等级 0～5 级	校准	2021-08-03	符合
		2.4	气象参数	《环境空气质量手工监测技术规范》（含修改单）	HJ 194—2017（XG 1—2018）	YQCY-02	温度计	±0.5℃	-40～55℃	校准	2021-08-03	符合
						YQCY-03	气压计	±0.1 kPa	50～107 kPa	校准	2021-08-03	符合

注意事项：①对于检验检测设备、设施、标准规定或仪器设备使用对环境条件需求涉及恒温、恒湿要求的，必须安装恒温、恒湿系统，简单的空调、加湿器视为不满足恒温、恒湿要求，不得认定为符合资质认定条件。

②检验检测机构租赁仪器设备的，租赁期限不得少于一个资质认定证书周期，所租赁设备必须独立使用，不得与其他主体共用或混用。

1.2.7.1 质量手册

为便于查看，质量手册的章节目录宜参照 RB/T 214—2017 与《生态环境监测机构评审补充要求》的条款对照表，见表 1-5。

表 1-5 修订建议及条款对应表

<table>
<tr><th>补充要求条款</th><th>纳入文件</th><th>对应 RB/T 214—2017 内容</th><th>说明</th></tr>
<tr><td>第一条</td><td>《质量手册》“编制依据”</td><td></td><td>按照“通用要求 + 行业补充要求”的形式</td></tr>
<tr><td>第四条</td><td>《质量手册》“公正性声明”</td><td>4.1.3</td><td></td></tr>
<tr><td>第五条</td><td>《质量手册》的“公正性声明”/“质量承诺”</td><td>4.1.3</td><td></td></tr>
<tr><td>第六条</td><td rowspan="4">《质量手册》的“人员 / 岗位任职条件”</td><td>4.2</td><td></td></tr>
<tr><td>第七条</td><td>4.2.3</td><td>技术负责人</td></tr>
<tr><td>第八条</td><td>4.2.4</td><td>授权签字人</td></tr>
<tr><td>第九条</td><td>新增</td><td>质量负责人</td></tr>
<tr><td>第十条</td><td>《质量手册》的“人员 / 岗位任职条件”以及《人员培训管理程序》</td><td>4.2.5</td><td></td></tr>
<tr><td>第十一条</td><td>《质量手册》的“场所环境”以及《工作场所和环境条件控制程序》</td><td>4.3.1～4.3.4</td><td>必要时可单独编制环境监测安全防护作业指导书</td></tr>
<tr><td>第十二条</td><td>《质量手册》的“设备”以及《仪器设备管理程序》</td><td>4.4.1、4.4.2、4.4.4</td><td></td></tr>
<tr><td>第十三条</td><td>《质量手册》的“管理体系”</td><td>4.5.1</td><td></td></tr>
<tr><td>第十四条</td><td>《质量手册》的“文件控制”以及《文件管理控制程序》</td><td>4.5.3</td><td></td></tr>
<tr><td>第十五条</td><td>《质量手册》的“分包管理”以及《分包管理控制程序》</td><td>4.5.5</td><td></td></tr>
<tr><td>第十六条</td><td>《质量手册》的“记录管理”以及《记录控制程序》</td><td>4.5.11</td><td>针对现场监测记录的特定要求需补充完善相关的记录表格</td></tr>
<tr><td>第十七条</td><td>《质量手册》的“监测方法”以及《监测方法与方法确认程序》</td><td>4.5.14</td><td>必要时可制定《方法验证或确认作业指导书》</td></tr>
<tr><td>第十八条</td><td>《质量手册》的“数据控制”以及《电子数据管理控制程序》</td><td>4.5.16</td><td>必要时还应制定《实验室信息管理系统操作手册》，含实验室信息管理系统</td></tr>
</table>

续表

补充要求条款	纳入文件	对应 RB/T 214—2017 内容	说明
第十九条	《质量手册》的“采样”以及《采样控制程序》	4.5.17	
第二十条	《质量手册》的“样品管理”以及《样品管理程序》	4.5.18	
第二十一条	《质量手册》的“结果有效性”以及《质量保证与质量控制程序》	4.5.19	年度质控计划、作业指导书或质控实施细则等
第二十二条	《质量手册》的“组织：审核人 / 授权签字人岗位职责”“人员 / 岗位任职条件”“结果报告”以及《检测报告管理程序》	4.5.21	
第二十三条	《质量手册》的“档案”以及《档案管理程序》		

1.2.7.2 程序文件

《生态环境监测机构评审补充要求》实施后，程序文件需要在 RB/T 214—2017 基础上修订和完善，需修订文件见表 1-6。

表 1-6 需要修订的程序文件

（1）维护检验检测公正和诚信的程序——4.1.3①、4.1.4①，第四条、第五条②
（2）人员控制程序——4.2①，第六条～第十条②
（3）工作场所和环境条件控制程序——4.3①，第十一条②
（4）现场监测管理程序——4.3①，第十一条②
（5）仪器设备管理程序——4.4.2①，第十二条②
（6）文件管理控制程序——4 5.3①，第十四条②
（7）分包管理控制程序——4.5.5①，第十五条②
（8）记录管理程序 / 电子数据管理控制程序——4.5.11①，第十六条②
（9）检验检测方法管理程序（含自制方法开发控制程序）——4.5.14①，第十七条②
（10）保护数据完整性和安全性的程序——4. 5.16①，第十八条②
（11）采样控制程序——4.5.17①，第十九条②
（12）样品管理程序——4.5.18①，第二十条②
（13）质量保证与质量控制程序——4.5.19①，第二十一条②
（14）检验检测报告或证书控制程序——4.5.21①，第二十二条②
（15）档案管理程序——4.5.27①，第二十三条②

注：①对应 RB/T 214—2017 内容。

②对应《生态环境监测机构评审补充要求》内容。

1.2.7.3 记录表格的修订建议

记录表格也需要修订，见表 1-7。

表 1-7 建议新增或修改完善的记录表格

记录表格内容	建议新增或修改完善的内容
人员确认记录	非标方法专家审定表
现场环境条件记录	样品保存记录
现场采样记录	质量控制计划
样品交接记录	分包方评价记录
仪器出入库记录	相关分析原始记录表格
仪器核查记录	方法验证或确认报告
编制涵盖样品采集、现场测试、样品管理、样品制备、分析测试等监测全过程、格式统一、纳入受控管理的记录格式	

1.2.8 内部审核材料

内审资料包括内审计划（表 1-8）、内审首末次会议记录、内审检查表（表 1-9）、不符合工作及纠正措施表、内审报告、整改报告等。

内审应依据体系文件覆盖与检测活动相关的所有部门（与质量手册部门设置及机构框图一致）和场所，核查记录要详尽，具备可追溯性。

注：因体系文件是按 RB/T 214—2017 与《生态环境监测机构评审补充要求》建立，故内审检查表不必分列。

表 1-8 内审计划表（示例）

内审组长	
内审组员	
目的	审查管理体系的符合性、有效性，使管理体系持续地保持其有效性
范围	覆盖管理体系的所有要素，覆盖与管理体系有关的所有部门、所有场所和所有活动
依据	RB/T 214—2017、生态环境监测机构评审补充要求和本机构的管理体系文件
内审日期	

续表

日程安排				
日期	时间	工作内容		
		预备会：确定分工和日程安排，确定检查表内容 主持人：　　　　　参加人员：		
		审核部门： 最高管理者	审核要素：	内审员
		审核部门： 技术负责人	审核要素：	内审员
		审核部门： 质量负责人	审核要素：	内审员
		审核部门： 检测室	审核要素：	内审员
		审核部门： 综合室	审核要素：	内审员
		审核部门： 现场室	审核要素：	内审员
		内审组沟通会		
		内审组与被审核部门负责人交换意见，内审组确定不符合项，形成不符合项报告、纠正措施要求和不符合项分布表		
		末次会议		

制定人：____________日期：____________批准人：____________日期：____________

表 1-9　内审检查表（示例）

要素号		部门					
		最高管理者	技术负责人	质量负责人	检测室	现场室	综合室
4.1	机构（《生态环境监测机构评审补充要求》第四条、第五条）						
4.2	人员（《生态环境监测机构评审补充要求》第六条～第十条）						
4.3	场所环境（《生态环境监测机构评审补充要求》第十一条）						
4.4	设备设施（《生态环境监测机构评审补充要求》第十二条）						
4.5.1	总则（《生态环境监测机构评审补充要求》第十三条）						
4.5.2	方针目标						
4.5.3	文件控制（《生态环境监测机构评审补充要求》第十四条）						

续表

要素号		部门					
		最高管理者	技术负责人	质量负责人	检测室	现场室	综合室
4.5.4	合同评审						
4.5.5	分包（《生态环境监测机构评审补充要求》第十五条）						
4.5.6	采购						
4.5.7	服务客户						
4.5.8	投诉						
4.5.9	不符合工作控制						
4.5.10	纠正措施、应对风险和机遇的措施和改进						
4.5.11	记录控制（《生态环境监测机构评审补充要求》第十六条）						
4.5.12	内部审核						
4.5.13	管理评审						
4.5.14	方法的选择、验证和确认（《生态环境监测机构评审补充要求》第十七条）						
4.5.15	测量不确定度						
4.5.16	数据信息管理（《生态环境监测机构评审补充要求》第十八条）						
4.5.17	抽样（《生态环境监测机构评审补充要求》第十九条）						
4.5.18	样品处置（《生态环境监测机构评审补充要求》第二十条）						
4.5.19	结果有效性（《生态环境监测机构评审补充要求》第二十一条）						
4.5.20	结果报告（《生态环境监测机构评审补充要求》第二十二条）						
4.5.21	结果说明						
4.5.22	抽样结果						
4.5.23	意见和解释						
4.5.24	分包结果						
4.5.25	结果传送和格式						
4.5.26	修改						
4.5.27	记录和保存（《生态环境监测机构评审补充要求》第二十三条）						

制定人：__________ 日期：__________ 批准人：__________ 日期：__________

1.2.9　管理评审材料

需要提交的管理评审资料包括管理评审方案、管理评审计划、会议签到表、各部门（最高管理者、技术负责人、质量负责人、各部门主任）工作总结、管理评审报告（按 RB/T 214—2017 规定的 15 项输入、4 项输出编制）等。

1.2.10　企业营业执照或者法人登记 / 注册证书

独立法人机构必须上传法人登记 / 注册证书。

依法设立的法人单位其法人登记证书（机关或事业法人登记证书、工商营业执照、社团法人登记证书）应在经营范围（职责范围）内包含检验、检测、检验检测或者相关表述；法人登记证书不得有影响其从事检验检测活动公正性的内容（如生产、销售、维修、制造、施工、治理、工程承包等）。

案例 1.2

【案例描述】某机构营业执照经营范围：环境保护监测；环境检测与治理；环境评价；环保设备安装、维护及销售；大气污染治理；污水处理；固体废物治理；土壤污染治理与修复；检测设备的研发、生产及销售；环保验收。

【不符合事实分析】“环境检测与治理；环境评价；环保设备安装、维护及销售；大气污染治理；污水处理；固体废物治理；土壤污染治理与修复；检测设备的研发、生产及销售；环保验收”等影响其从事检验检测活动的公正性。

【可能发生的原因】希望营业范围越多越好，没有真正理解法人登记证书不得有影响其从事检验检测活动公正性内容的要求。

【解决方案】去掉除“环境保护监测”之外的营业范围，以保证检验检测活动的公正性。

1.2.11　固定场所产权 / 使用权证明文件

检验检测机构应具有满足检验检测活动所需要的工作场所。其固定场所为自有场所时，应提供不动产证明；为租赁场所时，应提供租赁合同及出租方的不动产证明，且租赁合同不低于两年。

涉及租赁土地的，出租方需要提供土地所有权证明或县以上土地主管部门或乡级以上政府的证明文件。

检验检测机构场所必须独立使用，不得与其他主体共用或混用。

1.2.12　能力验证和比对试验

首次申请资质认定或已经取得资质认定证书申请扩项的机构，其申报的每个检验检测领域应至少有一个项目（或参数）通过能力验证或测量审核，或 10% 的项目（或参数）与两家以上经过两个资质认定周期换证的同类检验检测机构进行比对试验，且比对试验结果在检测标准要求范围内。

申请复评审的机构，具备能力验证条件的，每个检验检测领域必须提供三次以上能力验证满意结果，且能力验证项目不得集中在 12 个月内；不具备能力验证条件的，原则上每个检验检测领域需要提供复评审 5% 的项目（或参数）与两家以上经过两个资质认定周期换证的同类检验检测机构进行比对试验，且比对试验结果在检测标准要求范围内。

注：(1) 能力验证：若机构提供能力验证，其通过的参数可以不是本次扩项的参数，且能力验证的有效期是两年。如机构已通过水和废水参数的能力验证，此能力验证可以用在环境与环保这个大类。

(2) 测量审核：若机构提供测量审核，其通过的参数必须是本次扩项的参数，且需要按类别提供。若机构本次扩充水和废水、空气和废气、土壤及水系沉积物等参数，需提供水和废水、空气和废气、土壤及水系沉积物的测量审核。

(3) 比对报告：若机构提供比对报告，其比对的参数必须是本次扩项的参数，且需要按类别提供。若机构本次扩充水和废水、空气和废气、土壤及水系沉积物等参数，需提供水和废水、空气和废气、土壤及水系沉积物的比对报告，且比对项目（或参数）应不少于本次扩项项目（或参数）的 10%。另外，机构需要与两家以上经过两个资质认定周期换证的同类检验检测机构进行比对试验，且比对试验结果在检测标准要求范围内。

1.3 机构申报资质认定问题汇总

检验检测机构申报资质认定的时候，可能会出现多种问题，编者分类汇总了一些常见问题，列入表 1-10 供参考。

表 1-10 资质认定常见问题一览表

序号	涉及要素	问题描述
1	管理体系	机构在管理层发生重大变动后，管理体系未及时跟进更新
2		体系文件修改实施前未对体系文件进行培训、宣贯；体系文件实施、运行一段时间后宜再进行一次内审
3		《质量手册》《程序文件》未根据 RB/T 214—2017 和《生态环境监测机构评审补充要求》内容修订
4		《质量手册》机构划分与机构组织结构框图及机构的检验检测工作实际不一致，体系文件脱离机构检验检测工作实际且不能有效运行
5		《质量手册》版本号不唯一，封面及各章节版本号多处不一致，机构对《质量手册》的修订及受控管理存在误区，版本号、修订号、文件号概念不清；《质量手册》《程序文件》修订达 30 多处，该版本已不再适用当前的管理需求且难以实现对该版本的受控管理

续表

序号	涉及要素	问题描述
6	管理体系	《质量手册》修订页信息与相关章节修订状态不一致，也未对各相关章节的修订时间进行描述
7	人员	机构人员学历、专业不满足 RB/T 214—2017 和《生态环境监测机构评审补充要求》的规定
8		授权签字人无从事所申请参数的工作经历，不满足 RB/T 214—2017 和《生态环境检测机构评审补充要求》的规定
9		机构中级及以上专业技术职称或同等能力的人员数量不能满足《生态环境检测机构评审补充要求》的规定
10		提交的模拟报告错误较多，检验检测人员未掌握环境检测基本技术和规范
11		机构申报材料不满足现场评审要求，主要表现在技术负责人能力欠缺，检测报告和比对报告存在严重不符合项；质量负责人体系文件管理不规范，《管理手册》的编写依据错误，体系文件多处需修改
12	方法	《检验检测能力表》部分参数申请的不是检测方法，标准细则填写不规范，多处检测方法标识与方法名称错误
13	设备	《仪器设备（标准物质）配置表》中部分检测参数、检测设备填写错误；部分参数使用设备填写不全；仪器设备未填写溯源有效日期
14		《仪器设备（标准物质）配置表》中部分参数缺少、关键设备或标准物质不匹配
15		《仪器设备（标准物质）配置表》中设备溯源超有效期或无检定日期、标准物质超期
16		《仪器设备（标准物质）配置表》中设备无设备精度等级、无样品前处理设备信息
17		《仪器设备（标准物质）配置表》： （1）所有涉及的紫外可见分光光度计、可见光光度计、电子天平均未标注等级； （2）4.2　pH 无 pH 计信息，填报为微波漏能仪，与《生活饮用水标准检验方法》（GB/T 5750—2006）的要求不一致； （3）4.6　生化需氧量　无生化培养箱信息； （4）4.15　六价铬　水质六价铬标样过期； （5）4.59　氨氮 HJ 536—2009、GB/T 5750.5—2006 无分光光度计信息； （6）4.75　浑浊度中浊度计无检定有效日期； （7）4.93　粪大肠菌群 HJ 347.2—2018 、4.94　细菌总数 HJ 1000—2018 缺少标准菌株信息； （8）4.92/4.93/4.94　手提式压力蒸汽灭菌器，4.96/4.97　原子荧光光度计，5.7　pH 计，5.33　电子天平、全部离子色谱仪测量范围需重新核实； （9）5.6　铅、5.7　氟化物、5.17　铬酸雾（六价铬）、5.49　NO_2^-、5.58 油烟和油雾无标准物质信息； （10）所有使用的全自动烟尘（气）测试仪、环境空气颗粒物综合采样器、双路烟气采样器无校准设备信息； （11）5.23　便携式红外线气体分析仪（CO）、红外测油仪测量范围无单位； （12）标准物质“型号 / 规格”栏没有标准物质批号

续表

序号	涉及要素	问题描述
18	设备	仪器设备的配备数量不满足所申请参数检测标准的要求及现场考核工作的需要；缺少本次申报项目的设备发票
19		仪器设备产权状况，“100% 租用”与设备购置发票、管理评审相关内容不一致：检测部的部门工作总结中检测仪器设备情况为公司原有检测仪器设备 82 台（套），新购置了 33 台现场采样设备、15 台实验室检测设备，与申请书中资源设备设施“租用 100%”不一致
20	内部审核	未按照《质量手册》《程序文件》规定开展内部审核。受审核部门业务部、采样部、检测部审核要素不全，未覆盖其职能，技术负责人、质量负责人等内部审核不到位，未结合受审核部门和受审核人的岗位职责进行审核，且未提供不符合项整改证明材料
21		内部审核不符合项的整改均未提供整改前和整改后的原始材料或记录等证明材料，整改无效
22		内部审核不符合项：2019 年 11 月标准查新报告没有及时受控，整改完成日期为 2020 年 3 月 20 日，用章记录为 2020 年 3 月 30 日，时间前后矛盾。内部审核不符合项整改措施要求表中质量负责人确认，均未签确认日期
23		内部审核表中同样的条款，没有根据管理手册中的职责分工，针对不同的岗位和部门审核重点和内容有所侧重
24		内部审核日期前后矛盾，整改日期早于检查日期，内部审核无效
25		内部审核计划表中由机构最高管理者安排内部审核，不符合体系文件要求，内部审核检查表未能体现具体内审员信息
26		内部审核实施计划中内审员分工不明确，内审员未独立于被审核的活动
27		内部审核的所有不符合项，整改后的证据均在原来的基础上修改，没有重新安排“合同评审、检测”等
28	管理评审	管理评审报告未对质量监督内容结合 RB/T 214—2017 和《生态环境检测机构评审补充要求》进行有效评价，未描述具备可操作性及可量化的有效输出
29		管理评审的输入、输出内容与手册、程序中规定不一致，与实际工作不一致
30	模拟报告	模拟报告内容不全；方法验证报告未达到《环境监测　分析方法标准制修订技术导则》（HJ 168—2010）的要求
31		模拟报告不是近期方法验证模拟报告
32		粪大肠菌群采样时间、交接时间、做样时间均为 2020 年 3 月 23 日，没有具体到小时、分钟，无法证实经过了 24 h 的培养
33		扩项的几种污染物在选择的排气筒中进行检测，结果全部未检出；打印条上氧含量为 20.9%，在排气筒中采样一般不会出现这样的数据
34		红外测油仪油类含量检测报表日期（2019 年 4 月 16 日）与分析原始记录不符
35		未提交气相色谱法项目和固定源气态污染物项目的检测报告

续表

序号	涉及要素	问题描述
36	模拟报告	无土壤样品风干、制备的原始记录；土壤样品中砷、铅的测定结果偏低，数据存疑
37		噪声监测示意图没有标注声源的位置和声源的信息
38		厂界噪声监测时间不符合《工业企业厂界环境噪声排放标准》（GB 12348—2008）要求；原始记录中未描述工况，无声源、监测点位（界外 1 m）信息，点位图无主要声源及周边环境情况
39		（1）无分析人员、无样品编号； （2）磷酸盐分析原始记录质控样无编号，无法追溯；磷酸盐分析记录分析日期为 2019 年 2 月 21 日，标准曲线分析日期为 2019 年 2 月 23 日； （3）镉原子吸收分光光度法原始记录采样分析日期有误； （4）钠原子吸收分光光度法原始记录稀释倍数未明确； （5）仪器打印结果、气相色谱谱图无审核人员签字； （6）臭和味检测原始记录日期有误； （7）部分记录更改无更改人标识； （8）氟化物结果有效数字位数错误； （9）采样记录无以下空白标识； （10）六价铬记录标准曲线与机打曲线不一致； （11）原始记录只提供了氯苯类化合物检测空白谱图和未检出实际样品的谱图，没有提供标准曲线和加标回收率谱图，看不到定性和定量的谱图
40		（1）基本情况无工况负荷，环境空气检测结果执行标准有误，无分析人员信息； （2）固定污染源现场检测原始记录信息不全面（无环保设施等）； （3）饮食业油烟采样原始记录无净化设备名称及型号的内容； （4）大气检测采样原始记录采样点位示意图无内容； （5）苯胺类、二硫化碳、氯化氢等项目采样人只有一人； （6）样品接收登记表无样品状态或备注滤筒、滤膜信息等； （7）报告中环境空气检测结果的检测点位是“足球场”，与大气检测采样原始记录、环境空气非甲烷总烃原始记录（点位为“钱家营村”）不一致； （8）环境空气非甲烷总烃原始记录无采样结束时间； （9）氯化氢、硫酸根离子、氟离子色谱原始记录及二硫化碳分光光度法、红外分光测油仪原始记录无质控样编号； （10）红外分光测油仪原始记录定容体积与测油报告单样品体积不一致； （11）原始记录杠改处无分析人员签字； （12）非甲烷总烃气相色谱分析原始记录无方法检出限信息； （13）油烟、氯化氢、二硫化碳结果有效数字位数错误； （14）样品流转单上样品交样时间为 2019 年 4 月 12 日，领样时间为 2019 年 4 月 11 日

续表

<table>
<tr><th>序号</th><th>涉及要素</th><th>问题描述</th></tr>
<tr><td>41</td><td rowspan="3">模拟报告</td><td>（1）检测合同未完整上传，缺少监测方案及双方确认签字 / 盖章、签约时间等；
（2）合同评审表批准时间与出具报告日期一致；
（3）采样记录中平行样采样时间不同时；
（4）检测项目和依据表中未列出检测水温的方法；
（5）样品交接记录表中未备注样品保存条件；
（6）石油类检出限不正确；
（7）镉、锌质控样超出标准曲线范围；
（8）平行样、加标回收样均未给出判定标准；
（9）大部分加标回收样的加标量不符合加标方法要求，且表达方式不准确</td></tr>
<tr><td>42</td><td>（1）缺少治理设施安装时间、燃料情况、工况负荷、排气筒高度、采样时间等相关信息；
（2）主要仪器名称及编号无恒温恒湿及称量设备信息；
（3）未给出基准排放浓度；
（4）颗粒物采样时间应为每次采样 45 min，三次取平均值不符合标准要求</td></tr>
<tr><td>43</td><td>（1）缺少采样点位、深度、采样方法、布点方法等信息；
（2）土壤铅、铜、锌、镉检测数据需要对照背景值进行核实；
（3）pH、氟化物等项目测定缺少试样制备过程记录及质量控制信息</td></tr>
</table>

第2章　管理体系的建立与运行

2.1　概述

2.1.1　管理体系的概念

RB/T 214—2017及《生态环境监测机构评审补充要求》都明确检验检测机构应建立、实施和保持与其开展的检验检测业务相适应的管理体系。

RB/T 214—2017规定如下：

> **4.5　管理体系**
>
> **4.5.1　总则**
>
> 检验检测机构应建立、实施和保持与其活动范围相适应的管理体系，应将其政策、制度、计划、程序和指导书制定成文件，管理体系文件应传达至有关人员，并被其获取、理解、执行。

《生态环境监测机构评审补充要求》规定如下：

> **第十三条**　生态环境监测机构应建立与所开展的监测业务相适应的管理体系。管理体系应覆盖生态环境监测机构全部场所进行的监测活动，包括但不限于点位布设、样品采集、现场测试、样品运输和保存、样品制备、分析测试、数据传输、记录、报告编制和档案管理等过程。

检验检测机构的产品是检验检测数据和结果，其形式为检验检测报告。对检验检测数据的要求是"准确、客观、真实和可追溯"，为实现该目标，检验检测机构应建立管理体系，将可能影响检测数据和结果质量的各种因素纳入管理体系的控制，实施质量管理。

体系是指"相互关联或相互作用的一组要素"，包括机构设置、人员管理、场所环境控制、仪器设备配备、文件控制、合同评审、检测分包、采购、客户服务、投诉处理、不符合控制、纠正措施、应对风险和机遇的措施及改进、记录控制、内部审核、管理评审、方法控制、不确定度评价、数据信息管理、样品采集、样品处置、结果有效性管理、结果报告等要素。检验检测机构将影响检验检测活动质量的所有要素综合在一起，在质量方针的指引下，为实现质量目标，形成集中统一、步调一致、协调配合且满足 RB/T 214—2017 及《生态环境监测机构评审补充要求》的规定，与本机构检测类型、范围、工作量相适应的质量管理体系，使可能影响检测工作质量的每个环节都能处于受控状态。

管理体系包括管理、技术运作和支持服务等体系，是涵盖影响检测质量各要素的综合管理体系，是实现指挥和控制检验检测机构质量技术协调运行的有机整体。

2.1.2 管理体系的特性

2.1.2.1 系统性

管理体系的系统性体现在，它要将影响检测数据和结果质量的“人、机、料、法、环、测”各要素综合起来，形成一个各要素相互依赖、相互配合、相互促进和相互制约的有机整体，在质量方针的指引下，对各项质量技术活动进行有效控制，实现质量目标的要求。

2.1.2.2 全面性

管理体系的全面性体现在，它要覆盖 RB/T 214—2017 及《生态环境监测机构评审补充要求》的所有适用要素，要覆盖本机构质量技术活动的所有部门、所有场所和所有活动，对检验检测数据和结果的质量实施全过程的质量保证和质量控制措施，确保检验检测机构出具的检测数据准确、客观、真实和可追溯。

2.1.2.3 有效性

管理体系的有效性体现在，它能预防、发现和纠正不符合情况的发生。管理体系能够分析、预测机构运行过程中存在的各种风险和机遇，从而控制风险、把握机遇，一旦出现不符合的情况能迅速纠正，并使各项质量活动都处于受控状态，实现管理体系的持续改进。

2.1.2.4 适宜性

管理体系的适宜性体现在，它能随着内外部环境的变化而变化，不断地进行修订、补充和完善，以适应内外部环境变化的需求。

生态环境检测机构依据 RB/T 214—2017 及《生态环境监测机构评审补充要求》，结合本机构实际，建立的管理体系能够实现上述 4 个体系的特性，使质量技术活动受控，那就是一套好的质量管理体系。

2.1.3 管理体系的作用

管理体系必须与本机构运行实际相结合，才能发挥作用。管理体系对外是机构依法合规运营的证明，对内是一套先进的管理模式，使机构的各项活动处于受控状态，使机构的各项工作有章可循、有法可依，协调机构各部门之间、人与人之间的相互关系，为检测数据的准确可靠提供制度保证。

2.2 管理体系的建立

建立一套科学合理的管理体系，目的是使影响检测数据质量的各种因素都处于受控状态，并使其实现和达到质量方针和质量目标的要求，规避机构运营过程中的各种风险，为客户提供优质、高效的服务，从而提高机构在社会上的竞争力，取得良好的社会效益和最大的经济效益。

（1）生态环境检测机构体系建立依据：RB/T 214—2017 和《生态环境监测机构评审补充要求》。

（2）管理体系建立的原则：适应机构的规模大小、检测业务范围、工作类型、工作量的大小、人员的素质构成等。

（3）管理体系建立的步骤：确立组织结构，明确质量方针和目标，编制质量手册和程序文件，并将其政策、制度、计划、程序和指导书制定成文件，管理体系文件应传达至有关人员，并被其获取、理解和执行。

一个检验检测机构应只建立并保持一个管理体系，体系覆盖标准要求的所有适用要素，覆盖本机构质量技术活动的所有部门、场所和活动，包括现场检测和采样点位布设、样品采集、现场测试、样品运输和保存、样品制备、分析测试、数据传输、原始数据记录、报告编制和档案管理等过程。

2.2.1 确立组织结构

2.2.1.1 组织结构的设置

检验检测机构建立管理体系时，要结合实际情况，合理设计组织结构，落实岗位职责，按照 RB/T 214—2017 中 4.1.2 条要求，明确管理、技术运作与支持服务之间的关系。

组织结构是检验检测机构为实现其职能按一定的格局设置的组织部门、职责范围、隶属关系，是实现质量方针和目标的组织保证。根据标准的要求和生态环境检测机构的特点，一般可设置与检验检测活动相适应的部门：现场检测室、理化分析室、仪器分析室；负责技术运作的部门：技术部；负责质量管理的部门：质量管理部；负责检测业务组织协调的部门：业务部；负责支持服务的部门：综合办公室等。

由于各个机构的规模、性质不同，故没有一种普遍适用的组织结构模式，共同的原则是要求组织机构健全，职责权力明确，机构的设置必须有利于检测工作的顺利开展，将各个体系要素的职能分配落实到有关部门并确定其职责以及赋予相应的权限。同时注意一个职能部门可以负责或参与多项质量活动，但不要让一项质量活动由多个职能部门来负责，避免出现职能重叠或职能空缺的现象，使各项工作顺畅、高效有序地进行。

2.2.1.2 组织结构框图

在描述组织结构时，一般需要绘制组织结构框图，形象地反映机构的组织结构设置以及其相互之间的关系。组织机构框图中领导关系用实线、间接管理或指导关系用虚线表示。某生态环境检测机构的组织结构如图 2-1 所示。

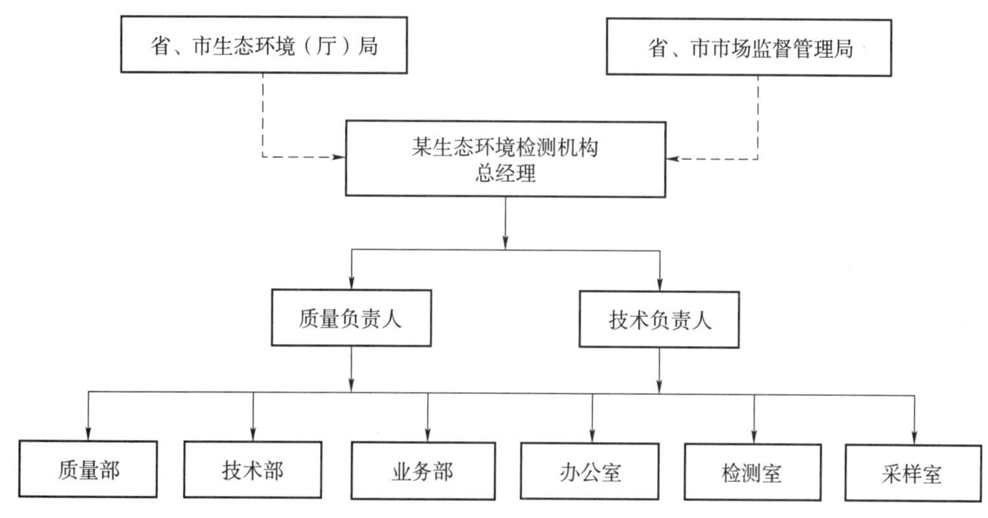

图 2-1 某生态环境检测机构的组织结构

2.2.1.3 管理体系要素职能分配表

机构的组织结构设置完成后，应依据检验检测质量技术活动，分配协调各要素、各部门、各项活动的职责和接口，将质量管理的各要素落实到相关部门和人员身上，做到人人有事做、事事有人做。管理体系要素职能分配可以用表格的形式，也可以用图形的形式来表示。职能分配表在分配要素职能的时候应与体系文件中对各部门、各岗位职责的规定保持一致。表 2-1 是某生态环境检测机构的职能分配表，供大家参考。

表 2-1　管理体系要素职能分配表（示例）

管理体系要素	部门及人员											
	总经理	技术负责人	质量负责人	授权签字人	质量监督员	内审员	业务部	理化检测室	现场检测室	技术部	质量部	办公室
4.1　机构												
4.1.1　法律地位	★											☆
4.1.2　组织结构	★	☆	☆				△	△	△	△	△	☆
4.1.3　遵纪守法	★	△	△	△	△	△	△	△	△	△	△	☆
4.1.4　公正诚信	★	△	△	△	△	△	△	△	△	△	△	☆
4.1.5　保守秘密	★	△	△	△	△	△	△	△	△	△	△	☆
4.2　人员												
4.2.1　人员管理	★	☆	☆							△	△	☆
4.2.2　管理层	★	☆	☆					☆	☆	☆	☆	☆
4.2.3　两人职责		★	★							△	△	
4.2.4　授权签字人				★						△		
4.2.5　确认与监督		★		△	☆	△	△	△	△	☆	△	△
4.2.6　人员培训		★	★	△	△	△	△	△	△	☆	☆	△
4.2.7　人员档案	△	★	△	△	△	△	△	△	△	☆	△	△
4.3　场所环境												
4.3.1　场所要求		★						△	△	△		
4.3.2　环境要求		★						☆	☆	△		
4.3.3　监控和记录		★						☆	☆	△		
4.3.4　内务管理	△	△	△	△	△	△	△	△	△	△	△	★
4.4　设备设施												
4.4.1　设备设施的配备		★						△	△	△		△
4.4.2　设备设施的维护		★						☆	☆	△		
4.4.3　设备管理		★						△	△	☆		
4.4.4　设备控制		★						△	△	☆		
4.4.5　故障处理		★						☆	☆	△		
4.4.6　标准物质		★						☆	☆	△		
4.5　管理体系												
4.5.1　总则	★	△	☆	△	△	△	△	△	△	☆	△	
4.5.2　方针目标	★	☆	☆	△	△	△	△	△	△	☆	△	

续表

管理体系要素	部门及人员											
	总经理	技术负责人	质量负责人	授权签字人	质量监督员	内审员	业务部	理化检测室	现场检测室	技术部	质量部	办公室
4.5.3 文件控制	△	△	★	△	△	△	△	△	△	☆	△	
4.5.4 合同评审		★	△				☆	△	△	△		
4.5.5 检测分包		★	△				☆	△	△	△		
4.5.6 采购								△	△	△	★	
4.5.7 服务客户			★							☆	△	
4.5.8 处理投诉			★				△	△	△	☆	△	
4.5.9 不符合工作控制		★	★		△	△	△	△	△	☆		
4.5.10 纠正措施	△	△	★	△	△	△	△	△	△	☆	△	
4.5.11 记录控制		★	★		△	△	△	△	△	☆		
4.5.12 内部审核	△	△	★	△	△	☆	△	△	△	△	△	
4.5.13 管理评审	★	△	☆	△	△	△	△	△	△	△	△	
4.5.14 方法控制		★						☆	☆			
4.5.15 测量不确定度	◎	◎	◎	◎	◎	◎	◎	◎	◎	◎	◎	◎
4.5.16 数据管理		★						△	△			
4.5.17 样品采集		★					☆	△	△			
4.5.18 样品处置		★					☆	△	△			
4.5.19 质量控制		★					△	△	△			
4.5.20 结果报告		△		★			☆	△	△	△	△	
4.5.21 结果说明		★						☆	☆			
4.5.22 抽样结果		★						△	△	△		
4.5.23 意见解释		★						△	△	△		
4.5.24 分包结果	★	△	☆	△	△	△	△	△	△	☆	△	
4.5.25 结果传送							★			△	△	
4.5.26 报告修改		★		△			☆	△	△			
4.5.27 记录保存			★				△	△	△	△	☆	

注：★—决策领导；☆—组织实施；△—协同配合；◎—不适用。

2.2.2 确定质量方针和目标

检验检测机构应阐明质量方针，制定质量目标。质量方针由管理层发布，是检验检测机构的质量宗旨和方向，是机构全体员工检测工作中遵守的准则。质量目标是机构在质量方针引领下，在质量管理方面所追求的目标和量化的考核指标。

2.2.2.1 质量方针

质量方针应根据机构的实际，使用简练、便于员工理解的语言，表达机构及管理层对检验检测数据良好质量的承诺、为客户提供优质服务的承诺和机构及人员良好职业行为的承诺。下面是几个机构的质量方针，优劣由读者判断：

（1）“客观、公正、科学、准确”。

客观——不受干扰，独立诚信；

公正——依法检测，行为公正；

科学——技术领先，方法科学；

准确——严于规矩，数据准确。

其中“客观、公正”体现本机构对良好职业行为和为客户提供优质服务的承诺；“科学、准确”表明了机构具备先进的检验检测技术、先进的科学管理理念，有能力为客户提供准确、可靠的检验检测数据。

（2）“科学严谨、技术先进、质量可靠、服务一流”。

（3）“方法科学、数据准确、服务周到、行为规范”。

（4）“样品空间有限、科学追求无限、数据真实无情、服务客户有情”。

（5）“科学公正检测，遵章守法评价；与时俱进技术，优质高效服务”。

2.2.2.2 质量目标

质量目标是机构在质量管理方面所追求的目标和量化的考核指标。质量目标包括中长期目标（3～5 年）和近期目标（如年度目标），是机构经过努力能够完成的、明确的、具体的、可以量化的考核指标。某机构的质量目标如下：

（1）中长期质量目标：全面贯彻质量方针、RB/T 214—2017 和《生态环境监测机构评审补充要求》，致力于不断提高检测技术水平和质量管理水平，打造广大客户可以信赖的检验检测机构，为政府和社会各界提供准确可靠的检测数据和规范的检测技术服务。

（2）近期质量目标：近期质量目标是机构为实现质量方针和中长期质量目标而制定的具体要求，通过各项质量目标的考核，致力于不断提高机构检测技术水平和服务质量，为政府和社会各界提供准确有效的检测数据和规范的检测技术服务。机构的近期质量目标如下：

报告一次交验合格率：≥80%；

报告交付及时率：≥95%；

报告差错率：报告中数据和结论的差错率为零，一般差错率低于 20%；

合同履约率：100%；

客户投诉率：≤5%；

投诉处理率：100%；

客户满意率：≥95%；

仪器检定 / 校准率：100%；

人员持证上岗率：100%。

年度质量目标可以分解到各部门，作为年度考核的内容和绩效考核的依据，每年进行管理评审时依据评审的情况进行调整，每年根据管理评审的意见做出下个年度质量目标计划。

2.2.3 编写质量手册

满足标准要求的质量手册是能够指导检验检测实际工作的法规性文件。质量手册应与检验检测机构类型、范围、规模、检测难易程度和员工素质等相适应，结构清晰、文字简洁、要素完整、易于理解。

质量手册可按照 RB/T 214—2017 的体系结构和要素分布进行编写，并将《生态环境监测机构评审补充要求》中的相关条款补充进去。这样编写的好处是管理体系不容易丢失要素，也方便管理部门进行监督和审核。

下面以一家机构的管理体系为例，简述质量手册的具体编写内容。

2.2.3.1 目录

目录体现了质量手册的内容结构，前文说到要按照 RB/T 214—2017 的体系结构和要素分布编写质量手册，因此先梳理一下 RB/T 214—2017 的结构。

RB/T 214—2017 共有 4 章：第 1 章范围、第 2 章规范性引用文件、第 3 章术语和定义、第 4 章要求。第 4 章共分为 5 节 49 条，5 节内容分别是 4.1 机构、4.2 人员、4.3 场所环境、4.4 设备设施、4.5 管理体系。这 5 节分别有 5 条、7 条、4 条、6 条、27 条要求，共 49 条。

要特别注意，前 3 章不是标准的要求，更不是管理体系的要素，第 4 章是对机构的能力要求，与《检验检测机构资质认定管理办法》（总局令第 163 号）第九条相对应。前 3 章在质量手册中可用其他内容代替，第 4 章可与 RB/T 214—2017 的条款相对应进行描述。

第 4 章的 49 条要求如下：

4.1.1 法律地位，4.1.2 组织结构，4.1.3 遵纪守法，4.1.4 公正诚信，4.1.5 保守秘密；

4.2.1 人员管理，4.2.2 管理层，4.2.3 技术负责人和质量负责人，4.2.4 授权签字人，4.2.5 五种人员的能力确认与质量监督，4.2.6 人员培训，4.2.7 人员档案；

4.3.1 场所要求，4.3.2 环境要求，4.3.3 环境条件的监控和记录，4.3.4 内务管理；

4.4.1 设备设施的配备，4.4.2 设备设施的维护，4.4.3 设备管理，4.4.4 设备控制，4.4.5 故障处理，4.4.6 标准物质；

4.5.1 总则，4.5.2 方针目标，4.5.3 文件控制，4.5.4 合同评审，4.5.5 分包，4.5.6 采购，4.5.7 服务客户，4.5.8 投诉，4.5.9 不符合工作控制，4.5.10 纠正措施、应对风险和机遇的措施和改进，4.5.11 记录控制，4.5.12 内部审核，4.5.13 管理评审，4.5.14 方法的选择、验证和确认，4.5.15 测量不确定度，4.5.16 数据信息管理，4.5.17 抽样，4.5.18 样品处置，4.5.19 质量控制，4.5.20 结果报告，4.5.21 结果说明，4.5.22 抽样结果，4.5.23 意见和解释，4.5.24 分包结果，4.5.25 结果传送和格式，4.5.26 修改，4.5.27 记录和保存。

《生态环境监测机构评审补充要求》共 23 条要求：第 1 条适用范围、第 2 条名词解释、第 3 条名词解释、第 4 条遵纪守法、第 5 条惩治措施、第 6 条人员数量、第 7 条技术负责人、第 8 条授权签字人、第 9 条质量负责人、第 10 条人员要求、第 11 条场所环境、第 12 条仪器设备、第 13 条管理体系、第 14 条文件控制、第 15 条检测分包、第 16 条记录控制、第 17 条方法验证、第 18 条数据信息管理、第 19 条现场采样、第 20 条样品处置、第 21 条质量控制、第 22 条监测报告、第 23 条档案管理。

将《生态环境监测机构评审补充要求》的每一条款（即表 2-2 中 245 条款）与 RB/T 214—2017 的条款（即表 2-2 中 214 条款）一一对应结合，形成生态环境监测机构资质认定的要求，依据其要求编写出机构的质量管理体系，这样就形成了质量手册的目录，见表 2-2。

表 2-2　某机构质量手册目录

序号	文件编号	章节号、文件名称	214 条款号	245 条款号
1	ABE-01-01	封面	—	—
2	ABE-01-02	颁布令	—	第 1 条
3	ABE-01-03	修订页	—	—
4	ABE-01-04	目录	—	—
5	ABE-01-05	1. 概述	—	—
6	ABE-01-05	1.1 机构简介	—	第 2 条
7	ABE-01-06	1.2 机构识别	—	—
8	ABE-01-07	1.3 专用章使用管理办法	—	—
9	ABE-01-08	2. 质量方针、质量目标与承诺	—	—
10	ABE-01-08	2.1 质量方针	—	—
11	ABE-01-09	2.2 质量目标	—	—
12	ABE-01-10	2.3 公正性声明	—	—
13	ABE-01-11	2.4 保密性承诺	—	—
14	ABE-01-12	3. 质量手册的管理	—	—

续表

序号	文件编号	章节号、文件名称	214 条款号	245 条款号
15	ABE-01-13	4. 管理体系描述	4	—
16	ABE-01-13	4.1 机构	4.1	—
17	ABE-01-13	4.1.1 法律地位	4.1.1	第 3 条
18	ABE-01-13	4.1.2 组织结构	4.1.2	—
19	ABE-01-13	4.1.3 遵纪守法	4.1.3	第 4 条
20	ABE-01-13	4.1.4 公正诚信	4.1.4	第 5 条
21	ABE-01-13	4.1.5 保守秘密	4.1.5	—
22	ABE-01-14	4.2 人员	4.2	—
23	ABE-01-14	4.2.1 人员管理	4.2.1	第 6 条
24	ABE-01-14	4.2.2 管理层	4.2.2	—
25	ABE-01-14	4.2.3 技术负责人和质量负责人	4.2.3	第 7 条、第 9 条
26	ABE-01-14	4.2.4 授权签字人	4.2.4	第 8 条
27	ABE-01-14	4.2.5 五种人员的能力确认与质量监督	4.2.5	第 10 条
28	ABE-01-14	4.2.6 人员培训	4.2.6	第 10 条
29	ABE-01-14	4.2.7 人员档案	4.2.7	—
30	ABE-01-15	4.3 场所环境	4.3	—
31	ABE-01-15	4.3.1 场所要求	4.3.1	第 11 条
32	ABE-01-15	4.3.2 环境要求	4.3.2	第 11 条
33	ABE-01-15	4.3.3 环境条件的监控和记录	4.3.3	第 11 条
34	ABE-01-15	4.3.4 内务管理	4.3.4	第 11 条
35	ABE-01-16	4.4 设备设施	4.4	—
36	ABE-01-16	4.4.1 设备设施的配备	4.4.1	第 12 条
37	ABE-01-16	4.4.2 设备设施的维护	4.4.2	第 12 条
38	ABE-01-16	4.4.3 设备管理	4.4.3	第 12 条
39	ABE-01-16	4.4.4 设备控制	4.4.4	第 12 条
40	ABE-01-16	4.4.5 故障处理	4.4.5	—
41	ABE-01-16	4.4.6 标准物质	4.4.6	—
42	ABE-01-17	4.5 管理体系	4.5	—
43	ABE-01-17	4.5.1 总则	4.5.1	第 13 条
44	ABE-01-17	4.5.2 方针目标	4.5.2	—
45	ABE-01-17	4.5.3 文件控制	4.5.3	第 14 条
46	ABE-01-17	4.5.4 合同评审	4.5.4	—

续表

序号	文件编号	章节号、文件名称	214 条款号	245 条款号
47	ABE-01-17	4.5.5 分包	4.5.5	第 15 条
48	ABE-01-17	4.5.6 采购	4.5.6	—
49	ABE-01-17	4.5.7 服务客户	4.5.7	—
50	ABE-01-17	4.5.8 投诉	4.5.8	—
51	ABE-01-17	4.5.9 不符合工作控制	4.5.9	—
52	ABE-01-17	4.5.10 纠正措施、应对风险和机遇的措施和改进	4.5.10	—
53	ABE-01-17	4.5.11 记录控制	4.5.11	第 16 条
54	ABE-01-17	4.5.12 内部审核	4.5.12	—
55	ABE-01-17	4.5.13 管理评审	4.5.13	—
56	ABE-01-17	4.5.14 方法的选择、验证和确认	4.5.14	第 17 条
57	ABE-01-17	4.5.15 测量不确定度	4.5.15	—
58	ABE-01-17	4.5.16 数据信息管理	4.5.16	第 18 条
59	ABE-01-17	4.5.17 抽样	4.5.17	第 19 条
60	ABE-01-17	4.5.18 样品处置	4.5.18	第 20 条
61	ABE-01-17	4.5.19 质量控制	4.5.19	第 21 条
62	ABE-01-17	4.5.20 结果报告	4.5.20	—
63	ABE-01-17	4.5.21 结果说明	4.5.21	第 22 条
64	ABE-01-17	4.5.22 抽样结果	4.5.22	—
65	ABE-01-17	4.5.23 意见和解释	4.5.23	—
66	ABE-01-17	4.5.24 分包结果	4.5.24	—
67	ABE-01-17	4.5.25 结果传送和格式	4.5.25	—
68	ABE-01-17	4.5.26 修改	4.5.26	—
69	ABE-01-17	4.5.27 记录和保存	4.5.27	第 23 条
70	ABE-01-18	附件 1. 某生态环境检测机构营业执照	—	—
71	ABE-01-19	附件 2. 某生态环境检测机构组织结构框图	—	—
72	ABE-01-20	附件 3. 关键岗位人员任命文件		
73	ABE-01-21	附件 8. 人员配备一览表	—	—
74	ABE-01-22	附件 8. 实验场所证明文件	—	—
75	ABE-01-23	附件 7. 实验室平面布置图	—	—
76	ABE-01-24	附件 9. 仪器设备配置一览表	—	—
77	ABE-01-25	附件 10. 程序文件一览表	—	—

由表 2-2 可以看出，前 3 章是对机构基本情况的介绍与描述，第 4 章对管理体系按照 RB/T 214—2017 的结构和要素分布逐条进行了描述（内容涵盖了《生态环境监测机构评审补充要求》)，是机构符合相关标准要求的证据，附录是符合《检验检测机构资质认定管理办法》（总局令第 163 号）中第九条要求的证据。

2.2.3.2 颁布令

颁布令由最高管理者发布，要涵盖质量手册编制的目的和依据、质量手册的主要内容、要求全体员工贯彻执行三方面的内容。如果是一家老机构，还要说明版本的沿革，声明旧版本的作废。下面是某公司质量手册颁布令的实例。

颁布令

为全面提升本公司环境检测质量保证和质量控制工作水平，为生态环境管理部门和社会公众提供具有代表性、准确性、精密性、可比性和完整性的环境检测数据，依据《检验检测机构资质认定管理办法》（国家质量监督检验检疫总局令 第 163 号）、《检验检测机构资质认定能力评价 检验检测机构通用要求》（RB/T 214—2017）、《检验检测机构资质认定 生态环境监测机构评审补充要求》（国市监检测〔2018〕245 号），结合本公司检测工作实际，编制了《××××检测技术有限公司质量手册（第 1 版）》。

本手册阐明了本公司的质量方针、质量目标，描述了本公司的管理体系文件，规定了各部门各岗位的职责及体系要素的职能，其内容涉及本公司检验检测管理工作和技术活动的各个方面，使可能影响检测工作质量的每个环节都能处于受控状态，是指导本公司全体员工工作的法规性、纲领性文件，是本公司各项工作的重要依据。

本手册已经公司董事会讨论通过，现予发布，自 2021 年 3 月 8 日起实施。希望公司全体人员认真学习，准确领会并在工作中贯彻执行，确保公司质量管理体系有效运行并持续改进。本手册任何内容有与相关法律法规规定不符之处，以相关法律法规规定为准。

2021 年 3 月 8 日

2.2.3.3 概述

概述是对机构名称、发展历史和背景、规模和性质、人员构成、场所和环境条件、仪器设备设施的配置、管理体系的运行等方面进行的简要介绍，通过概述能大致了解机构的基本情况。

2.2.3.4 公正性声明与保密性承诺

公正性声明与保密性承诺的主要内容体现在下面两个实例中。

实例 1　　关于保证客观、公正和独立地开展检验检测工作的声明

××××检测技术有限公司是依法成立的、具有独立法人地位的社会化环境检测机构。为保证本公司能够客观、公正和独立地开展检验检测工作，为生态环境管理部门和社会公众提供客观、真实、准确的检测数据，特此声明。

（1）本公司及其全体人员保证，按照国家标准、行业标准、地方标准和相应的检测技术规范开展检验检测工作，独立于出具的检验检测数据、结果所涉及的各利益相关方，不受任何干扰其技术判断因素的影响，不受任何来自内外部的不正当的商业、财务和其他方面的影响，保证客观、公正和独立地开展检验检测工作。

（2）本公司及其全体人员承诺，不参与任何有损于检验检测判断的独立性和诚信度的活动，不与从事的检验检测活动以及出具的数据和结果的一方存在任何利益关系，不同时在两个及以上检验检测机构从业。

（3）本公司及其全体人员承诺，涉及本公司检验检测数据、结果的样品采集人员、分析测试人员，报告编制、审核与签发人员分别对原始检测数据、检测报告的真实性终身负责，公司及其总经理对其检测数据的真实性和准确性负责，确保本公司出具的检验检测数据、结果的准确、客观、真实，为所有客户提供相同的优质服务。

2021 年 3 月 8 日

实例 2　　关于为用户保密的承诺

××××检测技术有限公司及其全体人员承诺：在检验检测活动中遵守国家相关法律法规的规定；在检验检测活动中所知悉的国家秘密，按国家有关保密规定执行；对委托方的商业秘密和技术秘密负有保密义务；对委托单位提供的技术资料、检测样品及测试结果，未经用户书面同意，不对外透露其保密信息，并保证不将用户提供的技术资料及其成果用于技术开发和商务活动。

法律法规另有规定，或者需要履行法定责任的除外。

2021 年 3 月 8 日

2.2.3.5 管理体系描述

这一章应结合检验检测机构的实情对各要素按顺序逐条描述，在内容上应覆盖标准的全部要素及要求，删除要素或增加要素要做说明。注意标准是对机构的要求，本机构的管理体系是如何满足标准要求的，要具体描述本机构的响应程度，不要空喊口号，还要注意在这里不要写成程序文件的格式。

下面是某机构几个要素满足标准要求的具体实例，看看他们是如何描述相关要素的。

标准 4.5.3 文件控制

文件控制

文件是一切管理和技术活动的依据。规范化的文件管理是本机构建立并保持管理体系有效运行、持续改进的重要基础工作。为了确保本机构及相关场所使用的文件及资料为最新有效版本，防止检测人员使用过期作废的管理、技术文件，本机构建立了文件控制程序。

管理体系文件按照其来源可分为内部文件和外部文件。内部文件包括质量手册、方针声明、程序文件、规章制度、作业指导书、质量记录和技术记录表格、会议记录、工作计划、检测方案等；外部文件包括法律、法规、规章、环境质量标准、污染物排放（控制）标准、监测技术规范、分析方法标准（包括修改单等）、设备操作手册、软件或系统操作手册、数据库、教科书及客户提供的方法或资料等。外部文件需要经过批准、标识、发放、保管和废止等管理过程，内部文件需要经过编制、审核、批准、标识、发放、保管、修订和废止等管理过程。

管理体系文件按照其载体不同可分为文本文件和电子文件，文本文件承载在纸张上，以书面形式表达；电子文件可以是数字存储设施，如光盘、硬盘、U 盘等。电子文件要设置密码、明确权限、定期备份、防病毒等。文本文件和电子文件均在本机构文件控制体系下进行管理。

管理体系文件按其作用可分为质量文件、技术文件、行政文件。机构对不同类别的文件分别进行管理与控制。机构的“文件控制程序”明确了文件管理的要求、文件管理的人员、管理人员的职责、实施管理的方法，对机构的文件编制与修订、文件审核、文件的定期审查与查新、文件批准、文件标识、文件发放与收回、文件保管、文件变更等过程进行了详细的规定与描述，是本机构文件管理过程的依据。

标准 4.5.5　分包

分包

为保证分包检测结果的有效性和分包检测结果的质量，本公司已制定并实施分包管理程序，对分包的检测项目实施规范的控制和管理。

分包是指本机构在某些情况下，委托其他检验检测机构为我公司提供检测数据的业务活动。常分为两种情况：①对于客户委托检测，我公司具备部分项目的检测能力，为了满足客户需求，可以将不能检测的个别项目委托给符合分包要求的检验检测机构进行检测；②因工作量大，检测项目多或关键人员暂缺、设备设施出现故障或不在计量检定有效期、环境条件和技术能力不能满足客户需求等原因，一时不能满足客户需求的，可以将部分检测项目委托给符合分包要求的检验检测机构进行检测。

所选择的分包检验检测机构应取得检验检测机构资质认定并符合《检验检测机构资质认定能力评价　检验检测机构通用要求》（RB/T 214—2017）、《检验检测机构资质认定　生态环境监测机构评审补充要求》（国市监检测〔2018〕245 号）的要求，有能力完成分包的检测项目不得进行二次分包。本机构技术负责人负责对分包方的检测质量进行监督或验证。具体分包的检验检测项目和承担分包项目的检验检测机构要事先取得委托人的书面同意，并在检验检测报告中注明分包情况，清晰标明分包项目、承担分包的另一检测机构的名称和资质认定证书编号，如果为无能力的分包，报告中还要注明本机构无相应资质认定技术能力。对分包方要定期评价，建立合格分包方名录并正确选用。除非是客户或法律指定的分包（客户指定的分包，本机构不对检测数据的质量负责且检测数据不纳入本机构的检测报告），否则本机构对分包结果负责。

机构在此首先明确了什么是检测分包，在什么情况下可以实施分包，分包给谁，由谁来负责分包事宜，特别是明确了分包事项要取得委托人同意的要点以及含有分包方检测数据的报告控制要点。

标准 4.5.7　服务客户

服务客户

本机构的服务宗旨是“精准引领，客户至上”，精准是要求检测数据准确度高，精密性好，客户至上表明本机构的一切活动是为了客户，征求客户意见，倾听客户声音，满足客户需求。追求客户满意是本机构向客户提供服务的最终目标，为此公司建立并实施“服务客户程序”，使服务客户活动能够规范有序地进行。

本机构的客户是指本机构检测结果和数据的接受者，包括各级政府部门、司法机关、认证机构、工矿企业及个人委托者。服务客户要建立与客户的良好交流、配合、沟通与合作机制，通过沟通与合作使本机构深入、全面、正确地理解客户的需求，主动为客户服务，包括经常进行客户满意度调查，“请进来，走出去”征求客户意见；为客户进行检验检测技术咨询，与客户一起分析评价检验检测结果，提出建议、意见和解释；在保密、安全、不干扰正常检验检测的前提下，允许客户或其代表合理进入本机构的相关区域直接观察与其相关的检验检测活动；将检验检测过程中的任何延误或主要偏离通知客户。

征求客户意见和反馈，使用并分析这些意见，目的是改进机构的整体业绩，改进机构的质量管理体系，改进机构的检验检测活动，改进对客户的服务。

2.2.3.6　附录

附录是质量手册中不可缺少的部分，它从组织的法律地位、组织结构、人员、场所环境、设备设施、管理体系等方面证明本机构的各方面条件可以满足标准的要求。附录的内容一般包括营业执照、组织机构框图、关键岗位人员任命文件、人员一览表、场所使用权或所有权证明材料、场所平面布置图、仪器设备配置表、程序文件目录等其他材料。

2.2.4　编写程序文件

2.2.4.1　程序文件的内容和格式

程序文件是质量手册的支持性文件，是为进行某项活动或过程所规定的途径和方法，其内容和结构一般如下：

（1）程序目的：说明为什么要开展此项活动；

（2）适用范围：开展此项活动所涉及的部门、人员等；

（3）职责：规定由哪个部门或人员负责实施此项活动，明确其职责和权限；

（4）工作程序：描述开展此项活动的顺序和细节，明确应做的事情，某事由谁来做，在什么时间什么地点来做，规定具体的实施办法以及要达到的要求；

（5）相关文件和表格：开展此项活动涉及的文件、引用的标准和规范、使用的表格。

2.2.4.2　程序文件的数量

程序文件是对某项活动所规定的途径进行描述的、但并非所有的活动都要制定的程序文件。制定程序文件有两个原则：一是编制依据标准中要求建立程序文件时，必须制定程序文件；二是活动的内容复杂且涉及的部门较多时，才需要编制程序文件。对于那些一次性的或简单的质量活动，可以用作业指导书或管理制度规范其活动，不需要编制程序文件。

RB/T 214—2017 中规定应建立的程序文件有 24 个，分别是维护公正和诚信的程序；保护客户秘密和所有权的程序；人员管理程序；人员培训程序；内务管理程序；设备和设施管理程序；标准物质管理程序；控制其管理体系的内部和外部文件的程序；评审客户要求、标书、合同的程序；分包的管理程序；选择和购买对检验检测质量有影响的服务和供应品的程序；服务客户的程序；处理投诉的程序；不符合工作的处理程序；在识别出不符合时采取纠正措施的程序；记录管理程序；内部审核的程序；管理评审的程序；检验检测方法控制程序；数据完整性、正确性和保密性的保护程序；抽样控制程序；样品管理程序；监控结果有效性的程序；检验检测报告或证书控制程序。需要时或必要时应建立的程序文件有 4 个，分别是期间核查程序、开发自制方法控制程序、应用评定测量不确定度的程序、检验检测结果发布程序。所以需要时应建立的程序文件共计 28 个。

当然，机构也可以合并或拆分其中的程序，根据机构的实际增加或减少程序，但是最好做出说明，以方便检查和审核。

2.2.4.3　某环境检测机构程序文件目录

程序文件目录见表 2-3。

表 2-3　程序文件目录（示例）

序号	文件编号	文件名称	214 条款号	245 条款号
1	—	颁布令	—	—
2	—	程序文件修订记录表	—	—
3	ABE-02-01	维护公正和诚信程序	4.1.4	第 5 条
4	ABE-02-02	保护客户秘密和所有权程序	4.1.5	—
5	ABE-02-03	人员管理程序	4.2.1	第 6 条
6	ABE-02-04	人员培训程序	4.2.6	第 10 条

续表

序号	文件编号	文件名称	214 条款号	245 条款号
7	ABE-02-05	内务管理程序	4.3.4	第 11 条
8	ABE-02-06	设备和设施管理程序	4.4.2	第 12 条
9	ABE-02-07	期间核查程序	4.4.3	第 12 条
10	ABE-02-08	标准物质管理程序	4.4.6	—
11	ABE-02-09	文件控制程序	4.5.3	第 14 条
12	ABE-02-10	合同评审程序	4.5.4	—
13	ABE-02-11	分包管理程序	4.5.5	第 15 条
14	ABE-02-12	服务和供应品采购程序	4.5.6	—
15	ABE-02-13	服务客户程序	4.5.7	—
16	ABE-02-14	处理投诉程序	4.5.8	—
17	ABE-02-15	不符合工作的处理程序	4.5.9	—
18	ABE-02-16	纠正措施程序	4.5.10	—
19	ABE-02-17	记录管理程序	4.5.11	第 16 条
20	ABE-02-18	内部审核程序	4.5.12	—
21	ABE-02-19	管理评审程序	4.5.13	—
22	ABE-02-20	检验检测方法控制程序	4.5.14	第 17 条
23	ABE-02-21	自制方法控制程序	4.5.14	—
24	ABE-02-22	评定测量不确定度程序	4.5.15	—
25	ABE-02-23	数据保护程序	4.5.16	第 18 条
26	ABE-02-24	样品采集控制程序	4.5.17	第 19 条
27	ABE-02-25	样品管理程序	4.5.18	第 20 条
28	ABE-02-26	监控结果有效性程序	4.5.19	第 21 条
29	ABE-02-27	检验检测报告控制程序	4.5.20	第 22 条
30	ABE-02-28	检验检测结果发布程序	4.5.25	—

表 2-3 包括某机构依据 RB/T 214—2017 建立的 28 个程序，并将《生态环境监测机构评审补充要求》的相关要求纳入相应的管理程序进行规范。

2.2.5 程序文件实例

2.2.5.1 合同评审程序实例

合同评审程序

1 目的

为充分理解客户的期望和需求，满足客户要求，确保本公司的能力、资源及服务能够履行合同，降低履约风险，制定本程序。

2 适用范围

本程序适用于本机构与客户签订环境检测技术服务合同的评审。

3 职责

3.1 业务部负责人负责日常小型技术服务合同的评审与批准。

3.2 技术负责人负责组织大型合同评审和评审结论的批准。

3.3 业务部负责与委托方的沟通和实施合同评审，并负责与客户签订环境检测技术服务合同，负责合同评审材料的收集归档。

4 活动程序

4.1 业务部负责接待客户和了解客户需求，并根据客户的需求及本机构的资源能力填写《环境检测技术服务合同书》。

4.2 对于各类小型委托检测合同，由业务部负责人进行简易评审后直接签订。

4.3 对于重大委托检测合同（合同金额超过 5 万元），由业务部组织，技术负责人负责，对影响检测任务的各种因素进行全面评审。评审内容如下：

（1）客户需求是否已经明确。

（2）检测目的是否明确，相关的环境质量标准和污染物排放（控制）标准是否已经确定。

（3）客户的生产工况是否正常，污染处理设施能否正常运行，检测点位、检测设施和环境条件是否满足要求。

（4）检测项目和检测方法是否明确，是否在本机构检测能力范围内。

（5）检测仪器设备和辅助设备是否符合检测方法要求，是否经过量值溯源，功能是否正常，数量是否充足。

（6）检测人员是否持证上岗，是否在岗。

（7）是否能配备符合技术要求的标准物质、化学试剂和其他必需的消耗性材料。

（8）是否能随时调配和保证检测经费的使用。

（9）检测任务是否能够按时完成。

（10）需要分包时，分包项目是否明确，分包方是否在年度合格分包方名录中，分包项目和分包机构是否通知客户并取得客户书面同意。

（11）其他需要评审的内容。

4.4　合同评审应给出明确的结论，在满足各项要求的情况下，由业务部依据检测技术服务合同书下达检测任务通知书，各检测室依据检测任务通知书实施检测活动。

4.5　检测合同实施过程中或检测人员检测过程中发现实际情况与合同约定的条款不符，需修改合同条款时，应在取得客户的书面同意后，由原签订合同的人员提出修改意见，填写“合同变更申请表”，经技术负责人批准后进行修改，必要时应重新进行合同评审，并把合同的更改通知发放到所有受到影响的部门和人员。

4.6　甲乙双方在签订合同前要充分沟通、协商达成一致，对要求或合同有任何不同意见，应在签约之前协调解决，以最大努力满足客户需求。

4.7　每次合同评审均应留有评审记录，合同评审记录、合同修改记录及批准记录均应归档保存。客户以电话、传真、微信等形式提供的有关合同的修改、变更及同意、承诺的内容要留有相关的证据，一并归档。

5　相关文件和表格

5.1　服务客户程序。

5.2　样品采集控制程序。

5.3　分包管理程序。

5.4　环境检测技术服务合同书。

5.5　合同评审记录表。

5.6　合同变更申请表。

5.7　检测任务通知书。

2.2.5.2　记录管理程序实例

记录管理程序

1　目的

为规范本机构各类记录管理，保证本机构各类记录能为质量体系运行和检测技术活动的有效性提供客观证据，制定记录管理程序。

2　适用范围

本程序适用本机构检测活动中质量管理记录和技术记录的编制、填写、更改、收集和归档等环节。

3　职责

3.1　检测原始记录表格由相关检测人员设计，各部门负责人审核，技术负责人批准。

3.2 质量记录表格由质量部相关人员设计，质量部负责人审核，质量负责人批准。

3.3 形成记录的责任人对记录内容的真实性和完整性负责，保证记录的信息充分、内容完整、数据可追溯。

3.4 技术部、质量部分别负责各自职责范围内记录的收集、分类、归档、保管及清理等工作。

4 活动程序

4.1 检测原始记录表格由相关检测技术人员设计，格式要规范，信息要完整。检测原始记录包括样品采集、现场测试、样品运输和保存、样品制备、分析测试等检测全过程的技术活动。

4.2 检测活动中由仪器设备直接输出的数据和谱图，需要以纸质或电子介质的形式完整保存，电子介质存储的记录要采取加权、加密、备份措施，保证可追溯和可读取，防止记录丢失、失效或被篡改。

4.3 当电子设备输出的数据打印在热敏纸或光敏纸等保存时间较短的介质上时，应同时保存记录的复印件或扫描件。

4.4 质量记录应使用本机构规定的表格。

4.5 检测原始记录的表格应至少包括以下内容：

（1）本机构名称、记录表格的名称、页码和总页码、受控编号；

（2）检测项目、检测依据（标准方法名称、标准代号和方法检出限）；

（3）使用的仪器设备品牌、名称、型号及编号；

（4）实验条件，包括环境条件及仪器设备操作条件；

（5）样品信息，包括样品名称、编号、样品状态描述、接样日期、分析日期和检测的地点；

（6）样品预处理情况、分析过程及原始观测记录；

（7）检测数据、计算公式或导出结果；

（8）相关的质量控制结果；

（9）检测中意外情况的描述及处理记录（如果有）；

（10）2 名现场采样或检测人员签名，明确记录人和复核人员。

4.6 涉及水质样品采集的原始记录，要准确、清晰、具体地描述采样点位置及其周边环境，必要时要有采样点位示意图，记录采样日期、时间、天气状况、点位名称、样品编号，准确描述样品状态、样品容器、保护剂添加情况等。

4.7 涉及环境空气样品采集的原始记录，要准确、清晰、具体地描述采样点位置及其周边环境、气象条件、气象参数、采样开始时间、结束时间、累计时间、采样前流量、采样后流量、采样平均流量、累计实况体积、累计标况（参比）体积、采样仪器的型号和编号、样品编号及采样点位等。

4.8 噪声测量记录内容包括被测量单位名称、地址、厂界所处声环境功能区类别、测量时气象条件、测量仪器、校准仪器、测点位置、测量时间、测量时段、仪器校准值（测前、测后）、主要声源、测量工况、示意图（厂界、声源、噪声敏感建筑物、测点等位置）、噪声测量值、背景值、测量人员、校对人、审核人等相关信息。

4.9 填写原始记录时要符合以下规定：

（1）记录信息要完整，以保证必要时在尽可能接近原始条件下进行复现；

（2）记录应在工作中形成，不得追记或补记；

（3）记录须清晰明了，宜使用蓝黑墨水钢笔、签字笔填写，计算机自动采集数据时可采用计算机打印；

（4）记录应客观、真实、清晰、准确，不得随意删改。当记录中出现误记时，应使用杠改法，将正确值写在旁边，不可涂改或擦掉重写。记录的所有改动应由改动人签名或加盖印章，包括电子介质存储的记录修改，要实现全程留痕。

4.10 记录检测数据时，应按照检测方法的要求保留有效位数，若检测方法中没有具体要求，则只保留一位有效数字，检测数据的有效位数和误差表达方式应符合有关误差理论的规定。

4.11 记录应采用法定计量单位，非法定计量单位的记录应转换成法定计量单位来表达并记录换算过程。

4.12 记录表格中的空白栏应用“/”或“以下空白”标记。

4.13 数据修约应按照技术标准执行，标准未规定时应按照《数值修约规则与极限数值的表示和判定》（GB/T 8170—2008）中“全数值比较法”修约。

4.14 记录应安全保存。当记录以电子形式保存时，存放环境应适宜，并应保证记录可恢复并且只读。

4.15 一般情况下，记录不得复印和外借。机构内部人员确需查阅时，应办理借阅手续，填写“文件归档、借阅记录表”，由质量负责人批准后方可借阅，阅后应立即归还，不得丢失、损坏。

4.16 质量记录的保存期限为 6 年，技术记录应长期保存，设备档案与人员档案也应长期保存。记录保存至规定期限后，由档案管理员填写“受控文件销毁登记表”，经质量负责人审核，经理批准后，由档案管理员在质量负责人监督下销毁。

4.17 记录的保密应严格执行保护客户秘密和所有权程序。

5 支持性文件

5.1 保护客户秘密和所有权程序。

5.2 《数值修约规则与极限数值的表示和判定》（GB/T 8170—2008）。

5.3 文件归档、借阅记录表。

5.4 受控文件销毁登记表。

2.2.5.3 检测报告控制程序实例

检测报告控制程序

1 目的

为保证本机构能够准确、清晰、客观和及时地出具检测报告，规范检测报告的编制、审核、签发、更改和保存，制定检测报告控制程序。

2 适用范围

本程序适用于本机构出具的各类检测报告的编制、审核、批准、更改和存档等各环节的控制。

3 职责

3.1 项目负责人（主检人）负责协调检测项目的进展情况，收集、整理原始记录并确认原始数据的完整性，编制检测报告并在编制人处签名。

3.2 各检测部负责人负责对报告内容进行审核并签名，审核人应对检测的依据、检测环境条件和检测设备、数据的完整性和相关性、资料的完整性负责。

3.3 授权签字人对本机构出具的检测报告进行第三级审核。按照报告的要求全面审核报告，审核报告的完整性、项目的齐全性、依据的正确性和结论的准确性，审核检测报告与原始检测记录的一致性，负责签发检测报告。

3.4 技术部负责对检测报告加盖检验检测专用章和 CMA 专用章。

3.5 本机构及其负责人对检测数据的真实性和准确性负责，采样与分析人员、审核与授权签字人分别对原始检测数据、检测报告的真实性终身负责。

4 活动程序

4.1 检测报告格式设计要合理，表达方式易于理解，报告名称确切，文字简洁，字迹清晰，信息全面，数据准确并使用法定计量单位，结论客观、明确。

4.2 检测报告应包含为说明检测结果所必需的各种信息以及采用的检测方法所要求的全部信息。报告内容和信息量应符合委托的类型和要求。检测报告的主要内容应包括（但不限于）：

（1）报告的标题，唯一性标识，每一页上的标识以及用终止线表示的报告结束的清晰标识；

（2）本机构的名称和地址以及客户的名称、地址及联系信息；

（3）检测所依据的标准或方法（包括采样方法）的名称、标准号或检出限；

（4）样品接收日期和进行检测的日期，以及样品的状态描述；

（5）准确、清晰、具体地描述采样点位置及采样点周边关系，必要时要有采样点位示意图或照片；

（6）对检测方法的任何偏离、制样和前处理方法等其他任何可能影响检测结果的因素进行解释的信息；

（7）含有分包方出具的检测结果时，要清晰注明分包项目、分包机构的名称、资质认定证书编号，无能力的分包还要注明本机构无相应参数资质认定技术能力；

（8）检测报告中出现由委托方提供的数据时（限条件数据），必须说明。

（9）报告编制、审核和签发人的姓名、签字和签发日期；

（10）未经检测机构批准不得部分复制检测报告的声明；

（11）当报告中含有符合（或不符合）要求或规范声明的内容时，报告审核和签发人员要根据检测对象或委托方要求，正确选用评价标准，了解各指标限值及对应的适用阶段或适用级别、数据计算规则和修约规则，以及评价结论的规范表达等。

4.3　检测报告编制完成后，交部门负责人审核，审核人员若发现报告存在问题，应责成报告编制人修改。检测报告审核内容如下：

（1）编制检测报告所依据的各种原始记录的完整性和规范性；

（2）审核检测报告与原始记录的一致性，检查报告结论与检测数据结果是否一致，有充分、完整的信息支撑其检测报告；

（3）检查检测方法和标准的适用范围及条件，是不是现行有效且在资质认定范围内；

（4）报告给出的检测项目分析使用的仪器和设备，是否符合分析标准方法的要求，仪器的品牌、型号、名称、编号是否完整；

（5）数据统计方法、评价标准及评价方法的适用性；

（6）报告内容的完整性和数据的准确性；

（7）检测数据本身的合理性和数据之间的相关性，结论内容与检测数据的符合性、逻辑性和正确性。

4.4　授权签字人按照报告的要求全面审核报告，审查报告的完整性、项目的齐全性、依据的正确性和结论的准确性，审核检测报告与原始检测记录的一致性，报告是否经过编制人和审核人签字等。

4.5　由本机构在资质认定证书规定的检验检测能力范围内，依据相关标准或者技术规范规定的程序和要求，向社会出具具有证明作用的检验检测数据、结果的，其报告经三级审核和授权签字人批准后，在报告封面的机构名称位置和骑缝处加盖本机构检验检测专用章，在报告左上角加盖资质认定标志。检验检测专用章和资质认定标志的颜色为红色。

4.6　发出的检测报告因各种原因需要修改时，相关人员填写“修改检测报告审批表”，由技术负责人批准后，按本程序编制新版检测报告，重新编号，并声明原检测报告作废。

4.7 检测任务全部完成后，检测过程中形成的所有记录应及时归档。检测过程中形成的记录包括客户委托检测合同、检测方案、质量控制计划、采样记录、现场检测记录、样品流转记录、样品测试记录（含制样、前处理和分析测试）、质量控制结果和评价记录、质量监督记录、合同评审记录、方法偏离确认记录和分包记录等。

5 支持性文件

5.1 记录管理程序。

5.2 保护客户秘密和所有权程序。

5.3 修改检测报告审批表。

2.3 内部审核

2.3.1 基本概念

内部审核是检验检测机构自己或以自己的名义进行的、确定管理体系满足内部审核依据程度的评价活动。自己是指实施内审活动的人员是本机构的人员；以自己的名义是指本机构聘请的、非本机构的、有能力实施内部审核活动的人员，以本机构的名义实施的内部审核活动。

内部审核的目的是验证本机构管理体系运行和检验检测技术运作是否符合自身管理体系要求、RB/T 214—2017 以及《生态环境监测机构评审补充要求》的要求、相关检测方法标准和技术规范的要求，评价管理体系是否得到有效实施和保持，所以内部审核是解决符合性的问题。

内部审核通常每年一次，审核的范围宜覆盖机构管理体系的全部要素和全部检测技术活动。但是根据内外部形势的变化、外部评审的结果、监督检查的任务、客户的反馈、重特大事故，可由质量负责人决定针对特定时间段、特定目标的，针对部分要素、部分部门和场所及人员的内部审核。

内审员应具备相应资格和能力，接受过审核准则、审核过程、审核方法和审核技巧等方面的培训，准确理解和熟练掌握 RB/T 214—2017、《生态环境监测机构评审补充要求》和自身管理体系要求，熟悉本机构的检验检测技术，掌握内部审核的工作程序，掌握内审的技巧、方法，具备编制内部审核检查表、出具不符合项报告的能力。内审员要独立于被审核的活动，确保内部审核工作的独立性和有效性。

2.3.2 内部审核的程序和职责

内部审核的程序和职责示例详见表 2-4。

表 2-4 某机构内部审核程序和职责一览

序号	内审步骤	输出	主要内容	责任人
1	制订内审计划	内审计划	确定内审目标、审核准则和审核范围，明确审核的频次和方法、内审报告的要求、内审的时间安排，组成内审组，确定内审组长	质量负责人
2	制定内审方案	内审方案	包括内审目的、内审时间安排、审核组成员分工、审核的部门、过程或活动、审核的要素及联络人员等	内审组长
3	首次会议	会议记录	会议由组长主持，介绍内审组成员，确认审核的目的，明确审核依据和审核范围，说明审核程序和方法，解释相关细节，确认时间安排	内审组长
4	实施内审	内审检查表	包括审核对象、审核内容、审核方法和审核的时间。收集客观证据，形成审核发现，确定不符合项	内审员
5	末次会议	会议记录	会议由组长主持，宣布内部审核发现及不符合项，宣布内部审核结论，确定检验检测活动符合内审依据的程度以及体系是否得到有效实施和保持，对不符合项的整改提出具体要求	内审组长
6	实施纠正、落实纠正措施	不符合项报告、纠正 / 纠正措施表	部门负责人对不符合项进行评价，落实不符合条款，通知不符合项责任人，由其分析原因、制定纠正和纠正措施，经部门负责人批准后实施，完成后经内审员验证纠正和纠正措施的有效性	不符合项责任人 / 内审员
7	编写内部审核报告	内部审核报告	包括审核的目的、审核的范围、审核的准则、内审组成员及分工、审核日期、内部审核过程和审核发现综述、确定的不符合项及其分布、纠正和纠正措施的实施及验证情况、内部审核的结论及改进的建议等	内审组长
8	输入管理评审	管理评审报告	对内部审核的结果、采取的纠正和纠正措施及其实施情况进行评审	质量负责人

2.3.3 内部审核方案实例

××××检测有限公司2021年度内部审核方案（示例）

HBDF/GL 031—2019 第1页 共1页

内审目的	通过管理体系内部审核，验证管理体系的运行和检验检测活动是否符合本机构的管理体系要求、《检验检测机构资质认定能力评价 检验检测机构通用要求》（RB/T 214—2017）和《检验检测机构资质认定 生态环境监测机构评审补充要求》（国市监检测〔2018〕245号通知）要求、相关检测方法标准和技术规范的要求，评价管理体系是否得到有效实施和保持		
内审依据	生态环境保护、资质认定相关法律法规，《检验检测机构资质认定能力评价 检验检测机构通用要求》（RB/T 214—2017）、《检验检测机构资质认定 生态环境监测机构评审补充要求》（国市监检测〔2018〕245号通知）、本公司管理体系文件（质量手册、程序文件、作业指导书、各项规章制度等），以及检验检测标准、方法、规范和技术文件等		
内审范围	管理体系的所有适用要素，质量技术活动的所有部门、场所和活动，包括在客户现场进行的样品采集和测试活动		
内审性质	常规审核	内审形式	集中式
内审组	×××、×××、×××	内审组长	×××
内审时间	2021年12月中、下旬		
审核报告要求	内审组长依据此方案适时制订内审计划，并实施内审。内部审核完成后，由内审组长编写内部审核报告。内审报告的主要内容包括内部审核的时间、目的、范围、依据、内审组成员及分工、内部审核过程和内部审核发现综述、确定的不符合项及其分布、纠正及纠正措施的有效性以及改进的建议。内部审核的结论：内部审核目标是否实现，管理体系运行及检验检测活动符合相关法律法规、通用要求、生态环境监测要求以及本机构管理体系的程度，管理体系是否得到有效实施和保持		
注意事项	内审组长负责内审相关材料的及时归档和保存，内容包括内部审核方案、内部审核计划、会议记录和会议签到表、内部审核检查表、不符合项报告、纠正和纠正措施报告、内部审核报告等		

编制人（质量负责人）：××× 2021年1月8日

2.3.4 内部审核检查表示例

内部审核检查记录表示例见表 2-5。

表 2-5 内部审核检查记录表（示例）

TSMK-22—2020　　　　第 1 页　共 × 页

受审核部门	机构某部门	部门负责人	×××（签字）
内审员	×××（签字）	内审组长	×××（签字）
审核日期	2021-12-18	审核地点	公司二楼会议室
条款[①]	214 号、245 号、体系文件等要求[②]	审核内容（方法）[③]	审核发现和结果[④]
4.1.1	检验检测机构应是依法成立并能够承担相应法律责任的法人或者其他组织。检验检测机构或者其所在的组织应有明确的法律地位，对其出具的检验检测数据、结果负责，并承担相应法律责任	检查本公司营业执照；是否由相关行政主管部门核发，是否处于有效期内，经营范围是否包含检验检测，有无影响检验检测活动公正性的项目	检查了本公司的营业执照，2018 年 2 月 1 日由石家庄市裕华区市场监督管理局依法注册，在有效期内，经营范围为环境保护检测，无其他影响检测活动公正性的项目，能够对其出具的检测数据负责，并承担法律责任 符合
4.5.17	开展现场测试或采样时，应依照任务要求制订监测方案或采样计划，明确监测点位、监测项目、监测方法、监测频次等内容。每批水样均应采集全程序空白，最少做 1 份现场平行，测试和采样应至少有 2 名监测人员在场	抽查 1 份典型的污水样品采集记录，检查是否制定了样品采集方案，方案中是否明确监测点位、监测项目、监测方法、监测频次和质量控制等内容，是否按规范采集了全程序空白和现场平行样，采样人员是否有 2 人签字	检查了 HBDF 检字〔2020〕第 128 号报告中的污水样品采集记录，样品采集方案中有企业工艺流程、污染物产出节点、处理设施的原理与流程、监测点位、监测项目、监测方法、采样频次、样品容器与保护剂、样品运输与保存条件、质量控制要求等内容。样品采集记录能按方案要求进行样品采集，采集了 1 个全程序空白样品，监测方案要求在企业总排放口采集 pH、悬浮物、化学需氧量、氨氮、总氮、总磷、苯系物 7 个参数，但只采集了化学需氧量样品的现场平行样品，未采集其他适用项目的现场平行样品 不符合

续表

条款	214号、245号、体系文件等要求	审核内容（方法）	审核发现和结果
4.5.24	当检验检测报告或证书包含了由分包方所出具的检验检测结果时，这些结果应予清晰标明	抽查3～5份含有分包结果的检测报告，检查是否注明了分包项目、承包方的名称和资质证书编号，是否注明本机构不具备相应参数的检测能力	检查了HBDF检字〔2020〕第111号、HBDF检字〔2020〕第109号、HBDF检字〔2019〕第756号共3份含有分包检测结果的报告，均标注了分包检测项目、承包方的名称和资质认定证书编号，但均未注明本机构不具备分包参数的检测能力 不符合
注：①指RB/T 214—2017中的相应条款。 ②相应标准或管理体系的具体要求，内容主要来自检测机构的管理体系、RB/T 214—2017、《生态环境监测机构评审补充要求》及检测标准、规范和技术文件的相关要求，与通用要求的某个条款相对应。 ③需要填写所用的核查方法（问、听、观察、查阅、追踪验证）、审核的具体内容（文件、记录、报告、盲样、操作演示）、所取的样本数量、解决核查方法的问题等。 ④现场观察、检查结果记录，如实记录看到的、听到的、查到的客观现状和发现的问题，要写具体内容，不能空喊口号。			

2.4 管理评审

2.4.1 基本概念

管理评审是检验检测机构管理层根据质量方针和目标，对管理体系的适宜性、充分性、有效性进行定期的、系统的评价活动。

管理评审的目的是对检验检测机构建立的管理体系的适宜性、充分性、有效性以及是否能够保证质量方针和目标的实现进行评价，确保检验检测机构管理体系不断改进，持续有效地运行。

管理体系的有效性，体现在管理体系应能减少、消除和预防不符合的产生，一旦出现不符合能及时发现和迅速纠正，并使各项质量活动处于受控状态。管理体系的适宜性，体现在管理体系能随着所处内外部环境的变化和发展而进行不断完善，以适应环境变化的需求。管理体系的充分性，是指管理体系对机构全部质量活动的覆盖和控制过程是否全面，即管理体系的完善程度。

管理评审通常12个月进行一次，一般可以安排在质量管理体系内部审核之后，年末或年初，结合机构年度工作总结或年度工作安排进行。当管理体系出现重大调整后或变化时，可以增加管理评审的次数。

检验检测机构应制定管理评审方案，管理评审方案可由质量负责人负责编制，最高管理者批准。方案应包括（但不限于）评审目的、范围、日程安排、参与人员及准备必要输入信息时的工作要求。

管理评审的范围（输入）如下：

（1）检验检测机构相关的内外部因素的变化；

（2）目标的可行性；

（3）政策和程序的适用性；

（4）以往管理评审采取措施的情况；

（5）近期内部审核的结果；

（6）纠正措施；

（7）由外部机构进行的评审；

（8）工作量和工作类型的变化或检验检测机构活动范围的变化；

（9）客户和员工的反馈；

（10）投诉；

（11）实施改进的有效性；

（12）资源配备的合理性；

（13）风险识别的可控性；

（14）结果质量的保障性；

（15）其他相关因素，如监督活动和培训。

内容确定后应由负有管理职责的部门或岗位人员提供相关议题的工作报告，对相关要素进行分析并提出改进建议。

管理评审的结果（输出）如下：

（1）管理体系及其过程的有效性；

（2）符合相关标准要求的改进；

（3）提供所需的资源；

（4）变更的需求。

管理评审应以会议纪要的形式记录，记录要包含输入记录、输出记录，以及管理评审计划和报告、评审要求采取的改进措施的完整记录、相关的责任人及完成时限。管理评审记录的保存期限为 6 年。

2.4.2 管理评审程序和职责

管理评审程序和职责见表 2-6。

表 2-6　管理评审程序和职责

序号	评审步骤	输出	主要内容	责任人
1	制订评审计划	评审计划	评审计划是本次管理评审的具体安排，内容包括评审的目的和依据、具体参加人员、输入事项的责任人及要求提交的报告、评审会议的时间等	质量负责人
2	管理评审方案	评审方案	评审方案包括评审目的和依据，参加评审的人员，评审的范围、时间和方法，输入 / 输出内容	质量负责人
3	举办评审会议	会议记录	会议由总经理主持，按照评审计划对本机构质量管理体系的有效性和适宜性进行充分讨论和分析、认真评审，对存在的不符合项提出纠正措施，确定责任人和完成时限，形成评审结论	总经理
4	编写评审报告	评审报告	根据管理评审结果及结论，编写管理评审报告，内容包括评审的目的，依据，输入，输出，参加评审的成员，评审日期，评审全过程的详细描述，对体系适宜性、充分性和运行的有效性做出的综合评价，对输出项的描述，对存在的不符合项提出的纠正措施，确定的责任人和完成时限要求	质量负责人
5	实施改进	相关记录	各相关部门及负责人负责落实管理评审输出内容的改进，应体现在下年度的工作目标、工作计划及管理体系文件的修订等方面，并将改进完成情况作为下次管理评审的输入信息	质量负责人

2.4.3 管理评审方案实例

××××检测有限公司 2021 年度管理评审方案

HBDF/GL 032—2019　　第 1 页　共 1 页

评审目的	对本机构管理体系的适宜性、充分性、有效性以及是否能够保证质量方针和目标的实现进行系统评价，确保本机构管理体系不断改进，持续、有效地运行		
评审依据	受益者的期望和需求，包括市场和客户需求、有关法律法规和标准的要求、机构领导和全体员工的期望		
评审范围	涉及本机构相关的内外部因素的变化；目标的可行性；政策和程序的适用性；以往管理评审采取措施的情况；近期内部审核的结果；纠正措施；由外部机构进行的评审；工作量和工作类型的变化或检验检测机构活动范围的变化；客户和员工的反馈；投诉；实施改进的有效性；资源配备的合理性；风险识别的可控性；结果质量的保障性；其他相关因素，如监督活动和培训		
主持人	总经理	评审方式	集中式评审
参加人员	技术负责人、质量负责人、各部门负责人、内部审核组长		
评审时间	2021 年 12 月下旬		
审核报告要求	评审会议后由质量负责人负责编写评审报告，报告内容包括本次管理评审的目的、依据、输入、输出、参加评审的成员、评审日期，要对评审全过程进行详细描述，对各输入项进行评价，对体系适宜性、充分性和运行的有效性做出综合评价，对存在的不符合项提出纠正措施，并确定责任人和完成时限要求		
注意事项	质量负责人负责委托质量管理部将相关材料及时归档保存，内容包括管理评审方案、管理评审计划、会议记录和会议签到表、管理评审报告和采取措施及实施的记录等		

编制人（质量负责人）：×××　　批准（总经理）：×××

2021 年 1 月 10 日

2.4.4 管理评审计划实例

××××环境检测有限公司 2021 年度管理评审计划

HBDF/GL 033—2019 第 1 页 共 1 页

<table>
<tr><td>评审目的</td><td colspan="3">对本机构管理体系的适宜性、充分性、有效性以及是否能够保证质量方针和目标的实现进行系统评价，确保本机构管理体系不断改进，持续、有效地运行</td></tr>
<tr><td>评审依据</td><td colspan="3">受益者的期望和需求，包括市场和客户需求、有关法律法规和标准的要求，机构领导和全体员工的期望</td></tr>
<tr><td>评审范围</td><td colspan="3">涉及本机构相关的内外部因素的变化；目标的可行性；政策和程序的适用性；以往管理评审采取措施的情况；近期内部审核的结果；纠正措施；由外部机构进行的评审；工作量和工作类型的变化或检验检测机构活动范围的变化；客户和员工的反馈；投诉；实施改进的有效性；资源配备的合理性；风险识别的可控性；结果质量的保障性；其他相关因素，如监督活动和培训</td></tr>
<tr><td>评审时间</td><td>2021 年 12 月 24 日</td><td>评审地点</td><td>公司三楼会议室</td></tr>
<tr><td>主持人</td><td>总经理</td><td>评审方式</td><td>集中式评审</td></tr>
<tr><td>参加人员</td><td colspan="3">技术负责人、质量负责人、各部门负责人、内部审核组长</td></tr>
<tr><td rowspan="7">输入内容的分工</td><td>总经理</td><td colspan="2">政策和程序的适用性；风险识别的可控性；资源配备的合理性</td></tr>
<tr><td>技术负责人</td><td colspan="2">结果质量的保障性；监督活动和培训；内外部因素的变化；实施改进的有效性及技术方面的资料</td></tr>
<tr><td>质量负责人</td><td colspan="2">内外部因素的变化；目标的可行性；以往管理评审采取措施的情况；纠正措施；外部机构进行的评审及体系运行相关的资料</td></tr>
<tr><td>内部审核组长</td><td colspan="2">近期内部审核的结果</td></tr>
<tr><td>业务部负责人</td><td colspan="2">客户和员工的反馈；投诉及与本部门相关的资料</td></tr>
<tr><td>理化检测部主任</td><td colspan="2">工作量和工作类型的变化或检验检测机构活动范围的变化；结果质量的保障性及与本部门相关的资料</td></tr>
<tr><td>现场检测部主任</td><td colspan="2">工作量和工作类型的变化或检验检测机构活动范围的变化；结果质量的保障性及与本部门相关的资料</td></tr>
<tr><td>注意事项</td><td colspan="3">请各位管理人员和各部门负责人根据管理评审输入内容的分工准备汇报材料并按时参加会议</td></tr>
</table>

编制人（质量负责人）：××× 批准（总经理）：×××

2020 年 12 月 15 日

第3章 人 员

3.1 人员配置

RB/T 214—2017 中的描述如下：

> 4.1.2 检验检测机构应明确其组织结构及管理、技术运作和支持服务之间的关系。

《生态环境监测机构评审补充要求》中的描述如下：

> **第六条** 生态环境监测机构应保证人员数量及其专业技术背景、工作经历、监测能力等与所开展的监测活动相匹配，中级及以上专业技术职称或同等能力的人员数量应不少于生态环境监测人员总数的 15%。
>
> **第七条** 生态环境监测机构技术负责人应掌握机构所开展的生态环境监测工作范围内的相关专业知识，具有生态环境监测领域相关专业背景或教育培训经历，具备中级及以上专业技术职称或同等能力，且具有从事生态环境监测相关工作 5 年以上的经历。
>
> **第八条** 生态环境监测机构授权签字人应掌握较丰富的授权范围内的相关专业知识，并且具有与授权签字范围相适应的相关专业背景或教育培训经历，具备中级及以上专业技术职称或同等能力，且具有从事生态环境监测相关工作 3 年以上经历。
>
> **第九条** 生态环境监测机构质量负责人应了解机构所开展的生态环境监测工作范围内的相关专业知识，熟悉生态环境监测领域的质量管理要求。
>
> **第十条** 生态环境监测人员应符合下列要求：
>
> （一）掌握与所处岗位相适应的环境保护基础知识、法律法规、评价标准、监测标准或技术规范、质量控制要求，以及有关化学、生物、辐射等安全防护知识；
>
> （二）承担生态环境监测工作前应经过必要的培训和能力确认，能力确认方式应包括基础理论、基本技能、样品分析的培训与考核等。

3.2 人员档案

人员档案是检验检测机构为人员建立的内部管理档案，包括人员的相关资格、能力确认、授权、教育、培训和监督的记录等方面。人员档案中应包括但不限于以下内容：①档案目录；②工作的经历；③资格及证书（毕业证、学位证、职称证等）；④内部和外部教育培训的效果评价和记录、证书；⑤能力确认记录；⑥任命书或上岗证，对抽样/采样、操作设备、检验检测、签发检验检测报告或证书以及提出意见和解释的人应具体到检测参数或设备；⑦人员质量监督记录；⑧历年的年度考核结果记录；⑨技术证明（发表论文、获奖的证书、制定的标准等）；⑩机构和本人签订的劳动或录用合同；⑪不同时在其他检验检测机构从业的承诺书。

人员档案是不断更新的，随着检验检测活动的实施和管理体系的运行，人员档案资料也在不断丰富，应及时将人员材料归入人员档案。当员工终止/解除劳动关系时，人员离职材料也应归入人员档案并留存，统一管理。

人员档案的保存可参照《生态环境档案管理规范　生态环境监测》（HJ 8.2—2020）执行。生态环境监测工作中产生的具有保存价值的生态环境监测文件材料的形成、积累、整理、归档及生态环境监测档案的保管与鉴定、开发和利用的管理要求中，针对人员管理方面的文件材料要求见表 3-1。

表 3-1　生态环境监测文件材料归档范围、保管期限

序号	归档范围	保存期限
1	生态环境监测人员上岗证考核及管理材料	30 年
2	环境监测机构、人员、装备、能力等相关信息库	30 年

现场评审过程中，人员档案方面发现的问题主要集中在以下几个方面：

（1）人员档案中缺少档案目录，各种档案资料管理混乱，易造成丢失或遗漏；

（2）缺少技术人员的能力确认记录，或者能力确认无实质内容；

（3）缺少不同时在其他检验检测机构从业的承诺书；

（4）缺少人员监督记录；

（5）档案长时间不更新。

案例 3.1

【案例描述】某机构在监督检查过程中发现，授权签字人 A 某档案中缺少能力确认记录，检验员 B 某档案中缺少监督记录。

【不符合事实分析】不符合 RB/T 214—2017 中 4.2.7“检验检测机构应保留人员的相关资格、能力确认、授权、教育、培训和监督的记录”的规定。

【可能发生的原因】机构人员档案管理不规范，未能按照 RB/T 214—2017 的要求进行人员管理。

【解决方案】机构应根据其人员管理程序，对授权签字人 A 某进行能力确认，将确认记录与相关的证明材料一并纳入 A 某个人档案。对检验员 B 某档案中缺少监督记

录的问题进行原因分析，如果是因未制订 B 某的人员监督计划导致未进行监督，则应根据 B 某从事的检验工作制订监督计划并实施监督，将记录纳入个人档案；如果是因为监督员未按计划实施监督或者未将监督记录放入人员档案，则应对其进行培训，按照要求进行监督，并将监督记录放入个人档案管理。

【参考实例】见表 3-2。

表 3-2　人员档案目录（示例）（某机构授权签字人档案目录）

序号	内容	页数 / 页	份数 / 份	归档日期	归档人
1	员工个人档案表	4	1		
2	身份证复印件	1	1		
3	本科毕业证复印件	1	1		
4	学士学位证复印件	1	1		
5	工程师证复印件	1	1		
6	内审员培训合格证复印件	1	1		
7	劳动合同书（2018 年）	4	1		
8	个人承诺书	1	1		
9	技术人员能力确认表（授权签字人）	4	1		
10	关于人事任命的通知	1	1		
11	关于仪器设备使用管理人员授权的通知	1	1		
12	授权签字人 / 技术负责人培训证书复印件	1	1		
13	技术人员能力确认表（技术负责人）	1	1		
14	土壤环境监测技术培训证书复印件	1	1		
15	测量不确定度评定与表示培训证书复印件	1	1		
16	人员监督记录	1	1		

案例 3.2

【案例描述】某机构在监督检查过程中发现，该机构人员档案中缺少最高管理者档案材料，档案管理员解释说，最高管理者经过法人授权，是公司领导，对公司进行全面负责，他们只建立了从事检验检测的人员档案。

【不符合事实分析】不符合 RB/T 214—2017 中 4.2.1 的要求，检验检测机构应建立和保持人员管理程序，对人员资格确认、任用、授权和能力保持等进行规范管理。管理层在检验检测机构中对管理体系全权负责，承担领导责任和履行承诺。管理层是指一组人或者一个人，管理体系中应确定全权负责的管理层。最高管理者是管理层成员之一，有一些机构管理层只有最高管理者一人，所以应当针对最高管理者建立人员档案，保留其胜任管理岗位的资格和能力证明材料。

【可能发生的原因】机构对于 RB/T 214—2017 中 4.2.1 和 4.2.2 条款理解不到位，认为只需给从事检验检测的技术人员建立档案，没有认识到管理层及最高管理者的资格和管理要求。

【解决方案】分析《人员管理程序》是否明确最高管理者产生、任命和能力保持方面的要求，根据最高管理者岗位及任职要求，从人员学历、经历、授权、培训等方面建立最高管理者技术档案。档案中包括但不限于以下内容：聘用合同、任命文件、证件复印件（毕业证、学位证、职称证）、培训材料等。如果法人作为最高管理者对机构直接管理，可不进行授权，但也应该建立人员档案。

3.3 人员能力确认

人员是检验检测机构从事检验检测活动必要的资源配置，是机构出具准确、可靠的检验检测结果的关键影响因素，是机构检测能力强弱的彰显，检验检测机构应有与其检验检测活动相适应的技术人员和管理人员。

RB/T 214—2017 中的描述如下：

> 4.2.1　检验检测机构应建立和保持人员管理程序，对人员资格确认、任用、授权和能力保持等进行规范管理。
> 4.2.5　检验检测机构应对抽样、操作设备、检验检测、签发检验检测报告或证书以及提出意见和解释的人员，依据相应的教育、培训、技能和经验进行能力确认。应由熟悉检验检测目的、程序、方法和结果评价的人员，对检验检测人员包括实习员工进行监督。
> 4.2.7　检验检测机构应保留人员的相关资格、能力确认、授权、教育、培训和监督的记录，记录包含能力要求的确定、人员选择、人员培训、人员监督、人员授权和人员能力监控。

《生态环境监测机构评审补充要求》中的描述如下：

> **第十条**　生态环境监测人员应符合下列要求：
> （一）掌握与所处岗位相适应的环境保护基础知识、法律法规、评价标准、监测标准或技术规范、质量控制要求，以及有关化学、生物、辐射等安全防护知识；
> （二）承担生态环境监测工作前应经过必要的培训和能力确认，能力确认方式应包括基础理论、基本技能、样品分析的培训与考核等。

无论是新录用或聘用人员，还是转岗人员，因岗位不同，能力确认的侧重点不同，确认的方式也不尽相同。机构可根据进行能力确认的人员岗位，组成能力确认评审小组，明确能力确认的内容，制订确认计划及实施方案，通过基础理论（如笔试、口试）、基本技能（如操作仪器）、样品分析（如盲样考核、加标考核、人员比对等）的培训与考核方式进行能力确认。

现场评审中，人员能力确认方面发现的问题主要集中在以下几个方面：

（1）机构配备的人员与开展的检验检测活动不适应；

（2）对需要进行能力确认的五类人员不能完全满足人员任职要求；

（3）上岗资格确认表中未明确具体项目；

（4）人员能力确认考核不全面，缺少基本技能或样品分析的考核；

（5）人员考核的内容和方式与岗位不匹配，不能通过考核证明具备岗位资格。

3.3.1 采样人员

在环境检测实验室，采样人员应掌握采样技术，熟悉采样设备，可独立制定采样方案并实施。对于采样人员，应通过考核采样理论知识、操作采样设备、采集实际样品等方式进行能力确认。当需要使用新的采样方法时，应对采样人员进行再次能力确认。

3.3.2 操作设备人员

公司通过人员资格确认和能力考核后，为操作设备人员下发授权书，授权其操作仪器设备。相关操作人员应了解设备的工作原理，熟悉正确的操作方法，能按照计划定期维护设备，能够正确使用设备从事检验检测活动。

3.3.3 检验检测人员

从事检验检测的人员，应理解检测方法的原理，熟悉方法操作步骤及数据分析、数据出具等的要求，能通过质控措施判断数据的合理性和准确性，对报出结果的质量负责，上述能力要求也是对从事检验检测的人员进行能力确认的重点。对于特定的检测领域，检验检测人员还应具备特定的检测技能或安全常识。

3.3.4 授权签字人

授权签字人是指经过检验检测机构授权，并通过资质认定部门考核合格，代表检验检测机构签发检验检测报告的人员。授权签字人对签发的报告或证书承担全面的技术责任，既要对检验检测机构负责，又要对资质认定部门负责。环境领域授权签字人应当同时符合 RB/T 214—2017 及《生态环境监测机构评审补充要求》规定的能力要求，其专业技术背景、工作经历、教育培训经历等要与所签字的领域相适应，具备中级及以上专业技术职称或同等能力，具有从事生态环境监测相关工作 3 年以上经历。

3.3.5 提出意见和解释人员

《CNAS-CL01 检测和校准实验室能力认可准则》（ISO/IEC 17025：2005）中的描述如下：

> 7.8.7 报告意见和解释
>
> 7.8.7.1 当表述意见和解释时，实验室应确保只有授权人员才能发布相关意见和解释。实验室应将意见和解释的依据制定成文件。
>
> 注：应注意区分意见和解释与 GB/T 27020（ISO/IEC 17020，IDT）中的检验声明、GB/T 27065（ISO/IEC 17065.IDT）中的产品认证声明以及 7.8.6 条款中符合性声明的差异。
>
> 7.8.7.2 报告中的意见和解释应基于被检测或校准物品的结果，并清晰地予以标注。
>
> 7.8.7.3 当以对话方式直接与客户沟通意见和解释时，应保存对话记录。

作为意见和解释人员，应了解需要进行意见和解释的项目、方法、判定依据、报告等，应具备提供意见和解释的能力。

3.3.6 案例分析

案例 3.3

【案例描述】某机构在监督检查过程中发现，人员档案中未见按照“生态环境监测机构评审补充要求”对授权签字人、检验检测人员进行能力确认的记录；缺少不同时在两个及以上检验检测机构从业的承诺。

【不符合事实分析】不符合 RB/T 214—2017 中 4.1.4 条款和《生态环境监测机构评审补充要求》第十条的要求。承担生态环境监测工作前应经过必要的培训和能力确认，能力确认方式应包括基础理论、基本技能、样品分析的培训与考核等。此机构虽然建立了人员档案，但是能力确认的内容不全面，不符合《生态环境监测机构评审补充要求》的规定。RB/T 214—2017 中 4.1.4 条款规定“检验检测机构不得使用同时在两个及以上检验检测机构从业的人员”，检验检测人员应当做出承诺，不同时在两个及以上机构从业。

【可能发生的原因】机构对《生态环境监测机构评审补充要求》中人员能力确认的要求认识不到位，对检测人员不同时在两个及以上机构从业的要求不够重视，未按照要求进行能力确认和签署承诺书。

【解决方案】检验检测机构应根据《生态环境监测机构评审补充要求》对上述人员进行基础理论、基本技能和样品分析的考核，并对照岗位要求，对其执业资格进行能力确认。授权签字人和检验人员的能力确认应由技术负责人进行，考核范围应覆盖其被授权的检测项目和领域。从事检验检测活动的人员指检验检测机构质量管理体系所覆盖的全部人员，不包括保安、保洁、司机、厨师等辅助人员，检验检测机构应当把好用人关，在人员聘用合同中通过约定或签署声明等方式，其承诺不同时在两个及以上检验检测机构从业。

【参考实例】不同时在两个及以上检验检测机构从业的承诺（示例）。

个人承诺书

我了解有关保密法规和公正诚信制度，知悉应当承担的保密和公正诚信的义务和法律责任。本人郑重承诺：

一、认真遵守《中华人民共和国环境保护法》《中华人民共和国计量法》等相关法律法规和国家保密法律法规及单位保密规章制度，遵循客观独立、公平公正、诚实信用原则，恪守职业道德，承担社会责任，自觉履行保密义务；对工作中获得的信息依法进行保密。

二、不提供虚假个人信息，自愿接受保密审查。

三、不违规记录、存储、复制、传输客户商业或技术产权的事项的秘密信息，不违规留存公司秘密载体；不通过普通邮政、快递等无保密措施的渠道传递公司秘密载体。

四、不以任何方式泄露所接触和知悉的国家及公司秘密；不将其他客户保密产品资料和信息泄露给无关方。

五、自觉遵守“三不得”规定，不得与从事的检测活动以及出具的数据和结果存在利益关系；不得参与有损检测判断的独立性和诚信度的活动；不得参与和检测项目或者类似的竞争性项目有关系的产品设计、研制、生产、供应、安装、使用或者维护活动。

六、离岗时，主动清退涉密文件资料，自愿接受脱密期管理，签订承诺书。

七、不同时在两家及以上检验检测机构从业。

违反上述承诺，自愿承担责任和法律后果。

承诺人签名：×××

××××年××月××日

案例 3.4

【案例描述】在进行资质认定现场评审时，评审员发现某机构申请水和废水、环境空气和废气、噪声领域的检测能力，采样人员上岗资格确认表里没有明确具体项目，该机构不能提供外采检测人员操作考核记录。

【不符合事实分析】不符合 RB/T 214—2017 中 4.2.5 条款、4.2.7 条款和《生态环境监测机构评审补充要求》第十条的要求，检验检测机构未对采样人员依据相应的教育、培训、技能和经验进行能力确认，并且未保留人员的相关资格和能力确认的记录。该机构只将人员岗位定为采样员，没有足够的证据证明相关人员能胜任全部项目的采样工作。

【可能发生的原因】机构对RB/T 214—2017中4.2.5条款和4.2.7条款认识不到位，未掌握进行关键人员能力确认的要求。

【解决方案】依据RB/T 214—2017中4.2.5条款、4.2.7条款及《生态环境监测机构评审补充要求》第十条的规定，从事采样的监测技术人员应经过必要的培训和能力确认，检验检测机构应根据其教育、培训、技能和经验进行能力确认，采样人员能力确认方式应包括采样理论知识、采样设备操作、实际样品采集等的培训和考核。上岗资格的确认应明确、清晰，具体到被授权的检测方法和操作的仪器设备（必要时具体到设备编号），考核合格后持证上岗。有关人员能力确认的资料包括个人学历、经历证明、考核试卷或记录等。

【参考实例】见表3-3、表3-4。

表3-3　采样人员上岗证（示例）

<table>
<tr><td>姓名</td><td colspan="2"></td><td>上岗证号</td><td></td></tr>
<tr><td>发证时间</td><td colspan="4">授权检测项目</td></tr>
<tr><td rowspan="6">2018.11.16</td><td>类别</td><td>名称</td><td colspan="2">检测方法及编号</td></tr>
<tr><td>水和废水</td><td>pH</td><td colspan="2">《水和废水监测分析方法》（第四版）（增补版）第三篇第一章中的便携式pH计法（B）</td></tr>
<tr><td rowspan="2">环境空气和废气</td><td>泄漏和敞开液面排放的挥发性有机物</td><td colspan="2">《泄漏和敞开液面排放的挥发性有机物检测技术导则》（HJ 733—2014）</td></tr>
<tr><td>工业排放油烟/油雾</td><td colspan="2">《工业排放油烟浓度测定方法　红外分光光度法》（DB13/T 2589—2017）</td></tr>
<tr><td rowspan="2">固体废物</td><td rowspan="2">样品采集</td><td colspan="2">《工业固体废物采样制样技术规范》（HJ/T 20—1998）</td></tr>
<tr><td colspan="2">《危险废物鉴别技术规范》（HJ 298—2019）</td></tr>
<tr><td>技术负责人签字</td><td colspan="4">年　月　日</td></tr>
<tr><td>有效日期</td><td colspan="4">年　月　日　至　年　月　日</td></tr>
<tr><td>备　注</td><td colspan="4"></td></tr>
</table>

表3-4　采样人员上岗考核计划及考核结果

序号	项目名称	检测方法及编号	考核方式	考核人	考核情况记录	考核结果
1	pH	《水和废水监测分析方法》（第四版）（增补版）第三篇第一章中的便携式pH计法（B）	盲样考核	×××	测定值5.46 保证值 （5.50±0.27）	满意
2	泄漏和敞开液面排放的挥发性有机物	《泄漏和敞开液面排放的挥发性有机物检测技术导则》（HJ 733—2014）	操作演示	×××	熟悉仪器原理，操作步骤正确，结果表示符合要求	满意
3	工业排放油烟/油雾	《工业排放油烟浓度测定方法 红外分光光度法》（DB13/T 2589—2017）	操作演示	×××	操作规范	满意
4	固体废物样品采集	《工业固体废物采样制样技术规范》（HJ/T 20—1998）	操作演示	×××	操作基本规范，采样量符合规范要求，记录信息完整	满意
5	……	……	……	……	……	……

案例3.5

【案例描述】某机构检验员杨某被授权操作气相色谱仪和原子吸收光谱仪，杨某具有气相色谱仪多年操作经验，杨某的岗位能力确认记录中有气相色谱仪的考核记录，但缺少操作原子吸收光谱仪的技能或经验证明，人员能力确认记录无具体内容。

【不符合事实分析】不符合RB/T 214—2017中4.2.5条款和《生态环境监测机构评审补充要求》第十条人员能力确认的要求。作为大型仪器的操作人员，未依据相应的教育、培训、技能和经验进行能力确认，仅凭借一种仪器的操作经验就授权其操作其他仪器设备。

【可能发生的原因】机构对于RB/T 214—2017中4.2.5人员能力确认的要求认识不到位，以至于以偏概全，未对其操作原子吸收光谱仪的能力进行确认（即进行授权）。

【解决方案】机构应按照RB/T 214—2017中4.2.5条款和《生态环境监测机构评审补充要求》第十条的要求对人员进行能力确认。杨某被授权操作气相色谱仪和原子吸收光谱仪，首先根据其专业、学历、工作经验等方面证明其具备操作气相色谱仪的能力，但由于其缺少原子吸收光谱仪的使用经历，应对杨某进行相应的理论和操作方法的培训，并对其进行基础理论、基本技能、样品分析考核，合格后进行设备操作授权。

案例3.6

【案例描述】某次监督检查过程中发现，某机构新进检测人员杨某能力确认的证明材料较少，没有实际操作和分析的相关原始记录，该机构上岗能力确认记录表无具体检测项目或岗位分工、教育、经历、培训、技能及经验等方面的确认。

【不符合事实分析】不符合 RB/T 214—2017 中 4.2.5 及《生态环境监测机构评审补充要求》第十条的要求，未对从事检验检测的人员依据相应的教育、培训、技能和经验进行能力确认。

【可能发生的原因】机构对相关条款和要求认识不到位，未掌握有关人员能力确认的要求。

【解决方案】机构应对从事检验检测的人员进行培训、考核和能力确认，尤其是新进人员，应根据其能力确定岗位分工，并细化到具体检测参数或标准。应依据相应的教育、培训、技能和经验进行能力确认，能力确认方式应包括基础理论、基本技能、样品分析的培训与考核等。能力确认的证明材料应包括但不限于以下：人员的学历、学位、职称证书等；工作经历证明；培训的记录和基本理论考核结果；基本技能操作及样品分析的记录和结果；人员能力确认的记录；人员的上岗证书或检测能力授权，细化到具体检测参数或标准；其他与人员能力相关的材料。

【参考实例】见表 3-5、表 3-6。

案例 3.7

【案例描述】某生态环境检测机构拟申请水和废水、环境空气和废气、噪声和振动、辐射领域的资质能力，其授权签字人韩某的毕业证专业为放射，中级专业技术职称的专业为介入与放射治疗，人员档案中缺少从事生态环境监测相关工作 3 年以上的经历证明。

【不符合事实分析】不符合《生态环境监测机构评审补充要求》第八条的规定。第八条要求生态环境监测机构授权签字人应掌握较丰富的授权范围内的相关专业知识，并且具有与授权签字范围相适应的相关专业背景或教育培训经历，具有从事生态环境监测相关工作 3 年以上经历。韩某的教育经历与工作经历未能覆盖拟申报的水和废水、环境空气和废气、噪声和振动等领域，不具备全部领域的授权签字人任职资格。

【可能发生的原因】机构对于《生态环境监测机构评审补充要求》中授权签字人的资格要求不熟悉，申请的授权签字人不具备条件。

【解决方案】应对韩某的授权签字人任职资格进行确认，从其专业背景、工作经历、培训经历等方面判断其是否具备申报授权签字领域的条件。根据韩某的个人教育经历和技术职称，初步判定符合辐射领域的签字条件，但还要再确认是否满足具有 3 年以上生态环境监测工作经历的要求。另外，授权签字人除应具备相关的工作经历和资格条件外，还应熟悉 RB/T 214—2017、《生态环境监测机构评审补充要求》及相关法律法规，熟悉本机构质量管理体系程序，了解机构检测能力范围及限制范围，熟悉原始记录、检测报告审核签发程序，熟悉授权签字领域的检测技术、相关标准和技术规范，具备对检测结果做出正确评价和判断的能力。

【参考实例】授权签字人能力确认表示例，见表 3-7。

表 3-5　检测人员上岗能力确认表示例（一）

<table>
<tr><td>姓名</td><td>×××</td><td>文化程度</td><td>××</td><td>毕业学校</td><td colspan="3">××××</td><td>毕业时间</td><td>××××</td><td>所学专业</td><td>××××</td></tr>
<tr><td>性别</td><td>×</td><td>出生年月</td><td>××</td><td>部门岗位</td><td>检测××</td><td>聘用单位</td><td>本公司</td><td>职称</td><td>工程师</td><td>本岗位年限</td><td>5</td></tr>
<tr><td colspan="12">学习培训考核结果</td></tr>
<tr><td colspan="2">考核时间</td><td colspan="3">组织单位</td><td colspan="3">考核方式</td><td colspan="2">结果评价</td><td colspan="2">备注</td></tr>
<tr><td colspan="2">2020.5.8</td><td colspan="3">××××公司</td><td colspan="3">试题答卷</td><td colspan="2">89分，良好</td><td colspan="2"></td></tr>
<tr><td colspan="2">2020.5.6</td><td colspan="3">××××公司</td><td colspan="3">样品前处理操作</td><td colspan="2">满意</td><td colspan="2"></td></tr>
<tr><td colspan="2" rowspan="2">2020.6.9</td><td colspan="3" rowspan="2">××××公司</td><td colspan="3">加标回收率试验考核（土壤中汞）</td><td colspan="2">回收率101%，满意</td><td colspan="2"></td></tr>
<tr><td colspan="3">盲样考核（土壤中铅）</td><td colspan="2">盲样考核合格，满意</td><td colspan="2"></td></tr>
<tr><td colspan="2">评定结果</td><td colspan="10">该员工经过岗前培训，掌握了检测标准的相关知识，通过试题答卷、实验操作考核，成绩合格。在检测工作中均按照国家标准和技术规范操作，准予承担本公司土壤和沉积物中铜及其化合物、锌及其化合物、铅及其化合物、镍及其化合物、铬及其化合物、镉及其化合物、总汞、砷及其化合物的检测，检测项目依据的方法及因子详见附页。
该员工能胜任检测员职务，允许其操作原子吸收分光光度计（型号、编号）、石墨炉原子吸收分光光度计（型号、编号）、冷原子吸收测汞仪（型号、编号）、原子荧光光度计（型号、编号）、微波消解仪（型号、编号）。

评定部门：　　　　　　　　　　技术负责人：
批准日期：　　年　　月　　日</td></tr>
<tr><td colspan="2">附加说明</td><td colspan="10"></td></tr>
</table>

表 3-6　检测人员上岗能力确认表示例（二）

姓名			上岗证号	
×××	类别	名称	检测方法及国标代号	
	土壤和沉积物	（总）汞	《土壤和沉积物　汞、砷、硒、铋、锑的测定　微波消解/原子荧光法》（HJ 680—2013）	
			《土壤质量　总汞的测定　冷原子吸收分光光度法》（GB/T 17136—1997）	
		（总）砷	《土壤和沉积物　汞、砷、硒、铋、锑的测定　微波消解/原子荧光法》（HJ 680—2013）	
			《土壤质量　总砷的测定　二乙基二硫代氨基甲酸银分光光度法》（GB/T 17134—1997）	
		（总）铅	《土壤质量　铅、镉的测定　石墨炉原子吸收分光光度法》（GB/T 17141—1997）	
		（总）铬	《土壤和沉积物　铜、锌、铅、镍、铬的测定　火焰原子吸收分光光度法》（HJ 491—2019）	
		（总）镉	《土壤质量　铅、镉的测定　石墨炉原子吸收分光光度法》（GB/T 17141—1997）	
		（总）铜	《土壤和沉积物　铜、锌、铅、镍、铬的测定　火焰原子吸收分光光度法》（HJ 491—2019）	
		（总）锌	《土壤和沉积物　铜、锌、铅、镍、铬的测定　火焰原子吸收分光光度法》（HJ 491—2019）	
		（总）镍	《土壤和沉积物　铜、锌、铅、镍、铬的测定　火焰原子吸收分光光度法》（HJ 491—2019）	
发证时间	2018.8.20			
考核结论				
技术负责人签字	年　月　日			
有效日期	年　月　日至　　年　月　日			
备　注				

表 3-7　某机构授权签字人能力确认记录示例

<table>
<tr><td>姓名</td><td>× × ×</td><td>文化程度</td><td>大专</td><td>毕业学校</td><td colspan="3">× × × ×</td><td>毕业时间</td><td>× × × ×</td><td>所学专业</td><td>× × × ×</td></tr>
<tr><td>性别</td><td>男</td><td>出生年月</td><td>× × × ×</td><td>部门岗位</td><td>× × × ×</td><td>聘用单位</td><td>本公司</td><td>职称</td><td>× × × ×</td><td>本岗位年限</td><td>9</td></tr>
<tr><td colspan="12">学习培训考核记录</td></tr>
<tr><td>考核时间</td><td colspan="3">组织单位</td><td colspan="4">考核方式</td><td colspan="2">成绩</td><td colspan="2">备注</td></tr>
<tr><td>× × ×</td><td colspan="3">× × × × 公司</td><td colspan="4">试题答卷</td><td colspan="2">合格</td><td colspan="2"></td></tr>
<tr><td></td><td colspan="3"></td><td colspan="4"></td><td colspan="2"></td><td colspan="2"></td></tr>
<tr><td>评定结果</td><td colspan="11">1. 学历：2010 年毕业于 × × × ×，× × × × 专业，全日制三年大学专科毕业，毕业证书编号：× × × ×；
2. 资格证书：2010 年 12 月被评定为环境检测专业初级工程师，证书编号：× × × ×；
3. 工作经历：
（1）自 2010 年 7 月—2011 年 3 月在 × × × × 担任检测员，从事 × × × × 工作；
（2）自 2011 年 3 月—2017 年 11 月在 × × × × 有限公司工作，担任 × × × ×，负责公司现场采样工作的执行和安排；
（3）自 2017 年 11 月至今，担任 × × × × × × 有限公司 × × × × × 职务，负责 × × × × 的运行。
依据《检验检测机构资质认定能力评价　检验检测机构通用要求》（RB/T 214—2017）中 4.2.4 及河北省质量技术监督局《关于明确检验检测机构资质认定若干技术要求的通知》（冀质监函〔2018〕326 号文件）对授权签字人的要求，对 × × × 的教育经历、职称、工作经历等进行确认，通过理论考核及对其技术能力的进一步确认，认为 × × × 熟悉标准技术规范、报告审核签发流程，具备对检测结果进行正确判定的能力，符合授权签字人的条件。
拟将 × × × 提名为本机构此次扩项评审通过的“水和废水”“环境空气和废气”“土壤和沉积物”检测项目的授权签字人。

评定部门：　　　　　　　　　　技术负责人：
　　　　　　　　　　　　　　　批准日期：　　　年　　月　　日</td></tr>
<tr><td>附加说明</td><td colspan="11">本表一式二联：第一联备案存档；第二联存入员工个人档案</td></tr>
</table>

案例 3.8

【案例描述】某机构在进行首次资质认定现场评审时发现未指定提出意见和解释的人员。

【不符合事实分析】不符合 RB/T 214—2017 中 4.2.5 条款的要求。机构未对提出意见和解释的人员进行能力确认，未指定提出意见和解释的人员。

【可能发生的原因】机构对于 RB/T 214—2017 中 4.2.5 条款要求不熟悉，未掌握指定提出意见和解释人员的要求。

【解决方案】机构应学习并理解 RB/T 214—2017 中 4.2.5 条款中对于任命提出意见和解释人员的要求，指定熟悉检验项目、方法、判定依据和报告的人员作为提出意见和解释人员，当客户对检测报告提出异议时，能对报告做出分析和解释。

3.4 人员培训

RB/T 214—2017 中的描述如下：

> 4.2.6 检验检测机构应建立和保持人员培训程序，确定人员的教育和培训目标，明确培训需求和实施人员培训。培训计划应与检验检测机构当前和预期的任务相适应。

《〈检测和校准实验室能力认可准则〉应用要求》（CNAS-CL01-G001：2018）中的有关描述如下：

> 6.2.5 c） 实验室应制定程序对新进技术人员和现有技术人员新的技术活动进行培训。实验室应识别对实验室人员的持续培训需求，对培训活动进行适当安排，并保留培训记录。

人员培训的对象一般包括新上岗人员、转岗人员、开展新项目的检测人员、法律法规规定必须具备某种特殊资质的人员、其他需要提高检测技能水平的人员。培训方式包括内部培训和外部培训。内部培训通常由机构内部经验丰富的人员通过理论和操作技能授课进行；外部培训通过参加有培训资质的机构开办的培训班、设备厂家的操作培训及外聘专家授课等方式进行。

3.4.1 培训计划

科学合理地制订培训计划是开展好人员培训的首要条件。培训计划应与当前和预期的任务相适应，包括法律法规、机构的质量手册与程序文件、主要仪器设备原理与操作规程、与检测相关的标准规范及作业文件、检测员应知应会的基础知识、误差理论、不确定度评定、统计技术等。环境领域还应包括环境保护基础知识、法律法规、评价标准、监测标准或技术规范、质量控制要求，以及有关化学、生物、辐射等安全防护知识。

实验室应识别对实验室人员的持续培训需求，制订人员培训计划时应注意：

（1）检测人员所需的培训，取决于与检测活动相关的能力、资格和经验等的要求，应为不同检测人员量身定制不同阶段的培训计划。

（2）检测人员接受外部培训并取得资格证书，并不意味其已具备检测能力或专业判断能力，更不能说明其能持续保持该能力。因此需要持续地对人员能力做出培训、评价、监督以及再评价、再监督、再培训。

（3）对于检测领域较多、检测人员也较多的机构，对每一位技术人员做出评价和培训可能比较困难，建议由各个检验领域或各个部门识别培训需求和评价培训效果。

（4）培训的方式是多样的，培训方法也应灵活。如某大型检验机构，先由各个检验部门识别本部门各个检验人员的培训需求，提出部门的培训申请，再汇总成为机构的年度培训计划，见表 3-8。每月根据各部门的培训计划实施相关培训，由技术负责人评价确认后，再由质量负责人进行收集、管理。

3.4.2　培训效果评价

培训效果评价是培训工作的重要组成部分，是培训工作的最后一个环节，也是验证培训有效性的重要环节，培训效果评价的目的是考察上一阶段所进行的培训是否实现了培训目标，以及计划、组织、考核等工作的效果如何。

培训效果评价应当坚持全面评价、突出重点的原则，应对培训计划、组织方式、方法、效果等方面进行评价，重点突出对培训效果的分析，即通过培训，受训人员的知识、技能是否有所提高，是否达到预期的培训目的。针对新入职员工，可以通过书面考核方式评估入职培训效果，然后通过理论和实践考核对上岗培训进行相关情况评估；针对在岗培训和特种作业培训，可以利用培训总结报告和现场演示进行培训效果评价。

表 3-8　某机构 2020 年度培训计划

序号	内容	培训学时	培训目的	培训对象	培训方式	讲师	实施时间	培训考核方式	培训效果评价标准
一、管理体系及相关法律法规									
1	管理手册、程序文件的宣贯	12	保证体系有效运行	全员	内部培训	质量负责人	每季度第一个月	讨论、问答	理解正确，回答完整、准确
2	《检验检测机构资质认定管理办法》、RB/T 214—2017、《生态环境监测机构评审补充要求》	12	更好地了解资质认定法律法规和相关文件	全员	外部培训	待定	待定	根据培训要求进行考核	培训合格证
3	《关于深化环境监测改革提高环境监测数据质量的意见》《环境监测数据弄虚作假行为判定及处理办法》	4	明确责任	全员	内部培训	最高管理者	1—2 月	讨论、问答	理解正确，回答完整、准确
4	《生态环境档案管理规范　生态环境监测》（HJ 8.2—2020）、《环境保护档案管理办法》《电子文件归档与电子档案管理规范》（GB/T 18894—2016）	2	了解归档情况及电子档案的管理要求	质量部、档案管理员	内部培训	质量负责人	3 月	讨论、问答	理解正确，回答完整、准确
5	公司规章、安全制度、入职前专业技能培训	随时	宣贯企业文化、公司制度及员工专业技能提升	新入职员工	内部培训	室主任	全年	问答	理解正确，回答完整、准确

续表

序号	内容	培训学时	培训目的	培训对象	培训方式	讲师	实施时间	培训考核方式	培训效果评价标准
二、专业技术培训									
1	《污水监测技术规范》（HJ 91.1—2019）及相关内容的培训	2	掌握监测方案的制定、点位调查、监测采样、样品保存及运输、交接等技术要求	报告编写及提出意见解释的人员	内部培训	现场室主任	3月	笔试，闭卷考核	80分以上为优秀，60～80分为基本满意，低于60分为不满意
2	建设项目竣工环境保护验收工作实施及其相关技术规范、管理办法的培训	4	了解建设项目验收的依据、验收程序和内容及监督管理等，掌握现场核查要点及现场监测要求等内容	报告编写及提出意见解释的人员	外部培训	待定	2—3月	根据培训要求进行考核	取得培训合格证；在本单位宣讲条理清晰，技术要求理解准确
3	《土壤环境质量　农用地/建设用地土壤污染风险管控标准（试行）》（GB 15618—2018）及GB 36600—2018培训	12	了解农用地及建设用地的分类，风险筛选值及管控值的监测项目、限值及使用情况	报告编写及提出意见解释的人员	外部培训	待定	2—3月	根据培训要求进行考核	取得培训合格证；在本单位宣讲条理清晰，对技术要求理解准确
4	实验室扩项标准培训	16	了解分析方法适用范围、基本原理、操作过程及分析要求等内容	实验及报告编写、审核等人员	内部培训	待定	4—5月	笔试、操作、问答	笔试要求80分以上，操作熟练正确，回答准确、全面
5	钢铁、焦化、火电行业相关标准及技术规范培训	12	对2020年新标准内容进行培训，掌握相关要求	采样人员、实验室分析人员、报告编制人员	内部培训	技术负责人	6—7月	笔试、问答	笔试要求80分以上，回答准确、全面

续表

序号	内容	培训学时	培训目的	培训对象	培训方式	讲师	实施时间	培训考核方式	培训效果评价标准
6	场地环境调查、监测技术导则及相关标准的培训	16	了解场地调查的工作程序、监测内容要点、提出合理结论等	采样人员、实验室分析人员、报告编制人员	外部培训	待定	8—9月	根据培训要求进行考核	培训者取得培训合格证；在本单位宣讲，条理清晰，技术要求理解准确
7	水环境质量标准、规范	4	学习掌握地表水、地下水及工业废水等质量分类指标及限值、调查与监测、质量评价等内容	报告编写、审核、签发人员	内部培训	技术负责人	10月	笔试	80分以上为优秀，60~80分为基本满意，低于60分为不满意
8	声环境质量标准、技术规范培训	2	学习掌握环境噪声适用区划、限值及监测要求等	报告编写、审核、签发人员	内部培训	技术负责人	11月	笔试	80分以上为优秀，60~80分为基本满意，低于60分为不满意
9	综合技术部职责、报告模板、编码规则等	随时	了解综合技术部工作内容、个人职责，掌握报告形式、编码规则等	新员工	内部培训	室主任	待定	问答	回答准确、全面
10	日常采样问题总结、标准学习	48	针对日常采样发现的各种问题进行总结归纳并解决	现场采样人员	内部培训	现场室主任	每月一次	问答、操作演示	回答准确、全面，操作熟练，满足要求
11	安全知识	8	增强自我防护意识	全员	内部培训	安全管理员	每季度第三个月	问答	回答准确、全面

续表

序号	内容	培训学时	培训目的	培训对象	培训方式	讲师	实施时间	培训考核方式	培训效果评价标准
12	检测标准学习	48	针对实验中容易出现问题或检测频次低的项目组织内部学习	检测员	内部培训	技术负责人	每周一次	笔试、操作、问答	笔试要求80分以上，操作熟练正确，回答准确、全面
13	恶臭污染物（嗅辨员、判定师）专业技术培训班	16	技术人员上岗培训	嗅辨员、判定师	外部培训	待定	4—6月	根据培训要求进行考核	取得考核合格证
14	质量保证和质量控制	8	了解各类检测方法质量控制措施	全员	内部培训	质量负责人	每季度一次	笔试	80分以上为优秀，60～80分为基本满意，低于60分为不满意
……									

3.4.3 案例分析

案例 3.9

【案例描述】2019 年监督检查中发现，某机构技术负责人李某的人员档案中培训经历自 2014 年以后未更新，该技术负责人解释说，这几年其参加过几次检测方法和体系运行方面的培训，就是没有进行登记。

【不符合事实分析】不符合 RB/T 214—2017 中 4.2.6、4.2.7 的要求。检验检测机构应建立和保持人员培训程序，确定人员的教育和培训目标，明确培训的需求和实施人员培训，且应保留人员培训的记录。该案例发生在 2019 年河北省生态环境监督机构专项监督检查中，作为技术负责人，李某应根据机构当前和预期的任务制订与之相适应的培训计划，其所参加的内部和外部培训均应进行培训效果评价，将评价记录和培训证书等资料纳入人员档案。

【可能发生的原因】机构人员培训管理不到位，档案管理不规范，该技术人员参加外部培训后，未对培训效果进行评价，培训资料未进行收集整理归档。

【解决方案】应加强学习，了解 RB/T 214—2017 中人员管理和人员培训的要求，根据机构当前和预期的任务制订培训计划并实施，按照要求进行培训效果评价。记录和存档。一般情况下，人员培训后由技术负责人进行培训效果评价。作为技术负责人，其本人参加培训后，如何进行培训效果的评价，是让很多机构困惑的问题。培训效果评价主要是针对培训目的验证其有效性，所以技术负责人参加的培训可以根据培训内容，由质量负责人、有经验的技术人员或者最高管理者进行评价。

案例 3.10

【案例描述】监督检查中发现，某机构 2018 年人员培训计划缺少外部培训内容。

【不符合事实分析】不符合 RB/T 214—2017 中 4.2.6 的要求。该机构培训计划未能体现培训需求，不能与当前和预期的任务相适应。

【可能发生的原因】机构对于 RB/T 214—2017 中 4.2.6 的认识不够，制订的培训计划与机构当前和预期的任务不适应，人员培训计划不全面。

【解决方案】根据 RB/T 214—2017 中 4.2.6 的要求，机构制订培训计划前应识别人员的培训需求。RB/T 214—2017 标准于 2017 年 10 月 16 日发布，2018 年 5 月 1 日实施，对检验检测机构来说，面临体系文件转版和依据新标准要求运行，亟须通过参加外部培训了解 RB/T 214—2017 的新要求，以指导实际工作，所以，其在 2018 年制订的培训计划应增加 RB/T 214—2017 标准及条款解读等方面的外部培训。同时，生态环境和市场监管部门发布实施的标准、规范也在不断更新，该机构也应该根据人员技术需求提出相应的外部培训计划并实施。

案例 3.11

【案例描述】扩项评审时发现，某机构针对新开展项目组织的内部培训，采取答卷的方式进行考核，缺少评价效果的评价分析及结果。

【不符合事实分析】不符合 RB/T 214—2017 中 4.2.6 的要求。实施培训后，仅用答卷考核不能表明检测人员掌握了培训的内容。

【解决方案】为了验证培训的有效性，应该通过答卷、问答、操作或其他方式进行考核，并对培训的效果进行评价。该机构针对新开展项目组织内部培训后，通过答卷的方式进行考核后，应对检测人员答卷情况进行分析，统计成绩分布，整理其对培训内容理解不完善的方面，了解不同人员的掌握情况，对此次培训的效果进行有效性评价，验证是否达到培训的目的。

【参考实例】见表 3-9。

表 3-9　某机构培训实施记录表（示例）

<table>
<tr><td>部门</td><td colspan="3">检测室、现场室</td></tr>
<tr><td>培训内容</td><td colspan="3">新扩项标准培训</td></tr>
<tr><td>授课老师</td><td>×××（检测室主任）</td><td>日期</td><td>××××年××月××日</td></tr>
<tr><td>参加人员</td><td colspan="3">检测室、现场室全体人员</td></tr>
<tr><td colspan="4">培训内容简介：
《水质　石油类和动植物油类的测定　红外分光光度法》（HJ 637—2018）；
《生活饮用水标准检验方法　有机物综合指标》（GB/T 5750.7—2006）中 3.5 非分散红外光度法；
《水质　石油类的测定　紫外分光光度法（试行）》（HJ 970—2018）
培训了红外测油仪的操作方法和使用注意事项，针对水中石油、动植物油的检测进行了学习，重点讲解了试验关键技术及结果表示，以及质量控制的要求</td></tr>
<tr><td colspan="4">考核方法：☑笔试　□评定　□审核　☑操作　□其他（问答）</td></tr>
<tr><td colspan="4">考核结论：本次采用操作演示和闭卷考试的方式进行培训效果考核。培训共 15 人参加，操作演示考核 15 人，结果满意，笔试成绩 80～90 分的有 10 人，90～100 分的有 5 人</td></tr>
<tr><td colspan="4">有效性评价：通过培训以上内容，检测人员均已掌握样品采集、样品分析、仪器使用和数据处理的方法和要求，本次培训通过操作演示和闭卷考试的方式进行了培训考核，考核结果满意，达到此次培训的目的，培训效果良好

评价人：　　　　　日期：</td></tr>
</table>

3.5　人员监督

RB/T 214—2017 中关于人员监督的描述如下：

4.2.5 检验检测机构应对抽样、操作设备、检验检测、签发检验检测报告或证书以及提出意见和解释的人员，依据相应的教育、培训、技能和经验进行能力确认。应由熟悉检验检测目的、程序、方法和结果评价的人员，对检验检测人员包括实习员工进行监督。

4.2.7 检验检测机构应保留人员的相关资格、能力确认、授权、教育、培训和监督的记录，记录包含能力要求的确定、人员选择、人员培训、人员监督、人员授权和人员能力监控。

《〈检测和校准实验室能力认可准则〉应用要求》（CNAS-CL01-G001：2018）中的描述如下：

6.2.5 d） 实验室应关注对人员能力的监督模式，确定可以独立承担实验室活动人员，以及需要在指导和监督下工作的人员。负责监督的人员应有相应的检测或校准能力。

检验检测机构通过建立长期有效的质量监督机制，制定全面详细的日常监督方案，并对监督结果进行分析和评价，及时发现薄弱环节，实施有效纠正、改进和预防措施，以此持续改进管理体系。日常质量监督应覆盖监测全过程，包括监测程序、监测方法、监测结果、数据处理及评价和监测记录等。对于监测活动的关键环节、新开展项目和新上岗人员等应加强质量监督。

ISO/IEC 17025 强调进行足够的监督，主要是强调监督的有效性，足够监督首先要保证监督人员满足“由熟悉各项检测和校准的方法、程序、目的和结果评价的人员对检测和校准人员包括在培员工进行足够的监督”的条件，才能保证监督的有效性。因此，质量监督员应由单位任命，并授予其行使职权。质量监督员应有足够的专业知识，熟悉检验方法，了解检验目的、检验程序，懂得结果的评价。

对一个机构而言，质量监督员要在自己熟悉的专业领域内实施监督，并且实验室设置质量监督员的数量应能够覆盖实验室所开展的检测活动。质量监督员应有权当场指出问题，责令立即改正；当不符合工作要求且处置发生困难时，可以直接向质量主管或技术主管报告，以便及时采取补救措施。

质量监督员对人员检测过程关键环节进行监督（表 3-10），确保工作质量。监督的重点如下：

（1）使用在培人员时，应对其进行重点监督；

（2）使用非固定人员、其他的技术人员及关键支持人员时，实验室应确保这些人员胜任工作且受到监督；

（3）对重要的工作环节、工作业务、检测项目以及人员要重点实施监督；

（4）新的检验项目、检测设备、检测人员、重要的检测业务、容易出现问题的环节应受到监督。

表 3-10　人员监督记录

<table>
<tr><td colspan="4">人员监督记录表</td></tr>
<tr><td>监督项目</td><td colspan="3"></td></tr>
<tr><td>样品编号</td><td></td><td>依据标准</td><td></td></tr>
<tr><td>受监督部门</td><td></td><td>被监督人员</td><td></td></tr>
<tr><td>监督方式</td><td colspan="3"></td></tr>
<tr><td colspan="2">监督内容</td><td colspan="2">监督记录</td></tr>
<tr><td colspan="2">上岗证持证情况</td><td colspan="2"></td></tr>
<tr><td colspan="2">仪器操作能力，操作熟练性、正确性</td><td colspan="2"></td></tr>
<tr><td colspan="2">样品制备及试剂配制能力</td><td colspan="2"></td></tr>
<tr><td colspan="2">样品标识是否正确</td><td colspan="2"></td></tr>
<tr><td colspan="2">选用检测方法的正确性，熟悉检测方法或使用作业指导书的能力</td><td colspan="2"></td></tr>
<tr><td colspan="2">环境设施的选择和设置及控制能力</td><td colspan="2"></td></tr>
<tr><td colspan="2">采样、现场监测能力</td><td colspan="2"></td></tr>
<tr><td colspan="2">分析测试过程操作的规范性、正确性</td><td colspan="2"></td></tr>
<tr><td colspan="2">原始记录及数据处理能力</td><td colspan="2"></td></tr>
<tr><td colspan="2">结果报告的出具能力及审核能力</td><td colspan="2"></td></tr>
<tr><td colspan="2">其他</td><td colspan="2"></td></tr>
<tr><td rowspan="2">监督结果的性质与处理</td><td colspan="3">现场纠正内容：
纠正效果确认：
监督员：　　　年　　月　　日</td></tr>
<tr><td colspan="3">不符合或潜在不符合工作要求和程序的现象：
采取纠正 / 预防措施要求：
完成情况确认：
监督员：　　　年　　月　　日</td></tr>
<tr><td>备注</td><td colspan="3"></td></tr>
</table>

3.6　关键人员的代理人

检验检测机构应指定关键管理人员的代理人，包括管理层、技术负责人、质量负责人、部门负责人（必要时）等，以便其不在岗位时，有人员能代行其职责和权力，保证检验检测各项工作持续正常进行。当管理层、技术负责人、质量负责人、部门负责人临时外出时，应保留相关的代理记录。

比如，某检测机构规定的代理如下：

（1）总经理不在岗时，由技术负责人代行其职责。

（2）技术负责人和质量负责人互为代理。

（3）检测室主任不在岗时由技术负责人代理其职责。

（4）综合业务室主任不在岗时由质量负责人代行其职责。

应当注意的是，由于不同人员的任职要求不同，不具备代理条件的人员不能履行代理职责。当技术负责人不在岗时，由质量负责人代理技术负责人时，则首先应确认质量负责人是否具备代理的条件，之后才能决定是否指定由其代理行使职责和权力。

案例 3.12

【案例描述】技术负责人休假期间未明确具备满足技术负责人条件的代理人。

【不符合事实分析】不符合 RB/T 214—2017 中 4.2.3 检验检测机构应指定关键管理人员的代理人的要求。技术负责人在检验检测机构中全面负责技术运作，休假时间较长时为保障机构工作正常进行，应指定代理人。

【解决方案】机构应该明确哪些关键人员需要指定代理人，并指定什么情况由谁作为代理人员。对于技术负责人，一般人员不能承担其代理任务，代理人应经能力确认，符合技术负责人任职条件后担任代理人，代理期间保留相关的代理记录。

3.7 关键人员变更

根据《检验检测机构资质认定管理办法》第十四条规定，有下列情形之一的，检验检测机构应当向资质认定部门申请办理变更手续：

（1）机构名称、地址、法人性质发生变更的；

（2）法定代表人、最高管理者、技术负责人、检验检测报告授权签字人发生变更的；

（3）资质认定检验检测项目取消的；

（4）检验检测标准或者检验检测方法发生变更的；

（5）依法需要办理变更的其他事项。

因此，当法定代表人、最高管理者、技术负责人、检验检测报告授权签字人发生变更时，机构需办理变更手续，同时应将变更备案表等资料存档。

案例 3.13

【案例描述】

2019 年河北省暂停的 71 家生态环境检测机构中，有 12 家机构存在未及时办理变更手续的问题，主要存在问题如下：

◇ 授权签字人离职，未及时办理撤销变更手续；

◇ 最高管理者、技术负责人、授权签字人均已调离，未办理变更手续；

◇ 技术负责人、授权签字人离职，未及时办理撤销变更手续；

◇ 最高管理者已变更，未履行变更手续；

◇ 法人和最高管理者均已变更，未完成法人和最高管理者变更手续。

【不符合事实分析】不符合《检验检测机构资质认定管理办法》第十二条中的第二项，法定代表人、最高管理者、技术负责人、检验检测报告授权签字人发生变更时检验检测机构向资质认定部门申请办理变更的情形。

【解决方案】上述案例所描述的情形，机构均需及时向资质认定部门申请办理变更手续。法定代表人、最高管理者、技术负责人变更时，应将人员变更备案表及其证明材料提交资质认定部门备案；授权签字人变更时，需提交人员变更备案申请表及证明材料，经资质认定管理部门批准后，方可履行授权签字职责。

【参考实例】见表3-11。

表3-11　检验检测机构资质认定人员变更备案表（示例）

检验检测机构名称					
职务	变更前人员姓名	变更前身份证号	变更后人员姓名	变更后身份证号	变更类型
上传自我承诺扫描件（需技术负责人签名、盖章；适用于替换、新增技术负责人时）					
联系人			手机		
通信地址及邮编			传真		
资质认定部门盖章					

注：①此表仅适用法定代表人、最高管理者、技术负责人的变更；

②职务类型包括法定代表人、最高管理者、技术负责人，变更类型包括替换、新增、撤销；

③法定代表人变更时，需要同时提供事业单位法人登记证书或工商营业执照；

④最高管理者变更时，需同时提供相关任命文件及法人授权书；

⑤技术负责人变更时，需同时提供相关任命文件、职称和学历证明文件、工作经历证明（有需要时）。

第4章　场所环境

检验检测机构应具有满足相关法律法规、标准或技术规范要求的工作场所，对所需要的环境条件进行识别，并对环境条件进行控制。

RB/T 214—2017 中相关描述如下：

> **4.3　场所环境**
>
> **4.3.1**　检验检测机构应有固定的、临时的、可移动的或多个地点的场所，上述场所应满足相关法律法规、标准或技术规范的要求。检验检测机构应将其从事检验检测活动所必需的场所、环境要求制定成文件。
>
> **4.3.2**　检验检测机构应确保其工作环境满足检验检测的要求。检验检测机构在固定场所以外进行检验检测或抽样时，应提出相应的控制要求，以确保环境条件满足检验检测标准或者技术规范的要求。

《生态环境监测机构评审补充要求》中的描述如下：

> **第十一条**　生态环境监测机构应按照监测标准或技术规范对现场测试或采样的场所环境提出相应的控制要求并记录，包括但不限于电力供应、安全防护设施、场地条件和环境条件等。应对实验区域进行合理分区，并明示其具体功能，应按监测标准或技术规范设置独立的样品制备、存贮与检测分析场所。根据区域功能和相关控制要求，配置排风、防尘、避震和温湿度控制设备或设施；避免环境或交叉污染对监测结果产生影响。环境测试场所应根据需要配备安全防护装备或设施，并定期检查其有效性。现场测试或采样场所应有安全警示标识。

《检测和校准实验室能力的通用要求》（GB/T 27025—2019/ISO/IEC 17025：2017）中的描述如下：

> **6.3　设施和环境条件**
>
> **6.3.1**　设施和环境条件应适合实验室活动，不应对结果有效性产生不利影响。
>
> **6.3.2**　实验室应将从事实验室活动所必需的设施及环境条件的要求形成文件。
>
> **6.3.3**　当相关规范、方法或程序对环境条件有要求时，或环境条件影响结果的有效性时，实验室应监测、控制和记录环境条件。

6.3.4　实验室应实施、监控并定期评审控制设施的措施，这些措施应包括但不限于：

a）进入和使用影响实验室活动的区域；

b）预防对实验室活动的污染、干扰或不利影响；

c）有效隔离不相容的实验室活动区域。

6.3.5　当实验室在永久控制之外的场所或设施中实施实验室活动时，应确保满足本标准中有关设施和环境条件的要求。

4.1　环境条件控制

4.1.1　天平室

分析天平是化学实验室必备的常用仪器。高精度天平对环境有防震、防尘、防风、防阳光直射、防腐蚀性气体侵蚀以及较恒定的使用温度等要求，因而通常将天平设置在专用的天平室里，以满足环境要求。

天平室建设时应关注以下内容：

（1）房间应避免阳光直射，最好选择阴面房间或采取遮光措施；

（2）选址应尽可能远离街道、铁路及重型机械，以避免震动，无法避免者应采取防震措施；

（3）应远离热源和高强电磁场等环境；

（4）工作室内温度应恒定，温度控制在说明书中规定的温度范围内；当操作说明书中没有指定具体工作温度时，一般控制在 15～30℃为宜。

（5）工作室内湿度应为 45%～75%；

（6）工作室内应整洁干净，避免气流的影响；

（7）工作室内应无腐蚀性气体等影响；

（8）工作台应牢固可靠，台面水平度好。十万分之一以上高精度的天平要求设置防震台，台面中间放置天平的位置与整个台面分开（图 4-1）。

评审过程中发现的天平室常见问题主要有以下几个方面：

（1）选址不符合要求；

（2）未独立设置天平室，与其他房间混用；未按照要求设置缓冲间；

（3）天平未定期维护，天平称量托盘腐蚀；

（4）天平水平未调节，水准泡不在液腔中央；

（5）空调出风口直吹天平，对称量造成影响；

（6）未对天平室的温湿度等环境条件进行控制、监测和记录。

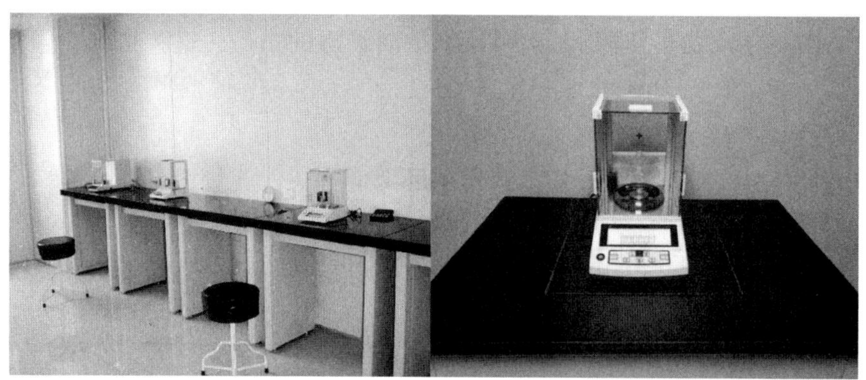

图 4-1　天平台示例

4.1.2　恒温恒湿室

在生态环境监测实验室，恒温恒湿室主要用于重量法测定固定污染源废气中低浓度颗粒物、环境空气中 $PM_{2.5}$ 等项目，对滤膜或采样头进行温度、湿度平衡和称重，涉及的检测方法标准有《固定污染源废气　低浓度颗粒物的测定　重量法》（HJ 836—2017）、《环境空气　PM_{10} 和 $PM_{2.5}$ 的测定　重量法》（HJ 618—2011）等，标准中对恒温恒湿室的技术要求包括：温度控制在 15～30℃任意一点，控温精度 ±1℃；相对湿度控制在（50±5）% RH。

恒温恒湿室由恒温恒湿间、缓冲间、空调设备间 3 个功能区组成，包括天平台、天平、实验桌或货架、样品静电消除装置、温湿度表等主要设施。恒温恒湿室建设时，可参照《恒温恒湿实验室工程技术规程》（T/CECS 644—2019）的要求进行设计、施工、验收，综合性能依据其附录 A 进行检验，并和环境检测相关国家标准、技术规范配合使用。

对于净高 3.0 m 及以下的常规环境、允许波动范围需要满足 $-1.0℃ \leqslant \Delta T \leqslant 1.0℃$ 的实验室，建议采用顶部送风、架空地板回风的气流组织方式，并采用孔板送风措施，且需考虑换气次数对室温均匀程度和自动控制系统调节品质的影响。当有下列情况之一时，应对恒温恒湿实验室进行综合性能检验：

（1）停止使用半年以上后重新投入使用；

（2）进行空调设备大修或更换。

应将恒温恒湿室作为设备进行管理，投入使用前对其进行温湿度校准和证书确认，投入使用后应保证所用条件满足标准中方法规定的要求，并进行监控和记录。

评审过程中发现的恒温恒湿室常见问题主要包括以下几种情况：

（1）天平台不稳定，不具备防震、抗干扰的功能；

（2）无静电消除装置；

（3）恒温恒湿室面积狭小，不利于称量及滤膜、采样头平衡等操作；

（4）室内未对温湿度进行监控和记录，只有设备显示屏存储的数据。

4.1.3 嗅觉实验室

嗅觉实验室用于空气质量恶臭的测定，应满足标准《恶臭嗅觉实验室建设技术规范》（HJ 865—2017）规定的要求。嗅觉实验室应远离异味污染源和噪声源，如与其他区域相邻，应有效隔离，并设立独立的进出通道。

嗅觉实验室应具备采样准备室（≥8 m^2）、样品配置室（≥8 m^2）和嗅辨室（≥12 m^2）三个功能区，有条件的实验室可设休息室、嗅觉仪及泵房，各功能区的布局应该集中紧凑，划分明确，联系方便、互不干扰。其中，准备室主要用于采样前的准备、测定后样品的处理、采样器的清洗等，准备室可以和理化实验室共用，但应满足设计要求；样品配制室主要用于测定器材存放、样品短期存放、无臭空气制备、样品配制等；嗅辨室中设置嗅辨台，用于嗅辨员对样品进行嗅辨（图 4-2）；休息室为嗅辨员提供空气清洁的休息环境，以缓解嗅觉疲劳。

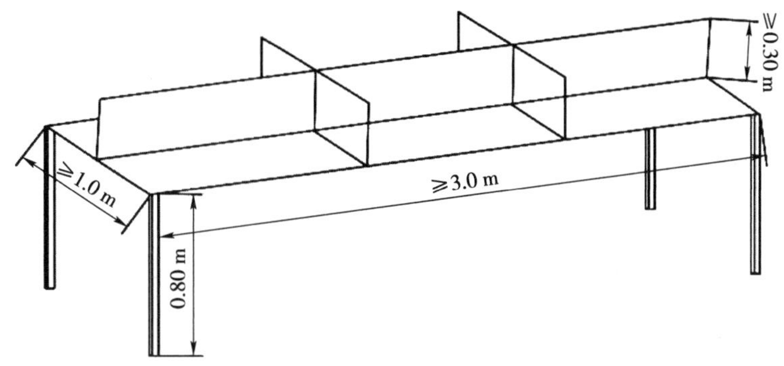

图 4-2　嗅辨台设计示意

评审过程中发现的嗅觉实验室常见问题主要有以下几种情况：

（1）功能区使用面积不满足规范要求；

（2）选址未远离异味污染源及噪声源；

（3）与其他实验室相邻，未有效隔离，无独立的进出通道；

（4）未按照标准要求设置通风及空气净化装置；

（5）无温湿度控制措施，不能保证室内满足温度为 17～25 ℃、相对湿度为 40%～70% 的要求；

（6）未按照规范要求设置样品传递窗（图 4-3）。

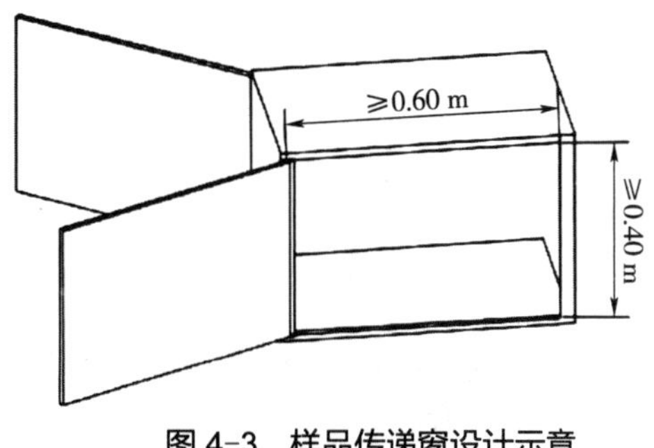

图 4-3　样品传递窗设计示意

4.1.4 土壤制备室与样品库

土壤制备室（图 4-4）应分设风干室和磨样室。

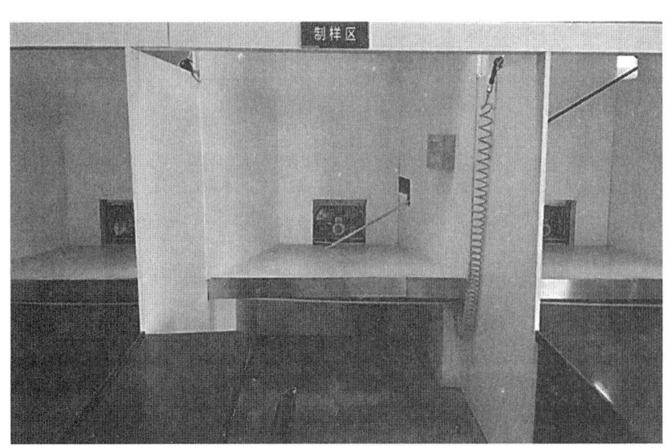

图 4-4 土壤制备室示例

土壤风干室朝南（严防阳光直射土样），通风良好、整洁、无尘、无易挥发性化学物质。风干室应配备风干架、白色搪瓷盘或木盘等工具，必要时配备土壤风干箱。每层样品风干盘上方空间应不少于 30 cm，风干盘之间间隔应不少于 10 cm。

土壤磨样室应独立设置，每个工位应配备专用的通风除尘设施和操作台，工位之间应相互独立，防止交叉污染。土壤磨样室应配备制样工具及容器，如粗粉碎操作常用的木锤、木滚、木棒、有机玻璃棒、硬质木板、无色聚乙烯薄膜等，磨样操作用的玛瑙研钵或玛瑙研磨机、白色瓷研钵等，同时要有 2～100 目不同规格的尼龙筛。磨样室工作期间会产生粉尘，应安装排风罩。制样过程中采样时的土壤留样标签（表 4-1）与土壤样品始终放在一起，严禁混错。研磨均匀后的样品分别装于样品袋或样品瓶，土壤留样标签一式两份，袋内或瓶内一份，袋内或瓶外贴一份。

表 4-1 土壤留样标签示例

样品编号	
样品粒径	□ 10 目　□ 60 目　□ 100 目
制备人	
制备日期	
样品状态	□待检　□在检　□已检　□留样
备　注	

土壤样品库要求保持干燥、通风、无阳光直射、无污染；要定期清理样品，防止霉变、鼠害及标签脱落。样品库通常保存两类土壤样品：一种是预留样品，保留期限一般为 2 年；另一种是分析取用后的剩余样品，保留期限一般为半年；特殊、珍稀、

仲裁、有争议的样品一般要永久保存。样品应按样品名称、编号、粒径分类保存。预留样品在样品库应造册保存。样品入库、领用、清理均需记录。

评审过程中发现的土壤制备室与样品库常见问题主要有以下几种情况：

（1）土壤风干室与磨样室未分设，相互之间干扰；

（2）土壤风干室不可避免地会发生阳光直射样品；

（3）磨样室操作台及排风罩不符合要求；

（4）样品留样粒径等不满足要求，留样标识内容不全；

（5）样品管理混乱，留样台账记录信息不足，领用及销毁等不及时记录。

4.1.5 微生物室

微生物洁净室依据《实验室　生物安全通用要求》（GB 19489—2008），根据对所操作生物因子采取的防护措施，将实验室生物安全防护水平分为四级，一级防护水平最低，四级防护水平最高。以 BSL-1、BSL-2、BSL-3、BSL-4 表示仅从事体外操作的实验室的相应生物安全防护水平；以 ABSL-1、ABSL-2、ABSL-3、ABSL-4 表示包括从事动物活体操作的实验室的相应生物安全防护水平。

微生物室设计和建设时，实验室内温度、湿度、照度、噪声和洁净度等室内环境参数应符合工作要求和卫生等相关要求。其中，BSL-1、BSL-2 实验室在环境领域应用较多，建设生物安全实验室的环境要求如下：

6　实验室设施和设备要求

6.1　BSL-1 实验室

6.1.1　实验室的门应有可视窗并可锁闭，门锁及门的开启方向应不妨碍室内人员逃生。

6.1.2　应设洗手池，宜设置在靠近实验室的出口处。

6.1.3　在实验室门口处应设存衣或挂衣装置，可将个人服装与实验室工作服分开放置。

6.1.4　实验室的墙壁、顶棚和地面应易清洁、不渗水，耐化学品和消毒剂的腐蚀。地面应平整、防滑，不应铺设地毯。

6.1.5　实验室台柜和座椅等应稳固，边角应圆滑。

6.1.6　实验室台柜等和其摆放应便于清洁，实验台面应防水、耐腐蚀、耐热和坚固。

6.1.7　实验室应有足够的空间和台柜等摆放实验室设备和物品。

6.1.8　应根据工作性质和流程合理摆放实验室设备、台柜、物品等，避免相互干扰、交叉污染，并应不妨碍逃生和急救。

6.1.9 实验室可以利用自然通风。如果采用机械通风，应避免交叉污染。

6.1.10 如果有可开启的窗户，应安装可防蚊虫的纱窗。

6.1.11 实验室内应避免不必要的反光和强光。

6.1.12 若操作刺激或腐蚀性物质，应在 30 m 内设洗眼装置，必要时应设紧急喷淋装置。

6.1.13 若操作有毒、刺激性、放射性挥发物质，应在风险评估的基础上，配备适当的负压排风柜。

6.1.14 若使用高毒性、放射性等物质，应配备相应的安全设施、设备和个体防护装备，应符合国家、地方的相关规定和要求。

6.1.15 若使用高压气体和可燃气体，应有安全措施，应符合国家、地方的相关规定和要求。

6.1.16 应设应急照明装置。

6.1.17 应有足够的电力供应。

6.1.18 应有足够的固定电源插座，避免多台设备使用共同的电源插座。应有可靠的接地系统，应在关键节点安装漏电保护装置或监测报警装置。

6.1.19 供水和排水管道系统应不渗漏，下水应有防回流设计。

6.1.20 应配备适用的应急器材，如消防器材、意外事故处理器材、急救器材等。

6.1.21 应配备适用的通信设备。

6.1.22 必要时，应配备适当的消毒设备。

6.2 BSL-2 实验室

6.2.1 适用时，应符合本标准 6.1 的要求。

6.2.2 实验室主入口的门、放置生物安全柜实验间的门应可自动关闭；实验室主入口的门应有进入控制措施。

6.2.3 实验室工作区域外应有存放备用物品的条件。

6.2.4 应在实验室工作区配备洗眼装置。

6.2.5 应在实验室或其所在的建筑内配备高压蒸汽灭菌器或其他适当的消毒设备，所配备的消毒设备应以风险评估为依据。

6.2.6 应在操作病原微生物样本的实验间内配备生物安全柜。

6.2.7 应按产品的设计要求安装和使用生物安全柜。如果生物安全柜的排风在室内循环，室内应具备通风换气的条件；如果使用需要管道排风的生物安全柜，应通过独立于建筑物其他公共通风系统的管道排出。

6.2.8 应有可靠的电力供应。必要时，重要设备（如培养箱、生物安全柜、冰箱等）应配置备用电源。

实验室还应具备用于标示危险区、警示、指示、证明等的图文标识，包括用于特殊情况下的临时标识，如“污染”“消毒中”“设备检修”等。标识应明确、醒目和易区分。应系统而清晰地标示出危险区，同时应清楚地标示出具体的危险材料、危险类型，包括生物危险，需要时，应同时提示必要的防护措施。实验室主入口处应有警示标识（图 4-5），明确说明生物防护级别、操作的生物因子、实验室负责人姓名、紧急联络方式和国际通用的生物危险符号；使用时，应同时注明其他危险。所有操作开关应有明确的功能指示标识，如紫外灯开关，必要时，还应采取防止误操作或恶意操作的措施。

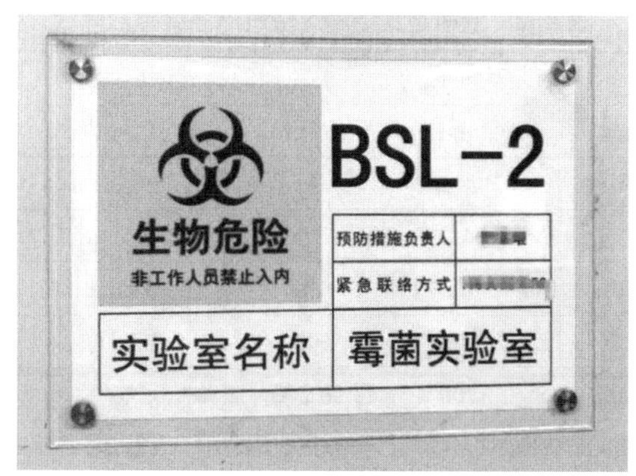

图 4-5　微生物实验室警示标识示例

生物样品的分析场所要独立设置，环境设施及条件要达到相应的标准要求，样品通过有灭菌措施的窗口进行交接，分析场所内要定期对相关因子进行空白样品测试。

根据《实验室质量控制规范　食品微生物检测》（GB/T 27405—2008）附录 B 中 B.2.2 的要求：无菌室在使用前和使用后应进行有效消毒，无菌室的灭菌效果应至少每两周验证一次，记录环境监测结果，并存档保存，不符合规定时应立即停止使用。

无菌室紫外线消毒灭菌法：在室温 20～25℃时，220 V、30 W 紫外灯下方垂直位置 1.0 m 处的 253.7 nm 紫外线辐射强度应≥70 MW/cm^2，低于此值时应更换。设置适当数量的紫外灯，其功率确保平均每立方米不少于 1.5 W。紫外线消毒时，无菌室内应保持清洁干燥。在无人条件下，可采取紫外线消毒，作用时间应≥30 min。室内温度＜20℃或＞40℃、相对湿度大于 60% 时，应适当延长照射时间。人员在紫外灯关闭至少 30 min 后方可入内作业。

无菌室空气灭菌效果验证方法（沉降法）：在消毒处理后至开展检验活动之前采样。取样点位的选择应基于人员流量情况和做实验的频率。一般情况下，无菌室面积≤30 m^2 时，从所设定的一条对角线上选取 3 点，即中心 1 点，两端距墙 1 m 处各取 1 点；无菌室面积≥30 m^2 时，选取东、南、西、北、中 5 点，其中东点、南点、西点、北点均距墙 1 m。在所选点位，将计数琼脂平板（90 mm）或水化 3M Petrifilm™ 菌落总数测试片置于距地面 80 cm 处，开盖暴露 15 min，然后置于 36℃ ±1℃恒温箱培养 48 h±1 h。确认平板上的菌落数，如大于所设定的风险值，应分析其原因，并采取措施。

根据《洁净厂房设计规范》（GB 50073—2013），洁净室及洁净区内空气中悬浮粒子空气洁净度等级应符合表 4-2 的要求。生物洁净室应进行浮游菌、沉降菌测试。对于万级以上洁净度等级的实验室，洁净度测试最长时间间隔是 12 个月，对于万级以下洁净度等级的实验室，洁净度测试最长时间间隔是 6 个月。不同洁净度等级洁净室的净化空气监测频数见表 4-3。

表 4-2　洁净室及洁净区空气洁净度整数等级

空气洁净度等级（N）	大于或等于要求粒径的最大浓度限值 /（pc/m^3）					
	0.1 μm	0.2 μm	0.3 μm	0.5 μm	1 μm	5 μm
1	10	2	—	—	—	—
2	100	24	10	4	—	—
3	1 000	237	102	35	8	—
4	10 000	2 370	1 020	352	83	—
5	100 000	23 700	10 200	3 520	832	29
6	1 000 000	237 000	102 000	35 200	8 320	293
7	—			352 000	83 200	2 930
8	—			3 520 000	832 000	29 300
9	—			35 200 000	8 320 000	293 000

表 4-3　洁净室的净化空气监测频数

<table>
<tr><td rowspan="2">监测项目</td><td colspan="5">空气洁净度等级</td></tr>
<tr><td>1～3</td><td>4、5</td><td>6</td><td>7</td><td>8、9</td></tr>
<tr><td>温度</td><td rowspan="3">循环监测</td><td colspan="4" rowspan="2">每班 2 次</td></tr>
<tr><td>湿度</td></tr>
<tr><td>洁净度</td><td colspan="2">每周 1 次</td><td>每 3 个月 1 次</td><td>每 6 个月 1 次</td></tr>
</table>

资料来源：《洁净厂房设计规范》（GB 50073—2013）中附录 C。

现场评审时微生物实验室主要易存在以下问题：

（1）微生物室紫外灯开关无明显警示标识；

（2）微生物检测区域无准入标识；

（3）微生物检测区域功能划分不能满足微生物检测技术规范要求，清洁区域和污染区域界定不清，存在交叉污染问题；

（4）微生物室不是独立的实验区域，有其他实验功能或者其他实验设备；

（5）微生物室建设不符合相关要求；

（6）标准菌株的保存条件不满足要求，保存条件未监控和记录。

微生物培养、操作设备示例如图 4-6 所示。

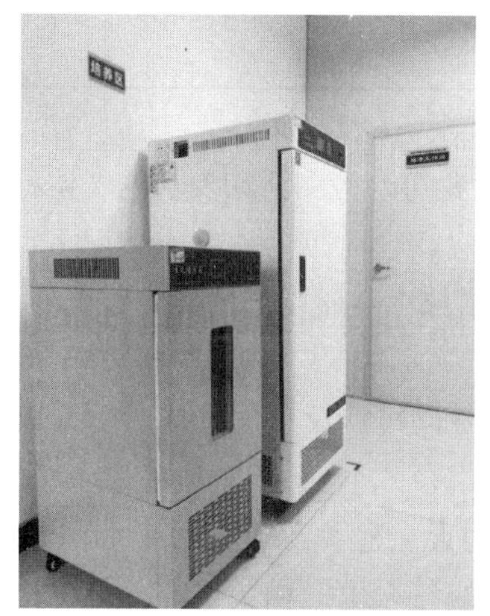
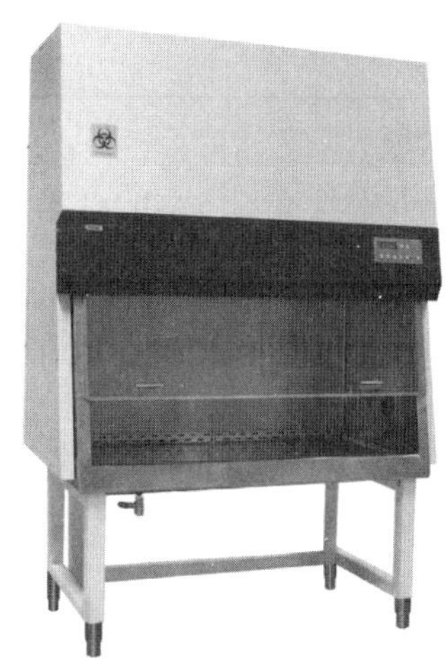

图 4-6　微生物培养、操作设备示例

4.1.6　高温室

高温室（图 4-7）是存放马弗炉、电热鼓风干燥箱、管式炉等加热设备的区域，一般设备需放置在工作台上，因恒温箱大多偏高且体积较大，工作台宜稍低，特大型的恒温箱则须落地设置。工作台的墙上应有相应的电源插座，并注意高负荷用电线路安全。由于设备较重，台板结构应有足够强度，通常采用水磨石或水泥砂浆面层。

高温室管理应注意以下内容：

（1）随时保持高温室与高温仪器内部的卫生清洁，避免样品受污染；

（2）不得用干燥箱烘干与实验无关的物品；

（3）高温室内不能存放易燃易爆品，更不能在干燥箱内烘干有爆炸危险的物品或试剂；

（4）高温室内不得放置非高温设备；

（5）在干燥箱内进行试样或干燥剂的烘干时，须严格控制温度及时间，以防长时间高温烘干造成危险；

（6）干燥箱通风必须保持通畅，以防空气不流通造成干燥箱内超温或温度分布不均；

（7）仪器长期不使用时要切断电源，且不能在高温下使用时间过长；

（8）使用时注意防止高温烫伤。

图 4-7　高温室示例

4.1.7 气瓶间

《检验检测机构管理和技术能力评价　设施和环境通用要求》（RB/T 047—2020）中的表述如下：

> **5.2.3　气体供应**
>
> **5.2.3.1**　应根据检验检测活动的需求，设置符合检测活动要求的气体种类和供应系统。适用时，应符合下列要求：
>
> a）当需要的气体种类大于 3 种，或需储存 3 瓶以上的气体时，宜设立气瓶室，采用集中供气系统；
>
> b）可燃与助燃气体应分开放置，相互间可能反应的气体应分开放置，同类不同浓度的气体应尽量放置在一起；
>
> c）气瓶室应保持阴凉、干燥、严禁明火、远离热源；
>
> d）检验检测所使用的易燃易爆气体应符合国家相关规定，设置相关的防护和报警装置。

气瓶必须存放于通风、阴凉、干燥、隔绝明火、远离热源、防暴晒的气瓶间（图 4-8）内，加装防爆灯、防爆排风扇、可燃气体泄漏报警器等设施并加贴醒目的标识，使用气瓶时要直立固定放置，防止倾倒。严禁将乙炔气瓶、氢气瓶和氧气瓶、氯气瓶存放在一起。气体钢瓶内气体不得全部用尽，剩余压力一般不得小于 0.2 MPa，以备充气单位检验取样，同时也可防止空气或其他气体侵入瓶内。空瓶与实瓶两者应分开放置，空瓶上悬挂空瓶标识。存放可燃性气体（如乙炔气）所使用的气瓶柜必须加装报警装置及防爆通风设施并引出室外。

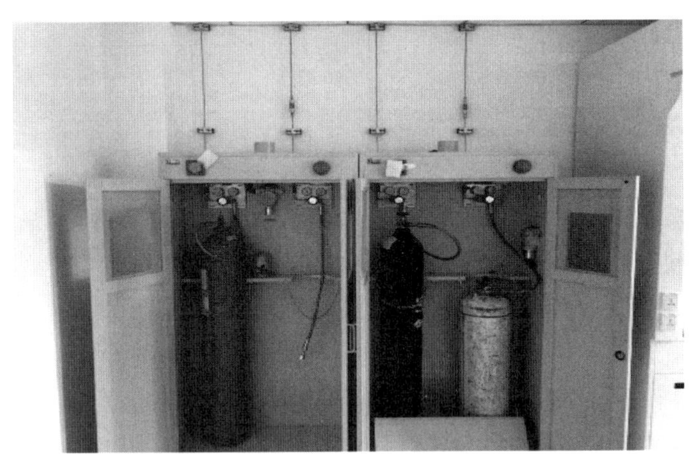

图 4-8　气瓶间示例

国家规定存放各气体的钢瓶颜色应易于使用者分辨，依据《气瓶颜色标志》（GB/

T 7144—2016），常用气体的钢瓶颜色标志见表 4-4。

表 4-4 常用气体的钢瓶颜色标志

序号	充装气体名称	化学式	瓶色	字样	字色	色环
1	乙炔	C_2H_2	白	乙炔不可近火	大红	—
2	氢	H_2	淡绿	氢	大红	p=20 MPa，淡黄色单环 p≥30 MPa，淡黄色双环
3	氧	O_2	淡（酞）蓝	氧	黑	p=20 MPa，白色单环 p≥30 MPa，白色双环
4	氮	N_2	黑	氮	淡黄色	
5	空气	Air	黑	空气	白	
6	氩	Ar	银灰	氩	深绿	p=20 MPa，白色单环 p≥30 MPa，白色双环
7	氦	He	银灰	氦	深绿	

现场评审发现气瓶间存在的问题主要有以下几个方面：

（1）乙炔气瓶柜无排风装置，无自动通风报警装置；

（2）乙炔气钢瓶与原子吸收光谱仪安全距离小，存在火灾隐患；

（3）钢瓶在实验室内不进行固定；

（4）校准用的标准气已超出有效期。

4.1.8 二噁英实验室

二噁英是近年来受到社会普遍关注的痕量持久性有机污染物（POPs），具体来讲，二噁英类污染物包括多氯代二苯并对二噁英（PCDD）、多氯代二苯并呋喃（PCDF）和多氯联苯（PCB）三大类有机污染物。近几年，针对二噁英类物质进行检测的机构越来越多，由于二噁英实验室建设的专业性很强，在设计和施工以及管理方面有很多特殊要求。

4.1.8.1 实验室平面布局

二噁英实验室的总平面应根据实验室各部分的功能特点和安全、卫生的要求，进行合理的功能分区，各功能区间应保持一定的通道和间距。最基本的二噁英实验室应具有万级洁净度，至少有预处理间和主仪器间两个功能区。功能区可布设配电室、控制办公室、样品准备间、洗烘间、药品储存间、高浓度样品预处理间、低浓度样品预处理间、样品间、仪器分析间等；其中，配电室和控制办公室由于对洁净度要求不高，可以设为非洁净区，其余部分均为洁净区。在洁净区内，主仪器间和超纯间对洁净度要求很高，洁净度设为千级；而缓冲间和气闸的洁净度要求低，可设为十万级；其余部分洁净度为万级。

对实验室的平面进行布局时还应考虑人流、物流方向，主要以单向性为基准。

4.1.8.2　实验室空调和通风系统

（1）实验室压差要求

二噁英实验室毒性较大，建议采用负压系统，负压绝对值的大小根据每个实验室功能区的污染程度而定。污染越严重的区域绝对值越大，污染小的区域绝对值较小。二噁英实验室中污染最严重的降解区设计时应考虑负压最大；预处理过程中也会产生一些二噁英废气，因此预处理间压力也应设定为负压中等。实验室中最洁净的区域应设在主仪器间，所以这里的压力可设置为最高。为节省能耗，主仪器间可采用正压系统。此外，在压力设置过程中还应考虑压力流的单向性，尽量保证实验室的压力从实验室的入口端最高，从外向里，压力从高向低过渡。

（2）实验室送排风系统

洁净室气流流态最好采用垂直单向流设计，上送下排，送风口最好为侧排，送风不要对着仪器。循环供气时，新风量应≤80～120 m^3/h，尽量避免上送上排。前处理室也可采用恒量通风柜为排风口。

排风管道设计时应注意相对独立，防止气流间的交叉污染；管道的保温应符合工程规定。另外，实验室排风系统必须经无害化处理，应保证实验环境空气中的毒尘有害物质的浓度不超过国际标准和有关规定，并采取密闭、负压等综合措施。

从节约能源考虑，建议采用补风型通风橱，以节省空调负荷，并达到稀释通风橱内有害气体的浓度，同时通风橱须经过高效过滤处理。实验过程中的所有预处理设备均应放入通风橱以确保操作人员安全。

二噁英实验室试验区空调建议采用组合式空调机组。其中，预处理间空调机组可采用全新风机组，而对于有特殊温湿度要求的仪器间可采用恒温恒湿精密空调。实验室的样品间、药品间为污染区，应 24 h 不间断送排风。

4.1.8.3　实验室控制调节系统

根据各个排风口排风量要求，送风、排风系统应安装必要的定风量阀及可控制的风量调节阀。同时，空调机组配备有自动监控功能，可自动监测室外温度、各个房间的总送风量及温湿度和静压等。

4.1.8.4　实验室“三废”排放及安全卫生要求

实验过程排放的有毒、有害废气、废液及废渣应符合国家标准和相关规定。实验室水池及其他排水经处理后方可排入生活污水网。此外，实验室还应配备必要的淋洗器、洗眼器等卫生防护设施，其服务半径小于 15 m。

试验过程中沾有二噁英类标样的废弃物不得随意丢弃，应标识清楚，在实验室内集中妥善保存。采集的含有二噁英类污染的飞灰或工业固体废物剩余样品，应送回原废物产生单位或委托有资质的单位处理。二噁英类样品前处理和分析过程中产生的一般有机溶剂和填料等废弃物，委托有资质的单位进行处置［《环境二噁英类监测技术规范》（HJ 916—2017）］。

4.1.9 案例分析

案例 4.1

【案例描述】某机构扩项申请了低浓度颗粒物检测项目，评审员现场评审时发现恒温恒湿室内未配置样品静电消除装置，机构人员解释门口已经安装了身体除静电设施。

【不符合事实分析】机构用于身体除静电的设施不能用于样品静电的消除，检测时的环境条件会对滤膜称量结果造成影响，不符合 RB/T 214—2017 中 4.3.2 条款“检验检测机构应确保其工作环境满足检验检测的要求”的规定。

【可能发生的原因】机构未认真学习 RB/T 214—2017 中 4.3.2 条款的规定，未理解《固定污染源废气　低浓度颗粒物的测定　重量法》（HJ 836—2017）的标准及相关技术规范对称量质量控制的要求。

【解决方案】机构应该确保其工作环境满足检验检测的需要，《固定污染源废气　低浓度颗粒物的测定　重量法》（HJ 836—2017）称量质量控制要求避免静电对称量造成的影响，《环境空气颗粒物（$PM_{2.5}$）手工监测方法（重量法）技术规范》（HJ 656—2013）要求滤膜称量时应消除静电影响并尽量缩短操作时间。所以，机构应该配备专用的滤膜静电消除设施，保证称量不受静电影响。

【参考实例】如图 4-9、图 4-10 所示。

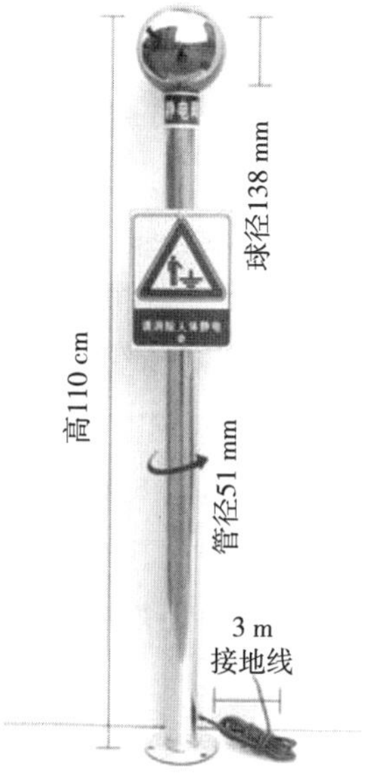

图 4-9　身体除静电设施

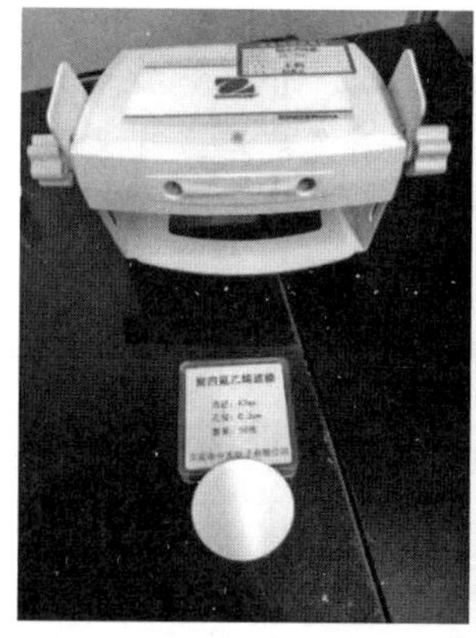

图 4-10　滤膜静电消除设施

案例 4.2

【案例描述】某机构申请了环境空气中 $PM_{2.5}$ 的检测项目，评审员现场评审时发现恒温恒湿室内无温湿度计及有关环境条件的记录，机构负责人解释说恒温恒湿室有温湿度自动保存功能，不用记录，但是发现该负责人所说的温度显示屏在恒温恒湿室外，不利于操作时查看。

【不符合事实分析】RB/T 214—2017 中 4.3.3 条款要求“检验检测标准或者技术规范对环境条件有要求时或环境条件影响检验检测结果时，应监测、控制和记录环境条件”。恒温恒湿室用于 $PM_{2.5}$ 项目检测，标准中规定了温湿度控制的要求，机构只是使用自动保存功能存储温湿度结果，未对工作时的温湿度进行监控和记录，不能保证工作时的环境条件满足使用要求。

【可能发生的原因】机构对 RB/T 214—2017 中 4.3.3 条款的要求理解不到位，对恒温恒湿室测定环境空气中 $PM_{2.5}$ 时进行温湿度监控和记录的要求理解错误。

【解决方案】机构应加强学习和理解 RB/T 214—2017 中 4.3.3 条款对环境条件进行监测、控制和记录的要求。根据《环境空气颗粒物（$PM_{2.5}$）手工监测方法（重量法）技术规范》（HJ 656—2013），实验室应记录恒温恒湿设备平衡温度和湿度，确保滤膜在采样前后平衡条件一致，因此，机构应在恒温恒湿室内设置温湿度计，便于监控和记录工作时的环境条件。另外，如果恒温恒湿室内安装有温湿度显示装置，在精度满足标准要求的情况下，可以不再增设温湿度计；但如果恒温恒湿室的温湿度显示装置在室外，此时不利于观测，为了便于监控实验室的环境条件，需要恒温恒湿室内再增设一台温湿度计，且两种情况都需要记录工作时的环境条件。

案例 4.3

【案例描述】某机构申请臭气浓度的检测项目，现场评审时评审员发现嗅辨室缺少通风及空气净化装置，机构人员解释说可通过开窗达到换气的目的，满足实验要求。

【不符合事实分析】嗅辨室未按《恶臭嗅觉实验室建设技术规范》（HJ 865—2017）设置通风及空气净化装置，不符合 RB/T 214—2017 中 4.3.2 条款和《生态环境监测机构评审补充要求》第十一条“根据区域功能和相关控制要求，配置排风、防尘、避震和温湿度控制设备或设施；避免环境或交叉污染对监测结果产生影响”的要求。

【可能发生的原因】未认真研究学习《恶臭嗅觉实验室建设技术规范》（HJ 865—2017）中有关嗅辨室对空气净化和调节的要求，未掌握嗅辨室需要通风及空气净化设施的要求，仅使用开窗通风的方式不能确保检测时室内空气无异味，而且在室内外温差大的情况下开窗通风，室内温度、湿度会产生较大波动，进而影响嗅辨结果，因此工作环境不能满足标准规范的要求。

【解决方案】应按照《恶臭嗅觉实验室建设技术规范》（HJ 865—2017）的要求，设置排风扇、空气净化器等通风及空气净化装置，保证实验室内空气无异味，并设有温湿度控制措施和监控，确保工作环境满足温度为 17～25℃、相对湿度为 40%～70% 的要求。

案例 4.4

【案例描述】在对某机构进行现场评审时发现其恶臭嗅觉实验室对面是卫生间，室内无空气净化装置和环境监控装置，通过在嗅辨室和配置室中间的铝合金窗户进行样品传递。

【不符合事实分析】该机构嗅觉实验室建设不符合标准《恶臭嗅觉实验室建设技术规范》（HJ 865—2017）的要求。可能发生的原因是机构技术人员对标准规范不了解，未按照规范要求进行设计和施工。

【解决方案】机构应该了解《恶臭嗅觉实验室建设技术规范》（HJ 865—2017）的要求并按照相关要求进行嗅觉实验室建设，首先应重新选址，建设时应远离异味污染源及噪声源，传递窗应该长度不小于 0.6 m，高度不小于 0.4 m，安装通风设施及空气净化装置，并安装温湿度表监控环境条件并进行记录。

【参考实例】如图 4-11 所示。

图 4-11　嗅辨室通风及空气净化装置示例

案例 4.5

【案例描述】某机构申请扩项土壤检测项目，评审员现场评审时发现机构在风干室内分隔出一个套间作为磨样室，磨样室内装有排风设施。

【不符合事实分析】磨样室设于风干室内，不符合《土壤环境监测技术规范》（HJ/T 166—2004）中对制样工作室的要求，不符合 RB/T 214—2017 中 4.3.2 条款和《生态环境监测机构评审补充要求》第十一条中“对实验区域进行合理分区”的要求。

【可能发生的原因】未认真学习《土壤环境监测技术规范》（HJ/T 166—2004）中对制样工作室的要求，没有认识到分别设立风干室和磨样室的重要性。磨样室置于风干室内，样品研磨期间会产生大量粉尘，即使在有排风设置的情况下，也会有降尘对风干土样造成污染，因此应该分别设立。

【解决方案】按照《土壤环境监测技术规范》（HJ/T 166—2004）的要求分设土壤风干室和磨样室，将两个区域进行合理分区，并明示具体功能，避免环境和交叉污染对检测结果产生影响。

案例 4.6

【案例描述】在对某机构进行资质认定现场评审时，评审员发现机构天平室未安装空调，机构人员解释说，天平的说明书中要求温度为 15～30℃，湿度为 55%～75% RH，我们对温湿度进行了监控，可以满足天平温湿度条件，所以就没有安装空调。

【不符合事实分析】该机构只针对天平的温湿度控制条件进行了监控，但是没有温度控制设施，不能保证天平工作期间的温度恒定，不符合天平使用环境条件要求，因此，不符合 RB/T 214—2017 中 4.3.2 条款的要求。

【可能发生的原因】机构对 RB/T 214—2017 中 4.3.2 条款“检验检测机构应确保其工作环境满足检验检测的要求”理解不到位，对天平室的使用环境条件要求认识不全面，只满足温湿度范围的要求，忽略了温度恒定的环境条件要求。

【解决方案】机构应该按照 RB/T 214—2017 中 4.3.2 条款的要求，针对天平室建设和检测方法、规范中的环境要求，在天平室安装空调，监测、控制和记录场所环境条件。值得注意的是，部分机构因为天平室空间狭小，安装空调于天平上方，出风口直吹天平，对称量结果的影响很大，这种情形应注意空调的安装位置，避免直吹天平。

4.2　不相容活动区域的有效隔离

RB/T 214—2017 中的表述如下：

> 4.3.4　检验检测机构应建立和保持检验检测场所良好的内务管理程序，该程序应考虑安全和环境的因素。检验检测机构应将不相容活动的相邻区域进行有效隔离，应采取措施以防止干扰或者交叉污染。检验检测机构应对使用和进入影响检验检测质量的区域加以控制，并根据特定情况确定控制的范围。

《生态环境监测机构评审补充要求》中的表述如下：

> **第十一条**　应对实验区域进行合理分区，并明示其具体功能，应按监测标准或技术规范设置独立的样品制备、存贮与检测分析场所。根据区域功能和相关控制要求，配置排风、防尘、避震和温湿度控制设备或设施；避免环境或交叉污染对监测结果产生影响。

实验室应确保其环境条件不会使结果无效或对测量质量产生不良影响，应将不相容活动的相邻区域进行有效隔离，采取措施以防止交叉污染。实验室应合理布局，对涉及安全及特殊要求的实验区域实施有效的隔离，应有防护措施和必要的警示。

《检验检测机构管理和技术能力评价　生态环境监测要求》（RB/T 041—2020）中

5.3 场所环境要求：机构应对试验区域进行合理分区，并明示其具体功能，应按监测标准或技术规范设置独立的样品制备、存贮与检测分析的场所。根据区域功能和相关控制要求，配置排风、防尘、避震和温湿度控制设备或设施；避免环境或交叉污染对监测结果产生影响。

日常工作或新方法开发过程中，监控实验室场所环境可采取室内空白、检出限、平行样品、低浓度有证标准物质测试等质控措施，也可以通过质量控制图的绘制监控实验室系统误差水平。系统误差明显偏高或偏低也可能是实验室场所环境所导致的。日常运行中，要正确识别场所环境中的干扰因素，采取适当的管理程序加以排除。随着监测技术手段的进步和多样化，还会有更多的场所环境导致干扰因素产生的现象，应能及时识别和消除。

4.2.1 样品室

《生态环境监测机构评审补充要求》中要求如下：

第二十条 应根据相关监测标准或技术规范的要求，采取加保存剂、冷藏、避光、防震等保护措施，保证样品在保存、运输和制备等过程中性状稳定，避免沾污、损坏或丢失。环境样品应分区存放，并有明显标识，以免混淆和交叉污染。……环境样品在制备、前处理和分析过程中注意保持样品标识的可追溯性。

实验室的检测工作是围绕样品开展的，样品的有效管理贯穿整个检测过程，直接影响检测数据的准确性和可靠性。在实验室质量管理体系下，样品流转包括待检、在检、检毕、留样四个环节，样品所处的检测状态，用“待检”“在检”“检毕”和“留样”标签加以识别。样品室也根据样品状态进行分区管理，其中：

（1）待检区：接收样品，录入样品基本信息，将样品保存在待检区域，并做唯一性标识。

（2）在检区：检验人员领取样品，并登记领取人信息、领取时间、领取样品状态等信息，进入检测阶段。

（3）检毕区：检验完成的剩余样品交回样品室，有样品管理员接收并登记交还人姓名、交还时间、样品数量及状态等信息。

（4）留样区：对需要留样处理的已检样品存入样品库，并建立留样台账，记录样品入库时间、样品状态（如粒径）、留样量、保存地点等。

水质检测项目涉及地表水、地下水和污水样品采集。《水质　样品的保存和管理技术规定》（HJ 493—2009）中，对采样容器要求所有的准备都应确保不发生正负干扰。应尽可能使用专用容器，如不能使用专用容器，那么最好准备一套容器进行特定污染物的测定，以减少交叉污染。同时，应注意防止以前采集高浓度分析物的容器因洗涤不彻底污染随后采集的低浓度污染物的样品，应按照清洁水样和污水样品分别准备采样瓶并进行标识，避免混用。

值得注意的是，容器的清洗也容易引起干扰。例如，当分析富营养化物质时，应注意含磷酸盐的清洁剂的残渣污染问题，如果使用，应确保洗涤剂和溶剂的质量。如果测定硅、硼、表面活性剂，则不能使用洗涤剂。所用的洗涤剂类型和选用的容器材质要随待测组分确定。测磷酸盐不能使用含磷洗涤剂；测硫酸盐或铬则不能使用铬酸－硫酸洗液；测重金属的玻璃及聚乙烯容器通常用盐酸或硝酸（c=1 mol/L）洗净并浸泡 1～2 d 后用蒸馏水或去离子水冲洗。

4.2.2 无机前处理室

样品前处理是样品制备、处理的重要环节，也是容易引入交叉污染的环节，应进行合理分区，并明示其具体功能。前处理实验室必须有排风设施，独立排气柜，至少分为无机前处理室和有机前处理室两个独立房间，根据相关监测标准或技术规范要求，配置防尘、温湿度控制等设备设施，避免环境或交叉污染对监测结果产生影响。

无机前处理室以酸、碱、盐等无机试剂处理为主，主要进行加热、消煮、蒸馏等操作。由于经常使用电炉等高温加热操作，所以房间内不可使用有机试剂，以免引起火灾事故。无机前处理室通常会放置酸缸、电加热板、微波消解仪等设备，通常会产生大量酸雾，容易造成仪器和实验室设施的侵蚀，实验台、实验柜、通风橱等应使用耐酸腐蚀的材质。重金属分析的室内空白样测试结果较高，可能是实验室内空气中存在灰尘所致，所以重金属消解及分析测试应远离土壤、沉积物样品的风干、破碎等产生粉尘的场所，实验室内务要保持整洁。

4.2.3 有机前处理室

有机前处理室一般进行萃取、浓缩、净化、旋转蒸发等操作，以使用甲醇、乙醚、丙酮等有机试剂处理为主。常用设备包括快速溶剂萃取仪、微波萃取仪、索氏提取器、（全自动或半自动）固相萃取仪、凝胶渗透色谱 GPC、旋转蒸发仪、氮吹浓缩仪等。由于有机前处理室主要使用易燃易爆有机试剂，所以房间内应避免使用电炉、烘箱等明火加热设备。前处理过程容易产生溶剂蒸气，造成室内有机污染，所以要求通风设施的数量和排风效果必须能够满足实验需要，有可能产生有机溶剂蒸发的操作须在通风橱内进行。

实验室应特别注意挥发 / 半挥发性有机物的前处理，因为挥发性有机物与半挥发性有机物的前处理环节存在交叉污染。如采用方法《土壤和沉积物　多环芳烃的测定　高效液相色谱法》（HJ 784—2016）进行土壤中多环芳烃测定时，前处理环节要将制备好的试样放入玻璃套管或纸质套管，并放入索氏提取器，用 100 ml 丙酮－正己烷混合溶液回流提取 16～18 h，这期间，操作区域内丙酮、正己烷浓度会非常大。与此同时，若进行土壤中挥发性有机物的测定，如利用《土壤和沉积物　挥发性有机物的测定　吹扫捕集 / 气相色谱 - 质谱法》（HJ 605—2011）测定土壤中的丙酮，则会产生严重干扰。石油类样品前处理所用的萃取溶剂是四氯乙烯，如果同时使用方法《土壤和沉积物　挥发性有机物的测定　顶空 / 气相色谱法》（HJ 741—2015）进行土壤中挥发性有机物四氯乙烯的测定，实验区域未有效隔离，就会引起干扰。

因此，挥发性有机物的实验场所要与大量使用有机溶剂的实验场所进行有效空间隔离。挥发性有机物与半挥发性有机物的前处理操作必须在不同的实验室进行，条件允许时，分别布置在不同楼层，检测用的设备也应单独使用，并对检验场所进行有效隔离。挥发性有机物的前处理及检测场所环境应经常开展本底检测，判断是否有常见的有机溶剂检出。

4.2.4　无氨室

4- 氨基安替比林分光光度法分析挥发酚和 EDTA 法测定水质钙和镁总量的方法中需使用氨水，导致实验场所受到氨气影响，检测氨氮、铵离子和总氮的实验室空白样测试结果会较高，检出限满足不了分析方法要求，故分析这两类因子的实验场所应与相关项目的实验场所分开。有的实验室，在场地允许的情况下会单独设置无氨室。

另外，氨氮前处理所用蒸馏设备的配置数量也应满足实验需要。如果实验室同时具有氨氮、挥发酚、氰化物等检测资质时，前处理设备必须满足数量的要求，不同分析项目所用的蒸馏装置应分开（图 4-12），高低浓度之间可能发生残留或相互干扰的话，也应分别配置。

图 4-12　蒸馏装置示例

4.2.5 制水间

实验室用水应满足相应级别水质要求，实验用水制备和暂储间应单独设置，远离一切可能带来干扰的外部环境，除定期对纯水的特征指标进行检测外，还应监控与实验用水有关项目因子的室内空白是否满足检测标准方法要求。

超纯水机是一种实验室用水净化设备，在环境检测实验室应用较普遍，其工作原理是通过过滤、反渗透、电渗析器、离子交换器、紫外灭菌等方法去除水中的固体杂质、盐离子、细菌病毒等的水处理装置。实验室超纯水机通常能产出纯水以及超纯水两种规格的水，具体用水规格及要求详见 5.6.1 节。

4.2.6 案例分析

案例 4.7

【案例描述】某机构现场评审参观实验室时，发现氨氮、总氮监测项目与挥发酚、总硬度检测项目在同一实验室内检测，存在相互干扰。

【不符合事实分析】挥发酚、总硬度检测时需要使用氨水，由于氨水属于挥发性含氮物质，会造成氨氮、总氮样品污染，使得检测结果偏高，造成交叉污染。因此，该实验室不符合 RB/T 214—2017 中 4.3.4 条款和《生态环境监测机构评审补充要求》第十一条的要求。

【可能发生的原因】检测机构和人员对氨氮、总氮、挥发酚、总硬度检测标准不熟悉，未能识别出检测过程中项目间可能存在的交叉污染，实验室检测区域分区不合理。

【解决方案】对相关检测人员进行检测标准、规范的培训；对实验区域进行重新规划，将氨氮、总氮项目和挥发酚、总硬度等项目及使用硝酸消解的项目安排在不同的实验室内进行检测，且不能出现新的交叉污染。

案例 4.8

【案例描述】参观某实验室时，发现实验室样品间的水质样品未分区放置，冷藏柜内的分区也不明确，用于采集地表水、地下水、污水的采样容器无区分和标识，机构解释说采样前都由实验人员清洗干净后才使用。

【不符合事实分析】实验室样品间采集的样品未分区放置，放置样品的冷藏柜内分区不明确，而且水质采样容器不符合 RB/T 214—2017 中 4.3.4 条款和《生态环境监测机构评审补充要求》中第十二条“应明确现场测试和采样设备使用和管理要求，以确保其正常规范使用与维护保养，防止其污染和功能退化”、第二十条中“环境样品应分区存放，并有明显标识，以免混淆和交叉污染”的要求。

【可能发生的原因】机构未能理解 RB/T 214—2017 中 4.3.4 条款和《生态环境监测机构评审补充要求》第十二条和第二十条关于样品管理的要求，没有对容易引起样品污染的因素加以控制，对样品保存的分区管理不到位。

【解决方案】对样品管理员和相关检测人员进行《生态环境监测机构评审补充要求》第十二条、第二十条培训学习，根据样品的来源、不同项目、不同检测参数、不同保存要求等因素，对样品区和冷藏柜进行合理分区，并做好标识，避免样品混淆。水质采样用的容器也应根据水质的性质进行区分和标识，以免造成交叉污染。

案例 4.9

【案例描述】现场参观时，发现某机构有机物分析仪器室和前处理室都只有一个房间，检测项目包括了挥发性有机物和半挥发性有机物，其中半挥发性有机物检测要用到挥发性有机溶剂，会干扰挥发性有机物的检测。检测机构负责人解释说会保证不同时在检测室中进行挥发性有机物和半挥发性有机物两个相互有干扰的项目检测。

【不符合事实分析】机构未将可能存在交叉污染的挥发性有机物和半挥发性有机物检测项目的工作区域进行有效隔离，因此，该实验室不符合 RB/T 214—2017 中 4.3.4 条款和《生态环境监测机构评审补充要求》第十一条的要求。

【可能发生的原因】机构在进行实验室布局时，未识别出挥发性有机物和半挥发性有机物之间的干扰问题，未将两个实验区域进行有效隔离。

【解决方案】检测机构在实验室布局时，应将相互影响的检测项目分别安置在不同的实验室，并采取措施避免交叉污染对监测结果产生影响。由于挥发性有机物和半挥发性有机物之间可能存在相互干扰，在进行检测时不但应位于不同的实验室，两个实验室还应该保持一定的距离，安装良好的排风系统，保证半挥发有机物检测区域为负压，避免在进行半挥发性有机物前处理时，挥发性有机溶剂污染室内空气，增加环境中挥发性有机物的本底浓度，影响挥发性有机物的测定。尤其对于测量痕量低浓度样品时，控制环境本底浓度非常重要，否则会提高实验的空白值，影响检测结果的准确性。

案例 4.10

【案例描述】某机构现场参观时，发现实验室与办公区在一个楼层，两个区域未进行有效隔离，无门禁，无外部人员登记等措施。

【不符合事实分析】未将实验区和办公区进行有效隔离，没有对使用和进入影响检验检测质量的区域加以控制，不符合 RB/T 214—2017 中 4.3.4 条款的要求。

【可能产生的原因】对 RB/T 214—2017 中 4.3.4 条款的管理要求理解不透彻，对内务管理重视不够，未能认识到对影响检验检测质量的区域进行控制的重要性。

【解决方案】相关人员学习 RB/T 214—2017 中的 4.3.4 条款和《内务管理程序》，对实验区和办公区进行划分，实验区安装门禁，除本机构检测人员外，其他人员应按照相关程序经允许后方可进入实验区，并做好外部人员登记。

案例 4.11

【案例描述】某实验室现场参观时，发现药品室内存放采样滤膜、采气袋等采样器材，易产生交叉污染；纯水器与化学需氧量消解仪同处一室，不相容的工作区域不能有效隔离。

【不符合事实分析】机构将采样用的滤膜、采气袋等采样器材放置于药品室，容易使采样器材造成污染，影响实验结果；纯水器与化学需氧量消解仪同处一个实验室，容易引起实验用水的污染，两个不相容的区域未有效隔离，不符合 RB/T 214—2017 中 4.3.4 条款和《生态环境监测机构评审补充要求》中第十二条“应明确现场测试和采样设备使用和管理要求，以确保其正常规范使用与维护保养，防止其污染和功能退化”和第十一条“避免环境或交叉污染对监测结果产生影响”的要求。

【可能发生的原因】机构场地有限，功能分区不合理，未独立设置用于样品采样滤膜、气袋等采样容器存放的实验室，制水设备也在其他实验室存放，没有意识到交叉污染对检测结果可能造成影响。

【解决方案】认真组织学习 RB/T 214—2017 中 4.3.4 条款和《生态环境监测机构评审补充要求》中第十一条和第十二条的要求，将采样器材放置于便携设备室或者耗材室，进行统一管理。实验室用水质量对实验室空白和实验过程都至关重要，为了保证实验用水质量，应独立设置制水间，考虑环境因素的影响，并保持良好的内务管理。

4.3 场所环境安全控制

《检验检测机构管理和技术能力评价　设施和环境通用要求》（RB/T 047—2020）的要求如下：

> **5.2.6　安全与防护**
>
> **5.2.6.1**　对于生物、化学、辐射和物理等危险源，应采取可靠的防护措施，为检验检测区域和邻近区域提供安全的工作环境及防止危害环境。
>
> **5.2.6.2**　应有专门的设计以确保危险化学品和其他危险材料的储存、运输、使用、收集、处理和处置符合国家相关法律法规和标准规范要求。
>
> **5.2.6.3**　易受化学物质灼伤的检验检测活动区域、宜设置紧急洗眼和冲淋装置。必要时，应设置有毒、有害因素报警装置及联动的机械通风系统等安全防护措施。

场所环境的安全控制对于检验检测实验室而言非常重要，如果在安全方面存在较多的不健全性，安全设施建设不到位，最终会带来很大安全隐患。

4.3.1　测油室

测油室用于水和废水中石油类与动植物油类、环境空气和废气中油烟和油雾、土壤中石油类样品前处理和分析。测油室主要的安全隐患来自实验用有机溶剂。

《水质　石油类和动植物油类的测定　红外分光光度法》（HJ 637—2018）和《土壤　石油类的测定　红外分光光度法》（HJ 1051—2019）要求：实验中所使用的四氯乙烯对人体健康有害，标准溶液配制、样品制备及测定过程应在通风橱内进行，操作时应按规定要求佩戴防护器具，避免接触皮肤和衣物。《水质　石油类的测定　紫外分光光度法（试行）》（HJ 970—2018）要求：实验中所用的正己烷具有一定毒性，应在通风橱中进行操作，同时按规定佩戴防护器具，避免接触皮肤和衣物。实验中产生废有机溶液，应进行分类收集，并做好相应标识，委托有资质的单位进行处理。

测油室在现场评审时存在的问题主要如下：

（1）石油类紫外分光光度法和红外分光光度法同处一室会相互干扰；

（2）石油类测定用的紫外分光光度计或者红外分光光度计无通风设施；

（3）废液收集设施不符合要求。

4.3.2 微生物（致病菌）

对于生物危险源，应采取可靠的防护措施，为检测和临近区域提供安全的工作环境，防止危害环境。

实验室在实验或消毒中，应做出明显标识。细菌、霉菌、致病菌应分别在不同的培养箱中进行培养，避免交叉污染。培养箱在使用过程中，应在培养箱顶部放置危险标识。实验结束后，必须对废弃的菌落平板或菌液进行灭活处理。标准菌株应单独使用冷藏柜存放，不得与实验室其他标准物质混放，非致病菌标准菌株与致病菌标准菌株应分层存放，应对菌株保存环境进行监控和记录。

实验室应有妥善处理废弃样品和废弃物（包括废弃培养物）的设施和制度，检出致病菌的样品以及疑似病原微生物污染的样品应经过无害化处理，应使用适当浓度自配或商业液体消毒剂消杀一定时间，或 121℃高压灭菌至少 30 min 或者其他有效处理措施。

4.3.3 危废间

《中华人民共和国固体废物污染环境防治法》（2020 年版）规定：

第十九条　收集、贮存、运输、利用、处置固体废物的单位和其他生产经营者，应当加强对相关设施、设备和场所的管理和维护，保证其正常运行和使用。

第二十条　产生、收集、贮存、运输、利用、处置固体废物的单位和其他生产经营者，应当采取防扬散、防流失、防渗漏或者其他防止污染环境的措施，不得擅自倾倒、堆放、丢弃、遗撒固体废物。

……

第八十一条　收集、贮存危险废物，应当按照危险废物特性分类进行。禁止混合收集、贮存、运输、处置性质不相容而未经安全性处置的危险废物。

……

《危险废物贮存污染控制标准》及第 1 号修改单（GB 18597—2001 及 XG1—2013）中的表述如下：

> **6.2　危险废物贮存设施（仓库式）的设计原则**
>
> 6.2.1　地面与裙脚要用坚固、防渗的材料建造，建筑材料必须与危险废物相容。
>
> 6.2.2　必须有泄漏液体收集装置、气体导出口及气体净化装置。
>
> 6.2.3　设施内要有安全照明设施和观察窗口。
>
> 6.2.4　用以存放装载液体、半固体危险废物容器的地方，必须有耐腐蚀的硬化地面，且表面无裂隙。
>
> 6.2.5　应设计堵截泄漏的裙脚，地面与裙脚所围建的容积不低于堵截最大容器的最大储量或总储量的五分之一。
>
> 6.2.6　不相容的危险废物必须分开存放，并设有隔离间隔断。

危废贮存间（危废间）应满足防风、防雨、防晒、防渗漏的要求。危废间应有完善的防渗措施和渗漏收集措施，满足《危险废物贮存污染控制标准》及第 1 号修改单（GB 18597—2001 及 XG1—2013）的相关标准要求。不同种类危险废物应有明显的过道划分，墙上张贴对应的危险废物名称。装载液体、半固体危险废物的容器内须留足够空间，容器顶部与液体表面之间保留 100 mm 以上的空间，液态危险废物需将盛装容器放至防泄漏托盘（或围堰）内并在容器粘贴危险废物标签，如图 4-13、图 4-14 所示。

危险废物贮存到一定量需要进行危险废物转移的，须按照《危险废物转移联单管理办法》委托有资质的单位进行处理。

图 4-13　危废间废液收集设施示例

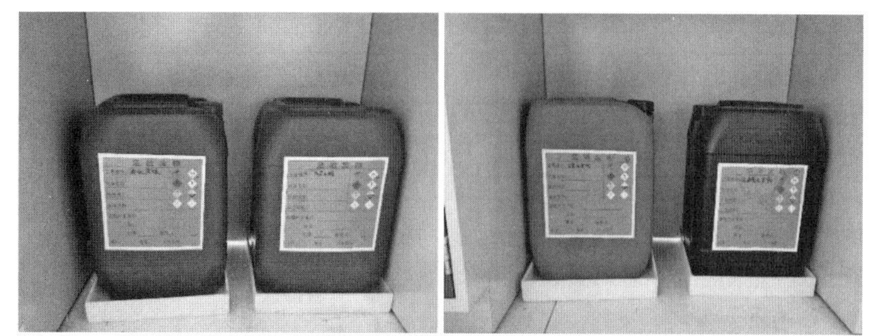

图 4-14　实验室废液收集设施示例

4.3.4　试剂室

4.3.4.1　常用试剂的保存和使用

实验室需要用到各种化学试剂，应根据试剂的种类和性质进行分类存放。试剂室最好设在朝北的房间，避免阳光照射室内温度过高及试剂见光变质，室内应干燥通风，严禁明火。试剂室内应设有温度计、湿度计、灭火装置。

试剂室应根据化学试剂的性质，对其进行分区存放管理，一般可按照有机物区域、无机物区域和易制毒、剧毒试剂存放区域进行划分，避免酸碱试剂、有机和无机试剂混放。应严格化学试剂的入库管理和规范登记化学试剂的采购和领用。

常用试剂的性质及注意事项包括且不限于以下种类和要求：

（1）有机溶剂类，以丙酮为例

操作时应注意密闭操作，全面通风，远离火种、热源，工作场所严禁吸烟。储存于阴凉、通风的库房，与氧化剂、还原剂、碱类分开存放，切忌混储。采用防爆型照明、通风设施。

（2）盐酸

储存于密封容器，避免时间长以后盐酸的质量下降导致浓度降低。存于阴凉、干燥、通风处。应与易燃、可燃物，碱类、金属粉末等分开存放。不可混储混运。

（3）硫酸

储藏和运输时应与可燃性、还原性及强碱物质分开。注意对硫酸雾的控制，加强通风排气。检测室内要有方便的冲洗器具。在稀释硫酸时决不可将水注入硫酸中，只能将硫酸注入水中。

4.3.4.2　易制毒化学品管理

生态环境实验室应根据自身实际情况，识别所用易制毒化学品，并按照《易制毒化学品购销和运输管理办法》（中华人民共和国公安部令第 87 号）进行管理、使用和贮存。易制毒化学品的分类和品种目录共分为三类，详见表 4-5。

表 4-5 易制毒化学品分类和品种

第一类	第二类	第三类
1- 苯基 -2- 丙酮、3，4- 亚甲基二氧苯基 -2- 丙酮、胡椒醛、黄樟素、黄樟油异黄樟素、*N*- 乙酰邻氨基苯酸、邻氨基苯甲酸、麦角酸*、麦角胺*、麦角新碱*、麻黄素、伪麻黄素、消旋麻黄素、去甲麻黄素、甲基麻黄素、麻黄浸膏、麻黄浸膏粉等麻黄素类物质*	1. 苯乙酸 2. 醋酸酐 3. 三氯甲烷 4. 乙醚 5. 哌啶	1. 甲苯 2. 丙酮 3. 甲基乙基酮 4. 高锰酸钾 5. 硫酸 6. 盐酸
说明： （1）第一类、第二类所列物质可能存在的盐类，也纳入管制。 （2）带有 * 标记的品种为第一类中的药品类易制毒化学品，第一类中的药品类易制毒化学品包括原料药及其单方制剂		

易制毒化学品须有单独的仓库存放，实行双人双锁管理，出入库台账登记清楚、全面、准确。由于易制毒试剂以酸和有机溶剂为主，存放的试剂柜应有排风装置。

剧毒化学品是指具有剧烈急性毒性危害的化学品，包括人工合成的化学品及其混合物和天然毒素，还包括具有急性毒性易造成公共安全危害的化学品。剧毒品目录可参考《危险化学品目录》（2015 版）。

《危险化学品安全管理条例》第二十四条规定如下：

> **第二十四条** 危险化学品应当储存在专用仓库、专用场地或者专用储存室（以下统称专用仓库）内，并由专人负责管理；剧毒化学品以及储存数量构成重大危险源的其他危险化学品，应当在专用仓库内单独存放，并实行双人收发、双人保管制度。
>
> 危险化学品的储存方式、方法以及储存数量应当符合国家标准或者国家有关规定。

剧毒品仓库，须设置独立储存专用仓库，远离明火、热源，通风良好，设置防盗报警装置。防盗、报警系统的技术、设施，必须保持有效、牢固、可靠，定期检查。剧毒品的储存管理，必须严格遵守“五双管理制度”，即双人收发、双人记账、双人双锁、双人运输、双人使用。

检测机构常存在的试剂室的问题有以下几种情况：

（1）机构未能按照《易制毒化学品购销和运输管理办法》（中华人民共和国公安部令第 87 号）和《危险化学品目录》对本机构所用的易制毒、剧毒试剂建立目录，未按照“五双管理制度”要求进行管理。

（2）试剂柜无通风设施，尤其存放酸及有机溶剂的试剂柜无排风措施。

（3）试剂未分类存放，有机和无机试剂、酸碱试剂等混放。

（4）药品领用不规范，领用记录缺少药品批号、结余量等信息。

4.3.5 辐射项目实验室

低本底 α 和/或 β 测量仪的本底计数率、效率比、效率稳定性和串道比是仪器的 4 项主要指标，根据这 4 项指标将仪器分为Ⅰ、Ⅱ、Ⅲ级，不论属于哪一级的低本底 α 和/或 β 测量仪，其环境适应性应符合《核仪器环境条件与试验方法》（GB/T 8993—1998）中Ⅰa 组仪器的要求，具体参数见表 4-6。

表 4-6 辐射室环境条件参数

环境参数	参数值
低温 /℃	5
高温 /℃	40
高相对湿度 /%	85（30℃）
低气压 /kPa	86
高气压 /kPa	106

实验中产生的低水平放射性废液或固体废物应集中收集，统一保管，做好相应的标识，委托有资质的单位进行处理。

标准源应始终处于受保护状态，防止被盗和损坏，并定期进行盘存，确认处于指定位置并有可靠的保安措施。

[来源：《电离辐射防护与辐射源安全基本标准》（GB 18871—2002）]

环境实验室常见放射源如下：

（1）低本底 α、β 测定所用标准源：

（来源《低本底 α 和/或 β 测量仪》（GB/T 11682—2008））

①参考源：对于 α 测量，通常使用 ^{241}Am、^{239}Pu 等作为参考源；对于 β 测量，通常使用 ^{90}Sr/^{90}Y、^{204}Tl、^{14}C 等作为参考源

②检查源：仅用于检查仪器是否正常工作和稳定性，可选用长寿命的 α 或 β 放射源。

（2）环境中氡的测定：^{226}Ra 标准源。《环境空气中氡的标准测量方法》（GB/T 14582—1993）中活性炭盒法用 γ 谱仪，所用的标准源。

4.3.6 “三废”处置

《检验检测机构管理和技术能力评价　设施和环境通用要求》（RB/T 047—2020）的要求如下：

> **5.2.5 废物处理**
> **5.2.5.1** 检验检测机构应根据需要，设置普通废弃物的收容场所。废弃物的收集、标识、储存和处置应符合 GB 18597 和 GB/T 27476.1 中的相关要求。
> **5.2.5.2** 适用时，应设置收集、储存或处理危险废弃物（如含有化学腐蚀、致癌及致病物质的废弃物）的设施。如果无法在检验检测场所妥善处理危险废弃物时，应交给有资质的单位处理，并做好危险废弃物处置的追踪记录。

4.3.6.1 废气

《检验检测机构管理和技术能力评价 设施和环境通用要求》（RB/T 047—2020）中规定如下：

> **5.2.5 废物处理**
> **5.2.5.4** 当排放气体的有害物浓度超过排放标准规定时，应采取净化措施，排放的气体应符合 GB 16297 中的相关规定。

实验室中可能产生有害废气的操作都应在通风装置的条件下进行。实验室废气主要为酸雾和有机气体，如样品消解、有机溶液的配制等。原子光谱分析仪、原子荧光分光光度计的原子化器部分产生金属的原子蒸气，必须有专用的通风罩把燃烧废气抽出室外。处理酸雾气体宜用碱性水溶液吸收处理，有机废气宜用高效吸收装置进行处理。通常实验室的废气排放采用集中收集处理后排放的方式，光氧化处理对废气治理效果不理想，应增加活性炭吸附等工艺处理后达标排放。

4.3.6.2 废水

《检验检测机构管理和技术能力评价 设施和环境通用要求》（RB/T 047—2020）中的规定如下：

> **5.2.5 废物处理**
> **5.2.2.3** 适用时，污、废水的处理应该符合下列要求：
> （1）按污、废水的性质、成分及污染程度进行物理、化学、生物等不同方式处理。
> （2）凡含有毒和有害物质的污、废水，应有适宜的设施进行必要的处理，确保处理达到 GB 8978 或地方排放标准后方能排放。
> （3）凡含有放射性核素的废水，用根据核素的半衰期长短，分为长寿命和短寿命两种放射性核素废水，并应分别处理。

（4）废水处理设施应：

①具有收集、中和、去除重金属、悬浮物、有机物等污染物的功能；

②设有溢流口、采样口、排气风机；设有检修孔和检修门；

③具有污泥收集和处理的功能；

④具有自动自检、安全维护、实时报警功能；

⑤具有自动清洗及校正功能。

实验室产生的废水排放须遵守我国环境保护的有关规定，废液不能直接排入下水道，应根据污染性质分别收集处理。废液可用塑料桶加盖收集。

废液处理的几种常见方法：

（1）强酸：将含强酸类的废液先收集于塑料桶中，然后以过量的碳酸钠或氢氧化钙的水溶液中和，或用废碱中和，存放于指定废液桶内。

（2）强碱：用稀废酸中和后，存放于指定废液桶内。

（3）含汞、砷、锑、铅、镉、铬等离子的废液，应控制溶液酸度为 0.3 mol/L 的［H^+］，再以硫化物形式沉淀；将含氟的废液加入石灰生成氟化钙沉淀废渣的形式。将废渣存放于指定废液桶内。

（4）含氰废液：含氰废液应先加入 NaOH，使 pH＞10 以上，再加入过量的 3% 的 $KMnO_4$ 溶液，使 CN^- 被氧化分解。若 CN^- 含量过高，可以加入过量的 $Ca(CO)_2$ 和 NaOH 溶液进行破坏。再加入带盖的容器中收集处理。

（5）有机溶剂：加入封闭的容器内待处理。废物收集到一定程度后，应交由有资质的处理公司进行处理，并做好处理记录。

4.3.6.3 固体废物

《检验检测实验室设计与建设技术要求　第 1 部分：通用要求》（GB/T 32146.1—2015）规定如下：

7.5.4　实验室固体废物处理

对于高毒性的可溶性固体废物，实验室应设专门容器分别加以收集，严禁埋入地下，污染地面水体。其他固体废物可按照国家相关法律进行处理。具体应符合 GB 18599 等国家相关的规定。

实验室应妥善处理产生的固体废物。硝酸、盐酸等用过的空试剂瓶应用大量水冲洗后再按照普通固体废物集中回收，并标注试剂名称，以免被人误用。装过剧毒化学品或重金属污染物（如重铬酸盐）的试剂瓶、吸附过废气的活性炭等属于危险废物，不能随便丢弃，应该单独收集，并委托有资质的单位进行处理。

4.3.7 实验室标志标识

《检验检测实验室设计与建设技术要求 第1部分：通用要求》（GB/T 32146.1—2015）规定如下：

> 8.4.3 标志
>
> 实验室标志是保证实验室人员安全的重要措施，起到安全防范警示等作用，实验室设计与建设时，应根据实验室实际情况布置实验室标志。应符合GB 190、GB/T 23809的规定。
>
> 常见的实验室标志如下：
>
> ——警告标志：如警告有毒物、腐蚀、激光、生物危害、高温、冻伤、辐射等五大标志；
>
> ——禁止标志：禁止不安全行为的标志，如禁止入内、禁止吸烟、禁止明火、禁止饮用等标志；
>
> ——指令标志：应做出某种动作或采取防范措施的标志，如应穿工作服、戴防护手套、戴防毒面具等；
>
> ——提示标志：向人们提供某种信息（如标明安全设施或场所等）的图形标志。例如紧急出口、疏散通道方向、灭火器、火警电话等。

实验室用于标示危险区、警示、指示、证明等的图文标识是管理体系文件的一部分，包括用于特殊情况下的临时标识，如“污染”“消毒中”“设备检修”等。标识应明确、醒目和易区分。只要可行，应使用国际、国家规定的通用标识。应清楚地标示出具体的危险材料、危险，包括生物危险、有毒有害、腐蚀性、辐射、刺伤、电击、易燃、易爆、高温、低温、强光、振动、噪声、动物咬伤、砸伤等；需要时，应同时提示必要的防护措施。实验室所有房间的出口和紧急撤离路线应有在无照明的情况下也可清楚识别的标识。所有操作开关应有明确的功能指示标识，必要时，还应采取防止误操作或恶意操作的措施［《实验室 生物安全通用要求》（GB 19489—2008 7.4.7 标识系统）］。

依据《恶臭嗅觉实验室建设技术规范》（HJ 865—2017），采样瓶等易碎实验器材存放处应设置“易碎”安全标识，采样器存放区域应区分清洁区和工作区，并设置安全标识。环境实验室常用标识见表4-7。

表 4-7　环境实验室常用标识

类型	标识名称	图示	使用要求及意义
警告标志	生物危害		所有盛装传染性物质的容器表面明显位置必须贴有生物危险标志
	有毒物		当心中毒
	腐蚀		当心腐蚀
	激光		当心激光
	高温		当心高温
	辐射		当心电离辐射
禁止标志	禁止入内		禁止不安全行为

续表

类型	标识名称	图示	使用要求及意义
禁止标志	禁止吸烟		禁止不安全行为
	禁止明火		
指令标志	穿防护服	 必须穿防护服 Must wear protective clothing	应做出某种动作或采取防范措施
	戴防护手套	 必须戴防护手套 Must wear protective gloves	
	戴防毒面具	 必须戴防毒面具 Must wear gas edfence masks	

续表

类型	标识名称	图示	使用要求及意义
提示标志	紧急出口		向人们提供某种信息
	疏散通道方向		
	灭火器		
	火警电话		

4.3.8 实验室消防器材

实验室的消防应符合《科研建筑设计标准》（JGJ 91—2019）中和《建筑设计防火规范（2018 年版）》（GB 50016—2014）的要求。

实验室应配备不同类型的灭火消防器材（图 4-15），包括干粉灭火器、二氧化碳灭火器、水基灭火器、灭火毯、消防沙桶等。其中，干粉灭火器主要用于易燃液体和气体、碱金属、电路和小型电器的灭火，禁止应用于精密设备；二氧化碳灭火器主要用于精密仪器及带有外壳设备设施内部起火的消灭，禁止应用于电压 600 V 以上的电火灾；水基灭火器适用于易燃固体或非水溶性液体及带电设备的灭火；灭火毯是由玻璃纤维等材料经过特殊处理编织而成的织物，能起到隔离热源及火焰的作用，可用于在起火初期直接覆盖火源灭火或者披覆在身上逃生；消防沙桶主要起到覆盖灭火的作用，消防沙桶费用低，材料容易取得，缺点是火势太大时没有效果，此时还是要使用泡沫灭火器，一般来说，消防沙桶 20 m^2 的房子应该配备 50 L 左右的沙子。

灭火消防器材应根据其使用要求，定期请有资质的消防公司检修、更新，检修合格后，加贴合格标识后继续使用，不合格或已到报废期者必须更新。

干粉灭火器

水基灭火器

灭火毯

消防沙桶

图 4-15　常用实验室消防设施示例

4.3.9　案例分析

案例 4.12

【案例描述】某机构监督检查时，发现试剂库试剂柜中的甲醇等有机试剂与其他试剂共同存放，存放氨水的试剂柜无通风设施，丙酮未放置在带通风的易制毒试剂柜内。

【不符合事实分析】该机构内务管理不规范，存在有机、无机试剂混放，氨水属于易挥发物质，存放的试剂柜未安装通风设施，丙酮属于易制毒试剂，其存放和管理不满足易制毒试剂管理要求，不符合 RB/T 214—2017 中 4.3.4 条款的要求。

【可能发生的原因】试剂管理员和相关检测人员对 RB/T 214—2017 中的 4.3.4 条款理解不到位，将相互影响的试剂放到同一试剂柜，易挥发的溶剂没有采取有效的措施，造成试剂之间产生干扰或交叉污染的问题。

【解决方案】试剂管理员和相关管理员认真学习 RB/T 214—2017 中的 4.3.4 条款，加深了对条款的认识和试剂物理化学特性的了解，应重新整理试剂库并进行适当改造，将甲醇等有机溶剂与其他试剂分开试剂柜存放，安装通风设施，将氨水、丙酮等试剂分存入带通风的试剂柜中，丙酮应按照易制毒试剂进行双人双锁管理。

案例 4.13

【案例描述】某机构现场评审时，发现该机构新建的微生物实验室的紫外灯开关无警示标识，和照明灯开关紧邻。

【不符合事实分析】紫外线会对人体造成伤害，该机构微生物实验室紫外灯和照明灯紧邻，且无警示标识，很容易造成误操作，未考虑安全和环境因素的影响，不符合 RB/T 214—2017 中 4.3.4 条款的要求。

【可能产生的原因】机构实验人员对紫外线的危害认识不足，内务管理不规范，警示标识不到位对 RB/T 214—2017 中的 4.3.4 条款理解不深刻，未考虑安全因素。

【解决方案】实验室内务管理人员应该认真学习并理解 RB/T 214—2017 中的 4.3.4 条款要求，将紫外灯开关和照明灯开关进行区分，粘贴紫外灯警示标识，并对实验人员进行微生物安全知识培训，如图 4-16 所示。

图 4-16　几款微生物实验室紫外灯警示标识示例

案例 4.14

【案例描述】某机构资质认定评审现场参观时，发现石油类测试使用的萃取装置未放置于通风橱内，水质石油类测试时会进行萃取前处理，用到有机溶剂四氯乙烯和正己烷。

【不符合事实分析】四氯乙烯和正己烷都属于有毒化学物质，且易挥发，在进行萃取操作时不进行防护和采取措施，对人员和环境都会产生危害，因此，不符合 RB/T

214—2017 中 4.3.4 条款的要求。

【可能产生的原因】实验室人员安全意识不够，不掌握四氯乙烯、正己烷等有毒试剂的使用要求，实验时未按照标准要求进行操作。

【解决方案】实验室应加强对 RB/T 214—2017 中 4.3.4 条款的学习，掌握有毒有害化学试剂的使用注意事项，对于石油类萃取操作应在通风橱内进行，同时按规定佩戴防护器具，避免接触皮肤和衣物。实验中产生废有机溶液，应进行分类收集，并按照危险废物进行处理。

案例 4.15

【案例描述】某机构现场检查时，发现该机构有原子吸收光谱仪，设备所用的乙炔气钢瓶与原子吸收光谱仪同在一个实验室，且放置钢瓶的气瓶柜无通风和自动报警装置。

【不符合事实分析】乙炔气属于可燃气体，遇明火容易引起爆炸，而原子吸收光谱仪需要用火焰进行测试，因此乙炔气钢瓶与原子吸收光谱仪同在一个实验室，且放置钢瓶的气瓶柜无通风和自动报警装置，当有乙炔气泄漏时，容易引起爆炸发生危险，因此，该实验室不符合 RB/T 214—2017 中 4.3.4 条款的要求。

【可能产生的原因】实验室人员安全意识不够，对于乙炔气的安全隐患没有识别，未购买符合安全要求的带通风和自动报警装置的气瓶柜。

【解决方案】实验室应加强对 RB/T 214—2017 中 4.3.4 条款和安全知识的学习，提高安全意识，对于乙炔气钢瓶应配置具有报警和自动排风功能的气瓶柜，条件允许的情况下，将乙炔气钢瓶与原子吸收光谱仪等产生火焰的设备分开放置，并加强安全检查，防止乙炔气泄漏。

第5章　设备设施

RB/T 214—2017 中的描述如下：

> **4.4.1　设备设施的配备**
>
> 检验检测机构应配备满足检验检测（包括抽样、物品制备、数据处理与分析）要求的设备和设施。用于检验检测的设施，应有利于检验检测工作的正常开展。设备包括检验检测活动所必需并影响结果的仪器、软件、测量标准、标准物质、参考数据、试剂、消耗品、辅助设备或相应组合装置。检验检测机构使用非本机构的设施和设备时，应确保满足本标准要求。

检验检测机构应配备满足检验检测要求的设备和设施。设备应包括检验检测活动所必需且影响结果的仪器、软件、测量标准、标准物质、参考数据、试剂、消耗品、辅助设备或相应组合装置。设施是指正确实施检验检测所需的基础设施，包括固定设施、临时设施和移动设施。固定设施主要指供水供电设施、通风排气设施、信息和通信设施等。移动设施主要指车、船等仪器设备的承载设施，也包括样品的包装、运输等设施。检验检测设施应满足相关法律法规要求，保证其合法性和安全性（人员安全和公共安全），设施的技术性能应能满足相关标准和技术规范的要求，不会影响检验检测结果的准确性，能保障检验检测工作的正常开展。

在各种监督检查及现场评审中，部分检验检测机构设备设施管理运行不规范，主要表现：现场采样设备及配件不符合标准要求；辅助设备类型、数量不满足要求；检测设备不符合量值溯源要求，未按规定要求进行检定或校准，检定或校准证书确认不规范；检测仪器设备档案信息不完整；设备状态标识管理混乱；设备使用记录信息不足等。

本章针对环境检测常用设备设施及标准物质，从设备验收、量值溯源及证书确认、设备设施维护和使用、试剂管理等方面明确管理和技术要求。

5.1 常用采样及前处理设备

《生态环境监测机构评审补充要求》中的描述如下：

> **第十二条** 生态环境监测机构应配齐包括现场测试和采样、样品保存运输和制备、实验室分析及数据处理等监测工作各环节所需的仪器设备。现场测试和采样仪器设备在数量配备方面需满足相关监测标准或技术规范对现场布点和同步测试采样要求。应明确现场测试和采样设备使用和管理要求，以确保其正常规范使用与维护保养，防止其污染和功能退化。

《检验检测机构管理和技术能力评价 生态环境监测要求》（RB/T 041—2020）中的描述如下：

> 5.4.1 机构应配齐包括现场测试和采样、样品保存运输和制备、实验室分析及数据处理等监测工作各环节所需的仪器设备。现场测试和采样仪器设备在数量配备方面需满足相关监测标准或技术规范对现场布点和同步测试采样要求。

检验检测设备设施的功能、量程范围和准确度等应满足检验检测能力的要求。在设备类型上，不但包括实验室分析设备设施，还包括现场测试和采样、样品保存运输、样品制备、样品前处理、实验室分析及数据处理等监测工作各环节所需的设备设施。在配备数量上，需满足监测标准或技术规范对现场布点和同步测试采样等的要求。

现场评审和各类检查中，发现部分机构在采样设备（尤其采样枪）的配置上存在问题较多，往往标准已经更新，但设备滞后，性能不满足要求。部分机构存在采样器配备不全，前处理设备配备数量和类型也不能满足不同样品处理的需要等问题，本节梳理了常用的采样枪、采样器及前处理设备，供环境检测技术人员参考。

5.1.1 采样枪系列

（1）沥青烟采样枪（图 5-1）

适用标准：《固定污染源排气中沥青烟的测定 重量法》（HJ/T 45—1999）。

设备要求：温度控制为（42±10）℃。由采样嘴、前弯管、冷却套管、滤筒夹（含保温夹套）、滤筒和采样管主体等部分组成，其中采样管主体和前弯管内衬聚四氟乙烯或内壁镀特氟隆；保温夹套应可保持在（42±10）℃；采样嘴的形状和尺寸应符合《固定污染源排气中颗粒物测定与气态污染物采样方法》（GB/T 16157—1996）中的要求；前弯管的长度应视排气筒的直径而定，冷却套管为脱卸式，根据沥青烟的温度决定是否选用，在不使用冷却套管的情况下，前弯管与滤筒夹相衔接，其长度应不大于 500 mm。

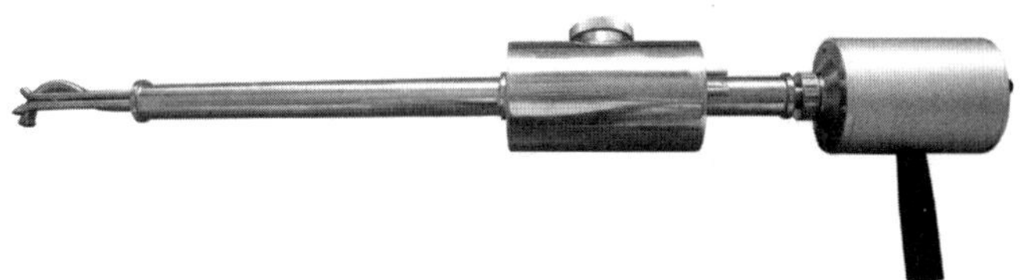

图 5-1　沥青烟采样枪

（2）低浓度颗粒物采样枪（图 5-2、图 5-3）

适用标准：《固定污染源废气　低浓度颗粒物的测定　重量法》（HJ 836—2017）。

设备要求：由耐腐蚀、耐热材料制造。采样管应有足够的强度和长度，并有刻度标志，以便在合适的位置上采样。采样头由采样头固定装置上部装入并使用采样头压盖旋紧固定，当烟温超过 260℃时，应采用金属密封垫圈。为保证在湿度较高、烟温较低的情况下正常采样，应选择具备加热采样头固定装置功能的采样管。

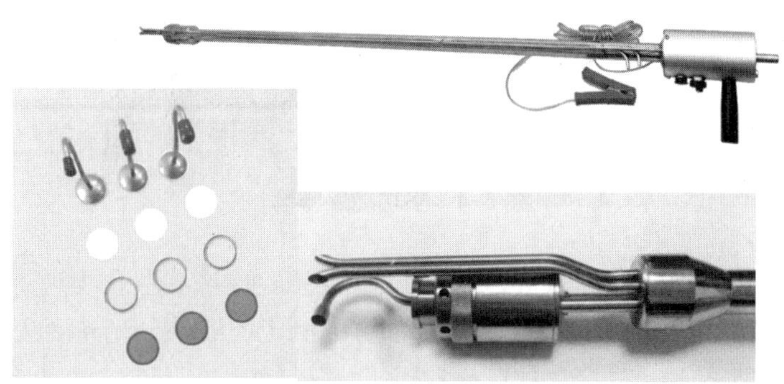

图 5-2　低浓度颗粒物采样枪

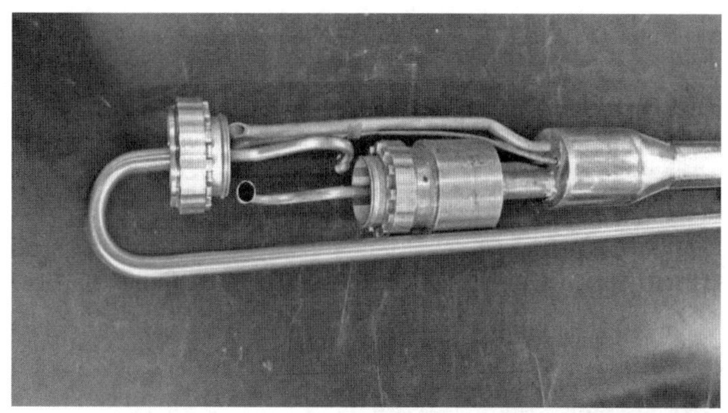

图 5-3　同时采集低浓度颗粒物样品和全程序空白样品的采样枪

（3）硫酸雾 / 氯化氢 / 氟化氢采样枪（图 5-4）

适用标准：

《固定污染源废气　硫酸雾的测定　离子色谱法》（HJ 544—2016）；

《环境空气和废气　氯化氢的测定　离子色谱法》（HJ 549—2016）；

《固定污染源废气　氟化氢的测定　离子色谱法》（HJ 688—2019）。

设备要求：具备恒温加热功能，防腐蚀材料；氟化氢采样要求恒温加热采样管末端加装滤膜，加热温度（120±5）℃，采样管为聚四氟乙烯或钛合金材质，内表面光滑。固定污染源废气中氯化氢监测，当湿度较大，氯化氢吸湿并主要以盐酸雾形式存在时，应在烟尘采样器后连接加热装置（内含分流阀及滤膜夹套），并串联两支各装碱吸收液的冲击式吸收瓶，按照颗粒物采样方法采集盐酸雾，采样过程保持烟尘采样管及加热装置温度为 120℃，以避免水汽在吸收瓶之前凝结。

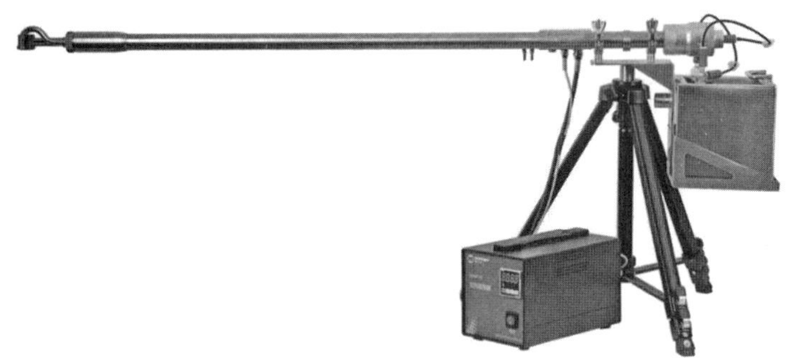

图 5-4　多功能采样枪

（4）油烟（雾）采样枪（图 5-5）

适用标准：《固定污染源废气　油烟和油雾的测定　红外分光光度法》（HJ 1077—2019）。

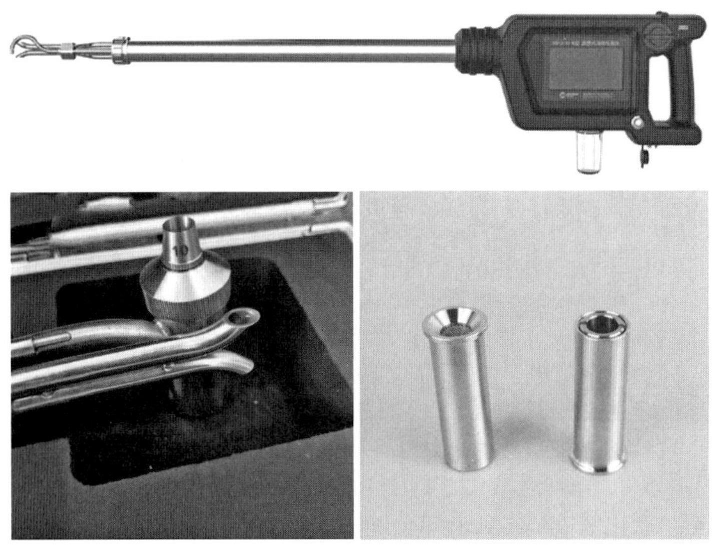

图 5-5　油烟（雾）采样枪

设备要求：金属滤筒采样管及配套滤筒。金属滤筒材质为 316 不锈钢，内部充填毛面玻璃微珠或 316 不锈钢纤维，滤筒清洗后用无油清洁空气吹干置于套筒内保存。新购置的滤筒除用溶剂或洗涤剂外，还可将滤筒在 400℃下灼烧 1 h，去除油污染。处理后的滤筒测定值低于方法检出限后方可使用。

（5）真空气体采样箱（图 5-6）

适用标准：《固定污染源废气　总烃、甲烷和非甲烷总烃的测定　气相色谱法》（HJ 38—2017）。

设备要求：使用真空箱、抽气泵等设备将经固定污染源排气筒排放的废气直接采集并保存到化学惰性优良的氟聚合物薄膜气袋中。真空箱要求透明或有观察孔，具备足够强度的有机玻璃或不锈钢材质的密封容器，真空箱上盖可开启，盖底四边有密封条。

图 5-6　真空气体采样箱

（6）重金属采样枪（图 5-7）

设备要求：用耐热、耐腐蚀的不锈钢制成，采样管前端应能填入滤料以阻留尘粒，采样导管内径应不小于 6 mm，长度应不短于 800 mm，采样管应具有加热、保温功能、整体控温为（130±10）℃（加热电源一般应取 36 V 安全电源；采用高电压做加热电源时，应设有保安措施，防止人身触电，绝缘电阻不应小于 20 MΩ）。

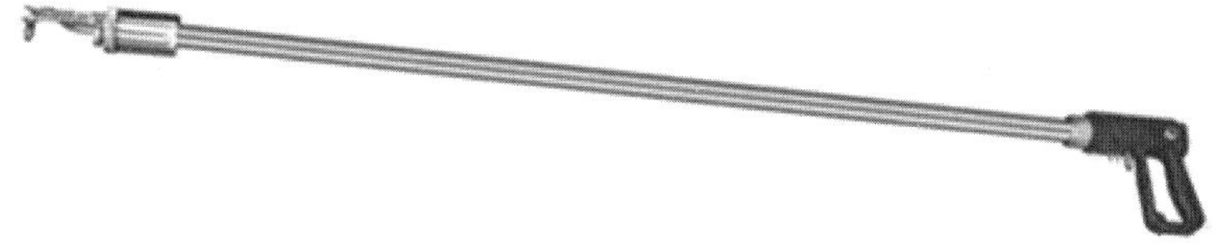

图 5-7　重金属采样枪

（7）挥发性有机物采样枪（图 5-8）

适用标准：

《固定污染源废气　挥发性有机物的采样　气袋法》（HJ 732—2014）；

《固定污染源废气　挥发性有机物的测定　固相吸附 - 热脱附 / 气相色谱 - 质谱法》（HJ 734—2014）。

设备要求：采用高防腐不锈钢材料及高强度 ABS，低压直流供电，具有自动加热，半导体制冷功能，能对颗粒态、蒸汽态和气态半挥发性有机物进行采集。具备除湿功能，可实现气水分离。

HJ 732—2014 要求挥发性有机物采样枪具有加热功能，内壁应为不锈钢或内衬聚四氟乙烯材料或石英玻璃的采样管。

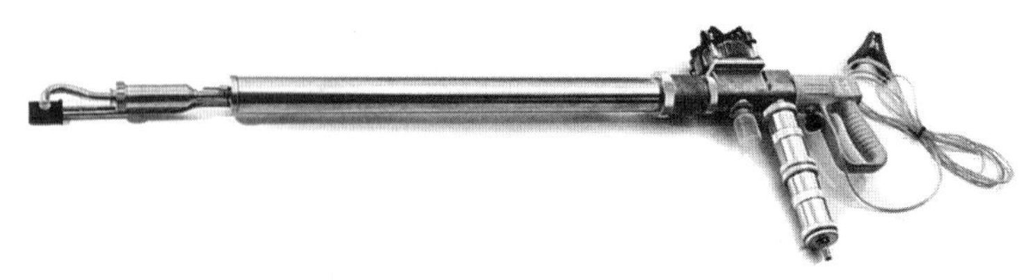

图 5-8　挥发性有机物采样枪

（8）智能烟气预处理器（图 5-9）

智能烟气预处理器是用于烟气采样时被测烟气前处理的专业设备，集滤尘、加热、冷凝、除水、滤雾于一体，具有除水能力强、烟气水分与其他气体干扰损失率低等特点。可有效地提高烟气分析仪的测量精度，减少干扰影响，并有效延长电化学传感器的使用寿命。

主要特点：

①预处理器具有全程自动恒温加热功能，处理器前端配有内含式加热装置，加热温度可调节，有效杜绝冷凝水的产生；

②预处理器后端配有高效制冷除湿模块，双级冷凝，适用于高湿、烟气浓度低的工况；

③内置多级过滤器，能有效消除颗粒物、水和三氧化硫对结果的影响；

④配有大功率电子制冷模块，制冷效果好、温差大；

⑤采用耐腐蚀的不锈钢（可定制钛合金）材料，并具有抗吸附的功能，适用于多种复杂工况。

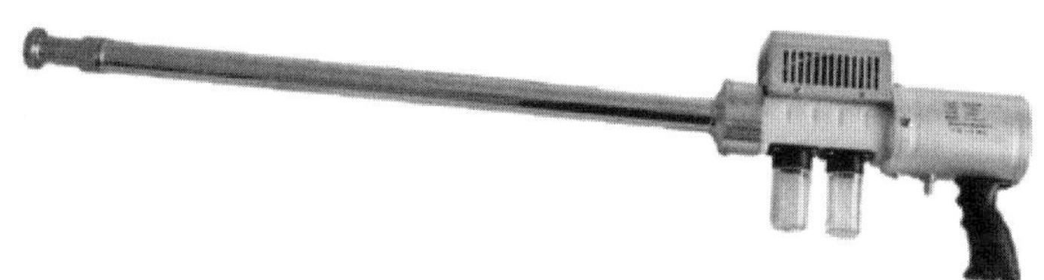

图 5-9　智能烟气预处理器

（9）烟气采样枪（图 5-10）

适用于测定固定污染源排气中有害气体成分，与烟尘 / 气测试仪配套使用。

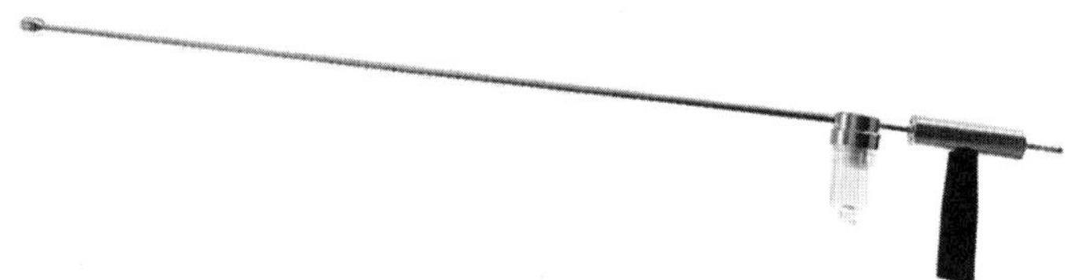

图 5-10　烟气采样枪

5.1.2 采样头系列

（1）环境空气多环芳烃采样头（图 5-11）

适用标准：《环境空气和废气　气相和颗粒物中多环芳烃的测定　气相色谱 - 质谱法》（HJ 646—2013）。

设备要求：采样头由滤膜夹和吸附剂套筒两部分组成。滤膜夹包括滤膜固定架、滤膜、不锈钢筛网三个部分。滤膜固定架由金属材料制成，并能够通过一个不锈钢筛网支撑架固定玻璃纤维 / 石英滤膜。吸附剂套筒外筒由聚四氟乙烯或不锈钢材料制成，内部装有玻璃采样筒，玻璃采样筒底部由玻璃筛板或不锈钢筛网支持，玻璃采样筒内上下两层为厚度至少为 1 cm 的聚氨酯泡沫（PUF），中间装有高度为 5 cm 左右的非离子型大孔吸附树脂（XAD-2）。玻璃采样筒密封固定在滤膜架和抽气泵之间。采样时吸附剂套筒进气口与滤膜固定架连接，出气口与抽气泵端连接。采样后玻璃采样筒也可直接放入索氏提取器中回流提取。采样前后将采样筒用铝箔纸包好，放于保存盒内，保证玻璃采样筒及其内部的吸附剂在采样前后不受沾污。

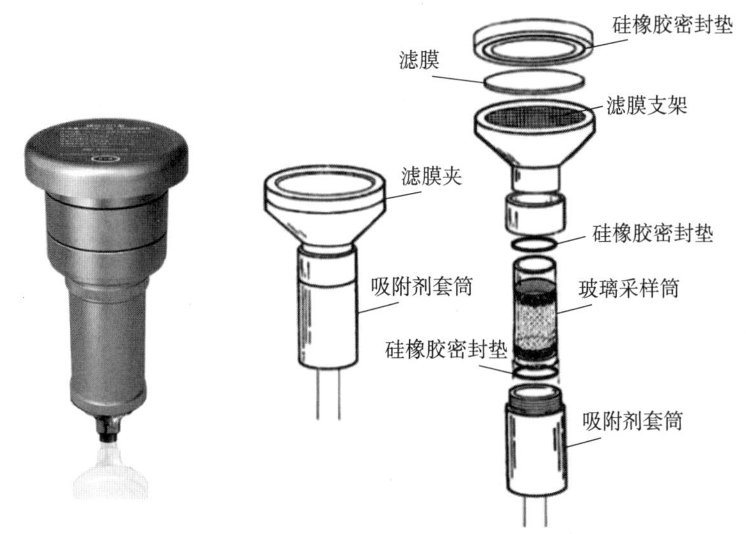

图 5-11　环境空气多环芳烃采样头

（2）环境空气氟化物采样头（图 5-12）

适用标准：《环境空气　氟化物的测定　滤膜采样 / 氟离子选择电极法》（HJ 955—2018）。

设备要求：采样头可放置 90 mm 滤膜，有效滤膜直径为 80 mm。采样头配有两层聚乙烯 / 不锈钢支撑滤膜网垫，两层网垫间有 2～3 mm 的间隔圈相隔。

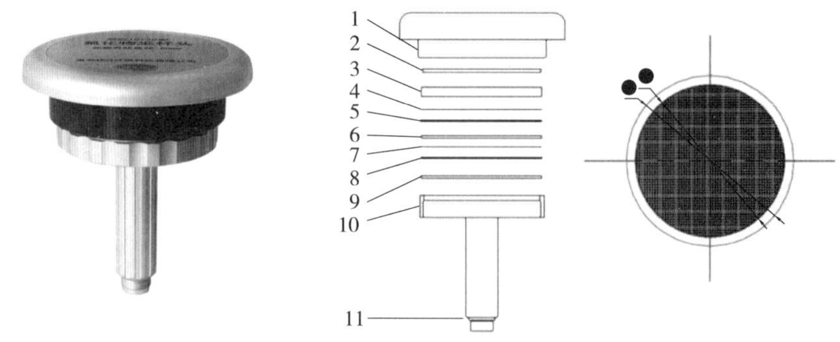

1—防雨罩；2—滤膜夹上密封垫；3—滤膜夹上盖；4—第一层滤膜；5—第一层支撑滤膜网垫（孔径 1 mm，孔间 0.4～0.5 mm）；6—间隔滤膜垫圈；7—第二层滤膜；8—第二层支撑滤膜网垫（孔径 1 mm，孔间 0.4～0.5 mm）；9—滤膜夹下密封垫；10—采样头底座；11—密封 O 形圈。

图 5-12　环境空气氟化物采样头

5.1.3　采样器及便携检测设备系列

（1）自动烟尘烟气测试仪（图 5-13）

图 5-13　自动烟尘烟气测试仪

适用于各种锅炉、工业炉窑的烟尘排放浓度、折算浓度和排放总量的测定和各种锅炉、工业炉窑的 SO_2、NO、NO_2、CO、H_2S 等有害气体的排放浓度、折算浓度和排放总量的测定及各类脱硫设备效率的测定。

执行标准：

《固定污染源排气中颗粒物和气态污染物采样方法》（GB/T 16157—1996）及 1 号修改单（XG1—2017）；

《固定污染源废气　二氧化硫的测定　定电位电解法》（HJ 57—2017）；

《固定污染源废气　氮氧化物的测定　定电位电解法》（HJ 693—2014）；

《固定污染源废气　低浓度颗粒物的测定　重量法》（HJ 836—2017）；

《固定污染源废气　一氧化碳的测定　定电位电解法》（HJ 973—2018）。

（2）便携式紫外烟气采样器（图 5-14）

采用紫外差分吸收光谱技术测量烟气中的 SO_2、NO、NO_2 和 NH_3，可选 O_2、CO、CO_2、H_2S 传感器测量气体浓度，不受烟气中水蒸气影响，具有较高的测量精度和稳定性，特别适合高湿低硫工况测量。其中紫外差分吸收模块在热湿状态下进行测量，避免除水造成的烟气组分损失。整机采用一体便携式设计，采样管和主机为一体，携带方便。可供环境监测部门对各种锅炉排放的气体浓度、排放量进行检测，也可应用于工矿企业进行各种有害气体浓度的测量。

执行标准：

《固定污染源废气　二氧化硫的测定　便携式紫外吸收法》（HJ 1131—2020）。

《固定污染源废气　氮氧化物的测定　便携式紫外吸收法》（HJ 1132—2020）。

《固定污染源烟气（二氧化硫和氮氧化物）便携式紫外吸收法测量仪器技术要求及检测方法》（HJ 1045—2019）。

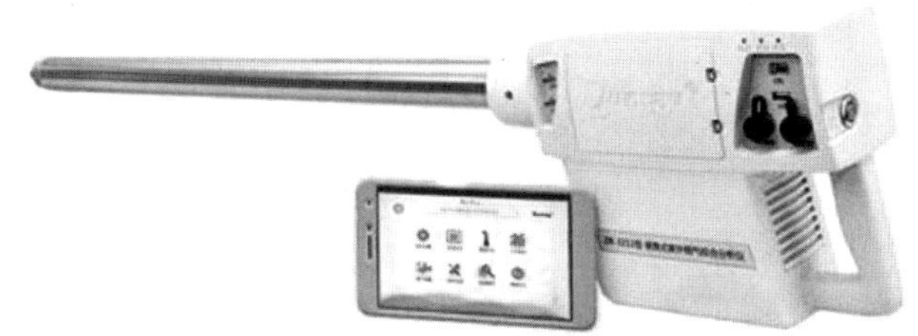

图 5-14　便携式紫外烟气采样器

（3）全自动恒温恒流大气采样器（图 5-15）

适用于多路大气采样，可采小时值和日均值；高效恒温功能，有效保证吸收液的吸收效率；温控范围可根据需要调整，可采集特征污染物；自动测量环境温度，大气压，流量计前温度、计前压力；计算标况、工况体积。

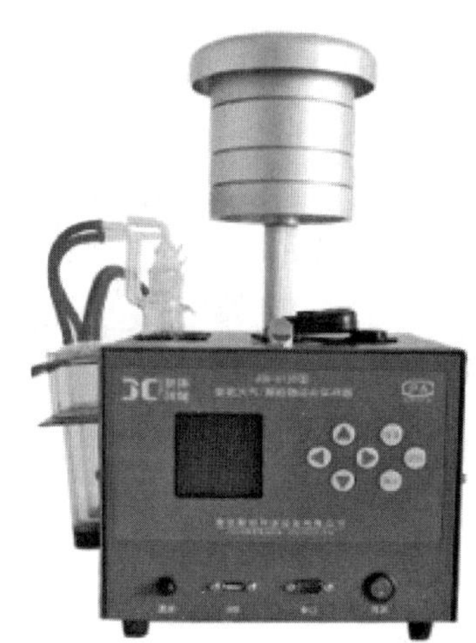

图 5-15　全自动恒温恒流大气采样器

（4）大气 /TSP 综合采样器（图 5-16）

智能大气 / 颗粒物综合采样器（以下简称采样器）是用于采集大气中总悬浮微粒（TSP、PM_{10}、$PM_{2.5}$ 等）和各种气体组分（SO_2、NO_x 等）样品的必备采样器。

图 5-16　大气 TSP 综合采样器

（5）土壤非扰动采样器（图 5-17）

VOCs 取样针筒，不锈钢原状土有机取样管，一次性塑料注射器原状土有机取样管。可无扰动采集 5 g、10 g 等样品。

图 5-17　土壤非扰动采样器

（6）便携式 X 射线荧光分析仪（便携式 XRF，如图 5-18 所示）

快速有效地对各种场地进行筛检，可用于快速、精确地辨别和定量污染金属元素。可检测银（Ag）、砷（As）、镉（Cd）、铬（Cr）、铜（Cu）、Hg（汞）、镍（Ni）、铅（Pb）、硒（Se）、铊（Tl）、锌（Zn）等金属，还可检测稀土元素（REE）及放射性元素铀（U）、钍（Th），检测含量为 ppm 到百分含量级别。

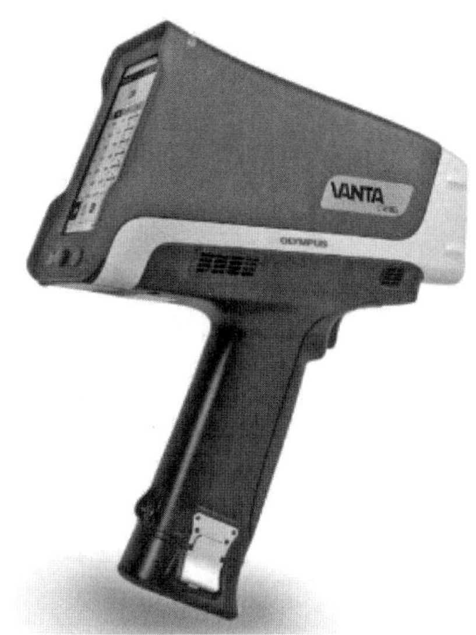

图 5-18　便携式 XRF 分析仪

（7）挥发性有机物 PID 检测仪（图 5-19）

适用于环境空气，应急（泄漏）事故监测、储罐、管道、阀门泄漏检测等的总挥发性有机物浓度的测定。配备专门的土壤打孔器和取样管可实现对土壤挥发在空气中的挥发性有机气体进行快速检测。

执行标准：《地块土壤和地下水中挥发性有机物采样技术导则》（HJ 1019—2019）。

图 5-19　挥发性有机物 PID 检测仪

（8）便携式气质联用仪（图 5-20）

便携式气质联用仪携带方便，操作简单，精度高，检测物质多，响应时间短等特点，在现场检测、污染物鉴别及突发环境污染事件处置中发挥的作用越来越大。

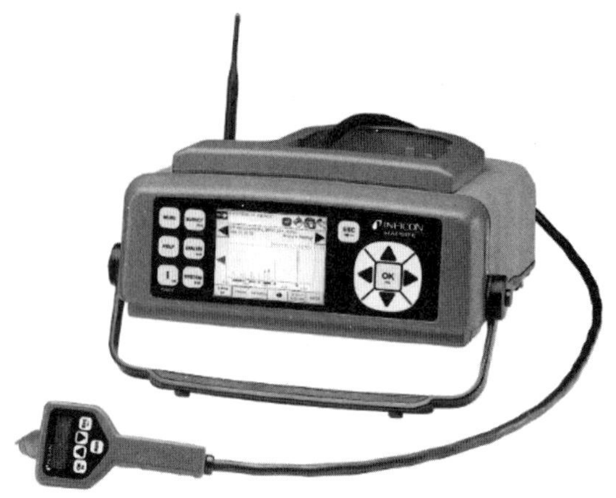

图 5-20　便携式气质联用仪

5.1.4　前处理设备系列

（1）加速溶剂萃取仪（图 5-21）

利用自动化加速溶剂萃取仪在数分钟内自动完成固体和半固体样品中化合物的萃取、过滤和净化。可容纳 1～100 g 的样品容量，允许进行多达 24 份样品的无人照看萃取，并且与其他方法相比使用的溶剂少 50%～90%。化学惰性通路支持酸性和碱性样品基质和溶剂。

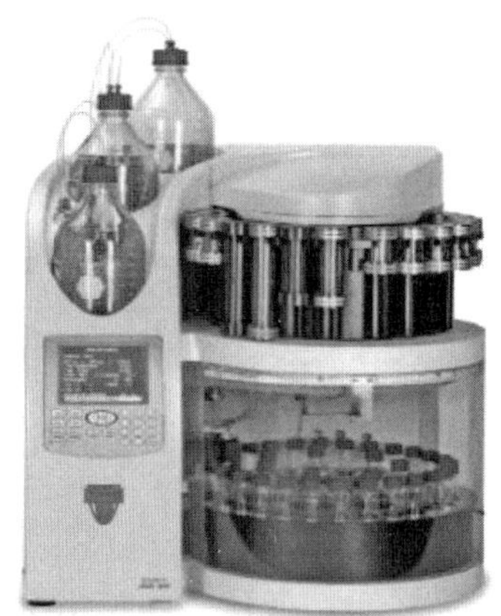

图 5-21　加速溶剂萃取仪

（2）加压流体萃取仪（图 5-22）

加压流体萃取仪与加速溶剂萃取仪的萃取原理相同。高通量加压流体萃取仪利用高压的物理环境，使溶剂的沸点升高。在高温度环境下，目标化合物的扩散性与溶解性等得到大幅提高，使得萃取时间由索式抽提的十几个小时降低至 15～30 min，而溶剂耗量由原来的 200 mL 降至 20～50 mL，提高提取的效率以及降低提取成本。

相关标准：

《固体废物　有机物的提取　加压流体萃取法》（HJ 782—2016）；

《土壤和沉积物　有机物的提取　加压流体萃取法》（HJ 783—2016）。

图 5-22　加压流体萃取仪

（3）全自动固相萃取仪（图 5-23）

采用全自动固相萃取净化技术，针对现代实验室大批量样品前处理应用的一款全自动固相萃取净化设备。前处理过程直接替代手动操作，完全的自动化无人值守，机械式重复运行模式，流速准确控制。结构紧凑，可直接放入通风橱，避免裸露使用危害实验人员的身体健康。可应用于各种需要固相萃取净化的项目检测。

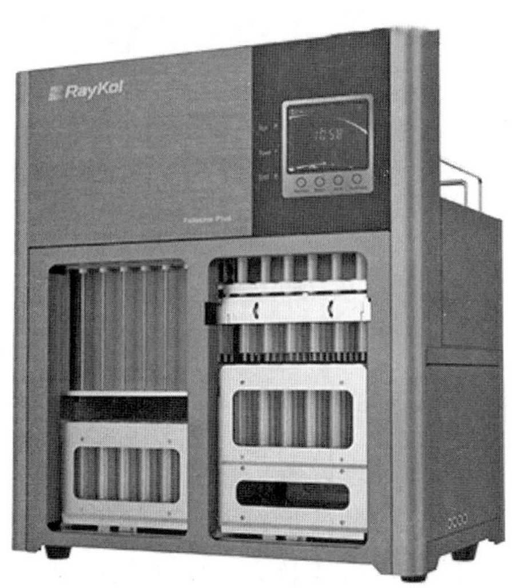

图 5-23　全自动固相萃取仪

（4）全自动定量平行浓缩仪（图 5-24）

全自动定量平行浓缩仪可对液体样品进行氮吹浓缩。采用定针斜吹模式，涡旋气流等方式持续扰动样品表面，降低溶剂表面的蒸气压，使得液体样品能够在水浴加热下快速蒸发。每个样品管配备光学传感器，可对样品尾管中的液体进行准确定量。具有浓缩速度快、自动化程度高，安全高效等特点。

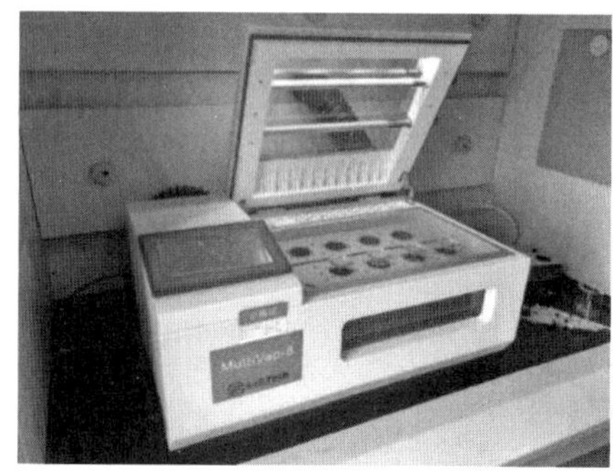

图 5-24 全自动定量平行浓缩仪

（5）固相萃取装置（图 5-25）

固相萃取装置简称 SPE，是一种被广泛应用且备受欢迎的样品前处理技术，利用固体吸附剂将液体样品中的目标化合物吸附，与样品的基体和干扰化合物分离，然后用洗脱液洗脱或加热解吸附，达到分离和富集目标化合物的目的。通常应用于处理液体样品，用来萃取、浓缩和净化样品中的挥发性和半挥发性化合物，当需要用于固体样品时，需先把固体样品处理为液态。

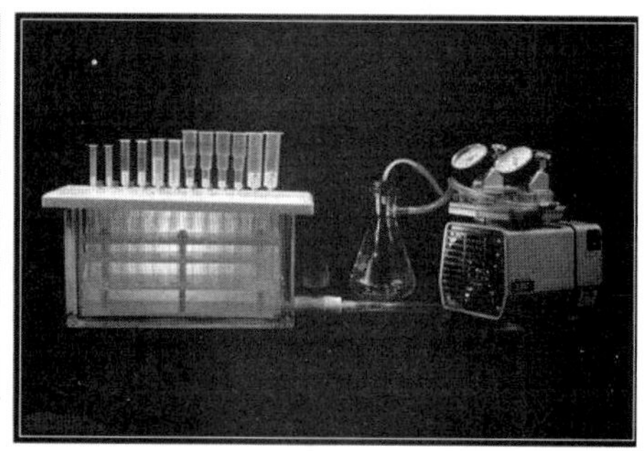

图 5-25 固相萃取装置

（6）微波消解仪（图 5-26）

消解仪是一种常用的样品前处理设备，按自动化程度可以分为半自动消解仪和全自动消解仪。微波加热是一种直接的体加热方式，微波可以穿入试液的内部，在试样的不同深度，微波所到之处同时产生热效应，这不仅使加热更快速，而且更均匀，大大缩短了加热的时间，比传统的加热方式更快、更高效。

图 5-26　微波消解仪

（7）石墨消解仪（图 5-27）

石墨消解仪采用经过特氟龙防腐涂层处理的、耐高温、高传导性、高保温性等静压石墨作为加热载体，在常压状态下对样品进行加热湿法消解。在非难溶样品消解中可以代替微波和电热板，可用于 AA、ICP、ICP-MS 等分析仪器的样品前处理。

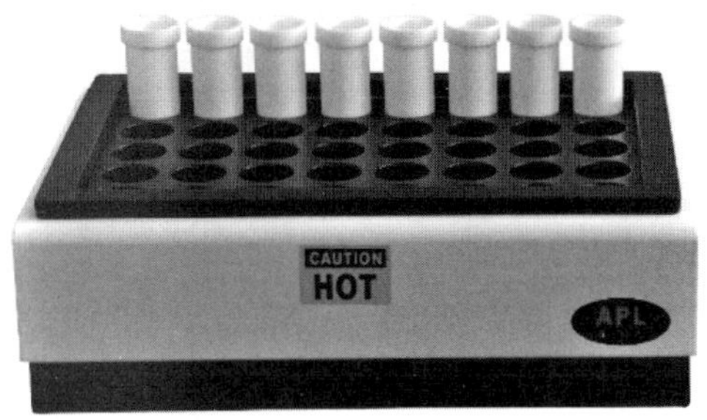

图 5-27　石墨消解仪

（8）电热板（图 5-28）

电热板是最常用而且有效的消解设备。

（9）土壤样品恒温干燥箱（图 5-29）

传统土壤样品在室内利用空气流通风干，但样品量大时，土壤样品在一起风干，难免产生二次污染，并且风干时间较长。利用土壤干燥箱可有效解决以上问题。其样品室恒温精度 ±1℃，可保证土壤样品各项元素的完整性；利用三重高效过滤，活性炭吸附，100 级空气净化效果，可快速有效吸附甲醛、苯、氨气、VOCs、尼古丁、油烟、异味及其他有害气体，防止土壤样品的二次交叉污染。样品干燥时间缩短至 48 h

以内，有效提高土壤样品干燥效率。

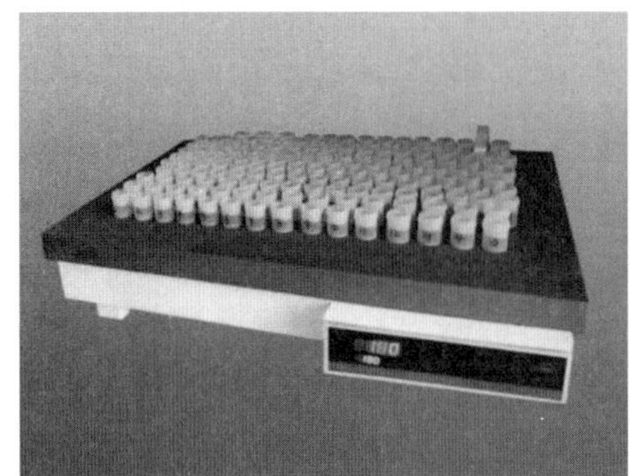

图 5-28　电热板

图 5-29　土壤样品恒温干燥箱

（10）土壤自动筛分研磨仪（图 5-30）

土壤自动筛分研磨仪主要应用于地质、环保、农牧业等土壤前处理，设备原理是利用研磨罐在绕转盘轴公转的同时又围绕自身轴心自转，罐中磨球在高速运动中相互碰撞（具有撞击力、剪切力、摩擦力），研磨和混合样品，研磨出的样品最小粒度可至 0.1 μm。

（11）一体化蒸馏仪（图 5-31）

一体化蒸馏仪主要应用于水质、土壤、固体废物等样品中检测氰化物、挥发酚、氨氮等实验的蒸馏前处理工作。其采用精密控温、智能终点控制、内置式冷却水自动降温及回流装置等技术手段，操作简单、自动蒸馏、美观实用。

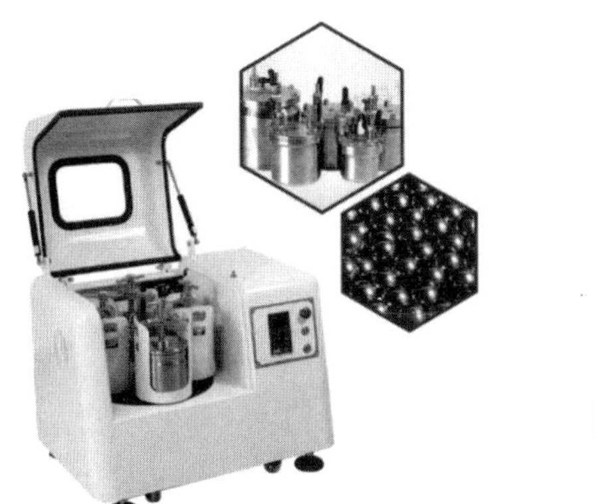

图 5-30　土壤自动筛分研磨仪

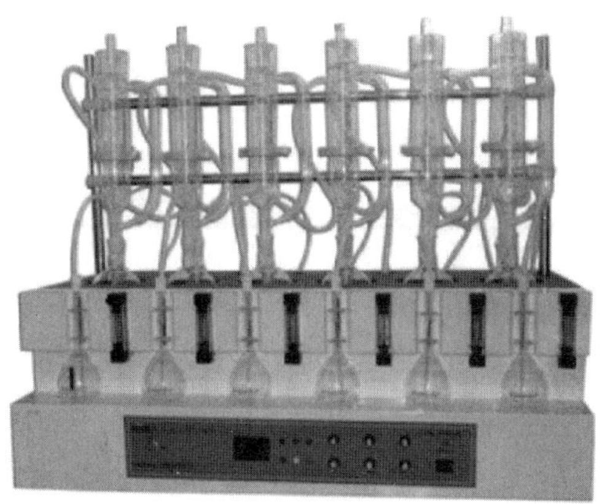

图 5-31　一体化蒸馏仪

图 5-32　COD 消解仪

（12）COD 消解仪（图 5-32）

COD 消解仪针对水质化学需氧量样品消解处理，通过微机技术进行定时控制加热电炉，可对 6 个 250 mL 锥形消解回流装置同时进行加热，达到节能、减少电力负荷、节水、提高效率的目的。

（13）样品冷藏箱（图 5-33）

车载冰箱或者具有冷藏保温功能的冷藏箱，用于样品的低温运输保存。

（14）生化培养箱（图 5-34）

生化培养箱是具有高精度的恒温设备，主要用于微生物的培养、水质检测的 BOD 测定。其包括一般生化培养箱和隔水式培养箱，应根据标准中对温度的控制要求进行选择。

图 5-33　样品冷藏箱

图 5-34　生化培养箱

5.1.5　案例分析

案例 5.1

【案例描述】评审员在评审现场发现，某机构申请多环芳烃扩项，检测依据是《环境空气和废气　气相和颗粒物中多环芳烃的测定　高效液相色谱法》（HJ 647—2013），机构不能提供采样筒的样品提取装置。机构负责人解释说，我们的装备是国际上最好的分析设备，样品前处理设备不是主要问题。

【不符合事实分析】该机构申请 HJ 647—2013 标准进行环境空气和废气中多环芳烃的测定，当进行环境空气样品采集时，需使用玻璃采样筒（筒内上下两层装有厚度至少为 1 cm 的 PUF），采样后采样筒直接放入索氏提取器中回流提取，此处需要索氏提取器 2 000 mL 的 1～2 个，用于吸附剂的净化，500 mL 或 1 000 mL 的若干个，用于提取样品。机构的提取装置能满足一般实验要求，但对于 HJ 647—2013 要求的大体积提取器没有配备，不符合 RB/T 214—2017 中 4.4.1 条款“机构应配备满足检测（包括抽样、样品制备）要求的设备和设施”和《生态环境监测机构评审补充要求》中第十二条“机构应配齐包括现场测试、采样、样品保存和制备等各环节所需的仪器设备”的要求。

【可能发生的原因】机构检测人员对标准不熟悉，配备的前处理设备不符合标准规定的要求，未按照标准要求进行实验。

【解决方案】机构应该按照 RB/T 214—2017 中 4.4.1 条和《生态环境监测机构评审补充要求》中第十二条的要求，配备满足检测（包括抽样、样品制备）要求的设备和设施，认真学习标准 HJ 647—2013 的实验过程和对采样及样品前处理的要求，购置一定数量的大体积提取器（图 5-35）。

图 5-35　大体积索氏提取器

案例 5.2

【案例描述】现场评审时，评审员发现某机构理化实验室土壤中挥发酚样品制备与污水中的挥发酚、土壤中硫化物蒸馏设备合用一套，易产生交叉污染。

【不符合事实分析】该机构申请的土壤中挥发酚、水中挥发酚和土壤中硫化物测定前处理均需使用蒸馏装置进行提取，该机构仅有一套蒸馏设备，不能满足样品实际检测的需要，不符合 RB/T 214—2017 中 4.4.1 条款和《生态环境监测机构评审补充要求》中第十二条的要求。

【可能发生的原因】机构对 RB/T 214—2017 中 4.4.1 条款和《生态环境监测机构评审补充要求》中第十二条的要求理解不到位，未配备符合实际样品检测所需的前处理设备。

【解决方案】机构应加深对 RB/T 214—2017 中 4.4.1 条款和《生态环境监测机构评审补充要求》中第十二条的理解和认识，认真学习土壤中挥发酚、水中挥发酚、土壤中硫化物等项目测试要求，按照拟开展的检测任务和样品数量，配备与实际工作量相匹配的前处理设备，从设备类型、数量上均满足检测方法及样品分析的需要。

案例 5.3

【案例描述】某机构资质认定现场评审时，评审员发现该机构实验涉及一级、二级、三级实验用水，但实验室内电导率仪只有电导池常数为 1.021 的电导电极，不满足实验室纯水验收的要求。

【不符合事实分析】根据《分析实验室用水规格和试验方法》（GB/T 6682—2008），用于一级、二级水测定的电导仪须配备电极常数为 0.01～0.1 cm^{-1} 的“在线”电导池，用于三级水测定的电导率仪须配备电极常数为 0.1～1 cm^{-1} 的电导池，并具有温度自动补偿功能，若不具温度补偿功能，可装恒温水浴槽，使待测水样温度控制在（25±1）℃，或记录水温后进行换算。该机构只有一个电导池常数为 1.021 的电极，不满足实验用水验收要求，不符合 RB/T 214—2017 中 4.4.1 条款“机构应配备满足检测（包括抽样、样品制备）要求的设备和设施”和《生态环境监测机构评审补充要求》中第十二条“机构应配齐包括现场测试、采样、样品保存和制备等各环节所需的仪器设备”的要求。

【可能发生的原因】机构对 RB/T 214—2017 中 4.4.1 条款和《生态环境监测机构评审补充要求》中第十二条的要求理解不到位，对实验用水规格要求及验收不熟悉，不具备对实验用水进行验收的设备条件。

【解决方案】机构应加强对 RB/T 214—2017 中 4.4.1 条款和《生态环境监测机构评审补充要求》中第十二条的理解和认识，组织人员学习标准 GB/T 6682—2008，掌握不同实验用水规格及验收要求，配备符合要求的电导率电极，并对各级实验用水按要求进行验收后使用。

【参考实例】几款实验用水验收电导率电极（图 5-36）。

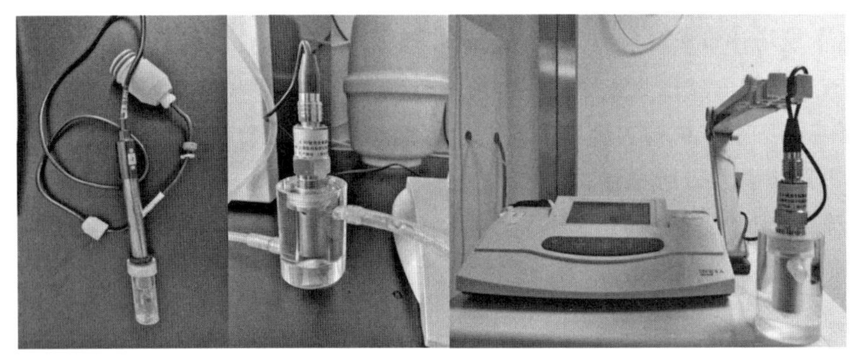
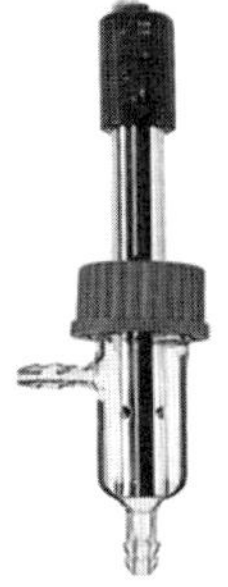

图 5-36　电导率仪水质验收用电极

案例 5.4

【案例描述】资质认定评审时，评审员发现某机构购买的玻璃纤维滤膜不能满足低浓度颗粒物采样的要求，而且不能提供水质石油类的采样器。经询问机构现场采样人员，说单位只有这种玻璃纤维滤膜，而采集石油类时都是现场用采样瓶直接取样。

【不符合事实分析】根据《固定污染源废气　低浓度颗粒物的测定　重量法》（HJ 836—2017）应选用石英材质或聚四氟乙烯材质的滤膜，滤膜材质不应吸收或与废气中的气态污染源发生化学反应，在最高的温度下保持热稳定等要求，该机构所用的玻璃纤维滤膜不符合采集低浓度颗粒物的实验要求。另外，石油类采集时应配备专用的油类采水器，用于采集水下 0.5～1.0 m 的水质样品。该机构未按照标准和规范的要求配备必要的现场采样设备，不符合《生态环境监测机构评审补充要求》第十二条“生态环境监测机构应配齐包括现场测试和采样、样品保存运输和制备、实验室分析及数据处理等监测工作各环节所需的仪器设备”的要求。

【可能发生的原因】机构人员对固定污染源低浓度颗粒物测定的标准不熟悉，未按照标准要求购买采样所需的滤膜；机构采样人员对地表水等采样技术规范不熟悉，未掌握水质采样的技术要求，缺少专用的油类采样器。

【解决方案】应加强学习《生态环境监测机构评审补充要求》第十二条的要求，对于环境监测工作各环节所需的仪器设备应配备齐全；现场采样及实验人员应加强学习监测标准和采样技术规范，掌握样品采集的方法要求，配备所需的实验耗材和设备设施。

【参考实例】如图 5-37 所示。

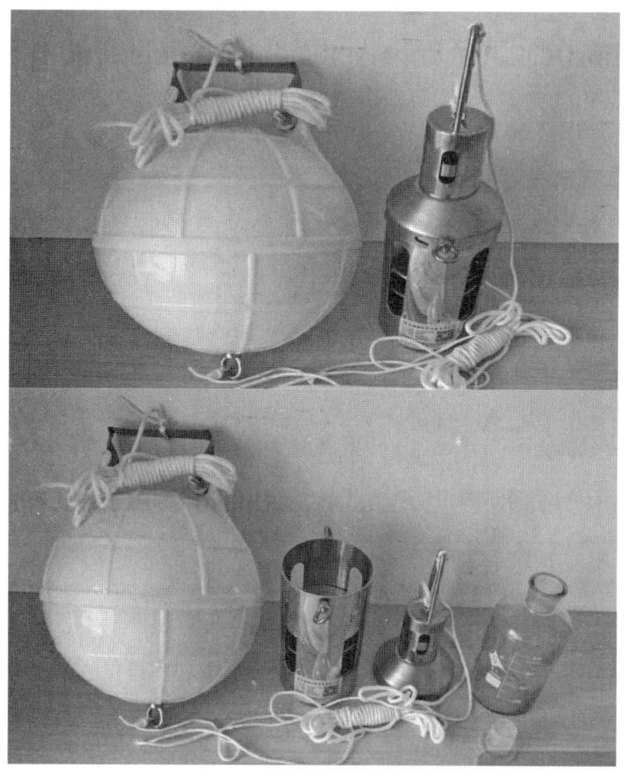

图 5-37　表层石油类采水器

案例 5.5

【案例描述】某省市场监管部门开展环境监测机构监督检查时，发现某机构具备《空气质量　恶臭的测定　三点比较式臭袋法》（GB/T 14675—1993）的检测能力，抽查 1 份该机构出具的无组织排放源臭气浓度检测报告，现场清点用于无组织臭气采样的真空瓶总共只有 6 个。由于该机构采样设备的数量不满足现场采样的要求，涉嫌出具虚假报告。

【不符合事实分析】根据《恶臭污染环境监测技术规范》（HJ 905—2017）进行无组织采样时，一般需设置 3 个采样点，采集频次要求，对于连续无组织排放源需采集 4 次，间歇无组织排放源采集次数不少于 3 次，该机构只有 6 个真空瓶，设备数量不满足现场测试要求，但出具了检验检测报告，所以涉嫌数据造假。不符合 RB/T 214—2017 中 4.4.1 条款和《生态环境监测机构评审补充要求》第十二条的要求。

【可能产生的原因】机构法律意识淡薄，对 RB/T 214—2017 和《生态环境监测机构评审补充要求》认识不到位，对检测技术规范、标准不熟悉，未按照标准和规范的要求配置采样设备设施，检测时也未按照标准要求的频次和点位进行采样，出具的检验检测报告不规范或者涉嫌虚假报告。

【解决方案】机构应加强学习《生态环境监测机构评审补充要求》第五条“生态环境监测机构应建立防范和惩治弄虚作假行为的制度和措施，确保其出具的监测数据准确、客观、真实、可追溯。生态环境监测机构及其负责人对其监测数据的真实性和准确性负责，采样与分析人员、审核与授权签字人分别对原始监测数据、监测报告的真实性终身负责”，并按照 RB/T 214—2017 和《生态环境监测机构评审补充要求》第十二条的规定，配置满足实验要求的设备设施，组织采样及检测人员学习相关的检测标准和技术规范，按照客观独立、公平公正、诚实信用的原则从业，确保出具的检验检测报告真实、客观、准确和可追溯。

5.2　设备验收与管理

《检测和校准实验室能力的通用要求》（GB/T 27025—2019/ISO/IEC 17025：2017）规定如下：

> **6.4　设备**
>
> 6.4.2　实验室使用永久控制以外的设备时，应确保满足本标准对设备的要求。
>
> 6.4.3　实验室应有处理、运输、储存、使用和按计划维护设备的程序，以确保其功能正常并防止污染或性能退化。

5.2.1 设备验收

实验室应购置符合检测标准、检验方法要求的设备设施，一般根据需求提出购置计划，主要包括设备的准确度、测量范围、分度值、使用条件等，价格高并对检测结果有重要影响的设备设施应进行调研论证。

设备购买后，应组织进行验收，验收时应关注是否购买了满足检验检测（包括采样、样品制备、数据处理与分析）要求的设备和设施，用于检验检测的设施是否有利于检验检测工作的正常开展，设备是否配备了检验检测活动所必需的仪器、软件、测量标准、标准物质、试剂、消耗品、辅助设备或相应组合装置等。大型精密仪器应由厂家进行安装、调试并对操作人员进行操作技能的培训。一般验收内容包括但不限于以下内容：

（1）设备名称、规格型号、制造厂商、装箱单号、收到件数是否与购置合同一致；

（2）包装情况是否良好，随机文件是否齐全，备件与附件是否齐全；

（3）设备是否满足设计要求和使用要求及必须采取的措施；

（4）水、电、气、试剂等相关配套是否就绪；

（5）设备安装调试情况是否符合规定，人员操作技能培训情况等。

设备验收合格后，应按照管理程序建立仪器设备（标准物质）的台账，仪器设备台账应包括但不限于仪器设备名称、型号、编号、生产厂家、购入日期、购入价格、存放地点、使用保管人、使用量程、精度、设备状态（在用、停用），溯源方式（检定、校准、功能检查）、检定 / 校准周期、检定 / 校准日期、有效期、检定单位等）；标准物质台账应包括但不限于标准物质名称、规格、编号、数量、购入日期、有效期、生产厂家等。验收、检定不符合的仪器设备、标准物质不得投入使用。

RB/T 214—2017 规定如下：

4.4.1 设备设施的配备

检验检测机构租用仪器设备开展检验检测时，应确保：

a ）租用仪器设备的管理纳入本检验检测机构的管理体系；

b ）本检验检测机构可全权支配使用，即租用的仪器设备由本检验检测机构的人员操作、维护、检定或校准，并对使用环境和贮存条件进行控制；

c ）在租赁合同中明确规定租用设备的使用权；

d ）同一台设备不允许在同一时期被不同检验检测机构共同租赁和资质认定。

检验检测机构租赁仪器设备开展检验检测的，应确保满足 RB/T 214—2017 标准的要求，租赁期限不得少于一个资质认定证书周期 *，所租赁设备必须独立使用，不得与其他主体共用或混用。

注：* 为河北省市场监督管理部门要求。

5.2.2 设备档案

《检测和校准实验室能力的通用要求》（GB/T 27025—2019/ISO/IEC 17025：2017）的描述如下：

> 6.4.13 实验室应保存对实验室活动有影响的设备记录。适用时，记录应包括以下内容：
>
> a）设备的识别，包括软件和固件版本；
>
> b）制造商名称、型号、序列号或其他唯一性标识；
>
> c）设备符合规定要求的验证证据；
>
> d）当前位置；
>
> e）校准日期、校准结果、设备调整、验收准则、下次校准的预定日期或校准周期；
>
> f）标准物质的文件、结果、验收准则、相关日期和有效期；
>
> g）与设备性能相关的维护计划和已进行的维护；
>
> h）设备的损坏、故障、改装或维修的详细信息。

每台设备均应建立设备档案，设备档案中应该包括但不限于以下内容：

（1）档案的目录及页码；

（2）设备信息卡，包括仪器设备、软件及标准物质名称、型号及生产厂商；

（3）设备验收及调整记录；

（4）制造商的合格证；

（5）设备及软件的唯一性编号；

（6）使用说明书或证书；

（7）当前位置（适用时）；

（8）历年的检定 / 校准证书或标准物质证书；

（9）历年的检定 / 校准证书的确认表；

（10）历年的使用记录；

（11）历年的定期维护保养记录；

（12）历年的期间核查记录；

（13）任何损坏、故障、改装或修理的记录；

（14）停用记录（如果发生过停用）；

（15）仪器设备、标准物质报废申请及批准表；

（16）如果存在租赁仪器设备，要完全纳入本机构的管理体系，租赁合同应明确规定租用设备的使用权和期限。

仪器设备信息卡和档案目录可参考表 5-1、表 5-2。

表 5-1　仪器设备信息卡（参考）

<table>
<tr><td>设备名称</td><td></td><td></td><td>出厂编号</td><td></td></tr>
<tr><td>规格型号</td><td></td><td></td><td>设备编号</td><td></td></tr>
<tr><td>生产厂家</td><td></td><td></td><td>放置地点</td><td></td></tr>
<tr><td>出厂日期</td><td></td><td></td><td>接收日期</td><td></td></tr>
<tr><td colspan="5">说明：用于记录设备任何维修、检定、主机和附件增减、核心指标变更等可能影响检测质量的因素变化：（1）关键词：维修、更换部件、检定（结论）、附件增减等；（2）事件描述：关键事件的完整描述；（3）事件操作、见证、记录人；（4）附加信息，如可能提供的附件</td></tr>
<tr><td>事件日期</td><td>关键词</td><td>事件描述</td><td>操作人</td><td>备注</td></tr>
<tr><td></td><td></td><td></td><td></td><td></td></tr>
<tr><td></td><td></td><td></td><td></td><td></td></tr>
</table>

表 5-2　设备档案目录（参考）

<table>
<tr><td colspan="2">档案名称</td><td colspan="4">自动烟尘 / 气测试仪（编号 YQ-001）</td></tr>
<tr><td colspan="2">档案类别</td><td colspan="4">□实验室设备　☑ 现场设备　□辅助设备</td></tr>
<tr><td>序号</td><td>资料名称</td><td>册 / 页数</td><td>建档日期</td><td>经办人</td><td>备注</td></tr>
<tr><td>1</td><td>仪器设备信息卡</td><td>1/1</td><td>2020-03-04</td><td></td><td></td></tr>
<tr><td>2</td><td>仪器设备安装调试验收记录</td><td>1/2</td><td>2020-03-04</td><td></td><td></td></tr>
<tr><td>3</td><td>使用说明书</td><td>1/20</td><td>2020-03-04</td><td></td><td></td></tr>
<tr><td>4</td><td>合格证</td><td>1/1</td><td>2020-03-04</td><td></td><td></td></tr>
<tr><td>5</td><td>装箱单</td><td>1/1</td><td>2020-03-04</td><td></td><td></td></tr>
<tr><td>6</td><td>返厂登记表</td><td>1/1</td><td>2020-03-15</td><td></td><td></td></tr>
<tr><td>7</td><td>仪器设备维修记录</td><td>1/1</td><td>2020-03-15</td><td></td><td></td></tr>
<tr><td>8</td><td>一氧化碳干扰测试报告</td><td>1/5</td><td>2020-03-15</td><td></td><td></td></tr>
<tr><td>9</td><td>检定证书 HYHH20-01001</td><td>1/5</td><td>2020-03-28</td><td></td><td></td></tr>
<tr><td>10</td><td>检定证书确认表</td><td>1/1</td><td>2020-03-30</td><td></td><td></td></tr>
<tr><td>11</td><td>设备期间核查记录</td><td>1/4</td><td>2020-10-20</td><td></td><td></td></tr>
<tr><td>12</td><td>设备使用记录</td><td>1/8</td><td>2020-12-20</td><td></td><td></td></tr>
<tr><td>13</td><td>设备维护记录</td><td>1/5</td><td>2020-12-20</td><td></td><td></td></tr>
</table>

5.2.3　设备授权

对精密、贵重、主要的仪器实行专人使用、保管的制度，使用人员应经过培训考核合格且经过授权后，方可单独使用或操作仪器设备，培训内容应包括仪器设备的构造原理、操作方法、一般故障的排除方法、维修常识等，非授权人不能单独使用。授权书应包括授权人姓名、授权设备型号和编号等信息。

结合 RB/T 214—2017 中 4.2.5 条款和《生态环境监测机构评审补充要求》第十条的要求，对于操作设备的人员，应依据相应的教育、培训、技能和经验进行能力确认，能力确认方式应包括基础理论、基本技能、样品分析的培训与考核等。表 5-3 所示为某机构仪器设备授权范围示例。

表 5-3　某机构仪器设备授权证书示例

<table>
<tr><td colspan="3">授权仪器使用范围</td></tr>
<tr><td>授权时间</td><td>授权使用仪器</td><td>授权人</td></tr>
<tr><td rowspan="8">2018.8.20</td><td>Thermo ICE 3000 原子吸收分光光度计（YQ-21）</td><td rowspan="8"></td></tr>
<tr><td>Thermo ICE 3000 石墨炉原子吸收分光光度计（YQ-21）</td></tr>
<tr><td>冷原子吸收测汞仪（YQ-14）</td></tr>
<tr><td>AFS-933 原子荧光光度计（YQ-22）</td></tr>
<tr><td>微波消解仪（YQ-40）</td></tr>
<tr><td>Agilent 1220 液相色谱（YQ-19）</td></tr>
<tr><td>Agilent7820A 气相色谱仪（YQ-47）</td></tr>
<tr><td>Agilent7820A 气相色谱仪（YQ-48）</td></tr>
<tr><td>有效期</td><td colspan="2">年　月　日至　年　月　日，共　年</td></tr>
<tr><td>技术负责人意见</td><td colspan="2">年　月　日</td></tr>
<tr><td>备　注</td><td colspan="2"></td></tr>
</table>

5.2.4　案例分析

案例 5.6

【案例描述】某机构资质认定评审现场参观时，评审员发现该机构的大型仪器旁均有受控的检测技术标准和技术规范，也有仪器的使用说明书，但是未受控，检测人员解释说，仪器使用说明书不是标准，不用受控。

【不符合事实分析】检测机构应依据制定的文件管理程序，对其内部文件和外来文件实施控制，仪器使用说明书或操作手册属于外来技术文件，机构未对其进行受控，不符合 RB/T 214—2017 中 4.5.3 条款的规定。且仪器设备应制定操作维护的作业指导书或者操作规程，以确保实验人员能正确地使用和维护仪器设备，该机构实验人员将使用说明书直接放在大型仪器旁，不符合设备和设施管理程序和文件控制程序的要求。

【可能发生的原因】机构对 RB/T 214—2017 中 4.5.3 条款理解不到位，未认识到设备使用说明书应当作为外来文件进行管理的要求；该大型仪器未制定作业指导书或者操作规程，实验人员维护或使用仪器时需从使用说明书中进行查询。

【解决方案】首先，机构应加强对 RB/T 214—2017 中 4.5.3 条款的理解，明确对外来文件进行控制的要求，将设备的使用说明书存入设备档案统一管理，实验人员需要借阅设备说明书时，可进行复印由档案管理员受控编号、备案后才能使用。为了便于实验室仪器操作人员维护和使用该仪器，应制定维护使用作业指导书或操作规程，受控后发放给操作仪器的人员使用。

案例 5.7

【案例描述】评审员在某机构评审时发现，机构主要大型分析测试设备均为进口设备，评审员就其中一台二级热解析设备询问设备质量如何，设备操作人员说在保修期内就维修了 2 次，经查阅这台热解析设备的档案却没有相关维修的记录，操作人员解释说，售后人员过来修好就行了，他们的服务还是不错的。

【不符合事实分析】不符合 RB/T 214—2017 中 4.4.4 条款的规定，机构应保存对检验检测具有影响的设备及其软件的记录，包括设备维护计划，以及已进行的维护记录，设备的任何损坏、故障、改装或修理的记录。

【可能产生的原因】机构对“RB/T 214—2017”中 4.4.4 条款的要求理解不到位，未按照要求保存设备的维修记录。

【解决方案】机构应保存对检验检测具有影响的设备及其软件的记录，包括设备维护计划，以及已进行的维护记录，设备的任何损坏、故障、改装或修理的记录都应存入设备档案保存。机构应加强学习 RB/T 214—2017 中 4.4.4 条款内容，收集整理两次设备维修的有关材料进行保存，并在设备信息卡中记录维修的相关信息。

5.3 量值溯源与证书确认

RB/T 214—2017 中的描述如下：

> **4.4.3 设备管理**
>
> 检验检测机构应对检验检测结果、抽样结果的准确性或有效性有影响或计量溯源性有要求的设备，包括用于测量环境条件等辅助测量设备有计划地实施检定或校准。设备在投入使用前，应采用核查、检定或校准等方式，以确认其是否满足检验检测的要求。所有需要检定、校准或有有效期的设备应使用标签、编码或以其他方式标识，以便使用人员易于识别检定、校准的状态或有效期。
>
> 当需要利用期间核查以保持设备的可信度时，应建立和保持相关的程序。针对校准结果包含的修正信息或标准物质包含的参考值，检验检测机构应确保在其检测数据及相关记录中加以利用并备份和更新。

《检测和校准实验室能力认可准则》（CNAS-CL01：2018）的描述如下：

> 6.5.1 实验室应通过形成文件的不间断的校准链，将测量结果与适当的参考对象相关联，建立并保持测量结果的计量溯源性，每次校准均会引入测量不确定度。

计量溯源性（metrological traceability）是指通过一条形成文件的、具有规定测量不确定度及不间断的校准链，使测量结果与参考标准联系起来的特性。计量溯源性是国际相互承认测量结果的前提条件，CNAS 将计量溯源性视为测量结果有效性的基础。因此，实验室应对检验检测结果的准确性或有效性有影响的设备，包括测量环境条件等的辅助测量设备进行有计划的实施检定或校准。

当技术上无法计量溯源到 SI 单位时，实验室应能证明可计量溯源至适当的参考对象，如具备能力的标准物质生产者提供的有证标准物质的标准值；描述清晰的参考测量程序、规定方法或协议标准的结果，其测量结果满足预期用途，并通过适当比对予以保证。又如，环境空气中 $PM_{2.5}$ 的测定项目，河北省首次资质认定时，要求进行 3 家以上（含 3 家）实验室比对。

《实验室认可规则》（CNAS-RL01：2018）中的描述如下：

> 7.6　当测量结果无法溯源到国际单位制（SI）单位或与 SI 单位不相关时，测量结果应溯源至参考物质（参考标准）RM、公认的或约定的测量方法 / 标准，或通过实验室间比对等途径，证明其测量结果与同类实验室的一致性。当采用实验室间比对的方式来提供测量的可信度时，应保证定期与 3 家以上（含 3 家）实验室比对。可行时，应是获得 CNAS 认可，或 APLAC、ILAC 多边承认协议成员认可的实验室。

5.3.1　检定 / 校准计划制订

对检验检测结果有显著影响的设备，包括辅助测量设备（如测量实验室环境的温湿度表），应制订检定或校准计划，确保检验检测结果的计量溯源性。无法溯源到国家或国际测量标准时，测量结果应溯源至有证标准物质，公认的或约定的测量方法、标准，或通过比对等途径，证明其测量结果与同类检验检测机构的一致性。当测量结果溯源至公认的或约定的测量方法、标准时，检验检测机构应提供该方法、标准的来源等相关证据。

《〈检测和校准实验室能力认可准则〉应用要求》（CNAS-CL01-G001：2018）中的描述如下：

> 6.4.7　对需要校准的设备，实验室应建立校准方案，方案中应包括该设备校准的参数、范围、不确定度和校准周期等，以便送校时提出明确的、针对性的要求。

对检测数据准确度有影响的所有测量设备和试验设备，包括辅助测量设备，在使用前或维修后都须进行检定或校准，检验检测机构应制订仪器设备的检定 / 校准计划。仪器设备检定 / 校准计划表示例见表 5-4。

其中，承担仪器设备周期检定 / 校准的溯源单位应是取得授权证书的检定机构或取得实验室认可的校准机构，经过合格供应商评定。列入《实施强制管理的计量器具目录》的强制检定计量器具应按规定实施周期检定，强检方式、强检范围及说明见 2020 年 10 月 26 日《市场监管总局关于调整实施强制管理的计量器具目录的公告》（2020 年第 42 号）要求。

对于检定 / 校准以外的设备，可进行内部校准。内部校准时，应确保：校准设备的标准满足计量溯源要求；限于非强制检定的仪器设备；实施内部校准的人员经培训和授权；环境和设施满足校准方法要求；优先采用标准方法，非标方法使用前应经确认；进行测量不确定度评定；可不出具内部校准证书，但应对校准结果予以汇总；质量控制和监督应覆盖内部校准工作。

表 5-4　仪器设备检定 / 校准计划表示例

年度：______________________

序号	设备名称	设备编号	规格型号	关键技术参数	下次溯源日期	溯源方式	溯源单位	溯源周期	责任部门	备注

5.3.2　检定 / 校准证书确认

经检定或校准的仪器设备，尤其是校准的设备，其技术参数是否仍然满足检测要求，还需要对仪器设备检定 / 校准证书进行确认。对于给出检定合格结论的检定证书，证书中合格结论证明仪器技术参数符合规程要求，但还应检查这些技术参数是否满足具体检测方法的要求。对于校准证书，由于通常不给出仪器是否合格的结论，只给出仪器设备技术参数实际的量值或误差，因此要将证书上的实际校准参数与实验要求进行比较，符合要求的可以继续使用，不符合的则要采取应对措施。

《测量结果的计量溯源性要求》（CNAS-CL01-G002：2018）中的有关描述如下：

> 4.9　合格评定机构应对作为计量溯源性证据的文件（如校准证书）进行确认。确认应至少包含以下几个方面（以校准证书为例）：
>
> A）校准证书的完整性和规范性；
>
> B）根据校准结果做出与预期使用要求的符合性判定。
>
> C）适用时，根据校准结果对相关设备进行调整、导入校准因子或在使用中修正。

此条款中的合格评定机构就包括检验检测机构，因此，进行检定/校准证书确认时，需要进行确认的内容（表5-5）如下：

表5-5 仪器设备的检定/校准结果确认表示例

<table>
<tr><td>仪器设备名称</td><td></td><td>仪器设备编号</td><td></td></tr>
<tr><td>规格型号</td><td></td><td>制造厂商</td><td></td></tr>
<tr><td>证书的类别</td><td>□检定 □校准 □其他________</td><td>量值溯源单位</td><td></td></tr>
<tr><td>检定/校准使用主要计量标准器是否在有效期</td><td></td><td>量值溯源日期</td><td></td></tr>
<tr><td>检定单位授权证书号</td><td></td><td>检定/校准是否在授权附表内</td><td></td></tr>
<tr><td>检定/校准证书的信息</td><td colspan="3">（仅填写与检测相关的参数信息）</td></tr>
<tr><td>标准对仪器设备达到技术要求</td><td colspan="3">（适用多个标准时，分别列出标准号及要求）</td></tr>
<tr><td>结　论</td><td colspan="3">（1）确认过程（仪器设备是否满足预期使用要求的比较过程）

（2）确认结果（仪器设备满足预期使用要求的确认结论）：
□该仪器的计量性能满足____（标准号）____中所需技术参数或仪器性能的使用要求。□直接使用；□引入修正值/修正因子后使用。
□不满足要求。
（3）溯源间隔及有效期：检定/校准时间间隔为　　年，　　年　　月　　日至　　年　　月　　日。
（4）状态标识结论：贴　　色标签</td></tr>
<tr><td>确 认 人</td><td></td><td>日期</td><td></td></tr>
<tr><td>审 核 人</td><td></td><td>日期</td><td></td></tr>
<tr><td>技术负责人</td><td></td><td>日期</td><td></td></tr>
</table>

（1）检定或校准机构资格（授权证书号或认可标识）：法定计量检定机构出具的证书上应有授权证书号；政府授权的或取得认可的校准机构，出具的证书上应有授权证书号或出具的校准证书应有认可标识。

（2）检定或校准机构测量能力：应在授权范围内出具检定证书；应在政府授权的或认可范围内，出具校准报告或证书，校准证书应有包括测量不确定度和 / 或符合确定的计量规范声明的测量。

（3）溯源性（标准器的信息）：测量结果能溯源到国家或国际基准的有关信息证据。

（4）满足机构自身检验检测要求，并给出确认结论，提供给使用人员。

（5）是否需要引入校准因子或使用修正值。

（6）确定周期。

检验检测机构在检定 / 校准证书确认方面存在的问题主要是对确认目的不明确，确认结论不明确。部分机构只是将检定 / 校准证书上的内容附上，缺少确认比较的过程。

5.3.3 修正因子的使用

RB/T 214—2017 中的描述如下：

> **4.4.3**
>
> ……针对校准结果包含的修正信息或标准物质包含的参考值，检验检测机构应确保在其检测数据及相关记录中加以利用并备份和更新。

《检测和校准实验室能力认可准则》（CNAS-CL01：2018）（ISO/IEC 17025：2017）中的描述如下：

> **6.4.11** 如果校准和标准物质数据中包含参考值或修正因子，实验室应确保该参考值和修正因子得到适当的更新和应用，以满足规定要求。

当仪器设备经校准给出一组修正信息时，检验检测机构应确保有关数据得到及时修正，计算机软件也应得到更新，检验检测机构应确保在其检验检测数据及相关记录中加以利用并备份更新，并在检验检测工作中加以使用。对在检测过程中需要使用校正因子对检测结果进行修正的设备，如生化培养箱等，需在仪器操作现场张贴相关内容，以便使用设备校准证书中的修正值等相关信息。设备管理员应及时将仪器设备校准及确认时产生的修正信息（修正因子、修正值、修正曲线）以书面形式通知检测人员，确保在检测过程中正确使用并备份。当产生了新的校准结果，需使用新的修正信息时确保能得到及时更新。

修正值为修正某一测量器具的示值误差等系统误差而在其检定 / 校准证书上注明（或根据检定 / 校准结果计算得出）的特定值。它的大小与示值误差相等，符号相反。

修正因子为修正某一测量器具的示值误差等系统误差而在其检定 / 校准证书上注明（或根据检定校准结果计算得出）的与未修正测量结果相乘的因子。

那么，如何获得修正因子？哪些场合需要使用修正因子？如何正确使用修正因子？修正因子通过检定或校准证书获取，根据检定 / 校准证书中的结果计算或分析得出修正值、修正因子。当仪器设备经过检定或校准后都有修正值或修正因子，实际测量中，并不是所有的测量结果都要做相应的修正，只要修正值或修正因子对检测结果准确度不会产生明显影响，就可忽略不计。

以下情形需使用修正值或修正因子：

（1）当仪器设备测量结果虽与检测结果的运算无关，但对应的检测方法对其准确度有明确要求时，不仅需要其检定或校准结果符合相关计量规程要求，还需应用相应的修正值或修正因子，如生化培养箱、恒温恒湿设备等。

（2）当仪器设备测量结果参与检测结果的运算或直接读取检测结果时，不仅需要其检定或校准结果符合相关计量规程要求，还需应用相应的修正值或修正因子。

（3）当仪器设备的准确度等级等于或略高于检测方法所要求的准确度等级时，不仅需要其检定或校准结果符合相关计量规程要求，还必须应用相应的修正值或修正因子。

（4）当需对样品做出是否合格的评判时，如检测结果接近或超出标准值最高或最低限值时，必须运用经核查确认的修正因子，并根据最佳的检测结果做出评判。

一般来说，当检定 / 校准证书给出修正值时，实际值 = 示值 + 修正值；当检定 / 校准证书给出修正因子时，实际值 = 示值 × 修正因子。

下面以恒温培养箱为例，说明何时引入修正因子或者修正值，应如何确定和使用修正因子。

一台恒温培养箱使用温度为 20℃，向校准单位提出校准温度也为 20℃，校准后，20℃的修正值是 +0.6℃，根据《水质　五日生化需氧量（BOD_5）的测定　稀释与接种法》（HJ 505—2009）要求在（20±1）℃使用，所以，该设备 20℃是满足要求的，不需要使用修正值。

另一台恒温培养箱用于粪大肠菌群的初发酵，使用温度为 37℃，向校准单位提出校准温度为 37℃，校准后，37℃的修正值也是 +0.6℃，根据《水质　粪大肠菌群的测定　多管发酵法》（HJ 347.2—2018）的要求在（37±0.5）℃使用，所以，该设备 37℃不能满足要求，需要使用修正值。此时，修正值为 +0.6℃，使用时设定温度 36.4℃，即实际温度为 37℃（36.4℃ +0.6℃），可满足使用要求。

值得注意的是，当一台设备用于多个检测项目或方法时，应分别确认是否引入修正值或修正因子，并在使用时加以区分。

5.3.4 设备状态标识

RB/T 214—2017 中的描述如下：

> **4.4.3 设备管理**
>
> ……设备在投入使用前，应采用核查、检定或校准等方式，以确认其是否满足检验检测的要求。所有需要检定、校准或有有效期的设备应使用标签、编码或以其他方式标识，以便使用人员易于识别检定、校准的状态或有效期。
>
> **4.4.5 故障处理**
>
> 设备出现故障或者异常时，检验检测机构应采取相应措施，如停止使用、隔离或加贴停用标签、标记，直至修复并通过检定、校准或核查表明能正常工作为止。应核查这些缺陷或偏离对以前检验检测结果的影响。

《检测和校准实验室能力认可准则》（CNAS-CL01：2018/ISO/IEC 17025：2017）中的描述如下：

> **6.4.8** 所有需要校准或具有规定有效期的设备应使用标签、编码或其他方式予以标识，以使设备使用者方便地识别校准状态或有效期。
>
> **6.4.9** 如果设备有过载或处理不当、给出可疑结果、已显示有缺陷或超出规定要求时，应停止使用。这些设备应予以隔离以防误用，或加贴标签 / 标记以清晰表明该设备已停用，直至经过验证表明其能正常工作。实验室应检查设备缺陷或偏离规定要求的影响，并应启动不符合工作管理程序。

所有需要检定、校准或有有效期的设备应使用标签、编码或以其他方式标识，以便使用人员易于识别检定、校准的状态或有效期。

所有设备及其配套设备都要有表明其状态的标识和唯一性标识。标识中应有检定 / 校准日期、有效期、检定 / 校准单位、设备编号等信息。

仪器设备采用三色标识：

（1）合格标识（绿色）——设备可以使用，包括①经计量检定或校准、验证合格，确认测量设备符合技术规范或技术标准或使用说明书的规定使用要求的；②有些测量设备无法进行检定或校准，经比对或鉴定，其结果满足要求的；③对于一些不必检定或校准，只做功能性检查的设备，可参照合格证使用。

（2）准用标识（黄色）——仪器设备存在部分缺陷，但在限定范围内可以使用的（即受限使用的），包括①多功能检测设备，某些功能丧失，但检定或校准工作所用的功能正常，且经计量检定或校准合格者（即限制范围使用）；②测量设备某一量程准确度不合格，但其余所用量程检定或校准工作合格者；③降等降级后使用的测量设备。

（3）停用标识（红色）——测量设备目前状态不能使用。停用的情况包含①测量设备损坏；②测量设备经计量检定或校准不合格；③测量设备超过检定周期未检定或校准；④测量设备性能无法确定；⑤测量设备不符合检定或校准技术规范规定的使用要求。

设备的状态标识随着设备的检定/校准及其他活动的开展，应及时进行更新，但在各种现场参观检查时，往往会发现有些机构存在设备状态标识不规范、信息更新不及时等问题，主要表现：设备新检定或者校准后，状态标识未及时更新；标识信息填写不完整，缺少有效期、量值溯源单位等信息；状态标识未粘贴在醒目的位置，不能起到识别设备状态的作用。

通常部分检验检测机构存有困惑，对于采用内部功能核查的设备，其状态标识中的溯源方式、有效期等信息如何填写呢？此时的溯源方式不应空缺，应根据功能核查或内部校准等实际情况填写，有效期可根据作业指导书中对设备功能核查的要求确定。

5.3.5　案例分析

案例 5.8

【案例描述】资质认定现场评审时，评审员发现某机构前处理室 100～1 000 μL 的移液器未进行校准，降水采样器使用前未进行核查，且用于监测标准物质储藏冰箱的温度计没有唯一性标识。

【不符合事实分析】移液器用于样品或试剂移取，对检测结果准确性和有效性有直接影响，但未实施检定或校准；降水采样器在使用前未进行核查，不能确定是否满足检验检测的要求；监测标准物质储藏冰箱的温度计属于测量环境的辅助设备，缺少唯一性标识，不利于识别设备当前状态和有效期，上述三个问题，不符合 RB/T 214—2017 中 4.4.3 条款的要求。

【可能产生的原因】机构设备管理员对 RB/T 214—2017 中 4.4.3 条款的要求理解不到位，未将移液器列入检定/校准计划，监测标准物质的储藏冰箱的温度计检定后未及时粘贴唯一性标识，未核查降水采样器使用功能能否满足标准要求。

【解决方案】机构设备管理员应加强对 RB/T 214—2017 中 4.4.3 条款的学习和理解，将对检测结果、采样结果的准确性或有效性有影响的设备，包括辅助设备，有计划地实施检定或校准，将移液器等辅助设备列入检定/校准计划并实施校准，对校准证书确认满足使用要求后方可投入使用。按照《设备和设施管理程序》的要求将标准物质储藏冰箱的温度计粘贴状态标识。对照进行降水检测的标准和规范，对降水采样器的使用功能进行核查，确定满足要求后再投入使用。

案例 5.9

【案例描述】某机构资质认定现场评审时，评审员发现编号为 YQ-018 电热鼓风干燥箱校准证书确认内容不完整，缺少校准结果与检验参数或检测方法要求的评价，缺少修正值信息，机构负责人解释说，我们已经请省计量院按照设备的检定规程进行了校准，有校准证书，可以放心使用。

【不符合事实分析】机构对电热鼓风干燥箱进行了校准，但是未确认校准结果是否满足检验检测的要求，不符合 RB/T 214—2017 中 4.4.3 条款的要求。

【可能产生的原因】设备管理员和技术负责人对检定 / 校准证书确认的目的不清楚，没有掌握证书确认的内容和要求，未按照要求进行证书确认。

【解决方案】机构设备管理员和技术负责人应加强对 RB/T 214—2017 中 4.4.3 条款的学习，对于校准结果，证书中只给出设备技术参数实际的量值或误差，是否满足实验要求，还应做出与预期使用要求的符合性判定；当检测方法对设备的准确度有明确要求时，还需确认是否应用相应的修正值或修正因子，并给出明确结论。机构应对有关人员进行培训，对设备校准证书重新确认符合检验参数或检测方法要求后再投入使用。

案例 5.10

【案例描述】资质认定现场评审时，评审员发现某机构未对《生活饮用水标准检验方法　无机非金属指标》（GB/T 5750.5—2006）中 11.1　硫酸铈催化分光光度法测定碘化物所用的恒温水浴锅使用的温度进行校准和确认。该机构负责人解释说，恒温水浴锅已经校准了 37℃和 100℃，温度偏差和波动度都满足方法要求，设备功能稳定，满足实验要求。

【不符合事实分析】该机构恒温水浴锅校准温度 37℃和 100℃，但未对《生活饮用水标准检验方法　无机非金属指标》（GB/T 5750.5—2006）中 11.1　硫酸铈催化分光光度法测定碘化物所用的恒温水浴锅使用温度（30±0.5）℃进行校准和确认，不符合 RB/T 214—2017 中 4.4.3 条款，未对检验检测结果准确性、有效性有影响的辅助设备实施校准，未确认是否满足检验检测的要求。

【可能发生的原因】机构实验人员对 RB/T 214—2017 中 4.4.3 条款中设备设施管理要求理解不全面，对 GB/T 5750.5—2006 中 11.1 标准不熟悉，未掌握实验中对辅助设备性能方面的要求。

【解决方案】按照标准 GB/T 5750.5—2006 中 11.1　硫酸铈催化分光光度法测定碘化物时对恒温水浴锅使用温度（30±0.5）℃进行校准和确认，确保满足实验要求后投入使用。

另外，经了解，该机构恒温水浴锅的校准温度分别是 37℃和 100℃，其中 37℃用于《水质　粪大肠菌群的测定　多管发酵法》（HJ 347.2—2018）中粪大肠菌群的初发酵，要求控温精度 ±0.5℃，培养时间 24 h±2 h，由于培养温度精度高，时间长，建议使用恒温培养箱进行 24 h 初发酵实验。而另一个温度点 100℃是为了进行《水质　高锰酸盐指数的测定》（GB/T 11892—1989）中沸水浴加热，由于正常大气压下水沸腾的温度就是100℃，此时不必进行100℃校准。实验室应根据标准方法要求和仪器设备性能合理选择仪器设备和确定校准的参数。

5.4 期间核查与维护使用

RB/T 214—2017中的描述如下：

4.4.2 设备设施的维护

检验检测机构应建立和保持检验检测设备和设施管理程序，以确保设备和设施的配置、使用和维护满足检验检测工作要求。

4.4.3 设备管理

当需要利用期间核查以保持设备的可信度时，应建立和保持相关的程序。针对校准结果包含的修正信息或标准物质包含的参考值，检验检测机构应确保在其检测数据及相关记录中加以利用并备份和更新。

5.4.1 期间核查计划及实施

期间核查是仪器设备在两次检定或校准间隔时间内，对仪器设备进行等精度的核查，其目的是保持设备校准状态的可信度，降低风险，而对设备示值（或其修正值、修正因子）在规定的时间间隔内是否保持其规定的最大允许误差或扩展不确定度或准确度等级的一种核查，旨在保证量值溯源的准确。

检验检测机构应建立和保持期间核查相关的程序，以保持设备的可信度。期间核查的相关程序应包括期间核查的对象、核查频次、核查方法、核查的实施、核查结果的评价与确认、核查记录的存档等要求。期间核查完毕应对核查记录进行评价，由技术负责人对核查结果进行确认。

除RB/T 214—2017中对期间核查的规定外，《生态环境监测机构评审补充要求》和《检测和校准实验室能力认可准则》（CNAS-CL01：2018）中也都有相应的描述。

《生态环境监测机构评审补充要求》中的描述如下：

第十二条 现场测试设备在使用前后，应按相关监测标准或技术规范的要求，对关键性能指标进行核查并记录，以确认设备状态能够满足监测工作要求。

《检测和校准实验室能力认可准则》（CNAS-CL01：2018）中的描述如下：

6.4.10 实验室应根据设备的稳定性和使用情况来确定是否需要进行期间核查。实验室应确定期间核查的方法和周期，并保存记录。注：并不是所有设备均需要进行期间核查。判断设备是否需要期间核查至少需考虑以下因素：（1）设备校准周期；（2）历次校准结果；（3）质量控制结果；（4）设备使用频率和性能稳定性；（5）设备维护情况；（6）设备操作人员及环境的变化；（7）设备使用范围的变化等。

期间核查属于日常质量管理工作范畴，每年应制订期间核查计划，经技术负责人审批后实施。期间核查的实施及其频次应结合实验室自身特点，一般来说，对于规模较大的检测机构实施的覆盖范围广、频次高。通常根据设备的稳定性和使用情况来判断设备是否需要进行期间核查，判断依据包括：①设备检定或校准周期；②历次检定或校准结果；③质量控制结果；④设备使用频率；⑤设备维护情况；⑥设备操作人员及环境的变化；⑦设备使用范围的变化。

期间核查的重点应针对：主要或重要的检测设备；稳定性差、易漂移、易于老化且使用频率高的仪器设备；经常携带到现场检测的仪器设备；使用环境恶劣的仪器设备；运行过程中有可疑（过载）现象发生的测量设备；有特殊规定或仪器使用说明中有要求的仪器设备。以上设备还必须具备相应的核查标准和实施核查的条件。

并非所有的仪器设备均需实施期间核查，而对于性能稳定的一次性使用的标准物质、在检测中使用的采样制样设备且不影响检测结果的、对于被测参数不存在可以作为核查标准的实物量具且没有稳定性的被测物品的设备，通常不需要进行期间核查。期间核查应考虑成本和风险的平衡，当实施一次期间核查的费用比进行检定或校准的费用高时，则可以对此设备不进行期间核查，而是采用检定或校准的方式。

当需要对库存有证标准物质进行期间核查时，可从以下几个方面进行：核查标准物质的外观状态、储存环境是否满足要求，是否有锈蚀、破损和超过有效期的，如有则应停止使用。

期间核查方法应制成作业指导书或操作规程，经技术负责人审核批准后生效，并作为体系内部文件进行管理。在实施中，若发现被核查设备技术状态异常，应进行分析，查找产生的原因，可更换核查方法及增加核查点，必要时应提前进行检定或校准。期间核查方法的主要内容应包括以下几部分：

（1）被核查设备名称、型号规格、测量范围、出厂编号及核查技术参数名称；

（2）所采取的核查方法中涉及的核查标准或计量标准或留样样品的名称、型号规格、测量范围等内容；

（3）所采取的期间核查依据；

（4）核查测量过程描述；

（5）数据记录及分析要求；

（6）判定方法及处理。

实验室应根据需要制订年度期间核查计划，明确需要进行期间核查的设备名称、型号规格、编号、期间核查的日期或频次、设备检定 / 校准周期、评价依据、核查方法、执行人等，参考格式见表 5-6。核查频次可根据仪器设备的日常使用状况、上次检定 / 校准等因素确定。

表 5-6　仪器设备期间核查计划表示例

设备编号	核查设备名称	检定 / 校准周期	核查原因	核查方法	核查日期	频次
备注	核查原因：a. 量值显示不稳定，容易漂移的设备； b. 使用频率很高的设备； c. 使用条件很恶劣，或使用条件发生重大变化的设备； d. 必要时最临近校准失效时期的设备； e. 必要时失去实验室控制返回后的设备					
	核查方法：a. 送有资格的校准机构； b. 用一级标准物质对二级标准物质进行核查； c. 与其他实验室间比对； d. 测试近期参加过水平测试结果满意的样品； e. 不同标准物质间相互比对，如不同制造商、同一制造商的不同批号； f. 检测有足够稳定度的不确定度与被核查对象相近的实验室质量控制样品； g. 用绝对测量法或两种以上不同原理的准确可靠的方法进行测定					
编制： 日期：		审核： 日期：		批准： 日期：		

完整的期间核查记录应当包括期间核查计划、采用的核查方法、选定的核查标准、测试数据、判定标准、核查结果评价、核查时间、核查人、评价人等。评价和确认后的期间核查记录应存档保存。

当产生期间核查结果后，应提出对应措施，可分为以下三种处理情形：

- 若核查结果的（示值）误差未超出最大允许误差，则审核通过，表明被核查的测量设备的校准 / 检定状态得到保持；
- 若核查结果的（示值）误差超出最大允许误差，表明被核查的测量设备的校准 / 检定状态没有得到保持，必须查找原因并迅速采取纠正措施或重新进行检定 / 校准；
- 若核查结果的（示值）误差接近最大允许误差，则应加大核查频次或采取其他有效措施，必要时进行再校准，对设备的计量性能做进一步验证。

机构可通过计算设定控制限值和警戒值，对核查结果进行分析判定，也可采用控制图观察核查结果的变化趋势。

实验室仪器设备期间核查具体方法可参考《测量设备期间核查的方法指南》

（CNAS-GL042：2019）、《实验室化学检测仪器设备期间核查指南》（RB/T 143—2018）。

5.4.2 维护计划及实施

仪器设备的维护保养是仪器设备管理的一项经常性工作，做好这项工作能有效地延长仪器的使用寿命，提高仪器的使用率和完好率，降低运行成本，提高工作效率，而且能有效地减少纠纷发生。谁使用、谁负责、谁维护、谁保养。仪器设备应由熟练掌握仪器设备性能、操作规程、维护保养知识的人员进行操作、维护和保养，确保仪器设备正常使用，并最大限度地发挥所用仪器设备的效益。实验室应认真做好仪器设备的维护保养工作，根据仪器设备的不同性质和要求，做好防尘、防潮、防震、防腐蚀等工作。设备使用人员日常应做好详细的使用记录，经常检查、了解仪器设备的运行情况，发现异常情况及时进行维修，对于不能维修的设备应按照程序进行降级或停用等处理，避免对检测结果造成影响。

维护保养通常包括日常维护、定期维护、定期检查等方式。其中，日常维护是设备维护保养的基础，须做到制度化和规范化；定期维护应按照设备说明书或者标准规范要求对设备进行维护，是保持设备性能稳定的必要条件；定期检查是有计划的预防性检查，目的是发现问题、及时解决、排除隐患。

制订仪器设备维护计划（表 5-7）应针对每台设备特点进行编制，计划中包括但不限于设备名称、编号与规格、具体维护内容、实施维护的部门或人员、实施日期和频次要求等。表 5-8 整理了部分环境领域检验检测机构常用设备的维护方法，供大家参考。

表 5-7 仪器设备维护计划示例

年度：____________

序号	设备编号	设备名称	规格型号	维护内容	部门	实施时间 / 核查频次

表 5-8 部分常用设备维护内容

设备类型	日常维护内容	周期维护内容	其他要求
电子天平	每日首次使用前进行水平检查，并用标准砝码进行校准；每次使用完毕，将称量室及秤盘清扫干净，保存整洁	天平称量室内应放置变色硅胶，变为红色时及时更换；每月对仪器进行至少一次维护，填写《仪器设备维护记录》	仪器长时间不使用时，每星期至少开关机一次，确保仪器正常运行

续表

设备类型	日常维护内容	周期维护内容	其他要求
pH 计	每次使用完毕，将电极冲洗干净，套上保护帽； pH 复合电极的保护帽内应充满 3 mol/L 氯化钾溶液	检查并补充电极内参比溶液使其充盈，pH 复合电极的内参比溶液为 3 mol/L 的氯化钾溶液，参比电极的补充 / 浸泡溶液为饱和氯化钾溶液	—
电导率仪	为确保测量精度，电极在使用前应用小于 0.5 μS/cm 的蒸馏水（或去离子水）冲洗两次，然后用被测试样冲洗 3 次方可测量	检查电极完好性，对电极常数进行检查及标定。对仪器进行清洁、维护	—
浊度计	每次使用完毕须将池内打扫干净，保持干燥、无灰尘、不用时须盖上遮光盖	更换试样瓶或标准溶液及经维修后，必须重新进行标定。显示屏显示低电压“LOBAT”字样时，应更换电池。对仪器进行清洁、维护	—
溶解氧仪	电极不使用时，应将电极储存于煮沸冷却后的蒸馏水中，切忌将电极浸入亚硫酸钠溶液中。电极长期不使用时，可取出薄膜，用蒸馏水冲洗电极后，干放保存	定期更换电解液和薄膜，定时清洗和再生电极；仪器应储藏在相对湿度≤85%、温度≤40 ℃、没有腐蚀气体的室内	—
紫外分光光度计	每次使用完毕，将比色皿洗净放入盒内；比色皿若被有机染料污染，可用乙醇溶液浸泡后清洗干净	仪器内部应放置变色硅胶，并定期检查和更换；每月对仪器进行清洁、维护	—
恒温培养箱	培养期间样品不宜放置过度密集，应保持空气流动畅通；每次使用完毕后，需将电源切断，保持箱内清洁	检查温度调电器的银触头是否正常，并经常用清洁布擦拭，保持接触良好	—

5.4.3 案例分析

案例 5.11

【案例描述】评审员在监督检查现场参观时，发现某机构用于五日生化需氧量培养的生化培养箱温控记录缺少培养期间的温度监控记录，而用于微生物培养所用的生化培养箱和隔水式恒温培养箱均未记录箱内温度。

【不符合事实分析】机构未及时记录设备的培养温度，记录信息不充分，无法再现监测全过程，不符合 RB/T 214—2017 中 4.5.11 条款及《生态环境监测机构评审补充要求》中第十六条的要求。

【可能产生的原因】机构对 RB/T 214—2017 中 4.5.11 条款及“生态环境监测机构评审补充要求”中第十六条的要求理解不到位，对记录信息的充分性认识不足，只是按照标准要求对设备进行温度设定和使用，对设备实际温度未进行监控和记录。

【解决方案】实验人员应加强对设备使用记录的认识，对使用过程中的设备条件及时监控和记录，保证信息的充分性、原始性和规范性，能够再现监测的全过程。机构应重新修订此类设备的使用记录表格，增加设备使用时温度信息，在实验过程中进行监控并记录。

案例 5.12

【案例描述】资质认定现场评审时，评审员发现某机构电导率仪使用记录无实验用水的验证信息；便携设备出入库记录只记录了日期，未记录具体时间；分光光度计使用记录缺少使用的起止时间，缺少样品数量。机构设备管理员说表格设计上存在不足，相关的信息没有位置填写。

【不符合事实分析】该机构存在的问题既是设备使用方面的问题，也是记录控制方面的问题，机构应确保每一项检验检测活动技术记录的信息充分，确保能够再现监测全过程，对所有记录的更改也要全程留痕。该机构实验用水缺少电导率仪使用记录，便携设备出入库无具体时间，分光光度计使用缺少具体使用起止时间，这些情况均不符合 RB/T 214—2017 中 4.5.11 条款及“生态环境监测机构评审补充要求”中第十六条的要求。

【可能产生的原因】机构对 RB/T 214—2017 中 4.5.11 条款及“生态环境监测机构评审补充要求”中第十六条的要求理解不到位，未按照要求对设备的使用记录足够充分的信息，不能做到检测全过程的监控。

【解决方案】机构应加强学习 RB/T 214—2017 中 4.5.11 条款及“生态环境监测机构评审补充要求”中第十六条的要求，重视记录信息全过程留痕的管理要求，设备使用记录应及时填写各项实验活动；便携设备出入库记录应该具体，具有可追溯性；对分光光度计设备使用记录表格设计上的不足应进行文件修订，实验中应详细记录实验开始结束的具体时间及样品数量、编号等信息。同时机构应针对记录上的问题对实验室设备进行统一的检查，发现类似不符合事实及时进行纠正或采取纠正措施。

案例 5.13

【案例描述】某机构资质认定现场评审时，评审员发现液相色谱仪维护保养规程缺少分发号，液相色谱仪的维护记录中的维护内容只有擦拭设备，询问日常如何维护保养液相色谱仪时，设备管理员说都是操作人员使用时更换流动相和检查柱压力等，但未进行记录。

【不符合事实分析】该机构未对液相色谱仪进行必要的维护，不符合 RB/T 214—2017 中 4.4.2 条款关于设备设施维护的要求；设备的维护保养规程属于受控文件，未按照文件要求进行受控管理，不符合 RB/T 214—2017 中 4.5.3 条款关于文件控制的管理要求。

【可能发生的原因】机构设备维护管理规程没有受控管理，设备操作人员缺少设备维护方面的培训，不掌握液相色谱仪等大型仪器的维护保养方法。

【解决方案】该机构应加强对 RB/T 214—2017 中 4.4.2 条款和 4.5.3 条款的学习和理解，针对公司的大型仪器设备制定相关的维护保养规程，并应按照内部文件管理要求进行受控、发放。应对操作设备的人员进行培训，了解设备的使用原理、操作维护方法，并根据维护计划进行日常维护和保养。

5.5 试剂管理

《检验检测机构管理和技术能力评价　生态环境监测要求》（RB/T 041—2020）中的描述如下：

> 5.4.4　机构应对所有试剂加贴标签，标签应清楚标识试剂名称、浓度、溶剂、配制日期、配制人和有效期等必要信息，实验用水的标签应清楚标识制备时间、名称等信息，必要时还应根据不同用途注明相应的级别。

5.5.1　试剂验收

（1）实验用水。分析实验室用水分为三个级别：一级水、二级水和三级水。

一级水用于有严格要求的分析试验，包括对颗粒物有要求的试验。如高效液相色谱分析用水。一级水可用二级水经过石英设备蒸馏或离子交换混合床处理后，再经 0.2 μm 微孔滤膜过滤来制取。

二级水用于无机痕量分析等试验，如原子吸收光谱分析用水。二级水可用多次蒸馏或离子交换等方法制取。

三级水用于一般化学分析试验。三级水可用蒸馏或离子交换等方法制取。

各级用水在贮存期间，其沾污物的主要来源是容器可溶成分的溶解、空气中二氧化碳和其他杂质。因此，一级水不可贮存，使用前制备。二级水、三级水可适量制备。各级水在运输过程中应避免沾污。分析实验室用水规格见表 5-9，实验用水的验收依据《分析实验室用水规格和试验方法》（GB/T 6682—2008）进行。

表 5-9　分析实验室用水规格

名称	一级	二级	三级
pH 范围（25℃）	—	—	5.0～7.5
电导率（25℃）/（mS/m）	≤0.01	≤0.10	≤0.50

续表

名称	一级	二级	三级
可氧化物质含量（以 O 计）/（mg/L）	—	≤0.08	≤0.4
吸光度（254 nm，1 cm 光程）	≤0.001	≤0.01	—
蒸发残渣（105℃ ±2℃）含量 /（mg/L）	—	≤1.0	≤2.0
可溶性硅（以 SiO_2 计）含量 /（mg/L）	≤0.01	≤0.02	—
注：1. 由于在一级水、二级水的纯度下，难以测定其真实的 pH，对一级水、二级水的 pH 范围不做规定。 2. 由于在一级水的纯度下，难于测定氧化物质和蒸发残渣，对其限量不做规定，可用其他条件和制备方法来保证一级水的质量			

实验用水的验收（表 5-10、表 5-11）对于保证检测结果的准确性、可靠性非常重要，现场评审时发现部分检测检测机构对实验用水质量不重视，忽略实验用水的验收，或者不能正确使用不同规格的实验用水。发现存在的主要问题有以下几种情况：

①无独立并满足使用要求的制水间，和理化分析或者其他功能实验室共用。

②缺少满足一级、二级实验用水验收所需的电导率电极。

③验收记录信息不足，缺少购置厂家、购置日期、批号等信息。

④对于各种实验所用实验用水的规格不熟悉。

（2）化学试剂

为了保障采购的化学试剂符合检测要求，确保检验检测数据的准确性和有效性，应对化学试剂进行验收。试剂验收一般分为两种：一种是外观验收，目的是进行符合性检查，确认购置的试剂与计划是否相符，主要验收购买试剂的批号、生产日期、规格、标签等是否完整，检查外包装是否有破损、腐蚀或渗漏等问题；另一种是技术验收，重要的、对实验有影响的试剂需依据标准或者规范等要求进行技术验证，必要时应编制具体的试剂验收方法作业指导书，试剂验收须有技术性验收资料，如验收记录、实验记录、结果谱图等。以下是生态环境监测机构常用且需进行技术验收的几种试剂。

①过硫酸钾和氢氧化钠。

适用标准：《水质　总氮的测定　碱性过硫酸钾消解紫外分光光度法》（HJ 636—2012）；

要求：含氮量小于 0.000 5%；

验收方法：每批样品至少做一个空白试验，空白试验的校正吸光度 A_b<0.030，超过该值时应检查实验用水、试剂（主要是氢氧化钠和过硫酸钾）纯度、器皿和高压灭菌器的污染状况。

表 5-10　实验室一级用水验收记录表示例

<table>
<tr><td>水质等级</td><td colspan="4">一级水</td><td>方法依据</td><td colspan="4">《分析实验室用水规格和实验方法》（GB/T 6682—2008）</td></tr>
<tr><td>购买厂家</td><td colspan="4">××××××</td><td>购置日期 / 批号</td><td colspan="4">××××××</td></tr>
<tr><td>验收日期</td><td colspan="4">×××</td><td>验收人</td><td colspan="4">×××</td></tr>
<tr><td>项目</td><td>标准值</td><td>取样体积 /mL</td><td>测定结果</td><td>仪器名称</td><td>仪器型号及编号</td><td>参考方法</td><td>异常现象说明</td><td>结论</td><td>备注</td></tr>
<tr><td>pH（25℃）</td><td>无要求</td><td>100.0</td><td>6.98</td><td>pH 计</td><td>PHSJ-3F/YQ-001</td><td>GB/T 9724—2007</td><td>无</td><td>符合要求</td><td rowspan="4"></td></tr>
<tr><td>电导率（25℃）/（mS/m）</td><td>≤0.01</td><td>—</td><td>0.009 5</td><td>电导率仪</td><td>DZD-2C/YQ-002</td><td>—</td><td>无</td><td>符合要求</td></tr>
<tr><td>吸光度（254 nm，1 cm 光程）</td><td>≤0.001</td><td>—</td><td>0.001</td><td>紫外可见分光光度计</td><td>T6/YQ-003</td><td>GB/T 9721—2006</td><td>无</td><td>符合要求</td></tr>
<tr><td>可溶性硅（以 SiO_2 计）/（mg/L）</td><td>≤0.01</td><td>520.0</td><td>0.005</td><td>电热恒温水浴锅</td><td>DRHW/YQ-005</td><td>—</td><td>无</td><td>符合要求</td></tr>
<tr><td colspan="10">pH：温度补偿：25.0 ℃
仪器校正：
1. 斜率校准：配制两种标准缓冲溶液进行校准，将温度补偿旋钮调至标准缓冲溶液的温度处，测得的斜率应为 90%～100%。
2. 采用两点定位法校正。①定位 pH=（　　）（T=　　℃）此值应接近样品值为宜。②校准 pH=（　　）（T=　　℃）。此 pH 误差≤0.1，用纯水冲洗电极，然后用试样洗涤电极，调节温度 25℃，测定样品的 pH。量取 100 mL 水样，分成 2 份，分别测定，读数至少稳定 1 min，2 次测定的 pH 允许误差不得大于 ±0.02。
电导率：
仪器校正：①将“量程”选择开关指向“检查”，“常数”补偿旋钮调至 1（cm^{-1}），“温度”补偿旋钮调至 25℃刻线，调“校准”旋钮至仪器显示 100 μS/cm；②调节“常数”补偿旋钮至电导率测量值为电极上所标“电极常数”值 ×100，即____ μS/cm。测量：将电导池装在水处理装置流动出水口处，调节水流速，赶尽管道及电导池内的气泡，即可进行测量。
吸光度：将水样分别注入 1 cm 及 2 cm 石英比色皿中，于 254 nm 处，以 1cm 石英比色皿中水样为参比，测定 2 cm 石英比色皿中水样的吸光度。
可溶性硅：量取 520 mL 一级水，注入铂皿中，在防尘条件下，亚沸蒸发至约 20 mL，停止加热，冷却至室温，加 1.0 mL 钼酸铵溶液，摇匀，放置 5 min 后，加 1.0 mL 草酸溶液，摇匀，放置 1 min 后，加 1.0 mL 对甲氨基酚硫酸盐溶液，摇匀。移入比色管中，稀释至 25 mL，摇匀，于 60℃水浴中保温 10 min，溶液所呈蓝色不得深于标准比色溶液。标准比色溶液的制备是取 0.5 mL 二氧化硅标准溶液，用水稀释至 20 mL 后，与同体积试液同时同样处理</td></tr>
<tr><td>备注</td><td colspan="9"></td></tr>
</table>

表 5-11　实验室三级用水验收记录表示例

水质等级	三级水				方法依据	《分析实验室用水规格和实验方法》（GB/T 6682—2008）			
购买厂家	××××××				购置日期 / 批号	××××××			
验收日期	×××				验收人	×××			
项目	标准值	取样体积 / mL	测定结果	仪器名称	仪器型号及编号	参考方法	异常现象说明	结论	备注
pH（25℃）	5.0～7.0	100.0	6.98	pH 计	PHSJ-3F/YQ-001	GB/T 9724—2007	无	符合要求	
电导率（25℃）（mS/m）	≤0.50	400.0	0.3	电导率仪	DZD-2C/YQ-002	/	无	符合要求	
可氧化物质（以 O_2 计）mg/L	≤0.4	200.0	<0.4	—	—	GB/T 601—2016 GB/T 603—2002	无	符合要求	
蒸发残渣（105℃ ±2℃）（mg/L）	≤2.0	500.0	0.5	电热鼓风干燥箱	101E-S/YQ-006	GB/T 9740—2008	无	符合要求	
pH：温度补偿：25.0℃ 仪器校正： 1. 斜率校准：配制 2 种标准缓冲溶液进行校准，将温度补偿旋钮调至标准缓冲溶液的温度处，测得的斜率应为 90%～100%。 2. 采用两点定位法校正。①定位 pH=（　　）（T=　　℃）此值应接近样品值为宜。②校准 pH=（　　）（T=　　℃）。此 pH 误差≤0.1，用纯水冲洗电极，然后用试样洗涤电极，调节温度 25 ℃，测定样品的 pH。量取 100 mL 水样，分成 2 份，分别测定，读数至少稳定 1 min，2 次测定的 pH 允许误差不得大于 ±0.02。 电导率： 仪器校正：①将“量程”选择开关指向“检查”，“常数”补偿旋钮调至 1（cm），“温度”补偿旋钮调至 25℃刻线，调“校准”旋钮至仪器显示 100 μS/cm；②调节“常数”补偿旋钮至电导率测量值为电极上所标“电极常数”值 ×100，即____ μS/cm。量取 400 mL 水样于锥形瓶中，插入电导池后即可进行测量。 可氧化物质：量取 200 mL 三级水，注入烧杯中，加入 1.0 mL 硫酸溶液（20%）混匀，再加入 1.00 mL 高锰酸钾标准滴定溶液（0.01 mol/L）混匀，盖上表面皿，加热至沸并保持 5 min。溶液的粉红色不得完全消失。 蒸发残渣：量取 500 mL 水样，分几次加入蒸馏瓶或蒸发皿中，于水浴上加热蒸发至约 50 mL，转移至一个已于（105±2）℃恒量的容器中，并用 5～10 mL 水样分 2～3 次冲洗原试样容器，合并于恒重容器中蒸干，并在（105±2）℃干燥箱中干燥至恒重									
备注									

②四氯乙烯。

适用标准：《水质　石油类和动植物油类的测定　红外分光光度法》（HJ 637—2018）、《固定污染源废气　油烟和油雾的测定　红外分光光度法》（HJ 1077—2019）、《土壤　石油类的测定　红外分光光度法》（HJ 1051—2019）。

要求：四氯乙烯须避光保存，使用前进行四氯乙烯品质检验和判定。

验收方法：以干燥的 40 mm 空石英比色皿为参比，在波数 2 930 cm^{-1}、2 960 cm^{-1} 和 3 030 cm^{-1} 处吸光度应分别不超过 0.34、0.07 和 0。

③正己烷。

适用标准：《水质　石油类的测定　紫外分光光度法（试行）》（HJ 970—2020）。

要求：使用前于波长 225 nm 处，10 mm 比色皿，以水做参比测定透光率，透光率大于 90%，或者在波长 225 nm 处，20 mm 比色皿，以水做参比，透光率大于 81%，方可使用，否则需脱芳处理。

④二硫化碳。

适用标准：《环境空气　苯系物的测定　活性炭吸附 / 二硫化碳解吸 - 气相色谱法》（HJ 584—2010）。

要求：分析纯，经色谱鉴定无干扰峰。二硫化碳的杂质是该方法的主要干扰，在使用前应经过气相色谱仪鉴定是否存在干扰峰，如果有干扰峰，应进行提纯。

⑤优级纯盐酸、硝酸等。

适用标准：痕量分析项目中需要进行消解处理的检测方法。

要求：用于痕量分析，杂质含量应满足检测方法要求。

（3）培养基

每批新购培养基，均应进行外观检查（包括生产日期和保质期等），并用标准样品或标准菌株进行技术性验收，具体参数和验收方法参照《食品安全国家标准　食品微生物学检验　培养基和试剂的质量要求》（GB 4789.28—2013）中的相关要求进行。培养基必须满足验收参数要求方可使用，否则做退回处理。技术性验收时可使用有证标准样品或标准菌株。

（参考文献：《环境监测领域微生物实验室质量控制措施探讨》）

5.5.2　标准物质

RB/T 214—2017 中的描述如下：

> **4.4.6　标准物质**
>
> 检验检测机构应建立和保持标准物质管理程序。标准物质应尽可能溯源到国际单位制（SI）单位或有证标准物质。检验检测机构应根据程序对标准物质进行期间核查。

《检测和校准实验室能力的通用要求》（GB/T 27025—2019/ISO/IEC 17025：2017）中的描述如下：

> **6.4.1** 实验室应获得正确开展实验室活动所需的并影响结果的设备，包括但不限于测量仪器、软件、测量标准、标准物质、参考数据、试剂、消耗品或辅助装置。
>
> 注：1. 标准物质和有证标准物质有多种名称，包括标准样品、参考标准、校准标准，标准参考物质和质量控制物质。ISO 17034 给出了标准物质生产者的更多信息。满足 ISO 17034 要求的标准物质生产者被视为有能力的。满足 ISO 17034 要求的标准物质生产者提供的标准物质会提供产品信息单 / 证书，除其他特性外至少包含规定特性的均匀性和稳定性。对于有证标准物质，信息中包含规定特性的标准值、相关的测量不确定度和计量溯源性。
>
> 2. ISO 指南 33 给出了标准物质选择和使用指南。ISO 指南 80 给出了内部制备质量控制物质的指南。

标准物质是一种已经确定了具有一个或多个足够均匀的特性值的物质或材料。标准物质具有特性量值的准确性、均匀性、稳定性，主要用于校准测量仪器、对测量过程和测量方法的准确性进行评价等。

通常把标准物质分为一级标准物质和二级标准物质。标准物质的特性值准确度是划分级别的依据，不同级别的标准物质对其均匀性和稳定性以及用途都有不同的要求。一级标准物质主要用于标定比它低一级的标准物质、校准高准确度的计量仪器、研究与评定标准方法；二级标准物质主要用于满足一般检测分析需求，以及社会行业的一般要求，作为工作标准物质直接使用，或现场方法的研究和评价，或较低要求的日常分析测量。

哪些标准物质需要"一次开封，必须用完"？当标准物质是安瓿瓶包装的溶液或者纯品标准物质的；价格高、包装量小（<5 mg）的；不稳定、原包装充惰性气体的；证书要求一次用完的标准物质，需要一次开封全部用完。标准物质应在有效期内使用，过期标准物质可以用于人员内部分析测试练兵，仪器比对等，不能用于方法准确度实验。

检验检测机构应根据程序对标准物质进行期间核查。期间核查的频次根据标准物质的稳定性确定，对于预期稳定的标准物质，可放宽期间核查的频次，对于预期不稳定的标准物质，要求加大审核频次。期间核查根据实验开展情况、标准物质的价格、规格、稳定性等情况确定核查方式，包括但不限于以下几种方法：

（1）符合性核查。检查标准物质的标签、证书及包装的完整性，核查标准物质的有效期及保持条件，核查标准物质的状态，如颜色是否变化、有无结晶、粉末有无结块等。

（2）对于配制的储备液，由于没有相关的稳定性和均匀性数据，核查更应关注量值变化，可利用质控控制图进行趋势分析，也可通过不同批次的量值比对等方法进行考察。

5.5.3 标准菌株的管理

实验室应保存满足试验需要的标准菌种 / 菌株（标准培养物），除检测方法中规定的菌种外，还应包括应用于培养基（试剂）验收 / 质量控制、方法确认 / 证实、阳性对照、阴性对照、人员培训考核和结果质量的保证等所需的菌株。所有的标准菌种从原始标准菌种到储备菌株和工作菌株传代培养次数原则上不得超过 5 次，除非标准方法中有明确要求，或实验室能够证明其相关特性没有改变（《检测和校准实验室能力认可准则在微生物检测领域的应用说明》（CNAS-CL01-A001 6.4））。

（1）标准菌种必须从认可的菌种或标本收集途径获得。

（2）实验室应有文件化的程序管理标准菌种（原始标准菌种、标准储备菌株和工作菌株），涵盖菌种申购、保管、领用、使用、传代、存储等诸方面，确保溯源性和稳定性。该程序应包括：

①保存菌株应制备成储备菌株和工作菌株。标准储备菌株应在规定的时间转种传代，并做确认试验，包括存活性、纯度、实验室中所需要的关键特征指标，实验室必须加以记录并予以保存。

②每一个标准菌种都应以适当的标签、标记或其他标识方式来表示其名称、菌种号、接种日期和所传代数。

③记录中还应包括但不限于以下内容：

——从原始菌种传代到工作用菌种的代数；

——菌种生长的培养基及孵育条件；

——菌种生存条件。

5.5.4 案例分析

案例 5.14

【案例描述】现场评审时，评审员发现某机构《水质　总大肠菌群和粪大肠菌群的测定　纸片快速法》（HJ 755—2015）检验所用的标准菌株与实验室其他标准物质存放在同一个低温冰箱中，询问机构时，机构解释说标准菌株平时在药品库冷冻保存，实验时在微生物实验室进行操作，通过紫外灯杀菌，能保证实验后环境安全。

【不符合事实分析】按照 HJ 755—2015 方法进行总大肠菌群测定时，需要进行阴阳性对照试验，实验中用到阳性菌大肠埃希氏菌和阴性菌金黄色葡萄球菌，且金黄色葡萄球菌是一种重要病原菌，两种标准菌株均与普通标准样品一起存放，不符合 RB/T 214—2017 中 4.3.4 条款的要求。

【可能产生的原因】实验人员缺少微生物安全常识，不重视生物安全防护，对标准菌株、菌种的管理要求和程序不熟悉，把标准菌株当成普通的标准样品进行管理。

【解决方案】实验室应制定程序和采取措施保证标准菌种/菌株的安全，防止污染、丢失或损坏，确保其完整性。标准菌株应单独使用冷藏柜存放，不得与实验室其他标准物质混放，非致病菌标准菌株与致病菌标准菌株应分层存放，应对菌株保存环境进行监控和记录。

【参考实例】标准菌株存放示例，如图 5-38 所示。

图 5-38　标准菌株存放示例

第 6 章　原始记录及检测报告

6.1　原始记录

检验检测机构最日常的行为就是进行检验检测技术活动，从而得到检测结果服务于客户。记录的作用就是阐述所取得的结果或提供所完成活动的证据，用来识别、追溯和分析实施过程，记录的真实性是最基本和最根本的要求，记录信息的充分性、原始性和规范性必须得到保证。

在资质认定能力申报评审及监督检查中，原始记录存在的问题占比很高，而且涉及绝大部分机构，因记录问题给机构带来的风险问题也非常突出。记录管理是机构体系运行的重要组成部分，应在实际运行中不断改进和完善。近几年因记录问题判定为严重不符合，直接造成机构面临被“停业”整改甚至被资质认定部门撤销资质认定证书的严重后果时有发生，这些都是检验检测机构最不愿意看到的。

检验检测机构为做好原始记录规范管理，在充分认识记录重要性及了解掌握记录要求和法律责任的基础上，一方面是在机构的程序中建立和保持记录管理程序并有效运行，另一方面是把握检验检测技术要点和关键，依据相关标准或者技术规范规定的程序和要求进行检验检测，两者有效结合实施才会保证记录符合要求。技术记录体现了检验检测机构技术管理运作水平，也是管理体系有效运行的证据体现。

6.1.1　记录要求的依据

记录要求的主要依据及条款。

（1）RB/T 214—2017 中的表述如下：

> **4.5.11**　检验检测机构应建立和保持记管理程序，确保每一项检验检测活动技术记录的信息充分，确保记录的标识、贮存、保护、检索、保留和处置符合要求。
> **4.5.27**　检验检测机构应对检验检测原始记录、报告、证书归档留存，保证其具有可追溯性，检验检测原始记录、报告、证书的保存期限通常不少于 6 年。

（2）《生态环境监测机构评审补充要求》的规定如下：

> **第十六条**　生态环境监测机构应及时记录样品采集、现场测试、样品运输和保存、样品制备、分析测试等监测全过程的技术活动，保证记录信息的充分性、原始

性和规范性，能够再现监测全过程。所有对记录的更改（包括电子记录）实现全程留痕。监测活动中由仪器设备直接输出的数据和谱图，应以纸质或电子介质的形式完整保存，电子介质存储的记录应采取适当措施备份保存，保证可追溯和可读取，以防止记录丢失、失效或篡改。当输出数据打印在热敏纸或光敏纸等保存时间较短的介质上时，应同时保存记录的复印件或扫描件。

第二十三条　生态环境监测档案的保管期限应满足生态环境监测领域相关法律法规和技术文件的规定，生态环境监测档案应做到：

（一）监测任务合同（委托书 / 任务单）、原始记录及报告审核记录等应与监测报告一起归档。如果有与监测任务相关的其他资料，如监测方案 / 采样计划、委托方（被测方）提供的项目工程建设、企业生产工艺和工况、原辅材料、排污状况（在线监测或企业自行监测数据）、合同评审记录、分包等资料，也应同时归档。

（二）在保证安全性、完整性和可追溯的前提下，可使用电子介质存储的报告和记录代替纸质文本存档。

（3）《生态环境档案管理规范　生态环境监测》（HJ 8.2—2020）中的描述如下：

本标准规定了生态环境监测业务工作中产生的具有保存价值的不同形式和载体的生态环境监测文件材料的形成、积累、整理、归档和生态环境监测档案的保管与鉴定、开发和利用的一般方法，适用于各级生态环境主管部门所属生态环境监测机构（部门）档案管理工作。其他（生态）环境监（检）测机构（部门）的生态环境监测档案管理可参照本标准执行。

（注：HJ 8.2—2020 附录 A 详细列明了生态环境监测文件材料归档范围、保管期限，生态环境检验检测机构应参照此规定对生态环境监测文件分别按 10 年、30 年和永久的期限保管。）

（4）《检验检测机构监督管理办法》（总局令第 39 号）

第十二条　检验检测机构应当对检验检测原始记录和报告进行归档留存。保存期限不少于 6 年。

6.1.2　记录涉及的法律责任

（1）《检验检测机构资质认定　生态环境监测机构评审补充要求》国市监检测〔2018〕245 号：

> **第五条** 机构的责任 生态环境监测机构应建立防范和惩治弄虚作假行为的制度和措施，确保其出具的监测数据准确、客观、真实、可追溯。生态环境监测机构及其负责人对其监测数据的真实性和准确性负责，采样与分析人员、审核与授权签字人分别对原始监测数据、监测报告的真实性终身负责。

（2）《关于深化环境监测改革 提高环境监测数据质量的意见》厅字〔2017〕35号：

> （十一）建立“谁出数谁负责、谁签字谁负责”的责任追溯制度。环境监测机构及其负责人对其监测数据的真实性和准确性负责。采样与分析人员、审核与授权签字人分别对原始监测数据、监测报告的真实性终身负责。对违法违规操作或直接篡改、伪造监测数据的，依纪依法追究相关人员责任。
>
> （十三）严肃查处监测机构和人员弄虚作假行为。环境保护、质量技术监督部门对环境监测机构开展“双随机”检查，强化事中事后监管。环境监测机构和人员弄虚作假或参与弄虚作假的，环境保护、质量技术监督部门及公安机关依法给予处罚；涉嫌犯罪的，移交司法机关依法追究相关责任人的刑事责任。从事环境监测设施维护、运营的人员有实施或参与篡改、伪造自动监测数据、干扰自动监测设施、破坏环境质量监测系统等行为的，依法从重处罚。
>
> 环境监测机构在提供环境服务中弄虚作假，对造成的环境污染和生态破坏负有责任的，除依法处罚外，检察机关、社会组织和其他法律规定的机关提起民事公益诉讼或者省级政府授权的行政机关依法提起生态环境损害赔偿诉讼时，可以要求环境监测机构与造成环境污染和生态破坏的其他责任者承担连带责任。
>
> （十五）推进联合惩戒。各级环境保护部门应当将依法处罚的环境监测数据弄虚作假企业、机构和个人信息向社会公开，并依法纳入全国信用信息共享平台，同时将企业违法信息依法纳入国家企业信用信息公示系统，实现一处违法、处处受限。

（3）《环境监测数据弄虚作假行为判定及处理办法》（环发〔2015〕175号）文件明确了环境监测数据弄虚作假行为，系指故意违反国家法律法规、规章等以及环境监测技术规范，篡改、伪造或者指使篡改、伪造环境监测数据等行为。

（4）《环境监测数据弄虚作假行为判定及处理办法》（环发〔2015〕175号）文件明确了环境监测数据弄虚作假行为，是指故意违反国家法律法规、规章等以及环境监测技术规范，篡改、伪造或者指使篡改、伪造环境监测数据等行为。

（5）《检验检测机构监督管理办法》（总局令第39号）中的规定如下：

第六条　检验检测机构及其人员应当独立于其出具的检验检测报告所涉及的利益相关方，不受任何可能干扰其技术判断的因素影响，保证其出具的检验检测报告真实、客观、准确、完整。

第十条　检验检测机构应当在检验检测报告中注明分包的检验检测项目以及承担分包项目的检验检测机构。

第十一条　检验检测机构应当在其检验检测报告上加盖检验检测机构公章或者检验检测专用章，由授权签字人在其技术能力范围内签发。

检验检测报告用语应当符合相关要求，列明标准等技术依据。检验检测报告存在文字错误，确需更正的，检验检测机构应当按照标准等规定进行更正，并予以标注或者说明。

第十二条　检验检测机构应当对检验检测原始记录和报告进行归档留存。保存期限不少于 6 年。

第十三条　检验检测机构不得出具不实检验检测报告。

检验检测机构出具的检验检测报告存在下列情形之一，并且数据、结果存在错误或者无法复核的，属于不实检验检测报告：

（一）样品的采集、标识、分发、流转、制备、保存、处置不符合标准等规定，存在样品污染、混淆、损毁、性状异常改变等情形的；

（二）使用未经检定或者校准的仪器、设备、设施的；

（三）违反国家有关强制性规定的检验检测规程或者方法的；

（四）未按照标准等规定传输、保存原始数据和报告的。

第十四条　检验检测机构不得出具虚假检验检测报告。

检验检测机构出具的检验检测报告存在下列情形之一的，属于虚假检验检测报告：

（一）未经检验检测的；

（二）伪造、变造原始数据、记录，或者未按照标准等规定采用原始数据、记录的；

（三）减少、遗漏或者变更标准等规定的应当检验检测的项目，或者改变关键检验检测条件的；

（四）调换检验检测样品或者改变其原有状态进行检验检测的；

（五）伪造检验检测机构公章或者检验检测专用章，或者伪造授权签字人签名或者签发时间的。

6.1.3　记录的要点

检验检测机构应建立和保持记管理程序。记录是检验检测机构体系文件的组成部分，应确保记录的标识、贮存、保护、检索、保留和处置符合要求。标识是对记录表格的受控识别，批准、发布、变更和废止都要符合管理体系要求，防止使用无效、作废的记录。贮存包括记录的收集、存取、存档、存放、维护。记录可存于不同媒体上，包括书面、电子和电磁。保护指所有记录要安全保护和保密，特别是对电子储存的记录做到加密、加权、加备管理。

记录分为质量记录和技术记录两类。质量记录指检验检测机构管理体系活动中的过程和结果的记录，包括合同评审、分包控制、采购、内部审核、管理评审、纠正措施、预防措施和投诉等记录；技术记录指进行检验检测活动的信息记录，包括原始观察、导出数据和建立审核路径有关信息的记录，检验检测、环境条件控制、人员、方法验证和确认、设备管理、样品和质量控制等记录，也包括发出的每份检验检测报告或证书的副本。无论是管理记录还是技术记录，检验检测机构均应保证其具有足够的信息，能够再现当时的工作过程。

记录必须保证其原始性、溯源性、充分性和规范性。

①记录的原始性：记录必须当时形成，在工作当时予以记录，记录当时原始观察数据和信息（应该是直接测量得到的数据，不是经过计算得到的数据），而不是事后抄录或补记，当需要另行整理或抄录时，应保留对应的原始记录。

②记录的溯源性：根据所记载的信息可以追溯到检验检测现场的状态。

③记录信息的充分性：应包括人、机、料、法、环、测信息。

人：抽样人员、检测人员、校核人员、校准人员等各类人员在记录签名或签名的等效标识。

机：仪器设备名称、编号、型号规格、校准状态；标准物质信息。

料：样品的名称、编号或其他识别信息。

法：检测方法依据含名称、编号、年号及必要的细则。

环：温度、湿度、大气压等；必要的点位及周边状况图示。

测：检测数据、处理过程及结果、检测时间、现场情况（如工况等），也包括受控记录的文件编号、页码标识、监测项目、所附资料信息等。

④记录的规范性：记录应按规定要求填写，记录修改只能划改，不能随意修改、涂擦改，被更改的原始记录内容仍须清晰可见，不允许消失或不清楚，改正后的值应在被改值的附近，即在记录上能体现修改的痕迹，知道原始的记录状态，确保技术记录的修改可以追溯到前一个版本或原始观察结果。并有更改人员标识（签名、盖章、缩写、电子签名），更改人一般为直接检测人。

6.1.4 记录常见问题

现场评审中，报告记录中发现的问题主要有以下几个方面：

（1）缺少原始记录：如缺少移动式仪器设备的出入库记录；缺少样品检测的前处

理记录（如固体废物样品浸出记录、土壤风干制备记录、样品提取消解等）；土壤留样记录 / 台账；缺少仪器使用记录；缺少仪器校准记录等。

（2）记录信息不充分：这是记录最常见的问题。如委托合同 / 协议内容缺少检测依据；采样及分析记录缺少必要的环境条件信息；缺少采样点位图；缺少质控信息；噪声检测打印条无人员签字；缺少检测导出过程计算公式；缺少电子数据保存的路径信息等。

（3）记录不规范：无记录的页码标识，记录更改不规范、表格有栏目空白但未加“/”或“以下空白”标记等。

6.1.5 案例分析

案例 6.1

【案例描述】在对某生态环境检测机构监督检查时，评审员发现实验室在进行水质 pH 样品检测时采用了《水质　pH 值的测定　玻璃电极法》（GB/T 6920—1986）方法，pH 检测原始记录中接样时间和检测时间只记录到某年某月某日，记录了环境温度，未记录校准时 pH 标准校准液温度，也未记录样品溶液温度，机构检测人员解释说，我们记录表格中无校准液温度和样品溶液温度填写栏，所使用的 pH 计有手动温度补偿功能，无须再记录样品溶液温度。检查还发现仪器校准时，采用两点校准法，选用 pH 为 6.86（25℃）和 9.18（25℃）两种 pH 标准校准液校准，查看样品测定，结果发现有一个样品测定结果为 pH：4.32。

【不符合事实分析】不符合 RB/T 214—2017 中 4.5.11 及《生态环境监测机构评审补充要求》第十六条中记录信息的充分性等要求。GB/T 6920—1986 中要求如不在现场测定，应在采样后把样品保持为 0～4℃，并在采样后 6 h 之内进行测定，只记录到某年某月某日，不能体现样品的有效性。在测定过程中标准要求将水样与标准溶液调到同一温度，记录测定温度。机构未对样品温度和标准校准溶液温度进行记录显然不符合标准要求。标准中要求用标准溶液校正仪器时，标准校准液与水样 pH 相差不超过 2 个 pH 单位，而其中一个样品 pH 测定结果为 4.32，所以此样品的测定选用 pH 为 6.86（25℃）和 9.18（25℃）两种 pH 标准校准液校准仪器是不符合标准要求的。

【解决方案】将接样时间和检测时间准确记录到小时、分钟，体现检测时效是否满足标准要求。修订表格增加 pH 标准校准液温度及被测样品溶液温度信息栏，特别是校准中用到的各种不同 pH 标准校准液温度都要体现和记录。在测定 pH 为 4.32 样品时，可选用 pH 为 6.86（25℃）和 4.00（25℃）两种 pH 标准校准液校准仪器。

【技术要点】pH 测定，前期仪器校准非常关键，要按照标准要求在一定温度条件下按仪器说明进行两点校正或多点校正，记录所用各种标准校准液温度，并保证各种标准校准溶液 pH 校准值符合校准液在对应温度下的 pH 及标准所给偏差要求，特别是不同种 pH 标准校准液的选择要符合检测标准中要求。要记录被测溶液温度，样品测定结果（仪器示值）为样品实际温度下的pH值。《水质　pH的测定　电极法》（HJ 1147—2020）中要求采集样品要在2 h内完成，所以记录时间准确到小时、分钟尤为重要。新标准要求样品pH尽量在两种标准缓冲溶液pH范围之间，若超出范围，样品pH至少与其中一个标准缓冲溶液pH之差不超过2个pH单位。

案例6.2

【案例描述】在对某机构进行监督检查时，评审员发现水质样品采用《水质 化学需氧量的测定 重铬酸盐法》（HJ 828—2017）方法进行化学需氧量（COD）检测，其分析原始记录中缺少所测样品氯离子含量测定（换算）或粗判过程及结果信息，无硫酸亚铁铵溶液的标定过程记录，只检测了一个空白样品。

【不符合事实分析】不符合RB/T 214—2017中4.5.11及《生态环境监测机构评审补充要求》第十六条中记录信息的充分性、规范性等要求。HJ 828—2017不适用于含氯化物浓度大于1 000 mg/L（稀释后）的水中化学需氧量的测定，因此在检测前要先确定样品中氯离子的含量，在氯离子浓度满足方法适用范围的情况下才可以用此方法检测，缺少氯离子含量测定（换算）或粗判过程及结果信息无法证明方法选择的适用性。标准规定要求硫酸亚铁铵溶液每日临用前，必须用重铬酸钾标准溶液准确标定其浓度并且标定时应做平行双样，无硫酸亚铁铵溶液的标定过程记录不能判定硫酸亚铁铵溶液浓度的准确性符合程度。只进行一个空白样品检测不符合标准要求的每批样品应至少做两个空白试验的要求。

【解决方案】增加所测样品氯离子含量测定（换算）或粗判过程及结果信息，增加硫酸亚铁铵溶液的标定过程记录。水样中氯离子的含量可采用《水质　氯化物的测定　硝酸银滴定法》（GB/T 11896—1989）或《水质　溶解氧的测定　电化学探头法》（HJ 506—2009）附录A.1.2或HJ 828—2017附录A进行测定或粗略判定，也可测定电导率后按照HJ 506—2009附录A.1.2进行换算，或参照《海洋监测规范　第4部分：海水分析》（GB 17378.4—2007）测定盐度后进行换算，建议测定（换算）或粗判原始记录单独记录，同时将氯离子浓度结果记录于化学需氧量测定原始记录中。可在化学需氧量测定原始记录中增加硫酸亚铁铵溶液的平行双样标定过程记录。重视质量保证和质量控制要求，按标准要求每批样品至少进行两个空白试验。

案例6.3

【案例描述】在监督检查时评审员发现，某机构采集的一批工业废水样品采用《水质　石油类和动植物油类的测定　红外分光光度法》（HJ 637—2018）进行石油类检测，采样记录中每个样品均用500 mL棕色磨口玻璃瓶采集，采样量为500 mL并现场固定。其分析原始记录中样品量均记录为500.0 mL，记录中有仪器校准校正系数数据，经询问检测人员并核验设备，发现数据为红外分光光度计出厂时设定值，无法提供校正系数检验记录。

【不符合事实分析】不符合RB/T 214—2017中4.5.11及“生态环境监测机构评审

补充要求”第十六条中记录信息的充分性、规范性、原始性等要求。检测机构此次检测采集记录的所有工业废水样品量均为 500 mL，描述的是采样瓶中样品的估读数据量，在进行分析检测时按照 HJ 637—2018 的规定，要将采集的样品全部转移至分液漏斗进行萃取，萃取完成后要将上层水相全部转移至 1 000 mL 量筒中，测量样品体积并记录。其分析原始记录中样品量均记录为 500.0 mL，显然不符合实际检测情况，并且用 1 000 mL 量筒计量水样品体积时也不可能读到小数点后一位。标准中明确规定可以对校正系数进行测定，也可当红外分光光度计出厂设定了校正系数的情况下直接进行校正系数的检验，检验符合要求才可采用，否则重新测定校正系数并检验，直至符合条件为止，机构在不能提供校正系数检验记录的情况下直接采用仪器的出厂设置数据，不符合标准的规定。

【解决方案】按照 HJ 637—2018 的要求，将萃取完成后上层水相全部转移至 1 000 mL 量筒中，测量样品体积并记录于分析原始记录，注意根据 1 000 mL 量筒分度规范读数如 496 mL。按照标准中 8.1.2 校准系数的检验方法进行校准系数检验，如果测定值与标准值的相对误差在 ±10% 以内，则校正系数可采用，否则重新测定校正系数并检验，直至符合条件为止。将校准系数检验测定过程形成记录并对其符合性评价。

案例 6.4

【案例描述】在监督检查时，评审员发现检测人员在现场采用《水质　溶解氧的测定　电化学探头法》（HJ 506—2009）测定溶解氧，现场检测原始记录中无被测水样的温度信息，也无测量时大气压力记录。

【不符合事实分析】不符合 RB/T 214—2017 中 4.5.11 及《生态环境监测机构评审补充要求》第十六条中记录信息的充分性等要求。HJ 637—2018 方法采用溶解氧测定仪法测量溶解氧，水中氧的溶解度与温度、压力有很大关系，因此标准明确规定测量同时记录水的温度和大气压力，不记录这些关键因素而只记录溶解氧结果，存在明显的内容缺失。

【解决方案】完善记录信息，按 HJ 637—2018 要求校准及检测，不仅记录校准时校准液的温度和大气压力，也要记录检测时水样品的温度和大气压力。

案例 6.5

【案例描述】在监督检查时，评审员发现某机构采用《水质　色度的测定》（GB/T 11903—1989）方法中的铂钴比色法测定地下水样品色度时，分析原始记录中无被测样品的颜色描述，也无样品的 pH 信息，不能提供 pH 测定原始记录。

【不符合事实分析】不符合 RB/T 214—2017 中 4.5.11 及《生态环境监测机构评审补充要求》第十六条中记录信息的充分性等要求。《水质　色度的测定》（GB/T 11903—1989）中，铂钴比色法适用清洁水、轻度污染并带黄色调的水，比较清洁的地面水、地下水和饮用水等，方法有一定的适用范围，当样品和标准溶液的颜色色调不一致时，检测方法不适用。pH 对颜色有较大影响，在测定颜色时应同时测定 pH。分析原始记录中无被测样品的颜色描述，也无样品的 pH 信息，不能提供 pH 测定原始记录，显然不符合检测标准及记录要求。

【解决方案】按 GB/T 11903—1989 标准的要求，在分析原始记录中增加被测样品颜色深浅、色调的文字描述信息，如果可能可包括透明度的描述。进行色度测定的同时另取样品进行 pH 测定并记录测定过程和结果。

案例 6.6

【案例描述】在扩项评审时评审员发现，某机构扩项水质细菌总数参数，采用《水质　细菌总数的测定　平皿计数法》（HJ 1000—2018）标准方法进行检测，分析原始记录中接样和检测时间只记录到日期，无培养的具体时间信息，查恒温培养箱使用记录中也无培养样品的放入和取出时间；查培养基检验记录时发现，验证记录中只有培养基生产厂家，无对应批次信息。

【不符合事实分析】不符合 RB/T 214—2017 中 4.5.11 及《生态环境监测机构评审补充要求》第十六条中记录信息的充分性、规范性等要求。HJ 1000—2018 标准明确规定了采样后检测时限要求，即“采样后应在 2 h 内检测，否则，应在 10℃以下冷藏但不得超过 6 h。实验室接样后，不能立即开展检测的，将样品于 4℃以下冷藏并在 2 h 内检测”，分析原始记录只记录了检测日期无法体现是否在样品有效期内检测；标准中培养条件是在（36±1）℃恒温培养箱内培养（48±2）h 后观察结果，分析记录不记录培养时间并且恒温培养箱也无培养样品的放入和取出时间，不能体现培养时间与标准的符合性及溯源性；标准要求“更换不同批次培养基时要进行阳性菌株检验，以确保其符合要求”，培养基验证记录只记录生产厂家而无培养基具体批次显然记录信息缺失。

【解决方案】将接样时间和检测时间准确记录到小时及分钟，体现检测时效是否满足标准要求。在分析原始记录中增加并记录培养的具体时间信息，恒温培养箱的使用记录增加样品放置培养的起始和结束时间，以体现培养时间是否符合标准要求及培养时间记录的可追溯。在培养基检验记录中增加批次信息，以体现所用批次的培养基是否符合标准要求。

案例 6.7

【案例描述】在现场评审时评审员发现，某机构水质氟化物的检测采用《水质　氟化物的测定　离子选择电极法》（GB/T 7484—1987），在其分析原始记录中所记录的氟化物电位值均为整数位（mV），样品检测报出结果为 0.061 mg/L，查看其选用仪器为 pH-3C 酸度计配氟离子电极。评审组判断该参数不予通过。

【不符合事实分析】不符合 RB/T 214—2017 中 4.5.11 及《生态环境监测机构评审补充要求》第十六条中记录信息的规范性等要求，不符合 RB/T 214—2017 中 4.4.1 设备设施的配备。GB/T 7484—1987 标准中可选用离子活度计、毫伏计或 pH 计，但应能精确到 0.1 mV，而该机构选用的 pH-3C 酸度计其电位档精度只能到整数位，显然其仪器选配精度及记录结果不符合标准要求。该方法含氟化合物（以 F^- 计）检出限为 0.05 mg/L，而样品报出结果为 0.061 mg/L，报出结果保留到小数点后 3 位超过了检出限小数点后的位数，结果报出不正确。对于仪器配备不能满足检测标准要求的，该参数评审不能通过，没有整改机会。

【解决方案】选配满足 GB/T 7484—1987 要求的设备，仪器电位档能精确到 0.1 mV，在检测时按仪器精度记录仪器 mV 读数。进一步加强学习，熟悉数据处理基本知识，掌握有效数字的保留规定“分析结果的有效数字所能达到的位数，不能超过方法检出限的有效位数”，规范地报出结果。

案例 6.8

【案例描述】在现场评审时评审员发现，某机构依据《固定污染源废气 低浓度颗粒物的测定 重量法》（HJ 836—2017）测定固定污染源废气颗粒物排放的原始记录中，1# 采样头记录为全程序空白，却没有对应的仪器打印记录。机构检测人员解释说，按照 HJ 836—2017 标准的要求，全程序空白不采集废气，所以没有仪器的打印记录。

【不符合事实分析】不符合 RB/T 214—2017 中 4.5.11 及《生态环境监测机构评审补充要求》中第十六条的要求，生态环境监测机构应及时记录样品采集等监测全过程的技术活动，保证记录信息的充分性、原始性和规范性，能够再现监测全过程。机构 1# 采样头记录为全程序空白，却没有对应的打印记录，不能确认 1# 采样头进行了现场空白样品采集。

【解决方案】依据 HJ 836—2017 中 3.7 条的定义，除采样过程中采样嘴背对气流不采集废气外，其他操作与实际样品操作完全相同获得的样品叫全程序空白，所以采集全程序空白时采样仪器是同步启动运行的，可以打印出采集全程序空白的仪器运行记录，以证明全程序空白样品是按照 HJ 836—2017 标准要求进行样品采集的。具体操作步骤：采样过程中，采样嘴背对废气气流方向，断开采样管与采样器主机的连接，密封采样管末端接口，启动颗粒物采样器。采样管在烟道中放置时间和移动方式按照仪器提示进行操作，与实际采样相同。结束采样后，取下采样头，用聚四氟乙烯材质堵套塞好采样嘴，将采样头放入防静电密封袋内。打印出全程序空白样品采样记录，作为全程序样品空白采集的证据，粘贴到现场样品采集记录表中（这时打印记录中工况体积为 0）。

【参考实例】图 6-1 所示为某环境检测机构低浓度颗粒物采样的打印记录，供大家参考。

×××型采样器采集15 min
×××采样报表V1.44
仪器编号：××××××365
开始时间：2020/××/×× 08:53
结束时间：2020/××/×× 09:08
采样地点：

01. 样品编号	×××001
02. 平均动压	0 Pa
03. 平均静压	0.00 kPa
04. 平均全压	-0.00 kPa
05. 平均流速	0.0 m/s
06. 平均烟温	22.0℃
07. 大气压	102.9 kPa
08. 烟道截面积	0.031 4 m^2
09. 含湿量	2.25%
10. 跟踪率	0.00
11. 采样嘴直径	10.0 mm
12. 平均计压	0.01 kPa
13. 平均计温	20.7℃
14. 累计采时	00 h 15 m 00 s
15. 工况体积	0.0 L
16. 标况体积	0.0 NL
17. 烟气流量	0 m^3/h
18. 标干流量	0 m^3/h

×××型采样器采集45 min
×××采样报表V1.44
仪器编号：××××××365
开始时间：2020/××/×× 09:19
结束时间：2020/××/×× 10:04
采样地点：

01. 样品编号	×××001
02. 平均动压	0 Pa
03. 平均静压	0.01 kPa
04. 平均全压	-0.00 kPa
05. 平均流速	0.0 m/s
06. 平均烟温	22.0℃
07. 大气压	102.9 kPa
08. 烟道截面积	0.031 4 m^2
09. 含湿量	2.25%
10. 跟踪率	0.00
11. 采样嘴直径	10.0 mm
12. 平均计压	-0.00 kPa
13. 平均计温	21.7℃
14. 累计采时	00 h 45 m 00 s
15. 工况体积	0.0 L
16. 标况体积	0.0 NL
17. 烟气流量	0 m^3/h
18. 标干流量	0 m^3/h

×××型采样器采集40 min
×××采样报表V1.20
仪器编号：××××××472
开始时间：2020/××/×× 09:39
结束时间：2020/××/×× 10:19
采样地点：

样品编号	×××000
01. 气密性：	良好
02. 平均动压	0 Pa
03. 平均静压	-0.00 kPa
04. 平均全压	-0.01 kPa
05. 平均流速	0.0 m/s
06. 平均烟温	38.0℃
07. 大气压	101.3 kPa
08. 烟道截面积	0.196 3 m^2
09. 含湿量	1.28%
10. 皮托管 kPa	0.84
11. 过剩系数	inf
12. 折算系数	1.75
13. 负荷系数	1.00
14. 采样嘴直径	10.0 mm
15. 平均计压	-0.01 kPa
16. 平均计温	22.2℃
17. 累计采时	00 h 40 m 00 s
18. 工况体积	0.0 L
19. 标况体积	0.0 NL
20. 烟气流量	0 m^3/h
21. 标干流量	0 m^3/h

图6-1　低浓度颗粒物采样打印记录

【技术要点】HJ 836—2017 标准中 7.3.7 要求全程序空白应在每次测量系列中进行一次，并保证至少一天一次。即要求每根排气筒在检测过程中要采一个全程序空白样品，如果是验收检测，要保证在两天采样过程中每根排气筒每天各采一个全程序空白样品。

全程序空白增重除以对应测量系列颗粒物样品采集的平均体积为全程序空白样品的颗粒物浓度，其值不能超过排放限值的 10%。任何低于全程序空白增重的样品均无效，颗粒物浓度低于方法检出限时，全程序空白增重应不高于 0.5 mg，失重应不多于 0.5 mg。

（此案例由河北省邯郸市环境监测中心站王尔宜老师提供）。

案例 6.9

【案例描述】在监督检查时，评审员发现某机构依据《固定污染源废气　二氧化硫的测定　定电位电解法》（HJ 57—2017）测定锅炉排放废气二氧化硫，现场检测原始记录中记录了二氧化硫及一氧化碳三次测定结果，没有具体检测时间和时段，查其所附全自动烟尘（气）测试仪打印小条，显示测量时长为 5 min，测量结果为所测时段的均值，但无每分钟测量数据。

【不符合事实分析】不符合 RB/T 214—2017 中 4.5.11 及《生态环境监测机构评审补充要求》中第十六条的要求，生态环境监测机构应及时记录样品采集等监测全过程的技术活动，保证记录信息的充分性、原始性和规范性，能够再现监测全过程。HJ 57—2017 标准中 8.5 样品测定时要求待测定仪稳定后，按分钟保存测定数据，取 5～15 min 测定数据的平均值，作为二氧化硫一次测量值，并且在样品测定过程中，应同步测定和记录废气中一氧化碳浓度分钟数据。该机构记录及打印条无每分钟测定数据，显然不符合标准规定的记录信息要求。

【解决方案】在进行全自动烟尘（气）测试仪打印小条时，选择带分钟数据和均值数据的打印方式，如仪器打印不满足此功能，应和仪器厂家沟通联系，进行软件升级，依据 HJ 57—2017 标准要求完善记录表格和打印条信息。

【参考实例】图 6-2 所示为某环境检测机构定电位电解法测定二氧化硫的打印记录，供大家参考。

案例 6.10

【案例描述】在资质认定扩项现场评审时，评审员发现某机构检测无组织废气甲苯项目，依据标准为《环境空气　苯系物的测定　活性炭吸附 / 二硫化碳解析 - 气相色谱法》（HJ 584—2010），3 个检测点位的检测结果分别为 6.5×10^{-3} mg/m^3、6.8×10^{-3} mg/m^3、7.2×10^{-3} mg/m^3，每个样品只有一个检测数据及图谱。机构检测人员解释说，我们检测的是无组织废气样品，浓度较低，活性炭采样管不会击穿，没有必要检测 B 段。

× × × 型采样器烟气测量报表
文件：00764
开始时间：2020/× ×/× × 10:40
结束时间：2020/× ×/× × 10:41
01）含氧量 5.8%
02）SO_2 浓度 0.001 1 mg/m^3
03）NO 浓度 0.006 0 mg/m^3
04）NO_2 浓度 0.000 1 mg/m^3
05）CO 浓度 0.001 8 mg/m^3
06）NO_x 浓度 0.009 4 mg/m^3
文件：00765
开始时间：2020/× ×/× × 10:41
结束时间：2020/× ×/× × 10:42
01）含氧量 5.8%
02）SO_2 浓度 0.001 1 mg/m^3
03）NO 浓度 0.006 1 mg/m^3
04）NO_2 浓度 0.000 1 mg/m^3
05）CO 浓度 0.001 9 mg/m^3
06）NO_x 浓度 0.009 6 mg/m^3
文件：00766
开始时间：2020/× ×/× × 10:42
结束时间：2020/× ×/× × 10:43
01）含氧量 5.7%
02）SO_2 浓度 0.001 0 mg/m^3
03）NO 浓度 0.006 2 mg/m^3
04）NO_2 浓度 0.000 1 mg/m^3
05）CO 浓度 0.001 8 mg/m^3
06）NO_x 浓度 0.009 6 mg/m^3
文件：00767
开始时间：2020/× ×/× × 10:43
结束时间：2020/× ×/× × 10:44
01）含氧量 5.6%
02）SO_2 浓度 0.001 0 mg/m^3
03）NO 浓度 0.006 2 mg/m^3
04）NO_2 浓度 0.000 1 mg/m^3
05）CO 浓度 0.001 7 mg/m^3
06）NO_x 浓度 0.009 7 mg/m^3
文件：00768
开始时间：2020/× ×/× × 10:44
结束时间：2020/× ×/× × 10:45
01）含氧量 5.6%
02）SO_2 浓度 0.000 9 mg/m^3
03）NO 浓度 0.006 2 mg/m^3
04）NO_2 浓度 0.000 1 mg/m^3
05）CO 浓度 0.001 7 mg/m^3
06）NO_x 浓度 0.009 8 mg/m^3
文件：00769
开始时间：2020/× ×/× × 10:40
结束时间：2020/× ×/× × 10:45
01）含氧量 5.7%
02）SO_2 浓度 0.001 0 mg/m^3
03）NO 浓度 0.006 1 mg/m^3
04）NO_2 浓度 0.000 1 mg/m^3
05）CO 浓度 0.001 8 mg/m^3
06）NO_x 浓度 0.009 7 mg/m^3

× × × 型采样器烟气测量报表
文件：00758
开始时间：2020/× ×/× × 09:41
结束时间：2020/× ×/× × 09:42
01）含氧量 5.7%
02）SO_2 浓度 0.000 9 mg/m^3
03）NO 浓度 0.006 0 mg/m^3
04）NO_2 浓度 0.000 1 mg/m^3
05）CO 浓度 0.001 8 mg/m^3
06）NO_x 浓度 0.009 4 mg/m^3
文件：00759
开始时间：2020/× ×/× × 09:42
结束时间：2020/× ×/× × 09:43
01）含氧量 5.8%
02）SO_2 浓度 0.001 0 mg/m^3
03）NO 浓度 0.006 2 mg/m^3
04）NO_2 浓度 0.000 1 mg/m^3
05）CO 浓度 0.001 8 mg/m^3
06）NO_x 浓度 0.009 6 mg/m^3
文件：00760
开始时间：2020/× ×/× × 09:43
结束时间：2020/× ×/× × 09:44
01）含氧量 5.8%
02）SO_2 浓度 0.001 0 mg/m^3
03）NO 浓度 0.006 2 mg/m^3
04）NO_2 浓度 0.000 1 mg/m^3
05）CO 浓度 0.000 18 mg/m^3
06）NO_x 浓度 0.009 7 mg/m^3
文件：00761
开始时间：2020/× ×/× × 09:44
结束时间：2020/× ×/× × 09:45
01）含氧量 5.8%
02）SO_2 浓度 0.001 1 mg/m^3
03）NO 浓度 0.006 2 mg/m^3
04）NO_2 浓度 0.000 1 mg/m^3
05）CO 浓度 0.001 7 mg/m^3
06）NO_x 浓度 0.009 6 mg/m^3
文件：00762
开始时间：2020/× ×/× × 09:45
结束时间：2020/× ×/× × 09:46
01）含氧量 5.8%
02）SO_2 浓度 0.001 2 mg/m^3
03）NO 浓度 0.006 1 mg/m^3
04）NO_2 浓度 0.000 1 mg/m^3
05）CO 浓度 0.001 7 mg/m^3
06）NO_x 浓度 0.009 5 mg/m^3
文件：00763
开始时间：2020/× ×/× × 09:41
结束时间：2020/× ×/× × 09:46
01）含氧量 5.8%
02）SO_2 浓度 0.001 0 mg/m^3
03）NO 浓度 0.006 1 mg/m^3
04）NO_2 浓度 0.000 1 mg/m^3
05）CO 浓度 0.001 8 mg/m^3
06）NO_x 浓度 0.009 6 mg/m^3

× × × 型采样器烟气测量报表
文件：00764
开始时间：2020/× ×/× × 10:40
结束时间：2020/× ×/× × 10:41
01）含氧量 5.8%
02）SO_2 浓度 0.001 1 mg/m^3
03）NO 浓度 0.006 0 mg/m^3
04）NO_2 浓度 0.000 1 mg/m^3
05）CO 浓度 0.001 8 mg/m^3
06）NO_x 浓度 0.009 4 mg/m^3
文件：00765
开始时间：2020/× ×/× × 10:41
结束时间：2020/× ×/× × 10:42
01）含氧量 5.8%
02）SO_2 浓度 0.001 1 mg/m^3
03）NO 浓度 0.006 1 mg/m^3
04）NO_2 浓度 0.000 1 mg/m^3
05）CO 浓度 0.001 9 mg/m^3
06）NO_x 浓度 0.009 6 mg/m^3
文件：00766
开始时间：2020/× ×/× × 10:42
结束时间：2020/× ×/× × 10:43
01）含氧量 5.7%
02）SO_2 浓度 0.001 0 mg/m^3
03）NO 浓度 0.006 2 mg/m^3
04）NO_2 浓度 0.000 1 mg/m^3
05）CO 浓度 0.001 8 mg/m^3
06）NO_x 浓度 0.009 6 mg/m^3
文件：00767
开始时间：2020/× ×/× × 10:43
结束时间：2020/× ×/× × 10:44
01）含氧量 5.6%
02）SO_2 浓度 0.001 0 mg/m^3
03）NO 浓度 0.006 2 mg/m^3
04）NO_2 浓度 0.000 1 mg/m^3
05）CO 浓度 0.001 7 mg/m^3
06）NO_x 浓度 0.009 7 mg/m^3
文件：00768
开始时间：2020/× ×/× × 10:44
结束时间：2020/× ×/× × 10:45
01）含氧量 5.6%
02）SO_2 浓度 0.000 9 mg/m^3
03）NO 浓度 0.006 2 mg/m^3
04）NO_2 浓度 0.000 1 mg/m^3
05）CO 浓度 0.001 7 mg/m^3
06）NO_x 浓度 0.009 8 mg/m^3
文件：00769
开始时间：2020/× ×/× × 10:40
结束时间：2020/× ×/× × 10:45
01）含氧量 5.7%
02）SO_2 浓度 0.001 0 mg/m^3
03）NO 浓度 0.006 1 mg/m^3
04）NO_2 浓度 0.000 1 mg/m^3
05）CO 浓度 0.001 8 mg/m^3
06）NO_x 浓度 0.009 7 mg/m^3

图 6-2 定电位电解法测定二氧化硫的打印记录示例

【不符合事实分析】不符合 RB/T 214—2017 中 4.5.11 及《生态环境监测机构评审补充要求》第十六条中记录信息的规范性等要求。HJ 584—2010 标准中要求应将活性炭采样管中 A 段和 B 段取出，分别放入磨口具塞试管用二硫化碳解析后分别测定，活性炭采样管的吸附效率应在 80% 以上，即 B 段活性炭所收集的组分应小于 A 段的 25% 时检测数据才有效。机构因测定无组织废气样品，主观判断不予检测 B 段，显然不符合标准要求。

【解决方案】依据 HJ 584—2010 标准要求，将活性炭采样管中 A 段和 B 段取出，分别放入磨口具塞试管用二硫化碳解析后分别测定并记录，按以下公式计算活性炭管的吸附效率（%），并对结果进行判断并评价活性炭采样管的吸附效率是否在 80% 以上，以体现检测的有效性。

$$K = \frac{M_1}{M_1 + M_2} \times 100$$

式中：K——采样吸附效率，%

M_1——A 段采样量，ng；

M_2——B 段采样量，ng。

案例 6.11

【案例描述】在监督检查时，评审员发现某机构在某企业环境保护竣工验收检测中，依据《环境空气　总烃、甲烷和非甲烷总烃的测定　直接进样 - 气相色谱法》（HJ 604—2017）检测无组织非甲烷总烃项目，采样原始记录中每个点位每天采 3 个样品，采样时间间隔 5 min、7 min，出具的 3 次检测结果作为无组织排放的三次测定值，依据《大气污染物综合排放标准》（GB 16297—1996）给予评价。

【不符合事实分析】不符合 RB/T 214—2017 中 4.5.11 及《生态环境监测机构评审补充要求》第十六条中记录信息的规范性等要求。无组织排放监控浓度限值是指监控点的污染物浓度在任何 1 h 的平均值不得超过的限值，《大气污染物综合排放标准》（GB 16297—1996）中 8.2.2 无组织排放监控点的采样、《大气污染物无组织排放监测技术导则》（HJ/T 55—2000）中 10.1 无组织排放监测的采样频次均明确规定：无组织排放监控点和参照点监测的采样，一般采用连续 1 h 采样计平均值，若分析方法灵敏度高，仅需用短时间采集样品时，应实行等时间间隔采样，采集 4 个样品计平均值。《建设项目竣工环境保护验收技术指南　污染影响类》（生态环境部办公厅 2018 年 5 月 16 日印发）中 6.3.4　验收监测频次确定原则中废气采样每天不少于 3 个样品，是指 3 个 / 次有效评价值样品。该机构所采无组织样品频次、数量及评价显然不符合标准规范要求。

【解决方案】学习理解并掌握 GB 16297—1996、HJ/T 55—2000、《建设项目竣工环境保护验收技术指南　污染影响类》等标准规范要求和规定，每天至少采集 3 h 内样品，在每 1 h 内等间隔采集 4 个样品取其测定均值作为 1 个 / 次有效评价数据，共采集和测定至少 3 个 / 次有效评价数据，按规范的采样频次采样并记录于原始记录中。

案例 6.12

【案例描述】在专项监督检查时，评审员发现某机构采用《环境空气　总悬浮颗粒物的测定　重量法》（GB/T 15432—1995）进行无组织废气颗粒物检测，检测原始记录中颗粒物浓度以检测时大气温度和压力下的实际采样体积进行折算。该机构解释说，检测人员严格执行 GB/T 15432—1995 及修改单（2018 年 9 月 1 日起实施），修改单中要求总悬浮颗粒物按检测时实际体积进行浓度折算。查看采样原始记录时发现无采样时段风向、风速信息。

【不符合事实分析】不符合 RB/T 214—2017 中 4.5.11 及《生态环境监测机构评审补充要求》第十六条中记录信息的充分性、规范性等要求，不符合 RB/T 214—2017 中 4.3.3 条款的要求。GB/T 15432—1995 修改单与《环境空气质量标准》（GB 3095—2012）修改单于 2018 年 9 月 1 日同时实施，其适用范围为环境空气中总悬浮颗粒物参数项目，但在污染物排放标准中，无组织颗粒物限值均为标准状态下的浓度，显然用实际体积折算的浓度不符合无组织排放颗粒物浓度折算的要求。无组织废气检测应参照《大气污染物无组织排放监测技术导则》（HJ/T 55—2000）在风向、风速符合检测条件的情况下才能实施，不记录采样时段的风向、风速信息，不能体现检测条件的符合性。

【解决方案】理解并掌握修改单适用范围，在进行无组织废气颗粒物检测时，依据污染物排放标准要求，颗粒物浓度按标况体积折算，以标况体积下浓度作为报出结果。在采样记录中增加风向、风速气象信息，并将所用风向风速仪检测仪器信息记录于原始记录中。

案例 6.13

【案例描述】在资质认定扩项评审时，评审组发现某机构依据《工业企业厂界环境噪声排放标准》（GB 12348—2008）及《建筑施工场界环境噪声排放标准》（GB 12523—2011）进行“工业企业厂界环境噪声”和“建筑施工场界环境噪声”检测时，原始记录中检测时间均是 10 min，评审人员指出检测人员未按标准要求的时间进行检测，该机构技术负责人解释说，我们测定的是非稳态噪声，测量的是被测声源有代表性时段的等效声级。

【不符合事实分析】不符合 RB/T 214—2017 中 4.5.11 及《生态环境监测机构评审补充要求》第十六条中记录信息的充分性、规范性等要求，机构检测人员不明白对不同噪声污染排放测量时间不同，测量 10 min 的等效声级，不是 GB 12348—2008 和 GB 12523—2011 规定的稳态噪声和非稳态噪声测量的时间，不符合相关噪声排放标准规定的测量时段的要求。

【解决方案】学习掌握相关噪声排放标准，如果测量建筑施工场界环境噪声污染排放，应在施工期间，测量连续 20 min 的等效声级，如果测量建筑施工场界背景噪声，稳态噪声测量 1 min 的等效声级，非稳态噪声测量 20 min 的等效声级。如果测量工业企业厂界环境噪声污染排放，被测声源是稳态噪声，应测量 1 min 的等效声级，被测声源是非稳态噪声，应测量被测声源有代表性时段的等效声级，必要时测量被测声源整个正常工作时段的等效声级。非稳态噪声的测量时段要依据噪声排放源的具体情况确定，并在原始记录中充分描述。

【技术要点】表 6-3 所示为各噪声质量标准和排放标准对稳态噪声和非稳态噪声的测量时段要求的归纳总结。

表 6-3　噪声质量标准和排放标准对噪声测量时间要求

标准名称及标准号	稳态噪声	非稳态噪声
《工业企业厂界环境噪声排放标准》（GB 12348—2008）	测量 1 min 的等效声级	测量被测声源有代表性时段的等效声级，必要时测量被测声源整个正常工作时段的等效声级
《社会生活环境噪声排放标准》（GB 22337—2008）	测量 1 min 的等效声级	测量被测声源有代表性时段的等效声级，必要时测量被测声源整个正常工作时段的等效声级
《建筑施工场界环境噪声排放标准》（GB 12523—2011）	测量 20 min 的等效声级	—
《铁路边界噪声限值及其测量方法》（GB 12525—1990）	测量 1 h 的等效声级	—
《声环境质量标准》（GB 3096—2008）	1. 噪声敏感建筑物监测： a. 受固定噪声源的噪声影响时：稳态噪声测量 1 min 的等效声级，非稳态噪声测量整个正常工作时间（或代表性时段）的等效声级。 b. 受交通噪声源的噪声影响时：对于道路交通，测量不低于平均运行密度的 20 min 等效声级，对于铁路、城市轨道交通（地面段）、内河航道测量不低于平均运行密度的 1 h 等效声级，若城市轨道交通（地面段）的运行车次密集，测量时间可缩短至 20 min。 2. 声环境功能区监测： a. 0～3 类声环境功能区普查监测时测量 10 min 的等效声级； b. 4 类声环境功能区普查监测时，铁路、城市轨道交通（地面段）、内河航道两侧测量不低于平均运行密度的 1 h 等效声级，若城市轨道交通（地面段）的运行车次密集，测量时间可缩短至 20 min，高速公路、一级公路、二级公路、城市快速路、城市主干路、城市次干路两侧测量不低于平均运行密度的 20min 等效声级	

（此案例由河北省邯郸市环境监测中心站王尔宜老师提供。）

案例 6.14

【案例描述】在监督检查时，评审员发现某机构采用《工业企业厂界环境噪声排放标准》（GB 12348—2008）检测某企业厂界环境噪声，检测原始记录中无测量时的工况记录，检测人员签字为某甲，校核人为某乙，所附昼、夜噪声打印条均为检测人员某甲签字。检查人员说这次现场噪声检测记录中没有体现《生态环境监测机构评审补充要求》中“现场测试和采样应至少有 2 名监测人员在场”的要求。机构技术负责人解释说，我们签字的检测人员和校核人员都在检测现场，满足要求。

【不符合事实分析】不符合 RB/T 214—2017 中 4.5.11 及《生态环境监测机构评审补充要求》第十六条中记录应当包含足够的信息，保证记录信息的充分性、原始性和规范性，能够再现检测工作过程的要求，不符合《生态环境监测机构评审补充要求》第十九条“现场测试和采样应至少有 2 名监测人员在场”的要求。GB 12348—2008 中要求在被测声源正常工作时间进行噪声测量，同时注明当时的工况，该机构检测原始记录中无测量时的工况记录，不能体现检测当时的测量条件是否符合标准要求。原始记录及噪声打印条只有 1 名检测人员签字，机构检测人员的解释也不能成立，没有信息表明校核人员某乙是现场检测人员。

【解决方案】学习 GB 12348—2008 标准，理解掌握标准中 5.2 测量条件要求，完善记录信息，并将检测时工况记录于原始记录中。如果校核人员某乙同是现场检测人员，可记录为检测人员：某甲、某乙，记录人：某甲，校核人：某乙，如果多人参加了现场检测，可记录为：检测人员：某甲、某乙、某丙等，记录人：某甲，校核人：某乙，噪声打印小条由检测人员签字。

案例 6.15

【案例描述】资质认定扩项现场评审时，评审员发现某机构采用《土壤　氰化物和总氰化物的测定　分光光度法》（HJ 745—2015）4.2 异烟酸 - 吡唑啉酮分光光度法检测土壤总氰化物和氰化物参数，采样原始记录中无样品包装容器、样品量、保存条件信息。检测原始记录中无样品蒸馏前处理信息，也无样品前处理专用记录。

【不符合事实分析】不符合 RB/T 214—2017 中 4.5.11 及《生态环境监测机构评审补充要求》第十六条中“生态环境监测机构应及时记录样品采集、现场测试、样品运输和保存、样品制备、分析测试等监测全过程的技术活动，保证记录信息的充分性、原始性和规范性，能够再现监测全过程”的要求。HJ 745—2015 标准根据氰化物性质，采用新鲜样品测定，要求样品采集后装于可密封的聚乙烯或玻璃容器中，并充满容器，在 4℃左右冷藏保存。采样原始记录无样品包装容器、样品量、保存条件信息，不能体现样品的有效性。氰化物和总氰化物的测定中校准曲线虽相同但蒸馏前处理时 pH 条件和介质等均有区别，应分别描述和记录前处理过程。

【解决方案】重视样品采集、运输和保存、样品制备等检测过程记录信息的充分性、规范性，修改完善记录表格，在采样记录中增加包装容器、样品量、保存条件信息，将样品前处理过程记录在检测原始记录或样品前处理记录。

案例 6.16

【案例描述】监督检查时，评审组发现，某机构采用《土壤　氧化还原电位的测定　电位法》（HJ 746—2015）检测土壤氧化还原电位项目，检测原始记录中无电极类型、无校准用标准氧化还原缓冲溶液名称信息，填写的 E_h、E_m、E_r 无对应意义说明。

【不符合事实分析】不符合 RB/T 214—2017 中 4.5.11 及《生态环境监测机构评审补充要求》第十六条中记录信息的充分性、规范性等要求。HJ 746—2015 标准中可以选用银－氯化银电极、甘汞电极等不同类型参比电极，可以选用醌氢醌、铁氰化钾－亚铁氰化钾等不同标准氧化还原缓冲溶液作为校准溶液，不记录电极类型、校准用标准氧化还原缓冲溶液名称则无法判断电极校准的符合性，也无法明确参比电极相对于标准氢电极的电位值的符合性。不对 E_h、E_m、E_r 各字符代表的意义进行说明，无法清楚判断是记录的哪种电位值。

【解决方案】修订完善检测原始记录表格信息，将检测所用电极类型、校准用标准氧化还原缓冲溶液名称信息记录于原始记录中。在计算公式 $E_h=E_m+E_r$ 处明确各字符代表意义，式中：E_h 为土壤的氧化还原电位（mV）；E_m 为仪器读数（mV）；E_r 为测试温度下参比电极相对于标准氢电极的电位值（mV）。

案例 6.17

【案例描述】某机构扩项评审时，评审员发现其土壤有效磷的检测原始记录中无样品 pH 和所用浸提剂种类信息，无所加浸提剂温度信息；机构检测人员解释说，我们记录了方法名称及方法编号 [《土壤检测　第 7 部分：土壤有效磷的测定》（NY/T 1121.7—2014）]，就说明我们是按照标准要求进行样品处理的，所以记录中未设计此项记录内容，也就没必要再记录了。

【不符合事实分析】不符合 RB/T 214—2017 中 4.5.11 记录控制中确保每一项检验检测活动技术记录的信息充分，及《生态环境监测机构评审补充要求》第十六条中“生态环境监测机构应及时记录样品采集、现场测试、样品运输和保存、样品制备、分析测试等监测全过程的技术活动，保证记录信息的充分性、原始性和规范性，能够再现监测全过程”。《土壤有效磷测定》（NY/T 1121.7—2014）按土壤样品的酸性、中性、石灰性类型选用不同的浸提剂提取，浸提温度要求（25±1）℃，这些是检测的关键因素，是再现监测过程的重要信息。检测人员对如何保证记录信息的充分性、可溯源性条款理解不清楚，未关注和记录检测的关键信息。

【解决方案】学习理解 RB/T 214—2017 中 4.5.11 记录控制及《生态环境监测机构评审补充要求》第十六条中的规定。掌握检测方法 NY/T 1121.7—2014 的关键环节和因素。按机构相关程序修订记录表格补充样品 pH 和浸提剂种类及所加浸提剂温度信息，并在检测工作中将上述信息填写在原始记录中。

【技术要点】《土壤有效磷测定》（NY/T 1121.7—2014）是典型的“条件试验”检

测项目，浸提剂种类及比例、浸提温度和时间，环境温度条件控制是检测的关键。要按照标准要求，先测定样品 pH，判断土壤酸碱类型，选择适宜的浸提剂；因振荡时间对检测结果影响较大，为保证样品在计时开始时温度符合（25±1）℃要求，除在浸提时先设定并控制好恒温振荡器温度为（25±1）℃外，同时应调整并控制浸提剂温度为（25±1）℃后再加入样品，以保证浸提样品温度和浸提时间符合标准要求。建议在有温度控制的实验室完成浸提，实验室室温控制在（25±1）℃。

案例 6.18

【案例描述】某机构扩项评审时，评审员发现其采用《土壤检测　第 3 部分：土壤机械组成的测定》（NY/T 1121.3—2006）检测土壤机械组成项目，在检测原始记录中备注的样品 pH 为 8.47，为碱性石灰性土壤，按标准要求在样品测定悬液制备过程中加入偏磷酸钠分散剂，并且采用比重计法做空白测定，其空白测定值为 1.52 g/L。评审员在询问如何计算的各粒级百分数时，该机构不能提供颗粒大小分配曲线。

【不符合事实分析】不符合 RB/T 214—2017 中 4.5.11 及《生态环境监测机构评审补充要求》第十六条中记录信息的充分性、规范性、原始性等要求。碱性石灰性土壤加 60 mL 0.5 mol/L 偏磷酸钠溶液，相当于 3.06 g 偏磷酸钠，而空白测定就是在沉降筒中加入和样品所加相同量的分散剂，用蒸馏水加至 1 L，与待测样品按照 NY/T 1121.3—2006 标准同条件测定，所以空白值不可能低于 3 g/L。在采用本标准测定过程中，虽然测定并记录了沉降后 30 s、1 min、2 min、4 min、8 min、15 min、30 min、1 h、2 h、4 h、8 h、24 h 等时间的比重计读数，但不可能直接计算得到样品所有需要粒径的百分含量，需要绘制颗粒大小分配曲线，在曲线中查出样品需要粒径的百分含量。该机构未绘制颗粒大小分配曲线，样品的某些粒径百分含量结果数据无法溯源。

【解决方案】依据 NY/T 1121.3—2006 标准 8.b）要求规范测量空白值并记录结果。根据筛分和比重计读数计算出的各粒径数值以及相应土粒累积百分数，以土粒累积百分数为纵坐标，土粒粒径数值为横坐标，在半对数纸上绘出颗粒大小分配曲线。

【参考实例】用 Excel 绘制颗粒大小分配曲线，选取的样品土粒粒径及土粒累积百分数见表 6-4，曲线绘制操作要点（Win10 系统）：在 Excel 中选中下表两列数据，单击插入，选带平滑线的散点图，右击横坐标选设置坐标轴格式，选取对数刻度、逆序刻度并设置边界最大值和最小值等，分别添加横坐标和纵坐标主次趋势线等绘制出分配曲线，如图 6-3 所示。

表 6-4　土粒粒径和土粒累积百分数统计

土粒粒径 /mm	0.2	0.061	0.048	0.037	0.027	0.020	0.015
土粒累积百分数 /%	99	97	83	60	50	40	38
土粒粒径 /mm	0.011	0.008	0.005	0.004	0.003	0.002	
土粒累积百分数 /%	34	33	28	23	19	17	

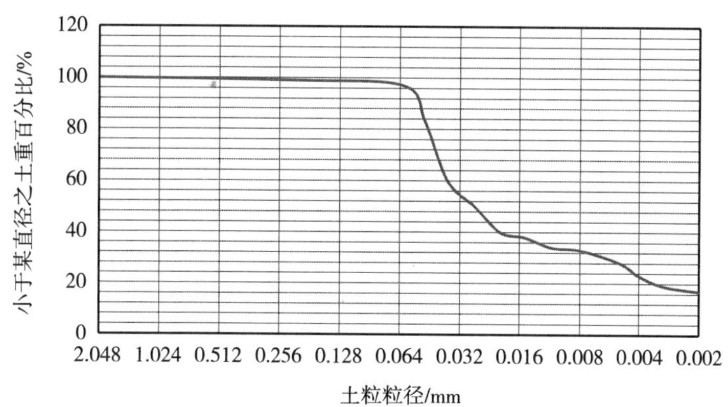

图 6-3 颗粒大小分配曲线

案例 6.19

【案例描述】某机构扩项评审时，评审员发现其采用《固体废物 总汞的测定 冷原子吸收分光光度法》（GB/T 15555.1—1995）检测工业固体废物浸出液总汞项目。在采样原始记录中无采样依据、无份样数、份样量信息，也未记录采样现场固体废物的数量及贮存情况。在检测分析原始记录中无固体废物样品的浸出记录。

【不符合事实分析】不符合 RB/T 214—2017 中 4.5.11 记录控制及《生态环境监测机构评审补充要求》第十六条中的相关规定。工业固体废物采样依据《工业固体废物采样制样技术规范》（HJ/T 20—1998）进行，为保证样品的代表性，应根据现场固体废物贮存方式、数量、固体废物粒径等确定所采样品的份数和份样量，该机构不记录这些信息不能体现样品采集的符合性。在检测过程中，固体废物样品浸出前处理需在一定条件下进行，浸出时间、浸提剂等均无记录，无法体现浸出样品的符合性。

【解决方案】学习掌握 HJ/T 20—1998 标准，完善采样记录增加标准要求的份样数、份样量及现场固体废物情况信息并记录。增加固体废物浸出前处理表格并将浸出过程记录于原始记录中。

案例 6.20

【案例描述】在资质认定扩项评审时，评审组发现某机构提交的对某医疗机构 X 射线机装置机房辐射防护检测的 X、γ 辐射剂量率检测原始记录表中，未给出检测使用的辐射剂量率仪宇宙射线响应值，未记录检测期间 X 射线机工作参数及出束方向，无检测报出结果与仪器示数导出计算公式。

【不符合事实分析】不符合 RB/T 214—2017 中 4.5.11 及《生态环境监测机构评审补充要求》第十六条中记录信息的充分性、原始性、规范性等要求。《环境地表 γ 辐射剂量率测定规范》（GB/T 14583—1993）、《辐射环境监测技术规范》（HJ/T 61—2021）均要求辐射剂量率报出结果应扣除检测仪器宇宙射线响应值；《放射诊断 - 放射防护要求》（GBZ 130—2020）中，对 X 射线设备机房防护检测的检测条件（管电压、管电流，摄影状态还应给出出束时间）提出了明确要求，不满足检测条件检测结果则无法对标。

【解决方案】按照 GB/T 14583—1993 要求计算使用辐射剂量率仪的宇宙射线响应值；修订完善检测原始记录表格，增加 X 射线装置检测条件（管电压、管电流，摄影状态还应给出出束时间）、辐射剂量率仪的宇宙射线响应值等信息；在原始记录中备注检测报出结果与仪器示数导出计算公式。

（此案例由河北省辐射环境监测站张继华老师提供。）

案例 6.21

【案例描述】在资质认定扩项评审时，评审组发现某机构采用《交流输变电工程电磁环境监测方法（试行）》（HJ 681—2013）检测高压架空输电线路工频电磁场项目，检测原始记录中未记录检测期间环境条件，未提供检测期间输电线路运行工况，原始记录表或检测示意图未明确标注架空输电线路导线排列形式，衰减断面工频电磁场检测点位间距 5 m，顺序测至边导线对地投影外 50 m 处，原始记录检测人员栏仅 1 名检测人员签字。

【不符合事实分析】不符合 RB/T 214—2017 中 4.5.11 及《生态环境监测机构评审补充要求》第十六条中记录信息的充分性、原始性、规范性等要求。《交流输变电工程电磁环境监测方法（试行）》（HJ 681—2013）中要求记录检测期间环境条件（环境温度、相对湿度等）、供电部门提供的输电线路运行负荷统计、输电线路导线排列形式，导线排列形式不同检测布点方式不同，不给出导线排列形式则无法判断检测布点是否正确。衰减断面工频电磁场检测点位间距不符合 HJ 681—2013 标准要求，HJ 681—2013 标准要求在边导线附近检测到最大值时，相邻检测点位间距应不大于 1 m。原始记录检测人员栏 1 名检测人员签字不符合《生态环境监测机构评审补充要求》第十九条规定，现场测试应至少有 2 名监测人员在场。

【解决方案】修订完善检测原始记录表格，增加检测期间环境条件（环境温度、相对湿度等）、导线排列形式等信息；将供电部门提供的检测期间输电线路运行负荷统计作为原始记录一并保存；严格按照 HJ 681—2013 标准要求布设衰减断面检测点位；原始记录检测人员签字栏应有至少 2 名检测人员签字。

（此案例由河北省辐射环境监测站张继华老师提供。）

6.2 结果报告

检验检测机构的最终产品是检验检测报告或证书。报告或证书及时、准确、真实、明确、客观才能满足客户要求。检测检测机构通过报告证书不仅实现机构自身价值，更应清楚地认识到一份生态环境检测报告所体现和连带的意义、作用、价值和责任。环境检测结果是实行保护环境措施的基础和前提，为环境保护工作的提供带来技术支撑和理论依据。检验检测机构要规范检测，保证检测结果的真实可靠，维护其公正性。

检验检测报告或证书的质量优劣是一个检验检测机构综合实力强弱的体现。报告或证书是检验检测机构通过系列技术活动而取得的最终成果，从识别客户需求开始，将客户的需求转化为过程输入，利用人员、环境、设施、设备、计量溯源、外部供应品和服务等资源开展检验检测活动，通过合同评审、分包（外部提供的检验检测活动）、方法选择、抽样、样品处置、结果质量控制等检验检测活动得出数据和结果，形成检验检测报告或证书。检验检测机构要建立适宜有效的管理体系，保证和保障检验检测技术活动的有效实施。

检验检测机构应制定和实施检验检测报告或证书控制程序，为出具规范有效的检测报告和证书提供流程和制度的管控支撑，更重要的是检验检测机构要提高整体技术水平，理解和掌握检测标准、技术规范及相关环境质量标准和污染排放 / 控制标准，科学规范检测，出具真实、准确、客观的检验检测报告或证书。

6.2.1 结果报告要求

结果报告要求的主要依据及条款：

（1）RB/T 214—2017 中的描述如下：

4.5.21 结果说明 当需对检验检测结果进行说明时，检验检测报告或证书中还应包括下列内容：

a）对检验检测方法的偏离、增加或删减，以及特定检验检测条件的信息，如环境条件。

b）适用时，给出符合（或不符合）要求或规范的声明。

c）当测量不确定度与检验检测结果的有效性或应用有关，或客户有要求，或当测量不确定度影响对规范限度的符合性时，检验检测报告或证书中还需要包括测量不确定度的信息。

d）适用且需要时，提出意见和解释。

e）特定检验检测方法或客户所要求的附加信息。报告或证书涉及使用客户提供的数据时，应有明确的标识。当客户提供的信息可能影响结果的有效性时，报告或证书中应有免责声明。

4.5.22 抽样结果 检验检测机构从事抽样时，应有完整、充分的信息支撑其检验检测报告或证书。

4.5.23 意见和解释 当需要对报告或证书做出意见和解释时，检验检测机构应将意见和解释的依据形成文件。意见和解释应在检验检测报告或证书中清晰标识。

4.5.24 分包结果 当检验检测报告或证书包含了由分包方所出具的检验检测结果时，这些结果应予清晰标明。

> 4.5.25　结果传送和格式　当用电话、传真或其他电子或电磁方式传送检验检测结果时，应满足本标准对数据控制的要求。检验检测报告或证书的格式应设计为适用于所进行的各种检验检测类型，并尽量减小产生误解或误用的可能性。
> 4.5.26　修改　检验检测报告或证书签发后，若有更正或增补应予以记录。修订的检验检测报告或证书应标明所代替的报告或证书，并注以唯一性标识。
> 4.5.27　记录和保存　检验检测机构应对检验检测原始记录、报告、证书归档留存，保证其具有可追溯性。检验检测原始记录、报告、证书的保存期限通常不少于6年。

（2）《生态环境监测机构评审补充要求》中的规定：

> 第二十二条报告　当在生态环境监测报告中给出符合（或不符合）要求或规范的声明时，报告审核人员和授权签字人应充分了解相关环境质量标准和污染物排放/控制标准的使用范围，并具备对监测结果进行符合性判定的能力。
> 第二十三条　参见6.1.1。

（3）《生态环境档案管理规范　生态环境监测》（HJ 8.2—2020）：参见6.1.1。

（4）《国家认监委关于推进检验检测机构资质认定统一实施的通知》（国认实〔2018〕12号）中的规定如下：

> （三）规范检验检测报告和证书　未加盖资质认定标志（CMA）的检验检测报告、证书，不具有对社会的证明作用。检验检测机构接受相关业务委托，涉及未取得资质认定的项目，又需要对外出具检验检测报告、证书时，相关检验检测报告、证书不得加盖资质认定（CMA）标志，并应在报告显著位置注明“相关项目未取得资质认定，仅作为科研、教学或内部质量控制之用”或类似表述。

6.2.2　报告涉及的法律责任

报告问题界定及处罚的主要法律责任依据及条款：

（1）《检验检测机构资质认定管理办法》（2021年修正案）

> **第三十四条**　检验检测机构未依法取得资质认定，擅自向社会出具具有证明作用的数据、结果的，依照法律、法规的规定执行；法律、法规未作规定的，由县级以上市场监督管理部门责令限期改正，处3万元罚款。

第三十六条　检验检测机构有下列情形之一的，法律、法规对撤销、吊销、取消检验检测资质或者证书等有行政处罚规定的，依照法律、法规的规定执行；法律、法规未作规定的，由县级以上市场监督管理部门责令限期改正，处 3 万元罚款：

（一）基本条件和技术能力不能持续符合资质认定条件和要求，擅自向社会出具具有证明作用的检验检测数据、结果的；

（二）超出资质认定证书规定的检验检测能力范围，擅自向社会出具具有证明作用的数据、结果的。

（2）《检验检测机构监督管理办法》（国家市场监督管理总局令第 39 号）

第五条　检验检测机构及其人员应当对其出具的检验检测报告负责，依法承担民事、行政和刑事法律责任。

第九条　检验检测机构对委托人送检的样品进行检验的，检验检测报告对样品所检项目的符合性情况负责，送检样品的代表性和真实性由委托人负责。

第二十五条　检验检测机构有下列情形之一的，由县级以上市场监督管理部门责令限期改正；逾期未改正或者改正后仍不符合要求的，处 3 万元以下罚款：

（一）违反本办法第八条第一款规定，进行检验检测的；

（二）违反本办法第十条规定分包检验检测项目，或者应当注明而未注明的；

（三）违反本办法第十一条第一款规定，未在检验检测报告上加盖检验检测机构公章或者检验检测专用章，或者未经授权签字人签发或者授权签字人超出其技术能力范围签发的。

第二十六条　检验检测机构有下列情形之一的，法律、法规对撤销、吊销、取消检验检测资质或者证书等有行政处罚规定的，依照法律、法规的规定执行；法律、法规未作规定的，由县级以上市场监督管理部门责令限期改正，处 3 万元罚款：

（一）违反本办法第十三条规定，出具不实检验检测报告的；

（二）违反本办法第十四条规定，出具虚假检验检测报告的。

（3）《检验检测机构资质认定　生态环境监测机构评审补充要求》国市监检测〔2018〕245 号：参见 6.1.2。

（4）《关于深化环境监测改革提高环境监测数据质量的意见》厅字〔2017〕35 号：参见 6.1.2。

5）《环境监测数据弄虚作假行为判定及处理办法》环〔2015〕175 号文件：参见 6.1.2。

6.2.3 报告的要点

6.2.3.1 正确使用和加盖资质认定标志

在资质认定证书规定的检验检测能力范围内，向社会出具具有证明作用数据、结果时加盖 CMA 章，未加盖资质认定标志（CMA）的检验检测报告、证书，不具有对社会的证明作用。

检验检测机构接受相关业务委托，涉及未取得资质认定的项目，又需要对外出具检验检测报告、证书时，相关检验检测报告、证书不得加盖资质认定（CMA）标志，并应在报告显著位置注明“相关项目未取得资质认定，仅作为科研、教学或内部质量控制之用”或类似表述。

6.2.3.2 清晰标明分包方所出具的检验检测结果

检验检测机构因工作量、关键人员、设备设施、环境条件和技术能力等原因，需分包检验检测项目时，应分包给依法取得检验检测机构资质认定并有能力完成分包项目的检验检测机构，具体分包的检验检测项目应当事先取得委托人书面同意，并在检验检测报告或证书中清晰标明分包情况。检验检测机构应要求承担分包的检验检测机构提供合法的检验检测报告或证书，并予以使用和保存。

对于“有能力的分包”，即检验检测机构分包的项目是其已获得检验检测机构资质认定的技术能力，但因工作量急增、关键人员暂缺、设备设施故障、环境状况变化等原因，暂时不满足检验检测条件而进行的分包。检验检测机构可出具包含承包检验检测机构分包结果的检验检测报告或证书，其报告或证书中要明确分包项目，并注明承担分包的检验检测机构的名称和资质认定许可编号。

对于“没有能力的分包”，即检验检测机构分包的项目是其未获得检验检测机构资质认定的技术能力情况下进行的分包。检验检测机构可将分包部分的检验检测数据、结果，由承担分包的检验检测机构单独出具检验检测报告或证书，不将其分包结果纳入自身检验检测报告或证书。若经客户许可，检验检测机构也可将其检验检测数据、结果纳入自身的检验检测报告或证书，其报告或证书中要明确标注分包项目，且注明自身无相应资质认定许可技术能力，并注明承担分包的检验检测机构的名称和资质认定许可编号。

6.2.3.3 报告需授权签发

加盖 CMA 章的报告要由有资质认定授权范围的授权签字人签发，非授权签字人不能签发报告。

6.2.3.4 出具的报告或证书要规范，信息满足要求

报告或证书格式 / 式样归属于体系文件记录和表格类别，应精心设计，使其适用所进行的各种检验检测类型，并尽量减少产生误解或误用的可能性。应当注意检验检测报告编排，尤其是检验检测数据的表达方式，并易于客户所理解。报告或证书的表头尽可能标准化。检验检测报告或证书应有识别其结构和结束的清晰标识，即报告唯一性标识（如系列号）和每一页上的标识，以确保能够识别该页是属于检验检测报告或证书的一部分，以及标明检验检测报告或证书结束的清晰标识。

检验检测机构应准确、清晰、明确、客观地出具检验检测结果，要符合检验检测方法的规定，并确保检验检测结果的有效性。检验检测依据要正确，要符合客户的要求。

检验检测报告或证书信息要充分，至少应包括 RB/T 214—2017 4.5.20 中 a）～n）要求的信息。检验检测机构从事包含抽样环节的检验检测时，其检验检测报告或证书还应包含如抽样时间、抽样位置、简图、草图或照片，抽样过程中可能影响检验检测结果的环境条件的详细信息等。

6.2.3.5 把控好报告风险，重视结果说明和免责声明

检验检测机构要强调以正式发出报告为准，做出未经本检验检测机构批准，不得部分复制报告或证书的声明。对于检验检测机构不负责采样而接收的客户委托送检样品，应在报告或证书中声明结果仅适用客户提供的样品。报告或证书涉及使用客户提供的数据时，应有明确的标识，当客户提供的信息可能影响结果的有效性时，报告或证书应有免责声明。

需要对检测数据结果进行评价时，须充分考虑检测方法与评价标准的适用性，当只对某一评价标准中部分参数进行检测时，注意评价结论用语一定体现其检验检测数据、结果仅证明样品所检验检测项目的符合性情况。

当用电话、传真或其他电子或电磁方式传送检验检测结果时，检验检测机构应满足保密要求，应有客户要求的记录，并确认接收方的真实身份后方可传送结果，切实为客户保密，确保数据和结果的安全性、有效性和完整性。

当对已发出报告进行修改时，应按照机构规定程序，详细记录更正或增补的内容，重新编制新的更正或增补后的检验检测报告或证书，并注以区别于原检验检测报告或证书的唯一性标识。若原检验检测报告或证书不能收回，应在发出新的更正或增补后的检验检测报告或证书的同时，声明原检验检测报告或证书作废。原检验检测报告或证书可能导致潜在其他方利益受到影响或者损失的，检验检测机构应通过公开渠道声明原检验检测报告或证书作废，并承担相应责任。

当需要对报告或证书做出意见和解释时，检验检测机构应将意见和解释的依据形

成文件。意见和解释要在检验检测报告或证书中清晰注明。但检验检测机构一定要注意并清楚：检验检测报告中的检测结果需充分支持所做出的意见和解释；如果相关的检测是由分包承包方出具的，要确保相关结果的准确性和有效性；意见和解释不是必需的，属于附加服务，要谨慎处理，量力而行。

6.2.3.6 检验检测机构要严守法律法规和道德底线，杜绝虚假报告

6.2.4 结果报告常见问题

资质认定评审和监督检查中遇到的报告问题有以下几点：

①报告信息不充分：如缺少报告的每一页标识和报告结束的清晰标识；缺少样品性状信息；缺少采样点位示意图；缺少分包项目标注；缺少客户名称和联系方式；缺少检验检测方法检出限、细则；缺少检测结果低于检出限表示符号（如 ND）等说明；缺少特定检验检测条件的信息；缺少所附点位示意图中图标说明等。

②报告不规范：报告与原始记录信息表述不一致；未严格依据相关标准或者技术规范规定的程序和要求出具检验检测数据和结果；检测结论用语不严谨。

③出具的检验检测报告超出其资质认定范围。

6.2.5 案例分析

案例 6.22

【案例描述】在对某检验检测机构资质认定首次评审时，评审组发现其出具的检测报告中人员签字页单独出具，此页有项目负责人、报告编写人、审核人和授权签字人签名，并列举了参加检测的人员姓名，无其他信息。正文内容部分每页均有报告编号标识及共 × 页和第 × 页标识，但无报告内容结束的标识。

【不符合事实分析】不符合 RB/T 214—2017 中 4.5.20 d)、j）报告信息的相关要求，人员签字页无报告编号信息，不能体现和识别该页是属于检验检测报告的一部分，有授权签字人签名，但无签发日期。报告正文虽编制了页码标识，但无报告结束的清晰标识。

【解决方案】学习理解 RB/T 214—2017 中 4.5.20 内容，修订报告格式，人员签字可单独设为一页，增加此页如报告编号的标识信息，以确保能够识别该页是属于检测报告的一部分，也可放于报告首页或正文内容页，但均需增加授权签字人签发日期。在报告结束处标以“报告结束”或“以下空白”等报告结束的清晰标识。

案例 6.23

【案例描述】在扩项评审时，评审员发现某机构地下水检测报告中均无所采集的水质样品的性状描述，检测点位描述为某村深井和某村浅井，检测方法栏中列有方法检出限，并列出了对应数据。查其委托检测方案要求检测某村承压水井和潜水井，并依

据 GB/T 5750—2006 标准方法进行检测。

【不符合事实分析】不符合 RB/T 214—2017 中 4.5.20 报告信息的相关要求。报告无所采集的水样品性状描述，不符合 4.5.20 要求的报告要包括检验检测样品的描述、状态和标识信息。报告中检测点位为某村深井和浅井与检测方案要求的某村承压水井和潜水井不符，深井和浅井只是相对井深的描述，不能代表其就是承压井和潜水井，对检测井描述不准确。GB/T 5750—2006 检测方法中给出的是方法测定下限，分别用最低检测质量和最低检测质量浓度两个术语表示，该机构报告中所列方法检出限应该是最低检测质量浓度，用检出限描述显然不符合标准规定。

【解决方案】学习理解 RB/T 214—2017 中 4.5.20 条款，在报告中增加完善水样品性状的描述信息。理解潜水和承压水定义，即潜水是地表以下第一个稳定隔水层以上具有自由水面的地下水，承压水指充满于上下两个相对隔水层间的具有承压性质的水，界定承压水和潜水是根据地下水所处隔水层位置决定的，深井不一定是承压水，浅井不一定是潜水，在检测报告中给出其对检测点位的准确描述。学习理解 GB/T 5750.3—2006 内容，准确描述该系列标准的最低检测质量浓度。

案例 6.24

【案例描述】在监督检查时评审组发现，某机构在对某企业进行环境保护竣工验收监测时，检测了该企业总排口的废水，检测频次为 2 d，每天 4 次。在其出具的验收检测数据报告中对检测的 pH、氨氮、COD、总铜等废水项目依据《污水综合排放标准》（GB 8978—1996）中表 4 的三级标准进行了评价，评价方式为取污染因子两天数据均值与表中污染物最高允许浓度标准值进行比较而得出符合与否的结论。

【不符合事实分析】不符合 RB/T 214—2017 中 4.5.20 条款及《生态环境监测机构评审补充要求》第二十二条要求。《污水综合排放标准》（GB 8978—1996）中最高允许排放浓度按日均值计算，该机构取两天数据均值与标准中给出的最高允许排放浓度值比较的评价方式显然是错误的。

【解决方案】报告审核人员和授权签字人学习掌握 GB 8978—1996 标准，充分理解最高允许排放浓度评价时的计算方法，对所测 pH 按每日给出其测定范围，对两天的 pH 范围依据标准给予评价，对氨氮、COD、总铜等项目按每日计算均值，以两天中最高浓度均值评价。检验检测机构在对生态环境监测报告中给出符合或不符合要求或规范的声明时，报告审核人员和授权签字人一定要具备对监测结果进行符合性判定的能力，以降低和规避因提供错误评价结论而导致的风险。该错误评价的报告应追回，重新编制和发出新的正确报告。

案例 6.25

【案例描述】某检验检测机构首次评审时，评审组发现在其出具的水和废水类别检测报告中，同时检测了某地下水样品的游离二氧化碳、碳酸根等参数项目，报告中报出游离二氧化碳为 15.3 mg/L，碳酸根（CO_3^{2-}）为 9.78 mg/L，检测方法为《地下水

质检验方法　滴定法测定游离二氧化碳》（DZ/T 6064.47—1993）和《地下水质检验方法　滴定法测定碳酸根、重碳酸根和氢氧根》（DZ/T 6064.49—1993）。

【不符合事实分析】不符合 RB/T 214—2017 中 4.5.20 结果报告的要求。依据 DZ/T 6064.47—1993、DZ/T 6064.49—1993 方法测定原理可判断，若水样中含有游离二氧化碳，则不会存在碳酸根，若含有碳酸盐则不含有游离二氧化碳，游离二氧化碳与碳酸根不可能共存。显然从数据的相关性判断，该报告中游离二氧化碳、碳酸根检测数据不合理，数据的准确性存在问题。

【解决方案】依据《地下水质检验方法　水样的采集和保存》（DZ/T 6064.2—1993）分析样品的采集和保存是否符合方法要求，依据 DZ/T 6064.47—1993、DZ/T 6064.49—1993 分析检测过程是否符合检测标准要求，找出影响检测结果准确性的原因重新检测。并通过测定样品的 pH 判定数据的合理性。

【技术要点】游离二氧化碳和碳酸根样品应在低于取样时的温度下妥善保存，分析前不能打开瓶塞，不能过滤、稀释或浓缩，并尽快测定。特别是游离二氧化碳参数采样时应尽量避免水样与空气接触，用虹吸法采样并装满采样瓶，在分析检测过程中应同样避免与空气的接触。DZ/T 6064.47—1993 测定游离二氧化碳是用氢氧化钠标准溶液滴定，以酚酞为指示剂，滴定终点 pH 为 8.3，DZ/T 6064.49—1993 测定碳酸根是用盐酸标准溶液滴定，以酚酞和甲基橙为指示剂，酚酞滴定终点 pH 为 8.3，甲基橙滴定终点为 pH 为 4.4～4.5。这两个参数的测定原理是同一种方法的正反两种应用，所以可以用 pH 判定碳酸根和游离二氧化碳的存在，当样品 pH 大于 8.3 时，有碳酸根的存在，当样品 pH 小于 8.3 时，有游离二氧化碳的存在。

在检测报告中要注意从数据相关性判断数据的合理性，如同一水样品检测时，检测数据浓度总铬＞六价铬，总氮＞氨氮（硝酸盐氮、亚硝酸盐氮），COD_{Cr}＞COD_{Mn}，阴离子总量与阳离子总量的摩尔平衡关系、溶解性总固体与离子总量的关系、溶解性总固体与电导率的关系、电导率与阴离子或阳离子的关系、钙镁等金属与总硬度的关系应一致等，避免数据不准确带来的风险。

案例 6.26

【案例描述】监督检查时，检查组发现某机构于 2020 年 8 月出具了一份矿渣微粉生产项目建设项目竣工环境保护验收监测报告。该建设项目环境影响报告表的编制日期是 2019 年 11 月，行政审批局的审批意见是 2020 年 2 月 3 日，报告表中环境保护“三同时”验收一览表和审批意见表均规定该项目污染物有组织排放执行《水泥工业大气污染物排放标准》（DB 13/2167—2015）相关排放限值。该机构出具的验收监测报告中污染物有组织排放依据了《水泥工业大气污染物超低排放标准》（DB 13/2167—2020）进行了检测评价。机构技术负责人解释说，DB 13/2167—2020 已经自 2020 年 5 月 1 日起正式实施，我们是在新地标实施后进行的验收监测，所以我们把新地标作为此建设项目有组织污染物验收监测的排放标准。

【不符合事实分析】不符合 RB/T 214—2017 中 4.5.20 条款及《生态环境监测机构评审补充要求》第二十二条要求。2018 年 5 月 15 日生态环境部 2018 年第 9 号公告发布的《建设项目竣工环境保护验收技术指南　污染影响类》6.2.1 条规定："建设项目竣工环境保护验收污染排放标准原则上执行环境影响报告书（表）及其审批部门审批决定所规定的标准。在环境影响报告书（表）审批之后发布或修订的标准对建设项目执行该标准有明确时限要求的，按新发布或修订的标准执行。"《水泥工业大气污染物超低排放标准》（DB 13/2167—2020）中 4.1 条明确规定了新建企业和现有企业分别按不同时间要求执行排气筒大气污染物排放限值，即新建企业自标准实施之日（2020 年 5 月 1 日）起，现有企业自 2021 年 10 月 1 日起执行新标准中排气筒大气污染物排放限值。该企业环评报告表批复日期是 2020 年 2 月 3 日，按照 DB 13/ 2167—2020 中 3.15 条的规定，该企业为现有企业。机构按 DB 13/2167—2020 开展此矿渣微粉生产项目建设项目竣工环境保护验收监测显然是错误的。

【解决方案】机构开展此项目验收监测时污染物有组织排放应按现有企业执行环境保护"三同时"验收一览表和审批意见所规定的标准，即《水泥工业大气污染物排放标准》（DB 13/2167—2015）。检测机构不能随意改变企业污染物排放执行的标准，要依据相关排放标准规定的实施时限或生态环境管理部门的实施规定执行。

（此案例由河北省邯郸市环境监测中心站王尔宜老师提供。）

案例 6.27

【案例描述】监督检查时，评审组发现某机构出具的工业企业厂界环境噪声检测报告，检测结果保留一位小数，未修约直接用于评价，机构技术负责人解释说，我们只在进行噪声测量值修正时，将噪声测量值与背景噪声的差值修约至个位数，噪声检测结果评价时未进行数值修约。

【不符合事实分析】不符合 RB/T 214—2017 中 4.5.20 条款及《生态环境监测机构评审补充要求》第二十二条要求。2019 年 1 月 7 日生态环境部部长信箱"关于噪声结果保留位数问题的回复"中，依据《工业企业厂界环境噪声排放标准》（GB 12348—2008）、《社会生活环境噪声排放标准》（GB 22337—2008）等噪声排放标准进行环境噪声监测时，按照《环境噪声监测技术规范　噪声测量值修正》（HJ 706—2014）的要求对噪声测量值进行修正和修约后得到噪声排放值，修约到个位数。对声环境质量进行监测时，按照《声环境质量标准》（GB 3096—2008）中附录 B 和附录 C 规定的监测方法操作，测量仪器的示值结果按《数值修约规则与极限数值的表示与判定》（GB/T 8170—2008）修约到个位数作为最终测量结果。

【解决方案】生态环境监测机构在进行声环境质量检测和环境噪声排放检测时，检测原始记录中原始观测记录均应保留 1 位小数。噪声检测结果应依据 HJ 706—2014 和 GB/T 8170—2008 的要求对噪声测量值修约到个位数后，得到最终的测量结果。

【技术要点】GB/T 8170—2008 规定：拟舍弃数字的最左一位数字小于 5，则舍去，保留其余各位数字不变；拟舍去数字的最左一位数字大于5，则进一，即保留数字的末位数字加1；拟舍去数字的最左一位数字是5，且其后有非0数字时进一，即保留数字的末位数字加1；拟舍去数字的最左一位数字是5，且其后无数字或皆为0时，若所保留的末位数字为奇数则进一，即保留数字的末位数字加1；若所保留的末位数字为偶数则舍去。

（此案例由河北省邯郸市环境监测中心站王尔宜老师提供。）

案例6.28

【案例描述】监督检查时，评审组发现某机构依据《土壤环境监测技术规范》（HJ/T166—2004）采集了某农田土壤，并对本机构没有资质认定项目苯并［a］芘进行了分包检测。在其出具的检测报告中检测点位注明了经纬度坐标及表层土信息，但无具体采样深度。对分包项目进行了标注，并注明了承包检验检测机构的名称和资质认定许可编号，但未注明自身无相应资质认定许可技术能力。

【不符合事实分析】不符合RB/T 214—2017中4.5.22抽样结果及4.5.24分包结果的要求。土壤采样是土壤检测的重要环节，不注明采样深度不能体现采样位置的精准定位。检验检测机构分包主要有“有能力的分包”和“没有能力的分包”两种形式。对有能力的分包，检验检测机构可出具包含另一检验检测机构分包结果的检验检测报告或证书，其报告或证书中应明确分包项目，并注明承担分包的另一检验检测机构的名称和资质认定许可编号。对无能力的分包，检验检测可将分包部分的检验检测数据、结果，由承担分包的另一检验检测机构单独出具检验检测报告或证书，不将另一检验检测结果的分包结果纳入自身检验检测报告或证书。若经客户许可，检验检测机构可将分包给另一检验检测机构的检验检测数据、结果纳入自身的检验检测报告或证书，在其报告或证书中应明确注明分包项目，且注明自身无相应资质认定许可技术能力，并注明承担分包的另一检验检测机构的名称和资质认定许可编号。该机构报告中显然缺少自身无相应资质认定许可技术能力的注明。

【解决方案】学习理解RB/T 214—2017中4.5.22和4.5.24条款，详细准确描述采样点位，必要时可附采样位置草图、简图或照片。对没有能力的分包，当将分包给另一检验检测机构的检验检测数据、结果纳入自身的检验检测报告或证书，在报告或证书中明确注明分包项目，注明承担分包的另一检验检测机构的名称和资质认定许可编号，且注明自身无相应资质认定许可技术能力。同时备注承包方检测报告编号以便溯源。

案例6.29

【案例描述】监督检查时，评审组发现某机构对某企业排污口废水进行检测后，在不同日期出具了两份同一编号的检测报告。查看报告内容发现后来出具的检测报告所检项目氰化物计量单位改成了mg/L，其他均与第一次所出具的报告相同。技术负责人解释说，委托我们的客户是我们的老朋友了，他们发现我们出具的报告氰化物项目计量单位错写成了 mg/m^3，让我们重新出具一份正确的就可以，错误报告他们自己撕毁，于是我们便重新出具了一份正确的报告。

【不符合事实分析】不符合 RB/T 214—2017 中 4.5.26 条款的要求。检验检测报告或证书签发后，若有更正或增补时，应按规定的程序执行，详细记录更正或增补的内容，重新编制新的更正或增补后的检验检测报告或证书，并注以区别于原检验检测报告或证书的唯一性标识，并注明替代的原证书 / 报告。若原检验检测报告或证书不能收回，应在发出新的更正或增补后的检验检测报告或证书的同时，声明原检验检测报告或证书作废。显然该机构未按规定程序收回旧报告，也未对新出的报告注以区别于原检验检测报告的唯一性标识，并注明替代原报告。

【解决方案】学习理解 RB/T 214—2017 中 4.5.26 条款，严格执行《检测报告控制程序》，收回旧报告，重新编制新的更正后的检验检测报告，并注以区别于原检验检测报告的唯一性标识，注明替代的原报告，声明原检验检测报告作废。

案例 6.30

【案例描述】监督检查时，评审组发现甲机构对乙机构所采集的有组织废气挥发性有机物送检样品进行了检测（送检样品备注了标况采样体积）。甲机构依据《固定污染源废气　挥发性有机物的测定　固相吸附 - 热脱附 / 气相色谱 - 质谱法》（HJ 734—2014）方法进行了检测，并根据乙机构送检时所提供样品的标况体积进行了折算，在其检测报告中直接出具了以 mg/m^3 为单位的浓度报出结果，但未有其他说明。

【不符合事实分析】不符合 RB/T 214—2017 中 4.5.21 结果说明的要求。当报告或证书涉及使用客户提供的数据时，应有明确标识。当客户提供的信息可能影响结果的有效性时，报告及证书中应有免责声明。甲机构所接收的送检样品，依据 HJ 734—2014 检测只能出样品的质量结果，当需要出具以 mg/m^3 为单位的浓度报出结果时需要委托客户提供的样品标况采样体积数据。甲机构在其检测报告中直接出具了以 mg/m^3 为单位的浓度报出结果，但未有其他说明，显然存在一定的责任风险。

【解决方案】甲机构可将检测的质量结果、乙机构提供的采样标况体积、出具的浓度结果列于报告中，注明采样标况体积来源及浓度结果计算来源，并增加可能影响数据有效性的免责声明。

第7章　授权签字人及考核

7.1　授权签字人的定义

《实验室认可规则》（CNAS-RL01：2019）中的表述如下：

> 3.6　授权签字人是指经 CNAS 认可，签发带认可标识 / 联合标识的报告或证书的人员。

《检测和校准实验室能力认可准则》（CNAS-CL01：2018）中的表述如下：

> 6.2　人员
> 6.2.6　实验室应授权人员从事特定的实验室活动，包括但不限于下列活动：
> a）开发、修改、验证和确认方法；
> b）分析结果，包括符合性声明或意见和解释；
> c）报告、审查和批准结果。

RB/T 214—2017 中的表述如下：

> 4.2.4　* 检验检测机构的授权签字人应具有中级及以上专业技术职称或同等能力，并经资质认定部门批准，非授权签字人不得签发检验检测报告或证书。

《检验检测机构管理和技术能力评价　授权签字人要求》（RB/T 046—2020）中的表述如下：

> 3.1　授权签字人由检验检测机构提名，在其授权的能力范围内经检验检测机构授权签发检验检测报告或证书的人员。

综上所述，授权签字人是由检验检测机构提名，经资质认定部门考核合格后，在其资质认定授权的能力范围内签发检验检测报告或证书的人员。

检验检测机构出具的检验检测报告必须有授权签字人的签名才具有法律效力。

具备授权签字人资格需满足三个条件。第一，检验检测机构内部授权，推荐合适人选，向资质认定部门提交书面申请；第二，资质认定现场评审，对申请人进行能力考核确认；第三，根据专家组建议，结合其他证明材料，明确授权签字人的领域范围，正式批准授权范围。

7.2 授权签字人的要求

7.2.1 资格要求

根据 RB/T 214—2017 和《检验检测机构管理和技术能力评价 授权签字人要求》（RB/T 046—2020），检验检测机构的授权签字人应具有中级及以上专业技术职称或同等能力。

《生态环境监测机构评审补充要求》规定如下：

> 第八条（人员要求） 生态环境监测机构授权签字人应掌握较丰富的授权范围内的相关专业知识，并且具有与授权签字范围相适应的相关专业背景或教育培训经历，具备中级及以上专业技术职称或同等能力，且具有从事生态环境监测相关工作 3 年以上经历。

以下情况视为同等能力：

（1）博士研究生毕业，从事生态环境监测工作 1 年及以上；

（2）硕士研究生毕业，从事生态环境监测工作 3 年及以上；

（3）大学本科毕业，从事生态环境监测工作 5 年及以上；

（4）大学专科毕业，从事生态环境监测工作 8 年及以上。

注：工作经历的时间可以是累计，但从取得对应学历之后开始计。

相关专业包括但不限于环境、化学、化工、生物、物理、地理、地质、大气、海洋、核工程等。应根据实验室所开展的监测活动和能力范围而定；但不建议在职提升学历所学专业与机构和岗位要求完全不匹配（如工商管理、文学、人事等）。

可以具有以上学历，或者具有以上培训经历。培训要经过系统学习并取得相关证书。

生态环境监测相关工作的经历，指从事过水（含大气降水）和废水、环境空气和废气、土壤、沉积物、固体废物、煤质、海水、海洋沉积物、生物、生物体残留、噪声、振动、电磁辐射、电离辐射、油气回收等监测相关工作，且具有从事与授权范围相适应的相关工作 3 年以上经历。

7.2.2 专业能力要求

7.2.2.1 CNAS 要求

1）有必要的专业知识和相应的工作经历，熟悉授权签字范围内有关检测 / 校准标准，检测校准方法及检测 / 校准程序，能对检测 / 校准结果做出正确的评价，了解测量结果的不确定度，了解设备维护保养和校准的规定并掌握校准状态。

（2）熟悉认可规则、政策要求和认可条件，特别是获准认可实验室义务，以及带认可标识联合标识检测 / 校准报告或证书的使用规定（CNAS-RL01：2019）。

（3）在对检测校准结果的正确性负责的岗位上任职，并有相应的管理职权（CNAS-RL01：2019）。

（4）应熟悉 CNAS 所有相关的认可要求，并具有本专业中级以上（含中级）技术职称或同等能力（CNAS-CL01-G001）。

7.2.2.2 资质认定要求

（1）熟悉检验检测机构资质认定相关法律法规的规定，熟悉 RB/T 214—2017 及其相关技术文件的要求。

（2）具备从事相关专业检验检测的工作经历，掌握所承担签字领域的检验检测技术，熟悉所承担签字领域的相应标准或者技术规范。

（3）熟悉检验检测报告或证书审核签发程序，熟悉报告或证书使用标志和专用章的要求，具备对检验检测结果做出评价的判断能力。

（4）检验检测机构对其签发报告或证书的职责和范围应有正式授权。

（5）检验检测机构授权签字人应具有中级及以上专业技术职称或同等能力。

7.2.2.3 《生态环境监测机构评审补充要求》

第八条规定，生态环境监测机构授权签字人应掌握较丰富的授权范围内的相关专业知识，并且具有与授权签字范围相适应的相关专业背景或教育培训经历，具备中级及以上专业技术职称或同等能力，且具有从事生态环境监测相关工作 3 年以上经历。

生态环境监测机构授权签字人应掌握与所处岗位相适应的环境保护基础知识、法律法规、评价标准、监测标准或技术规范、质量控制要求，以及有关化学、生物、辐射等安全防护知识，

第二十二条规定，当在生态环境监测报告中给出符合（或不符合）要求或规范的声明时，授权签字人应充分了解相关环境质量标准和污染排放 / 控制标准的适用范围，并具备对监测结果进行符合性判定的能力。

对监测结果进行符合性判定的能力具体是指：根据监测对象或委托方要求，正确选用评价标准和污染源排放 / 控制限值，包括适用阶段或适用级别（由管理部门定），数据计算规则和修约规则，以及评价结论的规范表达等，以降低和规避因提供错误评价结论而导致的风险。

7.2.2.4 《检验检测机构管理和技术能力评价 授权签字人要求》（RB/T 046—2020）

①熟悉检验检测机构相关的法律法规。

②具有中级及以上专业技术职称或同等能力。

③具备从事相关专业检验检测的工作经历，掌握所承担签字领域的检验检测技术，熟悉所承担签字领域的相应标准、规程或技术规范。

④熟悉和掌握有关仪器设备的检定 / 校准状态。

⑤熟悉和掌握对签字范围内所使用的检验检测方法及测量不确定度评定要求。

⑥熟悉和掌握对签字范围内所使用的检验检测设备测量的准确度和（或）测量的不确定度，并符合检验检测相应的标准、规程和规范要求。

⑦掌握本检验检测机构运作情况，特别是与检验检测过程密切相关的各程序接口之间的关系。

⑧熟悉在管理体系中的职责和权限。

⑨熟悉检验检测报告或证书签发程序，具备对检验检测数据、结果做出评价的判断能力。

⑩熟悉检验检测机构管理和技术相关法律法规的规定，熟悉检验检测机构管理和技术相关标准及其文件的要求。

⑪获得其所在检验检测机构的授权。

7.3 授权签字人的职责、权利及责任

授权签字人的职责如下：

《检验检测机构管理和技术能力评价　授权签字人要求》（RB/T 046—2020）中第 6 部分授权签字人的职责表述：

> **6　授权签字人的职责**
>
> 授权签字人应在被授权领域的范围内签发检验检测报告或证书，并保留相关记录。
>
> 授权签字人应审核所签发报告或证书使用标准的有效性，保证按照检验检测标准开展相关的检验检测活动。
>
> 授权签字人应对检验检测结果的真实性、客观性、准确性、可追溯性负责。
>
> 授权签字人对签发的检验检测报告具有最终的技术审查职责，对不符合要求的结果和报告或证书具有否决权。

授权签字人的权利如下：

①有权中止有违有效性、正确性和真实性的检验活动；

②有权抵制有违公正性和质量方针的不恰当的行政干预；

③拒签报告，建议中止合同，召回报告，修改报告；

④对报告的结论可以提出意见和解释。

授权签字人的责任如下：

《检验检测机构管理和技术能力评价 授权签字人要求》（RB/T 046—2020）中第7部分授权签字人的责任表述：

7　授权签字人的责任

授权签字人对签发的报告或证书承担法律责任，要对检验检测主管部门、本检验检测机构和客户负责。

对符合法律法规和评审标准的要求负责。

授权签字人一般不设代理人，但可以在相同专业领域设置2个以上授权签字人。不允许超越授权范围签发报告或证书。

承担相应的技术责任如下：

①对其技术能力的有效性和检验检测活动的正确性负责；

②授权签字人对所签发监测报告的真实性终身负责。

承担相应的法律责任如下：

①《中华人民共和国产品质量法》第五十七条要求直接责任人行政处罚1万～5万元，直接机构处罚5万～10万元）：

第五十七条

产品质量检验机构、认证机构伪造检验结果或者出具虚假证明的，责令改正，对单位处五万元以上十万元以下的罚款，对直接负责的主管人员和其他直接责任人员处一万元以上五万元以下的罚款；有违法所得的，并处没收违法所得；情节严重的，取消其检验资格、认证资格；构成犯罪的，依法追究刑事责任。产品质量检验机构、认证机构出具的检验结果或者证明不实，造成损失的，应当承担相应的赔偿责任；造成重大损失的，撤销其检验资格、认证资格。产品质量认证机构违反本法第二十一条第二款的规定，对不符合认证标准而使用认证标志的产品，未依法要求其改正或者取消其使用认证标志资格的，对因产品不符合认证标准给消费者造成的损失，与产品的生产者、销售者承担连带责任；情节严重的，撤销其认证资格。

②《中华人民共和国计量法》第五十四条：

第五十四条

计量检定人员有下列行为之一的，给予行政处分；构成犯罪的，依法追究刑事责任：（一）伪造检定数据的；（二）出具错误数据，给送检一方造成损失的；（三）违反计量检定规程进行计量检定的；（四）使用未经考核合格的计量标准开展检定的；（五）未经考核合格执行计量检定的。

③《中华人民共和国合同法》第七章第一百二十二条，造成违约的责任：

第一百二十二条

因当事人一方的违约行为，侵害对方人身、财产权益的，受损害方有权选择依照本法要求其承担违约责任或者依照其他法律要求其承担侵权责任。

④《中华人民共和国民法通则》第一百三十四条，承担民事责任的方式：

第一百三十四条

承担民事责任的方式主要有：（一）停止侵害；（二）排除妨碍；（三）消除危险；（四）返还财产；（五）恢复原状；（六）修理、重作、更换；（七）赔偿损失；（八）支付违约金；（九）消除影响、恢复名誉；（十）赔礼道歉。以上承担民事责任的方式，可以单独适用，也可以合并适用。人民法院审理民事案件，除适用上述规定外，还可以予以训诫、责令具结悔过、收缴进行非法活动的财物和非法所得，并可以依照法律规定处以罚款、拘留。

⑤《检验检测机构资质认定管理办法》（2021 年修正案）第三十二条、第三十六条：

第三十二条

以欺骗、贿赂等不正当手段取得资质认定的，资质认定部门应当依法撤销资质认定。

被撤销资质认定的检验检测机构三年内不得再次申请资质认定。

第三十六条

检验检测机构有下列情形之一的，法律、法规对撤销、吊销、取消检验检测资质或者证书等有行政处罚规定的，依照法律、法规的规定执行；法律、法规未作规定的，由县级以上市场监督管理部门责令限期改正，处 3 万元罚款：

（1）基本条件和技术能力不能持续符合资质认定条件和要求，擅自向社会出具具有证明作用的检验检测数据、结果的；

（2）超出资质认定证书规定的检验检测能力范围，擅自向社会出具具有证明作用的数据、结果的。

⑥中共中央办公厅、国务院办公厅《关于深化环境监测改革提高环境监测数据质量的意见》（厅字〔2017〕35号）：

> （十一）建立“谁出数谁负责、谁签字谁负责”的责任追溯制度、环境监测机构及其负责人对其监测数据的真实性和准确性负责。采样与分析人员，审核与授权签字人分别对原始监测数据、监测报告的真实性终身负责。对违法违规操作或直接篡改、伪造监测数据的，依纪依法追究相关人员责任。

7.4 授权签字人申报

授权签字人可以在检验检测机构初次评审、复评审、扩项或者变更时，向国家或省级市场监督管理局通过管理系统网络进行申报。

申报需提供的资料：①个人的学历、学位证书；②获得的职称证书；③环境检测相关的工作经历及证明材料；④参加社会保险的证据；⑤退休人员还应提供退休证。

授权签字人申报的领域必须注明大类和大类中包含的具体类别，大类包括食品、建筑工程、建材、卫生计生、农牧渔业、机动车、公安刑事技术、司法鉴定、机械、电子信息、轻工、纺织服装、环境与环保、水质、化工、医疗机械、采矿冶金、能源、医学、生物安全、综合和其他领域。具体类别比如环境监测包括但不限于水（含大气降水）和废水、土壤和水系沉积物、固体废物、海水、海洋沉积物、生物、生物体残留、噪声、振动、电磁辐射、电离辐射、油气回收等。

授权签字人申报大类数量限制根据国家和各省的要求可能不同，河北省规定授权签字人申报大类数量不得超过两类。

7.5 授权签字人能力确认

7.5.1 机构自身的确认

RB/T 214—2017中4.2.5检验检测机构应对签发检验检测报告或证书的人员，依据相应的教育、培训、技能和经验进行能力确认。

机构提名的授权签字人申报之前应经过必要的培训和能力确认，能力确认方式包括理论考试、现场操作技能考核、实样测试（应优先选用盲样测试方式）。能力确认要具体到项目和监测方法。除初次能力确认外，机构还应定期评价授权签字人的持续能力，并将能力确认记录归档进行保存。

检验检测机构可通过发布文件等形式规定每个授权签字人授权签字的领域（经过资质认定部门考核合格），如果需要扩大授权的领域和范围，应再次经过资格确认、能力考核后授权。

7.5.2 资质认定部门派出的专家确认

①授权签字人是否具备授权范围的技术能力，查阅其个人履历，了解其专业能力和工作经历是否满足授权签字人的要求，是否具有相应职责权限签发检验检测报告或证书，对检验检测方法的理解是否准确，对检测设备和量值溯源是否了解，对检验检测结果正确与否是否具备判断能力等。

②授权签字人对《检验检测机构资质认定管理办法》（2021 年修正案）和 RB/T 214—2017、《生态环境监测机构评审补充要求》是否了解和掌握，对出具报告和 / 或证书使用标识和专用章的要求是否了解，签发报告是否正确可靠。

③抽查已发出的报告或证书，检查是否均由授权签字人在其授权领域内签发，标识和专用章的使用是否合规，是否存在非授权签字人签发带有 CMA 标志的报告的情况。

7.6 授权签字人考核

考核的方式：理论考核、面谈考核。

考核的内容：法律法规、体系运行、检测分析方法、监测技术规范、执行标准等。重点针对授权签字人需要具备的七项能力。

①授权签字人必须在批准的专业领域范围履职。

批准的授权范围就是每个授权签字人能够签批报告的专业领域的范围，每个授权签字人只能在授予的范围为签名。只有在授权范围内签署，才是合法有效的，才能够得到承认。

②授权签字人必须具备相应的专业能力。

考察授权签字人申报的大类领域（电器、建材、食品、轻工、环境与环保等），和每个大类领域划分的多个专业领域［比如环境与环保中的水（含大气降水）和废水、土壤和水系沉积物、固体废物］。不同领域的测试方法和测试理念有明显差异，为了保证检测数据的准确性，授权签字人必须具备授权领域的学习经历和工作经历。授权签字人应该是本领域的资深人员，对本领域的检验检测技术有较为深入和全面的了解，能够对结果的准确性做出恰当的判断。

面谈时授权签字人应当介绍本人所学专业和学历，在相关领域里的工作和技术经历，本领域里工作了多少年，取得了哪些项目的上岗证；掌握何种设备的操作；其中参加过哪些技术活动，取得了哪些成绩；处理过本领域里的哪些技术问题；有哪些科研成果等。

③授权签字人必须了解实验室的具体运作情况和流程，熟悉资质认定及相关技术文件的要求。

一项检验监测数据，是实验室人、机、料、法、环、测各方面因素综合作用的体现。只有熟悉本实验室运作情况，特别是与检验检测过程密切相关的各程序相互之间的关系，才能对检验检测过程的符合性做出恰当评价，确保检验检测结果的准确性。

作为授权签字人，必须了解和掌握《检验检测机构资质认定管理办法》（总局令163号）和RB/T 214—2017、《生态环境监测机构评审补充要求》以及相关的法律法规。

④授权签字人必须熟悉检验检测报告的要求。

检验检测报告是一种严肃的具有法律效力的文书，RB/T 214—2017对其所包含的内容和信息量有明确要求。授权签字人应当掌握RB/T 214—2017 4.5.20报告结果的各项要求，同时了解本实验室对本领域检测的相关规定，保证检验报告的完整性，保证检测信息的完整清楚，保证检验结论不会产生歧义。

《检验检测机构资质认定管理办法》（2021年修正案）第二十一条规定："检验检测机构向社会出具具有证明作用的检验检测数据、结果的，应当在其检验检测报告上标注资质认定标志。"检验检测报告或证书应当按照要求加盖资质认定标志和检验检测专用章。

检验检测机构公章可替代检验检测专用章使用，也可公章与检验检测专用章同时使用；建议检验检测专用章包含五角星图案，形状可为圆形或者椭圆形等。检验检测专用章的称谓可依据检验检测机构业务情况而定，可命名为检验检测专用章、检验专用章、检测专用章。

《国家认监委关于实施〈检验检测机构资质认定管理办法〉的若干意见》第九条第二款规定："检验检测机构为科研、教学、内部质量控制等活动出具检验检测数据、结果时，在资质认定证书确定的检验检测能力范围内的，出具的检验检测报告或者证书上可以不标注检验检测机构资质认定标志；在资质认定证书确定的检验检测能力范围外的，出具的检验检测报告或者证书上不得标注检验检测机构资质认定标志。"

检验检测报告或证书可采用三审制度，即有编制、审核、批准（签发）人，也可根据本标准只需批准（签发）人。

只要检验检测机构文件有规定，编制、审核、批准（签发）人可使用手签、盖章、电子签名等多种形式。

⑤授权签字人必须保证检测方法的有效性。

授权签字人需要积极跟踪新标准、标准的修订、改版等信息，保证实验室检验检测项目所使用的标准和规范的有效性，对标准和规范的重点内容和限制范围、特殊情况处理原则（如检测结果处于临界值状态时如何处置等）以及相关基础知识，授权签字人应熟练掌握；保证检测标准的有效性，保证按照检测标准开展相关检测活动，能够正确评估测量过程带来的数据不确定性。

⑥授权签字人必须掌握检测设备的性能。

每台设备都具有特定的测量精度和测量范围。针对不同的检测对象，需要选择合适的检测设备。比如，测定挥发性有机物时，需要根据测试样品在水体、土壤或者废气中的浓度范围，合理地选择气相色谱、气质联机等设备，保证检测工作顺利进行。授权签字人应对实验室关键设备的相关技术参数和测量限值熟练掌握，诸如噪声设备的最小测量范围、大气采样设备的流量范围、pH 计的测量精度、天平的灵敏度等。

⑦授权签字人必须具备检验结果的评定能力。

授权签字人对检验检测数据和报告进行审核时能够判断：检测所用标准是否为资质认定通过的，且应用是否得当；报告数据的有效位数与标准要求是否一致；检测顺序和原理是否正确；出现的临界数据和异常数据如何处理；引用系数、常数和计算公式是否正确；更正数据的规则和更正原因是否符合要求；原始记录中可追溯性的相关信息，包含样品采集和保存的情况是否完整全面；计量单位的应用与表述，文字表达是否清楚，是否会引起歧义；原始记录是否与报告一致。

7.7 授权签字人审核报告应关注的内容

①检测报告的整体符合性审核：符合性审核包括完整性和代表性审核。包括报告格式是否是被批准的格式、检测所用标准是否为资质认定通过的，是否在授权范围内，且应用是否得当；CMA 标志使用是否合规。

实验数据是否准确，报告数据的有效位数与标准要求是否一致；引用系数、常数和计算公式是否正确；更正数据的规则和更正原因是否符合要求；原始记录中可追溯性的相关信息，包含样品采集是否完整全面有代表性。

②检测报告的数据合理性审核：由于有些被测样品本身的性质及相互关系，某些被测参数之间有紧密的相关性。因此，我们可以结合分析参数间的相互关系来审核报告。结合影响检验结果因素进行审核。可以从仪器设备精度、操作性能以及运行情况等方面进行了解，审核检测数据的合理性。检测记录中出现异常数据（偏高、偏低）的分析判断，可结合实验室内部质量控制内容进行审核。通过现场查看和检测过程追踪调查，确保数据的真实性和报告的可靠性。

③报告结论的准确性，尤其关注超标数据和临界数据。文字表达是否清楚，是否会引起歧义；计量单位的应用与表述是否正确；原始记录是否与报告一致。

④报告各环节的时间顺序合理性，报告满足客户需求的符合性。

7.8 案例分析

案例 7.1

【案例描述】某机构油气回收设备已卖，不再具有项目监测能力，没有办理相关变更手续。法人（最高管理者、授权签字人）吴 ×× 已于 2018 年 9 月 6 日离职，授权签字人朱 ×× 于 2017 年 6 月离职，均未向资质认定管理部门申请变更手续。

【不符合事实分析】法定代表人、最高管理者、技术负责人、检验检测报告授权签字人发生变更的，资质认定检验检测项目取消的，检验检测机构应当向资质认定部门申请办理变更手续。不符合《检验检测机构资质认定管理办法》（总局令第 163 号）

第十二条的规定。

【可能发生的原因】不了解或者没有执行《检验检测机构资质认定管理办法》(总局令第 163 号)第十二条的规定。

【解决方案】建议采取的措施:认真学习总局令第 163 号文件第十二条的要求,检验检测机构向资质认定部门申请办理法人、授权签字人变更和注销油气回收项目的手续。

案例 7.2

【案例描述】某省地方标准《××× 流域水污染物排放标准》于 2018 年 10 月 1 日实施,该标准要求自本标准实施之日起,重点控制区和一般控制区内,新(改、扩)建排污单位的水污染物排放限值按本标准规定执行,检查组在 2019 年 10 月监督检查某环境检测机构抽查报告时发现,该机构 2019 年 9 月为属于 ××× 流域水污染物直排的某企业出具的年度排污许可证检测报告中排放废水仍然采用《城镇污水处理厂污染物排放标准》(GB 18918—2002)中一级 A 标准,经询问该机构的报告审核和签发人员,回答说不了解委托企业水污染排放所属流域和本省的地方标准的规定,该报告执行标准错误。

【不符合事实分析】报告审核和签发人员不了解委托企业水污染排放所属流域和本省的地方标准的规定,执行标准错误。不符合《生态环境监测机构评审补充要求》第二十二条的规定。

【可能发生的原因】报告审核和签发人员未认真学习《生态环境监测机构评审补充要求》第二十二条的规定,没有充分掌握相关的环境质量标准和污染物排放控制标准,导致检测报告执行标准错误。

【解决方案】组织报告审核和签发人员及其他相关人员认真学习《生态环境监测机构评审补充要求》第二十二条的规定,及时跟进掌握相关的环境质量标准和污染物排放控制标准的变化,减少类似检测报告的错误发生,对发出的检测报告收回,重新发放正确的检测报告。

案例 7.3

【案例描述】某机构申请扩项,申报了授权签字人韩 ××,申报的授权领域为环境与环保类中的水和废水、空气和废气、土壤,评审组长问审时发现,韩 ×× 的人员档案毕业证载明专业为放射,中级职称专业为介入与放射治疗,没有从事生态环境监测相关工作的经历。

【不符合事实分析】机构授权签字人缺少具有从事生态环境监测相关工作 3 年以上的经历,不符合《生态环境监测机构评审补充要求》第八条“生态环境监测机构授权签字人应掌握较丰富的授权范围内的相关专业知识,并且具有与授权签字范围相适应的相关专业背景或教育培训经历,具备中级及以上专业技术职称或同等能力,且具有从事生态环境监测相关工作 3 年以上经历”的要求。

【可能发生的原因】未执行《生态环境监测机构评审补充要求》第八条的规定,授权签字人有中级职称，没有从事申报的授权领域为环境与环保类中的水和废水、空气和废气、土壤的相关工作经历，没有掌握丰富的专业知识。

【解决方案】重新选择符合要求的人员申报上述领域的授权签字人。

案例 7.4

【案例描述】2019 年，某生态环境监测机构有 4 名授权签字人，张 ××、王 ×× 的授权领域为水和废水（含大气降水）、环境空气和废气、噪声，李 ××、赵 ×× 的授权领域为土壤、固体废物和油气回收，2020 年复评审时，抽查检测报告发现一份包含水、气和噪声的报告由李 ×× 签发，询问机构，了解到张 ×× 已离职，王 ×× 出差在外，机构指定李 ×× 为代理人。

【不符合事实分析】张 ×× 离职后，水和废水（含大气降水）、环境空气和废气、噪声领域的授权签字人只有 1 名，机构指定李 ×× 为授权签字代理人，李 ×× 的授权领域不包含水和废水（含大气降水）、环境空气和废气、噪声，不符合 RB/T 214—2017 4.2.4“检验检测机构的授权签字人应具有中级及以上专业技术职称或同等能力，并经资质认定部门批准，非授权签字人不得签发检验检测报告或证书”的要求。

【可能发生的原因】未认真学习 RB/T 214—2017 4.2.4 的规定，由于张 ×× 离职，王 ×× 出差，李 ×× 超出自己的授权领域范围，签发了包含水、气和噪声的报告。

【解决方案】至少增加 1 名水和废水（含大气降水）、环境空气和废气、噪声领域的授权签字人，保证每个领域的授权签字人至少有 2 名，授权签字人不设代理人，同一领域授权签字人可以规定签发报告的顺序，授权签字人离职必须在平台上进行注销。

案例 7.5

【案例描述】某检测集团公司某市的授权签字人林 ×× 常年驻北京，抽查时发现林 ×× 签发的检测报告笔迹与上报资质认定系统留存的笔迹不一致。

【不符合事实分析】林 ×× 常年驻北京，偶尔到某市，遇到着急或者报告数量多的时候来不及签发，公司找人模仿其笔迹签发了多份检测报告。按照《环境监测数据弄虚作假行为判定及处理办法》（环发〔2015〕175 号文）第五条（四）规定，属于“伪造监测时间或者签名”的行为。

【可能发生的原因】授权签字人在异地工作，无法按时保质保量地履行授权签字人的职责。

【解决方案】增加本地的授权签字人，认真组织学习《环境监测数据弄虚作假行为判定及处理办法》（环发〔2015〕175 号文），杜绝弄虚作假的行为。

案例 7.6

【案例描述】某职业卫生检测机构由于业务量减少，希望业务范围扩大环境与环保领域，申请扩项开展水和废水（含大气降水）、环境空气和废气、土壤、噪声等领域，授权签字人仍然由原授权签字人担任，申请的领域为全项。查看授权签字人能力确认资料发现，原授权签字人虽然有职业卫生方面的专业培训和工作经历，但是没有从事过生态环境监测相关工作，单位直接建议扩大授权能力范围。

【不符合事实分析】机构授权签字人缺少具有从事生态环境监测相关工作3年以上的经历，没有受过环境监测方面的专业培训，没有能力履行申请扩项的生态环境监测领域授权签字人的职责，不符合《生态环境监测机构评审补充要求》第八条“生态环境监测机构授权签字人应掌握较丰富的授权范围内的相关专业知识，并且具有与授权签字范围相适应的相关专业背景或教育培训经历，且具有从事生态环境监测相关工作3年以上经历”的要求。授权签字人的能力确认没有按照RB/T 214—2017 4.2.5“检验检测机构应对签发检验检测报告或证书的人员，依据相应的教育、培训、技能和经验进行能力确认。”

【可能发生的原因】未执行《生态环境监测机构评审补充要求》第八条的规定和RB/T 214—2017 4.2.5的要求。

【解决方案】重新对拟授权签字人进行能力确认，选择符合要求的人员申报上述领域的授权签字人。

案例7.7

【案例描述】在对某生态环境监测机构进行监督检查时，抽取了10份典型检测报告，其中一份为某市地表水断面的监测报告，按照《地表水环境质量标准》(GB 3838—2002)得出结论，其中汞含量超标，根据以往监测数据，该断面常年汞都是未检出，附近也没有排放汞的污染企业。该机构成立仅1年半，授权签字人刚刚满足3年的监测经历，询问该报告的授权签字人，对此超标数据并未重点关注。

【不符合事实分析】机构授权签字人未掌握较丰富的授权范围内的相关专业知识，没有能力履行申请扩项的生态环境监测领域授权签字人的职责，不符合《生态环境监测机构评审补充要求》第八条“生态环境监测机构授权签字人，并且具有与授权签字范围相适应的相关专业背景或教育培训经历，且具有从事生态环境监测相关工作3年以上经历”和第二十二条“当在生态环境监测报告中给出符合（或不符合）要求或规范的声明时，报告审核人员和授权签字人应充分了解相关环境质量标准和污染排放/控制标准的适用范围，并具备对监测结果进行符合性判定的能力”的要求。

【可能发生的原因】经过查询汞测定的原始记录发现全程序空白特别高，鉴于该地断面常年检测均未检出汞污染，极有可能是采样容器受到了污染，造成数据超标，由于授权签字人经验不足，对地表水质量标准不熟悉，对异常数据和超标数据未重点关注。

【解决方案】授权签字人应加强授权范围内的相关专业知识的学习和培训，熟悉和掌握环境保护法律法规、质量标准、行业排放标准、质量控制措施等。

7.9 报告审核实例

审核签发报告是授权签字人的主要职责，由于各种原因，发出去的报告也会存在各种各样的问题，以下笔者收集了几个实际报告，对存在的问题进行了分析。

案例 7.8

HJBG2020-001 号报告　第 1 页　共 7 页

检 测 报 告

报告编号：HJBG2020-001

项目名称：××× 建材厂委托检测

受检单位：××× 建材厂

委托单位：××× 建材厂

检测内容：废气、噪声

××× 环境检测有限公司

2020 年 ×× 月 ×× 日

HJBG2020-001 号报告　第 2 页　共 7 页

报 告 说 明

1. 报告无本公司“检验检测专用章”、骑缝章和 CMA 章无效。

2. 本报告严格执行三级审核，无编制人、审核人、签发人签字无效。

3. 报告需填写清楚，涂改无效。

4. 检测委托方如对检测报告有异议，须于收到报告之日起十五日内向检测单位提出申请，逾期不申请的，视为认可检测报告。

5. 未经本单位许可，不得部分复制报告。如复制报告，未重新加盖“检验检测专用章”、骑缝章和 CMA 章，视为无效报告。

6. 对送检样品，本公司仅对来样负责。

7. 本公司仅对本次检测结果负责。

检验检测机构信息：

单位名称：×××环境检测有限公司

联系电话：

传真电话：

邮政编码：

单位地址：

HJBG2020-001 号报告　第 3 页　共 7 页

一、基本信息

委托单位	××× 建材厂		
委托单位地址			
联系人		联系电话	
受检单位	××× 建材厂		
受检单位地址			
检测性质	委托检测		
检测类别	废气、噪声	检测工况	85%
采样时间	2020. ×× . ××	检测周期	2020. ×× . ××—2020. ×× . ××
采样人员	××× 、××× 、×××		

二、检测信息

序号	检测类别	检测点位	检测因子	检测频次	处理设施	样品描述
1	有组织废气	砂处理工序废气处理设施出口 Q3	颗粒物	每天检测 3 次，检测 1 天	布袋除尘器 +15 m 排气筒	采样头均完好无破损
2		浸漆、晾干、沥漆工序废气处理设施出口 Q4	非甲烷总烃（以碳计）	每天检测 3 次，检测 1 天	UV 光氧 + 低温等离子一体机 + 活性炭吸附装置 +15 m 排气筒	采气袋均完好无破损
3		电炉熔化、二次清砂工序废气处理设施出口 Q1	颗粒物	每天检测 3 次，检测 1 天	布袋除尘器 +15 m 排气筒	采样头均完好无破损
4		浇注、冷却、落砂、清砂工序废气处理设施出口 Q2	颗粒物	每天检测 3 次，检测 1 天	布袋除尘器 +15 m 排气筒	采样头均完好无破损
5	无组织废气	排放源厂界外下风向设置 3 个检测点位	非甲烷总烃（以碳计）颗粒物	每天检测 3 次，检测 1 天	—	滤膜、采气袋均完好无破损
6		车间设置 1 个检测点位	非甲烷总烃（以碳计）	每天检测 3 次，检测 1 天		采气袋均完好无破损
7	噪声	厂界四周各设置 1 个检测点位	厂界噪声	每点位昼间、夜间各检测 1 次，检测 1 天	—	—

HJBG2020-001 号报告　第 4 页　共 7 页

三、检测依据

项目类别	项目名称	检测依据	检出限	分析仪器	检测人员
废气	颗粒物	《固定污染源废气　低浓度颗粒物的测定　重量法》（HJ 836—2017）	1.0 mg/m^3	××自动烟尘烟气测试（YQ33-1） ××电子天（YQ55）恒温恒湿实验室（YQ56） ××电热鼓风干燥箱（YQ03）	×××、×××
		《环境空气　总悬浮颗粒物的测定　重量法》（GB/T 15432—1995）及修改单	0.001 mg/m^3	××综合大气采样器（YQ50-11、12、13） XX电子天平（YQ 36）	×××、×××
	非甲烷总烃（以碳计）	《固定污染源废气　总烃、甲烷和非甲烷总烃的测定　气相色谱法》（HJ 38—2017）	0.07 mg/m^3	××自动烟尘烟气测试（YQ33-1）	×××、×××
		《环境空气　总烃、甲烷和非甲烷总烃的测定　直接进样-气相色谱法》（HJ 604—2017）	0.07 mg/m^3	××气相色谱仪（YQ23-4）	×××、×××
噪声	厂界噪声	《工业企业厂界环境噪声排放标准》（GB 12348—2008）	—	AWA5688多功能声级计（YQ55-2） AWA6021A声校准仪（YQ69-3）	×××、×××

四、检测点位示意图

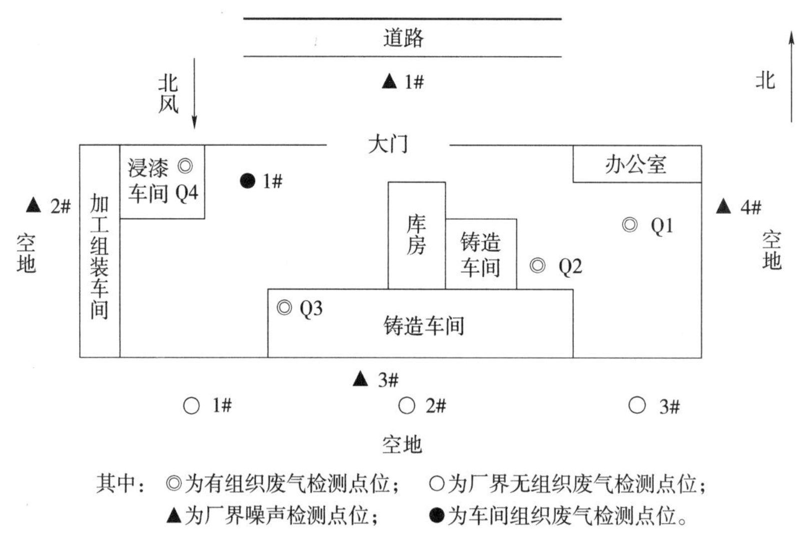

其中：◎为有组织废气检测点位；　○为厂界无组织废气检测点位；
▲为厂界噪声检测点位；　●为车间组织废气检测点位。

检测点位示意图

五、检测结果表

表 1　固定污染源废气检测结果

检测点位及日期	检测项目	单位	检测频次及结果					标准限值	达标情况
			1	2	3	均值	最大值		
砂处理工序废气处理设施出口 Q3 2020.××.××	标干流量	m^3/h	6 415	6 080	6 125	6 207	6 415	T/CFA 030802-2—2017	—
	颗粒物浓度	mg/m^3	4.9	4.4	3.8	4.4	4.9	15	
	颗粒物排放速率	kg/h	0.031	0.027	0.023	0.027	0.031	—	—
浸漆、晾干、沥漆工序废气处理设施出口 Q4 2020.××.××	标干流量	m^3/h	3 733	3 503	3 871	3 702	3 871	DB 13/2322—2016	
	非甲烷总烃浓度	mg/m^3	1.85	1.85	1.84	1.85	1.85	60	达标
电炉熔化、二次清砂工序废气处理设施出口 Q1 2020.××.××	标干流量	m^3/h	15 928	17 537	15 772	16 412	17 537	T/CFA 030802-2—2017	—
	颗粒物浓度	mg/m^3	3.9	3.5	3.1	3.5	3.9	15	达标
	颗粒物排放速率	kg/h	0.062	0.061	0.049	0.057	0.062	—	—
浇注、冷却、落砂、清砂工序废气处理设施出口 Q2 2020.××.××	标干流量	m^3/h	17 848	18 119	17 487	17 818	18 119	T/CFA 030802-2—2017	—
	颗粒物浓度	mg/m^3	4.8	4.2	3.7	4.2	4.8	15	达标
	颗粒物排放速率	kg/h	0.086	0.076	0.065	0.076	0.086	—	—
备注	颗粒物执行《铸造行业大气污染物排放限值》（T/CFA 030802-2—2017）表 1 中 2 级其他所有熔炼设备及铸造工序设备排放限值；非甲烷总烃执行《工业企业挥发性有机物排放控制标准》（DB 13/2322—2016）表 1 中表面涂装业排放限值；浸漆、晾干、沥漆工序进口不具备检测条件，无法计算非甲烷总烃去除效率，加测车间有机废气								

HJBG2020-001 号报告　第 6 页　共 7 页

表 2　厂界无组织废气检测结果　单位：mg/m³

检测时间、点位及项目（时间均为 2020.××.××）		检测频次及结果				标准限值	达标情况
		第一次	第二次	第三次	第四次		
下风向 1#	颗粒物	0.330	0.323	0.339	0.339	1.0	达标
	非甲烷总烃（以碳计）	0.73	0.70	0.68	0.73	2.0	达标
下风向 2#	颗粒物	0.327	0.334	0.342	0.342	1.0	达标
	非甲烷总烃（以碳计）	0.74	0.70	0.74	0.74	2.0	达标
下风向 3#	颗粒物	0.335	0.329	0.340	0.340	1.0	达标
	非甲烷总烃（以碳计）	0.70	0.76	0.72	0.76	2.0	达标
备注	颗粒物执行《大气污染物综合排放标准》（GB 16297—1996）表 2 中颗粒物无组织排放监控浓度限值，非甲烷总烃执行《工业企业挥发性有机物排放控制标准》（DB 13/2322—2016）表 2 企业边界大气污染物浓度限值中其他企业浓度限值						

表 3　车间无组织废气监测结果　单位：mg/m³

检测时间、点位及项目（时间为 2020.××.××）		检测频次及结果				标准限值	达标情况
		第一次	第二次	第三次	最大值		
车间 1#	非甲烷总烃（以碳计）	1.05	1.01	1.00	1.05	4.0	达标
备注	执行《工业企业挥发性有机物排放控制标准》（DB 13/2322—2016）表 3 生产车间或生产设备边界大气污染物浓度限值；同时满足《挥发性有机物无组织控制标准》（GB 37822—2019）表 A.1 厂区内 VOCS 无组织排放特别排放限值						

表 4　噪声检测结果　单位：dB（A）

检测时间及点位			检测结果	标准限值	达标情况
2020.××.××	1#（北侧）	昼间 12:00—12:10	58.9	昼间≤ 60 夜间≤ 50	达标
		夜间 22:00—22:10	48.2		达标
	2#（西侧）	昼间 12:15—12:25	58.9		达标
		夜间 22:15—22:25	48.3		达标
	3#（南侧）	昼间 12:30—12:40	58.8		达标
		夜间 22:31—22:41	48.8		达标
	4#（东侧）	昼间 12:46—12:56	58.3		达标
		夜间 22:46—22:56	48.8		达标
气象条件	××月××日，昼间：天气晴，风速 3.2 m/s，夜间：天气晴，风速 2.3 m/s				
备注	执行《工业企业厂界环境噪声排放标准》（GB 12348—2008）2 类区标准限值				

HJBG2020-001 号报告　第 7 页　共 7 页

六、检验检测质量控制

1. 质控结果（略）

2. 人员上岗情况（略）

七、检测结论

受 ×× 建材厂委托，×× 环境检测服务有限公司于 2020 年 ×× 月 ×× 日对该厂废气、噪声进行了检测。检测期间企业生产工况为 85%，符合检测要求，检测结论如下：

砂处理工序废气经布袋除尘器处理后，由 1 根 15 m 高排气筒排放，外排废气中，颗粒物最高排放浓度为 4.9 mg/m^3，满足《铸造行业大气污染物排放限值》（T/CFA 030802-2—2017）表 1 中 2 级其他所有熔炼设备及铸造工序设备排放限值要求（颗粒物≤15 mg/m^3）。

浸漆、晾干、沥漆工序废气经 UV 光氧＋低温等离子一体机＋活性炭吸附装置处理后，由 1 根 15 m 高排气筒排放．外排废气中，非甲烷总烃最高排放浓度为 1.85 mg/m^3，满足《工业企业挥发性有机物排放控制标准》（DB 13/2322—2016）表 1 中表面涂装业排放限值要求（非甲烷总烃≤60 mg/m^3），进口不具备检测条件，无法计算去除效率，加测车间有机废气。

电炉熔化、二次清砂工序废气经布袋除尘器处理后，由 1 根 15 m 高排气筒排放。外排废气中，颗粒物最高排放浓度为 3.9 mg/m^3，满足《铸造行业大气污染物排放限值》（T/CFA 030802-2—2017）表 1 中 2 级其他所有熔炼设备及铸造工序设备排放限值要求（颗粒物≤15 mg/m^3）。

浇注、冷却、落砂、清砂工序废气经布袋除尘器处理后，由 1 根 15 m 高排气筒排放。外排废气中，颗粒物最高排放浓度为 4.8 mg/m^3，满足《铸造行业大气污染物排放限值》（T/CFA 030802-2—2017）表 1 中 2 级其他所有熔炼设备及铸造工序设备排放限值要求（颗粒物≤15 mg/m^3）。

企业厂界外无组织废气中，颗粒物最高排放浓度为 0.342 mg/m^3，满足《大气污染物综合排放标准》（GB 16297—1996）表 2 颗粒物无组织排放监控浓度限值要求（颗粒物≤1.0 mg/m^3），非甲烷总烃最高排放浓度为 0.76 mg/m^3，满足《工业企业挥发性有机物排放控制标准》（DB 13/2322—2016）表 2 企业边界大气污染物浓度限值中其他企业浓度限值要求（非甲烷总烃≤2. 0mg/m^3）。

车间无组织废气中，非甲烷总烃最高排放浓度为 1.05 mg/m^3，满足《工业企业挥发性有机物排放控制标准》（DB 13/2322—2016）表 3 生产车间或生产设备边界大气污染物浓度限值要求，同时满足《挥发性有机物无组织控制标准》（GB 37822—2019）表 A.1 厂区内 VOCs 无组织排放特别排放限值（非甲烷总烃≤4.0 mg/m^3）。

经过对该企业四周厂界噪声进行检测，该企业厂界昼间噪声值范围为 58.3～58.9 dB（A），夜间噪声值范围为 48.2～48.8 dB（A），均满足《工业企业厂界环境噪声排放标准》（GB 12348—2008）中 2 类区排放限值要求（昼间≤60 dB（A），夜间≤60 dB（A））。

编制：　　　　　　审核：　　　　　　签发：

签发日期：

HJBG2020-001 号报告所附原始记录（1）

锅炉（炉窑、颗粒物）检测现场原始记录

一、基本信息

任务名称	××× 建材厂	任务编号	
监测点位	砂处理工序排气筒出气口 Q3	检测日期	2020.××.××
锅炉（炉窑）型号		锅炉（炉窑）燃料	
运行工况	85%	检测项目	低浓度颗粒物

二、检测记录

检测依据	☑《固定污染源废气　低浓度颗粒物的测定　重量法》（HJ 836—2017）
	□《固定污染源废气　二氧化硫的测定　定电位电解法》（HJ 57—2017）
	□《固定污染源废气　氮氧化物的测定　定电位电解法》（HJ 693—2014）
	□《固定污染源排气中颗粒物测定与气态污染物采样方法》（GB/T 16157—1996）及 2017 年修改单
监测设备	×× 自动烟尘烟气测试仪（YQ33-1）

三、监测数据

序号	检测项目	单位	检测结果				
1	当地大气压	kPa	101.8				
2	排气筒直径 / 边长	m	0.35				
3	排气筒高度	m	15				
监测频次（样品编号）			1	2	3	4	均值
			×××001	×××002	×××003		
4	烟气温度	℃	26.1	25.4	25.5		
5	烟气含湿量	%	1.3	1.4	1.3		
6	氧含量（O_2）	%	—	—	—		
7	烟气流速	m/s	20.46	19.36	19.49		
8	标干流量	m^3/h	6 415	6 080	6 125		
9	SO_2，折算前浓度（C）	mg/m^3					
10	SO_2，折算后浓度（$C_{折}$）	mg/m^3					
11	SO_2 排放量	kg/h					
12	NO_x 折算前浓度（C）	mg/m^3					
13	NO_x 折算后浓度（C 折）	mg/m^3					
14	NO_x 排放量	kg/h					
15	CO 折算前浓度（C）	mg/m^3					
16	CO 折算后浓度（C 折）	mg/m^3					
17	CO 排放量	kg/h					
18	（颗粒物）采样标况体积	L	1 096.8	1 039.6	1 047.3		
设备设施及点位示意图	（略）						
计算公式	□基准氧含量　□折算系数　（略）						

检测人：　　　　　　　　　　复核人：

HJBG2020-001 号报告所附原始记录（2）

锅炉（炉窑粉尘）监测现场原始记录（续页）

打印条粘贴处

× × × 烟尘采样报告
版本 v9.01
日期：2020/ × × / × × 15:18
地点：

01. 文件号	× × ×001［烟尘］
02. 跟踪率	1.00
03. 工况体积	1 211.6 L
04. 标况体积	1 096.8 L
05. 标干流量	6 415 m^2/h
06. 截面面积	0.096 2 m^2
07. 烟气流量	7 086 m^2/h
08. 烟气温度	26.1℃
09. 采样嘴	6.00 mm
10. 总采时	35 m:00 s
11. 大气压	101.75 kPa
12. 含湿量	1.3%
13. 平均静压	0.07 kPa
14. 平均动压	365 Pa
15. 平均全压	0.33 kPa
16. 平均流速	20.46 m/s

× × × 烟尘采样报告
版本 v9.01
日期：2020/ × × / × × 16:10
地点：

01. 文件号	× × ×002［烟尘］
02. 跟踪率	0.99
03. 工况体积	1 246.4 L
04. 标况体积	1 039.6 L
05. 标干流量	6 080 m^2/h
06. 截面面积	0.096 2 m^2
07. 烟气流量	6 705 m^2/h
08. 烟气温度	25.4℃
09. 采样嘴	6.00 mm
10. 总采时	35 m:00 s
11. 大气压	101.75 kPa
12. 含湿量	1.4%
13. 平均静压	0.11 kPa
14. 平均动压	329 Pa
15. 平均全压	0.34 kPa
16. 平均流速	19.36 m/s

× × × 烟尘采样报告
版本 v9.01
日期：2020/ × × / × × 16:59
地点：

01. 文件号	× × ×003［烟尘］
02. 跟踪率	0.75
03. 工况体积	1 154.1 L
04. 标况体积	1 047.3 L
05. 标干流量	6 125 m^2/h
06. 截面面积	0.096 2 m^2
07. 烟气流量	6 750 m^2/h
08. 烟气温度	25.5℃
09. 采样嘴	6.00 mm
10. 总采时	35 m:00 s
11. 大气压	101.75 kPa
12. 含湿量	1.3%
13. 平均静压	0.11 kPa
14. 平均动压	332 Pa
15. 平均全压	0.34 kPa
16. 平均流速	19.49 m/s

HJBG2020-001 号报告所附原始记录（3）

锅炉（炉窑粉尘）监测现场原始记录（续页）

打印条粘贴处

× × × 烟尘采样报告
版本 v9.01
日期：2020/× ×/× × 18:31
地点：

01. 文件号	× × ×004［烟尘］
02. 跟踪率	0.78
03. 工况体积	65.1 L
04. 标况体积	58.7 L
05. 标干流量	3 733 m^2/h
06. 截面面积	0.159 0 m^2
07. 烟气流量	4 133 m^2/h
08. 烟气温度	26.0℃
09. 采样嘴	8.00 mm
10. 总采时	3 m:00 s
11. 大气压	101.72 kPa
12. 含湿量	1.6%
13. 平均静压	0.14 kPa
14. 平均动压	46 Pa
15. 平均全压	0.17 kPa
16. 平均流速	7.22 m/s

× × × 烟尘采样报告
版本 v9.01
日期：2020/× ×/× × 18:57
地点：

01. 文件号	× × ×005［烟尘］
02. 跟踪率	0.92
03. 工况体积	61.0 L
04. 标况体积	55.1 L
05. 标干流量	3 503 m^2/h
06. 截面面积	0.159 0 m^2
07. 烟气流量	3 875 m^2/h
08. 烟气温度	26.1℃
09. 采样嘴	8.00 mm
10. 总采时	3 m:00 s
11. 大气压	101.72 kPa
12. 含湿量	1.5%
13. 平均静压	0.14 kPa
14. 平均动压	40 Pa
15. 平均全压	0.16 kPa
16. 平均流速	6.77 m/s

× × × 烟尘采样报告
版本 v9.01
日期：2020/× ×/× × 19:26
地点：

01. 文件号	× × ×006［烟尘］
02. 跟踪率	0.92
03. 工况体积	67.5 L
04. 标况体积	60.9 L
05. 标干流量	3 871 m^2/h
06. 截面面积	0.159 0 m^2
07. 烟气流量	4 287 m^2/h
08. 烟气温度	26.1℃
09. 采样嘴	8.00 mm
10. 总采时	3 m:00 s
11. 大气压	101.72 kPa
12. 含湿量	1.6%
13. 平均静压	0.14 kPa
14. 平均动压	49 Pa
15. 平均全压	0.17 kPa
16. 平均流速	7.49 m/s

HJBG2020-001 号报告所附原始记录（4）

工业废气现场采样原始记录

<table>
<tr><td>任务名称</td><td colspan="2">××× 建材厂</td><td colspan="2">任务编号</td><td colspan="3">××××××</td></tr>
<tr><td>检测日期</td><td colspan="2">2020.× ×.× ×</td><td colspan="2">天气状况</td><td colspan="3">晴</td></tr>
<tr><td>检测点位</td><td colspan="2">浸漆、晾干、沥漆工序排气筒出口 Q4</td><td colspan="2">检测工况</td><td colspan="3">85%</td></tr>
<tr><td>检测项目</td><td colspan="7">非甲烷总烃</td></tr>
<tr><td>检测仪器及编号</td><td colspan="7">××× 自动烟尘烟气测试仪 YQ33-1 真空箱</td></tr>
<tr><td>检测依据</td><td colspan="7">《固定污染源废气　总烃、甲烷和非甲烷总烃的测定 气相色谱法》（HJ 38—2017）</td></tr>
<tr><td>序号</td><td>检测项目</td><td>单位</td><td colspan="5">检测结果</td></tr>
<tr><td>1</td><td>当地大气压</td><td>kPa</td><td colspan="5">101.7</td></tr>
<tr><td>2</td><td>排气筒直径</td><td>m</td><td colspan="5">0.45</td></tr>
<tr><td>3</td><td>排气筒高度</td><td>m</td><td colspan="5">15</td></tr>
<tr><td colspan="3">检测频次</td><td>1</td><td>2</td><td>3</td><td>4</td><td>5</td><td>备注</td></tr>
<tr><td>4</td><td>废气温度</td><td>℃</td><td>26.0</td><td>26.1</td><td>26.1</td><td></td><td></td><td></td></tr>
<tr><td>5</td><td>废气含湿量</td><td>%</td><td>1.6</td><td>1.5</td><td>1.6</td><td></td><td></td><td></td></tr>
<tr><td>6</td><td>烟气流速</td><td>m/s</td><td>7.22</td><td>6.77</td><td>7.49</td><td></td><td></td><td></td></tr>
<tr><td>7</td><td>含氧量</td><td>%</td><td>—</td><td>—</td><td>—</td><td></td><td></td><td></td></tr>
<tr><td>8</td><td>标干烟气流量</td><td>m^3/h</td><td>3 733</td><td>3 503</td><td>3 871</td><td></td><td></td><td></td></tr>
<tr><td rowspan="2">9</td><td rowspan="2">非甲烷总烃</td><td>采样编号</td><td>XXQ0201</td><td>XXQ0202</td><td>XXQ0203</td><td>运输空白</td><td></td><td></td></tr>
<tr><td>采样时段</td><td>18:31-18:32</td><td>18:57-18:58</td><td>19:26-19:27</td><td></td><td></td><td></td></tr>
<tr><td colspan="3">设备设施及检测点位示意图</td><td colspan="6">（略）</td></tr>
<tr><td colspan="2">备注</td><td colspan="7">风机额定功率（kW）　　风机额定风量（m^3/h）</td></tr>
</table>

HJBG2020-001 号报告所附原始记录（5）

文件受控编号：× × × ×/× ×-2018-× × × A

社会生活环境噪声测量记录

<table>
<tr><td colspan="2">任务名称</td><td colspan="3">建材厂</td><td colspan="2">任务编号</td><td colspan="3">×××20 ×××</td></tr>
<tr><td colspan="2">检测日期</td><td colspan="3">2020.4.17</td><td colspan="2">生产工况 /%</td><td colspan="3">85</td></tr>
<tr><td colspan="2">测量仪器名称（编号）</td><td colspan="3">××× 多功能声级计 YQ30-1
××× 风速仪 YQ130-4</td><td colspan="2">声校准仪器名称（编号）</td><td colspan="3">××× 声校准器 YQ85-3</td></tr>
<tr><td colspan="2">气象条件</td><td colspan="3">昼：晴，风速 3.0 m/s
夜：晴，风速 2.5 m/s</td><td colspan="2">功能区类别</td><td colspan="3">2 类</td></tr>
<tr><td colspan="2">检测依据</td><td colspan="8">☑《社会生活环境噪声排放标准》（GB 22337—2008）
☐ 其他：________________</td></tr>
<tr><td rowspan="2">测点编号</td><td rowspan="2">主要声源</td><td colspan="4">昼间 /dB（A）</td><td colspan="4">夜间 /dB（A）</td></tr>
<tr><td>测量时间</td><td>测量值</td><td>背景值</td><td>修正值</td><td>测量时间</td><td>测量值</td><td>背景值</td><td>修正值</td></tr>
<tr><td>1</td><td rowspan="4">机械噪声</td><td>12:00—12:10</td><td>58.9</td><td></td><td></td><td>12:00—12:10</td><td>48.2</td><td></td><td></td></tr>
<tr><td>2</td><td>12:15—12:25</td><td>58.9</td><td></td><td></td><td>12:15—12:25</td><td>48.3</td><td></td><td></td></tr>
<tr><td>3</td><td>12:30—12:40</td><td>58.8</td><td></td><td></td><td>12:30—12:40</td><td>48.8</td><td></td><td></td></tr>
<tr><td>4</td><td>12:46—12:56</td><td>58.3</td><td></td><td></td><td>12:46—12:56</td><td>48.8</td><td></td><td></td></tr>
<tr><td colspan="10">以下空白</td></tr>
<tr><td></td><td></td><td></td><td></td><td></td><td></td><td></td><td></td><td></td><td></td></tr>
<tr><td colspan="10">测点示意图</td></tr>
<tr><td colspan="10">道路
北风
▲ 1#
北
大门
浸漆车间
● 1#
◎ Q4
办公室
加工组装车间
空地
库房
铸造车间
◎ Q2
◎ Q1
▲ 空地
◎ Q3
铸造车间
▲ 3#
○ 1#　○ 2#　○ 3#
空地
其中：◎为有组织废气检测点位；○为厂界无组织废气检测点位；
▲为厂界噪声检测点位；●为车间组织废气检测点位。
检测点位示意图</td></tr>
</table>

昼间测前校准值 / dB（A）	昼间测后校准值 / dB（A）	夜间测前校准值 / dB（A）	夜间测后校准值 / dB（A）
93.9	94.0	93.8	93.9
备　注			

案例 7.8 报告（HJBG2020-01 号）中存在的问题分析如下：

（1）报告说明页中“6、对送检样品，本公司仅对来样负责。”表达不规范。

第 6 条建议改为：对送检样品，本公司仅对接收的样品负责，不对样品的来源和运输可能出现的风险负责。（见报告第 3 页）

（2）报告第 7 页“七、检测结论”最后一段“经过对该企业四周厂界噪声进行检测，该企业厂界昼间噪声值范围为 58.3～58.9 dB（A），夜间噪声值范围为 48.2～48.8 dB（A），均满足《工业企业厂界环境噪声排放标准》（GB 12348—2008）中 2 类区排放限值要求［昼间≤60 dB（A），夜间≤60 dB（A）］。”限值打印错误，对应的原始记录表格和执行标准用错。

根据《工业企业厂界环境噪声排放标准》（GB 12348—2008）中 2 类区排放限值要求，夜间限值应为≤50 dB（A）。

对应的原始记录表格和执行标准用错，见 HJBG2020-001 号报告所附原始记录（5），报告中都是依据《工业企业厂界环境噪声排放标准》（GB 12348—2008），原始记录均写成了《社会生活环境噪声排放标准》（GB 22337—2008），两者适用范围显然不一样。

（3）砂处理工序排气筒出气口 Q3 烟尘采样原始记录打印条显示，×××001 号 15:18 开始采样（跟踪率 1.0）、×××002 号开始采样 16:10（跟踪率 0.99）、×××003 号开始采样 16:59（跟踪率 0.75），×××003 号跟踪率达不到要求。

按照《固定污染源排气中颗粒物测定与气态污染物采样方法》（GB/T 16157—1996）“8.2.1 颗粒物等速采样方法原理：将烟尘采样管由采样孔插入烟道，使采样嘴置于测点上，正对气流，按颗粒物等速采样原理，即采样嘴的吸气速度与测点处气流速度相等（其相对误差应在 10% 以内），抽取一定量的含尘气体。根据采样管滤筒上所捕集到的颗粒物量和同时抽取的气体量，计算出排气中颗粒物浓度。”

按照《固定污染源监测质量保证与质量控制技术规范（试行）》（HJ/T 373—2007）5.4.5.2 颗粒物的采样要求，“颗粒物的采样原则上采用等速采样方法。采样过程跟踪率要求达到 1.0±0.1，否则应重新采样”。

×××003 号跟踪率只有 0.75，不满足标准和规范跟踪率必须达到 0.9～1.1 的要求，应重新采样。

见 HJBG2020-001 号报告所附原始记录（2）、如图 7-1 所示。

× × × 烟尘采样报告
版本 v9.01
日期：2020/× ×/× × 16:59
地点：

01. 文件号	× × ×003［烟尘］
02. 跟踪率	0.75
03. 工况体积	1 154.1 L
04. 标况体积	1 047.3 L
05. 标干流量	6 125 m^2/h
06. 截面面积	0.096 2 m^2
07. 烟气流量	6 750 m^2/h
08. 烟气温度	25.5℃
09. 采样嘴	6.00 mm
10. 总采时	35 m:00 s
11. 大气压	101.75 kPa
12. 含湿量	1.3%
13. 平均静压	0.11 kPa
14. 平均动压	332 Pa
15. 平均全压	0.34 kPa
16. 平均流速	19.49 m/s

图 7-1 烟尘采样记录

（4）工艺废气现场采样原始记录显示，非甲烷总烃 XXQ0201 号、XXQ0202 号、XXQ0203 号采样时间均为 1 min，见表 7-1，所附现场打印条上编号为 ××× 004［烟尘］、××× 005［烟尘］、××× 006［烟尘］，如图 7-2 所示，编号不对应，而且三个样品显示总采时为 3 min，检测报告以瞬时值作为小时均值进行判定，如图 7-3 所示。

报告“五、检测结果”（见 HJBG2020-001 号报告第 5 页）表 1 中浸漆、晾干、沥漆工序废气处理设施出口 Q4 非甲烷总烃 1、2、3 次检测浓度对应的采样编号为“XXQ0201 号、XXQ0202 号、XXQ0203”，见 HJBG2020-001 号报告所附原始记录（4）、表 7-1，分别对应编号为“××× 004［烟尘］、××× 005［烟尘］、××× 006［烟尘］”现场打印条，打印条和原始记录上显示采集开始时间为 18:31、18:57、19:26，采集时长原始记录上均为 1 min，打印条上均为 3 min，见 HJBG2020-001 号报告所附原始记录（3）。

× × × 烟尘采样报告
版本 v9.01
日期：2020/× ×/× × 18:31
地点：

01. 文件号	× × ×004［烟尘］
02. 跟踪率	0.78
03. 工况体积	65.1 L
04. 标况体积	58.7 L
05. 标干流量	3 733 m^2/h
06. 截面面积	0.159 0 m^2
07. 烟气流量	4 133 m^2/h
08. 烟气温度	26.0℃
09. 采样嘴	8.00 mm
10. 总采时	3 m:00 s
11. 大气压	101.72 kPa
12. 含湿量	1.6%
13. 平均静压	0.14 kPa
14. 平均动压	46 Pa
15. 平均全压	0.17 kPa
16. 平均流速	7.22 m/s

× × × 烟尘采样报告
版本 v9.01
日期：2020/× ×/× × 18:57
地点：

01. 文件号	× × ×005［烟尘］
02. 跟踪率	0.92
03. 工况体积	61.0 L
04. 标况体积	55.1 L
05. 标干流量	3 503 m^2/h
06. 截面面积	0.159 0 m^2
07. 烟气流量	3 875 m^2/h
08. 烟气温度	26.1℃
09. 采样嘴	8.00 mm
10. 总采时	3 m:00 s
11. 大气压	101.72 kPa
12. 含湿量	1.5%
13. 平均静压	0.14 kPa
14. 平均动压	40 Pa
15. 平均全压	0.16 kPa
16. 平均流速	6.77 m/s

图 7-2　非甲烷总烃采样现场打印条

（5）检测结果表

表 1　固定污染源废气检测结果

<table>
<tr><td rowspan="2">检测点位及日期</td><td rowspan="2">检测项目</td><td rowspan="2">单位</td><td colspan="5">检测频次及结果</td><td rowspan="2">标准限值</td><td rowspan="2">达标情况</td></tr>
<tr><td>1</td><td>2</td><td>3</td><td>均值</td><td>最大值</td></tr>
<tr><td rowspan="3">砂处理工序废气处理设施出口 Q3 2020.××.××</td><td>标干流量</td><td>m^3/h</td><td>6 415</td><td>6 080</td><td>6 125</td><td>6 207</td><td>6 415</td><td>T/CFA 030802-2—2017</td><td>—</td></tr>
<tr><td>颗粒物浓度</td><td>mg/m^3</td><td>4.9</td><td>4.4</td><td>3.8</td><td>4.4</td><td>4.9</td><td>15</td><td></td></tr>
<tr><td>颗粒物排放速率</td><td>kg/h</td><td>0.031</td><td>0.027</td><td>0.023</td><td>0.027</td><td>0.031</td><td>—</td><td>—</td></tr>
<tr><td rowspan="2">浸漆、晾干、沥漆工序废气处理设施出口 Q4 2020.××.××</td><td>标干流量</td><td>m^3/h</td><td>3 733</td><td>3 503</td><td>3 871</td><td>3 702</td><td>3 871</td><td>DB 13/2322—2016</td><td></td></tr>
<tr><td>非甲烷总烃浓度</td><td>mg/m^3</td><td>1.85</td><td>1.85</td><td>1.84</td><td>1.85</td><td>1.85</td><td>60</td><td>达标</td></tr>
</table>

图 7-3　非甲烷总烃废气检测结果

表 7-1　非甲烷总烃采样原始记录

<table>
<tr><td rowspan="2">9</td><td rowspan="2">非甲烷总烃</td><td>采样编号</td><td>XXQ0201</td><td>XXQ0202</td><td>XXQ0203</td></tr>
<tr><td>采样时段</td><td>18:31—18:32</td><td>18:57—18：58</td><td>19:26—19:27</td></tr>
</table>

非甲烷总烃执行《工业企业挥发性有机物排放控制标准》（DB 13/2322—2016），根据该标准非甲烷总烃标准限值最高允许排放浓度是指“处理设施后排气筒中污染物任何 1 h 浓度平均值不得超过的限值”，或指“无处理设施排气筒中任何 1h 浓度平均值不得超过的限值”，单位为 mg/m^3。

《固定源废气监测技术规范》（HJ/T 397—2007）中 10.2 采样频次和采样时间，10.2.1 相关标准中对采样频次和采样时间有规定的，按相关标准的规定执行。10.2.2 除相关标准另有规定，排气筒中废气的采样以连续 1 h 的采样获取平均值，或在 1 h 内，以等时间间隔采集 3～4 个样品，并计算平均值。10.2.3 特殊情况下的采样时间和频次：若某排气筒的排放为间断性排放，排放时间小于 1 h，应在排放时段内实行连续采样，或在排放时段内等间隔采集 2～4 个样品，并计算平均值；若某排气筒的排放为间断性排放，排放时间大于 1 h，则应在排放时段内按 10.2.2 的要求采样。10.2.4 建设项目竣工环境保护验收监测的采样时间和频次，按国家环境保护总局发布的相关建设项目竣工环境保护验收技术规范执行。

按照上述标准要求，用 3 个 3 min 采集的瞬时样品代表 3 h 均值做出符合标准要求的判断是不合适的，采样频次达不到要求，应该按照规范的要求，在 1 h 内，以等时间间隔采集3～4个样品，并计算平均值，作为1 h均值，采集3 h均值（即采集9～12个样品），以3 h均值的最大值不超过标准限值判断是否达标。

案例 7.9

油烟废气采样原始记录表见表7-2。

表7-2　油烟废气采样原始记录表

任务编号：×××××

<table>
<tr><td>方法依据</td><td colspan="2">《饮食业油烟排放标准》（GB 18483—2001）</td><td>设备型号及编号</td><td colspan="2">××××001</td></tr>
<tr><td>采样日期</td><td>2020.××.××</td><td rowspan="2">样品编号</td><td rowspan="2">标况采气/L</td><td rowspan="2">标况风量/（$m^3 \cdot h^{-1}$）</td><td rowspan="2">备注</td></tr>
<tr><td colspan="2">采样点情况</td></tr>
<tr><td>采样点名称</td><td>静电式油烟净化器出口</td><td>××-油烟-1</td><td>252.7</td><td>2 439</td><td></td></tr>
<tr><td>净化器名称</td><td>静电式油烟净化器</td><td>××-油烟-2</td><td>260.5</td><td>2 515</td><td></td></tr>
<tr><td>灶眼个数</td><td>总个数：1
运行个数：1</td><td>××-油烟-3</td><td>268.2</td><td>2 588</td><td></td></tr>
<tr><td>排气罩灶面投影面积</td><td>总面积：0.84
运行面积：0.84</td><td>××-油烟-4</td><td>256.6</td><td>2 471</td><td></td></tr>
<tr><td>折算 n</td><td>0.8</td><td>××-油烟-5</td><td>264.3</td><td>2 551</td><td></td></tr>
</table>

油烟采样打印条如图下所示。

油烟采样报表
版本 v8.03
日期：2019/××/×× 12:06
地点：
01. 文件号　190［油烟］
02. 滤筒号　0
03. 跟踪率　1.00
04. 工况体积　277.7 L
05. 标况体积　264.3 NdL
06. 标干流量　2 551 Ndm^3/h
07. 出力系数　1.00
08. 截面面积　0.126 m^2
09. 烟气流量　2 789 m^3/h
10. 烟气温度　15.6℃
11. 采样嘴　10.0 mm
12. 总采时　10 m:00 s
13. 大气压　101.86 kPa
14. 含湿量　3.9%
15. 平均静压　0.02 kPa
16. 平均动压　35 Pa
17. 平均流速　6.15 kPa
**2019/××/×× 12:18:21

油烟采样报表
版本 v8.03
日期：2019/××/×× 11:39
地点：
01. 文件号　188［油烟］
02. 滤筒号　0
03. 跟踪率　1.00
04. 工况体积　281.5 L
05. 标况体积　268.2 NdL
06. 标干流量　2 588 Ndm^3/h
07. 出力系数　1.00
08. 截面面积　0.126 m^2
09. 烟气流量　2 827 m^3/h
10. 烟气温度　15.3℃
11. 采样嘴　10.0 mm
12. 总采时　10 m:00 s
13. 大气压　101.85 kPa
14. 含湿量　4.0%
15. 平均静压　0.02 kPa
16. 平均动压　36 Pa
17. 平均流速　12.69 kPa
**2019/××/×× 11:51:33

油烟采样报表
版本 v8.03
日期：2019/×× /×× 11:126
地点：

01. 文件号	186［油烟］
02. 滤筒号	0
03. 跟踪率	1.00
04. 工况体积	265.6 L
05. 标况体积	252.7 NdL
06. 标干流量	2 439 Ndm^3/h
07. 出力系数	1.00
08. 截面面积	0.126 m^2
09. 烟气流量	2 667 m^3/h
10. 烟气温度	15.6℃
11. 采样嘴	10.0 mm
12. 总采时	10 m:00 s
13. 大气压	101.86 kPa
14. 含湿量	3.9%
15. 平均静压	0.06 kPa
16. 平均动压	32 Pa
17. 平均流速	5.88 m/s

**2019/×× /×× 11:23:27

油烟采样报表
版本 v8.03
日期：2019/×× /×× 11:53
地点：

01. 文件号	189［油烟］
02. 滤筒号	0
03. 跟踪率	1.00
04. 工况体积	269.6 L
05. 标况体积	256.6 NdL
06. 标干流量	2 471 Ndm^3/h
07. 出力系数	1.00
08. 截面面积	0.126 m^2
09. 烟气流量	2 708 m^3/h
10. 烟气温度	15.5℃
11. 采样嘴	10.0 mm
12. 总采时	10 m:00 s
13. 大气压	101.85 kPa
14. 含湿量	3.9%
15. 平均静压	0.06 kPa
16. 平均动压	33 Pa
17. 平均流速	5.97 m/s

**2019/×× /×× 12:04:39

油烟采样报表
版本 v8.03
日期：2019/×× /×× 11:25
地点：

01. 文件号	187［油烟］
02. 滤筒号	0
03. 跟踪率	1.00
04. 工况体积	273.6 L
05. 标况体积	260.5 NdL
06. 标干流量	2 515 Ndm^3/h
07. 出力系数	1.00
08. 截面面积	0.126 m^2
09. 烟气流量	2 748 m^3/h
10. 烟气温度	15.4℃
11. 采样嘴	10.0 mm
12. 总采时	10 m:00 s
13. 大气压	101.86 kPa
14. 含湿量	4.0%
15. 平均静压	0.06 kPa
16. 平均动压	34 Pa
17. 平均流速	6.06 m/s

2019/×× /×× 11:36:12

图 7-4　油烟采样打印条

案例 7.9 油烟采样原始记录存在的问题：

（1）方法依据不规范。《饮食业油烟排放标准》（GB 18483—2001），应该是《饮食业油烟排放标准（试行）》（GB 18483—2001）附录 A，见表 7-2。

（2）样品编号与打印条不一致。原始记录编号为“××-油烟 -1～5”，打印条上为“186～190［油烟］”，见表 7-2，如图 7-4 所示。

（3）“188［油烟］”打印条烟气流量与平均流速不匹配。

190 烟气流量 = 流速 × 截面面积 × 时间 =6.15×0.126×3 600=2 789（m^3/h），计算结果与打印条一致；188 烟气流量 = 流速 × 截面面积 × 时间 =12.69×0.126×3 600=5 756（m^3/h），计算结果与打印条不一致（打印条为 2 827 m^3/h），“188［油烟］”打印条中平均流速是其他几个打印条的 2 倍左右，如图 7-4 所示。

案例 7.10

固定污染源非甲烷总烃采样原始记录见表 7-3。

表 7-3　固定污染源非甲烷总烃采样原始记录

<table>
<tr><td rowspan="4">标干风量（m^3/h）</td><td></td><td>1</td><td>2</td><td>3</td><td rowspan="14">监测项目及采样（监测）方法：

☑《固定污染源排气中颗粒物测定和气态污染物采样方法》及 2017 年修改单
（GB/T 16157—1996）

☑《固定污染源排气中总烃、甲烷和非甲烷总烃的测定　气相色谱法》
（HJ 38—2017）

☑《环境空气　苯系物的测定　活性炭吸附 - 二硫化碳解吸 - 气相色谱法》
（HJ 584—2010）

监测仪器型号编号：
□博睿 3060
☑青岛众瑞 ×××
☑真空采样箱 ×××
□针筒
☑气袋</td></tr>
<tr><td>AW1（进口）</td><td>8 214</td><td>8 230</td><td>8 176</td></tr>
<tr><td>AW2（出口）</td><td>6 178</td><td>6 175</td><td>6 055</td></tr>
<tr><td>AW</td><td></td><td></td><td></td></tr>
<tr><td colspan="2">样品编号</td><td>采样时长 /min</td><td>流量 /（$L \cdot min^{-1}$）</td><td>标干采气体积 /L</td></tr>
<tr><td colspan="2">AW -B-</td><td></td><td></td><td></td></tr>
<tr><td colspan="2">AW -B-</td><td></td><td></td><td></td></tr>
<tr><td colspan="2">AW -B-</td><td></td><td></td><td></td></tr>
<tr><td colspan="2">AW1-NMHC-1</td><td></td><td></td><td></td></tr>
<tr><td colspan="2">AW1-NMHC-2</td><td></td><td></td><td></td></tr>
<tr><td colspan="2">AW1-NMHC-3</td><td></td><td></td><td></td></tr>
<tr><td colspan="2">AW2-B-1</td><td rowspan="3">10</td><td rowspan="3">0.5</td><td>4.8</td></tr>
<tr><td colspan="2">AW2-B-2</td><td>4.8</td></tr>
<tr><td colspan="2">AW2-B-3</td><td>4.8</td></tr>
</table>

案例 7.10 存在的问题：处理设施进出口风量差距大。

非甲烷总烃采样时喷漆工序喷淋塔 +UV 光氧催化 + 活性炭处理设施进出口标干风量 1# 相差 24.8%，2# 相差 24.9%，3# 相差 25.9%，设施可能存在严重泄漏的情况，不符合监测要求。

在《大气污染治理工程技术导则》（HJ 2000—2010）中规定，管道的漏风量应根据管道长短及其气密程度，按系统风量的百分率计算。一般送、排风系统管道漏风率宜采用 3%～8%，除尘系统的漏风率宜采用 5%～10%。

案例 7.11

某报告中检测结果表见表 7-4。

表 7-4　某报告中检测结果表

检测点位及采样日期	检测项目	单位	检测结果
1# 点位 2019-10-22 至 2019-11-02	井位坐标	—	北纬：38°21′6.000″ 东经：117°18′35.850″
	井深	m	5
	水位	m	3.5
	埋深	m	3.4
	水温	℃	16
	钾	mg/L	44.40
	钠	mg/L	1.37×10^3
	钙	mg/L	96.6
	镁	mg/L	1.61×10^2
	碳酸根	mg/L	ND
	碳酸氢根	mg/L	460
	氯化物 / 氯离子	mg/L	2.24×10^3
	pH 值	无量纲	6.98

案例 7.11 存在的问题：超范围出具报告。

检测报告中有井深、水位、埋深的监测结果，查看系统上传的资质认定证书附表，井深、水位、埋深项目均无资质。

案例 7.12

土壤采样原始记录见表 7-5。

表 7-5　土壤采样原始记录

采样时间（2019 年 10 月 3 日）

采样点性质	□居民点 ☑工矿企业 □耕地 □林地 □草地 □水域 □其他		
采样点照片	□样点采样前　□样点采样后 ☑东侧　□西侧 □南侧　□北侧 □GPS 截图照片　□负责人现场照片	样品质量 /kg	4
采样器具	工具：□铁铲　□土钻　☑木铲　□竹片　□其他 器具：☑布袋　□聚乙烯袋　□吹扫捕集瓶　□棕色磨　□玻璃瓶　□其他		
备注	经纬度：用带小数点经纬度表示，精确到小数点后 5 位（如：东经 119°16′50″ 转换为 119.28056° 表示；北纬 37°39′53″ 转换为 37.66472° 表示）		

采样人：　　　　记录人：　　　　校核人：

土壤样品交接记录表见表 7-6。

表 7-6　土壤样品交接记录表

任务编号：××××××

序号	采样编号	样品编号	监测项目	样品重量是否符合要求	样品瓶 / 袋是否完好	标签是否整治完好	保存方式	样品数量（袋 / 瓶）
1	1		☑有机 □无机	☑是 □否	☑是 □否	☑是 □否	☑常温 □低温 ☑避光	1
2	2		□有机 ☑无机	☑是 □否	☑是 □否	☑是 □否	☑常温 □低温 ☑避光	1
3	3		☑有机 □无机	☑是 □否	☑是 □否	☑是 □否	□常温 ☑低温 ☑避光	1
4	4		□有机 ☑无机	☑是 □否	☑是 □否	☑是 □否	□常温 ☑低温 ☑避光	1

案例 7.12 存在的问题：

（1）2019 年 10 月 3 日土壤采样原始记录显示用布袋采样 4 kg，交接记录显示有 2 个有机物样品，不符合有机物样品必须用棕色玻璃瓶存贮的要求，见表 7-5；

（2）缺少样品保存容器的记录，有机物保存条件有常温的有低温的，不一致，见表 7-6；

（3）采样编号“1、2、3、4”与检测报告中样品编号无法对应，见表 7-5、表 7-6。

案例 7.13

样品交接单见表 7-7。

表 7-7 样品交接单

编号：BHJC-JS-048

<table>
<tr><td>委托单位</td><td colspan="2">×××汽车部件有限公司</td><td colspan="3">任务编号</td><td colspan="2">BHQT1910003</td></tr>
<tr><td>联系方式</td><td colspan="2"></td><td colspan="3">（抽☑送）样人员</td><td colspan="2">——</td></tr>
<tr><td>样品数量</td><td colspan="2">4 个</td><td colspan="3">（抽☑送）样日期</td><td colspan="2">2019.10.01</td></tr>
<tr><td>样品类别</td><td colspan="7">水和废水类________
☑空气和废气________
其他________</td></tr>
<tr><td>样品编号</td><td>送样编号</td><td>样品名称</td><td>样品状态</td><td>样品量</td><td>检测项目</td><td>符合性</td><td>标况体积</td></tr>
<tr><td>QT1910003001</td><td>1-1</td><td>XX 东南角</td><td>气袋完好无损</td><td>4</td><td>非甲烷总烃</td><td></td><td></td></tr>
</table>

案例 7.13 存在的问题：

①大气环境采样原始记录中，2019 年 10 月 1 日大气环境采样非甲烷总烃采样每个时间点采集 4 个气袋，没有等间隔采样，无法用瞬时值表征小时值，见表 7-8；

②大气环境采样原始记录上没有气袋样品的编号信息，样品交接单上有样品编号（采集的 4 个气袋 1 个编号），前后对应不上，见表 7-7、表 7-8；

③非甲烷总烃 QT1910003001 样品气相色谱分析原始记录只有 1 个数值（采集了 4 个气袋），见表 7-9。

大气环境采样原始记录见表 7-8。

案例 7.14

该案例为行政复议案例，起因是某环境监测中心于 2020 年 9 月 2 日 14:30 分许，对 ×× 县 ×× 污水处理厂及 YY 污水处理厂总排放口进行了监督性监测。采取的水样分为 3 份：一份由某环境监测中心检测；一份由两个污水处理厂分别委托第三方 ×× 检测技术有限公司进行检测；一份由两个污水处理厂自行检测。×× 污水处理厂 2020 年 9 月 2 日 20:00 和 22:00 分别采集了总磷样品送交第三方 ×× 检测技术有限公司进行检测，两个污水处理厂同时委托该公司于 2020 年 9 月 3 日分 4 个时间段采集了总排放口的总磷样品进行分析。

某环境监测中心检测结果显示 ×× 污水处理厂及 YY 污水处理厂总排放口总磷超标，第三方 ×× 检测技术有限公司和两个污水处理厂自行检测结果显示不超标，因此质疑某环境监测中心的检测结果。

×× 检测技术有限公司 XXJC20203323L 号任务和报告是 ×× 污水处理厂委托送样的相关记录，XXJC20203322L 号任务和报告是 YY 污水处理厂委托送样的相关记录，XXJC20201023J、XXJC20201024J 号任务和报告分别是该公司自行采集 ×× 污水处理厂总排放口、YY 污水处理厂总排放口污水的相关记录。

表 7-8　大气环境采样原始记录

任务编号：BHQT1910003　　受控编号

<table>
<tr><td colspan="2">单位名称</td><td colspan="4">××××汽车部件有限公司</td><td>项目名称</td><td colspan="6">环境质量现状检测</td></tr>
<tr><td colspan="2">单位地址</td><td colspan="4">××市经济开发区</td><td>采样日期</td><td colspan="6">2019.10.01</td></tr>
<tr><td colspan="3">检测依据：GB16297-1996</td><td>时间</td><td>采样流速 /（L·min⁻¹）</td><td>采样时长 / min</td><td>采样体积 /L</td><td>风向</td><td>风速 /（m·s⁻¹）</td><td>气温 / ℃</td><td>气压 / kPa</td><td>标况体积 / L</td><td>备注</td></tr>
<tr><td rowspan="5">仪器设备信息</td><td rowspan="4">真空箱气袋采样器
××××××</td><td rowspan="4">采样点名称：
××东南角
检测项目：
非甲烷总烃</td><td>2:00</td><td></td><td></td><td></td><td>东南</td><td>2.4</td><td>19.5</td><td>101.70</td><td></td><td>4个气袋</td></tr>
<tr><td>8:00</td><td></td><td></td><td>东南</td><td>2.5</td><td>23.6</td><td>101.50</td><td></td><td></td><td>4个气袋</td></tr>
<tr><td>14:00</td><td></td><td></td><td>东南</td><td>2.6</td><td>28.9</td><td>101.50</td><td></td><td></td><td>4个气袋</td></tr>
<tr><td>20:00</td><td></td><td></td><td>东南</td><td>2.4</td><td>20.5</td><td>101.50</td><td></td><td></td><td>4个气袋</td></tr>
<tr><td></td><td>采样点名称：</td><td></td><td></td><td></td><td></td><td></td><td></td><td></td><td></td><td></td><td>空白1个</td></tr>
</table>

表 7-9　气相色谱分析原始记录

任务编号：BHQT1910003　　受控编号

项目名称				分析方法		《环境空气　总烃、甲烷和非甲烷总烃的测定直接进样－气相色谱法》（HJ 604—2017）							分流比		无
仪器编号	仪器型号		检出限 /（$mg \cdot m^{-3}$）	测定项目	进样口温度 /℃		柱温 /℃	检测器温度 /℃	进样量 / mL	载气（N_2）流量 /（$mL \cdot min^{-1}$）			分析日期		
XXX-YQ53	×××××		0.07	NMHC	100		70	150	1.0	20		20	2019.10.1		
样品编号	样品峰面积						样品浓度 mg/m^3								
							总烃		氧峰（总烃柱）		甲烷		非甲烷总烃		
	总烃通道 1	相对偏差 %	平均值	甲烷通道 2	相对偏差 /%	平均值	检出浓度 /（$mg \cdot m^{-3}$）	计算值 /（$mg \cdot m^{-3}$）	面积	浓度 /（$mg \cdot m^{-3}$）	检出浓度 /（$mg \cdot m^{-3}$）	计算值 /（$mg \cdot m^{-3}$）	检出浓度 /	计算值 /（$mg \cdot m^{-3}$）	稀释倍数
QT1910003001	17 350.0			11 260.6			1.6550				1.0972		0.51		
QT1910003002	17 102.1			11 372.3			1.6314				1.1080		0.47	0.48	
	17 170.9			11 157.7			1.6379		516.7	0.0493	1.0871		0.50		
QT1910003003	17 269.6			11 416.8			1.6474				1.1124		0.49		

行政复议案例 7.14 附件（1）

受控编号：

检测委托协议

项目编号：XXJC20203323L

<table>
<tr><td rowspan="7">委托单位</td><td>委托单位</td><td colspan="2">× × 县 × × 污水处理厂</td><td></td><td>联系人 / 电话</td><td colspan="2"></td></tr>
<tr><td>受检单位</td><td colspan="2">× × 县 × × 污水处理厂</td><td></td><td>联系人 / 电话</td><td colspan="2"></td></tr>
<tr><td>项目名称</td><td colspan="2">废水来样</td><td colspan="4"></td></tr>
<tr><td>项目地址</td><td colspan="6">× × 市 × × 县</td></tr>
<tr><td rowspan="2">检测类别</td><td>环境</td><td colspan="5">☐ 现状检测 ☐排污许可证 ☐验收检测 √委托检测
☐定期检测 ☐比对检测 ☐泄漏检测 ☐非道路移动机械检测
☐污染场地评估调查监测</td></tr>
<tr><td colspan="6">☐其他项目检测（ ）</td></tr>
<tr><td>样品来源</td><td colspan="3">☐采样 √送样 ☐现场检测</td><td>项目来源</td><td colspan="2">√社会委托 ☐政府委托</td></tr>
<tr><td rowspan="7">承检单位</td><td>项目负责人</td><td colspan="3"></td><td>业务员 / 电话</td><td></td><td></td></tr>
<tr><td>分包事宜</td><td colspan="3">☐涉及分包项目 √不涉及分包项目</td><td>认证标识</td><td colspan="2">√计量认证（CMA）
☐其他（ ）</td></tr>
<tr><td>报告份数</td><td colspan="3">√ 3 份 ☐ 4 份 ☐（ ）份</td><td>报告交付</td><td colspan="2">年 月 日</td></tr>
<tr><td>报告提取方式</td><td colspan="6">☐自取（自取人： ）√邮寄（邮寄地址： ）</td></tr>
<tr><td>余样</td><td colspan="6">☐领回 ☐不领回 ☐处理 ☐报废、报损</td></tr>
<tr><td>检测费 / 支付方式</td><td colspan="6">☐一次性支付 分期支付（检测前支付： 元，取报告时支付 元）
☐现金 ☐支票 ☐银行转帐 ☐其他</td></tr>
<tr><td colspan="7"></td></tr>
<tr><td colspan="2">相关材料及备注</td><td colspan="6"></td></tr>
<tr><td colspan="2">有无特殊要求</td><td colspan="6">—</td></tr>
<tr><td colspan="4">委托方代理人（签字或盖章）：

2020 年 9 月 3 日</td><td colspan="4">单位名称：× × 检测技术有限公司
承检方受理人员（签字或盖章）

2020 年 9 月 3 日</td></tr>
</table>

行政复议案例 7.14 附件（2）

受控编号：

协议附表：检测方案

项目编号	XXJC20203323L			
检测布点	检测项目	检测频次	检测方法	备注
采样时间：2020.9.2 下午	COD	1 个样品	《水质　化学需氧量的测定　重铬酸盐法》（HJ 828—2017）	清、无色、塑料瓶承装
	氨氮		《水质　氨氮的测定　纳氏试剂分光光度法》（HJ 535—2009）	
	总磷		《水质　总磷的测定　钼酸铵分光光度法》（GB/T 11893—1989）	
	总氮		《水质　总氮的测定　碱性过硫酸钾消解紫外分光光度法》（HJ 636—2012）	
采样时间：2020.9.2 20:00	总磷	1 个样品	《水质　总磷的测定　钼酸铵分光光度法》（GB 11893—1989）	清、无色、塑料瓶承装
采样时间：2020.9.2 22:00	总磷	1 个样品	《水质　总磷的测定　钼酸铵分光光度法》（GB 11893—1989）	清、无色、塑料瓶承装
以下空白				

行政复议案例 7.14 附件（3）

受控编号：

样品流转及检验任务单

项目编号：XXJC20203323L　　　　采（来）样日期：2020.09.03

样品名称	样品编号	检验项目	气压 / kPa	温度 / ℃	□标准体积 /L □累计体积 /L □参比体积 /L	样品（数）量	样品预处理情况	样品状态	检验依据	样品验收	接样人 / 日期	备注
水	L-FS0101	COD				1		P 0.5 L、清、无色	HJ 828—2017	√	××× 2020.9.3	
		氨氮							HJ 535—2009			
		总磷							GB 11893—1989			
		总氮							HJ 636—2012			
	L-FS0201	总磷				1		P 0.5 L、清、无色	GB 11893—1989	√		
	L-FS0301	总磷				1		P 0.5 L、清、无色	GB 11893—1989	√		

$$V_s = V_m \times \frac{P}{101.325} \times \frac{273.15}{273.15 + t_A}$$

V_s：0℃、101.325 kPa 标准状况下的采样体积（L）；
V_m：在测定温度压力下的样品总体积（L）；
P：采样时环境的大气压（kPa）；
t_A：采样时环境温度（℃）

注：样品接收应做验收检查，包括时效性、符合性、完整性，符合要求“√”，不符合要求“×”

交样人：　　　　日期：2020.9.3　　　　样品管理员：　　　　日期：2020.9.3

行政复议案例 7.14 附件（4）

受控编号：

样品流转及检验任务单

项目编号：XXJC20203322L　　　　采（来）样日期：2020.09.03

样品名称	样品编号	检验项目	气压 / kPa	温度 / ℃	□ 标准体积 /L □ 累计体积 /L □ 参比体积 /L	样品（数）量	样品预处理情况	样品状态	检验依据	样品验收	接样人 / 日期	备注
水	L-FS0101	COD				1		P 0.5 L、清、无色	HJ 828—2017	√	××× 2020.9.3	
		氨氮							HJ 535—2009			
		总磷							GB 11893—1989			
		总氮							HJ 636—2012			

V_s：0℃、101.325 kPa 标准状况下的采样体积（L）；

V_m：在测定温度压力下的样品总体积（L）；

P：采样时环境的大气压（kPa）；

t_A：采样时环境温度（℃）

注：样品接收应做验收检查，包括时效性、符合性、完整性，符合要求“√”，不符合要求“×”

交样人：　　　日期：2020.9.3　　　样品管理员：　　　日期：2020.9.3

行政复议案例 7.14 附件（5）

××检测技术有限公司

检 测 报 告

报告编号（Report id）：XXJC20203322L　　　　第 3 页　共 3 页

四、检测结果

（1）废水检测结果

接样日期	样品原标识	样品编码	检测项目	检测结果
2020.9.3	（2020.9.2 下午采样）	L-FS0101	化学需氧量 /（mg · L^{-1}）	20
			氨氮 /（mg · L^{-1}）	0.042
			总磷 /（mg · L^{-1}）	0.24
			总氮 /（mg · L^{-1}）	4.58
	（2020.9.2 20:00 采样）	L-FS0201	总磷 /（mg · L^{-1}）	0.08
	（2020.9.2 22:00 采样）	L-FS0301	总磷 /（mg · L^{-1}）	0.06

—以下空白—

行政复议案例 7.14 附件（6）

受控编号：

水质 总磷的测定 分光光度法分析记录

项目编号：XXJC20203323L

检测项目	总 磷			采（来）样日期）			2020 年 9 月 3 日			
分析方法	钼酸铵分光光度法			分析日期			2020 年 9 月 4 日			
采样标准	GB 11893—1989			方法检出限			0.01 mg/L			
样品前处理	□将样品采用硝酸 - 高氯酸消解法进行消解。 √将样品采用过硫酸钾消解法进行消解。									
样品编号	取样量 V_1/mL	定容体积 V_2/mL	测定 V_3/mL	稀释倍数 d	吸光度 A_1	吸光度 A_1-A_0	浓度 / $mg \cdot L^{-1}$	平均值 / $mg \cdot L^{-1}$	相对偏差 / %	允许偏差 / %	结论
L-FS0101	25.0	25.0	50.0		0.197	0.177	0.24	0.25	0	≤10	合格
	25.0	25.0	50.0		0.202	0.182	0.24				
L-FS0201	25.0	25.0	50.0		0.086	0.066	0.08	—	—	—	—
	—	—	—	—	—	—	—				
L-FS0301	25.0	25.0	50.0		0.066	0.046	0.06	—	—	—	—
	—	—	—	—	—	—	—				
以下空白											

行政复议案例 7.14 附件（7）

受控编号：

检测委托协议

项目编号：XXJC20203322L

<table>
<tr><td rowspan="7">委托单位</td><td>委托单位</td><td colspan="2">× × 县 YY 污水处理厂</td><td></td><td>联系人 / 电话</td><td colspan="2"></td></tr>
<tr><td>受检单位</td><td colspan="2">× × 县 YY 污水处理厂</td><td></td><td>联系人 / 电话</td><td colspan="2"></td></tr>
<tr><td>项目名称</td><td colspan="2">废水来样</td><td colspan="4"></td></tr>
<tr><td>项目地址</td><td colspan="6">× × 县</td></tr>
<tr><td rowspan="2">检测类别</td><td>环境</td><td colspan="5">□ 现状检测 □排污许可证 □验收检测 √委托检测
□定期检测 □比对检测 □泄漏检测 □非道路移动机械捡测
□污染场地评估调查监测</td></tr>
<tr><td colspan="6">□其他项目检测（　　　）</td></tr>
<tr><td>样品来源</td><td colspan="3">□采样 √送样 □现场检测</td><td>项目来源</td><td colspan="2">√社会委托 □政府委托</td></tr>
<tr><td rowspan="7">承检单位</td><td>项目负责人</td><td colspan="3"></td><td>业务员 / 电话</td><td></td><td></td></tr>
<tr><td>分包事宜</td><td colspan="3">□涉及分包项目 √不涉及分包项目</td><td>认证标识</td><td colspan="2">√计量认证（CMA）
□其他（　　　）</td></tr>
<tr><td>报告份数</td><td colspan="3">√ 3 份 □ 4 份 □（　　）份</td><td>报告交付</td><td colspan="2">年　月　日</td></tr>
<tr><td>报告提取方式</td><td colspan="6">□自取（自取人：　　）√邮寄（邮寄地址：　　　　）</td></tr>
<tr><td>余样</td><td colspan="6">□领回 □不领回 □处理 □报废、报损</td></tr>
<tr><td>检测费 / 支付方式</td><td colspan="6">□一次性支付　分期支付（检测前支付：　　元，取报告时支付　　元）
□现金 □支票 □银行转帐 □其他</td></tr>
<tr><td colspan="7"></td></tr>
<tr><td colspan="2">相关材料及备注</td><td colspan="6"></td></tr>
<tr><td colspan="2">有无特殊要求</td><td colspan="6">—</td></tr>
<tr><td colspan="4">委托方代理人（签字或盖章）：

2020 年 9 月 3 日</td><td colspan="4">单位名称：× × 检测技术有限公司
承检方受理人员（签字或盖章）：

2020 年 9 月 3 日</td></tr>
</table>

行政复议案例 7.14 附件（8）

受控编号：

协议附表：检测方案

<table>
<tr><td>项目编号</td><td colspan="4">XXJC20203322L</td></tr>
<tr><td>检测布点</td><td>检测项目</td><td>检测频次</td><td>检测方法</td><td>备注</td></tr>
<tr><td rowspan="4">采样日期：2020.9.2</td><td>总磷</td><td rowspan="4">1 个样品</td><td>《水质　总磷的测定　钼酸铵分光光度法》（GB/T 11893—1989）</td><td rowspan="4">清、无色、塑料瓶承装</td></tr>
<tr><td>总氮</td><td>《水质　总氮的测定　碱性过硫酸钾消解紫外分光光度法》（HJ 636—2012）</td></tr>
<tr><td>氨氮</td><td>《水质　氨氮的测定　纳氏试剂分光光度法》（HJ 535—2009）</td></tr>
<tr><td>COD</td><td>《水质　化学需氧量的测定　重铬酸盐法》（HJ 828—2017）</td></tr>
<tr><td>以下空白</td><td></td><td></td><td></td><td></td></tr>
<tr><td>检测注意事项</td><td colspan="4"></td></tr>
</table>

现场部	签字： 2020 年 9 月 3 日	检测部	签字： 2020 年 9 月 3 日	质控中心	签字： 2020 年 9 月 3 日

行政复议案例 7.14 附件（9）

×× 检测技术有限公司
检 测 报 告

报告编号（Report id）：XXJC20203322L　　　　第 1 页　共 2 页

承担单位	×× 检测技术有限公司		
报告编写	×××	日　期	2020.9.6
审　核	×××	日　期	2020.9.6
签　发	×××	日　期	2020.9.6
参与人员	分析人员：×××、×××		

质控措施

1. 生产工况正常。检测期间，各污染治理设施运行正常。
2. 检测分析中使用的各种仪器均经省计量部门检定合格且在有效使用期内，并在使用前后进行校准，符合质控要求。
3. 所有检测分析人员均经过岗前培训，全部人员持证上岗。
4. 本次检测均严格按照《环境监测质量管理技术导则》（HJ 630—2011）、《污水监测技术规范》（HJ 91.1—2019）等规范和采用的标准检测方法实施全过程的质量保证。
5. 检测数据严格实行三级审核制度

行政复议案例 7.14 附件（10）

××检测技术有限公司
检 测 报 告

报告编号（Report id）：XXJC20203322L　　　　第 1 页　共 2 页

一、送样信息

样品类别	废水				
委托单位	××县 YY 污水处理厂				
受检单位	××县 YY 污水处理厂				
送样人		联系电话		样品数量	1 瓶 ×0.5 L
接样人		接样日期	2020.9.3	分析日期	2020.9.4

二、样品描述

检测类别	样品描述
废水	L-FS0101：清、无色。

三、检测项目及分析方法

检测类别	检测项目	分析方法及标准代号	仪器名称型号及编号	检出限 /（mg/L）
废水	总磷	《水质　总磷的测定　钼酸铵分光光度法》（GB/T 11893—1989）	紫外可见分光光度计型号及编号	0.01
	总氮	《水质　总氮的测定　碱性过硫酸钾消解紫外分光光度法》（HJ 636—2012）	紫外可见分光光度计型号及编号	0.05
	氨氮	《水质　氨氮的测定　纳氏试剂分光光度法》（HJ 535—2009）	紫外可见分光光度计型号及编号	0.025
	化学需氧量	《水质　化学需氧量的测定　重铬酸盐法》（HJ 828—2017）	酸式滴定管 50 mL	4

四、检测结果

（1）废水检测结果

接样日期	样品原标识	样品编码	检测项目	检测结果
2020.9.3	（2020.9.2 采样）	L-FS0101	总磷 /（mg/L）	0.26
			总氮 /（mg/L）	5.26
			氨氮 /（mg/L）	0.080
			化学需氧量	19

—以下空白—

行政复议案例 7.14 附件（11）

××检测技术有限公司
检 测 报 告

报告编号（Report id）：XXJC20201024J（××县 YY 污水处理厂） 第 1 页 共 3 页

续检测项目及分析方法

检测类别	检测项目	分析方法及标准代号	仪器名称型号及编号	检出限
废水	水温	《水质 水温的测定 温度计或颠倒温度计测定法》（GB/T 13195—1991）	水银温度计 ×××××	/

五、检测结果

（1）废水检测结果

检测点位及日期	检测项目	检测频次及结果				
		1	2	3	4	均值或范围值
废水总排口 2020.9.3	pH	7.64	7.48	7.56	7.40	7.40～7.64
	化学需氧量 /（mg/L）	23	21	25	24	23
	氨氮 /（mg/L）	0.662	0.573	0.518	0.489	0.560
	总磷 /（mg/L）	0.08	0.12	0.11	0.11	0.10
	总氮 /（mg/L）	4.28	4.86	4.96	5.09	4.80
	水温 /℃	24.6	25.4	24.8	25.6	25.1

—以下空白—

行政复议案例 7.14 附件（12）

×× 检测技术有限公司
检 测 报 告

报告编号（Report id）：XXJC20201024J（×× 县 ×× 污水处理厂）　　第 1 页　共 3 页

续检测项目及分析方法

检测类别	检测项目	分析方法及标准代号	仪器名称型号及编号	检出限
废水	总氮	《水质　总氮的测定　碱性过硫酸钾消解紫外分光光度法》（HJ 636—2012）	紫外可见分光光度计 ××××	0.05 mg/L
	流量	《水污染物排放总量监测技术规范》流速仪法（HJ/T 92—2002）7.3.1	便携式流速测算仪 ×××	—
	水温	《水质　水温的测定　温度计或颠倒温度计测定法》（GB/T 13195—1991）	水银温度计 ×××	—

五、检测结果

（1）废水检测结果

检测点位及日期	检测项目	检测频次及结果				
		1	2	3	4	均值或范围值
废水总排口 2020.9.3	pH	7.20	7.34	7.24	7.40	7.20～7.40
	化学需氧量 /（mg/L）	16	13	18	17	16
	氨氮 /（mg/L）	0.590	0.539	0.465	0.565	0.540
	总磷 /（mg/L）	0.10	0.13	0.11	0.09	0.11
	总氮 /（mg/L）	4.07	4.37	4.48	3.83	4.19
	流量 /（m^3/s）	0.114	0.102	0.110	0.098	0.106
	水温 /℃	25.4	25.8	25.8	26.2	25.8

—以下空白—

行政复议案例 7.14 附件（13）

受控编号：

水污染源检测原始记录

项目编号：XXJC20201023J

单位名称	×× 县 ×× 污水处理厂			行业类别	—	检测日期	2020 年 9 月 3 日		
采样口名称	废水总排口			处理设施名称及工艺	—	采样方法	√ HJ 91.1—2019　其他：/		
						运输方式	√汽车运输　其他：/		
样品编号	采样时间	水温 / ℃	流量 / （m^3/s）	检测项目	盛装容器	采样量 / L	固定剂	保存条件	感官描述（色、嗅等）
FS0101	9:11	25.4	0.114	COD	G	0.5	√是 H_2SO_4 □否	√避光 √冷藏 □冷冻	清、无色、无嗅
				氨氮、总磷、总氮	G	1	√是 H_2SO_4 □否	√避光 √冷藏 □冷冻	清、无色、无嗅
FS0102	11:14	25.8	0.102	同上	同上	同上	□是______ □否	√避光 √冷藏 □冷冻	清、无色、无嗅
FS0103	13:26	25.8	0.110	同上	同上	同上	□是______ □否	√避光 √冷藏 □冷冻	清、无色、无嗅
FS0104	15:34	26.2	0.098	同上	同上	同上	□是______ □否	√避光 √冷藏 □冷冻	清、无色、无嗅
FS0104 平	15:34	26.2	0.098	同上	同上	同上	□是______ □否	√避光 √冷藏 □冷冻	清、无色、无嗅
FS01 空	—	—	—	—	—	—	□是______ □否	√避光 √冷藏 □冷冻	清、无色、无嗅

检测人：　　　　　　　　复核人：

第 1 页　共 × 页

行政复议案例 7.14 附件（14）

受控编号：

水污染源检测原始记录

项目编号：XXJC20201024J

<table>
<tr><td>单位名称</td><td colspan="3">× × 县 YY 污水处理厂</td><td>行业类别</td><td>—</td><td colspan="2">检测日期</td><td colspan="3">2020 年 9 月 3 日</td></tr>
<tr><td rowspan="2">采样口名称</td><td colspan="3" rowspan="2">废水总排口</td><td rowspan="2">处理设施名称及工艺</td><td rowspan="2">—</td><td colspan="2">采样方法</td><td colspan="3">√ HJ 91.1—2019　其他：/</td></tr>
<tr><td colspan="2">运输方式</td><td colspan="3">√汽车运输　其他：/</td></tr>
<tr><td>样品编号</td><td>采样时间</td><td>水温 / ℃</td><td>流量 /（m^3/s）</td><td colspan="2">检测项目</td><td>盛装容器</td><td>采样量 / L</td><td>固定剂</td><td>保存条件</td><td>感官描述（色、嗅等）</td></tr>
<tr><td>FS0101</td><td>10:04</td><td>24.6</td><td></td><td colspan="2">COD</td><td>G</td><td>0.5</td><td>√是 H_2SO_4 □否</td><td>√避光 √冷藏 □冷冻</td><td>清、无色、无嗅</td></tr>
<tr><td></td><td></td><td></td><td></td><td colspan="2">氨氮、总磷、总氮</td><td>G</td><td>1</td><td>√是 H_2SO_4 □否</td><td>√避光 √冷藏 □冷冻</td><td>清、无色、无嗅</td></tr>
<tr><td>FS0102</td><td>12:36</td><td>25.4</td><td></td><td colspan="2">同上</td><td>同上</td><td>同上</td><td>□是______ □否</td><td>√避光 √冷藏 □冷冻</td><td>清、无色、无嗅</td></tr>
<tr><td>FS0103</td><td>14:47</td><td>24.8</td><td></td><td colspan="2">同上</td><td>同上</td><td>同上</td><td>□是______ □否</td><td>√避光 √冷藏 □冷冻</td><td>清、无色、无嗅</td></tr>
<tr><td>FS0104</td><td>16:52</td><td>25.6</td><td></td><td colspan="2">同上</td><td>同上</td><td>同上</td><td>□是______ □否</td><td>√避光 √冷藏 □冷冻</td><td>清、无色、无嗅</td></tr>
<tr><td>FS0104 平</td><td>16:52</td><td>25.6</td><td></td><td colspan="2">同上</td><td>同上</td><td>同上</td><td>□是______ □否</td><td>√避光 √冷藏 □冷冻</td><td>清、无色、无嗅</td></tr>
<tr><td>FS01 空</td><td>—</td><td>—</td><td>—</td><td colspan="2">—</td><td>—</td><td>—</td><td>□是______ □否</td><td>√避光 √冷藏 □冷冻</td><td>清、无色、无嗅</td></tr>
</table>

检测人：　　　　　　　　复核人：

第 1 页　共 × 页

案例 7.14 存在的问题分析如下：

1. 样品送检真实性存疑

由被检方自己送样，自身委托，不能保证样品的真实性。报告编号为 XXJC20203323L 和 XXJC20203322L 的检测委托协议中表明该样品为被检方（污水处理厂）自己送样、自己委托，且没有说明样品的来源（具体检测点位），不能证明样品就是当时污水处理厂排污口水质样品。见行政复议案例 7.14 附件（1）、附件（6）。

2. 样品编码不唯一

× × 检测技术有限公司出具的编号为 XXJC20203323L、XXJC20203322L 的两份报告，委托单位和报告编号均不同，但两份报告中均有样品编号为 L-FS0101 的样品，样品流转单中记录信息中缺少原始标识与实验室样品编号（L-FS0101）的对应关系，样品不具有唯一性。见行政复议案例 7.14 附件（3）～（5）、（10）、（13）、（14）。

3. 总磷样品保存时限超期

查阅编号为 XXJC20203323L、XXJC20203322L 的委托协议和样品流转单显示样品的采样时间均为 9 月 2 日，分析记录显示样品的分析日期为 9 月 4 日，《污水监测技术规范》（HJ 91.1—2019）附录 A 常用污水检测项目的采样和保存要求表 1 中规定，总磷样品采集加酸使 pH≤2，冷藏后样品只有 24 h 的保存时限，9 月 4 日分析已经超过了保存期，其监测结果的准确性不可信。见行政复议案例 7.14 附件（1）～（4）、（6）～（8）、（10）。

4. 总磷的检测结果相差较大

按照报告的说明检测时生产工况正常，见行政复议案例 7.14 附件（9）。“检测期间，各污染治理设施运行正常。”对比一下检测数据，2020 年 9 月 2 日 14:30 左右采集的样品 × × 污水处理厂和 YY 污水处理厂的总磷浓度分别为 0.24 mg/L、0.26 mg/L，9 月 2 日 × × 污水处理厂 20:00 和 22:00 的浓度在 0.06～0.08 mg/L，浓度变化较大，9 月 3 日两个厂 4 次采样 × × 污水处理厂和 YY 污水处理厂总磷浓度在 0.08～0.13 mg/L，波动很小，都是正常工况，为何 2020 年 9 月 2 日检查那天总磷浓度数据相差较大，而 9 月 3 日自行检测期间波动很小？拿 9 月 3 日全天不超标数据说明 9 月 2 日也不应该超标，无法复现当天的工况和运行状况，证据站不住脚。数据汇总见表 7-10，具体来源见行政复议案例 7 附件（5）、（6）、（11）～（14）。

5. 总磷处理工艺的限制

根据《地表水环境质量标准》（GB 3838—2002），依据地表水水域环境功能和保护目标，按功能高低依次划分为五类：Ⅰ类主要适用源头水、国家自然保护区；Ⅱ类主要适用集中式生活饮用水地表水水源地一级保护区、珍稀水生生物栖息地、鱼虾类产卵场、仔稚幼鱼的索饵场等；Ⅲ类主要适用集中式生活饮用水地表水水源地二级保护区、鱼虾类越冬场、洄游通道、水产养殖区等渔业水域及游泳区。

表 7-10　各次总磷测试结果数据比较表

XXJC20203323L（委托送样）	2020 年 9 月 2 日	采样时间				×× 污水处理厂
		14:30	20:00	22:00	—	
	总磷浓度 /（mg/L）	0.24	0.08	0.06	—	
XXJC20201023J（自行采样）	2020 年 9 月 3 日	采样时间				
		9:11	11:14	13:26	15:34	
	总磷浓度 /（mg/L）	0.10	0.13	0.11	0.09	
XXJC20203322L（委托送样）	2020 年 9 月 2 日	采样时间				YY 污水处理厂
		14:30	—	—	—	
	总磷浓度 /（mg/L）	0.26	—	—	—	
XXJC20201024J（自行采样）	2020 年 9 月 3 日	采样时间				
		10:04	12:36	14:47	16:52	
	总磷浓度 /（mg/L）	0.08	0.12	0.11	0.11	

2020 年 9 月 2 日 ×× 污水处理厂 20:00 和 22:00 总磷的浓度为 0.06～0.08 mg/L，见行政复议案例 7.14 附件（6），该浓度优于地表水Ⅱ类标准的 0.10 mg/L（表 7-11），一般的处理工艺达不到这么好的效果。

表 7-11　地表水环境质量标准基本项目标准限值　　单位：mg/L

序号	项目 \ 标准值 \ 分类		Ⅰ类	Ⅱ类	Ⅲ类	Ⅳ类	Ⅴ类
1	水温 /℃		人为造成的环境水温变化应限制在： 周平均最大温升≤1 周平均最大温降≤2				
2	pH（无量纲）		6～9				
3	溶解氧	≥	饱和率 90%（或 7.5）	6	5	3	2
4	高锰酸盐指数	≤	2	4	6	10	15
5	化学需氧量（COD）	≤	15	15	20	30	40
6	五日生化需氧量（BOD_5）	≤	3	3	4	6	10
7	氨氮（NH_3-N）	≤	0.15	0.5	1.0	1.5	2.0
8	总磷（以 P 计）	≤	0.02（湖、库 0.01）	0.1（湖、库 0.025）	0.2（湖、库 0.05）	0.3（湖、库 0.1）	0.4（湖、库 0.2）

第 8 章　环境检测关键技术与困扰机构的一些问题

8.1　环境空气和废气类

问题 8.1

在很多工业企业的有组织废气监测过程中，进出口同时监测，但是进出口风量存在一定的差值，进出口风量差值应控制在什么范围？

【参考意见】工业企业有组织废气经处理后排放时，理论上处理设施进出口风量应该是一样的，但由于处理设施及管道存在一定的漏风率，所以实际上进出口风量不可能完全一致。在《大气污染治理工程技术导则》（HJ 2000—2010）中规定，“管道的漏风量应根据管道长短及其气密程度，按系统风量的百分率计算。一般送、排风系统管道漏风率宜采用 3%～8%，除尘系统的漏风率宜采用 5%～10%”。而在实际监测过程中，由于监测孔开设的位置、仪器间误差、人员间误差等都会对监测结果产生影响，也会导致进出口同步监测时风量不一致。目前尚未出台相关技术规范，对进出口同步监测时两者风量差值范围做出明确规定。（根据安徽省生态环境厅 2020 年 9 月回复环境检测问题咨询内容编写。）

按照上述回复，一般进出口风量差值≤20%，可以接受，超过这个数值肯定是有异常了。风量异常就要分析原因，排除干扰，保证数据本身的合理性和数据之间的相关性。应当仔细查看是否有漏气的地方，尤其是出口。数据处理排放浓度按折算后的浓度评价计算，总量按出口风量计算；不用折算的就要考虑风量的合理性，排除人为掺风的可能性。

问题 8.2

验收检测实际检测风量与风机额定风量相差较大时数据怎么处理？

【参考意见】应该按实际风量，受后面污染治理设施包括管道长短粗细，角度阻力等的影响，风机风量可能会和实际风量差别比较大。

问题 8.3

非甲烷总烃执行《挥发性有机物无组织排放控制标准》（GB 37822—2019）时，在没有便携式检测设备的情况下，能不能出任意浓度值？

【参考意见】按照《挥发性有机物无组织排放控制标准》（GB 37822—2019）的规定，A.2.2 厂区内 NMHC 任意一次浓度值的监测，按便携式监测仪器相关规定执行。

对不同污染源监测的要求，设备与管线组件泄漏、敞开液面逸散的 VOCs 排放，适用《泄漏和敞开液面排放的挥发性有机物检测技术导则》（HJ 733—2014）中规定的方法，使用氢火焰离子化检测器的便携式检测仪器进行检测，如果没有便携式仪器，对这类排放源是不能检测的，这类检测方法都是要捕集其最大值评价，所以也不能出任意浓度值。

对于挥发性有机液体储罐、挥发性有机液体装载设施以及废气收集处理系统的 VOCs 排放检测适用一般固定污染源废气的检测，检测方法依据《固定污染源废气 总烃、甲烷和非甲烷总烃的测定 气相色谱法》（HJ 38—2017），《固定源废气监测技术规范》（HJ/T 397—2007），要测定 1 h 平均值（在一小时内等时间采样 3～4 次），测定 3 h 值，取最大值评价（一般情况下），也不能出任意值。除非测定 1 h 值，即超标，即可判定排放超标。但也不能出任意一次值（采一个即时样品）。有些机构就是一个即时样品代表一次值，3 个样品取最大值评价，这是不对的。

问题 8.4

目前新的验收技术指南规定了验收标准按新标准执行，并无具体工况规定；可是有许多行业验收技术规范的验收执行标准仍然为环评批复标准，并按新标准考核，同时对工况符合也有规定。那么，遇到这种情况时该怎么办？

【参考意见】（1）按照《建设项目竣工环境保护验收技术指南 污染影响类》（生态环境部公告 2018 年第 9 号）有关规定，建设项目竣工环境保护验收，执行批复文件所规定的标准。若环境影响报告书（表）审批之后发布或修订的标准，且对建设项目执行该标准有明确时限要求的，要在指定时间执行新标准。（2）按照《建设项目竣工环境保护验收暂行办法》有关规定，验收监测应当在确保主体工程调试工况稳定、环境保护设施运行正常的情况下进行，并如实记录监测时的实际工况。若国家和地方有关污染物排放标准或者行业验收技术规范对工况和生产负荷另有规定的，按其规定执行。

（来自生态环境部部长信箱 2019.4。）

问题 8.5

《建设项目竣工环境保护验收技术指南 污染影响类》（生态环境部公告 2018 年第 9 号）6.3.4 中：（1）有明显生产周期，稳定排放的项目，每个周期采集 3～多次（不应少于执行标准中规定的次数），此时的“次”是指有效小时值的次数还是样品的数量？以有组织非甲烷总烃为例，是 1 h 等时间间隔采集 4 个样品，还是 3 h 采集 12 个样品；（2）无明显生产周期，稳定排放的项目，每天采集不少于 3 个样品，此时的 3 个样品是否要考虑不同污染物采样时间的一致性，以无组织监测为例，总悬浮颗粒物是采集 3 个样品（3 h），非甲烷总烃采集 4 个样品（1 h），两者采样时间不用考虑同步，该如何理解？

【参考意见】（1）“有明显生产周期，稳定排放的项目，每个周期采集 3～多次”，此处的“次”是指“有效小时值”的次数。（2）“无明显生产周期，稳定排放的项目，每天采集不少于3个样品”，不同污染物的采样时间可以不同步。

（来自生态环境部部长信箱 2019.4。）

问题 8.6

具体工作中发现，很多检测人员采集水泥厂氟化物样品时，没有同时采集尘氟和气氟，有的检测人员知道要同时采集，但不知道采样时如何连接管路？

【参考意见】水泥厂监测《水泥工业大气污染物排放标准》（GB 4915—2013）规定，表1和表2中水泥制造水泥窑及窑尾余热利用系统氟化物（以总F计），采集氟化物应该同时采集尘氟和气氟。尘氟用烟尘采样器采集，在烟枪前段装上采样滤筒，过滤后的烟气通过一个分流装置（图8-1中蓝色管线），进入烟尘采样器，通过其测量流量、温度、湿度，烟枪上有两根小管测定动压、静压；一部分分流烟气（图8-1中橙色管道）进行两个串联吸收瓶采集气氟，吸收瓶出口连接烟气采样器，通过烟气采样器控制流速。

图8-1　氟化物采样烟气采样器连接示例

问题 8.7

2018年8月，生态环境部印发“关于发布《环境空气质量标准》（GB 3095—2012）修改单的公告”（2018年第29号）和“关于发布《环境空气　二氧化硫的测定 甲醛吸收－副玫瑰苯胺分光光度法》（HJ 482—2009）等19项标准修改单公告”（2018年第31号），参比体积是否也适用环境空气和无组织排放的氨和硫化氢、苯系物等采用溶液吸收采样法和吸附管采样法的气态污染物？实际体积又是否适用铬、镉等标准中未提到的金属？如果适用，《大气污染物综合排放标准》（GB 16297—1996）中的无组织排放浓度限值是否仍适用？（GB 16297—1996中3.1规定“本标准定的各项标准值，均以标准状态下的干空气为基准”。）

【参考意见】（1）依据《环境空气质量标准》（GB 3095—2012）修改单等技术内容，对环境空气污染物监测提出如下调整：一是对于气态污染物，测定结果为参比状态下浓度；二是对于颗粒态污染物，测定结果为监测时大气温度和压力下的浓度。（2）在《大气污染物综合排放标准》（GB 16297—1996）等标准规范修订前，无组织排放的浓度限值仍为标准状态下的排放浓度限值。（根据生态环境部部长信箱及标准进行整理。）

问题 8.8

《固定污染源排气中颗粒物测定与气态污染物采样方法》（GB/T 16157—1996）修改单规定，颗粒物浓度小于等于20 mg/m^3，适用《固定污染源废气　低浓度颗粒物

的测定　重量法》（HJ 836—2017）标准；颗粒物浓度大于等于 20 mg/m^3 且不超过 50 mg/m^3，GB/T 16157—1996 与 HJ 836—2017 同时适用。修改单中颗粒物浓度指的是监测过程中的实测浓度，还是换算为基准过量空气系数之后的折算浓度？在实际操作过程中，例如砖厂隧道窑烟囱监测过程中，其氧含量浓度较高，监测结果实测浓度可能低于 20 mg/m^3，但换算为基准过量空气系数之后的折算浓度之后就可能高于 20 mg/m^3，在此种情况下是 GB/T 16157—1996 和 HJ 836—2017 两标准同时适用，还是只适用 HJ 836—2017？

【参考意见】《固定污染源排气中颗粒物测定与气态污染物采样方法》（GB/T 16157—1996 ）修改单中的浓度是指标准状态下的干废气浓度（不进行折算）。根据 GB/T 16157—1996 修改单的规定，颗粒物浓度小于等于 20 mg/m^3，适用《固定污染源废气　低浓度颗粒物的测定　重量法》（HJ 836—2017）标准；颗粒物浓度大于等于 20 mg/m^3 且不超过 50 mg/m^3，GB/T 16157-1996 与 HJ 836—2017 同时适用。（来自生态环境部部长信箱 2018.8。）

问题 8.9

固定污染源气态污染物检测的传感器什么时候换？

【参考意见】根据《固定污染源监测质量保证与质量控制技术规范（试行）》（HJ/T 373—2007）中 5.2.1 的规定，定电位电解法烟气测定仪和测氧仪的电化学传感器寿命一般为 1～2 年，到期后应及时更换。在使用有效期内若发现传感器性能明显下降或已失效，须及时更换传感器，更换后测定仪应重新检定 / 校准后方可使用。

传感器更换时间当然也跟使用的频率和维护状况有关系，如果经过校准或检定，符合要求，可以使用。

定电位电解法烟气（SO_2、NO_x、CO）测定仪应在每次使用前校准。采用仪器量程 20%～30%、50%～60%、80%～90% 处浓度或与待测物相近浓度的标准气体校准，若仪器示值偏差不高于 ±5%，测定仪可以使用。

至少每季度对测氧仪校准一次，采用高纯氮校准其零点。用纯净空气调整测氧仪示值，在标准大气压下其示值为 20.9%。

问题 8.10

固定污染源二氧化硫测定方法的适用范围有哪些？

【参考意见】我国现阶段对于固定污染源二氧化硫的分析方法主要有《固定污染源排气中二氧化硫的测定 碘量法》（HJ/T 56—2000）、《固定污染源排气中二氧化硫的测定 定电位电解法》（HJ 57—2017）、《固定污染源废气　二氧化硫的测定　非分散红外吸收法》（HJ 629—2011）等。其中，碘量法由于监测周期较长，难以支撑监管和执法需求，目前已鲜有应用。

目前，我国污染源废气中二氧化硫的监测主要采用定电位电解法。定电位电解法具有无须预热、快速响应、现场直读等优势，在我国市场上，国产的和进口的定电位电解法原理的仪器被我国各级环境监测站广泛应用于日常开展污染源监测。但是，定电位电解法也存在交叉干扰组分多（高浓度的一氧化碳会造成干扰）、机理复杂，难以适应复杂污染源环境监测，传感器容易毒化，无法支持长时间连续监测，且更换频率较高等缺点。

非分散红外分析是一种用于排放气体现场监测分析的技术，与定电位电解法相比，具有选择性好、寿命长、灵敏度高等优势。仪器主要由红外光源、红外吸收池、红外接收器、气体管路、温度传感器等组成。它是利用各种元素对某个特定波长的吸收原理，当被测气体进入红外吸收池后会对红外光有不同程度的吸收，从而计算出气体含量。然而，非分散红外法也存在预热时间长、浓度响应较慢、受外界温度波动影响较大等缺点，同时烟气中可能存在的有机物也会对二氧化硫等测定存在一定的干扰，其中，常见的甲烷对测试可引入约 5% 的正干扰。

与这两种方法相比，紫外法具备气体交叉干扰少、预热时间较短、维护方便等优点，不仅便携式紫外吸收烟气分析仪在各地监测部门的研究性工作中已经得到了广泛的应用，而且大量在线监测设备也已经被企业所认可，得到了广泛的安装和使用。

2020 年 5 月 15 日，国家生态环境部颁布了《固定污染源废气二氧化硫的测定　便携式紫外吸收法》（HJ 1131—2020），2020 年 8 月 15 日实施。

以上几种方法均适用固定污染源的二氧化硫的测定。

问题 8.11

《关于做好钢铁企业超低排放评估监测工作的通知》的附件《钢铁企业超低排放评估监测技术指南》中推荐了《固定污染源废气　二氧化硫的测定　非分散红外吸收法》（HJ 629—2011）和《固定污染源废气　氮氧化物的测定　非分散红外吸收法》（HJ 692—2014）这两个烟气监测方法，但指南中提到“本文件发布实施后，有新发布的监测分析方法标准，其方法适用范围相同，也适用本文件对应污染物的测定”。那么《气体分析　二氧化硫和氮氧化物的测定　紫外差分吸收光谱分析法》（GB/T 37186—2018）中也提到了本标准方法适用标准气体、工业气体、环境空气等气体中二氧化硫和氮氧化物的测定。而且紫外吸收方法比非分散红外吸收法方法更新，稳定性更好，监测数据更准确。那钢铁企业超低排放评估监测时能用《气体分析　二氧化硫和氮氧化物的测定　紫外差分吸收光谱分析法》（GB/T 37186—2018）这个标准作为监测分析方法吗?

【参考意见】《关于做好钢铁企业超低排放评估监测工作的通知》规定，“选用监测方法时，应能消除干扰或避免产生干扰。监测烧结和球团废气中 SO_2 时，应避免使用 HJ 57—2017，可使用 HJ 629—2011 等。监测焦炉烟囱废气时，应优先使用 HJ 629—2011，同时监测仪器应注意加装消除有机物干扰的滤波片”。若其他监测方法经过验证，证明能消除干扰或避免产生干扰，同时适用。（来自生态环境部部长信箱 2020.8。）

问题 8.12

《环境空气和废气　氯化氢的测定　离子色谱法》（HJ 549—2016），氯化氢的检测容易受到环境等因素干扰，整个检测过程需要注意哪些环节？

【参考意见】《环境空气和废气　氯化氢的测定　离子色谱法》（HJ 549—2016），测定各类环境空气和废气中的氯化氢样品，由于空气中普遍存在氯离子，该方法极易受到外来氯离子的干扰，造成空白值偏高、数据失真。

在检测中，应该采取有效的控制措施：一是在清洗氯化氢吸收管时，应使用纯水多次清洗，直至洗液的电导率＜1.0 μS/cm，以保证其本底值低于方法检出限；二是吸收管清洗后收于箱内存放并密封，避免空气进入长时间存放造成污染。采样开始前和采样结束后应立即封口保存并杜绝与空气接触，存放样品的保存箱应洁净无污染，不混装其他项目的样品，三是实际氯化氢检测中，样品很容易受到外界氯离子的沾污，在检测过程中应佩戴手套，防止手上氯化物的干扰，选择方法规定的滤膜并将其置于滤膜夹内去除空气中的颗粒物，四是定期检查超纯水的水质及吸收管的洁净度，可在采样前按清洗批次抽检，并且要做到氯化氢采样管专管专用。（根据江苏苏力环境科技有限责任公司赵士彬《环境空气氯化氢监测时存在的干扰因素及控制措施》，科技经济导刊，2020，28（10）整理。）

问题 8.13

《环境空气　苯系物的测定　活性炭吸附 / 二硫化碳解吸 - 气相色谱法》（HJ 584—2010）和《空气和废气监测分析方法》（第四版增补版）6.2.1.1 活性炭吸附二硫化碳解吸气相色谱法（B）的检出限不一致？

【参考意见】两个方法的采样体积一致，吸附管一致，但两者的分离色谱柱不一致：《环境空气　苯系物的测定　活性炭吸附 / 二硫化碳解吸 - 气相色谱法》（HJ 584—2010）使用聚乙二醇毛细管柱；《空气和废气监测分析方法》（第四版增补版）使用 SE-54 毛细管柱，按《环境监测分析方法标准制订技术导则》（HJ 168—2020）的有关要求，完成对所选用分析测试方法的检出限、测定下限、精密度、正确度、线性范围等方法各项特性指标的确认，检出限不一致正常。

（河北省地质实验测试中心王磊老师整理回答。）

问题 8.14

《固定污染源废气　油烟和油雾的测定　红外分光光度法》（HJ 1077—2019）现已实施，目前《饮食业油烟排放标准》（GB 18483—2001）仍在实行，那么 HJ 1077—2019 是指替代了 GB 18483—2001 中的附录 A，还是两个分析方法均可用；由于 HJ 1077—2019 中并未明确提出废止 GB 18483—2001 中附录 A 的方法，也未说明替代，请问，这两个方法都要保留吗？用 HJ 1077—2019 测出的油烟是否可以依据 GB 18483—2001 的标准进行评判，是否需要按照 GB 18483—2001 的折算标准进行折算？

【参考意见】①《固定污染源废气　油烟和油雾的测定 红外分光光度法》（HJ 1077—2019）并未替代《饮食业油烟排放标准》（GB 18483—2001）附录 A 的内容，两个方法都为现行有效标准，但随着消耗臭氧层物质四氯化碳（CTC）实验室用途淘汰进程的加快，鼓励优先使用 HJ 1077—2019 方法。同时，我们也将尽快通过 GB 18483—2001 标准的修订废止附录 A 的监测方法。②我部于 2019 年发布《固定污染源废气　油烟和油雾的测定 红外分光光度法》（HJ 1077—2019），按照我国生态环境标准体系建设及管理办法相关规定，在标准实施后发布的污染物监测方法标准，如适用性满足要求，同样适用标准相应污染物的规定。即 HJ 1077—2019 可作为 GB 18483—2001 附录 A 的等效替代方法，测出的油烟浓度应按照 GB 18483—2001 的要求进行折算。

（来自部长信箱“关于 HJ 1077—2019 的相关问题的回复”，2020.12.25。）

8.2　水和废水类

问题 8.15

《水质　总氮的测定　碱性过硫酸钾消解紫外分光光度法》（HJ 636—2012），标准要求检测总氮空白吸光度＜0.030，经常出现空白吸光度＞0.030，应该注意什么？

【参考意见】《水质　总氮的测定　碱性过硫酸钾消解紫外分光光度法》（HJ 636—2012）测定水中总氮的原理是：在 120～124℃下，碱性过硫酸钾溶液使样品中含氮化合物的氮转化为硝酸盐，采用紫外分光光度法于波长 220 nm 与 275 nm 处，分别测定吸光度 A_{220} 和 A_{275}，按 $A=A_{220}-2A_{275}$ 计算硝酸盐氮的吸光度值，从而计算总氮的含量。总氮空白值检测的影响因素：

（1）主要仪器和设备

紫外可见分光光度计及 10 mm 石英比色皿、医用蒸汽灭菌器、超纯水机，以及具塞玻璃磨口比色管都要符合标准的检测要求，所用玻璃器皿用盐酸（1+9）浸泡，清洗后再用去离子水冲洗，必要情况下，可以在高压锅内蒸一下。

（2）实验用水

在相同的实验条件下，用超纯水和无氨水对总氮分析测定的空白值比普通去离子水小，但相差不大，都在规定的范围之内，能满足总氮测定的要求。考虑到实际情况，可以用去离子水代替无氨水进行实验，但从质量和严谨的角度考虑，有条件还是要使用无氨水或超纯水。

（3）试剂质量

用紫外分光光度法测定总氮的过程中，要消除碱性过硫酸钾的影响，过硫酸钾和氢氧化钠是非常重要的试剂。总氨分析中，空白值和样品的最终结果受过硫酸钾试剂纯度的影响很大，因此，对过硫酸钾试剂的要求非常苛刻。通常情况下，普通 AR 级过硫酸钾中氮化合物的含量为 0.002%～0.005%，不同厂家、批号的试剂质量存在差异，往往有些试剂的含氮量达不到要求，导致空白值偏高。

如果过硫酸钾空白值过高，可以经过提纯后再使用。提纯方法：将过硫酸钾溶于 50～60℃的无氨水中，在无氨的洁净处将溶液冷却至近 0℃，过滤，将已重结晶的过硫酸钾置于干燥器中干燥以备用。

在实际工作中，结合实验室试剂采购规范，对新进用于总氮项目的过硫酸钾要进行验收试用，以确保过硫酸钾的可靠性满足总氮分析实验要求。

1）碱性过硫酸钾的配制与保存

①碱性过硫酸钾的配制方法：称取 40 g 过硫酸钾，15 g 氢氧化钠，溶于无氨水中，稀释至 1 000 mL。而 HJ 636—2012 中则明确指出，两种溶液需分开配制，且要等到氢氧化钠溶液冷却至室温后，再将两种溶液混匀。这是由于氢氧化钠溶于水时会发热，若将过硫酸钾和氢氧化钠同时放入烧杯中溶解，部分过硫酸钾会因氢氧化钠放热导致局部温度过高而失效，所以，在配制碱性过硫酸钾溶液时，必须按 HJ 636—2012 的规定进行。过硫酸钾常温下不易完全溶解，在配制时常常通过加热促进溶解，但过硫酸钾在 60℃甚至 50℃就会分解，故加热温度应控制在 50℃以下为宜。

配制碱性过硫酸钾溶液应注意：a. 最好分别溶解过硫酸钾和氢氧化钠，待两种试剂冷却至室温后再混合；b. 配制过硫酸钾溶液需加热溶解，但温度一定要控制在 50℃以下，防止过硫酸钾分解失效；c. 溶液最好现用现配，最长放置时间不超过 3 d，而且消解时加入碱性过硫酸钾的量必须准确。

②碱性过硫酸钾存放时间：过硫酸钾作为氧化剂，应避免与还原性物质、硫、磷等混合存放，且要放在干燥的地方，不能存放太久。碱性过硫酸钾溶液更不能长期存放，标准中规定碱性过硫酸钾溶液在聚乙烯瓶中存放不能超过 7 d。碱性过硫酸钾在 27～30℃环境下，存放超过 3 d，空白值就会大于 0.030；建议实验时尽量根据最近 3 d 的需求量配制，存放尽量不要超过 3 d。

③碱性过硫酸钾用量：当碱性过硫酸钾的增加，使得溶液的碱性增加时，造成水样中游离态氨氮与碱反应生成氨气逸出，抵消了一部分由于碱性过硫酸钾的过量而导致的吸光度的增加。因此，在实际测样时，应在保证消解完全的前提下，尽量少加碱性过硫酸钾。当 10 mL 水样的含氮总量不超过 70 μg 时，加 5 mL 碱性过硫酸钾，标准规定是合理的。

2）氢氧化钠纯度

氢氧化钠的纯度对空白值有明显的影响，建议在实验前按标准上给出的方法，测定出氢氧化钠的含氮量，以防使用了不合格的产品影响实验结果。

（4）消解程序

按照 HJ 636—2012 中要求，将比色管置于高压蒸汽灭菌器，加热至顶压阀吹气，关阀，继续加热至 120℃开始计时，保持温度为 120～124℃ 30 min，冷却至室温后测定，而对于消解时间定为 30 min，却存在一些争议。有人认为在 120～124℃下，消解 30 min 可以使过硫酸钾完全分解；有研究者认为需加热 40 min 左右，有研究者认为需消解 45 min，甚至有人认为应延长至 60 min。

在相同的消解时间下，空白值的差异主要是由于过硫酸钾纯度的不同引起的，消解设备对空白值的影响不明显。随着消解时间的延长，在消解 30 min 后，空白值达到稳定，可认为过硫酸钾已全部分解。因此，从工作效率和成本的角度考虑，标准规定消解时间为 30 min 是合理的，过硫酸钾的纯度仍然是影响空白值的主要因素。

在实际检测过程中，如果碱性过硫酸钾的纯度不够，发现 30 min 并不能保证碱性过硫酸钾消解完全，这必将影响测定的准确度。有实验发现消解时间应至少 50 min，温度设定在 120～124℃，适当延长消解时间、提高消解温度，有利于过硫酸钾消解完全，以降低空白实验吸光度值。

（5）实验室环境

总氮的分析应在无氨的实验室环境中进行，避免交叉污染，凡能产生氮的试剂均不能在实验室使用，绝对不能在分析氨氮、硝酸盐氮等氮类项目的实验室中做总氮项目的分析，因为这些含氮物质很可能随空气溶解在试剂中，对空白造成很大影响。所使用的试剂、器皿等也要单独存放，避免交叉污染，所用玻璃器皿最好用酸浸泡 24 h 以上，这样可以减少空白实验的吸光度。室内也不能有扬尘，以免扬尘附着在实验用玻璃器皿内壁从而影响空白值。

针对这些影响因素可采取相应的防治措施以降低空白值，主要的改进措施：使用新配制的离子水，提高试剂的纯度，反应时间和温度必须能满足氧化剂充分水解，保持比色皿和玻璃器皿洁净状态，保证实验室的清洁等。

分析过程应注意的一些问题：

1）选用密合性良好的玻璃具塞比色管；使用压力蒸汽消毒器时，应等自然冷却后才能开阀放气，以免比色管塞顶出；使用压力蒸汽消毒器时，应配备调压器，便于温度调控。

2）所用玻璃器皿先用浓度（1+9）盐酸浸洗后，然后用自来水冲洗后，再用无氨水冲洗。

3）必须使用分析纯以上的过硫酸钾试剂，且使用新的过硫酸钾试剂前必须进行空白检验，当空白吸光度大于 0.05 时，最好提纯经检验合格后再使用。

4）无氨水可以用超纯水机制得的二次水（电阻率为 18.2 MΩ · cm）；也可用通过强酸型阳离子交换树脂柱流出的去离子水。

5）在进行水样分析时，取样量应满足其中的总氮含量为 20～80μg 的要求。

6）在用紫外分光光度计测定样品时，应选择双波长同时测定波长 220 nm、275 nm 吸光值，以免在测定过程中由于频繁转换波长而使仪器不稳定造成测定误差。

7）遇到测定的水样含悬浮物较多、在过硫酸钾氧化加酸后仍浑浊时，可采取延长静置时间沉淀或用离心机分离，然后取上清液进行上机测定，否则样品测试值严重偏低。

8）对于含有机氮高的工业废水可采取减少取样量或适当延长消解时间，以免消解不完全造成测试值偏低，消解样品时应严格按照操作规程，保证消解温度为123～126℃，消解时间为 60 min。

［根据赵少雄（肇庆浩旺环保发展有限公司）所写《总氮空白值过高原因分析》，周晓慧（呼和浩特水质监测站）所写《测定水中总氮时高空白值的原因查找》等资料进行整理。］

问题 8.16

测定水中苯胺时空白有时会有检出，如何处理？

【参考意见】必须保证所使用的水和器皿干净，避免交叉污染及假阳性。

（河北省地质实验测试中心王磊老师整理回答。）

问题 8.17

按照《地下水质量标准》（GB/T 14848—2017）表 2 地下水质量非常规指标第 46 项涕灭威，用的是液相色谱 - 质谱法，目前查到能使用的标准是《饮用水中 450 种农药及相关化学品残留量的测定　液相色谱 - 串联质谱法》（GB/T 23214—2008），但该标准方法检出限为 26.1 μg/L，而《地下水质量标准》（GB/T 14848—2017）按照Ⅲ类水≤3.00 μg/L、Ⅱ类水≤0.6 μg/L、Ⅰ类水≤0.05 μg/L，请问《饮用水中 450 种农药及相关化学品残留量的测定　液相色谱 - 串联质谱法》（GB/T 23214—2008）能用于检测吗？如果不能，可以用什么检测标准？

【参考意见】《饮用水中 450 种农药及相关化学品残留量的测定　液相色谱 - 串联质谱法》（GB/T 23214—2008）不能用于地下水中涕灭威的检测分析，因为该方法标准列出涕灭威的方法检出限为 26.1 μg/L，高于《地下水质量标准》（GB/T 14848—2017）中Ⅲ类水限值 3.00 μg/L，不符合质控技术规定的有关要求。

2020 年山东省出台了地标《水质　涕灭威的测定　固相萃取 - 液相色谱法》（DB 37/T 4161—2020），2020 年 10 月 25 日实施，标准规定了测定生活饮用水及其水源水中涕灭威的固相萃取 - 液相色谱法，适用于生活饮用水及其水源水中涕灭威的测定。若取水样 1 L，富集倍数为 1 000 倍，标准的方法检出限为 0.000 2 mg/L，测定下限为 0.000 8 mg/L。陕西省、青海省近期也会出台地方标准。

参考青海省生态环境监测中心汇总表整理了涕灭威的国内外分析方法见表 8-1。

现在可以考虑用 EPA Method 538（LCMS）、EPA Method 531.2（HPLC- 柱后 FLD）方法，满足《地下水环境质量标准》（GB/T 14848—2017）关于涕灭威检出限的要求。

表 8-1 涕灭威的国内外标准分析方法

标准来源	标准编号	前处理	分析方法	检出限	适用范围
中国质量监督检验检疫总局	SN/T 2560—2010	提取并净化、浓缩	HPLC/MS/MS	5 μg/kg	进出口食品
中国卫生部、中国国家标准化管理委员会	GB/T 5009.163—2003	有机溶剂和水提取、凝胶柱净化	HPLC/UV	9.8 μg/kg	肉类、蛋类及乳类
中国质量监督检验检疫总局	GB 23200.90—2016	乙腈提取、固相萃取柱净化	HPLC/MS	0.01 mg/kg	乳及乳制品
中国农业部	NY/T 761—2008	乙腈提取、净化、分离、浓缩	HPLC- 柱后衍生 FLD	9 μg/kg	蔬菜、水果
美国 EPA	8321A	土壤：液固萃取、净化；水样：液液萃取	HPLC/TS、MS、UV	土壤：0.017 μg/g 水样：1.4 μg/L	废水、地表水、土壤、底泥
美国 EPA	EPA 8318	土壤：液固萃取；水样：液液萃取 - 柱后衍生	HPLC- 柱后衍生 FLD	土壤：12 μg/kg 水样：9.4 μg/L	水、土壤、固废
美国 EPA	EPA531.1	直接进样 - 衍生	HPLC- 柱后衍生 FLD	0.22 μg/L	
美国 EPA	EPA531.2	直接进样 - 衍生	HPLC- 柱后 FLD	0.026～0.049 μg/L	饮用水、地表水、地下水和饮用水水源地
美国 EPA	EPA 538	直接进样	DAI-LC / MS / MS	0.030 μg/L	饮用水、地表水、地下水
中国生态环境部	HJ 960—2018	土壤和沉积物：液固萃取	HPLC- 柱后衍生 FLD	2 μg/kg	土壤和沉积物
中国生态环境部	HJ 961—2018	土壤和沉积物：液固萃取	HPLC-MS/MS	1 μg/kg	土壤和沉积物

问题 8.18

水中可萃取性石油烃（C_{10}～C_{40}）的测定标准采用二氯甲烷萃取，但浓缩后空白大于检出限，不符合要求，怎么做才能使空白降低？能否用正己烷萃取？

【参考意见】萃取溶剂的选择应按照《水质　可萃取性石油烃（C_{10}～C_{40}）的测定　气相色谱法》（HJ 894—2017）要求选择二氯甲烷进行萃取。必须按技术规定执行。

溶剂、试剂、玻璃器皿及样品处理设备均可能对样品分析产生干扰。须验证在实验过程中，所用的溶剂、试剂、玻璃器皿及样品处理设备不会对分析产生干扰。有必要时对试剂和溶剂可用玻璃蒸馏器进行蒸馏提纯或改用纯度更高的试剂（如农残级试剂），固体试剂如无水硫酸钠、硅藻土等应置于马弗炉中 400℃烘烤 4 h 后密封保存。

所有玻璃器皿在常规清洗后用蒸馏水进行再次清洗，使用之前再使用有机试剂进行两次荡洗。整个实验过程中尽量避免塑料、硅胶制品的使用，避免邻苯二甲酸酯、石油烃类等物质造成的污染。

（河北省地质实验测试中心王磊老师整理回答。）

8.3 噪声和振动类

问题 8.19

GB 12348—2008 中给出了稳态噪声的定义：在测量时间内，被测声源的声级起伏不大于 3 dB（A）的噪声。目前，环境监测行业对这句话的理解有不同的看法。这个定义应如何理解？

【参考意见】按照《工业企业厂界环境噪声排放标准》（GB 12348—2008），稳态噪声是指在测量时间内，被测声源的声级起伏不大于 3 dB（A）的噪声。建议比较测量值的最大值 L_{max} 和最小值 L_{min}，其差值不大于 3 dB（A）的噪声判断为稳态噪声；相反，其差值大于 3 dB（A）的噪声判断为非稳态噪声。对于稳态噪声和非稳态噪声，依据监测标准规范中的具体规定进行不同测量时段的监测。（来自生态环境部部长信箱 2020.12。）

问题 8.20

是不是噪声测量小条上 L_{max}-L_{min}≤3 dB（A）就是稳态噪声？

【参考意见】根据《工业企业厂界环境噪声排放标准》（GB 12348—2008）3.11 定义，稳态噪声是指“在测量时间内，被测声源的声级起伏不大于 3 dB（A）的噪声”，主要是针对声源的稳定性来说的，不是噪声测量小条上必须达到 L_{max}-L_{min}≤3 dB（A）才算稳态噪声，噪声测量时会受到周围环境声源的干扰，L_{max}-L_{min}≤3 dB（A）很难做到。如果是对声源进行噪声检测，可以参照上面部长信箱的答复进行判断。

问题 8.21

背景噪声如何测量？何时不需要测量背景噪声？

【参考意见】根据《工业企业厂界环境噪声排放标准》（GB 12348—2008）3.13 定义，背景噪声是指“被测量噪声源以外的声源发出的环境噪声的总和”。

按照《环境噪声监测技术规范噪声测量值修正》（HJ 706—2014），背景噪声测量方法：

（1）背景噪声的测量仪器、气象条件、测量环境与测量时段应遵循 GB 12348、GB 12523、GB 12525、GB 22337 等相应噪声源排放标准的规定和要求。

（2）测量噪声源适宜在背景噪声较低、较稳定时测量，尽可能避开其他噪声源干扰。测量背景噪声与测量噪声源时声环境尽量保持一致。

（3）若被测噪声源能够停止排放，则应在测量噪声源之前或之后，尽快停止噪声源并测量背景噪声。背景噪声测点与噪声源测点位置相同。若被测噪声源有多个监测点位，应测量各个测点处背景噪声。

（4）若被测噪声源短时间内不能够停止排放，且噪声源停止前后的时间段内周围声环境已发生变化，则应另行选择与测量噪声源时声环境一致的时间测量背景噪声。测点位置同（3）。

（5）若被测噪声源不能够停止排放，且存在背景噪声对照点，背景噪声可选择在背景噪声对照点测量。应详细记录背景噪声对照点的周边声源情况、测点布设及其他影响因素（如绿化带、地形、声屏障等），并与被测噪声源处相应信息进行比较。此方法仅用在背景噪声与噪声测量值相差 4.0 dB 以上时，相差 4.0 dB 以内时不得采用。

HJ 706—2014 中 6 特殊情况的达标判定规定了对于只需判断噪声源排放是否达标的情况，若噪声测量值低于相应噪声源排放标准的限值，可以不进行背景噪声的测量及修正，注明后直接评价为达标。

问题 8.22

居民楼内生活服务设备产生噪声适用哪个环境保护标准？

【参考意见】（1）《中华人民共和国环境噪声污染防治法》（以下简称《噪声法》）未规定由环境保护行政主管部门监督管理居民楼内的电梯、水泵和变压器等设备产生的环境噪声。处理因这类噪声问题引发的投诉，国家法律、行政法规没有明确规定的，适用地方性法规、地方政府规章；地方没有明确做出规定的，环境保护行政主管部门可根据当事人的请求，依据《民法通则》的规定予以调解。调解不成的，环境保护行政主管部门应告知投诉人依法提起民事诉讼。

（2）《工业企业厂界环境噪声排放标准》（GB 12348—2008）和《社会生活环境噪声排放标准》（GB 22337—2008）都是根据《噪声法》制定和实施的国家环境噪声排放标准。这两项标准都不适用居民楼内为本楼居民日常生活提供服务而设置的设备（如电梯、水泵、变压器等设备）产生噪声的评价，《噪声法》也未规定这类噪声适用的环保标准。

[《关于居民楼内生活服务设备产生噪声适用环境保护标准问题的复函》（环函〔2011〕88 号），2011 年 4 月。]

问题 8.23

昼间非城市区域从事生产活动排放偶发性强烈噪声，是否可以用《工业企业厂界环境噪声排放标准》（GB 12348—2008）进行判定？

【参考意见】《工业企业厂界环境噪声排放标准》（GB 12348—2008）仅对工业企业夜间偶发噪声的最大声级管理提出了排放控制要求和监测方法。该标准不适用昼间工业企业偶发噪声排放的环境监管。

（根据原环保部关于企业排放环境噪声监管问题的复函进行整理，环函〔2009〕124 号，2009.5。）

问题 8.24

铁路附近地区和居民楼内设备噪声是否超标，适用哪个国家环境噪声标准进行判定？

【参考意见】根据《环境噪声污染防治法》的有关规定，明确了在污染源噪声污染防治工作中，判定是否存在噪声污染的技术依据是国家环境噪声排放标准，而不是声环境质量标准，这对于规范环境保护执法和管理工作，解决实际工作中存在的适用噪声标准混乱的问题将发挥重要作用。

（根据原环保总局对铁路附近地区和居民楼内设备适用国家环境噪声标准问题做出的解释编写。）

8.4　土壤和沉积物类

问题 8.25

土壤中苯胺项目按照《土壤环境质量　建设用地土壤污染风险管控标准（试行）》（GB/T 36600—2018）表 3 推荐的分析测试方法可使用《土壤和沉积物　半挥发性有机物的测定　气相色谱－质谱法》（HJ 834—2017）来进行检测分析，但该标准方法中并没有苯胺的参数，土壤苯胺能否用《土壤和沉积物　半挥发性有机物的测定　气相色谱－质谱法》（HJ 834—2017）进行资质认定扩项？如果依据《土壤和沉积物　半挥发性有机物的测定　气相色谱－质谱法》（HJ 834—2017）进行方法验证，但采用的是《土壤和沉积物　苯胺和联苯胺类的测定　液相色谱－质谱法（征求意见稿）》的提取溶剂或提取方式，是否算方法偏离？

【参考意见】（1）经过咨询中国环境监测总站环保评审组，以及根据《重点行业企业用地土壤污染状况调查常见问题解答 2020 年第一期（总第六期答疑）》，专家们认为土壤苯胺不适合用《土壤和沉积物　半挥发性有机物的测定　气相色谱－质谱法》（HJ 834—2017）进行资质认定扩项，建议待《土壤和沉积物　苯胺和联苯胺类的测定 液相色谱－质谱法（征求意见稿）》完善批准后再进行认定，现阶段可以采用 EPA 8270E 方法或者团体标准进行资质认定。

推荐以下两种解决方案：

①水中半挥发性有机物的测定（苯胺、联苯胺等）：

METHOD 8270E：SEMIVOLATILE ORGANIC COMPOUNDS BY GAS CHROMATOGRAPHY/MASS SPECTROMETRY（Revision 6，june 2018）气相色谱法质谱分析法（气质联用仪）测试半挥发性有机化合物

METHOD 3510C：SEPARATORY FUNNEL LIQUID-LIQUID EXTRACTION（Revision 3，December 1996）分液漏斗液－液萃取法

②土壤中苯胺的测定：

USEPA METHOD 8270E：SEMIVOLATILE ORGANIC COMPOUNDS BY GAS CHROMATOGRAPHY/MASS SPECTROMETRY（Revision 6，June 2018）气相色谱/质谱分析法（气质联用仪）测试半挥发性有机化合物

USEPA METHOD 3545A：PRESSURIZED FLUID EXTRACTION（PFE）（Revision 1，February 2007）加压流体萃取（PFE）

USEPA METHOD 3620C：FLORISIL CLEANUP（Revision 4，July 2014）硅酸镁载体柱净化

（2）《土壤和沉积物　苯胺和联苯胺类的测定　液相色谱－质谱法（征求意见稿）》规定：在土壤样品中加入五水合硫代硫酸钠后，使用正己烷、丙酮及氨水的混合溶液，采用超声提取方式对样品进行提取；《土壤和沉积物　半挥发性有机物的测定　气相色谱－质谱法》（HJ 834—2017）规定：土壤样品使用二氯甲烷和丙酮或者正己烷和丙酮混合溶液，采用索氏提取或加压流体萃取等方法进行提取；两个方法间提取溶剂及提取方式均不同。如果依据《土壤和沉积物　半挥发性有机物的测定　气相色谱－质谱法》（HJ 834—2017）进行方法验证，但采用的是《土壤和沉积物　苯胺和联苯胺类的测定　液相色谱－质谱法（征求意见稿）》的提取溶剂或提取方式，则算方法偏离。

问题 8.26

采用什么方法可以提高土壤中苯胺的提取效率？

【参考意见】根据国家环境分析测试中心董亮研究员等人研究发现，依据《土壤和沉积物　半挥发性有机物的测定　气相色谱－质谱法》（HJ 834—2017）方法，使用加压流体萃取仪萃取土壤中苯胺，溶剂为二氯甲烷/丙酮（V/V，1/1）或正己烷/丙酮（V/V，1/1）时，不同类型土壤中苯胺的加标回收率相差较大，甚至某些土壤中苯胺的加标回收率低于30%，不能满足准确度质控需求。针对此种情况，国家环境分析测试中心采用正己烷/丙酮（V/V，1/1）或二氯甲烷/丙酮（V/V，1/1）混合溶液进行萃取，再次使用甲醇萃取样品，可一定程度上提高苯胺的提取效率。结果以萃取液（正己烷/丙酮（V/V，1/1）或二氯甲烷/丙酮（V/V，1/1））和萃取液（甲醇）的测试结果之和计。

问题 8.27

土壤重点行业企业用地调查实验室检查过程中发现，有机构检测土壤石油烃采用快速气相测定方法（仅3～5 min C_{10}～C_{40}出峰完毕）与标准方法有偏离，如何处理？

【参考意见】按照《土壤和沉积物　石油烃（C_{10}～C_{40}）的测定　气相色谱法》（HJ 1021—2019）定义，石油烃（C_{10}～C_{40}）是指在标准规定的条件下，被正己烷（或正己烷－丙酮）提取不被硅酸镁吸附，在气相色谱图上保留时间介于正癸烷（包含）与正四十烷（包含）之间的有机物。

按照标准条件建立校准曲线，确定石油烃（C_{10}～C_{40}）的保留时间窗，参考色谱图

如图 8-2 所示，整个出峰时间为 20 min 左右。

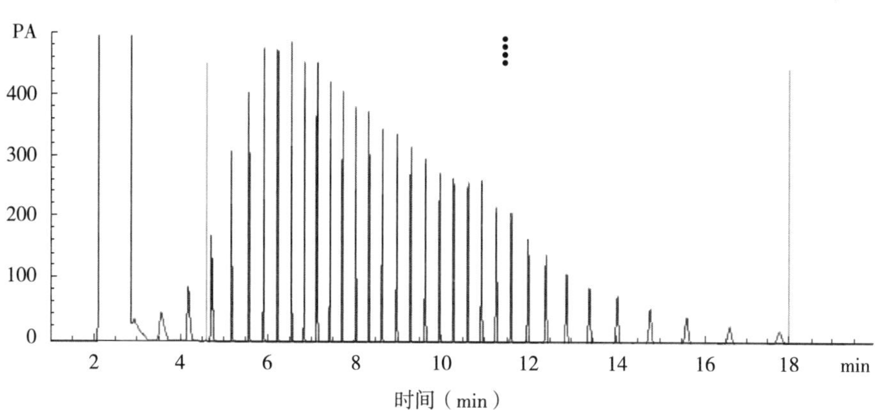

图 8-2　石油烃（C_{10}～C_{40}）参考色谱

该机构所用的仪器设备为 ×× 公司的气相色谱仪（型号：lntuvo9000），为快速气相，该机构认为此设备分离效率高，分析速度快 C_{10}～C_{40} 上机分析 5 min（图 8-3），整个程序用时 15 min 左右，快速气相基线比较平稳，不会出现大幅度的漂移现象；而其质控实验室 ×× 公司用仪器设备为 ×× 的气相色谱仪（型号：7890B）分析需要 40 min 左右，方法不一致。

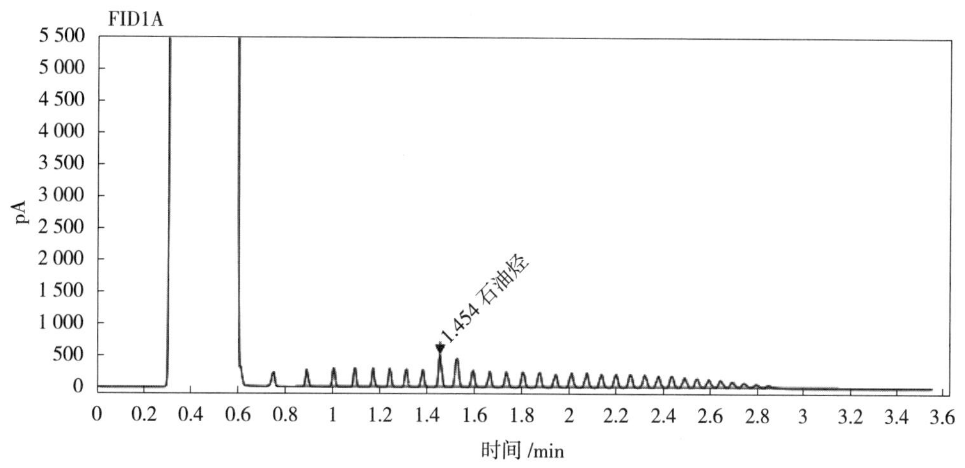

图 8-3　快速气相色谱仪石油烃（C_{10}～C_{40}）参考色谱

鉴于上述情况，要求该机构严格按照《土壤和沉积物　石油烃（C_{10}～C_{40}）的测定　气相色谱法》（HJ 1021—2019）做好方法验证工作，同时与其他实验室做好实验室之间的比对，证实该方法的偏离满足标准的质量控制要求，测定值没有显著的差异。

问题 8.28

《土壤　pH 值的测定　电位法》（HJ 962—2018），土壤 pH 实验数值一直在变，碱性数值变大，酸性数值小，什么时间读数合适？

【参考意见】电极插入试样的悬浊液，轻轻搅拌试样，搅拌速度选择应该使土壤颗粒能够相对均匀分布在悬浊液中，但不能夹带空气。读数时应保持试样持续搅拌，当pH达到稳定（1 min内读数变化小于0.05个pH单位）后即可读数。

同时应考虑电极坏掉是一种可能，复合电极是有使用寿命的，不论检测不检测都会老化，检测得多老化就更快。还有一种可能是测定样品中离子浓度太低，测定值在7左右，纯水中H^+离子浓度很低了。要想快速稳定，可以考虑在样品中加入KCl溶液，这个可以帮助酸碱度快速达到平衡。

（河北省地质实验测试中心王磊老师整理回答。）

问题 8.29

检测土壤中有机质，偶尔出现≥100 g/kg的数据，有这个可能吗?《土壤检测　第6部分：土壤有机质的测定》（NY/T 1121.6—2006）标准注明有机质含量大于15%的土壤不适用该方法，能否可以用少称土样的方法做?

【参考意见】土壤有机质是指存在于土壤中的所含碳的有机物质。它包括各种动植物的残体、微生物体及其分解和合成的各种有机质。土壤有机质是土壤固相部分的重要组成成分，尽管土壤有机质的含量只占土壤总量的很小一部分，但它对土壤形成、土壤肥力、环境保护及农林业可持续发展等方面都有着极其重要作用的意义。

土壤有机质的含量在不同土壤中差异很大，含量高的可达20%或30%以上（如泥炭土，某些肥沃的森林土壤等），含量低的不足1%或0.5%（如荒漠土和风沙土等）。在土壤学中，一般把耕作层中含有机质20%以上的土壤称为有机质土壤，含有机质在20%以下的土壤称为矿质土壤。一般情况下，耕作层土壤有机质含量通常在5%以上。有机质的含碳量平均为58%，所以土壤有机质的含量大致是有机碳含量的1.724倍，有机质含量一般为0～5%。

有机质≥100 g/kg，相当于有机质含量为100 ÷ 1 000 × 100%=10%。可能是检测到比较肥沃的土壤或者泥炭土。

《土壤检测　第6部分：土壤有机质的测定》（NY/T 1121.6—2006）标准适用范围中规定有机质含量大于15%的土壤不适用该方法，可依据《森林土壤有机质的测定及碳氮化的计算》（LY/T 1237—1999）进行检测。

LY/T 1237—1999文本中：

注：4 如样品的有机质含量大于150 g/kg时，可用固体稀释法来测定。方法如下：称已磨细的样品1份（精确至1 mg）和经过高温灼烧并磨细的矿质土壤9份（准确度同上），使之充分混合均匀后，再从中称样分析，分析结果以称量的1/10计算。

2 为了保证有机碳氧化完全，如样品测定时所用硫酸亚铁溶液体积小于空白标定时所消耗硫酸亚铁体积的1/3时，需减少称样量重做。

5 重铬酸钾容量法不宜用于测定含氯化物的土壤，如土样中含Cl^-量不多，加入硫酸银可消除部分干扰，但效果并不理想，凡遇到含Cl^-多的土壤，可考虑用水洗的办法来克服，经水洗处理后测出的土壤有机质总量不包括水溶性有机质组分，应加以说明。

问题 8.30

《重点行业企业用地调查样品采集保存和流转技术规定》对土壤挥发性有机物要求使用非扰动采样器采集 5 g 样品推入加有 10 mL 甲醇保护剂的 40 mL 样品瓶的方法，分析测试方法中低浓度挥发性有机物不需要添加甲醇保护剂，高浓度样品才使用甲醇提取法，按哪个执行？做方法验证时需要做添加甲醇保护剂的方法检出限吗？

【参考意见】2020 年企业用地调查土壤挥发性有机污染物样品采集和检测分析按《土壤和沉积物　挥发性有机物的测定　吹扫捕集 / 气相色谱 - 质谱法》（HJ 605—2011）或《土壤和沉积物　挥发性有机物的测定　顶空 / 气相色谱 - 质谱法》（HJ 642—2013）有关要求执行，即低浓度样品采用直接分析法，高浓度样品使用甲醇提取法。

按照《环境监测分析方法标准制订技术导则》（HJ 168—2020）的要求，验证方法检出限时建议同时验证添加甲醇保护剂的方法检出限。

8.5　固体废物和危险废物类

问题 8.31

固体废物如何采集、保存和处置？

【参考意见】按照《工业固体废物采样制样技术规范》（HJ/T 20—1998）的规定，工业固体废物的采样按以下步骤进行：明确采样的目的和要求；背景调查和现场踏勘；方案设计；确定采样方法；确定采样点；确定份样量；确定份样数；选择采样工具；采样及记录填写。

其中份样是指采样器一次操作从一批的一个点或一个部位按规定质量所采取的工业固体废物；份样量是指构成一个份样的工业固体废物的质量；份样数是指从一批中所采集的份样个数。

工业固体废物样品的采集方法通常有简单随机采样法、系统采样法、分层采样法、两段采样法、权威采样法等几种。实际工作中，应用最多的是简单随机采样法、系统采样法和分层采样法。

工业固体废物样品的保存：①每份样品保存量至少应为试验和分析需用量的 3 倍。②样品装入容器后应立即贴上样品标签。③对易挥发废物，采取无顶空存样并取冷冻方式保存。④对光敏废物，样品应装入深色容器中并置于避光处。⑤对温度敏感的废物，样品应保存在规定的温度之下。⑥对与水、酸、碱等易反应的废物，应在隔绝水、酸、碱等条件下贮存。⑦样品保存应防止受潮或受灰尘等污染。⑧样品保存期为 1 个月，易变质的不受此限制。⑨样品应在特定场所由专人保管。⑩撤销的样品不许随意丢弃，应送回原采样处或处置场所。

工业固体废物样品的处置：工业固体废物应该集中存放，送专业公司统一进行处置，或者送回原采用地点或处置场所，应该符合国家对固体废弃物处置的原则，即“资源化、减量化、无害化”。

问题 8.32

危险废物浸出毒性方法如何选择？

【参考意见】

固体废物浸出方法如下：

①《固体废物　浸出毒性浸出方法　硫酸硝酸法》（HJ/T 299—2007）

②《固体废物　浸出毒性浸出方法　醋酸缓冲溶液法》（HJ/T 300—2007）

③《固体废物　浸出毒性浸出方法　翻转法》（GB 5086.1—1997）

④《固体废物　浸出毒性浸出方法　水平振荡法》（HJ 557—2010）

使用《危险废物鉴别标准　浸出毒性鉴别》（GB 5085.3—2007）标准进行评价时，应采用《固体废物　浸出毒性浸出方法　硫酸硝酸法》（HJ/T 299—2007）浸提。

需要注意：

（1）HJ/T 299—2007 中有两种浸提剂：$1^{\#}$ 浸提剂（浓硫酸、浓硝酸质量比 2∶1）用于测定样品中的重金属和半挥发性有机物的浸出毒性；$2^{\#}$ 浸提剂（试剂水）用于测定氰化物和挥发性有机物的浸出毒性。

（2）《危险废物鉴别标准　浸出毒性鉴别》（GB 5085.3—2007）附录 F《固体废物　氟离子、溴酸根、氯离子、亚硝酸根、氰酸根、溴离子、硝酸根、磷酸根、硫酸根的测定　离子色谱法》，对危险废物进行检验的时候用的浸提方法是 HJ/T 299—2007 中的水浸提。

问题 8.33

危险废物有机物浸出毒性如何提取？用零顶空还是用水震荡？

【参考意见】

根据《危险废物鉴别标准　浸出毒性鉴别》（GB 5085.3—2007）标准，按照《固体废物　浸出毒性浸出方法　硫酸硝酸法》（HJ/T 299—2007）制备的固体废物浸出液中任何一种危害成分含量超过标准表 1 中所列的浓度限值，判定该固体废物是否是具有浸出毒性的危险废物。

《固体废物　浸出毒性浸出方法　硫酸硝酸法》（HJ/T 299—2007）中 7.3 挥发性有机物的浸出步骤规定，挥发性有机物采样零顶空装置固定在翻转振荡器上进行提取，半挥发性有机物浸提则是用装有试剂水的提取瓶固定在翻转振荡器上进行浸提。

问题 8.34

在固体废物浸出毒性浸出方法中，硫酸硝酸法、醋酸缓冲溶液法、水平振荡法有什么区别，如何应用？地下水环评包气带调查中，浸溶试验用哪个方法合适？

【参考意见】

按照《固体废物　浸出毒性浸出方法　硫酸硝酸法》（HJ/T 299—2007）、《固体废物　浸出毒性浸出方法　醋酸缓冲溶液法》（HJ/T 300—2007）、《固体废物浸出毒性浸出方法　水平振荡法》（HJ 557—2010）三个标准和编制说明，对这三个标准浸出方法的适用范围、原理、浸提剂及振荡方式进行归纳概括，具体见表 8-2。

表 8-2　三种固体废物浸出方法比较

方法名称	适用范围	原理	浸提剂	振荡方法	样品粒径
《固体废物 浸出毒性浸出方法 硫酸硝酸法》（HJ/T 299—2007）	本标准适用固体废物及其再利用产物，以及土壤样品中有机物和无机物的浸出毒性鉴别。含有非水溶性液体的样品，不适用于本标准	模拟废物在不规范填埋处置、堆存或经无害化处理后废物的土地利用时，其中的有害成分在酸性降水的影响下，从废物中浸出而进入环境的过程	2∶1 的浓硫酸和浓硝酸混合液加入到试剂水，使 pH 为 3.20±0.05，用于测定重金属和半挥发性有机物	转速为（30±2）r/min 的翻转式振荡装置	样品颗粒应可以通过 9.5 mm 孔径的筛，对于粒径大的颗粒可通过破碎、切割或碾磨降低粒径
《固体废物 浸出毒性浸出方法 醋酸缓冲溶液法》（HJ/T 300—2007）	本标准适用固体废物及其再利用产物中有机物和无机物的浸出毒性鉴别，但不适用氰化物的浸出毒性鉴别。含有非水溶性液体的样品，不适用本标准	模拟工业废物在进入卫生填埋场后，其中的有害成分在填埋场渗滤液的影响下，从废物中浸出的过程	对于非碱性废物浸提剂：冰醋酸＋水＋氢氧化钠。配制后溶液的 pH 应为 4.93±0.05。 对于碱性废物浸提剂 浸提剂：冰醋酸＋水 配制后溶液的 pH 应为 2.64±0.05	转速为（30±2）r/min 的翻转式振荡装置	样品颗粒应可以通过 9.5 mm 孔径的筛，对于粒径大的颗粒可通过破碎、切割或碾磨降低粒径
《固体废物浸出毒性浸出方法 水平振荡法》（HJ 557—2010）	本标准适用评估在受到地表水或地下水浸沥时，固体废物及其他固态物质中无机污染物（氰化物、硫化物等不稳定污染物除外）的浸出风险。本标准不适用含有非水溶性液体的样品	模拟固体废物在特定场合中受到地表水或地下水的浸沥，其中的有害成分浸出而进入环境的过程	纯水	频率可调的往复式水平振荡装置	将采集的所有样品破碎，使样品颗粒全部通过 3 mm 孔径的筛

（本表引自应红梅、吴竞宇《浸出毒性浸出方法都考虑了啥》，源于网络。）

《环境影响评价技术导则　地下水环境》（HJ 610—2016）附录 C 环境水文地质试验方法简介，C.4 浸溶试验：目的是查明固体废物受雨水淋滤或在水中浸泡时，其中的有害成分转移到水中，对水体环境直接形成的污染或通过地层渗漏对地下水造成的间接影响。有关固体废物的采样、处理和分析方法，可参照执行关于固体废物的国家环境保护标准或技术文件。从这个定义和要求来看，浸提方式应该参照《固体废物浸出毒性浸出方法　水平振荡法》（HJ 557—2010）比较合适。

8.6 有机物分析类

问题 8.35

《土壤和沉积物　半挥发性有机物的测定　气相色谱 - 质谱法》（HJ 834—2017），土壤检测项目中个别样品内标响应低，替代物有时候第一个替代物不出峰，如图 8-4 所示，怎么解决？曲线校核时中像苯酚、2- 甲基苯酚等酚类化合物校核不进去？降解太快？（图 8-5 至图 8-8）前处理净化有没有具体的方法？

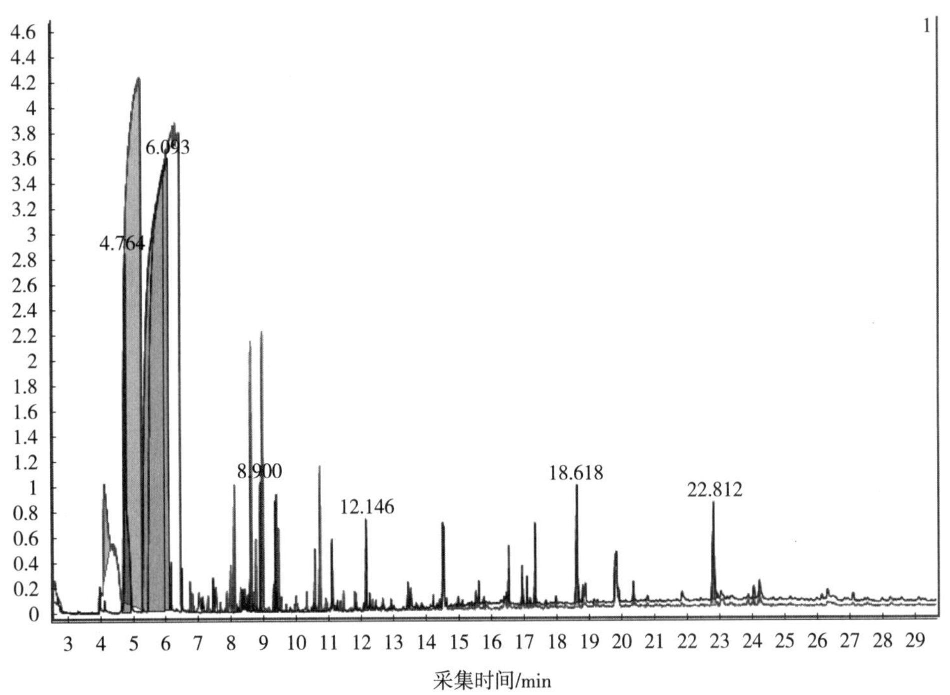

图 8-4　半挥发性有机物分析气相色谱 1

蓝色为正常出峰样品，紫色为替代物出峰不正常样品。5.7 min：2- 氟酚不出峰；13.455 min:2,4,6- 三溴苯酚不出峰。

【参考意见】

从紫色样品的 TIC 图来看，5～6 min 处受到严重干扰，净化力度不够，应采取净化或稀释的方式处理样品，消除干扰后测定。

依据《土壤和沉积物　半挥发性有机物的测定　气相色谱－质谱法》（HJ 834—2017），测定酚类样品时，可以采用硅胶净化的方法：将样品提取液浓缩后，用丙酮稀释至 4 mL，加入五氟苄基溴衍生，衍生后的溶液用硅胶柱净化处理后测定。详见 HJ 834—2017 附录 B。

（河北省地质实验测试中心王磊老师整理回答。）

定量分析完成报告

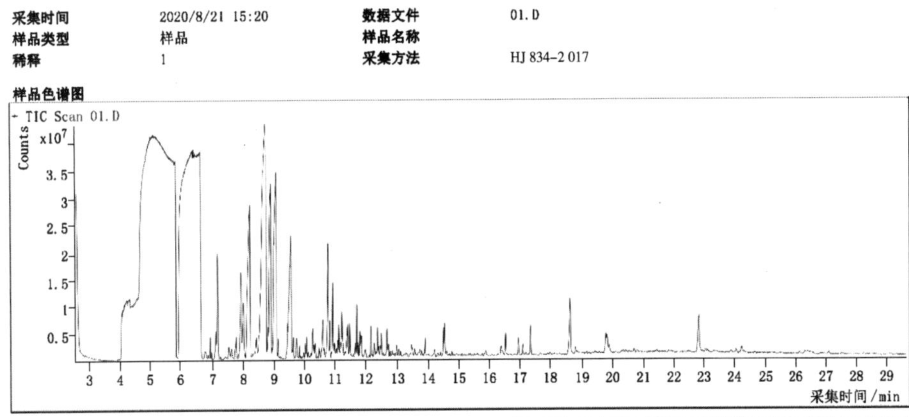

化合物	ISTD	RT	响应	ISTD 响应	响应比	最终浓度	单位
2-氟酚-T1	1,4-二氯苯-D4-N1	6.271	7 210	133 840 7	0.005 4	0.007 6	μg/ml
苯酚-d6-T2	1,4-二氯苯-D4-N1	6.945	780 257	133 840 7	0.583 0	15.588 4	μg/ml
2-氯酚	1,4-二氯苯-D4-N1	8.019	5 545	133 840 7	0.004 1	0.097 1	μg/ml
硝基苯-d5-T3	1,4-二氯苯-D4-N1	8.231	455 790 19	133 840 7	34.054 7	1 127.827 3	μg/ml
硝基苯	1,4-二氯苯-D4-N1	8.226	118 624 4	133 840 7	0.886 3	24.759 7	μg/ml
萘	萘-D8-N2	9.473	984 690	304 750 8	0.323 1	4.686 0	μg/ml
2-氟联苯-T4	苊-d10-N3	11.115	258 920 5	191 844 2	1.349 6	20.451 0	μg/ml
2,4,6-三溴苯酚-T5	苊-d10-N3	13.460	342	191 844 2	0.000 2	2.250 1	μg/ml
4,4'-三联苯-d14-T6	䓛-D12-N5	17.337	396 869 2	261 811 1	1.515 9	26.388 3	μg/ml
苯并（a）蒽	䓛-D12-N5	19.898	115 999 5	261 811 1	0.443 1	5.534 2	μg/ml
䓛	苝-D12-N6	19.898	115 999 5	136 925 9	0.847 2	8.795 1	μg/ml
苯并（b）荧蒽	苝-D12-N6	23.105	571 152	136 925 9	0.417 1	4.602 6	μg/ml
苯并（k）荧蒽	苝-D12-N6	23.365	105 194	136 925 9	0.076 8	0.374 2	μg/ml
苯并（a）芘	苝-D12-N6	24.295	144 912	136 925 9	0.105 8	1.988 1	μg/ml
茚并[1,2,3-cd]芘	苝-D12-N6	27.531	285 049	136 925 9	0.208 2	15.195 8	μg/ml
二苯并[a,h]蒽	苝-D12-N6	27.723	121 90	136 925 9	0.008 9	1.155 5	μg/ml

47 / 56　　生成时间 2020/11/8 19:36

图 8-5　半挥发性有机物分析气相色谱 2

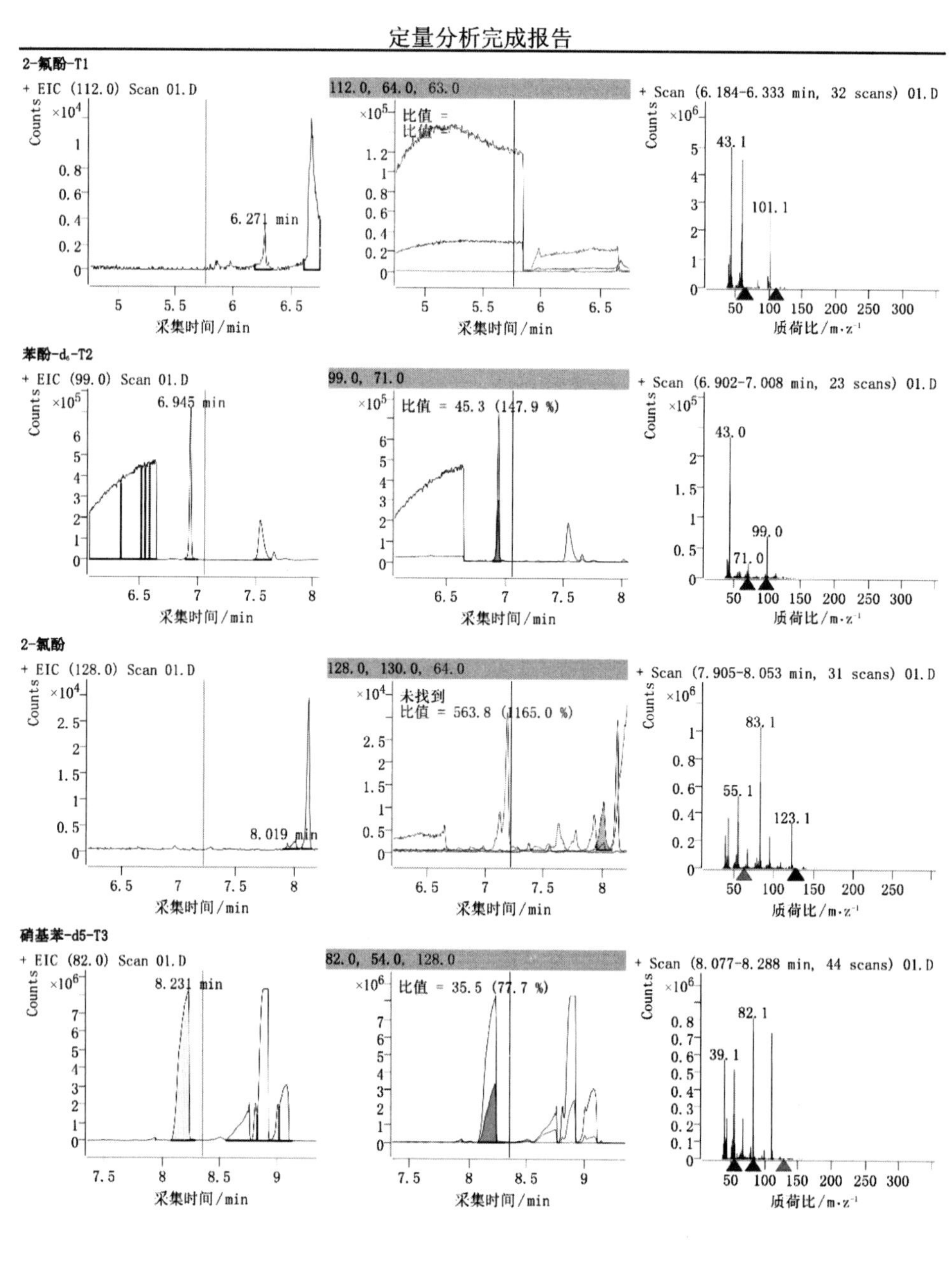

图 8-6 半挥发性有机物分析气相色谱 3

定量分析完成报告

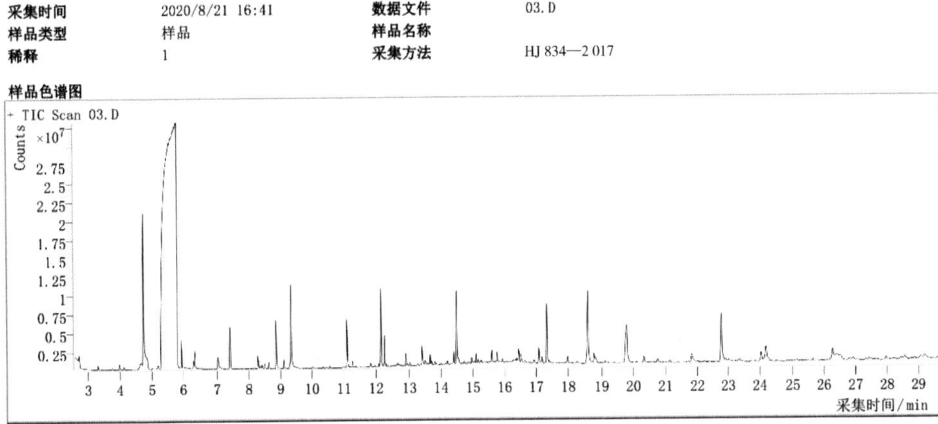

化合物	ISTD	RT	响应	ISTD 响应	响应比	最终浓度	单位
2-氟酚-T_1	1,4-二氯苯-D4-N1	5.929	1 108 563	2 841 339	0.390 2	13.443 0	μg/ml
苯酚-d6-T_2	1,4-二氯苯-D4-N1	7.051	1 634 179	2 841 339	0.575 1	15.373 9	μg/ml
2-氯酚	1,4-二氯苯-D4-N1	7.864	892	2 841 339	0.000 3	ND	μg/ml
硝基苯-d5-T_3	1,4-二氯苯-D4-N1	8.293	1 035 395	2 841 339	0.364 4	13.374 8	μg/ml
硝基苯	1,4-二氯苯-D4-N1	8.298	6 035	2 841 339	0.002 1	0.721 2	μg/ml
萘	萘-D8-N2	9.367	116 049	6 234 843	0.018 6	ND	μg/ml
2-氟联苯-T_4	苊-d10-N3	11.086	3 609 634	3 691 909	0.977 7	14.492 5	μg/ml
2,4,6-三溴苯酚-T_5	苊-d10-N3	13.426	651 689	3 691 909	0.176 5	21.117 1	μg/ml
4,4'-三联苯-d_{14}-T_6	䓛-D12-N5	17.322	6 109 338	4 538 357	1.346 2	23.340 7	μg/ml
苯并[*a*]蒽	䓛-D12-N5	19.864	184 195	4 538 357	0.040 6	ND	μg/ml
䓛	苝-D12-N6	19.864	184 274	2 655 237	0.069 4	ND	μg/ml
苯并[*b*]荧蒽	苝-D12-N6	23.327	15 769	2 655 237	0.005 9	ND	μg/ml
苯并[*k*]荧蒽	苝-D12-N6	23.327	15 769	2 655 237	0.005 9	ND	μg/ml
苯并[*a*]芘	苝-D12-N6	24.246	116 889	2 655 237	0.044 0	1.133 1	μg/ml
茚并[1,2,3-*cd*]芘	苝-D12-N6	27.502	62 340	2 655 237	0.023 5	2.140 2	μg/ml
二苯并[*a*,*h*]蒽	苝-D12-N6	27.916	3 406	2 655 237	0.001 3	1.015 4	μg/ml

52 / 56　　　　生成时间 2020/11/8 19:36

图 8-7　半挥发性有机物分析气相色谱 4

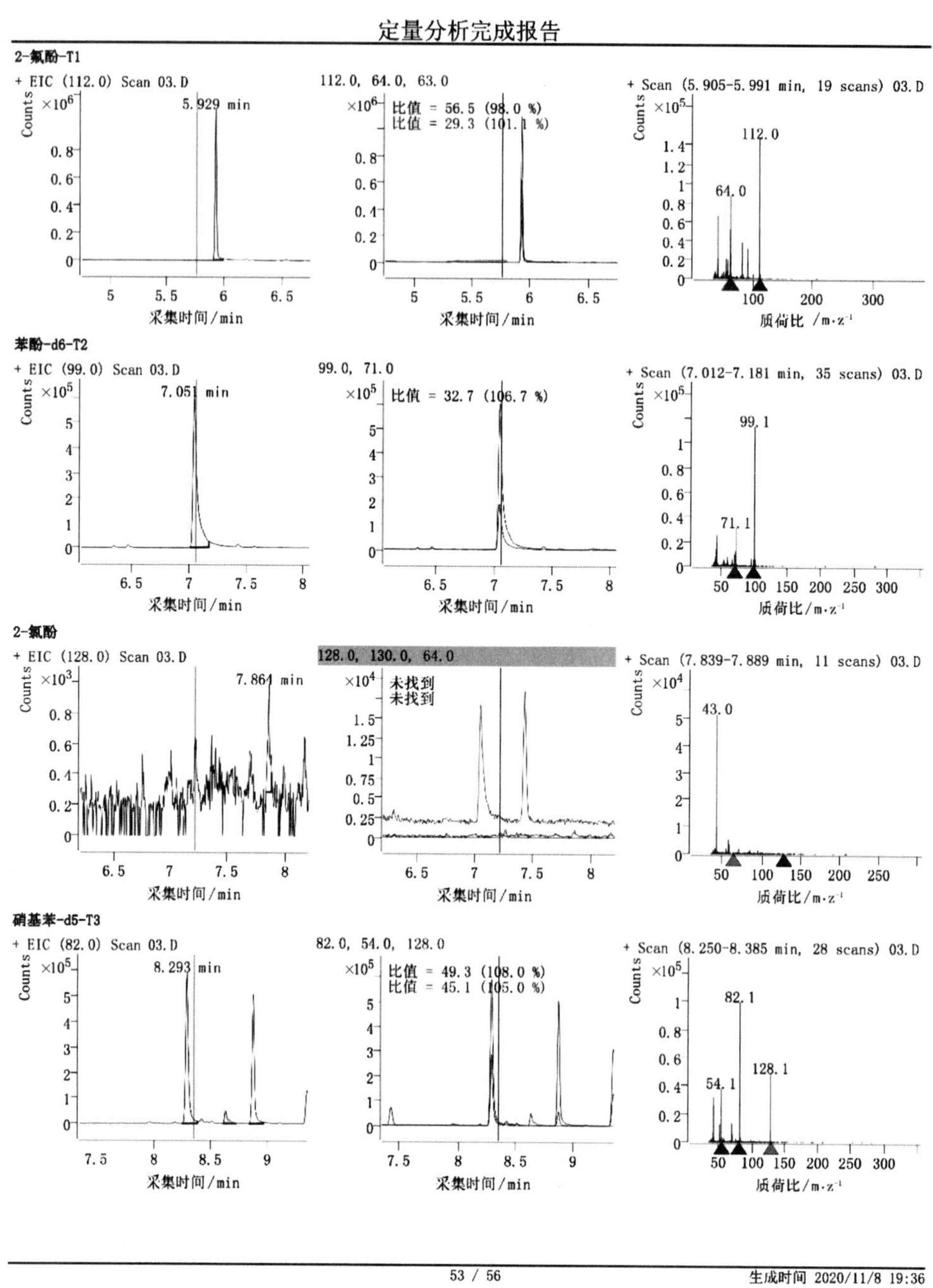

图 8-8　半挥发性有机物分析气相色谱 5

问题 8.36

《土壤和沉积物 有机氯农药的测定 气相色谱－质谱法》（HJ 835—2017），苯胺等土壤前处理用净化小柱净化，为什么净化效果不明显？

【参考意见】不同品牌、批次的净化小柱在使用前应先做流出曲线实验，以确定合适的洗脱液及洗脱体积，防止洗脱体积不够目标化合物损失，或洗脱体积过大达不到净化效果的情况发生。

依据《土壤和沉积物 有机氯农药的测定 气相色谱 - 质谱法》（HJ 835—2017）的规定，浓缩后提取液颜色较浅的，可以采用硅酸镁净化小柱净化。浓缩后提取液颜色过深，或样品基质复杂的样品，可以采用硅酸镁层析柱净化，或是将萃取液稀释后再净化。同时，应充分考虑稀释过程对替代物响应值变化的影响，避免替代物响应值过低导致无法评估替代物回收率。

在测定土壤中苯胺时，采用硅酸镁小柱净化的方式，可以除去大部分的化合物干扰。当浓缩后提取液颜色过深，或样品基质复杂时，可以将萃取液稀释后再净化。可参考《水质　苯胺类化合物的测定　气相色谱 - 质谱法》（HJ 822—2017）净化方式。

（河北省地质实验测试中心王磊老师整理回答。）

问题 8.37

《土壤和沉积物　有机氯农药的测定　气相色谱 - 质谱法》（HJ 835—2017），测定土壤有机氯农药，曲线校核无法进入时，是否每次需进行进样口惰性维护？p，p-DDD 和异狄氏剂高，o，p-DDT 和 p，p-DDT 低。

【参考意见】每次需进行进样口惰性维护。依据《土壤和沉积物　有机氯农药的测定　气相色谱 - 质谱法》（HJ 835—2017）的规定，10.6.2 进样口惰性检查：DDT 到 DDE 和 DDD 的降解率不应超过 15%。如果 DDT 衰减过多或出现较差的色谱峰，则需要清洗或更换进样口，同时还要截取毛细管前端 5 cm，重新校准。所以当曲线线性不符合要求时需进行进样口惰性维护（更换衬管，分流平板，截毛细管前端）后再进行重新校准。

异狄氏剂容易在高温下发生异构化，生成异狄氏醛和异狄氏酮，而当温度高于熔点时 p，p′-DDT 也易转化为 p，p′-DDD 和 p，p′-DDE。

（河北省地质实验测试中心王磊老师整理回答。）

问题 8.38

《土壤和沉积物　挥发性有机物的测定　吹扫捕集 - 气相色谱 - 质谱法》（HJ 605—2011），有些土壤样品中替代物 1（二溴氟甲烷）响应小或无响应，如图 8-9～图 8-27 所示，是基质效应还是有干扰？

【参考意见】土壤样品中替代物响应小或无响应，说明测定中存在干扰，基质效应是干扰中的一种。在 HJ 605 中规定，所有样品中替代物加标回收率均应为 70%～130%，否则应重复分析该样品。若重复测定替代物回收率仍不合格，说明样品存在基体效应。此时应分析一个空白加标样品，其中的目标物回收率应为 70%～130%。由此可判断是否为基质效应影响。若确认存在基质效应，可尝试分析甲醇样品，以减少基质效应影响。

（河北省地质实验测试中心王磊老师整理回答。）

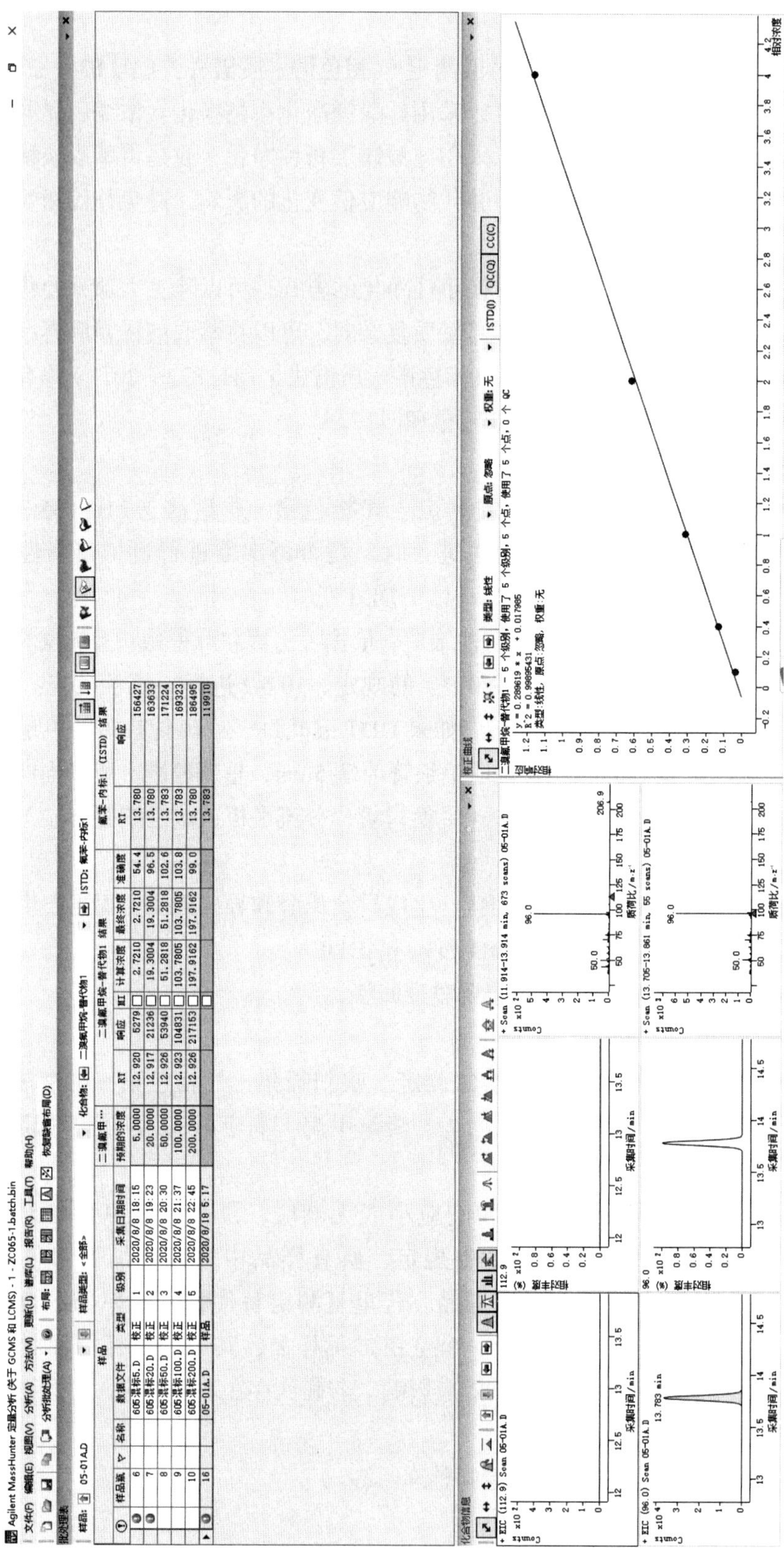

图 8-9　土壤中挥发性有机物分析气相色谱图 1

定量结果报告（未检查）

数据文件	605混标20.D	操作员	
采集方法	HJ_605-2011-SCAN方法	采集时间	2020/8/8 19:23:10
样品名称		仪器	GCMSD
样品瓶	7	乘积因子	1.00
数据方法文件		注释	

参考谱库

化合物	RT	定性离子	响应	浓度	单位		偏差/Min
内标							
氟苯-内标1	13.780	96.0	163633	50.0000	μg/L		-0.003
氯苯-D5-内标2	17.338	117.0	142374	50.0000	μg/L	m	-0.008
1,4-二氯苯-D4-内标3	20.014	152.0	73474	50.0000	μg/L		-0.030
系统监测化合物							
二溴氟甲烷-替代物1	12.917	112.9	21236	19.3004	μg/L		0.003
加标量:	范围: - %			回收率 = NA%			
甲苯-D8-替代物2	15.630	98.0	77227	20.3870	μg/L		-0.003
加标量:	范围: - %			回收率 = NA%			
4-溴氟苯-替代物3	18.633	95.0	33049	20.6905	μg/L		-0.020
加标量:	范围: - %			回收率 = NA%			
目标化合物							Q值
氯甲烷	7.234	50.0	18162	20.9214	μg/L		96
氯乙烯	7.494	62.0	12244	21.2516	μg/L	#	82
1,1-二氯乙烯	9.944	95.9	22598	20.9924	μg/L	#	69
二氯甲烷	10.653	86.0	22795	21.5018	μg/L	#	55
反式-1,2-二氯乙烯	11.061	96.0	26868	20.7034	μg/L	#	67
1,1-二氯乙烷	11.629	63.0	47808	19.2959	μg/L		99
顺式-1,2-二氯乙烯	12.373	95.9	29912	20.4946	μg/L	#	74
氯仿	12.714	83.0	45565	20.2135	μg/L	#	93
1,1,1-三氯乙烷	13.045	97.0	34267	20.2743	μg/L	#	93
四氯化碳	13.265	119.0	26302	20.5773	μg/L		96
1,2-二氯乙烷	13.479	62.0	32664	18.3680	μg/L	#	94
苯	13.508	78.0	79814	20.1403	μg/L		100
三氯乙烯	14.223	130.0	21175	20.2931	μg/L		91
1,2-二氯丙烷	14.498	63.0	22488	19.7800	μg/L		91
甲苯	15.708	91.0	96370	20.4337	μg/L		98
1,1,2-三氯乙烷	16.119	97.0	14476	21.2789	μg/L		92
四氯乙烯	16.386	164.0	17453	19.8069	μg/L		98
氯苯	17.376	112.0	62483	19.9991	μg/L	#	77
乙苯	17.419	106.1	35734	19.8949	μg/L		80
1,1,1,2-四氯乙烷	17.425	130.9	14658	19.5626	μg/L	#	89
间，对-二甲苯	17.538	91.0	188054	40.7494	μg/L		94
邻-二甲苯	18.022	106.1	43053	20.6062	μg/L		86
苯乙烯	18.022	104.0	70866	20.3433	μg/L		87
1,1,2,2-四氯乙烷	18.702	82.9	16410	19.7721	μg/L		94
1,2,3-三氯丙烷	18.800	75.0	12722	19.9462	μg/L	#m	47
1,4-二氯苯	20.048	146.0	48889	19.9165	μg/L		93
1,2-二氯苯	20.543	146.0	39060	18.6693	μg/L	#	91

(#) = 定性离子超出范围；(m) = 手动积分；(+) = 峰面积加和；(*) = 替代化合物百分比超出范围；(d)：归零峰

605混标20.D　　1 / 18　　生成时间 2020/11/25 9:40

图 8-10　土壤中挥发性有机物分析气相色谱 2

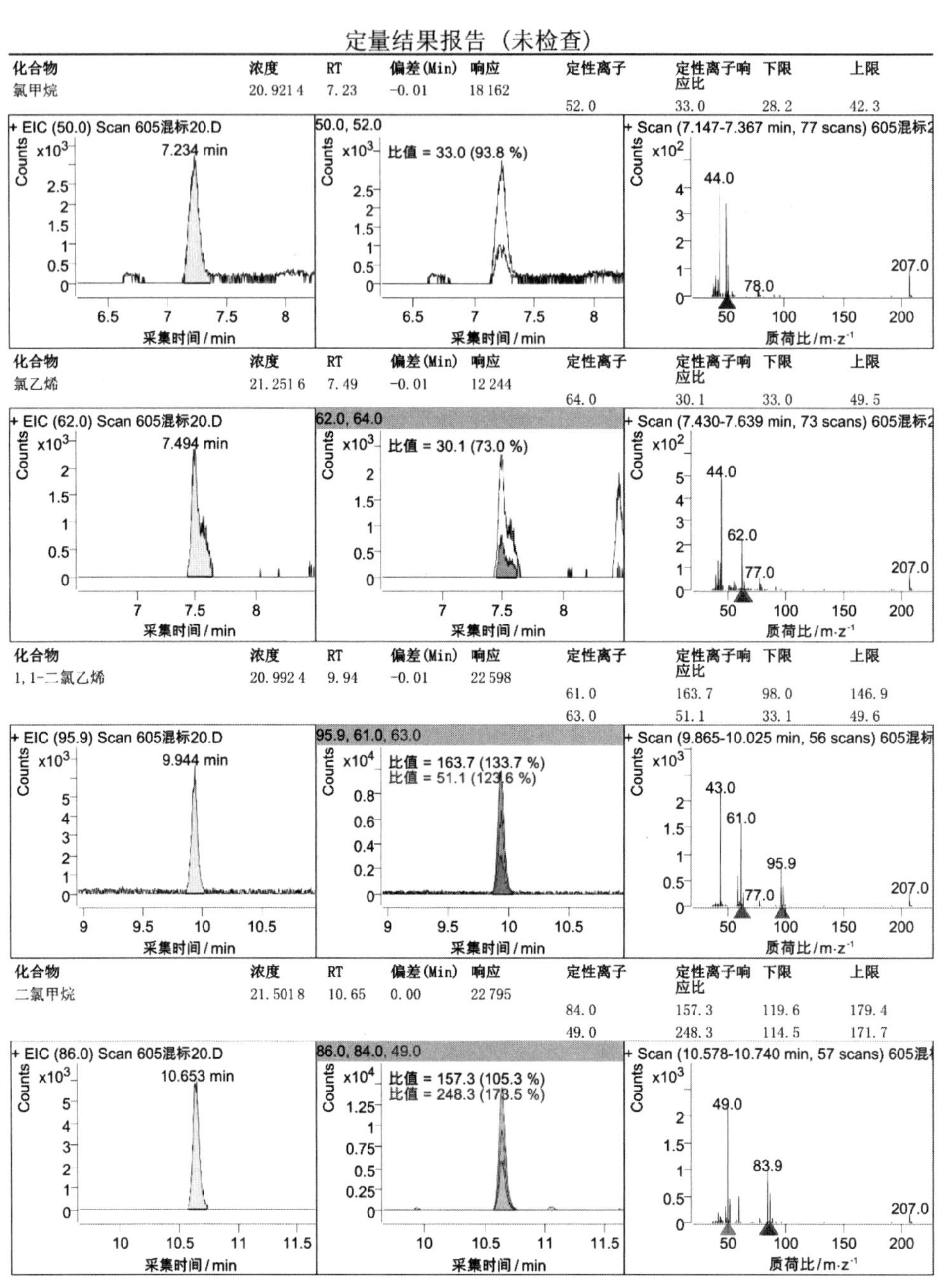

定量结果报告（未检查）

化合物	浓度	RT	偏差(Min)	响应	定性离子	定性离子响应比	下限	上限
氯甲烷	20.921 4	7.23	−0.01	18 162				
					52.0	33.0	28.2	42.3

化合物	浓度	RT	偏差(Min)	响应	定性离子	定性离子响应比	下限	上限
氯乙烯	21.251 6	7.49	−0.01	12 244				
					64.0	30.1	33.0	49.5

化合物	浓度	RT	偏差(Min)	响应	定性离子	定性离子响应比	下限	上限
1, 1-二氯乙烯	20.992 4	9.94	−0.01	22 598				
					61.0	163.7	98.0	146.9
					63.0	51.1	33.1	49.6

化合物	浓度	RT	偏差(Min)	响应	定性离子	定性离子响应比	下限	上限
二氯甲烷	21.501 8	10.65	0.00	22 795				
					84.0	157.3	119.6	179.4
					49.0	248.3	114.5	171.7

605混标20.D　　2 / 18　　生成时间 2020/11/25 9:40

图 8-11　土壤中挥发性有机物分析气相色谱 3

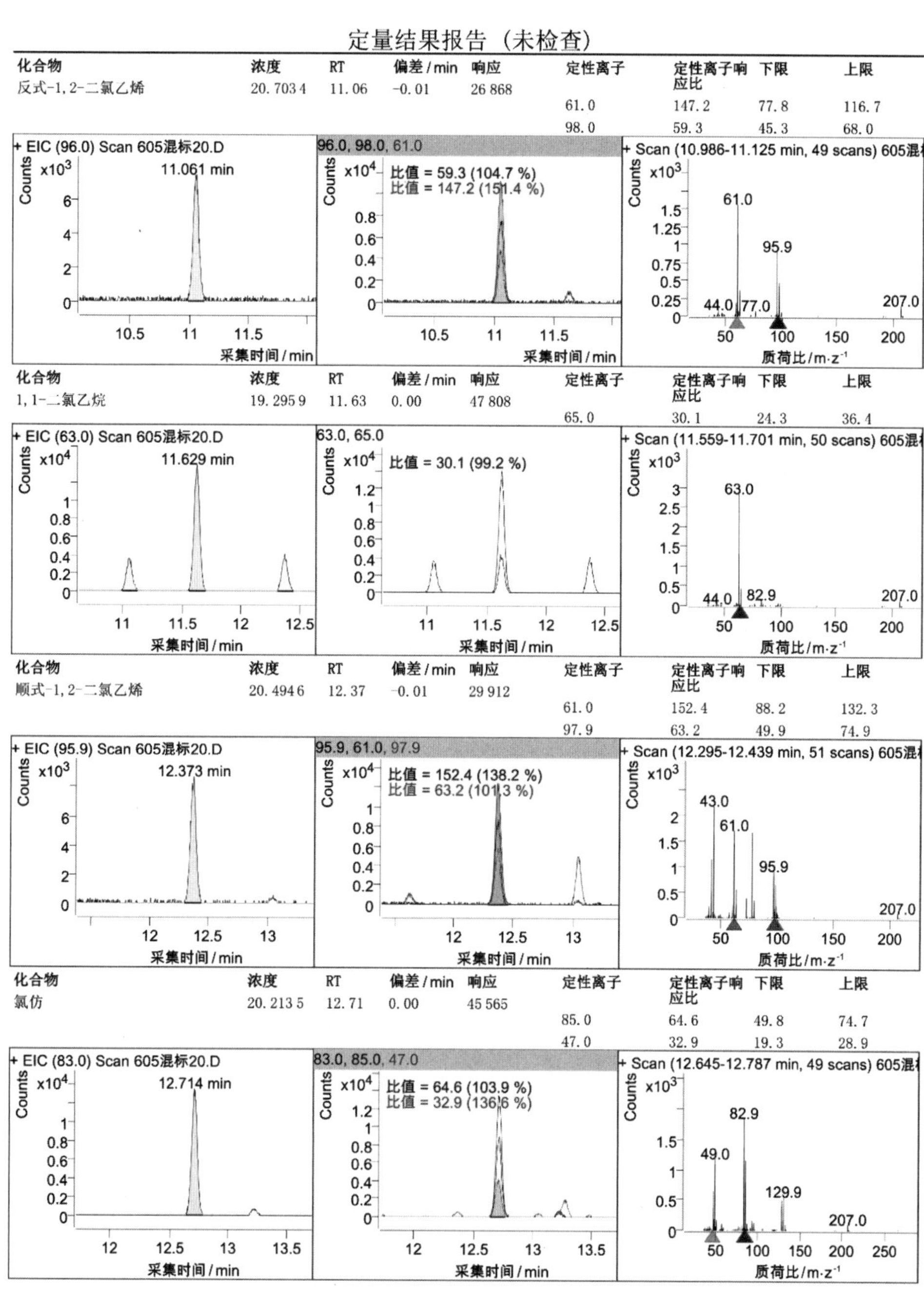

定量结果报告（未检查）

化合物	浓度	RT	偏差/min	响应	定性离子	定性离子响应比	下限	上限
反式-1,2-二氯乙烯	20.7034	11.06	-0.01	26868				
					61.0	147.2	77.8	116.7
					98.0	59.3	45.3	68.0

化合物	浓度	RT	偏差/min	响应	定性离子	定性离子响应比	下限	上限
1,1-二氯乙烷	19.2959	11.63	0.00	47808				
					65.0	30.1	24.3	36.4

化合物	浓度	RT	偏差/min	响应	定性离子	定性离子响应比	下限	上限
顺式-1,2-二氯乙烯	20.4946	12.37	-0.01	29912				
					61.0	152.4	88.2	132.3
					97.9	63.2	49.9	74.9

化合物	浓度	RT	偏差/min	响应	定性离子	定性离子响应比	下限	上限
氯仿	20.2135	12.71	0.00	45565				
					85.0	64.6	49.8	74.7
					47.0	32.9	19.3	28.9

605混标20.D　　3 / 18　　生成时间 2020/11/25 9:40

图 8-12　土壤中挥发性有机物分析气相色谱 4

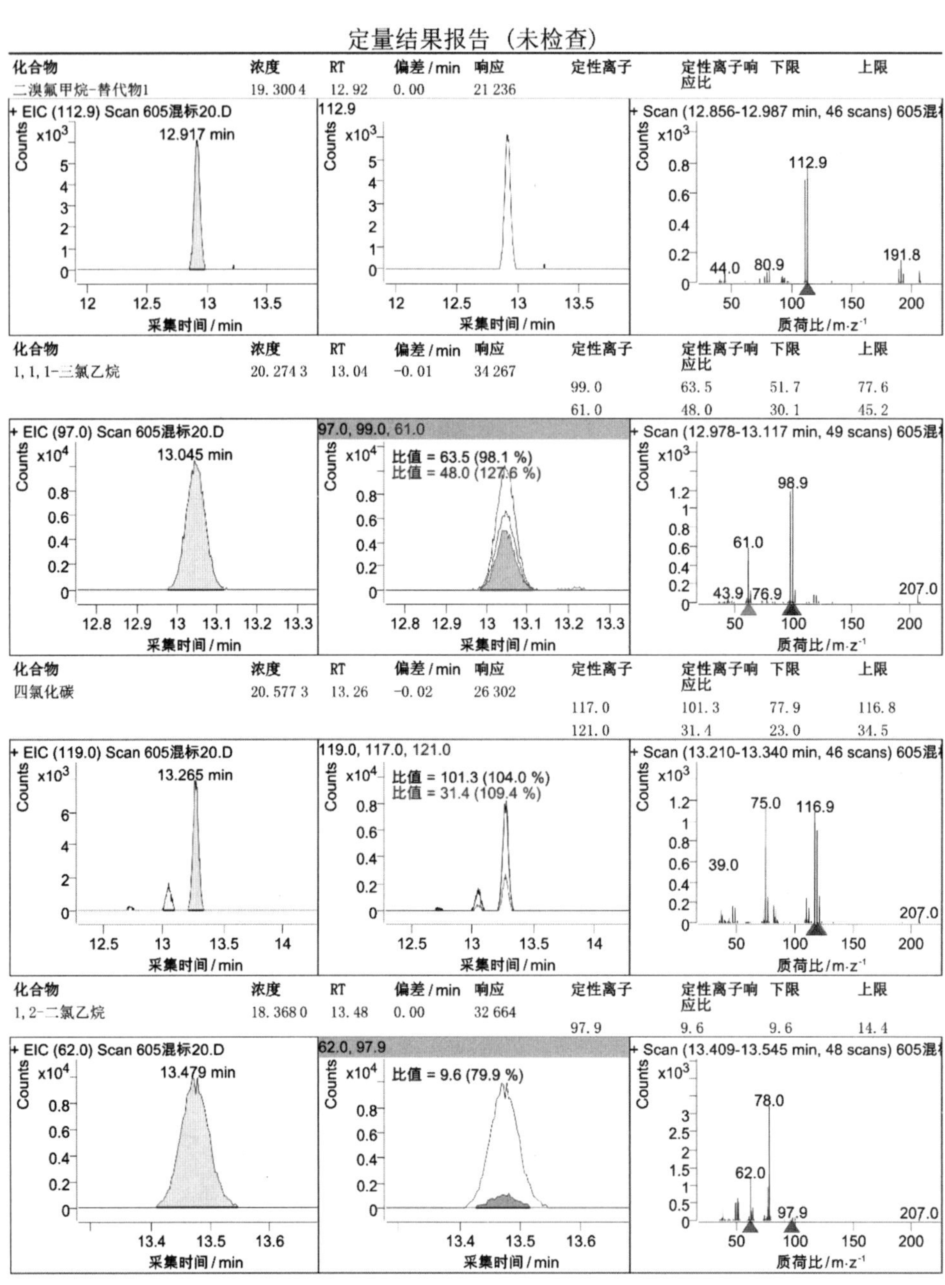

定量结果报告（未检查）

化合物	浓度	RT	偏差/min	响应	定性离子	定性离子响应比	下限	上限
二溴氟甲烷-替代物1	19.3004	12.92	0.00	21236				

化合物	浓度	RT	偏差/min	响应	定性离子	定性离子响应比	下限	上限
1,1,1-三氯乙烷	20.2743	13.04	−0.01	34267				
					99.0	63.5	51.7	77.6
					61.0	48.0	30.1	45.2

化合物	浓度	RT	偏差/min	响应	定性离子	定性离子响应比	下限	上限
四氯化碳	20.5773	13.26	−0.02	26302				
					117.0	101.3	77.9	116.8
					121.0	31.4	23.0	34.5

化合物	浓度	RT	偏差/min	响应	定性离子	定性离子响应比	下限	上限
1,2-二氯乙烷	18.3680	13.48	0.00	32664				
					97.9	9.6	9.6	14.4

605混标20.D　　4 / 18　　生成时间 2020/11/25 9:40

图 8-13　土壤中挥发性有机物分析气相色谱 5

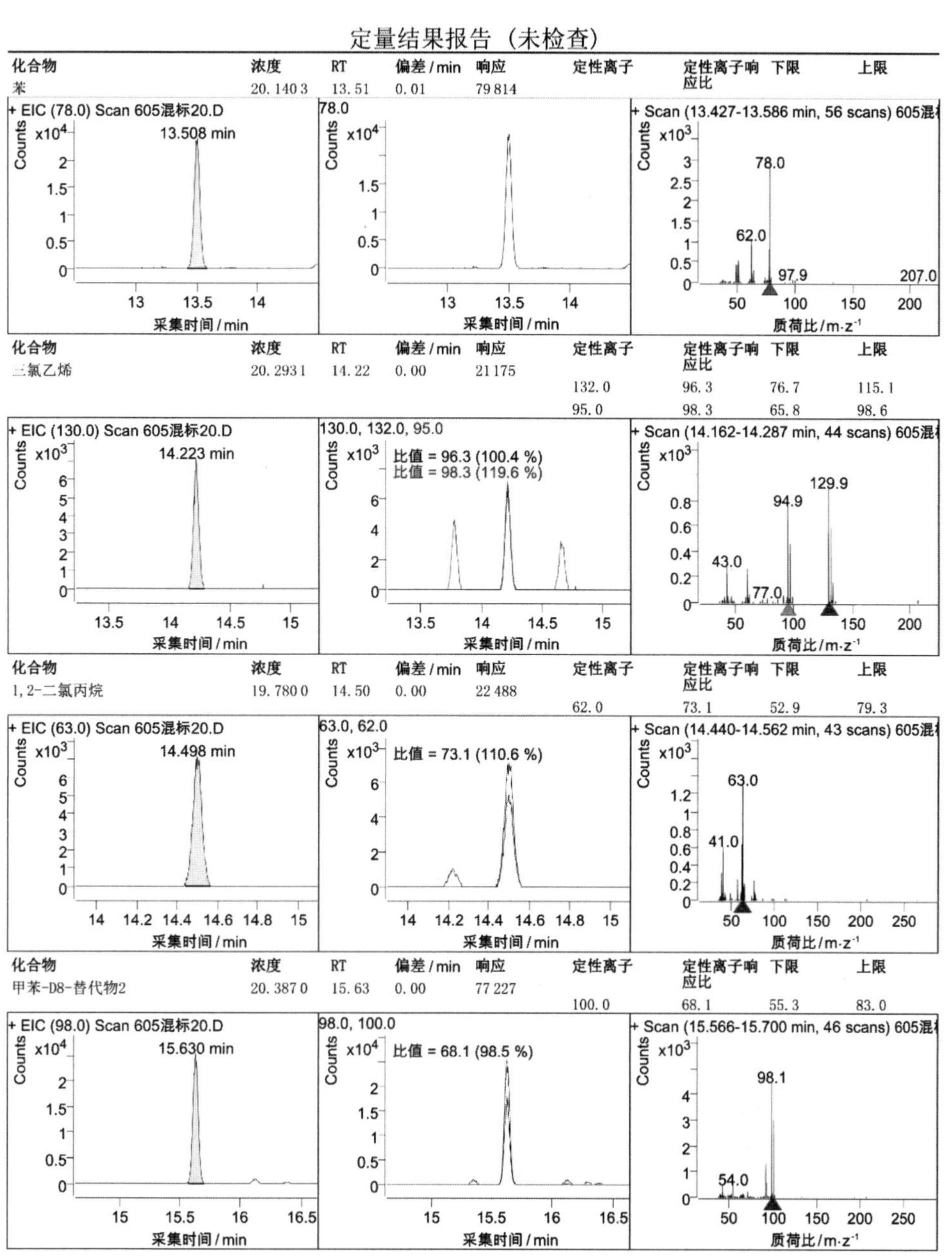

定量结果报告（未检查）

化合物	浓度	RT	偏差/min	响应	定性离子	定性离子响应比	下限	上限
苯	20.1403	13.51	0.01	79814				

化合物	浓度	RT	偏差/min	响应	定性离子	定性离子响应比	下限	上限
三氯乙烯	20.2931	14.22	0.00	21175				
					132.0	96.3	76.7	115.1
					95.0	98.3	65.8	98.6

化合物	浓度	RT	偏差/min	响应	定性离子	定性离子响应比	下限	上限
1,2-二氯丙烷	19.7800	14.50	0.00	22488				
					62.0	73.1	52.9	79.3

化合物	浓度	RT	偏差/min	响应	定性离子	定性离子响应比	下限	上限
甲苯-D8-替代物2	20.3870	15.63	0.00	77227				
					100.0	68.1	55.3	83.0

605混标20.D　　5 / 18　　生成时间 2020/11/25 9:40

图 8-14　土壤中挥发性有机物分析气相色谱 6

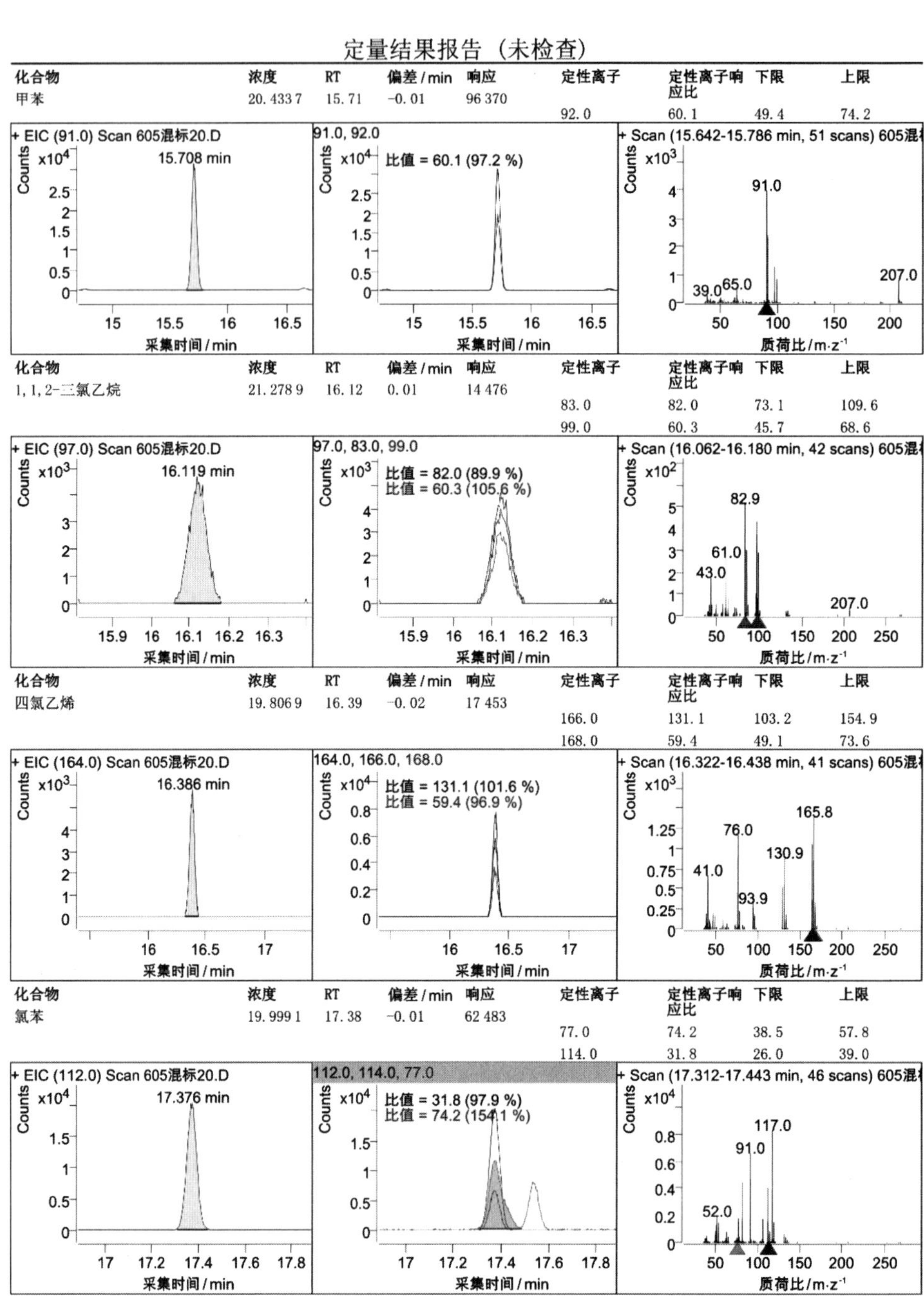

定量结果报告（未检查）

化合物	浓度	RT	偏差/min	响应	定性离子	定性离子响应比	下限	上限
甲苯	20.4337	15.71	-0.01	96370				
					92.0	60.1	49.4	74.2

化合物	浓度	RT	偏差/min	响应	定性离子	定性离子响应比	下限	上限
1,1,2-三氯乙烷	21.2789	16.12	0.01	14476				
					83.0	82.0	73.1	109.6
					99.0	60.3	45.7	68.6

化合物	浓度	RT	偏差/min	响应	定性离子	定性离子响应比	下限	上限
四氯乙烯	19.8069	16.39	-0.02	17453				
					166.0	131.1	103.2	154.9
					168.0	59.4	49.1	73.6

化合物	浓度	RT	偏差/min	响应	定性离子	定性离子响应比	下限	上限
氯苯	19.9991	17.38	-0.01	62483				
					77.0	74.2	38.5	57.8
					114.0	31.8	26.0	39.0

605混标20.D　6 / 18　生成时间 2020/11/25 9:40

图 8-15　土壤中挥发性有机物分析气相色谱 7

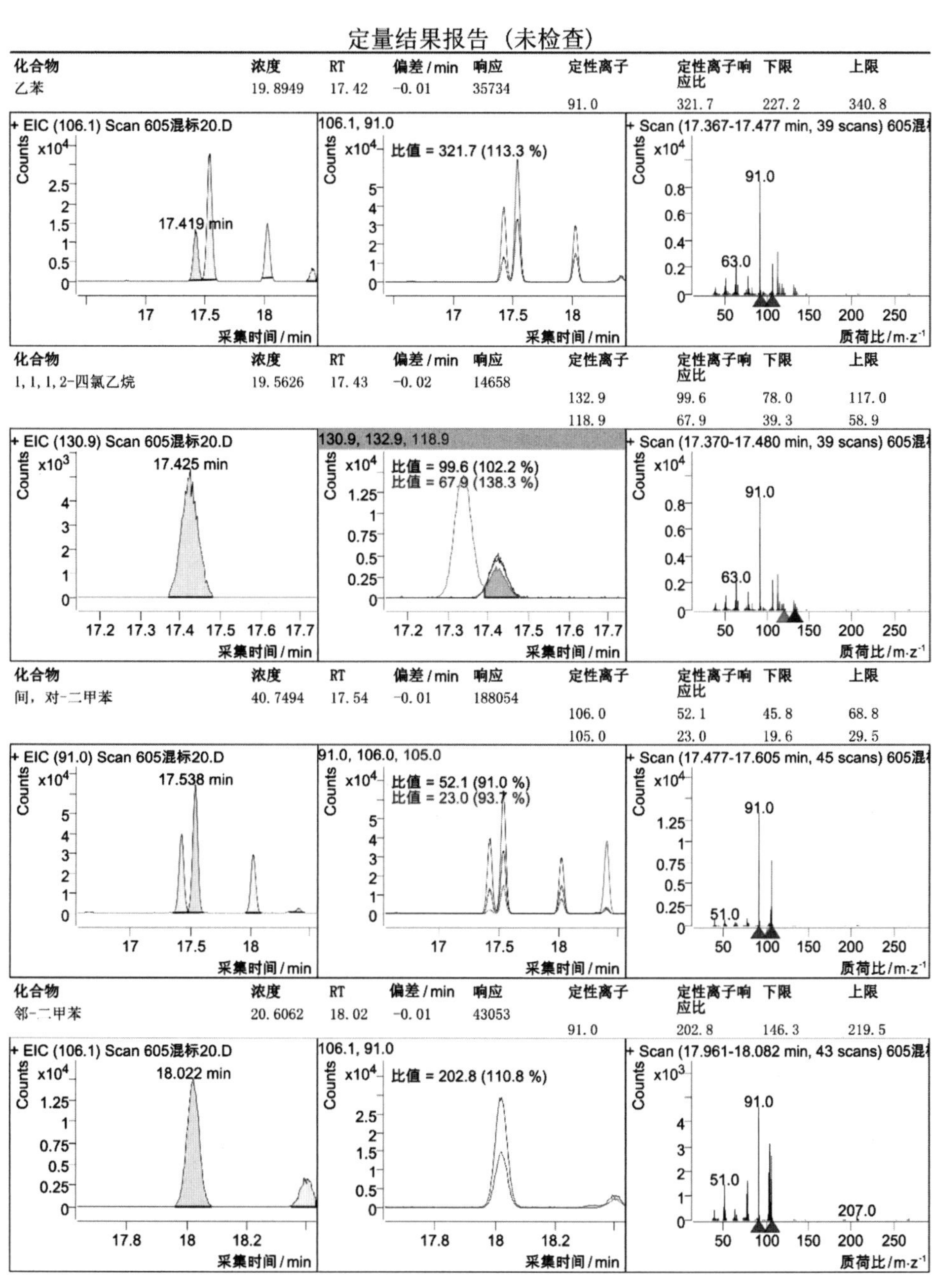

定量结果报告（未检查）

化合物	浓度	RT	偏差/min	响应	定性离子	定性离子响应比	下限	上限
乙苯	19.8949	17.42	-0.01	35734				
					91.0	321.7	227.2	340.8

+ EIC (106.1) Scan 605混标20.D; 17.419 min; 采集时间/min
106.1, 91.0; 比值 = 321.7 (113.3 %); 采集时间/min
+ Scan (17.367-17.477 min, 39 scans) 605混标; 91.0; 63.0; 质荷比/m·z⁻¹

化合物	浓度	RT	偏差/min	响应	定性离子	定性离子响应比	下限	上限
1,1,1,2-四氯乙烷	19.5626	17.43	-0.02	14658				
					132.9	99.6	78.0	117.0
					118.9	67.9	39.3	58.9

+ EIC (130.9) Scan 605混标20.D; 17.425 min; 采集时间/min
130.9, 132.9, 118.9; 比值 = 99.6 (102.2 %); 比值 = 67.9 (138.3 %); 采集时间/min
+ Scan (17.370-17.480 min, 39 scans) 605混标; 91.0; 63.0; 质荷比/m·z⁻¹

化合物	浓度	RT	偏差/min	响应	定性离子	定性离子响应比	下限	上限
间，对-二甲苯	40.7494	17.54	-0.01	188054				
					106.0	52.1	45.8	68.8
					105.0	23.0	19.6	29.5

+ EIC (91.0) Scan 605混标20.D; 17.538 min; 采集时间/min
91.0, 106.0, 105.0; 比值 = 52.1 (91.0 %); 比值 = 23.0 (93.7 %); 采集时间/min
+ Scan (17.477-17.605 min, 45 scans) 605混标; 91.0; 51.0; 质荷比/m·z⁻¹

化合物	浓度	RT	偏差/min	响应	定性离子	定性离子响应比	下限	上限
邻-二甲苯	20.6062	18.02	-0.01	43053				
					91.0	202.8	146.3	219.5

+ EIC (106.1) Scan 605混标20.D; 18.022 min; 采集时间/min
106.1, 91.0; 比值 = 202.8 (110.8 %); 采集时间/min
+ Scan (17.961-18.082 min, 43 scans) 605混标; 91.0; 51.0; 207.0; 质荷比/m·z⁻¹

605混标20.D　　7 / 18　　生成时间 2020/11/25 9:40

图 8-16　土壤中挥发性有机物分析气相色谱 8

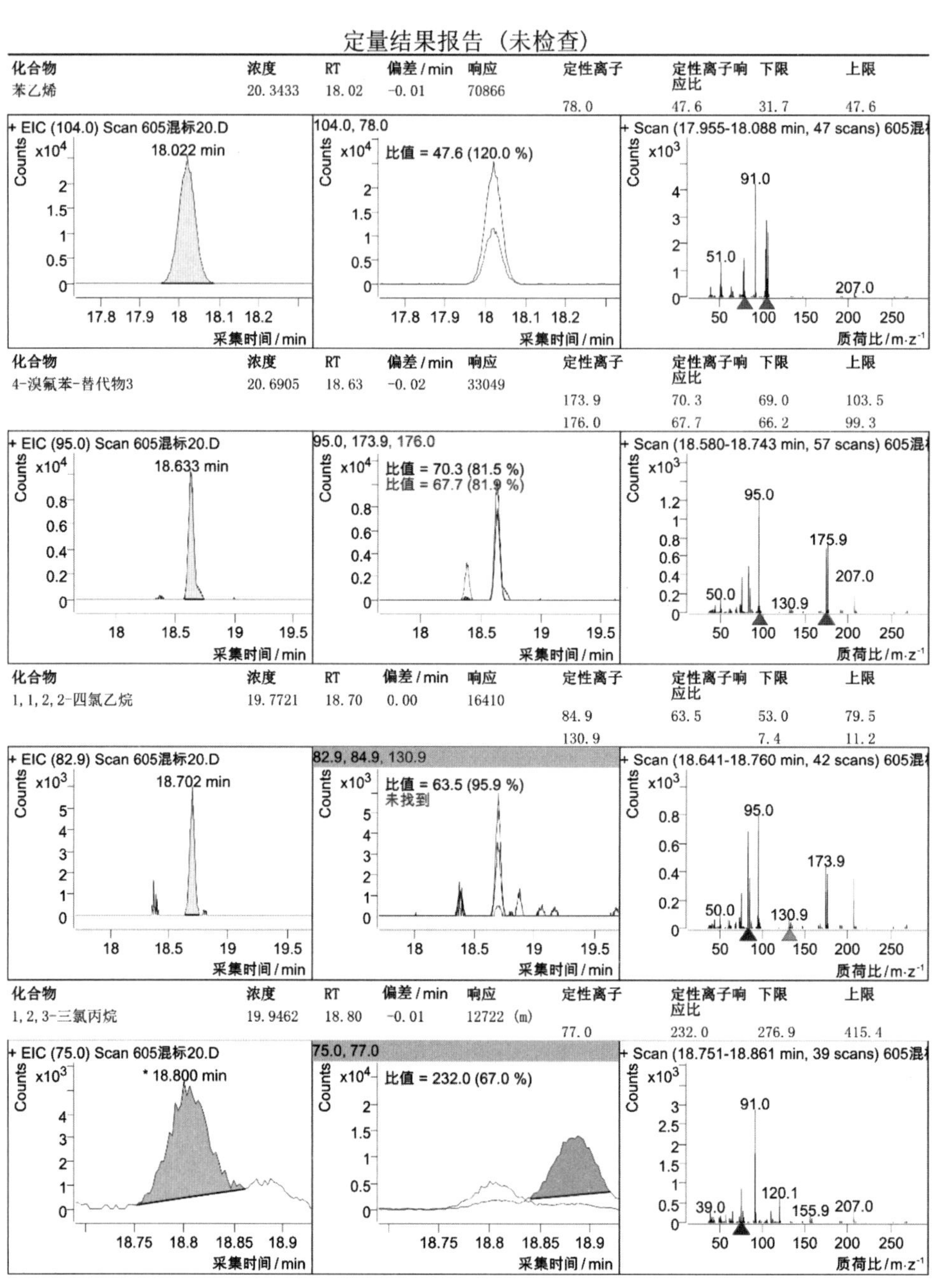

定量结果报告（未检查）

化合物	浓度	RT	偏差/min	响应	定性离子	定性离子响应比	下限	上限
苯乙烯	20.3433	18.02	-0.01	70866				
					78.0	47.6	31.7	47.6

化合物	浓度	RT	偏差/min	响应	定性离子	定性离子响应比	下限	上限
4-溴氟苯-替代物3	20.6905	18.63	-0.02	33049				
					173.9	70.3	69.0	103.5
					176.0	67.7	66.2	99.3

化合物	浓度	RT	偏差/min	响应	定性离子	定性离子响应比	下限	上限
1,1,2,2-四氯乙烷	19.7721	18.70	0.00	16410				
					84.9	63.5	53.0	79.5
					130.9		7.4	11.2

化合物	浓度	RT	偏差/min	响应	定性离子	定性离子响应比	下限	上限
1,2,3-三氯丙烷	19.9462	18.80	-0.01	12722 (m)				
					77.0	232.0	276.9	415.4

605混标20.D　8 / 18　生成时间 2020/11/25 9:40

图 8-17　土壤中挥发性有机物分析气相色谱 9

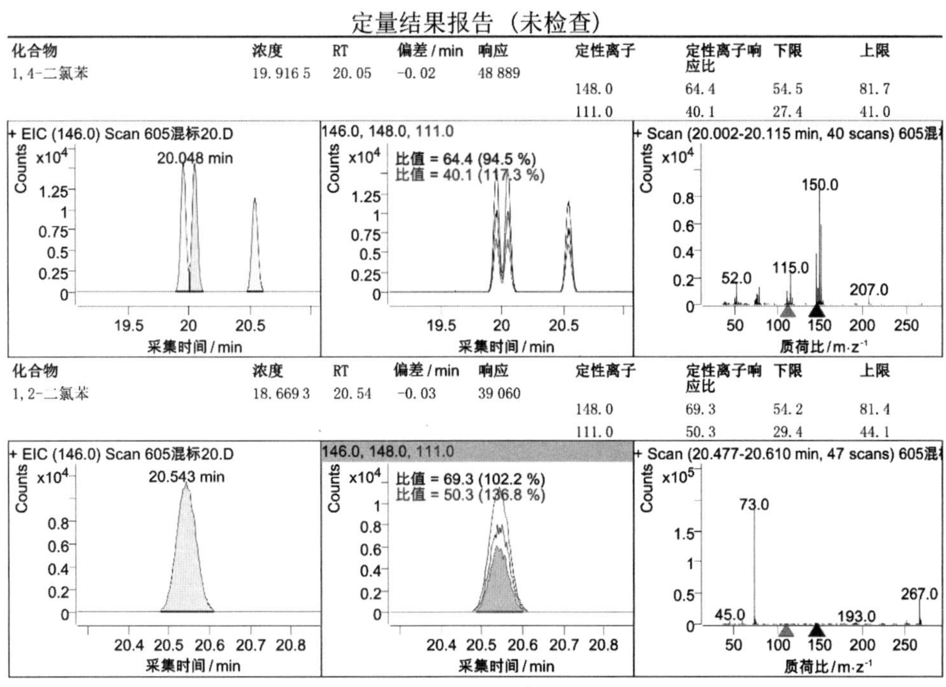

定量结果报告（未检查）

化合物	浓度	RT	偏差/min	响应	定性离子	定性离子响应比	下限	上限
1,4-二氯苯	19.916 5	20.05	-0.02	48 889				
					148.0	64.4	54.5	81.7
					111.0	40.1	27.4	41.0

化合物	浓度	RT	偏差/min	响应	定性离子	定性离子响应比	下限	上限
1,2-二氯苯	18.669 3	20.54	-0.03	39 060				
					148.0	69.3	54.2	81.4
					111.0	50.3	29.4	44.1

605混标20.D　9 / 18　生成时间 2020/11/25 9:40

图 8-18　土壤中挥发性有机物分析气相色谱 10

定量结果报告（未检查）

数据文件	05-01A.D	操作员	
采集方法	HJ_605-2011-SCAN方法	采集时间	2020/8/18 5:17:18
样品名称		仪器	GCMSD
样品瓶	16	乘积因子	1.00
数据方法文件		注释	
调谐文件		调谐日期	
批处理名称	ZC065-1.batch.bin	最近校正更新	2020/11/25 9:13:30
参考谱库			

化合物	RT	定性离子	响应	浓度	单位		偏差/min
内标							
氟苯-内标1	13.783	96.0	119 910	50.000 0	μg/L		0.000
氯苯-D5-内标2	17.336	117.0	101 709	50.000 0	μg/L		-0.010
1,4-二氯苯-D4-内标3	20.014	152.0	49364	50.000 0	μg/L		-0.030
系统监测化合物							
二溴氟甲烷-替代物1	0.000		0	N.D.			
加标量:	范围: - %			回收率 = NA%			
甲苯-D8-替代物2	15.628	98.0	152303	55.2150	μg/L		-0.005
加标量:	范围: - %			回收率 = NA%			
4-溴氟苯-替代物3	18.633	95.0	53469	50.2578	μg/L		-0.020
加标量:	范围: - %			回收率 = NA%			
目标化合物							*Q*值
氯甲烷	0.000		0	N.D.			
氯乙烯	0.000		0	N.D.			
1,1-二氯乙烯	0.000		0	N.D.			
二氯甲烷	10.642	86.0	3 672	0.000 0	μg/L	#	53
反式-1,2-二氯乙烯	0.000		0	N.D.			
1,1-二氯乙烷	0.000		0	N.D.			
顺式-1,2-二氯乙烯	0.000		0	N.D.			
氯仿	0.000		0	N.D.			
1,1,1-三氯乙烷	0.000		0	N.D.			
四氯化碳	0.000		0	N.D.			
1,2-二氯乙烷	0.000		0	N.D.			
苯	0.000		0	N.D.			
三氯乙烯	0.000		0	N.D.			
1,2-二氯丙烷	0.000		0	N.D.			
甲苯	0.000		0	N.D.			
1,1,2-三氯乙烷	0.000		0	N.D.			
四氯乙烯	0.000		0	N.D.			
氯苯	0.000		0	N.D.			
乙苯	0.000		0	N.D.			
1,1,1,2-四氯乙烷	0.000		0	N.D.			
间，对-二甲苯	17.541	91.0	2 082	0.000 0	μg/L		31
邻-二甲苯	0.000		0	N.D.			
苯乙烯	0.000		0	N.D.			
1,1,2,2-四氯乙烷	0.000		0	N.D.			
1,2,3-三氯丙烷	0.000		0	N.D.			
1,4-二氯苯	0.000		0	N.D.			
1,2-二氯苯	0.000		0	N.D.			

(#) = 定性离子超出范围；(m) = 手动积分；(+) = 峰面积加和；(*) = 替代化合物百分比超出范围；(d)：归零峰

05-01A.D　　10 / 18　　生成时间 2020/11/25 9:40

图 8-19　土壤中挥发性有机物分析气相色谱 11

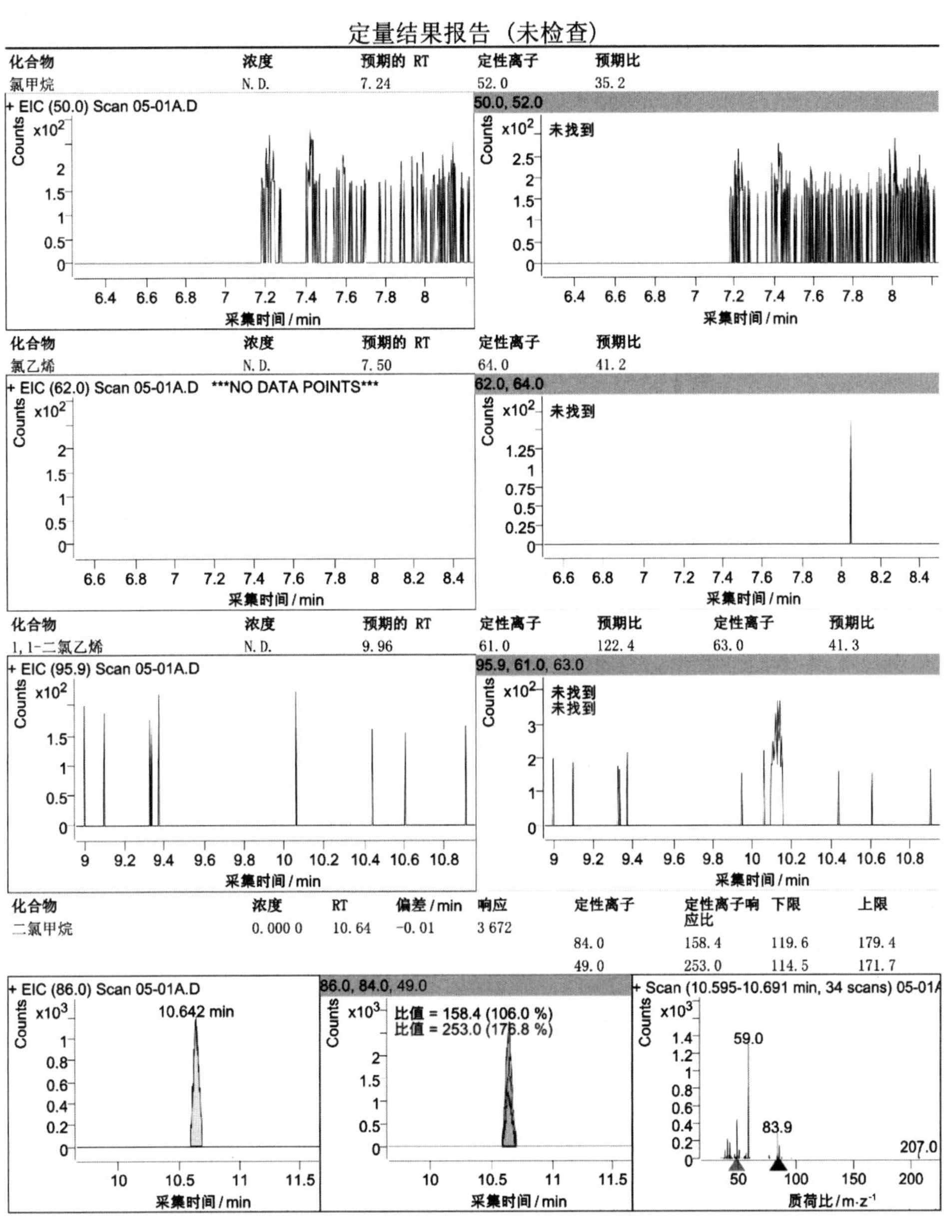

图 8-20　土壤中挥发性有机物分析气相色谱 12

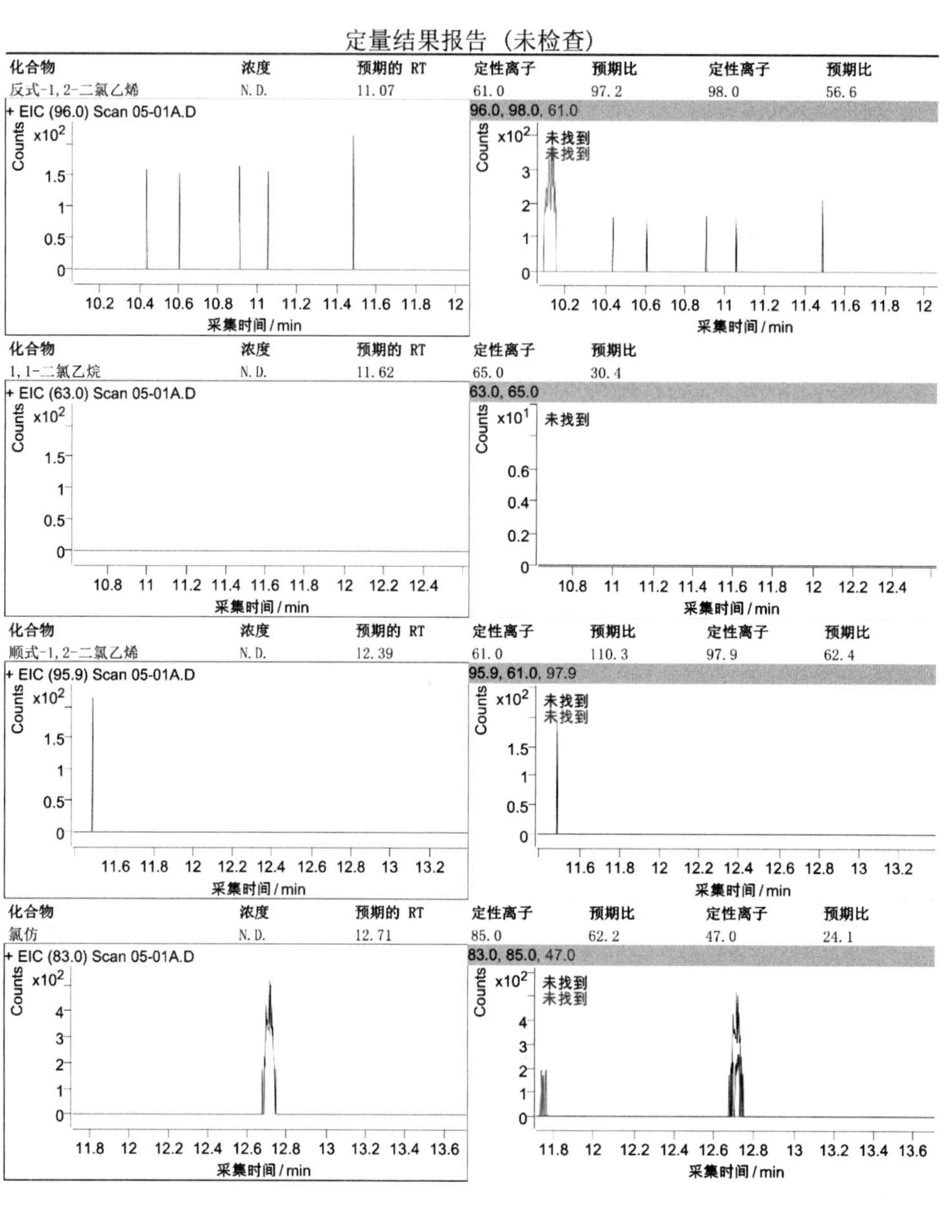

图 8-21　土壤中挥发性有机物分析气相色谱 13

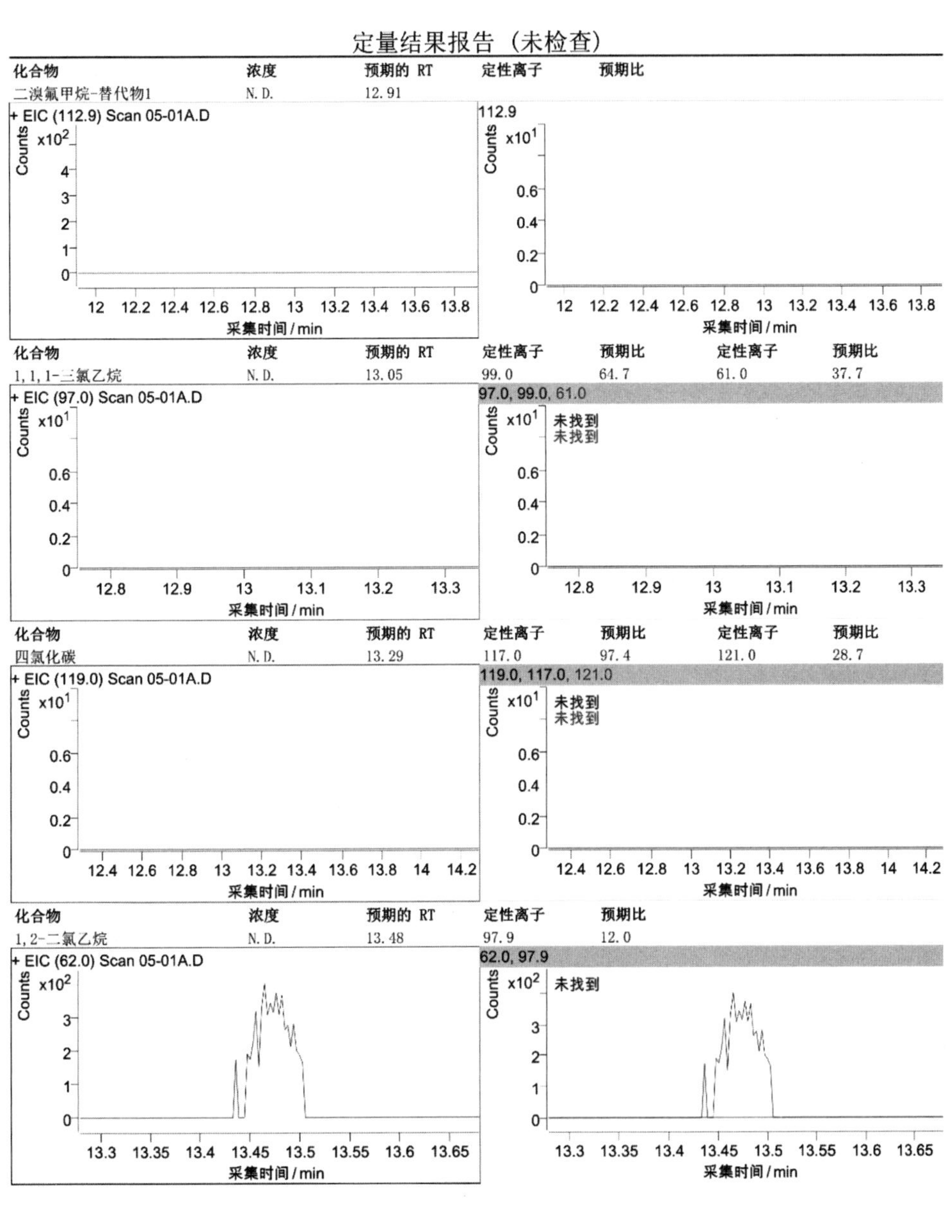

图 8-22　土壤中挥发性有机物分析气相色谱 14

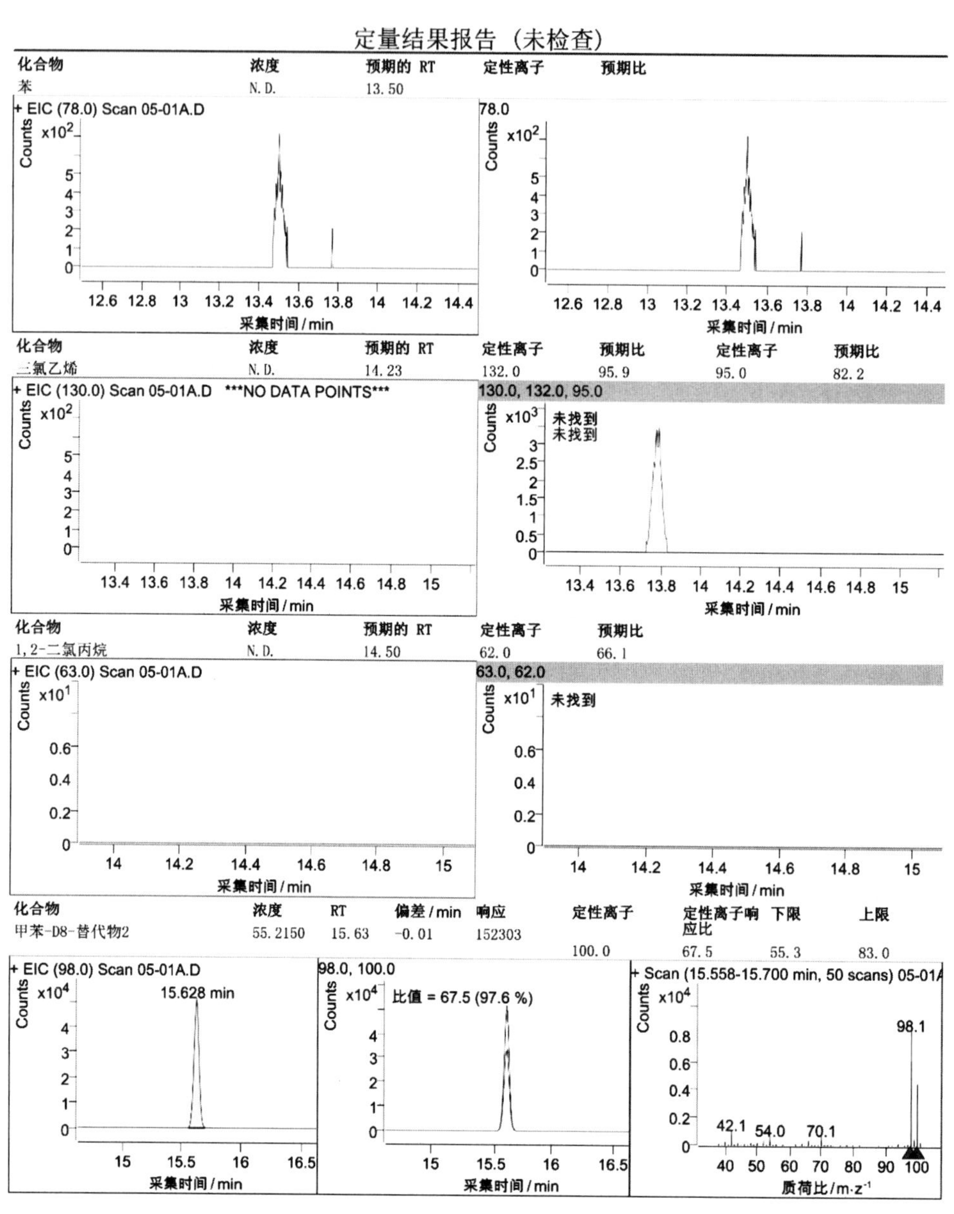

图 8-23 土壤中挥发性有机物分析气相色谱 15

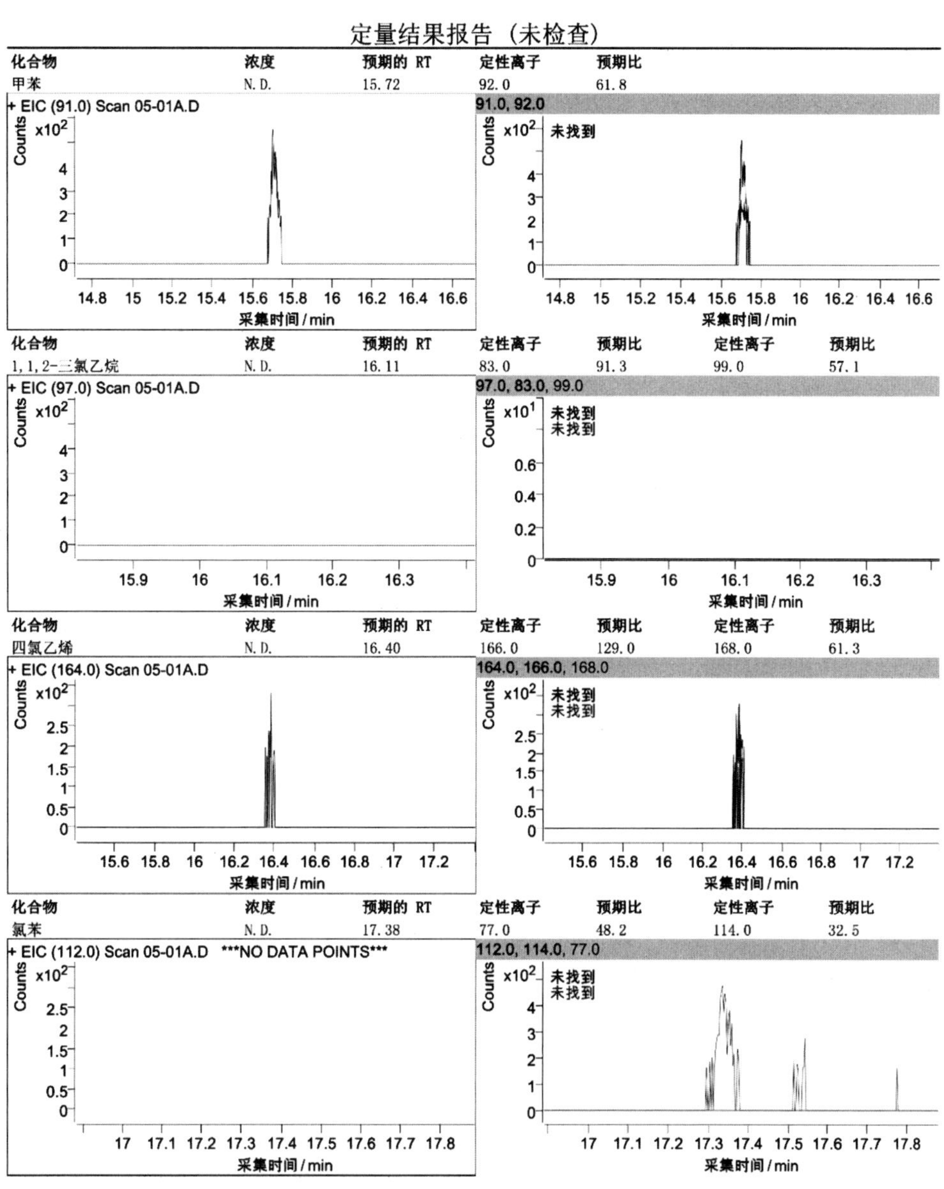

图 8-24 土壤中挥发性有机物分析气相色谱 16

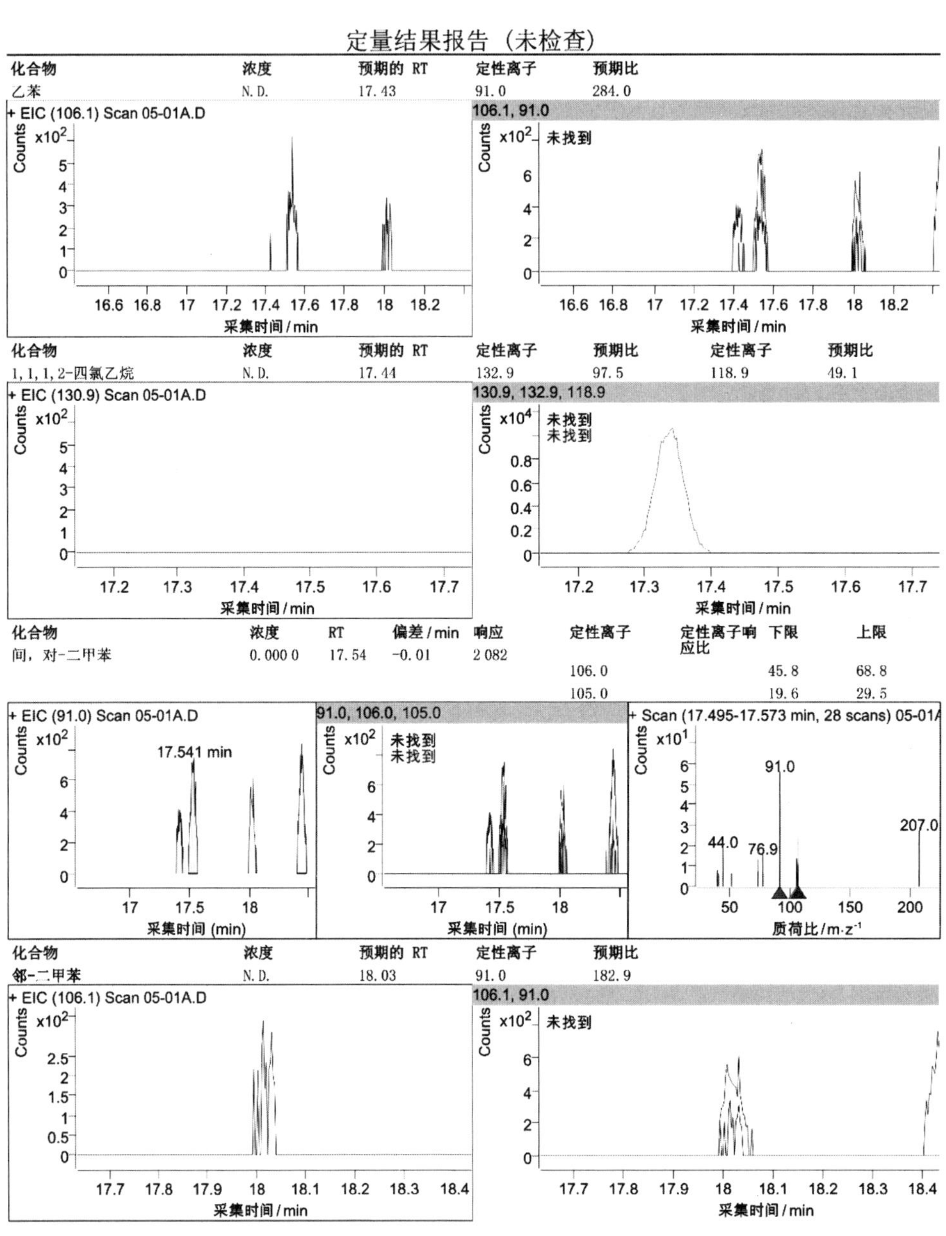

图 8-25 土壤中挥发性有机物分析气相色谱 17

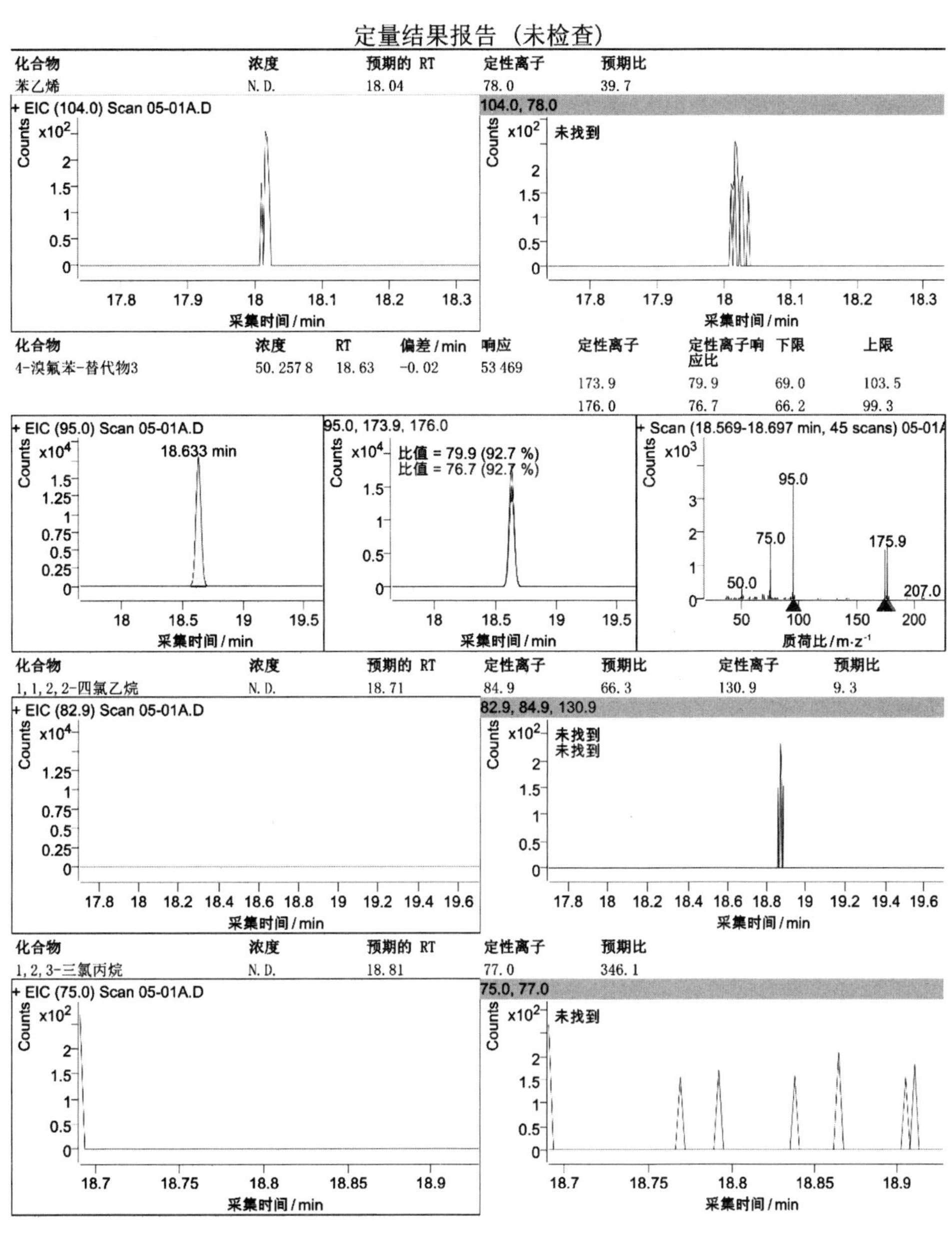

图 8-26 土壤中挥发性有机物分析气相色谱 18

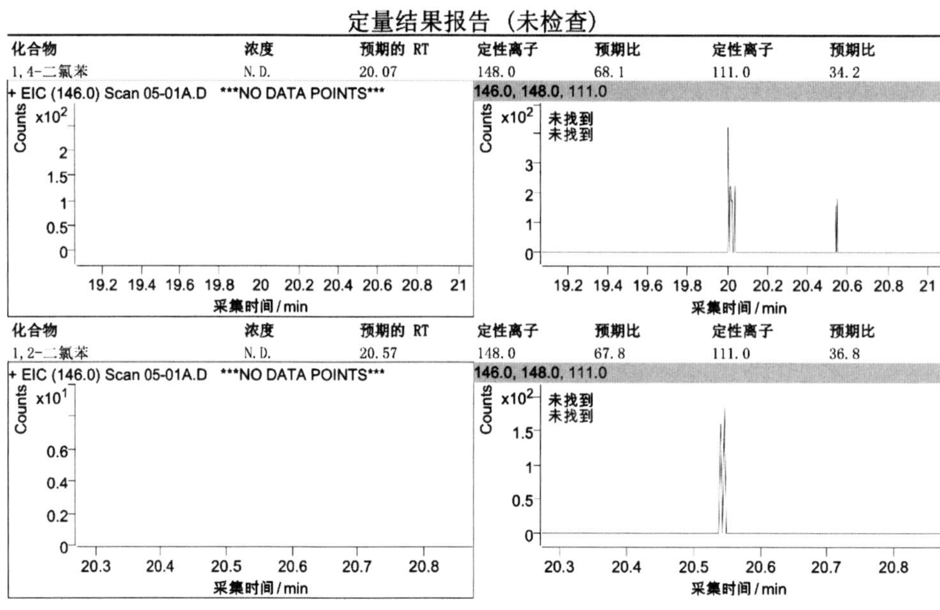

05-01A.D　　18 / 18　　生成时间 2020/11/25 9:40

图 8-27　土壤中挥发性有机物分析气相色谱 19

问题 8.39

土壤石油烃空白高（图 8-28），积分开始结束时间怎么设置？是从基线设置还是从峰谷设置？

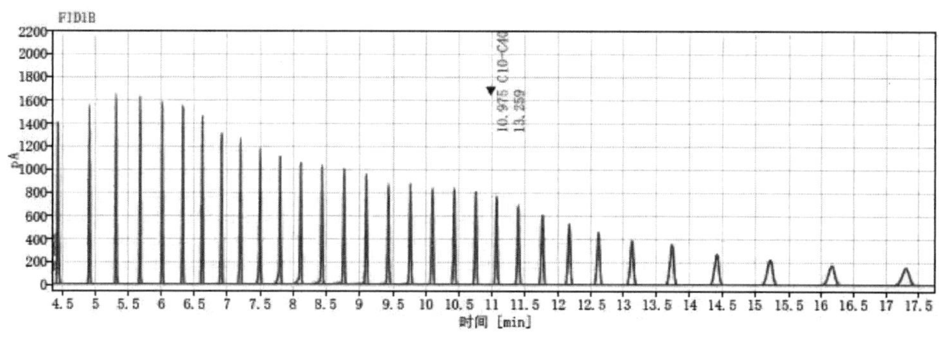

信号:	FID1B		
名称	保留时间 [min]	峰面积	浓度[mg/L]
C10-C40	10.98	42419.66	3121.09

图 8-28　土壤中石油烃分析气相色谱

【参考意见】依据《土壤和沉积物　石油烃（C_{10}～C_{40}）的测定　气相色谱法》（HJ 1021—2019）中 9.1 要求，以石油烃（C_{10}～C_{40}）保留时间窗对化合物进行定性，即从正癸烷出峰开始，到正四十烷出峰结束连接一条水平基线进行积分。

溶剂、试剂、玻璃器皿及样品处理设备均可能对样品分析产生干扰。须验证在实验过程中，所用的溶剂、试剂、玻璃器皿及样品处理设备不会对分析产生干扰。必要时对试剂和溶剂可用玻璃蒸馏器进行蒸馏提纯或改用纯度更高的试剂（如农残级试剂），固体试剂如无水硫酸钠、硅藻土等应置于马弗炉中 400℃烘烤 4 h 后密封保存。所有玻璃器皿在常规清洗后用蒸馏水进行再次清洗，使用之前再使用有机试剂进行两次荡洗。整个实验过程中尽量避免塑料、硅胶制品的使用，避免邻苯二甲酸酯、石油烃类等物质造成的污染。空白试验使用与实际样品完全相同量的溶剂进行前处理。如果空白值高于方法检出限，则需检验流程中的每一步骤以确定原因。

（河北省地质实验测试中心王磊老师整理回答。）

问题 8.40

《水质　有机氯农药和氯苯类化合物的测定　气相色谱 - 质谱法》（HJ 699—2014），测定水质有机氯和氯苯类时，（1）内标 1 峰形较差，内标 2 和内标 3 正常，如图 8-29 所示，方法优化还是色谱柱、仪器原因？（2）内标在曲线和样品中差异较大，尤其是内标 2，是否存在基质效应？（表 8-3）（3）p,p-DDT 线性不好，是否需进行进样口惰性维护？（4）液液萃取加标回收率出峰前几个偏低，但出峰靠后的甲氧滴滴涕高于 116%。（表 8-4）

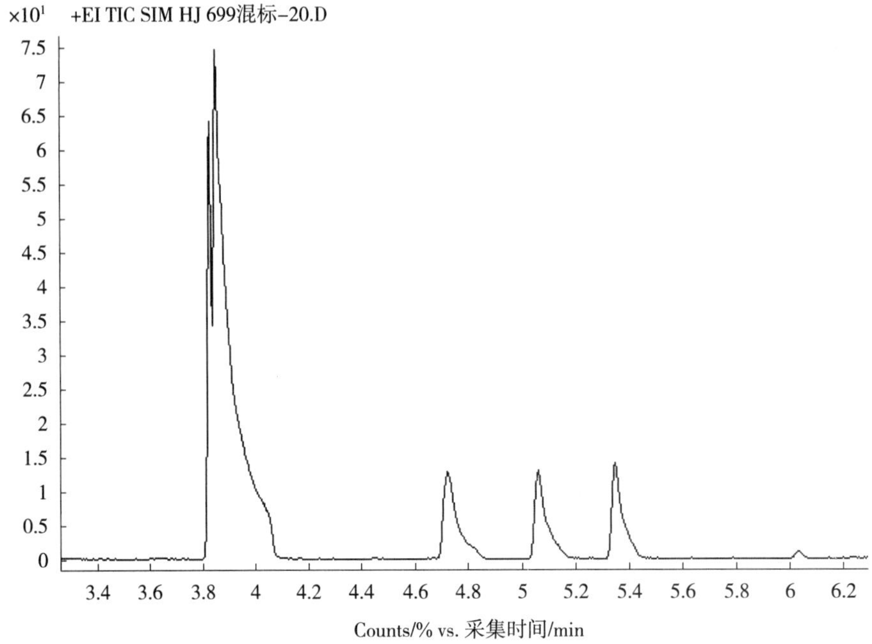

图 8-29 水中有机氯农药和氯苯类化合物分析内标谱

表 8-3 水中有机氯农药和氯苯类化合物分析数据 1

序号	数据文件	氘代菲（ISTD）结果		氘代䓛（ISTD）结果	
		RT	响应	RT	响应
1	HJ-699 混标 -20.D	12.391	27 245	23.667	16 003
2	HJ-699 混标 -50.D	12.391	30 490	23.662	16 170
3	HJ-699 混标 -100.D	12.392	28 898	23.662	14 930
4	HJ-699 混标 -500.D	12.385	28 739	23.662	14 234
5	HJ-699 混标 -1000.D	12.378	28 702	23.656	14 625
6	样品 1.D	12.378	38 378	23.651	26 846
7	样品 2.D	12.378	38 589	23.651	27 505
8	样品 3.D	12.378	39 286	23.651	27 332
9	样品 4.D	12.378	40 443	23.651	28 488
10	样品 5.D	12.378	38 404	23.656	27 026
11	样品 6.D	12.398	44 200	23.678	30 250
12	样品 7.D	12.385	41 353	23.656	28 672
13	样品 8.D	12.391	44 885	23.667	30 686

表 8-4　水中有机氯农药和氯苯类化合物分析数据 2

样品编号：MN005-DB-01-01J		加标回收			
序号	测定组分	样品含量 /（μg/L）	加标量 /（μg/L）	测定含量 /（μg/L）	加标回收率 /%
1	1.3.5- 三氯苯	—	1.00	0.74	73.7
2	1.2.4- 三氯苯	—	1.00	0.74	74.4
3	1.2,3- 三氯苯	—	1.00	0.76	76.1
4	1.2.4,5- 四氯苯	—	1.00	0.78	77.5
5	1.2.3,5- 四氯苯	—	1.00	0.78	77.5
6	1.2.3,4- 四氯苯	—	1.00	0.80	79.7
7	五氯苯	—	1.00	0.85	84.6
8	四氯间二甲苯	—	1.00	0.95	95.0
9	甲体六六六	—	1.00	1.05	105.3
10	六氯苯	—	1.00	0.88	88.1
11	丙体六六六	—	1.00	1.07	106.8
12	乙体六六六	—	1.00	1.04	103.9
13	五氯硝基苯	—	1.00	1.16	116.0
14	丁体六六六	—	1.00	1.12	111.8
15	七氯	—	1.00	1.15	114.9
16	艾氏剂	—	1.00	1.08	107.6
17	三氯杀螨醇	—	1.00	1.11	111.0
18	外环氧七氯	—	1.00	1.12	111.8
19	环氧七氯	—	1.00	1.15	114.8
20	γ - 氯丹	—	1.00	0.86	85.8
21	o,p-DDE	—	1.00	0.83	83.2
22	硫丹 1	—	1.00	0.79	78.7
23	α - 氯丹	—	1.00	0.81	81.2
24	p,p-DDE	—	1.00	0.86	86.5
25	狄氏剂	—	1.00	0.85	85.3
26	o,p-DDD	—	1.00	0.91	91.1
27	异狄氏剂	—	1.00	1.13	112.9
28	硫丹 2	—	1.00	0.86	86.3
29	*p,p*-DDD	—	1.00	0.98	98.5
30	*o,p*-DDT	—	1.00	0.94	94.3

续表

样品编号：MN005-DB-01-01J		加标回收			
序号	测定组分	样品含量 /（μg/L）	加标量 /（μg/L）	测定含量 /（μg/L）	加标回收率 / %
31	异狄氏剂醛	—	1.00	0.97	96.6
32	硫丹硫酸酯	—	1.00	1.04	103.7
33	*p,p*-DDT	—	1.00	1.09	109.5
34	异狄氏剂酮	—	1.00	0.94	94.2
35	甲氧滴滴涕	—	1.00	1.16	116.4
36	十氯联苯	—	1.00	0.96	96.2

【参考意见】

①测定水质有机氯和氯苯类，内标 1 峰形较差，考虑方法优化，达到不会因此影响线性就行。有的色谱柱可以走出内标 1 较好的峰形，但有的目标物分离不开。

②存在基质效应，一般是增强效应。

③ *p,p*-DDT 线性不好，需要进样口惰性维护，同时选择超高惰性衬管。

④液液萃取加标回收率出峰前几个值偏低，可能是前几个物质沸点较低，氮吹时气体流速过大，损失掉了，出峰靠后的物质加标回收率高，可能是仪器残留的原因。

（河北省地质实验测试中心王磊老师整理回答。）

问题 8.41

《气相色谱法质谱分析法（气质联用仪）测试半挥发性有机化合物》（USEPA 8270E），检测水中半挥发有机物，（1）6 种替代物，前 4 种回收率低，后 2 种正常，甚至高，不平衡，优化方法还是优化前处理过程？（2）半挥发 2,4- 二硝基苯酚和 4,6- 二硝基 -2- 甲基苯酚，曲线相关系数达不到 0.990，其他化合物曲线相关系数很好，是否正常？（3）实验室空白有数，苯酚、邻苯二甲酸二正丁酯、邻苯二甲酸二（2- 乙基己基）酯、邻苯二甲酸二正辛酯高于检出限，怎样实现？（4）曲线校核中，六氯环戊二烯进不去，其余偏差 20% 以内，每次新配曲线？

【参考意见】

① 6 种替代物，前 4 种回收率低，后 2 种正常，甚至高，不平衡，在检测方法中各化合物峰形、响应、分离度、内标响应、校正曲线均合适的情况下，优先考虑前处理过程的影响。低沸点的化合物回收率低主要是前处理各个过程损失的，萃取方式，氮吹温度、速度，净化方式等各步骤造成的目标物损失，针对性地进行优化。

②半挥发 2,4- 二硝基苯酚和 4,6- 二硝基 -2- 甲基苯酚，曲线相关系数达不到 0.990，其他化合物曲线相关系数很好，不正常，4- 二硝基苯酚和 4,6- 二硝基 -2- 甲基苯酚为易分解物质，需要保持进样系统干净，进行更换隔垫、衬管，切割色谱柱进

口 5～10 cm 等操作。

③实验室空白有数，苯酚、邻苯二甲酸二正丁酯、邻苯二甲酸二（2- 乙基己基）酯、邻苯二甲酸二正辛酯高于检出限，实验室空白污染大多是试剂及前处理过程引入。首要考虑更换纯度更高的试剂，以及避免前处理过程中塑料制品的引用，如 PVC 的过滤头、注射器等。酞酸酯类化合物来源丰富，易残留，因此也需注意进样隔垫的更换，色谱柱的定期老化等。最后措施是重复空白实验，稳定后扣空白。

④六氯环戊二烯为易分解物质，必须保持进样系统干净。衬管的玻璃棉存在活性点，对高沸点物质具有一定的吸附作用，可以考虑更换进样口衬管，以及对色谱柱进样口进行切割和色谱柱的定期老化。

（河北省地质实验测试中心王磊老师整理回答。）

问题 8.42

多环芳烃的空白高，怎样做才能合格？

【参考意见】

溶剂、试剂、玻璃器皿及样品处理设备均可能对样品分析产生干扰。须验证在实验过程中，所用的溶剂、试剂、玻璃器皿及样品处理设备不会对分析产生干扰。必要时对试剂和溶剂可用玻璃蒸馏器进行蒸馏提纯，固体试剂如无水硫酸钠、硅藻土等应置于马弗炉中 400℃烘烤 4 h 后密封保存。

当处理或测定高浓度样品后，所用器皿和设备可能会污染下一个样品。为了减少这种污染，处理过高浓度样品的器皿和前处理设备应该充分清洗，以保证没有残留。测定时，在进样间隙必须用溶剂冲洗进样注射器。高浓度样品分析完毕之后，应进行溶剂测定，以检验是否存在污染。

在检测过较多高浓度样品后，应及时进行进样口的维护，当衬管聚集过多高沸点物质，进样口温度升高使物质溢出造成空白值偏高，色谱柱长时间使用后，柱内遗留高浓度样品或高沸点物质，柱头被污染，应及时截柱子。

提取过程：

如果使用的索氏提取，使用的包裹样品的滤纸，使用前一定要经过空白检验，一定要使用提取试剂索氏提取后的无空白滤纸。注意，使用的硅藻土空白。

氮吹浓缩过程：

氮气要使用高纯氮气 99.999% 的，氮吹仪的氮吹针，要每次清洗，避免高低样品污染。

器皿清洗过程：

可使用碱性洗液浸泡器皿，洗净后，用自来水冲洗干净，蒸馏水润洗后，烘箱烘干。烘箱要鼓风，防止污染。

最后，器皿专用，样品空白的器皿就是样品空白。

（河北省地质实验测试中心王磊老师整理回答。）

8.7 综合类

问题 8.43

地下水、地表水、土壤里面关于重金属做总量还是溶解态的问题，对应质量标准判定时应该做哪种？

【参考意见】

环境 HJ 标准中，可溶性量，指的是通过 0.45 μm 的膜过滤后加酸（加硝酸使 pH＜2），总量指的直接加酸（加硝酸使 pH＜2）。

《地下水质量标准》（GB/T 14848—2017）中的重金属做“总量”，其实做的是金属可溶态。当采集的地下水样品清澈透明时，采样单位可在采样现场对水样直接进行加酸处理；当采集的地下水样品浑浊或有肉眼可见颗粒物时，采样单位应在采样现场对水样进行 0.45 μm 滤膜过滤然后对过滤水样进行加酸处理。检测实验室在收到送检样品后应按照分析测试方法标准的有关要求对样品进行消解处理后上机分析。

[重点行业企业用地土壤污染状况调查常见问题解答 2020 年第一期（总第六期答疑）]

《地表水环境质量标准》（GB 3838—2002）中，铜、铅、锌、镉、铁、锰测可溶性量，即通过 0.45μm 的膜过滤后加酸（加硝酸使 pH＜2），其他金属砷、硒、汞、六价铬等不过滤，水样采集后自然沉降 30min，取上层非沉降部分。

[《国家地表水环境质量监测网监测任务作业指导书》（试行）2017.7]

《土壤环境质量　建设用地土壤污染风险管控标准（试行）》（GB 36600—2018）规定的重金属的筛选值和管控值是全量。

问题 8.44

地表水、地下水环境、土壤质量标准中氰化物测定是总氰化物还是易释放氰化物？

【参考意见】

总氰化物：在 pH＜2 的介质中，硝酸和 EDTA 存在下，加热蒸馏形成氰化氢的氰化物，包括全部简单氰化物（多为碱金属和碱土金属的氰化物，铵的氰化物）和绝大部分络合氰化物（锌、铁、镍、铜氰络合物）。

易释放氰化物：在 pH=4 介质中，硝酸锌存在下，加热蒸馏形成氰化氢的氰化物，包括全部简单氰化物（多为碱金属和碱土金属的氰化物）和锌氰络合物，不包括铁、亚铁、铜、镍、钴氰络合物。

《地下水环境质量标准》（GB/T 14848—2017）中氰化物检测的是易释放氰化物。按照《地下水质检验方法　吡啶 - 吡唑啉酮比色法测定氰化物》（DZ/T 0064.52—1993）中给出的定义：“氰化物”是指在本分析方法条件下，能将其氰基作为氰根离子而测定的含氰化合物，当在酸性环境中与乙酸锌存在下蒸馏时，分析结果包括了简单氰化物和部分络合氰化物中的氰。（第七期重点行业企业用地土壤污染状况调查常见问题解答 2020 年第二期答疑。）

《地表水环境质量标准》（GB 3838—2002）中测的氰化物是易释放的氰化物。[《国家地表水环境质量监测网监测任务作业指导书》（试行）2017.7。]

《土壤环境质量 建设用地土壤污染风险管控标准（试行）》（GB 36600—2018），土壤中的测的是易释放的氰化物。（GB 36600—2018 编制说明。）

GB 36600—2018 编制说明：

“8. 氰化物定值的说明

在污染地块中可能见到的氰化物的形态包括氰化氢、简单氰化物、氰化物的络合盐等多种形态，检测方法上根据提取方式的不同，将其划分为氰化物和总氰化物。

氰化物主要通过氢离子的经口摄入和氰化物的吸入造成毒性危害，简单氰化物在酸性条件下可能释放出氰化氢。综合考量后，以氰离子的毒性参数为基础，同时考虑其挥发性暴露途径毒性的综合计算值作为氰化物的筛选值和管制值。这也是美国、加拿大等国家采用的方法。”

问题 8.45

在环境监测工作中，遇到未检出的污染因子，如何统计排放量？

【参考意见】

（一）水和废水：

（1）《污水监测技术规范》（HJ 91.1—2019）9.6.2：当测定结果高于分析方法检出限时，报实际测定结果值；当测定结果低于分析方法检出限时，报使用的“方法检出限”，并加标志位“L”表示。

《污水监测技术规范》（HJ 91.1—2019）9.7：对低于分析方法检出限的有效测定结果，按以下原则进行数据处理：

1）日均浓度值统计时以 1/2 方法检出限参与计算；

2）总量统计时按 HJ/T 92 执行；

3）对于某一类污染物的测定，如果每个分项项目的监测结果均小于方法检出限，在填报总量的结果时，可表述为“未检出”，并备注出每个分项项目的方法检出限；当其中某一个或某几个分项的监测结果大于方法检出限时，总量的结果为所有分项之和，低于方法检出限的分项以 0 计。

（2）《水污染物排放总量监测技术规范》（HJ/T 92—2002）10.5：对某污染物监测结果小于规定监测方法检出下限时，此污染物不参与总量核定。

（3）《近岸海域环境监测技术规范》（HJ 442—2008）7.3：监测数据产生后，在对数据准确性确认后进行必要的统计，其中未检出部分按检出限的 1/2 量参加统计计算。

（4）《海洋监测规范　第 2 部分：数据处理与分析质量控制》（GB 17378.2—

2007）4.4：低于检出限 XN 的测试结果，应报“未检出”，但在区域性监测检出率占样品频数的 1/2 以上（包括 1/2）或不足 1/2 时，未检出部分可分别取 XN 的 1/2 和 1/4 量参加统计运算。

（5）《水环境监测规范》（SL 219—2013）12.2.5：年平均值以算术平均法计算，小于检出限的按 1/2 方法检出限参与计算。但在统计污染物总量时以零计。

（6）《地表水环境质量监测数据统计技术规定（试行）》（环办监测函〔2020〕82 号）第七点：当监测数据低于检出限时，以 1/2 检出限值参与计算和统计。

（二）空气和废气

（1）《环境空气质量监测规范（试行）》（国家环保总局公告　12007 年第 4 号）附件五第二条第一款：若样品浓度低于监测方法检出限，则该监测数据应标明未检出，并以 1/2 最低检出限报出，同时用该数值参与统计计算。

（2）《室内环境空气质量监测技术规范》（HJ/T 167—2004）7.1.4：如样品浓度低于分析方法最低检出限，则该监测数据以 1/2 最低检出限的数值参与平均值统计计算。

（三）土壤

《土壤环境监测技术规范》（HJ/T 166—2004）11.3：低于分析方法检出限的测定结果以“未检出”报出，参加统计时按 1/2 最低检出限计算。

（摘自环评互联网 2020 年 11 月 29 日资料《环境监测中未检出污染因子，如何统计排放量？》。）

问题 8.46

电感耦合等离子体质谱法测定重金属遇到盐分高的样品时，需要怎么处理样品才能既保证准确度又能降低对仪器的损害？

【参考意见】

当样品中待测组分较高时，可以适当稀释样品；使用内标法定量；改进 ICP-MS 进样系统，定期清洗锥口。

（河北省地质实验测试中心王磊老师整理回答。）

8.8　管理和质量控制类

问题 8.47

《检验检测机构管理和技术能力评价 生态环境监测要求》（RB/T 041—2020）与“生态环境监测机构补充要求”有何关系？如何实施？

【参考意见】

《检验检测机构管理和技术能力评价 生态环境监测要求》（RB/T 041—2020）于 2020 年 12 月 1 日正式实施。此标准为推荐标准。大家可参考使用。因此标准与补充要求同步制定，与现在执行的“生态环境监测机构补充要求”没有实质差异。只是在设备设施方面增加了“5.4.4 机构应对所有试剂加贴标签，标签应清楚标识试剂名称、浓度、溶剂、配制日期、配制人和有效期等必要信息；实验用水的标签应清楚标识制备时间、名称等信息，必要时还应根据不同用途注明相应的级别。”在资质认定评审时依据仍然是 RB/T 2141—2017 和《生态环境监测机构评审补充要求》。实验室可以根据 RB/T 041—2020 修订体系文件相关内容。

问题 8.48

公司的方案是否需要跟最终报告保持一致，如果发生变动是否需要更改，还是只体现在任务通知单就行?

【参考意见】

方案是提前写好的，到了现场采样会出现各种各样的问题，会有变动，如果发生变动，可以在任务通知单、现场采样记录中进行说明，出现变动应当通知委托方。

问题 8.49

培训计划的制定是根据公司状况进行还是应该有固定的培训模板，比如每年必须将一些培训列入培训计划?

【参考意见】

培训肯定要根据公司的运行状况和发展的需求以及人员的情况而定，培训可以有模板，但是每年的重点内容应该是有区别的，但是有些内容，比如通用要求、补充要求、体系文件、法律性法规、安全、风险防控等最好每年都培训。

问题 8.50

执行标准里的分析方法是否要严格执行?

【参考意见】

执行标准里的分析方法一般是要严格执行的，尤其是老标准还带着年号，如果采用新的方法，环保部《关于实施生态环境监测方法新标准相关问题的复函》（监测函〔2019〕4 号）明确规定：“国家环境质量标准和国家污染物排放标准中规定的生态环境监测方法标准应规范使用，若新发布的生态环境监测方法标准与指定的监测方法不同，但适用范围相同的，也可以使用。”机构可以做方法比对，证明新方法与老方法测量准确度一致或者优于老标准，但是如果有纠纷，需要上法庭，律师一般都会严格按字面意思理解，容易败诉，建议尽量用排放标准或判别标准制定的方法。

问题 8.51

质量控制是不是检测方法所有列出的条款都需要同时做?

【参考意见】

以《固体废物　半挥发性有机物的测定　气相色谱 - 质谱法》（HJ 951—2018）标准为例：

10 质量保证和质量控制

10.1 空白试验

每 20 个样品或每批次（少于 20 个样品 / 批）须做一个空白试验，测定结果中目标物浓度不应超过方法检出限。

10.2 校准

分析之前应进行系统性能检查，保证校准曲线达到最小的平均响应因子。半挥发性化合物，用一些较为活跃的化合物来检查，如 N- 亚硝基二正丙胺、六氯环戊二烯、2,4- 二硝基苯酚及 4- 硝基酚。上述化合物最小的可接受平均响应因子为 0.05。计算每种目标化合物的平均相对响应因子，校准曲线中目标化合物相对响应因子的相对标准偏差应≤20%，否则应进行必要的维护。

连续分析时，每 24 h 分析一次校准曲线中间浓度点，其测定结果与理论浓度值相对误差应在 ±20% 内。否则，须重新绘制校准曲线。

10.3 平行样

每 20 个样品或每批次（少于 20 个样品 / 批）应分析一个平行样，平行样测定结果相对偏差应小于 30%。

10.4 基体加标

每 20 个样品或每批次（少于 20 个样品 / 批）应分析一个基体加标样品。固体废物加标样品回收率控制范围为 35%～150%。浸出液加标样品回收率控制范围为 40%～110%。

10.5 替代物的回收率

实验室应建立替代物加标回收控制图，按同一批样品（20～30 个样品）进行统计，剔除离群值，计算替代物的平均回收率 p 及相对标准偏差 s，应控制在 $p\pm3s$ 内。

10.6 仪器性能检查

10.6.1 用 2 mL 试剂瓶装入未经浓缩的二氯甲烷，按照样品分析的仪器条件做一个空白，TIC 谱图中应没有干扰物。干扰较多或浓度较高的样品分析后也应做一个这样的空白检查，如果出现较多的干扰峰或高温区出现干扰峰或流失过多，应检查污染来源，必要时采取更换衬管、清洗离子源或保养、更换色谱柱等措施。

10.6.2 进样口惰性检查：滴滴涕（DDT）到滴滴伊（DDE）和滴滴滴（DDD）的降解率或异狄氏剂的降解率应不超过 15%。如果 DDT 衰减过多或出现较差的色谱峰，则需要清洗或更换进样口，同时还要截取毛细管前端的 5 cm，重新校准。

DDT 和异狄氏剂的降解率，按式（5）、式（6）进行计算：

$$\text{滴滴涕的降解率}\ \% = \frac{(\text{DDE+DDD})\text{的检出量（ng）}}{(\text{DDT+DDE+DDD})\text{的检出量（ng）}}\times100\% \tag{5}$$

$$\text{异狄氏剂的降解率}\ \% = \frac{(\text{异狄氏剂醛+异狄氏剂酮})\text{的检出量（ng）}}{(\text{异狄氏剂+异狄氏剂醛+异狄氏剂酮})\text{的检出量（ng）}} \tag{6}$$

不是标准的每个质控措施每次分析都要做，主要是根据实验的具体情况和关键环节的控制进行选择。

对于有机物分析来说，空白试验是必需的，空白试验有全程序空白、运输空白、实验室空白，如果全程序空白低于方法检出限，则试验没有问题，其他空白可以不做，如果超过了方法检出限，则必须查找原因，同时做运输空白和实验室空白。

有机物连续分析时，每 24 h 必须分析一次校准曲线中间浓度点。

精密度控制采取平行样的方式，准确度控制可以采取基体加标和有证标准物质控制。

替代物监控样品预处理过程中标物的损失或沾污，替代物在样品预处理前定量加入样品，随样品走完预处理和仪器分析的全过程。内标物的作用是计算替代物的回收率，美国 EPA 标准方法中也用来做定量分析的依据。

仪器性能检查可择机进行，主要是看试剂是否符合条件，分析完干扰多或浓度高的样品之后有无残留，进样口惰性检查建议每批样品测试之前都做一次。

第 9 章　检测方法选择、验证及确认

9.1　方法的选择、验证、确认及偏离

检验检测机构在新项目开展时和接受客户委托时都应进行方法的选择。

在开展新的检测项目时，要进行检测方法的选择、验证或确认，如果方法发生了变化，应重新进行验证或确认。

当接受客户委托时，实验室应采用满足客户需要并适用的检测方法，包括抽样的方法。

9.1.1　方法管理的相关规定

RB/T 214—2017 中规定：

> 4.5.14　方法的选择、验证和确认 检验检测机构应建立和保持检验检测方法控制程序。检验检测方法包括标准方法和非标准方法（含自制方法）。应优先使用标准方法，并确保使用标准的有效版本。在使用标准方法前，应进行验证。在使用非标准方法（含自制方法）前，应进行确认。检验检测机构应跟踪方法的变化，并重新进行验证或确认。必要时，检验检测机构应制定作业指导书。如确需方法偏离，应有文件规定，经技术判断和批准，并征得客户同意。当客户建议的方法不适合或已过期时，应通知客户。非标准方法（含自制方法）的使用，应事先征得客户同意，并告知客户相关方可能存在的风险。需要时，检验检测机构应建立和保持开发自制方法控制程序，自制方法应经确认。检验检测机构应记录作为确认证据的信息使用的确认程序、规定的要求、方法性能特征的确定、获得的结果和描述该方法满足预期用途的有效性声明。

《生态环境监测机构评审补充要求》中规定：

> **第十七条**　方法验证或方法确认
>
> （一）初次使用标准方法前，应进行方法验证。包括对方法涉及的人员培训和技术能力、设施和环境条件、采样及分析仪器设备、试剂材料、标准物质、原始记录和监测报告格式、方法性能指标（如校准曲线、检出限、测定下限、准确度、精密度）等内容进行验证，并根据标准的适用范围，选取不少于一种实际样品进行测定。

（二）使用非标准方法前，应进行方法确认。包括对方法的适用范围、干扰和消除、试剂和材料、仪器设备、方法性能指标（如校准曲线、检出限、测定下限、准确度、精密度）等要素进行确认，并根据方法的适用范围，选取不少于一种实际样品进行测定。非标准方法应由不少于 3 名本领域高级职称及以上专家进行审定。生态环境监测机构应确保其人员培训和技术能力、设施和环境条件、采样及分析仪器设备、试剂材料、标准物质、原始记录和监测报告格式等符合非标准方法的要求。

（三）方法验证或方法确认的过程及结果应形成报告，并附验证或确认全过程的原始记录，保证方法验证或确认过程可追溯。

《检测和校准实验室能力认可准则》（CNAS-CL01：2018）中规定：

7.2 方法的选择、验证和确认

7.2.1 方法的选择和验证

7.2.1.1 实验室应使用适当的方法和程序开展所有实验室活动，适当时，包括测量不确定度的评定以及使用统计技术进行数据分析。

注：本准则所用“方法”可视为是 ISO/IEC 指南 99 定义的“测量程序”的同义词。

7.2.1.2 所有方法、程序和支持文件，例如与实验室活动相关的指导书、标准、手册和参考数据，应保持现行有效并易于人员取阅（见 8.3）。

7.2.1.3 实验室应确保使用最新有效版本的方法，除非不合适或不可能做到。必要时，应补充方法使用的细则以确保应用的一致性。

注：如果国际、区域或国家标准，或其他公认的规范文本包含了实施实验室活动充分且简明的信息，并便于实验室操作人员使用时，则不需再进行补充或改写为内部程序。对方法中的可选择步骤，可能有必要制定补充文件或细则。

7.2.1.4 当客户未指定所用的方法时，实验室应选择适当的方法并通知客户。推荐使用以国际标准、区域标准或国家标准发布的方法，或由知名技术组织或有关科技文献或期刊中公布的方法，或设备制造商规定的方法。实验室制定或修改的方法也可使用。

7.2.1.5 实验室在引入方法前，应验证能够正确地运用该方法，以确保实现所需的方法性能。应保存验证记录。如果发布机构修订了方法，应在所需的程度上重新进行验证。

7.2.1.6 当需要开发方法时，应予以策划，指定具备能力的人员，并为其配备足够的资源。在方法开发的过程中，应进行定期评审，以确定持续满足客户需求。开发计划的任何变更应得到批准和授权。

7.2.1.7　对实验室活动方法的偏离，应事先将该偏离形成文件，做技术判断，获得授权并被客户接受。

注：客户接受偏离可以事先在合同中约定。

7.2.2　方法确认

7.2.2.1　实验室应对非标准方法、实验室制定的方法、超出预定范围使用的标准方法，或其他修改的标准方法进行确认。确认应尽可能全面，以满足预期用途或应用领域的需要。

注 1：确认可包括检测或校准物品的抽样、处置和运输程序。

注 2：可用以下一种或多种技术进行方法确认：

a）使用参考标准或标准物质进行校准或评估偏倚和精密度；

b）对影响结果的因素进行系统性评审；

c）通过改变控制检验方法的稳健度，如培养箱温度、加样体积等；

d）与其他已确认的方法进行结果比对；

e）实验室间比对；

f）根据对方法原理的理解以及抽样或检测方法的实践经验，评定结果的测量不确定度。

7.2.2.2　当修改已确认过的方法时，应确定这些修改的影响。当发现影响原有的确认时，应重新进行方法确认。

7.2.2.3　当按预期用途评估被确认方法的性能特性时，应确保与客户需求相关，并符合规定要求。

注：方法性能特性可包括但不限于：测量范围、准确度、结果的测量不确定度、检出限、定量限、方法的选择性、线性、重复性或复现性、抵御外部影响的稳健度或抵御来自样品或测试物基体干扰的交互灵敏度以及偏倚。

7.2.2.4　实验室应保存以下方法确认记录：

a）使用的确认程序；

b）规定的要求；

c）确定的方法性能特性；

d）获得的结果；

e）方法有效性声明，并详述与预期用途的适宜性。

《检测和校准实验室能力认可准则　应用要求》（CNAS-CL01-G001：2018）中规定：

7.2.1.5　规定“在引入检测或校准方法之前，实验室应对其能否正确运用这些标准方法的能力进行验证，验证不仅需要识别相应的人员、设施、环境和设备等，还应通过试验证明结果的准确性和可靠性，如精密度、线性范围、检出限和定量限等方法特性指标，必要时应进行实验室间比对”。

9.1.2 方法选择

9.1.2.1 方法选择的情形

（1）检验检测机构在资质认定首次评审或扩项评审时，申报检测的项目和参数需要进行检验检测标准的选择，一般涉及开展新项目涉及的产品标准和方法标准，同时还需要参考相关的判定标准。

（2）在接受客户委托时，机构要做好方法的选择。委托检测时，客户有时并不知道该用哪个标准或者当其填写的标准作废时，实验室可推荐其选用现行的国家标准、行业标准或地方标准。

9.1.2.2 方法选择的顺序

分析方法应该优先选择国家标准、行业标准，尚无国家或行业标准分析方法时，可以选用国务院行业部门以文件、技术规范等形式发布的统一分析方法或行业规范，采用经过验证的 ISO、美国 EPA、欧盟、日本 JIS 等国际标准、区域标准，其检出限、准确度和精密度必须满足要求。

9.1.2.3 方法选择案例

案例 9.1

【案例描述】监督检查时，检查组发现某机构 1 份建设用地土壤污染场地调查检测报告中 3,3′,4,4′,5- 五氯联苯（PCB 126）和 3,3′,4,4′,5,5′- 六氯联苯（PCB 169）检测结果均为未检出；检测结果执行标准为《土壤环境质量建设用地土壤污染风险管控标准（试行）》（GB 36600—2018）表 2 建设用地土壤污染风险筛选值和管制值（其他项目）中的筛选值第二类用地标准限值，PCB 126 限值为 1×10^{-4} mg/kg，PCB 169 限值为 4×10^{-4} mg/kg；检测方法依据为《土壤和沉积物　多氯联苯的测定　气相色谱－质谱法》（HJ 743—2015），3,3′,4,4′,5- 五氯联苯（PCB 126）和 3,3′,4,4′,5,5′- 六氯联苯（PCB 169）的检出限为 0.5μg/kg；结果判定为符合。

【不符合事实分析】不符合 RB/T 214—2017 中 4.5.14 条款。此案例中在进行土壤中 3,3′,4,4′,5- 五氯联苯（PCB 126）和 3,3′,4,4′,5,5′- 六氯联苯（PCB 169）检测时，检测方法选择错误。该机构所选择的检测方法 HJ 743—2015 中 PCB 126 和 PCB 169 的检出限为 0.5 μg/kg，而检测结果执行标准中 PCB 126 限值为 0.1 μg/kg，PCB 169 限值为 0.4 μg/kg，方法检出限高于标准限值，一旦检出就超标。当检测结果为未检出时判定为符合，不能说明检测结果是否满足标准限值。

【解决方案】机构在检测土壤中 PCB 126 和 PCB 169 时，应选择《土壤环境质量建设用地土壤污染风险管控标准（试行）》（GB 36600—2018）表 3 土壤污染物分析方法中规定的《土壤和沉积物　多氯联苯的测定　气相色谱法》（HJ 922—2017）作为检测标准依据进行检测，此方法中 PCB 126 和 PCB 169 的检出为 0.04 μg/kg，低于标准限值。

案例 9.2

【案例描述】监督检查时，检查组发现某机构 1 份集中式生活饮用水地表水水源地的地表水检测报告中甲基汞检测结果为未检出；检测结果执行标准为《地表水环境质量标准》（GB 3838—2002）表 3 集中式生活饮用水地表水水源地特定项目标准限值，甲基汞限值为 1.0×10^{-6} mg/L；检测方法依据为《水质烷基汞的测定气相色谱法》（GB/T 14204—1993），甲基汞的检出限为 10 ng/L；结果判定为符合。

【不符合事实分析】不符合 RB/T 214—2017 中 4.5.14 条款。此案例中在进行地表水中甲基汞检测时，未按照判别标准指定的检测方法进行检测，自己选定方法的检出限不满足标准的要求。①《地表水环境质量标准》（GB 3838—2002）表 3 中甲基汞检测指定的检测方法为《环境 甲基汞的测定 气相色谱法》（GB/T 17132—1997）；②该机构所选择的检测方法 GB/T 14204—1993 中甲基汞的检出限为 10 ng/L，而检测结果执行标准中甲基汞限值为 1.0×10^{-6} mg/L（即 1 ng/L），方法检出限高于标准限值，当检测结果为未检出时判定为符合，不能说明检测结果是否满足标准限值。

【解决方案】机构应选择《地表水环境质量标准》（GB 3838—2002）表 3 中指定的《环境 甲基汞的测定 气相色谱法》（GB/T 17132—1997）标准检测地表水中的甲基汞，此方法中甲基汞的最低检出浓度为 0.01 ng/L，低于 1 ng/L 的标准限值。

9.1.3 方法验证和方法确认的区别

9.1.3.1 定义不同

方法确认：英文标准中称为“validation”，可译为“确认”。其定义为“通过提供客观证据，对特定的预期用途或应用要求，得到满足的认定”。方法确认是对非标准方法，实验室制定的方法，超出预定范围使用的标准方法或其他修改的标准方法，确认能否满足预期用途的过程。

方法验证：英文标准中称为“verification”，可译为“验证”。在实验室工作中，其定义为“提供客观证据，证明某项目满足规定要求”。方法验证是指标准方法在引入实验室使用前，从实验室的从人、机、料、法、环、测等方面评定其是否有能力在满足方法要求的情况下开展检测校准活动的过程。

两者从定义上看很相似，在实际操作中，验证或确认参数也都需要从检出限、定量限、灵敏度、选择性、线性范围、测量范围等参数进行评估，但实际上，两者却有着本质上的区别。

9.1.3.2 对象不同

方法确认主要针对非标方法，其对象在“ISO 17025”标准中有所规定。从广义的理解来看，除了国际、区域、国家、行业、地方标准所规定方法以外的检测方法都属于非标准方法。当实验室采用的检测方法为非标准方法时，就要对非标准方法进行确认。

方法验证是针对标准方法进行的。“ISO 17025”中规定，在引入检测或校准之前，实验室应证实能够正确地运用这些标准方法。标准方法是指由公认机构经过评价确认后向社会公开发布的技术规范文件。实验室在使用标准方法之前，应经过方法验证，即实验室在使用标准方法进行检测前需要证实实验室有能力使用标准方法，达到了标准规定的特征参数的要求。

9.1.3.3 目的不同

方法确认：确认该非标准方法能否合理、合法使用。

方法验证：验证实验室是否有能力按方法要求开展检验检测活动。

9.1.3.4 内容不同

方法确认：一个非标方法的确认，在文件中要包括以下内容。

（1）方法适当的标识。

（2）方法所适用的范围。

（3）检测样品是什么类型，以及对样品的描述。

（4）被测参数的范围。

（5）方法对仪器、设备的要求，包括仪器设备关键技术性能的要求。

（6）需要用到的标准物质。

（7）方法对环境条件的要求。

（8）操作步骤，包括：

1）样品的标识、处置、运输、存储和准备；

2）检测工作开始前需要进行的检查；

3）检查设备工作是否正常，需要时，使用之前对设备进行校准和调整；

4）结果的记录方法；

5）安全注意事项。

（9）结果接受（或拒绝）的标准、要求。

（10）需记录的分析数据。

（11）不确定度评定。

非标方法的技术确认，需要从五个方面确认。

（1）使用参考标准或标准物质进行比较。

（2）与其他方法所得的结果进行比较。

（3）实验室间比对。

（4）对影响结果的因素做系统性评审。

（5）根据对方法的理论原理和实践经验的科学理解，对所得结果不确定度进行的评定。技术确认要尽可能全面，并需有确认记录。

方法验证包括以下内容：

（1）对执行新方法人员的评价，即检验检测人员是否具备所需的技能，必要时应进行人员培训，经考核后上岗。

（2）对现有设备适用性的评价，是否需要补充新的标准器或标准物质。

（3）对物品制备，包括前处理、存放等各环节是否满足新方法要求的评价。

（4）对操作规范、不确定度、原始记录、报告格式及其内容是否适应新方法要求的评价。

（5）对设施和环境条件的评价，是否满足新方法的要求。

（6）对新方法正确运用的评价，对方法性能指标（如校准曲线、检出限、测定下限、准确度、精密度）等内容进行验证，并根据标准的适用范围，选取不少于一种实际样品进行测定。

9.1.4 方法偏离

（1）对客户特殊要求和检测中出现的例外情况，在不违背 RB/T 214—2017 和机构质量方针、政策，不降低质量要求的前提下，对允许偏离检测方法的限制范围和允许偏离结果使用的控制做出合理的规定，保证检测活动满足要求，检测结果符合规定的要求。

（2）允许偏离的适用范围：

由于检测环境条件、客户提出的方法不适用于预期目的或没有标准方法，而需对标准方法产生偏离时，或客户提出的要求偏离标准规定时。

（3）检测方法的偏离应遵循的原则：

①不得违反有关法律法规；

②不能违背本机构的质量方针；

③不能损害委托方或甲方的利益；

④不能影响本机构的公正性和检测数据的准确性；

⑤允许偏离后的检测工作应是可纠正的、可追溯的。

（4）当检测中发生特殊情况或客户有特殊要求，对检测方法的检测时间、检测设备、检测环境、标准物质、试剂等方面发生偏离，且不降低质量要求的前提下，可仅应在该偏离已被文件规定、经技术判断、授权和客户同意的情况才允许发生，保证检测结果符合规定的要求。

9.2 方法控制程序的建立及保持

RB/T 214—2017 中 4.5.14 方法的选择、验证和确认中规定检验检测机构应建立和保持检验检测方法控制程序。《检验检测方法控制程序》参考示例如下。

《检验检测方法控制程序》

1 目的

为确保公司在检测、检验工作中选择合适的检测、检验方法，充分利用现有的资源，合理地扩大检测、检验服务范围，更好地为客户服务，特制定本程序。

2 适用范围

本程序适用检验检测方法（包含标准方法、非标准方法）的选择、确认和偏离。

3 术语和定义

3.1 方法：是指为达到某种目的而采取的途径、步骤、手段等。

3.2 标准：是指为促进最佳的共同利益，在科学、技术、经验成果的基础上，由各有关方面合作起草并协商一致或基本同意而制定的适合公用并经标准化机构批准的技术规范和其他文件。

3.3 标准方法：是指得到国际、区域、国家或行业认可的，由相应标准化组织批准发布的国际标准、区域标准、国家标准、行业标准等文件中规定的技术操作方法。

3.4 非标准方法：是指未经相应标准化组织批准的技术操作方法。

4 职责

4.1 检测部门负责对所开展检测项目依据方法的收集、验证或确认；作业指导书的编制、实施和修订；检测方法的开发和制定；方法的验证或确认。

4.2 技术负责人负责公司开展的检测项目的检测方法及作业指导书应用的批准，负责对偏离标准方法的批准。

4.3 质量管理部负责标准方法的有效性确认、更新管理工作；负责标准、作业指导书的分发、复印和保存。

4.4 检测人员对方法应熟悉、理解并能熟练掌握和正确使用。

5 总则

5.1 公司所有的检测、检验活动都应选择合适的能满足客户要求的检测、检验方法，包括采抽样、样品的制备、测量和测量不确定度的评定、使用统计技术分析核查数据等。

5.2 对公司在用的法律法规、标准规范等，质量管理部应定期进行清理和查新，并发布现行有效的法律法规、标准规范和技术安全规程目录并适时更新，应将查新内容汇总并做好保留查新、更新工作记录。应每月查询一次在用法律法规、标准规范的现行有效性，查新方式：

a. 向标准化研究和服务的专业机构查询；

b. 订购权威机构出版的国家标准和计量技术法规目录；

c. 应用互联网查询；

d. 从期刊或参加技术交流会获取最新信息。

与公司检测检验工作有关的法律法规、标准、手册、指导书等都应现行有效并便于工作人员使用，并明确每种新方法、新标准规范的投入使用和实施的时间安排。应按照《文件控制和管理程序》确保检测、检验人员所使用的标准规范为最新有效版本，对于现行有效的标准版本要受控发放，对于已作废的标准，要加盖作废标识并撤离检测检验工作场所，以免误用。

在标准文件查新、更新工作中，各相关部门要配合和协助质量管理部门跟踪查新、更新工作。

5.3 如果缺少相关作业指导书会影响检测、检验工作的质量结果时，相关检测部门应组织有关技术人员编写下列作业指导书：

a. 对标准方法（或部分内容）制订检测、检验活动实施操作细则；

b. 仪器设备使用操作及维护规程；

c. 样品制备、器具清洗及存储、安全及环保方面的作业指导书；

d. 为检测方案编制的通用作业指导文件。

对于国家及行业标准、国际标准中已包含了如何进行检测、检验的简明和足够信息，并被检验检测人员作为公开文件的方式书写、使用时，则不需再进行补充编制作业指导书，可以直接使用。有必要时，可对标准中部分内容制定附加操作细则或补充说明文件。

5.4 所有对检验检测方法的偏离应做到以下几点：

a. 偏离的内容应有文件化的规定。

b. 经过了技术判断，如技术分析、论证、评审、验证，以明确该偏离不影响测量的准确度。这种技术判断由技术负责人组织有关专业技术人员进行，并应有相应记录。

c. 经公司技术负责人批准。

d. 在签署合同或委托协议书时，应征得客户同意并签名确认。

6 工作程序

6.1 方法的选择

6.1.1 在受理业务，对客户的要求、投标书等进行合同（协议书）评审时，应选择满足客户需要并适用所进行的检验检测活动的方法。

6.1.1.1　客户指定检测所用方法时，经合同评审人员审定，如果符合测试要求，应采用客户指定的方法进行检测工作。

6.1.1.2　当客户未指定检验检测方法时：

（1）应依次从下列方法中选用合适的方法，并经合同评审，取得客户的同意，要在开始检验检测前完成对方法的验证或确认：

a. 标准方法：已发布的国际标准、区域标准、国家标准、行业标准、地方标准、协会标准或联盟标准。

b. 国务院行业主管部门以文件、技术规范等形式发布的方法。

（2）方法使用前应经过验证或确认后才能使用；如果方法发生了变化，应对变化的方法重新进行验证或确认后才能继续使用。

6.1.1.3　当认为客户建议的方法不适合或已过期时，应通知客户。

6.1.2　当客户对检验检测方法提出明确要求并在公司已通过的资质认定能力范围内时，公司授权人员与客户签订合同或委托协议书后即可执行检验检测任务。如果在进行检验检测前认为客户提出的检验检测方法不适合或已过期，检验检测人员应将更改情况反馈给技术负责人，并及时通知客户，协商解决，并予以记录。

6.1.3　当客户未指定所用方法时，公司授权与客户签订合同或委托协议书的负责人应首选在本公司认证认可能力范围内的检测、检验方法推荐给客户。应优先选择国家、行业和地方以及国际或区域组织颁布的标准方法。所选择推荐的方法应明确通知客户并征得客户的书面同意，需在合同（委托协议书）中予以注明。

6.1.4　当检验检测方法确定后，应及时在合同（委托协议书）上加以确认，同时公司应确认能够正确地运用所选择的方法。

6.2　公司自编方法的制定

6.2.1　公司制定检验检测方法的过程应是有计划的活动，应进行策划和控制管理。由相关技术部门协助质量管理部门提出检验检测方法研究设计的申请和计划任务书，经技术负责人审批并报总经理批准后实施。

6.2.2　方法的制定由技术负责人负责组织有足够资质的人员进行设计，实施应当：

a. 确保有足够的人力、物力资源；

b. 确保新方法评审、验证和确认活动。

6.2.3　实施设计自编检验检测方法的技术人员应确定下述信息：

a. 客户的明示和潜在的要求；

b. 检验检测方法的目的；

c. 对新方法的功能和性能的要求；

d. 适用法律法规、相关标准的要求；

e. 使用以前类似的方法可提供借鉴的信息；

f. 设计该新方法所必需的其他要求。

6.2.4 实施设计自编检验检测方法的过程描述应包括：

a. 满足设计开发的要求；

b. 确定采购、实现检验检测工作适当或足够的信息；

c. 确定验收或确认新方法的准则；

d. 确定新方法的安全使用措施以及正常使用新方法时所具有的性能与指标；

e. 使用新方法有效与否的判定规则；

f. 新方法所需的记录数据及分析和表达方式；

g. 新方法测量不确定度评定程序。

6.2.5 新方法设计的评审应安排在适当的时段，由技术负责人组织实施。设计的评审应满足本章节 6.2.3 和 6.2.4 条款的要求，评审的实施应形成文件，保存评审结果以及任何必要的改进措施的记录。在计划实施过程中如有变动应及时调整并在有关人员中进行沟通或告知。

6.2.6 为确保设计自编方法满足要求，应依据设计自编的方法安排必要的验证。验证应由技术负责人组织有关检验检测人员进行，并保存有关验证结果及任何必要改进措施的记录。

6.2.7 技术负责人应当将设计过程的文件和验证结果报告报送或组织公司相关专业领域的授权签字人，授权签字人对其结果报告进行确认。

6.2.8 当需要对设计自编标准方法进行更改时，应经技术负责人批准，如需要重新确认和评审时，技术负责人应按照相关程序组织有关技术人员实施。文件的更改应按照《文件控制和管理程序》进行，发布新文件同时收回旧文件。更改的确认和评审结果以及必要的改进措施，应予以记录保存。

6.2.9 新设计自编标准方法以及更改后的方法应让所有的检测、检验人员都熟悉掌握，必要时应由技术负责人组织宣贯和培训，以确保所有相关人员之间能够顺畅沟通。

6.2.10 新设计编制的标准方法经公司评审符合要求后，聘请不少于 3 名本领域高级职称及以上专家进行审定，或报行政主管部门组织进行评审。

6.2.11 公司自行设计开发的新方法在进行检验检测之前应制定成作业指导性文件，作业指导文件中应至少包含以下信息：

（1）新方法的名称及文件控制编号。

（2）方法的目的及其适用的范围。

（3）被检测对象的类型描述。

（4）被测定参数或量值及其范围。

（5）所用的测量装置和设备及其技术性能要求。

（6）所需要的参考标准或标准物质。

（7）要求的环境条件和所需的稳定周期。

（8）检验检测程序步骤描述包括：

a. 物品的附加标识、处置、运输、储存和准备；

b. 工作开始前的检验准备及样品制备；

c. 检查设备是否正常工作，需要时每次使用前应对设备进行校准或调整的规定；

d. 观察结果的记录方法，需记录的数据以及数据处理、分析和表达的方式；

e. 需要遵守的安全措施和环保要求。

（9）予以接受或拒绝的准则和（或）要求。

（10）必要时，测量不确定度或评定不确定度的程序。

6.3 非标准方法的使用

6.3.1 当需要时，可采用非标准方法。非标准方法包括专业权威机构或权威科技文献及专业技术期刊所公布的方法、设备制造商指定的方法、客户提供的经论证可靠的方法、公司自行研制的方法。

6.3.2 为减少使用非标准方法带来的风险，首先应向客户推荐本公司资质认定范围内的标准方法。当需使用非标准方法时，应征得客户的书面同意。

6.3.3 需要使用这些非标准方法时，业务部门负责人应与客户草签一份委托检验检测合同，对检验检测方法的细节进行详细的描述。草签后的委托检验检测合同，应由技术负责人召集相关专业技术人员和监督员对合同的内容和检验检测细节进行合同评审。

6.3.4 如能全部满足客户的检验检测要求，业务部门负责人应与客户签立正式的委托检验检测合同。合同的内容应当包含合同书文本、合同附带的检验检测方法、程序步骤、结果的判定、报告形式、报告数量、抽样方法（必要时）、检验检测实施时间和费用等。

6.3.5 所采用的非标准方法在使用前还应经过确认，并经技术负责人批准后执行。

6.4 标准方法的验证

6.4.1 当公司将标准方法引入自身的检验检测工作，则应对引入的标准方法进行验证，并保证能正确有效地运用。方法的验证应广泛全面，以满足预定用途或应用领域的需要，以证明公司能够正确使用该新标准方法实施开展检验检测活动。

6.4.2 公司在下列情况下，要求对标准方法进行验证、证实或重新验证：

a. 首次用于检验检测前；

b. 转到另一个实验场所时；

c. 对于已验证过的方法，当其条件或方法参数发生变化时（例如：仪器性能参数发生改变或样品基质不同时，并且这种变化超出了方法的原适用范围）。

6.4.3 方法验证的内容包括：

（1）验证标准方法是否是对应项目在本检测领域中常用的方法；

（2）验证标准方法内容中是否对环境条件、设施设备、样品提出要求，这些要求，涉及项目开展部门现有软硬件条件是否满足；

（3）验证检测人员是否具备或有能力运用方法开展检测，如检出限、校准曲线、精密度、准确度等是否满足检测要求；

（4）是否需要编制相关的支持性文件（操作规程、作业指导书等）；

（5）是否设计了相应的原始记录和报告表格。

6.4.4 方法的验证步骤

6.4.4.1 在获得正式的方法有效版本后，由技术负责人明确标准方法验证开展的项目、实施人员、承担部门、验证方式指标、结果控制方式及指标，组织熟悉相关领域的资深技术人员按预期用途，对选用的方法得到结果的范围和准确度进行评价，评价结果应满足客户的需求，从软件条件、硬件条件两方面要求制定具体的方法验证方案，填写《检测、检验方法评审表》交公司技术负责人审批。

6.4.4.2 实施方案人员（检验检测人员）应按本程序（或标准方法）的要求，认真实施方法验证方案，在方法验证过程中，按相应规定，及时、真实、准确地记录具体过程及所获得的结果，并形成书面验证报告。

6.4.4.3 在验证软硬件条件都能满足后，由技术负责人组织质量监督员实施必要的质量监督。

6.4.4.4 项目承担部门及人员在一个月内完成方法验证工作。

6.4.4.5 必要时，检测部门应寻求外部的能力验证或比对检测，进一步证实自我能力。

6.4.4.6 由技术负责人组织熟悉相关领域的资深技术人员（如有必要，可聘请公司外的技术专家）对验证结果进行评审，评审其方法能否满足预期用途、应用领域及客户的需要，并由评审人员签署《检验检测方法评审表》中的评审意见。

6.4.4.7 技术负责人根据评审结果，对检验检测方法是否适合于预期用途进行最终确认批准。

6.4.4.8 质量管理部负责在检测、检验方法和新标准确认过程全部结束后，将相关资料核验无误后，由资料管理员整理编目归档保存。

6.5 标准变更

6.5.1 标准一旦变更，应对更新标准进行评审确认。相关部门应对照新旧标准的变化情况，对方法涉及的仪器设备、试剂及消耗性材料、设施及环境条件等的变化，以及技术人员的配备是否满足标准方法要求进行分析，将这些信息反馈给技术负责人，由技术负责人决策是否提供相关的资源来适应标准变更后的要求。当相关的资源配备后，业务部门应按照标准要求进行两次以上完整的模拟检测 / 检验，出具两份完整的结果报告，来验证本部门能够正确运用变更后的标准方法。

6.5.2　标准变更的处置方法：

a. 对于只是标准的代号或年号变更，其标准变更内容不涉及检验方法、技术指标或参数变化的原已通过的认证项目，需将标准名称和代号以书面形式报相应资质认定管理部门办理标准变更手续。

b. 对于不仅是标准的代号或年号发生变化，其标准变更内容涉及检验检测方法的变化、技术指标或技术参数的提高或增加，公司必须配备新的相应仪器设备才能满足标准要求，或人员须经过培训才能操作仪器设备和正确掌握标准方法。属于检验检测性质发生变化，公司应向资质认定部门申请扩项（扩标准）评审，通过现场评审后，报资质认定管理部门批准核发新的检验检测项目附表。

6.5.3　如果涉及标准变更换版时，应重新对变更后的标准进行验证，验证主要包括以下内容：

a. 对新旧标准进行比较，尤其是差异分析与对比的评价。

b. 对执行新标准所需的人力资源的评价，即检测检验人员是否具备所需的技能及能力。必要时应进行人员培训，经考核确认后授权上岗。

c. 对现有仪器设备适用性的评价，诸如是否具备所需的标准 / 参考物质，必要时补充相应仪器设备或重新校准。

d. 对设施和环境条件的评价，必要时增添或改造环境监控设施并加以验证。

e. 对样品制备，包括前处理、存放等各环节是否满足标准要求的评价。

f. 对原始记录、报告格式及其内容是否适应标准要求的评价，必要时进行修订。

6.5.4　对换版后的标准方法经上述各方面验证后，条件均能满足要求，方可向上级资质认定主管部门申请标准变更或扩项。

6.6　非标准方法的确认步骤

6.6.1　非标准方法需经确认，证明该方法的准确度和精密度在本实验室所具备的条件下能够满足检测需要。由知名的技术组织或有关科学文献和期刊公布的，或由设备生产厂家指定的有关方法，可仅做重复性试验。项目承担部门在软硬件条件具备后，应准备检测样品，按作业指导书要求进行内部验证检测，并做好记录。

6.6.2　相关检测部门在确认非标准方法、超出其预定范围使用的标准方法、扩充和修改过的标准方法以及本公司自己制定的方法时应尽可能全面，以证实该方法满足预定用途或应用领域的需要。相关检测部门应记录所获得的结果及该检测方法是否适合预期用途的声明。用于确定某方法性能的技术应是下列情况之一，或是其组合：

a. 与其他方法所得的结果进行比较；

b. 实验室间比对；

c. 对影响结果的因素做系统性评审；

d. 根据对方法的理论原理和实践经验的科学理解，对所得结果不确定度进行的评定。

6.6.3 项目承担部门还应参加合适的能力验证或选择合适的机构开展非标方法的外部验证、实验室之间比对等工作。

6.6.4 当没有合适的能力验证计划和提供测量审核机构的情况下，项目承担部门应根据《合格供应商名录》选择符合要求的能力比对机构，开展实验室间比对。

6.6.5 非标方法经确认后，项目承担部门负责人应将《非标方法确认表》、确认形成的原始记录、计算过程记录、设备有效溯源证明、人员上岗执业资格证明及外部能力验证或比对机构提供的报告等材料进行汇总后，报技术负责人，提请项目评审；技术负责人组织人员对非标方法进行评审，填写《非标方法评审表》，并报最高管理者审批。如评审结果为不符合，由非标方法开展部门进行整改，直至达到要求。

6.7 非标准方法形成能力的应用

6.7.1 使用非标准检测方法的程序，至少应该包含下列信息：

（1）适当的标识。

（2）范围。

（3）被检验检测样品类型的描述。

（4）被测定的参数或量及范围。

（5）仪器和设备，包括技术性能要求。

（6）所需的参考标准和标准物质。

（7）要求的环境条件和所需的稳定周期。

（8）程序的描述，包括：

a. 物品的附加识别标志、处置、运输、存储和准备；

b. 工作开始前应进行的检查；

c. 检查设备工作是否正常，必要时，在每次使用之前对设备进行校准和调整；

d. 观察和结果的记录方法；

e. 需遵循的安全措施。

（9）接受（或拒绝）的准则、要求。

（10）需记录的数据以及分析和表达的方法。

（11）不确定度或评定不确定度的程序。

6.7.2 非标准方法通过评审后，进行资质认定扩项申请的准备工作。质量管理部门提供机构证明材料等方面的资料，协助申报工作。项目承担部门负责提供申报所用确认报告、典型性报告、不确定度评定报告，并承担准备工作。

6.7.3 待项目通过资质认定批准后，方可对外正式开展具有证明作用的检测业务，各部门应根据项目的变化及时调整本公司对外公示的检测能力表、价格，回收所有失效文件。

6.7.4　由质量管理部负责所有非标准方法的相关记录、原始资料的接收、存档工作。

6.8　当发现检验检测方法使用出现偏离时，检验检测人员应及时汇报给技术负责人，由技术负责人经过分析和验证后，确定该偏离能够继续应用或停止使用。填写《偏离许可申请审批单》，偏离只有被文件规定、经技术判断、授权和客户同意的情况下才允许发生。

6.9　检验检测所获得的数据在传递、转换过程应有资深技术人员进行较验（复核、校核），一般以检测 / 检验人员相互审核为主，同时监督员应定期对原始数据、计算过程、检验检测报告进行系统抽查。

7　相关文件

8　相关记录

9.3　方法验证的要求

《环境监测分析方法标准制修订技术导则》（HJ 168—2020）中关于方法验证的相关规定。

9.3.1　一般要求

（1）方法验证的目的是进一步确认方法的科学性，考察方法在各环境条件下的适用性和可操作性，并根据各验证实验室的数据最终确定方法的特性指标和质量保证与质量控制要求。

（2）各类型方法验证的特性指标与实验室内确认的特性指标相同。

（3）方法标准草案应至少通过 6 家实验室验证。参加方法验证的实验室应通过检验检测机构资质认定或实验室认可、具备验证实验条件；应覆盖全国代表性地理区域（或典型环境条件），并能覆盖全国环境监测机构的各类水平。若确实无法获得 6 家验证实验室，可采取同一家实验室按不同人员分组，尽可能采用不同仪器设备、环境条件和不同批次的试剂材料开展验证。

（4）标准编制组应编制方法验证方案，根据影响方法的准确度（精密度、正确度）的主要因素和数理统计要求，选择合适的样品类型、仪器和设备、分析时间等。验证仪器和设备应覆盖市场主要类型，尽可能包含国产仪器设备。

（5）应使用有证标准物质 / 标准样品（或采用市售试剂、标样配制的样品）和实际样品进行方法验证，实际样品应尽量覆盖方法标准的适用范围。验证样品应尽可能为标准编制组统一分发给各验证实验室的样品，或各验证实验室按照统一要求配制的基质相同的样品（简称为“统一样品”）。验证样品原则上应是高度均匀的样品，当样品不能均质化时（如金属、橡胶或纺织品等固体废物样品），验证数据应注明仅适用测试的样品类型。

（6）方法验证过程中所用的试剂和材料、仪器和设备及分析步骤应符合方法相关要求。

（7）在方法验证前，参加验证的操作人员应熟悉和掌握方法原理、操作步骤及流程，必要时应接受培训。

（8）参加验证的操作人员及标准编制组应按照要求如实填写《方法验证报告》（参见附录 E）中的“原始测试数据表”，并附上与该原始测试数据表内容相符的图谱或其他由仪器产生的记录打印条等。

（9）验证过程中异常值的剔除方法参考 GB/T 6379.1～GB/T 6379.6 中的相关内容，各实验室应对异常值的解释、更正或剔除进行充分说明。

（10）标准编制组根据方法验证数据及统计、分析、评估结果，最终形成《方法验证报告》。

9.3.2 具体要求

9.3.2.1 检出限的验证

若使用附录 A.1.1 方法确定检出限，各验证实验室使用统一样品，按方法操作步骤及流程进行分析操作，计算结果的平均值、标准偏差、相对标准偏差、检出限等各项参数。

各验证实验室确定的方法检出限：按附录 A.1.1 方法计算得到的检出限数值，与仪器检出限进行比较，取较大值。

最终的方法检出限：各验证实验室确定的方法检出限的最高值。

9.3.2.2 精密度的验证

有证标准物质 / 标准样品（或采用市售试剂、标样配制的样品）的测定：各验证实验室采用高（校准曲线线性范围上限 90% 附近的浓度或含量）、中（校准曲线中间点附近浓度或含量）、低（测定下限附近的浓度或含量）3 个不同浓度或含量的统一样品，按全程序每个样品至少平行测定 6 次，分别计算各浓度或含量样品测定的平均值、标准偏差、相对标准偏差等参数。

实际样品的测定：各验证实验室应对适用范围内每个样品类型的 1～3 个浓度或含量（应尽可能包含适用的生态环境质量标准、生态环境风险管控标准、污染物排放标准限值的浓度或含量）的样品，按全程序每个样品至少平行测定 6 次，分别计算各类型样品中各浓度或含量样品测定的平均值、标准偏差、相对标准偏差等参数。如无法获得适宜浓度或含量的实际样品，可采取实际样品基体加标进行验证（样品有检出时，加标浓度应为样品浓度的 0.5～3 倍；样品未检出时，加标浓度应尽可能包含适用的生态环境质量标准、生态环境风险管控标准、污染物排放标准限值的浓度）。

标准编制组对各验证实验室的数据进行汇总统计分析。采用统一样品的，计算实验室间相对标准偏差、重复性限 *r* 和再现性限 *R*（数据呈偏态分布时计算实验室内和实验间 95% 置信区间）；采用非统一样品的，给出各验证实验室对各类型样品的相对标准偏差等参数的范围。

9.3.2.3 正确度的验证

有证标准物质 / 标准样品（或采用市售试剂、标样配制的样品）的测定：各验证实验室采用高、中、低 3 个不同浓度或含量（与精密度验证相同）的统一样品，按全程序每个样品至少平行测定 6 次，分别计算各浓度或含量样品的相对误差。

实际样品的测定：各验证实验室应对适用范围内每个样品类型的 1～3 个浓度或含量（应尽可能包含适用的生态环境质量标准、生态环境风险管控标准、污染物排放标准限值的浓度或含量）的样品中分别加入一定量的有证标准物质 / 标准样品（或采用市售试剂、标样配制的样品）进行测定（样品有检出时，加标浓度应为样品浓度的 0.5～3 倍；样品未检出时，加标浓度应尽可能包含适用的生态环境质量标准、生态环境风险管控标准、污染物排放标准限值的浓度），按全程序每个加标样品至少平行测定 6 次，分别计算各类型样品中各浓度或含量样品的加标回收率。

标准编制组对各验证实验室的数据进行汇总统计分析。采用统一样品的，计算实验室间相对误差均值和加标回收率最终值；采用非统一样品的，给出各验证实验室对各类型样品的相对误差和加标回收率范围。

9.3.3 HJ 168—2020 与 HJ 168—2010 的对比

生态环境部 2020 年 12 月 29 号发布的《环境监测分析方法标准制订技术导则》（HJ 168—2020）（以下简称“新版标准”），替代了《环境监测　分析方法标准制修订技术导则》（HJ 168—2010）（以下简称“旧版标准”）。通过对比新、旧两版标准关于方法验证的内容，新版标准在旧版标准的基础上，进一步完善了各类方法标准的检出限、测定下限、测定范围、精密度和正确度等相关内容。

9.3.3.1 增加和调整了相关术语定义

新版标准增加了“正确度”“定量方法”“定性方法”术语定义；调整了“准确度”术语定义，准确度指被测量的测得的量值与其真值间的一致程度。测量结果的准确度由正确度和精密度两个指标进行表征。

9.3.3.2 检出限内容的变化

（1）修订了当空白试验中未检测出目标物时，对样品浓度的要求。新版标准中将旧版标准中样品浓度值或含量为估计方法检出限值 2～5 倍，修订为样品浓度值或含量为估计方法检出限值 3～5 倍。

（2）修订了 MDL 值计算出来后，合理性判断的内容。将对于针对单一组分的分析方法，如果样品浓度超过计算出的方法检出限 10 倍，或者样品浓度低于计算出的方法检出限，则都需要调整样品浓度重新进行测定。修订为对于针对单一组分的分析方法，如果样品浓度不在计算出的方法检出限 3～5 倍的范围，则应该调整样品浓度重新进行测定。

（3）增加了微生物计数法、定性方法检出限的确定方法，同时为其他特殊方法的检出限确定给予了一定灵活性。其中，微生物计数法的检出限确定方法采用基于泊松概率分布的统计方法建立，指在单次计数过程中，发现的概率不低于 99% 时最低的微生物密度。

（4）增加了“其他物理分析方法、生物毒性测试方法等，方法检出限的确定根据具体情况确定。”

9.3.3.3 测定下限内容的变化

新版标准对测定下限的规定增加了“微生物计数法测定下限与检出限一致”“其他物理分析方法、生物毒性测试方法等测定下限的确定根据具体情况确定”2 条规定。

9.3.3.4 增加了测定上限内容

新版标准增加了对“测定上限”的规定，即“有条件时，结合方法校准曲线的上限、适宜的稀释倍数以及一定条件下的吸附富集容量等因素，提出方法测定上限。”

9.3.3.5 完善了对精密度和正确度的规定

增加了对于测定数据呈偏态分布的方法（如微生物测定方法等），测定结果需经对数转换后再计算实验室内相对标准偏差和实验室间相对标准偏差，以及相对误差等，同时不再要求计算重复性限和再现性限，取而代之计算 95% 置信区间。

9.3.3.6 增加了检出限、精密度、正确度数据有效数位的规定

检出限一般保留 1 位有效数字，且只入不舍。必要时采用科学计数法进行表达。标准偏差和相对标准偏差一般保留 2 位有效数字。重复性限 r 和再现性限 R 小数位数应与检出限保持一致，但一般不超过 2 位有效数字。相对误差一般保留 2 位有效数字，加标回收率保留 3 位有效数字。

9.3.3.7 明确了精密度验证中高、中、低浓度和实际样品的具体要求

（1）有证标准物质 / 标准样品（或采用市售试剂、标样配制的样品）的测定：采

用高（校准曲线线性范围上限 90% 附近的浓度或含量）、中（校准曲线中间点附近浓度或含量）、低（测定下限附近的浓度或含量）3 个不同浓度或含量的统一样品；

（2）实际样品的测定：采用对适用范围内每个样品类型的 1～3 个浓度或含量（应尽可能包含适用的生态环境质量标准、生态环境风险管控标准、污染物排放标准限值的浓度或含量）的样品；如无法获得适宜的浓度或含量的实际样品，可采取实际样品基体加标进行验证（样品有检出时，加标浓度应为样品浓度的 0.5～3 倍；样品未检出时，加标浓度应尽可能包含适用的生态环境质量标准、生态环境风险管控标准、污染物排放标准限值的浓度）。

9.3.3.8　明确了进行加标回收正确度验证中的加标浓度要求

实际样品的测定：样品有检出时，加标浓度应为样品浓度的 0.5～3 倍；样品未检出时，加标浓度应尽可能包含适用的生态环境质量标准、生态环境风险管控标准、污染物排放标准限值的浓度。

9.3.3.9　正确度验证数据汇总统计分析要求的变化

新版标准中规定标准编制组对各验证实验室的数据进行汇总统计分析。采用统一样品的，计算实验室间相对误差均值和加标回收率最终值，而旧版标准中要求计算实验室间相对误差均值或加标回收率最终值。此规定说明进行正确度验证时，有证标准物质 / 标准样品和实际样品加标回收均应进行验证。

9.4　方法验证及确认的步骤

9.4.1　方法验证的步骤

在新检测标准投入使用前，检验检测机构首先需要对新检测标准文本进行分析评价，以评估实验室所拥有的人员、设备、方法、试剂材料和检测环境等资源条件是否满足检测标准要求。当评估结果为上述资源条件能满足检测标准的要求后，还需要验证实验室是否已经具备准确执行该检测标准的技术能力。对化学检测实验室，需要通过技术试验，证实实验室检测人员完成的方法标准曲线、检出限、回收率和精密度等检测技术指标是否已经达到检测标准的要求（参考 HJ 168—2020 中的相关要求，分别对方法检出限、测定下限、精密度、正确度、空白、曲线等参数进行逐一验证，收集实验数据进行汇总整理，并形成方法验证报告）。

当投入使用的检测标准发生变更后，需要重新进行评估。若评估发现新的标准技术路线未发生变化，而仅仅是标准名称、年号或文本格式等发生变化，则可以直接通过技术评审投入使用，并及时向上级资质认定管理部门申请标准变更。若评估中发现新、旧标准的技术路线不一致，则需要重新评审实验室所拥有的人员、设备、方法、试剂材料和检测环境等资源条件是否满足检测标准的要求，重新通过相关技术参数的试验，证实实验室是否已经具备准确执行该新检测标准的技术能力。

9.4.2 方法确认的步骤

检验检测机构当需要使用非标准方法、实验室设计（制定）的方法、超出其预定范围使用的标准方法、扩充和修改过的标准方法时，应先进行实验，优化确认检测方法的技术路线和各项技术参数，如果是定量检测还应包括测量不确定度评估。当技术路线和技术参数确定后，还应通过标准物质，或与经典方法比对、与外部实验室比对等方式完成对非标方法的科学性、准确性和有效性评价。在非标方法的技术确认中，除了方法标准曲线、检出限、回收率、精密度和正确度等技术指标外，还需要完成方法的特异性、抗干扰性、耐用性试验，定量检测还需要完成测量不确定度评估。非标准方法投入使用后如果在技术方面需要改进和完善，也同样涉及非标方法的变更。这就需要实验室重新按照新的非标方法确认步骤完成上述确认工作，在新的非标文本中对变更的技术路线及参数做出修正，通过技术审核并告知客户。

9.5 案例分析

案例 9.3

【案例描述】资质认定扩项评审时，评审组发现某机构依据《土壤和沉积物　六价铬的测定　碱溶液提取 - 火焰原子吸收分光光度法》（HJ 1082—2019）测定土壤和沉积物中六价铬的方法验证报告中缺少对检测人员和检测设备进行确认的内容。

【不符合事实分析】不符合《生态环境监测机构评审补充要求》中第十七条的要求，初次使用标准方法前，应进行方法验证。包括对方法涉及的人员培训和技术能力、设施和环境条件、采样及分析仪器设备、试剂材料、标准物质、原始记录和监测报告格式、方法性能指标（如校准曲线、检出限、测定下限、准确度、精密度）等内容进行验证，并根据标准的适用范围，选取不少于一种实际样品进行测定。所以该机构在进行 HJ 1082—2019 的方法验证时要进行检测人员和检测设备的验证。

【解决方案】上述机构在进行 HJ 1082—2019 的方法验证时应对参加验证的操作人员进行培训，使操作人员熟悉和掌握方法原理、操作步骤及流程。确认方法验证过程使用到的仪器和设备的性能指标、检定或校准有效期等是否满足检测方法的要求，并在编制方法验证报告时予以写明。

【技术要点】《环境监测分析方法标准制修订技术导则》（HJ 168—2020）中关于方法验证要求中规定在方法验证前，参加验证的操作人员应熟悉和掌握方法原理、操作步骤及流程，必要时应接受培训。方法验证过程中所用的试剂和材料、仪器和设备及分析步骤应符合方法相关要求。

案例 9.4

【案例描述】资质认定扩项评审时，评审组发现某机构依据《水质　铊的测定　石墨炉原子吸收分光光度法》（HJ 748—2015）测定水中铊的方法验证报告中，进行精密度和加标回收测定时直接对空白加标样品进行了测定，未对实际样品进行测定。

【不符合事实分析】不符合《生态环境监测机构评审补充要求》中第十七条的要求，初次使用标准方法前，应进行方法验证。包括对方法涉及的人员培训和技术能力、设施和环境条件、采样及分析仪器设备、试剂材料、标准物质、原始记录、监测报告格式和方法性能指标（如校准曲线、检出限、测定下限、准确度、精密度）等内容进行验证，并根据标准的适用范围，选取不少于一种实际样品进行测定。所以该机构在进行《水质　铊的测定　石墨炉原子吸收分光光度法》（HJ 748—2015）的方法验证时要进行实际样品测定的验证。

【解决方案】上述机构在进行 HJ 748—2015 的方法验证时应采集至少一种实际样品按照标准的分析步骤进行精密度和加标回收的测定，如果实际样品中未检出目标物，可以对实际样品进行加标后再测定。

【技术要点】空白加标相对样品加标比较简单，空白内对待测物质的影响或干扰较小，不足以反映复杂样品的成分对待测物的影响。

案例 9.5

【案例描述】资质认定扩项评审时，评审组发现某机构依据《固定污染源废气　低浓度颗粒物的测定　重量法》（HJ 836—2017）测定固定污染源废气颗粒物排放的方法验证报告中未做同步双样测定，机构检测人员解释说，“我们机构刚筹建，只有一台自动烟尘测试仪，无法采集同步双样。”

【不符合事实分析】不符合 HJ 836—2017 第 7.3.8 的要求，采集同步双样时，每个样品均应采集同步双样。方法验证的目的是确定本机构是否有能力满足标准方法的全部要求，实现方法所需的全部特性指标。所以该机构在进行低浓度颗粒物测定的方法验证时要进行平行双样测定的验证。上面的问题是机构不了解用一套烟尘测试仪、一个采样孔，能不能采集同步双样的问题。

【解决方案】HJ 836—2017 标准 3.8 条定义的同步双样是：使用同一采样孔，同一套烟尘测试仪，在同一采样平面内使用同一测量系列得到的两个样品叫同步双样；或者是在同一时间使用两个采样孔，两套烟尘测试仪同时采集的两个样品叫同步双样。当然，在同一采样平面内进行的一系列测量是在生产工况基本相同、污染处理设施保持稳定运行的条件下进行的，任何样品的采集都要求在运行工况稳定运行的情况下才能采样分析。所以，该机构用一套烟尘测试设备，使用同一采样孔可以采集同步双样。机构应按照 HJ 836—2017 标准的要求，使用同一套烟尘测试仪，在同一采样孔，使用同一测量系列得到两个样品，验证同步双样浓度的最大相对偏差是否满足 HJ 836—

2017 标准 A.6.3 条的要求。

【技术要点】当颗粒物同步双样浓度大于 10 mg/m^3 时，最大相对偏差为 10%；当颗粒物同步双样浓度大于 1 mg/m^3 小于等于 10 mg/m^3 时，最大相对偏差应为 25%～10% 按浓度线性计算得出；当颗粒物同步双样浓度等于 1 mg/m^3 时，最大相对偏差为 25%。

（由河北省邯郸市环境监测中心站王尔宜老师提供。）

案例 9.6

【案例描述】资质认定扩项评审时，评审组发现某机构依据《土壤和沉积物 石油烃（C_{10}～C_{40}）的测定　气相色谱法》（HJ 1021—2019）测定土壤和沉积物中石油烃（C_{10}～C_{40}）的方法验证过程中未记录柱流失扣除情况。

【不符合事实分析】不符合 RB/T 214—2017 中 4.5.14 条款和《生态环境监测机构评审补充要求》中第十七条的要求，方法验证或方法确认的过程及结果应形成报告，并附验证或确认全过程的原始记录，保证方法验证或确认过程可追溯。

【解决方案】机构进行 HJ 1021—2019 的方法验证时，石油烃（C_{10}～C_{40}）的总峰面积应扣除柱流失的面积，并记录柱流失扣除情况，将色谱图原始记录保存到方法验证报告中。

【技术要点】由于分析石油烃（C_{10}～C_{40}）的气相色谱条件会引起显著的柱流失，使基线上升，因此石油烃（C_{10}～C_{40}）的总峰面积应扣除柱流失的面积。

案例 9.7

【案例描述】资质认定扩项评审时，评审组发现某机构检测非道路移动柴油机械光吸收系数的《非道路移动柴油机械排气烟度限值及测量方法》（GB 36886—2018）为网上自行下载的发布稿文本，非正式版标准文本。

【不符合事实分析】《非道路移动柴油机械排气烟度限值及测量方法》（GB 36886—2018）标准发布稿和正式版本存在差异，对结果判定产生影响。该机构使用的标准为网上下载的发布稿非有效版本，不符合 RB/T 214—2017 中 4.5.14 条款中“应优先使用标准方法，并确保使用标准的有效版本”的要求。

【解决方案】上述机构应回收并作废目前使用的 GB 36886—2018 发布稿，重新购买正式版标准并受控发放。

【技术要点】发布稿和正式版相比：

（1）方法名称不同：发布稿为《非道路柴油移动机械排气烟度限值及测量方法》，正式版本为《非道路移动柴油机械排气烟度限值及测量方法》。

（2）排气烟度限值条款内容不同：正式版本中增加了 4.3 条款，4.3 执行Ⅱ类（P_{max}≥19 kW）和Ⅲ类限值的非道路移动柴油机械，在正常工作过程中，目视不能有明显可见烟。

（3）不透光烟度法检测要求不同：

发布稿中 5.2.1 不透光烟度法：用不透光烟度计连续测量 5.1 所述工况下的非道路柴油移动机械排气的光吸收系数，采样频率不应低于 1 Hz，取测量过程中不透光烟度计的最大读数值作为测量结果。

正式版本中 5.2.1 不透光烟度法：用不透光烟度计连续测量 5.1 所述工况下的非道路移动柴油机械排气的光吸收系数，采样频率不应低于 1 Hz，取测量过程中不透光烟度计的最大读数值作为测量结果。若采用自由加速法，检测结果取最后三次自由加速烟度测量结果最大值的算术平均值。

发布稿中 5.2.1 未明确自由加速法检测结果要求，如果使用发布稿会造成检测结果误判。

案例 9.8

【案例描述】资质认定扩项评审时，评审组发现某机构依据《水质　细菌总数的测定　平皿计数法》（HJ 1000—2018）标准进行方法验证时，未按照标准中培养基检验的方法对使用的营养琼脂培养基进行培养基质量的检查。

【不符合事实分析】不符合《生态环境监测机构评审补充要求》中第十七条的要求，同时《环境监测分析方法标准制修订技术导则》（HJ 168—2020）中也规定，在方法验证时，方法验证过程中所用的试剂和材料、仪器和设备及分析步骤应符合方法相关要求。该机构未对使用的营养琼脂培养基进行质量检查。

【解决方案】方法验证时应依据 HJ 1000—2018 标准方法中培养基检验的要求，对营养琼脂培养基进行质量检查，培养基质量检查结果符合要求后再进行精密度及准确度的验证。

【技术要点】更换不同批次培养基时要进行阳性菌株检验，以确保其符合要求。常用的阳性标准菌株有大肠埃希氏菌（*Escherichia coli*）、金黄色葡萄球菌（*Staphylococcus aureus*）、枯草芽孢杆菌（*Bacillus subtilis*）、粪肠球菌（*Enterococcus faecalis*）等。将上述标准菌株配成浓度为 30～300 CFU/mL 的菌悬液，充分混匀后取 1 mL 菌悬液按标准中的接种和培养步骤进行操作，平皿内均匀地产生 30～300 个菌落，表明该批次培养基合格。

案例 9.9

【案例描述】资质认定扩项评审时，评审组发现某机构依据《水质 细菌总数的测定 平皿计数法》（HJ 1000—2018）进行检测的方法验证报告中精密度和准确度检测结果数据分析时未将测定结果经以 10 为底对数转换后进行计算。

【不符合事实分析】不符合 RB/T 214—2017 中 4.5.14 条款。机构人员不知道由于微生物检测数据为偏态分布，其测定结果应全部经以 10 为底对数转换后再进行计算。

【解决方案】微生物检测数据为偏态分布，HJ 1000—2018 标准规定其测定结果应全部经以 10 为底对数转换后再进行计算。

案例 9.10

【案例描述】资质认定扩项评审时，评审组发现某机构依据《固定污染源废气　油烟和油雾的测定　红外分光光度法》（HJ 1077—2019）进行检测的方法验证时精密度和准确度验证未对实际样品进行验证。

【不符合事实分析】不符合 RB/T 214—2017 中 4.5.14 条款和《生态环境监测机构评审补充要求》中第十七条的要求。进行验证时，应根据标准的适用范围，选取不少于一种实际样品进行测定。

【技术要点】

油烟或油雾精密度验证：将 6 个空白滤筒分别加入 100 μg 油烟或油雾统一样品，抽取 250 L 清洁空气，萃取测定，计算浓度为 0.4 mg/m^3 的油烟或油雾样品平均值、标准偏差及相对标准偏差。同样步骤测定计算浓度为 2.0 mg/m^3 和 18.0 mg/m^3 的油烟或油雾样品平均值、标准偏差及相对标准偏差。

油烟或油雾正确度验证：将 12 个空白滤筒分别加入 250 μg 的油烟或油雾统一样品，抽取清洁空气 250 L，再将其中 6 个滤筒分别加入 250 μg 的油烟或油雾标准油，抽取清洁空气 250 L，6 个一次加标样品作为本底样品，6 个二次加标样品作为加标样品。12 个样品经四氯乙烯萃取后测定，计算浓度水平为 1.0 mg/m^3 的油烟样品加标回收率。同样步骤测定计算浓度水平为 4.0 mg/m^3 和 10.0 mg/m^3 的油烟样品加标回收率。

9.6　方法验证报告常见问题

以某环境检测公司编制的《水质　总氮的测定　碱性过硫酸钾消解紫外分光光度法》（HJ 636—2012）和《土壤和沉积物　醛、酮类化合物的测定　高效液相色谱法》（HJ 997-2018）方法验证报告为例。

【示例 1】

《水质　总氮的测定　碱性过硫酸钾消解紫外分光光度法》

（HJ 636—2012）方法验证报告

一、目的

验证在现有实验环境条件下，能否准确、精密地测定水质总氮的含量，所选用的设备能否满足方法精密度、准确度的要求。

二、范围

适用 ×××× 环境检测有限公司水质总氮紫外分光光度法的验证，包括方法线性范围、检出限、精密度、准确度等。

三、实验室基本情况

3.1 验证人员情况（表 9-1）

表 9-1 参加验证的人员情况登记表

姓名	性别	年龄	职务或职称	所学专业	从事相关分析工作年限
×××	女	××	—	环境工程	2 年
×××	男	××	—	环境监测与评价	5 年

3.2 仪器与试剂（表 9-2、表 9-3）

表 9-2 主要仪器使用情况登记表

仪器名称	仪器编号	规格型号	性能状况（计量 / 校准状态、量程、灵敏度）	备注
紫外可见分光光度计	CTFX-6	T6	检定合格，有效期 ×××× 年 ×× 月 ×× 日	
具塞比色管	—	25 mL	A 级	

表 9-3 使用试剂材料登记表

名称	生产厂家、规格	纯化处理方法	备注
总氮标液及标样	环保部标样所	无	有证标准物质
氢氧化钠	天津市科密欧化学试剂有限公司	无	
硫酸	天津市科密欧化学试剂有限公司	无	
碱性过硫酸钾	天津市科密欧化学试剂有限公司	无	
盐酸	天津市科密欧化学试剂有限公司	无	

四、分析步骤

4.1 试样制备

取适量样品用 NaOH 溶液、H_2SO_4 溶液调节 pH=5～9。

4.2 测定

量取 10.00 mL 试样于 25 mL 具赛比色管，按标准曲线步骤测量吸光度。

4.3 计算：

$$\rho=\frac{(A_r-a)\times f}{bV} \tag{1}$$

式中，ρ——样品中总氮（以 N 计）浓度，mg/L；

A_r——试样校正吸光度与空白校正吸光度差值；

a——校准曲线截距；

b——校准曲线斜率；

V——试样体积，mL；

f——稀释倍数。

五、实验结果

5.1　校准曲线的绘制

分别取总氮含量为 0.00 μg、2.00 μg、5.00 μg、10.0 μg、30.0 μg、70.0 μg 的标准使用液于 25 mL 具塞比色管，加水稀释至 10.00 mL，加入 5.00 mL 碱性过硫酸钾，塞紧管塞，用纱布、线绳扎紧，高压蒸汽灭菌器 120～124℃灭菌 30 min，自然冷却。各加 1.0 mL HCl 溶液，加水稀释至 25 mL 标线，10 mm 石英比色皿分别于 220 nm、275 nm 处比色，以水为参比。以 Ar 值为纵坐标，总氮（以 N 计）含量（μg）为横坐标，绘制校准曲线（图 9-1）。曲线方程见表 9-4。

$$A_b=A_{b220}-2A_{b275} \tag{1}$$

$$A_s=A_{s220}-2A_{s275} \tag{2}$$

$$A_r=A_s-A_b \tag{3}$$

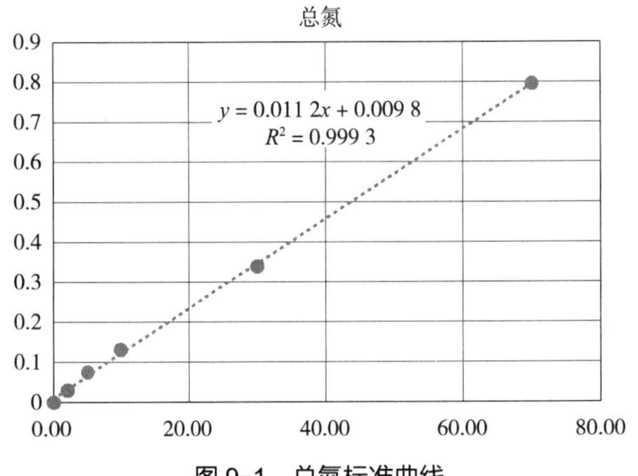

图 9-1　总氮标准曲线

表 9-4　外标法校准的线性回归方程和相关系数

校准方法	线性回归方程	相关系数 *r*
总氮	y=0.011 2x+0.009 8	0.999 6

5.2　方法检出限

配制并测定试剂空白 7 次，方法检出限见表 9-5。HJ 636—2012 检出限为 0.05 mg/L，因此本方法的检出限能满足评价标准的要求。

表 9-5　方法检出限、测定下限测试数据表

<table>
<tr><td colspan="2">平行号</td><td>试样（空白吸光度）</td><td>试样浓度 /（mg/L）</td></tr>
<tr><td rowspan="7">测定结果</td><td>1</td><td>0.021</td><td>0.040</td></tr>
<tr><td>2</td><td>0.020</td><td>0.036</td></tr>
<tr><td>3</td><td>0.018</td><td>0.029</td></tr>
<tr><td>4</td><td>0.019</td><td>0.033</td></tr>
<tr><td>5</td><td>0.019</td><td>0.033</td></tr>
<tr><td>6</td><td>0.019</td><td>0.033</td></tr>
<tr><td>7</td><td>0.019</td><td>0.033</td></tr>
<tr><td colspan="2">标准偏差 S/（mg/L）</td><td colspan="2">0.003 4</td></tr>
<tr><td colspan="2">检出限 MDL/（mg/L）</td><td colspan="2">0.01</td></tr>
<tr><td colspan="2">测定下限 /（mg/L）</td><td colspan="2">0.04</td></tr>
<tr><td colspan="4">注：MDL=t（n−1，0.99）×S　n——样品的平行测定次数；t——自由度为 n−1，置信度为 99% 时的 t 分布，n 为 7 时，t 等于 3.143；测定下限：4 倍的检出限</td></tr>
</table>

5.3　方法精密度

配制并测定浓度分别为 0.2 mg/L、0.4 mg/L、1.2 mg/L 的总氮标准溶液 6 次，方法精密度见表 9-6。

表 9-6　方法精密度测试数据表

<table>
<tr><td colspan="2" rowspan="2">平行号</td><td colspan="3">试样</td><td rowspan="2">备注</td></tr>
<tr><td>浓度 1</td><td>浓度 2</td><td>浓度 3</td></tr>
<tr><td rowspan="6">测定结果 /（mg/L）</td><td>1</td><td>0.233</td><td>0.440</td><td>1.168</td><td></td></tr>
<tr><td>2</td><td>0.229</td><td>0.429</td><td>1.172</td><td></td></tr>
<tr><td>3</td><td>0.233</td><td>0.433</td><td>1.172</td><td></td></tr>
<tr><td>4</td><td>0.236</td><td>0.426</td><td>1.154</td><td></td></tr>
<tr><td>5</td><td>0.233</td><td>0.429</td><td>1.168</td><td></td></tr>
<tr><td>6</td><td>0.240</td><td>0.422</td><td>1.158</td><td></td></tr>
<tr><td colspan="2">平均值 /（mg/L）</td><td>0.234</td><td>0.430</td><td>1.166</td><td></td></tr>
<tr><td colspan="2">标准偏差 /（mg/L）</td><td>0.003 7</td><td>0.006 2</td><td>0.007 6</td><td></td></tr>
<tr><td colspan="2">相对标准偏差 /%</td><td>1.6</td><td>1.4</td><td>0.6</td><td></td></tr>
</table>

5.4　方法准确度

配制并测定浓度为（0.618±0.069）mg/L 的总氮标准溶液 6 次，结果见表 9-7。

表 9-7　有证标准物质 / 标准样品测试数据表

平行号		有证标准物质 / 标准样品 浓度［（0.618±0.069）mg/L］	备注
测定结果 /（mg/L）	1	0.651	
	2	0.651	
	3	0.644	
	4	0.651	
	5	0.654	
	6	0.651	
平均值 /（mg/L）		0.650	
相对误差 /%		5.2	
注：有证标准物质 / 标准样品要标明标准值 ± 不确定度			

六、方法验证结论

采用本方法测定总氮的方法检出限为 0.01 mg/L，低于 HJ 636—2012 标准中 0.05 mg/L 的检出限；方法精密度为 0.6%～1.6%，方法准确度相对误差 5.2%，均符合方法标准。各项结果显示，实验室的人员、设备、试剂和实验操作等各方面均能满足标准方法要求。

示例 1 存在的主要问题：

（1）方法精密度验证的高、中、低样品浓度不合适，应按照标准 HJ 636—2012 中 11.1 精密度中的高中低浓度设置；

（2）方法精密度验证未对实际样品进行验证，应对至少一种实际样品进行精密度验证；

（3）方法准确度验证未对实际样品加标回收进行测定；

（4）缺少对人员培训效果和技术能力的确认；

（5）没有对试剂满足标准要求情况进行确认（过硫酸钾、氢氧化钠）；

（6）没有对环境条件进行确认。

【示例 2】

《土壤和沉积物　醛、酮类化合物的测定　高效液相色谱法》
（HJ 997—2018）方法验证报告

一、目的

验证在现有实验环境条件下，高效液相色谱法能否准确、精密测定土壤和沉积物中醛、酮类化合物的浓度，所选用的设备能否满足方法检出限的要求。

二、范围

适用 ×××× 环境检测有限公司测定土壤和沉积物中醛、酮类化合物的高效液相色谱法的方法验证，包括检出限、线性范围、精密度、准确度等。

三、试剂与材料

3.1 试剂

3.1.1 氯化钠（NaCl），优级纯；

3.1.2 无水硫酸钠（Na_2SO_4），优级纯；

3.1.3 醋酸钠（CH_3COONa），优级纯；

3.1.4 冰醋酸（CH_3COOH），分析纯；

3.1.5 柠檬酸（$C_6H_8O_7$），优级纯；

3.1.6 柠檬酸钠（$C_6H_5Na_3O_7 \cdot 2H_2O$），优级纯；

3.1.7 石英砂：粒径为 0.29～0.84 mm（50～20 目），400℃灼烧 4 h，稍冷后置于干燥器中冷却至室温，转移至磨口玻璃瓶，于干燥器中保存；

3.1.8 2,4- 二硝基苯肼［$NH_2NHC_6H_3(NO_2)_2$，DNPH］：纯度≥99%；

3.1.9 乙腈（C_2H_3N），色谱纯；

3.1.10 二氯甲烷（CH_2Cl_2），色谱纯；

3.1.11 提取剂（醋酸 - 醋酸钠溶液）：称取 5.3 g 醋酸钠用水溶解后加入 2.0 mL 冰醋酸用水稀释定容至 1 L；

3.1.12 衍生剂 ρ（DNPH）=3.00 mg/mL：称取 3.00 g 2,4- 二硝基苯肼用乙腈溶解定容至 1 L。

3.2 材料

样品瓶：不小于 60 mL 具聚四氟乙烯硅胶衬垫螺旋盖的棕色广口玻璃瓶；

振荡器：水平振荡器；

恒温振荡器：温度精度为 ±2℃；

浓缩设备：旋转蒸发装置或氮吹浓缩仪；

天平：感量为 0.000 1 g；

分液漏斗：250 mL；

提取瓶：200 mL；

平底烧瓶：250 mL；

一般实验室常用的仪器和设备。

四、仪器设备及色谱条件

4.1 仪器设备

高效液相色谱仪 Waters 2695，带 Waters 2487 紫外检测器。

4.2 色谱分析条件

色谱柱：十八烷基硅烷键合硅胶柱（C_{18}），填料粒径 5.0 μm，柱长 250 mm，内径 4.6 mm；

流动相：60% 乙腈 +40% 水，等度洗脱，保持 60 min；

流动相流速：1.0 mL/min；

检测波长：360 nm；

柱温：30 ℃；

进样量：10 μL。

五、标准溶液配制

5.1 15 种醛、酮类化合物混合标准品①：浓度 100 μg/mL，溶剂为乙腈。

5.2 15 种醛、酮类化合物混合标准使用液②：吸取 500 μL ①用乙腈定容至 10 mL，此溶液浓度为 5 μg/mL。

5.3 标准曲线系列工作液：分别吸取不同体积的②以乙腈稀释配成浓度为 0.03 mg/L、0.05 mg/L、0.10 mg/L、0.50 mg/L、1.00 mg/L、1.50 mg/L 和 3.00 mg/L 的标准曲线系列工作液。

六、验证实验内容及结果

6.1 线性范围

根据 5.3 配制的标准曲线系列工作液，按照 4.2 色谱分析条件，依次从低浓度到高浓度进行测定，以浓度为横坐标，对应的峰面积为纵坐标，绘制标准曲线。

判定标准：相关系数 $r \geq 0.999$，具体线性相关结果见表 9-8。

表 9-8 具体线性相关结果

化合物名称	标准系列浓度 / （$mg \cdot L^{-1}$）							标准工作曲线方程	相关系数 r
	0.03	0.05	0.10	0.50	1.00	1.50	3.00		
	峰面积								
甲醛	10 683	17 312	35 443	17 5177	370 986	533 296	1 106 520	Y=367 970.7 X-3 519.788	0.999 7
乙醛	8 621	13 806	28 130	13 8184	291 860	425 953	877 481	Y=292 041.6 X-2 968.999	0.999 8
丙烯醛	7 660	11 908	24 200	12 6296	254 398	374 158	773 095	Y=256 996.7 X-2 360.787	0.999 8
丙酮	6 452	10 756	21 813	10 2134	227 136	327 920	672 878	Y=224 294.1 X-2 435.309	0.999 7

续表

化合物名称	标准系列浓度 / (mg·L^{-1})							标准工作曲线方程	相关系数 r
	0.03	0.05	0.10	0.50	1.00	1.50	3.00		
	峰面积								
丙醛	6 539	10 491	21 614	10 5705	223 071	325 540	670 591	Y=223 181.3 X-2 244.421	0.999 8
丁烯醛	5 550	9 052	18 479	91 533	192 449	280 497	578 436	Y=192 494.5 X-1 945.815	0.999 8
丁醛	5 057	8 313	16 798	84 161	178 305	260 146	537 158	Y=178 830.3 X-2 176.169	0.999 8
苯甲醛	3 468	5 959	12 459	62 501	130 925	190 913	393 984	Y=131 164.9 X-1 484.357	0.999 8
异戊醛	4 021	6 762	14 641	72 818	155 440	226 857	468 180	Y=156 009.7 X-2 203.062	0.999 8
正戊醛	3 690	6 770	13 941	72 047	150 917	219 647	454 696	Y=151 405.8 X-2 002.788	0.999 8
邻 - 甲基苯甲醛	2 443	4549	9820	49 833	106 485	155 487	320 952	Y=107 022.3 X-1 689.778	0.999 8
间 - 甲基苯甲醛	1 068	4 609	10 205	49 744	106 875	156 294	318 696	Y=106 543.9 X-1 564.309	0.999 8
对 - 甲基苯甲醛	1 109	5 140	10 032	52 635	109 769	159 855	333 137	Y=111 030.0 X-2 069.756	0.999 7
正己醛	3 653	4 626	10 915	60 606	130 192	191 421	395 025	Y=131 918.5 X-2 688.236	0.999 8
2,5- 二甲基苯甲醛	2811	2487	7296	43 036	91 872	13 4366	27 7931	Y=92 874.65 X-2 023.658	0.999 8

6.2　方法检出限

用石英砂作为空白样品，按照 HJ 997—2018 标准前处理方法和仪器条件测定空白试样，其中醛酮类均未检出。因此，以 2～5 倍的估计检出限浓度添加空白样品（添加浓度为 0.16 mg/kg），并做 7 个平行样品分析，以保留时间定性，峰面积定量。具体结果见表 9-9：

表 9-9 15 种醛酮类化合物检出限

化合物名称	测定结果 /（mg/kg）							平均值 /（mg/kg）	标准偏差 *S*	检出限 MDL（mg/kg）	测定下限（mg/kg）	判断标准（mg/kg）
	样品 1	样品 2	样品 3	样品 4	样品 5	样品 6	样品 7					
甲醛	0.166	0.170	0.170	0.172	0.170	0.170	0.166	0.169	0.002	0.006	0.024	0.02
乙醛	0.166	0.168	0.166	0.170	0.168	0.168	0.164	0.167	0.002	0.006	0.024	0.04
丙烯醛	0.160	0.162	0.166	0.168	0.160	0.166	0.164	0.164	0.003	0.009	0.036	0.04
丙酮	0.168	0.170	0.164	0.168	0.172	0.168	0.162	0.167	0.003	0.009	0.036	0.04
丙醛	0.166	0.166	0.166	0.168	0.168	0.168	0.164	0.167	0.002	0.006	0.024	0.04
丁烯醛	0.164	0.166	0.164	0.166	0.166	0.168	0.164	0.165	0.002	0.006	0.024	0.04
丁醛	0.164	0.166	0.166	0.168	0.166	0.168	0.162	0.166	0.002	0.006	0.024	0.04
苯甲醛	0.162	0.164	0.164	0.164	0.162	0.162	0.160	0.163	0.002	0.006	0.024	0.06
异戊醛	0.168	0.168	0.168	0.170	0.170	0.170	0.166	0.169	0.002	0.006	0.024	0.06
正戊醛	0.162	0.166	0.162	0.162	0.164	0.166	0.162	0.163	0.002	0.006	0.024	0.06
邻 - 甲基苯甲醛	0.166	0.164	0.168	0.170	0.162	0.170	0.162	0.166	0.003	0.009	0.036	0.05
间 - 甲基苯甲醛	0.156	0.160	0.164	0.170	0.158	0.166	0.162	0.162	0.005	0.016	0.064	0.06
对 - 甲基苯甲醛	0.174	0.170	0.168	0.174	0.172	0.178	0.168	0.172	0.004	0.013	0.052	0.06
正己醛	0.162	0.164	0.160	0.178	0.168	0.158	0.160	0.164	0.007	0.022	0.088	0.06
2,5- 二甲基苯甲醛	0.154	0.156	0.180	0.164	0.154	0.154	0.154	0.159	0.010	0.031	0.124	0.06

6.3 精密度验证

按照 HJ 997—2018 标准前处理方法和仪器条件，对 0.20 mg/kg、0.50 mg/kg 和 2.00 mg/kg 的统一空白加标进行 6 次重复测定，记为精密度 1、精密度 2 和精密度 3 根据标准曲线计算其结果，相对标准偏差应分别小于 29%、33% 和 29%，具体结果见表 9-10。

表 9-10　15 种醛酮类化合物精密度结果确认表

化合物名称	加标浓度 /（mg/kg）	测定结果 /（mg/kg）						平均值 /（mg/kg）	标准偏差 S	相对标准偏差 RSD/%
		样品 1	样品 2	样品 3	样品 4	样品 5	样品 6			
甲醛	0.20	0.204	0.221	0.200	0.196	0.200	0.209	0.21	0.009	4.3
	0.50	0.470	0.505	0.506	0.482	0.507	0.510	0.50	0.017	3.4
	2.00	1.742	1.934	1.887	1.893	1.922	2.030	1.90	0.094	4.9
乙醛	0.20	0.202	0.223	0.208	0.202	0.202	0.213	0.21	0.008	3.8
	0.50	0.491	0.483	0.527	0.488	0.507	0.525	0.50	0.019	3.8
	2.00	1.740	1.901	1.889	1.865	1.900	1.999	1.88	0.084	4.5
丙烯醛	0.20	0.210	0.208	0.200	0.172	0.188	0.211	0.20	0.015	7.5
	0.50	0.538	0.499	0.479	0.478	0.495	0.549	0.51	0.030	5.9
	2.00	1.761	1.936	1.869	1.939	1.948	2.092	1.92	0.108	5.6
丙酮	0.20	0.189	0.231	0.208	0.218	0.215	0.211	0.21	0.014	6.7
	0.50	0.443	0.511	0.583	0.496	0.521	0.502	0.51	0.045	8.8
	2.00	1.757	1.877	1.818	1.791	1.862	1.906	1.84	0.056	3.0
丙醛	0.20	0.199	0.219	0.206	0.194	0.202	0.213	0.21	0.009	4.3
	0.50	0.491	0.505	0.527	0.476	0.509	0.527	0.51	0.020	3.9
	2.00	1.759	1.901	1.887	1.865	1.902	1.997	1.89	0.077	4.1
丁烯醛	0.20	0.199	0.219	0.204	0.192	0.200	0.211	0.20	0.010	5.0
	0.50	0.489	0.499	0.525	0.470	0.505	0.525	0.50	0.021	4.2
	2.00	1.761	1.910	1.869	1.863	1.898	1.994	1.88	0.076	4.0
丁醛	0.20	0.210	0.219	0.204	0.186	0.200	0.209	0.20	0.011	5.5
	0.50	0.491	0.491	0.525	0.454	0.505	0.525	0.50	0.027	5.4
	2.00	1.765	1.934	1.850	1.861	1.898	1.997	1.88	0.079	4.2
苯甲醛	0.20	0.208	0.217	0.202	0.184	0.196	0.207	0.20	0.011	5.5
	0.50	0.484	0.491	0.519	0.444	0.499	0.516	0.49	0.027	5.5
	2.00	1.757	1.897	1.770	1.855	1.890	1.988	1.86	0.086	4.6

续表

化合物名称	加标浓度 /（mg/kg）	测定结果 /（mg/kg）						平均值 /（mg/kg）	标准偏差 S	相对标准偏差 RSD/%
		样品 1	样品 2	样品 3	样品 4	样品 5	样品 6			
异戊醛	0.20	0.208	0.221	0.208	0.192	0.200	0.209	0.21	0.010	4.8
	0.50	0.487	0.489	0.523	0.464	0.503	0.521	0.50	0.023	4.6
	2.00	1.755	1.920	1.750	1.859	1.898	1.992	1.86	0.095	5.1
正戊醛	0.20	0.204	0.217	0.202	0.184	0.198	0.207	0.20	0.011	5.5
	0.50	0.480	0.501	0.519	0.450	0.493	0.516	0.49	0.026	5.3
	2.00	1.750	1.914	1.748	1.857	1.898	1.990	1.86	0.096	5.2
邻 - 甲基苯甲醛	0.20	0.212	0.212	0.198	0.176	0.202	0.205	0.20	0.013	6.5
	0.50	0.482	0.493	0.521	0.458	0.501	0.525	0.50	0.025	5.0
	2.00	1.755	1.901	1.762	1.863	1.896	1.986	1.86	0.089	4.8
间 - 甲基苯甲醛	0.20	0.212	0.208	0.200	0.190	0.194	0.203	0.20	0.008	4.0
	0.50	0.482	0.501	0.519	0.436	0.499	0.521	0.49	0.031	6.3
	2.00	1.759	1.873	1.798	1.863	1.900	1.990	1.86	0.081	4.4
对 - 甲基苯甲醛	0.20	0.216	0.192	0.202	0.208	0.204	0.220	0.21	0.010	4.8
	0.50	0.485	0.493	0.523	0.420	0.505	0.525	0.49	0.039	8.0
	2.00	1.748	1.928	1.780	1.847	1.884	1.986	1.86	0.090	4.8
正己醛	0.20	0.225	0.215	0.188	0.192	0.196	0.207	0.20	0.014	7.0
	0.50	0.484	0.495	0.519	0.450	0.493	0.514	0.49	0.025	5.1
	2.00	1.671	1.940	1.730	1.843	1.882	1.988	1.84	0.122	6.6
2,5- 二甲基苯甲醛	0.20	0.212	0.223	0.220	0.180	0.208	0.218	0.21	0.016	7.6
	0.50	0.513	0.469	0.539	0.420	0.511	0.549	0.50	0.048	9.6
	2.00	1.550	1.936	1.701	1.859	1.906	1.999	1.83	0.168	9.2

6.4　准确度验证

按照 HJ 997—2018 标准前处理方法和仪器条件，对 0.10 mg/kg 和 1.00 mg/kg 的同一土壤实际样品进行加标分析测定，记为准确度 1 和准确度 2，每个浓度 6 次重复。

土壤实际样品，检测结果为甲醛浓度 0.332 mg/kg，乙醛浓度 0.196 mg/kg，丁烯醛浓度 0.026 mg/kg，其余因子均未检出。具体回收率结果见表 9-11。

表 9-11　15 种醛酮类化合物准确度结果确认表

化合物名称	加标浓度 /（mg/kg）	测定结果 /（mg/kg）							回收率结果 /%						判定标准
		实际样品	1	2	3	4	5	6	1	2	3	4	5	6	
丙酮	0.10	0.000	0.077	0.059	0.077	0.081	0.077	0.075	77.0	59.0	77.0	81.0	77.0	75.0	40%～100%
	1.00		0.575	0.489	0.462	0.462	0.443	0.461	57.5	48.9	46.2	46.2	44.3	46.1	
甲醛	0.10	0.332	0.095	0.105	0.109	0.099	0.089	0.099	95.0	105	109	99.0	89.0	99.0	45%～120%
	1.00		1.13	1.11	1.12	1.10	1.17	1.05	113	111	112	110	117	105	
乙醛	0.10	0.196	0.075	0.108	0.105	0.099	0.117	0.109	75.0	108	105	99.0	117	109	
	1.00		1.06	0.93	1.03	1.07	1.13	1.06	106	93.0	103	107	113	106	
丙烯醛	0.10	0.000	0.081	0.067	0.067	0.077	0.079	0.079	81.0	67.0	67.0	77.0	79.0	79.0	
	1.00		0.822	0.776	0.802	0.880	0.934	0.922	82.2	77.6	80.2	88.0	93.4	92.2	
丙醛	0.10	0.000	0.085	0.083	0.093	0.089	0.077	0.077	85.0	83.0	93.0	89.0	77.0	77.0	
	1.00		0.777	0.746	0.745	0.764	0.778	0.623	77.7	74.6	74.5	76.4	77.8	62.3	
丁烯醛	0.10	0.026	0.089	0.087	0.093	0.087	0.085	0.089	89.0	87.0	93.0	87.0	85.0	89.0	
	1.00		0.923	1.037	0.585	0.959	0.776	0.776	92.3	104	58.5	95.9	77.6	77.6	
丁醛	0.10	0.000	0.065	0.057	0.053	0.057	0.059	0.057	65.0	57.0	53.0	57.0	59.0	57.0	
	1.00		0.465	0.465	0.472	0.468	0.471	0.487	46.5	46.5	47.2	46.8	47.1	48.7	
苯甲醛	0.10	0.000	0.089	0.097	0.101	0.101	0.107	0.103	89.0	97.0	101	101	107	103	
	1.00		0.890	1.07	1.02	0.950	0.960	1.03	89.0	107	102	95.0	96.0	103	
异戊醛	0.10	0.000	0.067	0.075	0.071	0.111	0.085	0.097	67.0	75.0	71.0	111	85.0	97.0	
	1.00		0.935	0.944	0.943	0.949	0.630	0.983	93.5	94.4	94.3	94.9	63.0	98.3	

续表

化合物名称	加标浓度 /（mg/kg）	测定结果 /（mg/kg）							回收率结果 /%						判定标准
		实际样品	1	2	3	4	5	6	1	2	3	4	5	6	
正戊醛	0.10	0.000	0.071	0.071	0.061	0.085	0.069	0.073	71.0	71.0	61.0	85.0	69.0	73.0	45%～120%
	1.00		0.761	0.762	0.765	0.764	0.658	0.795	76.1	76.2	76.5	76.4	65.8	79.5	
邻－甲基苯甲醛	0.10	0.000	0.075	0.073	0.089	0.097	0.089	0.089	75.0	73.0	89.0	97.0	89.0	89.0	
	1.00		0.866	0.908	0.786	0.732	0.731	0.629	86.6	90.8	78.6	73.2	73.1	62.9	
间－甲基苯甲醛	0.10	0.000	0.075	0.071	0.069	0.085	0.097	0.085	75.0	71.0	69.0	85.0	97.0	85.0	
	1.00		0.777	0.918	0.719	0.653	0.683	0.756	77.7	91.8	71.9	65.3	68.3	75.6	
对－甲基苯甲醛	0.10	0.000	0.085	0.079	0.081	0.113	0.101	0.093	85.0	79.0	81.0	113	101	93.0	
	1.00		0.897	0.978	0.798	0.742	0.685	0.754	89.7	97.8	79.8	74.2	68.5	75.4	
正己醛	0.10	0.000	0.097	0.079	0.075	0.095	0.091	0.097	97.0	79.0	75.0	95.0	91.0	97.0	
	1.00		0.976	0.619	0.986	0.655	0.786	0.850	97.6	61.9	98.6	65.5	78.6	85.0	
2,5－二甲基苯甲醛	0.10	0.000	0.079	0.085	0.091	0.095	0.093	0.109	79.0	85.0	91.0	95.0	93.0	109	
	1.00		0.840	0.901	0.822	0.876	0.695	0.832	84.0	90.1	82.2	87.6	69.5	83.2	

七、验证结果及结论

按标准《土壤和沉积物 醛、酮类化合物的测定 高效液相色谱法》（HJ 997—2018）进行方法验证，其中15种醛、酮类化合物的方法检出限MDL范围为0.006～0.031 mg/kg，符合标准要求；在0.03～3.00 mg/L的线性范围内，各化合物的相关系数*r*值均大于0.999，符合标准要求；浓度为0.20 mg/kg、0.50 mg/kg和2.00 mg/kg的精密度RSD值范围分别为3.8%～7.6%、3.4%～9.6%和3.0%～9.2%，均符合标准要求；浓度为0.10 mg/kg和1.00 mg/kg的加标回收率结果，丙酮为59.0%～81.0%和44.3%～57.5%，符合40%～100%的要求，其余各因子回收率范围为53.0%～117%和46.5%～117%，符合45%～120%的要求。因此，可按此方法开展检测。

八、附件

附件1. 相关原始记录（略）

附件2. 线性范围谱图（略）

附件3. 检出限谱图（略）

附件4. 精密度谱图（略）

附件5. 准确度谱图（图9-2～图9-27）

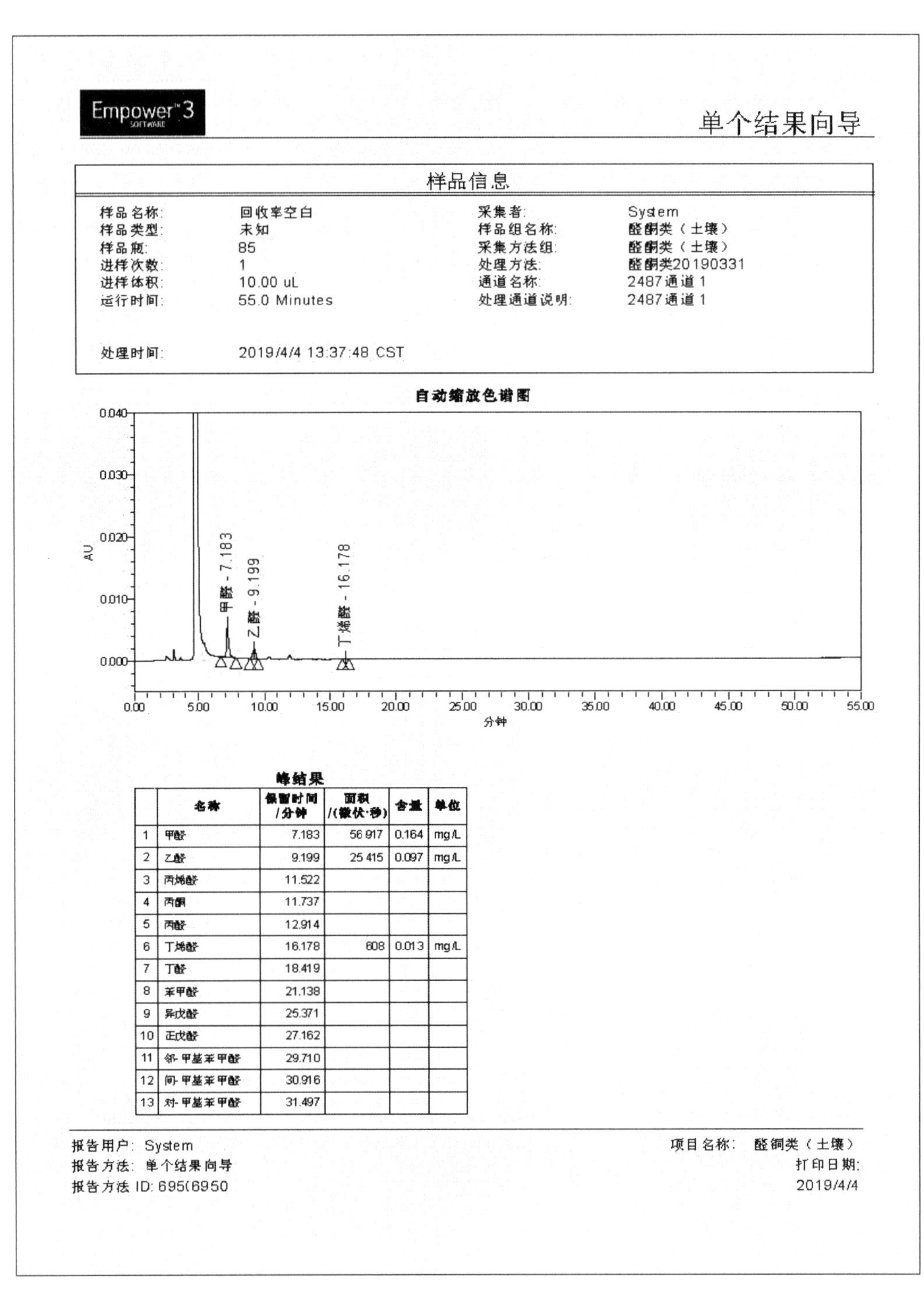

Empower 3 SOFTWARE

单个结果向导

样品信息

样品名称:	回收率空白	采集者:	System
样品类型:	未知	样品组名称:	醛酮类（土壤）
样品瓶:	85	采集方法组:	醛酮类（土壤）
进样次数:	1	处理方法:	醛酮类20190331
进样体积:	10.00 uL	通道名称:	2487通道 1
运行时间:	55.0 Minutes	处理通道说明:	2487通道 1
处理时间:	2019/4/4 13:37:48 CST		

自动缩放色谱图

峰结果

	名称	保留时间/分钟	面积/(微伏·秒)	含量	单位
1	甲醛	7.183	56 917	0.164	mg/L
2	乙醛	9.199	25 415	0.097	mg/L
3	丙烯醛	11.522			
4	丙酮	11.737			
5	丙醛	12.914			
6	丁烯醛	16.178	608	0.013	mg/L
7	丁醛	18.419			
8	苯甲醛	21.138			
9	异戊醛	25.371			
10	正戊醛	27.162			
11	邻-甲基苯甲醛	29.710			
12	间-甲基苯甲醛	30.916			
13	对-甲基苯甲醛	31.497			

报告用户: System　　　　项目名称:　醛铜类（土壤）

报告方法: 单个结果向导　　　　打印日期:

报告方法 ID: 695(6950　　　　2019/4/4

图 9-2　土壤醛铜类准确度验证系列谱图 1

峰结果

	名称	保留时间/分钟	面积/(微伏·秒)	含量	单位
14	正己醛	41.034			
15	2,5-二甲基苯甲醛	43.499			

报告用户：System　　项目名称：醛铜类（土壤）

报告方法：单个结果向导　　打印日期：

报告方法 ID: 695(6950　　2019/4/4

页码: 2 (共计 2)

图 9-3　土壤醛铜类准确度验证系列谱图 2

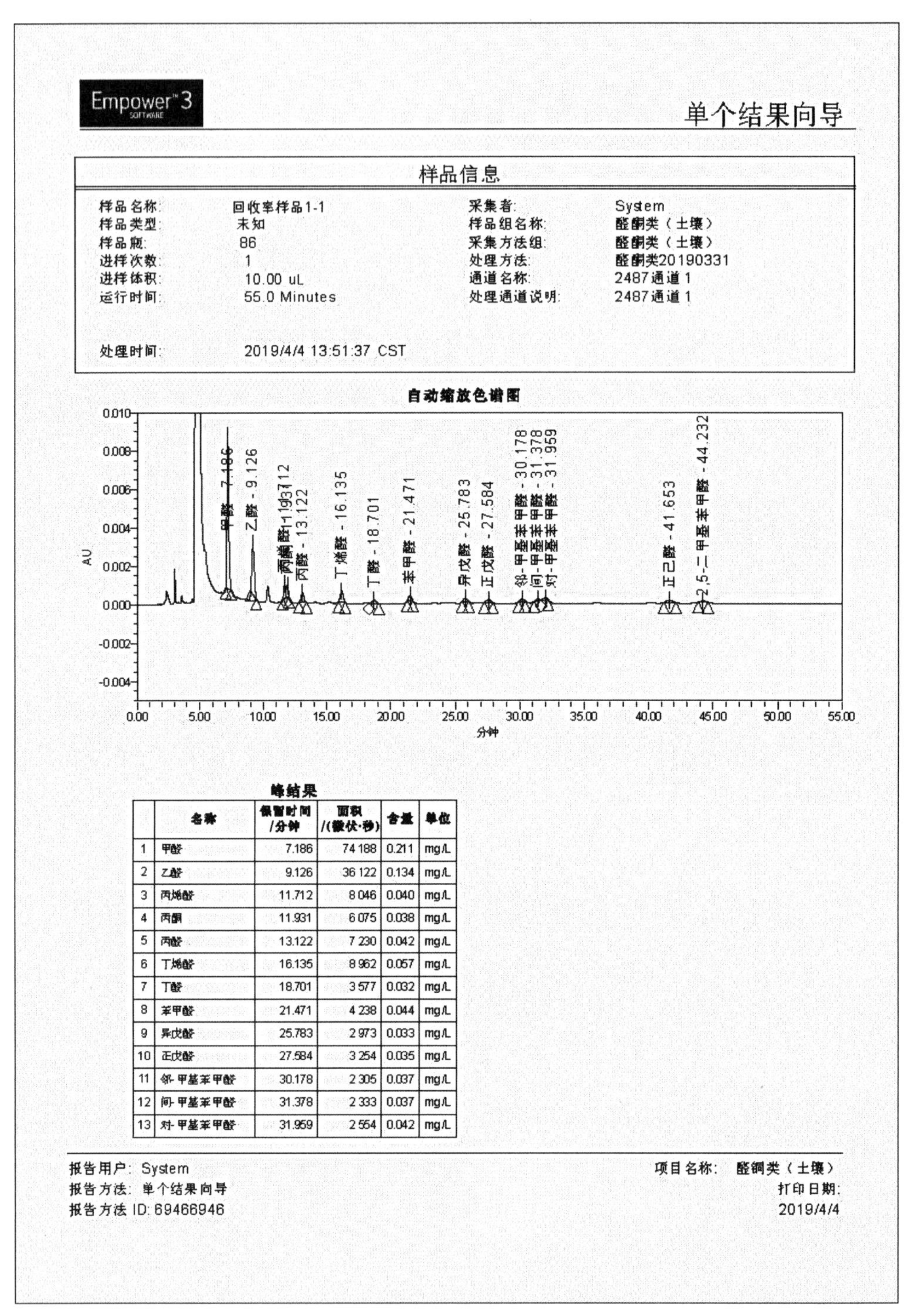

Empower™ 3 SOFTWARE

单个结果向导

样品信息

样品名称:	回收率样品1-1	采集者:	System
样品类型:	未知	样品组名称:	醛酮类（土壤）
样品瓶:	86	采集方法组:	醛酮类（土壤）
进样次数:	1	处理方法:	醛酮类20190331
进样体积:	10.00 uL	通道名称:	2487通道1
运行时间:	55.0 Minutes	处理通道说明:	2487通道1
处理时间:	2019/4/4 13:51:37 CST		

自动缩放色谱图

峰结果

	名称	保留时间/分钟	面积/(微伏·秒)	含量	单位
1	甲醛	7.186	74 188	0.211	mg/L
2	乙醛	9.126	36 122	0.134	mg/L
3	丙烯醛	11.712	8 046	0.040	mg/L
4	丙酮	11.931	6 075	0.038	mg/L
5	丙醛	13.122	7 230	0.042	mg/L
6	丁烯醛	16.135	8 962	0.057	mg/L
7	丁醛	18.701	3 577	0.032	mg/L
8	苯甲醛	21.471	4 238	0.044	mg/L
9	异戊醛	25.783	2 973	0.033	mg/L
10	正戊醛	27.584	3 254	0.035	mg/L
11	邻-甲基苯甲醛	30.178	2 305	0.037	mg/L
12	间-甲基苯甲醛	31.378	2 333	0.037	mg/L
13	对-甲基苯甲醛	31.959	2 554	0.042	mg/L

报告用户: System　　项目名称: 醛铜类（土壤）
报告方法: 单个结果向导　　打印日期:
报告方法 ID: 69466946　　2019/4/4

图 9-4　土壤醛铜类准确度验证系列谱图 3

峰结果

	名称	保留时间/分钟	面积/(微伏·秒)	含量	单位
14	正己醛	41.653	3 613	0.048	mg/L
15	2,5-二甲基苯甲醛	44.232	1 632	0.039	mg/L

报告用户：System
报告方法：单个结果向导
报告方法 ID：69466946

项目名称：醛铜类（土壤）
打印日期：
2019/4/4

图 9-5　土壤醛铜类准确度验证系列谱图 4

单个结果向导

样品信息

样品名称:	回收率样品1-2	采集者:	System
样品类型:	未知	样品组名称:	醛酮类（土壤）
样品瓶:	87	采集方法组:	醛酮类（土壤）
进样次数:	1	处理方法:	醛酮类20190331
进样体积:	10.00 ul	通道名称:	2487通道1
运行时间:	55.0 Minutes	处理通道说明:	2487通道1
处理时间:	2019/4/4 13:53:46 CST		

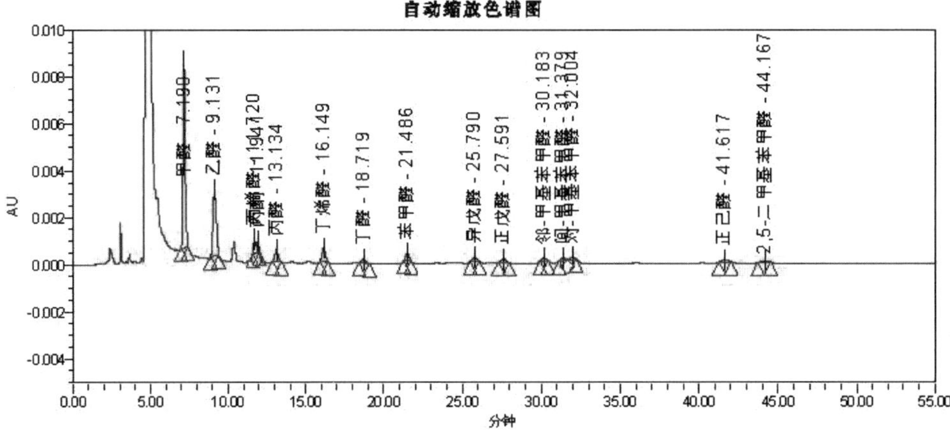

峰结果

	名称	保留时间（分钟）	面积（微伏*秒）	含量	单位
1	甲醛	7.190	76057	0.216	mg/L
2	乙醛	9.131	40869	0.150	mg/L
3	丙烯醛	11.720	6067	0.033	mg/L
4	丙酮	11.941	3996	0.029	mg/L
5	丙醛	13.134	6930	0.041	mg/L
6	丁烯醛	16.149	8906	0.056	mg/L
7	丁醛	18.719	2905	0.028	mg/L
8	苯甲醛	21.486	4804	0.048	mg/L
9	异戊醛	25.790	3610	0.037	mg/L
10	正戊醛	27.591	3310	0.035	mg/L
11	邻-甲基苯甲醛	30.183	2173	0.036	mg/L
12	间-甲基苯甲醛	31.379	2174	0.035	mg/L
13	对-甲基苯甲醛	32.004	2314	0.039	mg/L

报告用户: System　　项目名称: 醛铜类（土壤）
报告方法: 单个结果向导　　打印日期:
报告方法 ID: 69466946　　2019/4/4

图 9-6　土壤醛铜类准确度验证系列谱图 5

峰结果

	名称	保留时间/分钟	面积/(微伏·秒)	含量	单位
14	正己醛	41.617	2 439	0.039	mg/L
15	2,5-二甲基苯甲醛	44.167	1 909	0.042	mg/L

报告用户：System　　项目名称：醛铜类（土壤）

报告方法：单个结果向导　　打印日期：

报告方法 ID: 69466946　　2019/4/4

图 9-7　土壤醛铜类准确度验证系列谱图 6

单个结果向导

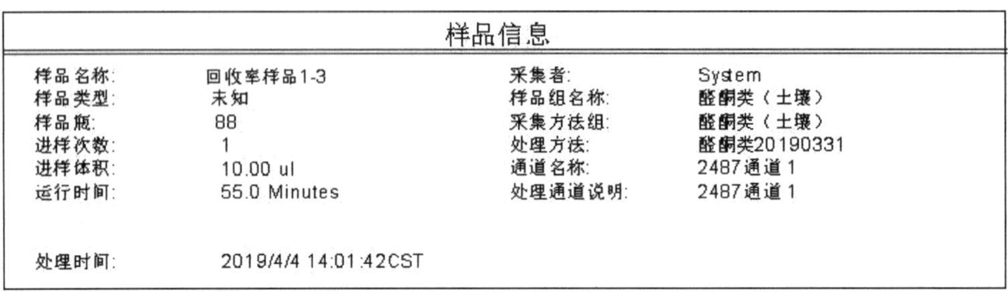

样品信息

样品名称:	回收率样品1-3	采集者:	System
样品类型:	未知	样品组名称:	醛酮类（土壤）
样品瓶:	88	采集方法组:	醛酮类（土壤）
进样次数:	1	处理方法:	醛酮类20190331
进样体积:	10.00 ul	通道名称:	2487通道1
运行时间:	55.0 Minutes	处理通道说明:	2487通道1
处理时间:	2019/4/4 14:01:42CST		

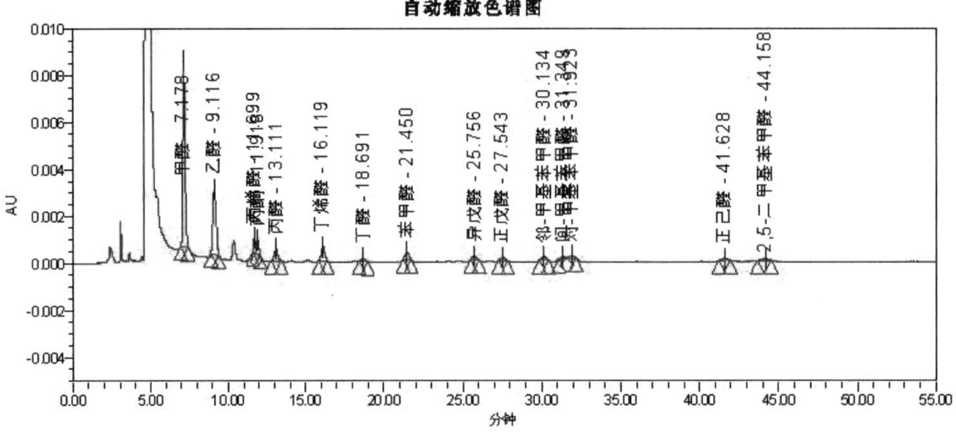

峰结果

	名称	保留时间（分钟）	面积（微伏*秒）	含量	单位
1	甲醛	7.178	76608	0.218	mg/L
2	乙醛	9.116	40654	0.149	mg/L
3	丙烯醛	11.699	6191	0.033	mg/L
4	丙酮	11.918	6101	0.038	mg/L
5	丙醛	13.111	7984	0.046	mg/L
6	丁烯醛	16.119	9443	0.059	mg/L
7	丁醛	18.691	2507	0.026	mg/L
8	苯甲醛	21.450	5086	0.050	mg/L
9	异戊醛	25.756	3192	0.035	mg/L
10	正戊醛	27.543	2609	0.030	mg/L
11	邻-甲基苯甲醛	30.134	3070	0.044	mg/L
12	间-甲基苯甲醛	31.349	2008	0.034	mg/L
13	对-甲基苯甲醛	31.923	2390	0.040	mg/L

报告用户：System　　项目名称：醛铜类（土壤）
报告方法：单个结果向导　　打印日期：
报告方法 ID: 69466946　　2019/4/4

图 9-8　土壤醛铜类准确度验证系列谱图 7

峰结果

	名称	保留时间/分钟	面积/(微伏·秒)	含量	单位
14	正己醛	41.628	2 185	0.037	mg/L
15	2,5-二甲基苯甲醛	44.158	2 175	0.045	mg/L

报告用户：System　　　　项目名称：醛铜类（土壤）
报告方法：单个结果向导　　　　打印日期:
报告方法 ID: 69466946　　　　2019/4/4

图 9-9　土壤醛铜类准确度验证系列谱图 8

单个结果向导

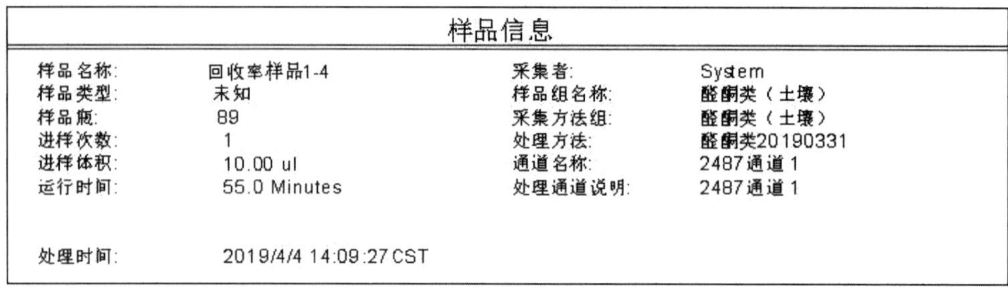

样品信息

样品名称:	回收率样品1-4	采集者:	System
样品类型:	未知	样品组名称:	醛酮类（土壤）
样品瓶:	89	采集方法组:	醛酮类（土壤）
进样次数:	1	处理方法:	醛酮类20190331
进样体积:	10.00 ul	通道名称:	2487通道 1
运行时间:	55.0 Minutes	处理通道说明:	2487通道 1
处理时间:	2019/4/4 14:09:27 CST		

自动缩放色谱图

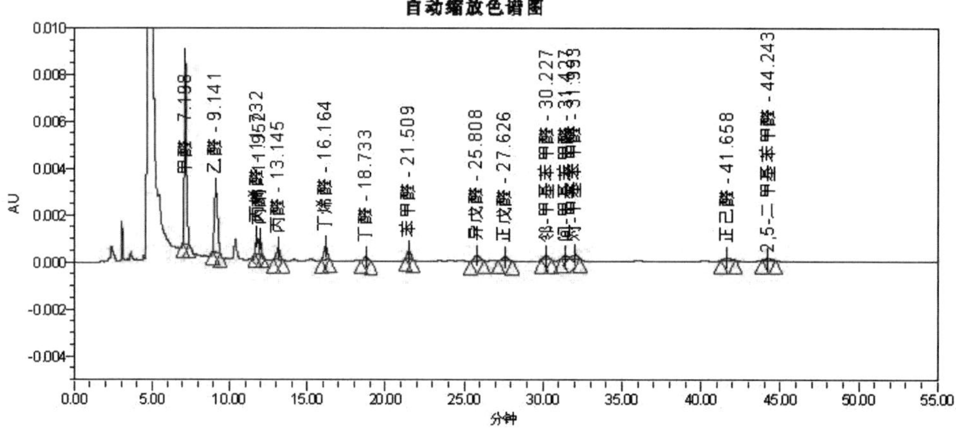

峰结果

	名称	保留时间（分钟）	面积（微伏*秒）	含量	单位
1	甲醛	7.198	74787	0.213	mg/L
2	乙醛	9.141	39586	0.146	mg/L
3	丙烯醛	11.732	7294	0.038	mg/L
4	丙酮	11.952	6483	0.040	mg/L
5	丙醛	13.145	7533	0.044	mg/L
6	丁烯醛	16.164	8917	0.056	mg/L
7	丁醛	18.733	2841	0.028	mg/L
8	苯甲醛	21.509	5028	0.050	mg/L
9	异戊醛	25.808	6374	0.055	mg/L
10	正戊醛	27.626	4414	0.042	mg/L
11	邻-甲基苯甲醛	30.227	3483	0.048	mg/L
12	间-甲基苯甲醛	31.427	2893	0.042	mg/L
13	对-甲基苯甲醛	31.993	4156	0.056	mg/L

报告用户：System　　　　项目名称：醛铜类（土壤）
报告方法：单个结果向导　　　　打印日期：
报告方法 ID: 69466946　　　　2019/4/4

图 9-10　土壤醛铜类准确度验证系列谱图 9

峰结果

	名称	保留时间/分钟	面积/(微伏·秒)	含量	单位
14	正己醛	41.658	3 502	0.047	mg/L
15	2,5-二甲基苯甲醛	44.243	2 386	0.047	mg/L

报告用户：System
报告方法：单个结果向导
报告方法 ID: 69466946

项目名称：醛铜类（土壤）
打印日期:
2019/4/4

图 9-11　土壤醛铜类准确度验证系列谱图 10

单个结果向导

样品信息

样品名称:	回收率样品1-5	采集者:	System
样品类型:	未知	样品组名称:	醛酮类（土壤）
样品瓶:	90	采集方法组:	醛酮类（土壤）
进样次数:	1	处理方法:	醛酮类20190331
进样体积:	10.00 ul	通道名称:	2487通道1
运行时间:	50.0 Minutes	处理通道说明:	2487通道1
处理时间:	2019/4/4 14:13:52 CST		

自动缩放色谱图

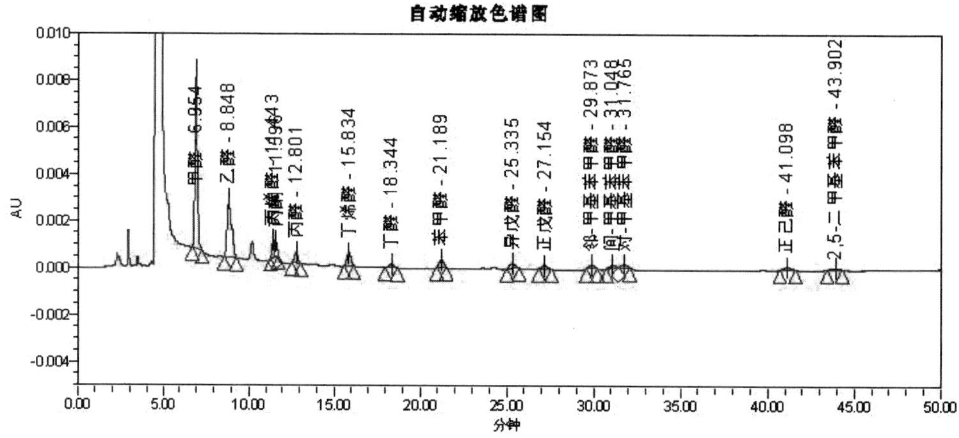

峰结果

	名称	保留时间(分钟)	面积(微伏*秒)	含量	单位
1	甲醛	6.954	72850	0.208	mg/L
2	乙醛	8.848	42386	0.155	mg/L
3	丙烯醛	11.443	7715	0.039	mg/L
4	丙酮	11.596	5992	0.038	mg/L
5	丙醛	12.801	6205	0.038	mg/L
6	丁烯醛	15.834	8678	0.055	mg/L
7	丁醛	18.344	2965	0.029	mg/L
8	苯甲醛	21.189	5424	0.053	mg/L
9	异戊醛	25.335	4353	0.042	mg/L
10	正戊醛	27.154	3204	0.034	mg/L
11	邻-甲基苯甲醛	29.873	3041	0.044	mg/L
12	间-甲基苯甲醛	31.048	3541	0.048	mg/L
13	对-甲基苯甲醛	31.765	3432	0.050	mg/L

报告用户: System
报告方法: 单个结果向导
报告方法 ID: 69466946

项目名称: 醛铜类（土壤）
打印日期:
2019/4/4

图 9-12　土壤醛铜类准确度验证系列谱图 11

峰结果

	名称	保留时间/分钟	面积/(微伏·秒)	含量	单位
14	正己醛	41.098	3 221	0.045	mg/L
15	2,5-二甲基苯甲醛	43.902	2 273	0.046	mg/L

报告用户：System　　项目名称：醛铜类（土壤）

报告方法：单个结果向导　　打印日期：

报告方法 ID: 69466946　　2019/4/4

图 9-13　土壤醛铜类准确度验证系列谱图 12

单个结果向导

样品信息			
样品名称:	回收率样品1-6	采集者:	System
样品类型:	未知	样品组名称:	醛酮类（土壤）
样品瓶:	91	采集方法组:	醛酮类（土壤）
进样次数:	1	处理方法:	醛酮类20190331
进样体积:	10.00 ul	通道名称:	2487通道 1
运行时间:	50.0 Minutes	处理通道说明:	2487通道 1
处理时间:	2019/4/4 14:16:29 CST		

自动缩放色谱图

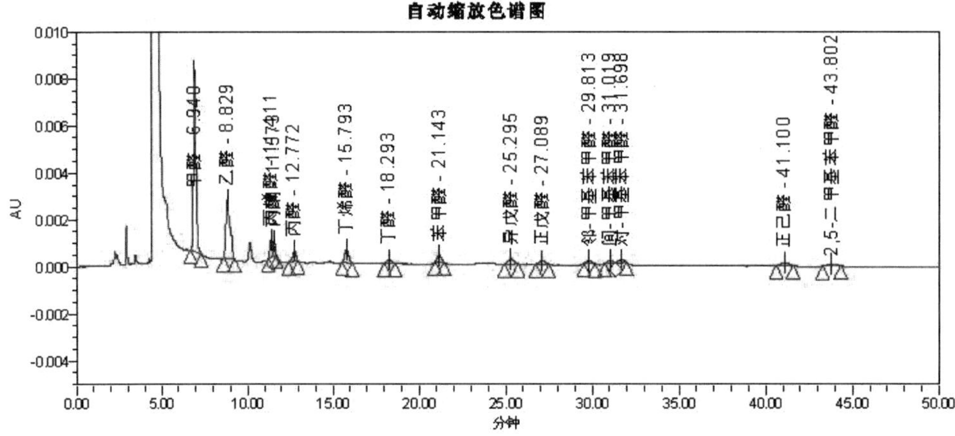

峰结果

	名称	保留时间（分钟）	面积（微伏*秒）	含量	单位
1	甲醛	6.940	74779	0.213	mg/L
2	乙醛	8.829	40996	0.151	mg/L
3	丙烯醛	11.411	7565	0.039	mg/L
4	丙酮	11.573	5933	0.037	mg/L
5	丙醛	12.772	6193	0.038	mg/L
6	丁烯醛	15.793	9040	0.057	mg/L
7	丁醛	18.293	2857	0.028	mg/L
8	苯甲醛	21.143	5206	0.051	mg/L
9	异戊醛	25.295	5243	0.048	mg/L
10	正戊醛	27.089	3515	0.036	mg/L
11	邻-甲基苯甲醛	29.813	2979	0.044	mg/L
12	间-甲基苯甲醛	31.019	2869	0.042	mg/L
13	对-甲基苯甲醛	31.698	3067	0.046	mg/L

报告用户: System　　项目名称: 醛铜类（土壤）
报告方法: 单个结果向导　　打印日期:
报告方法 ID: 69466946　　2019/4/4

图 9-14　土壤醛铜类准确度验证系列谱图 13

峰结果

	名称	保留时间/分钟	面积/(微伏·秒)	含量	单位
14	正己醛	41.100	3 698	0.048	mg/L
15	2,5-二甲基苯甲醛	43.802	2 949	0.054	mg/L

报告用户：System
报告方法：单个结果向导
报告方法 ID: 69466946

项目名称：醛铜类（土壤）
打印日期：
2019/4/4

图 9-15　土壤醛铜类准确度验证系列谱图 14

单个结果向导

样品信息

样品名称:	回收率样品2-1	采集者:	System
样品类型:	未知	样品组名称:	醛酮类（土壤）
样品瓶:	92	采集方法组:	醛酮类（土壤）
进样次数:	1	处理方法:	醛酮类20190331
进样体积:	10.00 ul	通道名称:	2487通道1
运行时间:	55.0 Minutes	处理通道说明:	2487通道1
处理时间:	2019/4/4 14:23:58 CST		

自动缩放色谱图

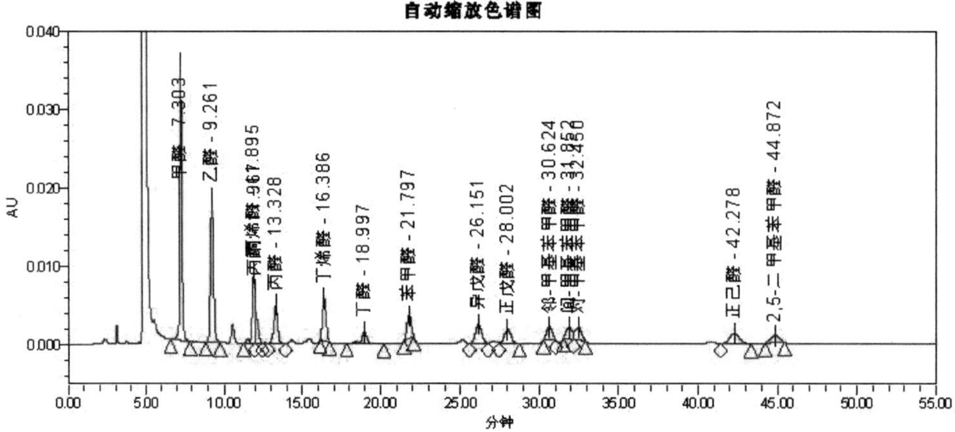

峰结果

	名称	保留时间（分钟）	面积（微伏*秒）	含量	单位
1	甲醛	7.303	262104	0.722	mg/L
2	乙醛	9.261	177828	0.619	mg/L
3	丙烯醛	11.895	101956	0.406	mg/L
4	丙酮	11.967	61210	0.284	mg/L
5	丙醛	13.328	83536	0.384	mg/L
6	丁烯醛	16.386	88398	0.469	mg/L
7	丁醛	18.997	38947	0.230	mg/L
8	苯甲醛	21.797	56133	0.439	mg/L
9	异戊醛	26.151	69909	0.462	mg/L
10	正戊醛	28.002	54901	0.376	mg/L
11	邻-甲基苯甲醛	30.624	44119	0.428	mg/L
12	间-甲基苯甲醛	31.852	39362	0.384	mg/L
13	对-甲基苯甲醛	32.450	47132	0.443	mg/L

报告用户：System　　　　项目名称：醛铜类（土壤）
报告方法：单个结果向导　　　　打印日期：
报告方法 ID: 69506950　　　　2019/4/4

图 9-16　土壤醛铜类准确度验证系列谱图 15

峰结果

	名称	保留时间/分钟	面积/(微伏·秒)	含量	单位
14	正己醛	42.278	60 958	0.482	mg/L
15	2,5-二甲基苯甲醛	44.872	36 541	0.415	mg/L

报告用户：System
报告方法：单个结果向导
报告方法 ID: 69506950

项目名称：醛铜类（土壤）
打印日期：
2019/4/4

图 9-17　土壤醛铜类准确度验证系列谱图 16

单个结果向导

样品信息			
样品名称:	回收率样品2-2	采集者:	System
样品类型:	未知	样品组名称:	醛酮类（土壤）
样品瓶:	94	采集方法组:	醛酮类（土壤）
进样次数:	1	处理方法:	醛酮类20190331
进样体积:	10.00 ul	通道名称:	2487通道 1
运行时间:	55.0 Minutes	处理通道说明:	2487通道 1
处理时间:	2019/4/4 14:34:08 CST		

自动缩放色谱图

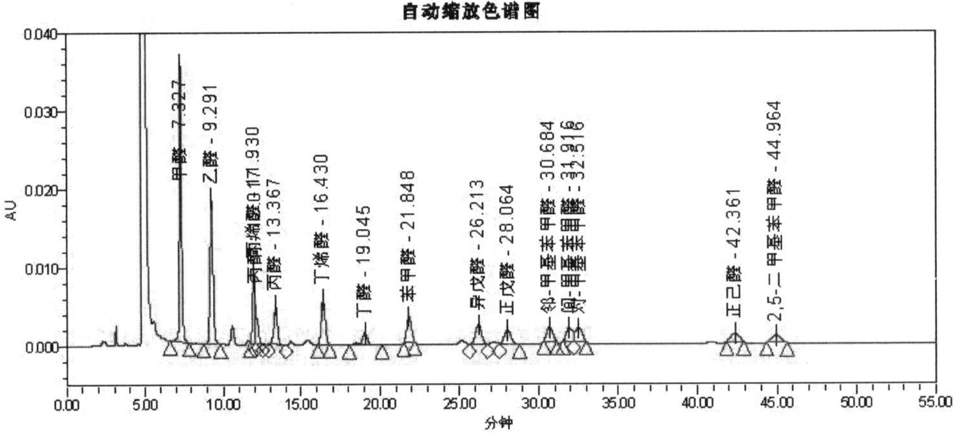

峰结果

	名称	保留时间(分钟)	面积(微伏*秒)	含量	单位
1	甲醛	7.327	259318	0.714	mg/L
2	乙醛	9.291	159216	0.555	mg/L
3	丙烯醛	11.930	96325	0.384	mg/L
4	丙酮	12.017	51885	0.242	mg/L
5	丙醛	13.367	80053	0.369	mg/L
6	丁烯醛	16.430	99354	0.526	mg/L
7	丁醛	19.045	38900	0.230	mg/L
8	苯甲醛	21.848	67882	0.529	mg/L
9	异戊醛	26.213	70640	0.467	mg/L
10	正戊醛	28.064	55125	0.377	mg/L
11	邻-甲基苯甲醛	30.684	46409	0.449	mg/L
12	间-甲基苯甲醛	31.916	46765	0.454	mg/L
13	对-甲基苯甲醛	32.516	51638	0.484	mg/L

报告用户: System　　　　项目名称: 醛铜类（土壤）
报告方法: 单个结果向导　　　　打印日期:
报告方法 ID: 69506950　　　　2019/4/4

图 9-18　土壤醛铜类准确度验证系列谱图 17

峰结果

	名称	保留时间/分钟	面积/(微伏·秒)	含量	单位
14	正己醛	42.361	37 665	0.306	mg/L
15	2,5-二甲基苯甲醛	44.964	39 403	0.446	mg/L

报告用户：System
报告方法：单个结果向导
报告方法 ID: 69506950

项目名称：醛铜类（土壤）
打印日期：
2019/4/4

图 9-19　土壤醛铜类准确度验证系列谱图 18

Empower 3 SOFTWARE

单个结果向导

样品信息

样品名称:	回收率样品2-3	采集者:	System
样品类型:	未知	样品组名称:	醛酮类（土壤）
样品瓶:	93	采集方法组:	醛酮类（土壤）
进样次数:	1	处理方法:	醛酮类20190331
进样体积:	10.00 ul	通道名称:	2487通道1
运行时间:	55.0 Minutes	处理通道说明:	2487通道1
处理时间:	2019/4/4 14:37:47 CST		

自动缩放色谱图

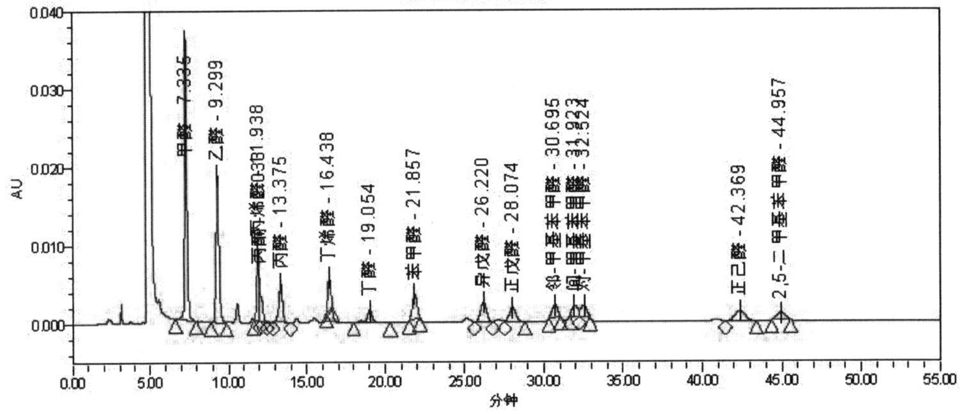

峰结果

	名称	保留时间(分钟)	面积(微伏*秒)	含量	单位
1	甲醛	7.335	260323	0.717	mg/L
2	乙醛	9.299	174668	0.608	mg/L
3	丙烯醛	11.938	99422	0.396	mg/L
4	丙酮	12.033	48645	0.228	mg/L
5	丙醛	13.375	79975	0.368	mg/L
6	丁烯醛	16.438	56101	0.302	mg/L
7	丁醛	19.054	39509	0.233	mg/L
8	苯甲醛	21.857	64484	0.503	mg/L
9	异戊醛	26.220	70575	0.466	mg/L
10	正戊醛	28.074	55243	0.378	mg/L
11	邻-甲基苯甲醛	30.695	39803	0.388	mg/L
12	间-甲基苯甲醛	31.923	36214	0.355	mg/L
13	对-甲基苯甲醛	32.524	41635	0.394	mg/L

报告用户: System　　项目名称: 醛铜类（土壤）

报告方法: 单个结果向导　　打印日期:

报告方法 ID: 69506950　　2019/4/4

图 9-20　土壤醛铜类准确度验证系列谱图 19

峰结果

	名称	保留时间/分钟	面积/(微伏·秒)	含量	单位
14	正己醛	42.369	61 535	0.487	mg/L
15	2,5-二甲基苯甲醛	44.957	35 697	0.406	mg/L

报告用户：System
报告方法：单个结果向导
报告方法 ID: 69506950

项目名称：醛铜类（土壤）
打印日期：
2019/4/4

图 9-21　土壤醛铜类准确度验证系列谱图 20

单个结果向导

样品信息

样品名称:	回收率样品2-4	采集者:	System
样品类型:	未知	样品组名称:	醛酮类（土壤）
样品瓶:	94	采集方法组:	醛酮类（土壤）
进样次数:	1	处理方法:	醛酮类20190331
进样体积:	10.00 ul	通道名称:	2487通道1
运行时间:	55.0 Minutes	处理通道说明:	2487通道1
处理时间:	2019/4/4 14:38:24 CST		

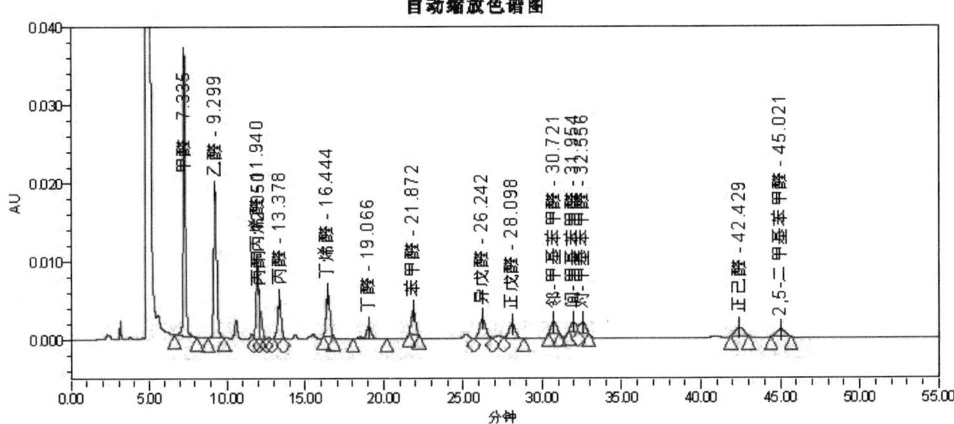

峰结果

	名称	保留时间（分钟）	面积（微伏*秒）	含量	单位
1	甲醛	7.335	255477	0.704	mg/L
2	乙醛	9.299	179360	0.624	mg/L
3	丙烯醛	11.940	109102	0.434	mg/L
4	丙酮	12.050	48694	0.228	mg/L
5	丙醛	13.378	81840	0.377	mg/L
6	丁烯醛	16.444	91691	0.486	mg/L
7	丁醛	19.066	39207	0.231	mg/L
8	苯甲醛	21.872	59857	0.468	mg/L
9	异戊醛	26.242	70746	0.468	mg/L
10	正戊醛	28.098	55003	0.377	mg/L
11	邻-甲基苯甲醛	30.721	36950	0.361	mg/L
12	间-甲基苯甲醛	31.954	32780	0.322	mg/L
13	对-甲基苯甲醛	32.556	38612	0.366	mg/L

报告用户: System　　　　项目名称: 醛铜类（土壤）
报告方法: 单个结果向导　　　　打印日期:
报告方法 ID: 69506950　　　　2019/4/4

图 9-22　土壤醛铜类准确度验证系列谱图 21

峰结果

	名称	保留时间/分钟	面积/(微伏·秒)	含量	单位
14	正己醛	42.429	39 981	0.323	mg/L
15	2,5-二甲基苯甲醛	45.021	38 119	0.432	mg/L

报告用户：System
报告方法：单个结果向导
报告方法 ID: 69506950

项目名称：醛酮类（土壤）
打印日期：
2019/4/4

图 9-23　土壤醛酮类准确度验证系列谱图 22

单个结果向导

样品信息

样品名称:	回收率样品2-5	采集者:	System
样品类型:	未知	样品组名称:	醛酮类（土壤）
样品瓶:	95	采集方法组:	醛酮类（土壤）
进样次数:	1	处理方法:	醛酮类20190331
进样体积:	10.00 ul	通道名称:	2487通道1
运行时间:	55.0 Minutes	处理通道说明:	2487通道1
处理时间:	2019/4/4 14:42:28 CST		

自动缩放色谱图

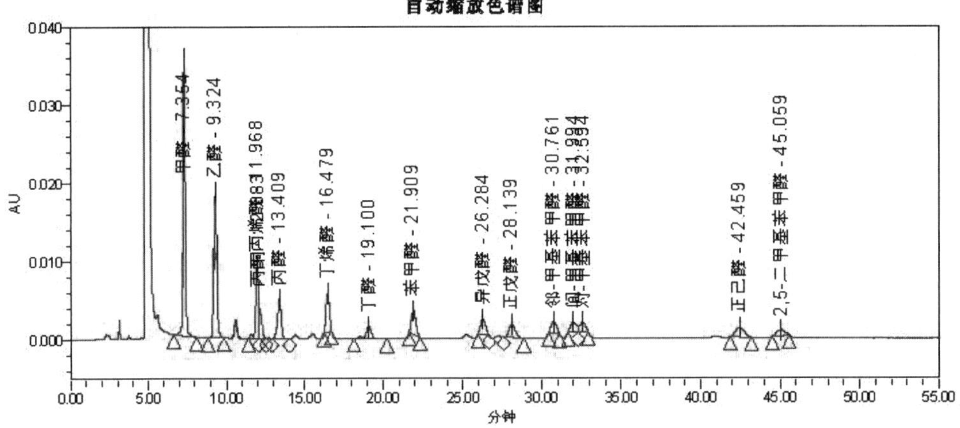

峰结果

	名称	保留时间（分钟）	面积（微伏*秒）	含量	单位
1	甲醛	7.354	268709	0.740	mg/L
2	乙醛	9.324	188022	0.654	mg/L
3	丙烯醛	11.968	115862	0.460	mg/L
4	丙酮	12.083	46487	0.218	mg/L
5	丙醛	13.409	83262	0.383	mg/L
6	丁烯醛	16.479	74043	0.395	mg/L
7	丁醛	19.100	39233	0.232	mg/L
8	苯甲醛	21.909	60424	0.472	mg/L
9	异戊醛	26.284	46140	0.310	mg/L
10	正戊醛	28.139	47060	0.324	mg/L
11	邻-甲基苯甲醛	30.761	36790	0.360	mg/L
12	间-甲基苯甲醛	31.994	34225	0.336	mg/L
13	对-甲基苯甲醛	32.594	35328	0.337	mg/L

报告用户: System　　　　项目名称:　醛铜类（土壤）
报告方法: 单个结果向导　　　　打印日期:
报告方法 ID: 69506950　　　　2019/4/4

图 9-24　土壤醛铜类准确度验证系列谱图 23

峰结果

	名称	保留时间/分钟	面积/(微伏·秒)	含量	单位
14	正己醛	42.459	48 325	0.387	mg/L
15	2,5-二甲基苯甲醛	45.059	29 765	0.342	mg/L

报告用户：System
报告方法：单个结果向导
报告方法 ID: 69506950

项目名称：醛铜类（土壤）
打印日期：
2019/4/4

图 9-25　土壤醛铜类准确度验证系列谱图 24

单个结果向导

样品信息

样品名称:	回收率样品2-6	采集者:	System
样品类型:	未知	样品组名称:	醛酮类（土壤）
样品瓶:	96	采集方法组:	醛酮类（土壤）
进样次数:	1	处理方法:	醛酮类20190331
进样体积:	10.00 ul	通道名称:	2487通道1
运行时间:	55.0 Minutes	处理通道说明:	2487通道1
处理时间:	2019/4/4 14:45:04 CST		

自动缩放色谱图

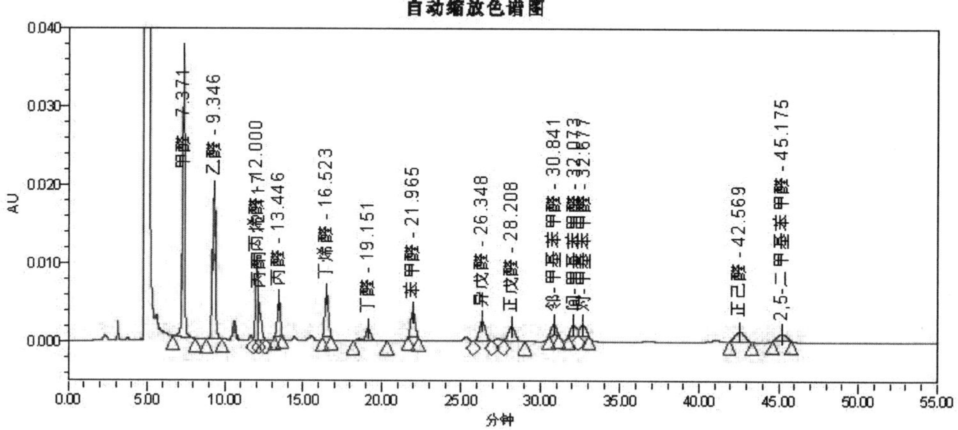

峰结果

	名称	保留时间（分钟）	面积（微伏*秒）	含量	单位
1	甲醛	7.371	245803	0.678	mg/L
2	乙醛	9.346	176188	0.613	mg/L
3	丙烯醛	12.000	113253	0.450	mg/L
4	丙酮	12.117	47920	0.225	mg/L
5	丙醛	13.446	65646	0.304	mg/L
6	丁烯醛	16.523	86583	0.460	mg/L
7	丁醛	19.151	40298	0.238	mg/L
8	苯甲醛	21.965	64415	0.502	mg/L
9	异戊醛	26.348	72657	0.480	mg/L
10	正戊醛	28.208	56798	0.388	mg/L
11	邻-甲基苯甲醛	30.841	31190	0.307	mg/L
12	间-甲基苯甲醛	32.073	37743	0.369	mg/L
13	对-甲基苯甲醛	32.677	38830	0.368	mg/L

报告用户: System
报告方法: 单个结果向导
报告方法 ID: 69506950

项目名称: 醛铜类（土壤）
打印日期:
2019/4/4

图 9-26　土壤醛铜类准确度验证系列谱图 25

峰结果

	名称	保留时间/分钟	面积/(微伏·秒)	含量	单位
14	正己醛	42.569	52 119	0.415	mg/L
15	2,5-二甲基苯甲醛	45.175	35 715	0.406	mg/L

报告用户：System　　项目名称：醛铜类（土壤）
报告方法：单个结果向导　　打印日期：
报告方法 ID: 69506950　　2019/4/4

图 9-27　土壤醛铜类准确度验证系列谱图 26

示例 2 存在的主要问题：

（1）验证报告中无实验人员的能力验证内容。

（2）仪器设备的验证缺少仪器设备的编号和性能指标参数。

（3）没有对环境条件进行确认。

（4）方法检出限验证中甲醛的加标浓度不合理。甲醛的方法检出限为 0.02 mg/kg，加标浓度应为方法检出限的 3～5 倍（即 0.06～0.10 mg/kg），此示例中甲醛加标浓度为 0.16 mg/kg，加标浓度过大。

（5）方法检出限验证中计算出的检出限数据不合理。此示例中各目标物计算出的检出限范围为 0.006～0.031 mg/kg，各目标物的样品浓度为 0.16 mg/kg，样品浓度均大于计算出的检出限的 5 倍。HJ 168—2020 中规定 MDL 值计算出来后，对于目标物为多组分的分析方法的检出限合理性的判断，一般要求至少有 50% 的目标物样品浓度在 3～5 倍计算出的方法检出限的范围内，同时，至少 90% 的目标物样品浓度在 1～10 倍计算出的方法检出限的范围内，其余不多于 10% 的目标物样品浓度应不超过 20 倍计算出的方法检出限。若满足上述条件，说明初次用于测定 MDL 的样品浓度比较合适。对于初次加标样品测定平均值与 MDL 比值不为 3～5 的目标物，应调整样品浓度，重新进行平行分析，直至比值为 3～5。选择比值为 3～5 的 MDL 作为该化合物的 MDL。

（6）方法精密度的判定依据错误，应该依据 HJ 997—2018 标准方法附录 C 中表 C.1 方法的精密度汇总表中各化合物相对应的实验室内相对标准偏差范围进行判定。

（7）方法精密度验证仅对空白加标进行了测定，未对实际样品进行验证。

（8）方法准确度验证实际样品加标回收测定的加标浓度不合适，应参照 HJ 997—2018 标准方法中 9.2 准确度中规定的加标浓度进行加标测定（9.2 准确度 6 家实验室分别对醛、酮类化合物加标浓度为 0.20 mg/kg、0.50 mg/kg、2.00 mg/kg 的土壤样品进行了 6 次重复测定，加标回收率范围分别为 43.5%～101%、41.5%～99.0%、42.0%～104%，加标回收率最终值分别为 56.3%±19.0%～87.0%+20.4%、51.2%±21.4%～77.2%+35.2%、50.8%±26.6%～88.7%±14.8%。准确度结果参见附录 C），判定依据参照表 C.2 方法的准确度汇总表。

第 10 章　能力验证、测量审核与实验室比对

检验检测机构应建立和保持质量控制程序，定期参加能力验证或检验检测机构之间的比对。通过分析质量控制的数据，当发现偏离了预先目标时，应采取有计划的措施来纠正，防止出现错误的结果。

《检验检测机构资质认定管理办法》（总局令第 163 号）中对能力验证和实验室比对的相关要求：

> **第十八条**　省级以上市场监督管理部门可以根据工作需要，定期组织检验检测机构能力验证工作，并公布能力验证结果。
>
> 检验检测机构应当按照要求参加前款规定的能力验证工作。
>
> **第十九条**　省级市场监督管理部门可以结合风险程度、能力验证及监督检查结果、投诉举报情况等，对本行政区域内检验检测机构进行分类监管

河北省质量技术监督局《关于明确检验检测机构资质认定若干技术要求的通知》（冀质监函〔2018〕326 号）对能力验证、测量审核和实验室比对的相关要求：

> 五、对于能力验证和比对试验要求
>
> 首次申请资质认定或已经取得资质认定证书申请扩项的机构，其申报的每个检验检测领域至少有一个项目（或参数）应通过能力验证或测量审核，或 10% 的项目（或参数）与两家以上经过两个资质认定周期换证的同类检验检测机进行比对试验，且比对试验结果在检测标准要求范围内。
>
> 申请复评审的机构，具备能力验证条件的，每个检验检测领域必须提供 3 次以上能力验证满意结果，且能力验证项目不得集中在 12 个月内；不具备能力验证条件的，原则上每个检验检测领域需要提供复评审 5% 的项目（或参数）与两家以上经过两个资质认定周期换证的同类检验检机构进行比对试验，且比对试验结果在检测标准要求范围内。

注：上述通知如有最新版本，以实际通知版本为准。

10.1　能力验证

能力验证作为一种外部质量控制方式，是判断和监控实验室能力、持续改进质量

管理体系的有效手段之一，有助于识别管理和技术能力可能存在的问题和风险，发现、纠正并改进。

RB/T 214—2017 中对能力验证定义的相关描述：

> 能力验证：依据预先制定的准则，采用检验检测机构间比对的方式，评价参加者的能力。

《合格评定　能力验证的通用要求》（GB/T 27043—2012）中对能力验证的典型目的表述为：

> （1）评价实验室从事特定检测或测量的能力及监视实验室的持续能力。
>
> （2）识别实验室存在的问题并启动改进措施。这些问题可能与诸如不合适的检测或测量程序、人员培训和监督的有效性、设备校准等因素有关。
>
> （3）建立检测或测量方法的有效性和可比性。
>
> （4）增强实验室客户的信心。
>
> （5）识别实验室之间的差异。
>
> （6）根据比对的结果，帮助参加实验室提高能力。
>
> （7）确认实验室声称的测量不确定度。
>
> （8）评估方法的性能特征，通常称作协做实验。
>
> （9）用于标准物质 / 标准样品的赋值及评价其在特定检测或测量程序中使用的适用性。
>
> （10）支持由国际计量局（BIPM）及其相关区域计量组织，通过“关键比对”及补充比对所达成的国家计量院间测量等效性的声明。

10.1.1　能力验证计划制订

检验检测机构制订的能力验证工作计划首先应满足资质能力领域范围要求的能力验证和比对实验的频次和时间要求，其次制订能力验证计划还应考虑人员的培训、知识和经验水平；内部质量控制情况；检验检测的数量、种类以及结果的用途；检验检测技术的稳定性；能力验证是否可获得等方面。

对于获得检验检测机构资质认定的机构，应当按照资质认定部门的要求，对于强制参加的项目，必须参加。对于鼓励参加的项目属于自愿性质，各检验检测机可根据自身质量管理体系需求和资质认定周期内能力验证和比对频次的要求，合理安排，以保证持续符合资质认定条件和要求。

由资质认定部门组织的能力验证项目，属于特定时间无可替代项目，实验室应重点关注资质认定部门的通知，按要求及时报名参加，一旦错过将受到相应的处罚。该类能力验证一般由国家认证认可监督管理委员会或各省局认可与检验检测监督管理处组织，并指定具有相关能力的机构实施。该类能力验证对检验检测机构资质的要求也有所不同。

认监委 2019 年国家级检验检测能力验证工作对参加机构资质要求的描述如下：

> 国家级能力验证工作分为 A、B 两类项目。
>
> （一）A 类项目
>
> 由认监委征集、审核并发布的能力验证项目，取得认监委颁发的检验检测机构资质认定证书，且相关检验检测项目（参数或者方法标准）已经取得资质认定的检验检测机构和相关国家产品质量监督检验中心（以下简称国家质检中心）必须参加。鼓励由各省、自治区、直辖市及新疆生产建设兵团市场监管部门颁发资质认定证书的检验检测机构自愿参加。
>
> （二）B 类项目
>
> 由认监委征集、审核并发布的能力验证项目，鼓励各类检验检测机构自愿参加。

河北省市场监督管理局关于 2020 年度检验检测能力验证工作对参加机构资质要求的描述如下：

> 二、参加对象
>
> 全省已获得 A、B 类能力验证项目中相关参数资质认定的检验检测机构必须报名参加，鼓励取得省局颁发的检验检测机构资质认定证书且具备 C 类能力验证项目能力的机构自愿报名参加。

注：对于上述要求各级资质认定部门每年都会根据实际情况做相应调整，以实际发布相关通知为准。

10.1.2 能力验证计划的实施

环境检测领域的能力验证主要是评价环境检测实验室检测特定项目的能力。帮助实验室识别常规分析中可能存在的问题，提高检测数据的一致性和准确性。

常见的能力验证计划分为 3 种类型：顺序参加计划、同步参加计划和外部质量评价计划。环境检测领域的能力验证通常属于同步参加计划。为了同时评价实验室的随机误差和系统误差，还经常采用分割水平设计，即提供的能力验证物品具有两个类似浓度水平，要求实验室采用相同的测量过程完成所有能力验证样品的检测。环境检测领域能力验证的检测样品一般包括液体样品、气体样品和固体样品等，检测参数的设置主要考虑环境监测污染物指标、环境监测质量管理要求等，待测组分浓度范围的确定主要依据环境质量、污染物排放、分析方法等标准中的浓度水平。

机构报名参加能力验证，收到样品后，应及时通知相关检验部领取样品。样品交接时，检验部应对照作业指导书仔细核查样品，并填写样品确认表。检验室在开展能力验证过程中应重点关注以下几方面因素：

（1）人员能力：人员始终贯穿检验检测活动的整个过程，人员要熟悉体系文件、检测原理、设备操作等，并经过考核授权上岗，只有人员的检测能力符合要求，才能使检测过程的检测质量得到保证。

（2）仪器设备：根据量值溯源的相关要求，检验检测机构对检测准确性和有效性有影响的检测设备、计量器具应按周期送具备相应资质的计量单位进行检定 / 校准，以避免设备不稳定带来的能力验证结果不满意或有问题，如果设备送检周期较长，检验检测机构内部也可以制订仪器期间核查计划，确保其在使用期间性能稳定。

（3）检测环境：实验环境影响能力验证的结果，应在文件、标准规定的环境条件下开展各检测活动，一旦环境条件不满足，应立刻停止检测，采取措施使环境条件达到要求后方可继续。

（4）试剂和消耗品：检验检测机构应有试剂和消耗品验收相关的管理程序，对检验检测结果有影响的重要物资要验收合格后再使用。关键试剂不符合使用要求，会给检测工作带来干扰，甚至直接导致能力验证结果不满意或有问题，应重视关键试剂等物资的验收工作。

（5）过程中的质量控制环节。

1）检查样品：收到能力验证样品后，不要急于检测，做好充分准备后再展开检测活动会更有把握。收到盲样，先验收样品是否完好，认真检查样品的数量、状态、编号等，有问题及时反馈给组织方。

2）仔细阅读作业指导书：一般组织方会在作业指导书上给出样品编号、数量、检测方法、结果报送时间、浓度范围、稀释倍数、稀释介质、保存条件、结果报送等信息，这些都需重点关注。

3）检测过程中的质量控制：一般采用以下质控手段但不仅限于这些质控手段：盲样多次测定、做加标回收率、检测方法比对、人员比对、有证标准样品或质控样品同时测定、监督员全程监督等手段。

4）检测后数据处理与结果报送：盲样检测后，对数据进行评估处理，数据处理要按照机构的程序文件和组织方的作业指导书等具体要求执行，并由相关人员校核、批准，最后再报送结果。

10.1.3 能力验证结果的处理和应用

对于定量检测类能力验证结果最常用的评价方法为 Z 比分数法，《能力验证结果的统计处理和能力评价指南》（CNAS-GL002：2018）中对 Z 比分数的计算如下：

以稳健统计的中位值作为指定值 X，标准化四分位距（NIQR）作为能力评定标准差 σ，计算各实验室检测结果的 Z 比分数。

$$Z=\frac{x-X}{\sigma}$$

式中：x——实验室检测结果；

X——指定值；

σ——能力评定标准差。

能力评定准则：

$|Z|\leqslant 2.0$ 表明“满意”，无须采取进一步措施；

$2.0<|Z|<3.0$ 表明“有问题”，产生警戒信号；

$|Z|\geqslant 3.0$ 表明“不满意”，产生措施信号。

参加能力验证的机构，通常会收到由组织方提供的结果证书和技术报告，组织方会对参加此次能力验证的实验结果给出综合判定：满意、有问题或者不满意。对于实验室而言，不应仅仅关心能力验证结果是否满意，还应从能力验证技术报告中获取尽可能多的有用信息，如不同方法间的差异，实施机构提供的技术分析和建议等。

当检测机构在参加能力验证中结果为“满意”时，应妥善保存相关资料，作为机构申请资质认定和实验室认可或获得相关资质后证明其具有相关技术能力的证明材料。若检测机构的结果虽为“满意”，但 Z 值接近或正好在临界值，则应考虑对相应项目进行风险评估，必要时，进行改进或采取预防措施。当检测机构在参加能力验证中结果为“有问题”时，应对该项目进行风险评估，必要时，采取预防或纠正措施。

检测机构在参加能力验证中结果为“不满意”时，应自行暂停在该项目的证书/报告中使用相应资质标识，按照检测机构体系文件的规定采取相应的纠正措施，并验证措施的有效性。

首先，检测机构应对造成结果不满意或有问题的原因进行分析，围绕“人、机、料、法、环”五大要素进行排查，如物品的储存或前处理、对测试方法的理解、测试人员的熟练程度、测试方法是否有问题、内部质控是否异常、标准物质/标准样品是否异常、试剂是否异常、设备状态是否正常、环境条件是否适宜、数据处理是否正确，抄写是否正确等。

通常采取的纠正措施：核查相关人员是否理解并遵循测试程序，核查测试程序中所有细节是否正确，核查设备校准/检定，核查试剂、标准品，更换可疑的设备或试剂、标准品，与另一个实验室进行人员、设备或试剂比对测试。纠正措施有效性的验证方式：再次参加能力验证计划（包括测量审核）、通过评审组的现场评审或盲样测试。

认监委关于2019年国家级检验检测能力验证结果利用和处理的描述如下：

> 三、结果利用和处理
>
> （一）对于能力验证结果满意的参加者，由认监委对社会公布名录。能力验证满意结果作为参加者相关检验检测项目的能力证明，该参加者2年内可免于相关项目的现场评审。鼓励其他政府部门、社会组织及其他方选择使用能力验证结果满意的检验检测机构提供技术服务。
>
> （二）对于应当参加但无故不参加的检验检测机构和国家质检中心，认监委将根据《检验检测机构资质认定管理办法》第42条的相关规定进行处理。
>
> （三）能力验证结果可疑（有问题）或者“不满意”的参加者，应当及时进行整改；技术能力不能满足资质认定要求的，应当自行暂停相关检测业务，直至技术水平得到有效验证后方可恢复检验检测活动。

河北省市场监督管理局关于2020年度对检验检测机构参加能力验证结果处理的描述如下：

> 五、能力验证结果处理
>
> （一）能力验证结果满意的检验检测机构，由省局向社会公布合格单位名录，并由项目承办单位颁发能力验证满意结果证书。获得满意结果的检验检测机构今后1年内（2021年年底前），接受资质认定评审时和专项监督检查时，相关项目可免于现场考核，或在今后2年内（2022年年底前）申报资质时，可免于提交相同行业领域的实验室间比对试验报告，或涉及能力变化的新标准变更时，可直接以标准变更方式申请新能力。鼓励政府各部门、社会组织及其他地方选择使用能力验证结果满意的检验检测机构提供技术服务。
>
> （二）对于应当参加省局组织的A、B类能力验证项目但无故不参加的检验检测机构，省局将根据《检验检测机构资质认定管理办法》第42条之规定进行处理；对于参加省局能力验证计划项目活动的检验检测机构，经核实发现存在串通结果、提供虚假数据等情况的检验检测机构，省局将根据《检验检测机构资质认定管理办法》第45条之规定进行处理。
>
> （三）对于参加省局能力验证计划项目但结果不满意的检验检测机构应进行整改，各市市场监管局应在整改期结束后对其整改情况进行验收和核实，确认整改符合的机构可提交申请参加能力验证最终补测，对补测结果仍不满意结果的机构，各市市场监管局应对区域内检验检测机构能力验证不满意结果项目进行能力缩减变更处理。

注：对于上述描述各级资质认定部门每年都会根据实际情况做相应调整，以实际发布相关通知为准。

能力验证结果在质量管理中的其他应用如下：

（1）通过参加能力验证以识别自身在样品处置，检测过程，数据处理及结果报告等方面存在的问题，识别与同行实验室之间的差异，不断提升管理和技术水平，从而保证结果的有效性。

（2）能力验证是检测人员质量意识和技术能力提升的有效途径。

（3）能力验证的结果可用于确认该项目的相关的仪器设备、标准品、耗材和试剂等是否处于良好状态。

（4）检测机构对标准方法 / 非标方法进行验证 / 确认后，可通过参加能力验证或测量审核以评估实验室对该方法的掌握程度，若检测机构进一步需要针对此方法申请相关认证认可资质时，该项目可免于现场试验。

（5）通过参加各部门的能力验证活动并取得满意结果向社会及各级主管部门证明了其检测能力的持续有效和水平等级，证明了本实验室检测数据的准确性和可靠性。

（6）若检测机构参加了同一参数在相同或近似水平范围内的多轮次能力验证，则可在利用单次能力验证结果的基础上，将多轮次的能力验证结果采用统计或图示的方法，以监测其工作质量随时间的变化情况，识别出与随机误差、系统误差或人为错误等相关的潜在问题。

10.2 测量审核

10.2.1 测量审核的定义及特点

《能力验证结果的统计处理和能力评价指南》（CNAS-GL002:2018）中测量审核的描述如下：

> 一个参加者对被测物品（材料或制品）进行实际测试，其测试结果与参考值进行比较的活动。

测量审核是对一个参加者进行“一对一”能力评价的能力验证计划。测量审核是能力验证计划的一种形式，是能力验证计划的有效补充。测量审核结果也是能力评定机构判定实验室能力的重要依据。

“测量审核”的要点是“将测试结果与参考值进行比较”，“预先规定的条件”必须有“参考值”（也就是原来说的约定真值），给出参考值的实验室能力明显高于其他参与比对的实验室能力，从而“审核”参与实验室间比对的实验室能力。相对于能力验证计划项目，测量审核的典型特点是实施周期短、项目种类多，参加时间和次数灵活。

实验室在申请测量审核时首先将自己实验室的仪器设备、试验条件、人员水平、检测方法、技术能力等与实施机构进行充分的沟通，需明确参加目的、测量审核内容、产品种类、测试项目、仪器设备、检测方法等情况以及测量审核报告时间。

10.2.2 测量审核应注意事项

（1）确认测量审核参数的相关信息：检测机构在报名测量审核项目之前，需与组织单位确定项目的检测方法、组织单位提供样品的状态以及组织单位的要求。

（2）确认样品：收到测量审核样品时，不要急于检测，先验收样品是否完好，认真检查样品的数量、状态、编号等，有问题及时反馈给组织方。做好充分准备后再展开检测活动。

（3）确认作业指导书要求：一般组织方会在作业指导书上给出样品编号、数量、检测时间、浓度范围、稀释倍数、稀释介质、保存条件、结果报送等信息，要重点关注保存条件、浓度、介质、操作要求等重要信息。

（4）确认质量控制手段：参加测量审核时根据实际情况可以采用但不限于以下列举的质量控制方法确保结果的准确可靠，如盲样多次测定、做加标回收率、检测方法比对、人员比对、有证标准样品同时测定、监督员全程监督等。最常采用的质控手段是盲样多次测定和使用有证标准样品同时测定，尽量配制与盲样浓度相同或接近的质控样品同时测定，用于评价和考核盲样结果的准确度。

（5）确认检测后数据处理与结果报送要求：盲样检测后，对数据进行评估处理，数据处理要按照检验检测机构的相关文件和组织方的作业指导书的具体要求执行，并由相关人员校核、批准，最后报送结果。

10.2.3 测量审核结果报告的应用

测量审核结果与能力验证结果一样，具有相同的使用价值，主要体现在以下几个方面：

（1）满足检测机构维持资质认定能力或申请扩项时对能力验证或测量审核频次的要求，实验室应该妥善保存好相应的资料，用于申请资质认定 / 实验室认可或者接受现场评审。

（2）可以作为能力验证活动的整改有效性的证明材料。当检测机构参加的能力验证活动出现不满意或者有问题结果时，应该查找出现问题的原因，并采取必要的整改措施加以消除，并对整改的有效性进行确认，目前为止，检测机构参加测量审核项目，拿到的测量审核结果报告是最为快捷并具有说服力的整改有效的证明材料。

（3）可以用作检测机构自身技术能力的维持和提升手段。测量审核不仅可用于实验室内部的质量管理、在考核检测人员的技术能力、建立新的检测方法、验证和核查检测设备、提高检测机构技术能力等方面发挥作用，还可以提升客户对检测机构出具准确可靠的检测结果能力的可信程度，提升实验室的市场影响力。

10.2.4 测量审核结果的评价方法

本节介绍了测量审核结果的几种评定方式，该方法主要源于《能力验证结果的统计处理和能力评价指南》（CNAS-GL002：2018）附录 C。对测量审核结果，可根据参加者、测量方法及测量物品的具体情况，选用合适的方式进行评价。

（1）按 $|E_n|$ 值评定。

$$E_n = \frac{x - X}{\sqrt{U_x^2 + U_X^2}} \tag{10-1}$$

式中：U_x——参加者结果的扩展不确定度；

U_X——指定值的扩展不确定度；

U_x 和 U_X 的包含因子 k=2。

若 $|E_n| \leqslant 1$ 则判定参加者的结果为满意，否则判定为不满意。仅当 x 和 X 不相关时上式成立。利用 $|E_n|$ 值评定参加者结果，其前提是参加者必须能正确评定测量不确定度。如果参加者不能正确评定其测量不确定度，则无法使用该方法。

（2）按临界值（CD 值）评定。当用于测量的标准方法提供有可靠的重复性标准差 σ_r 和复现性标准差 σ_R 时，可采用本方法对测量审核结果进行判定。

按下式计算 CD 值：

$$CD = \frac{1}{\sqrt{2}}\sqrt{(2.8\sigma_R)^2 - (2.8\sigma_r)^2 \frac{(n-1)}{n}} \tag{10-2}$$

如果参加者在重复条件下 n 次测量的算术平均值$\bar{y}$与 μ_0 参考值之差$|\bar{y} - \mu_0|$小于 CD 值，即$|\bar{y} - \mu_0| < CD$ 值，则该参加者的测量结果可以接受，结果判定为满意结果，否则判定为不满意结果。

（3）按专业标准方法规定评定：如果相应专业标准规定了测试结果允许差，可按标准规定评定参加者结果。

按下式计算 P_A 值：

$$P_A = \frac{x_{LAB} - x_{REF}}{\delta_E} \tag{10-3}$$

式中：x_{LAB}——参加者结果；

x_{REF}——被测物品的参考值；

δ_E——标准中规定的允许差。

若 $|P_A| \leqslant 1$ 则参加者的结果满意，否则为不满意。

（4）采用能力验证样品，利用能力验证统计的中位值（或指定值）和标准偏差，计算实验室检测结果的 Z 比分数。

$$Z=\frac{(x-X)}{\hat{\sigma}} \tag{10-4}$$

式中：x——实验室检测结果；

X——指定值；

$\hat{\sigma}$——能力评定标准差。

按以下判定规则进行判定：

$|Z|\leqslant 2.0$　表明“满意”，无须采取进一步措施；

$2.0<|Z|<3.0$　表明“有问题”，产生警戒信号；

$|Z|\geqslant 3.0$　表明“不满意”，产生措施信号。

10.2.5　能力验证 / 测量审核不满意结果案例分析

出现能力验证 / 测量审核结果不满意的原因来自多个方面，主要表现在以下方面：

（1）对检验样品的确认和前处理不够完善；

（2）检测所用仪器设备没有核查；

（3）检验人员对检验项目的关键控制点掌握不够；

（4）未完全按照作业指导书要求进行检测；

（5）检测过程的质量控制没有到位；

（6）对结果的审核和报送忽视了某些细节等。

案例 10.1

【案例描述】某机构参加“水中锰的测定”能力验证，接到考核盲样后，机构严格按照内部质量控制程序进行了检测，同时测定的已知浓度的质控样品，结果在不确定度的允许范围内，然而最终统计的考核结果 Z 值>3。

【不符合事实分析】根据能力验证结果评价规则，该实验室的结果判定为“不满意”，需采取纠正措施。

【可能发生的原因】由于该批次能力验证考核样品浓度偏低，该机构所做的标准曲线最低浓度点偏高，而能力验证样品浓度未在最低和最高浓度点范围内，造成结果不确定因素增加，出现不可预测的结果偏差，同时该环境监测机构大多进行浓度偏高的污染源样品检测，对浓度偏低的样品处理经验不足。

【解决方案】多数理化检验项目需事先制备一定浓度范围的标准曲线，根据标准曲线计算样品的浓度，一般情况下样品的浓度处于标准曲线最低点和最高点的范围内，所得测试结果的准确性更高，否则就应增加取样量或稀释样品。该机构针对这次情况应积极采取纠正措施，开展低浓度样品检测的培训，对低浓度标准样品采取扩充配制 2～3 个低浓度曲线点的办法来延长曲线的线性范围，以保证低浓度样品的仪器响应值落在标准曲线线性范围的中间位置，减少不确定因素的干扰。同时对低浓度的质控样品进行检测，验证数据的准确性。

案例 10.2

【案例描述】某机构参加“环境空气中二氧化硫的测定”能力验证，作业指导书要求采用的标准方法为《环境空气　二氧化硫的测定　甲醛吸收－副玫瑰苯胺分光光度法》（HJ 482—2009），该机构测试结果的 Z 比分数＞3。

【不符合事实分析】根据能力验证结果评价规则，该实验室的结果判定为“不满意”，需采取纠正措施。能力验证组织单位采用的是液体样品，作业指导书要求用甲醛吸收液对样品按一定比例稀释后进行测定。查该机构能力验证原始记录，实验人员直接采用实验用水将能力验证样品进行了稀释，导致了结果的偏离。

【解决方案】能力验证的作业指导书是针对该项目特点而编制，其作用就是统一检测过程的关键环节，具有很强的操作性和针对性。检测人员一定要认真阅读作业指导书，应严格按照作业指导书要求操作，否则会导致结果的偏离。

案例 10.3

【案例描述】某机构参加“水中汞的测定”能力验证，采用原子荧光光度法，该方法最低检出质量浓度是 0.5×10^{-4} mg/L，盲样的测定范围是 0.002～0.02 mg/L。最终统计结果 Z=2.35，判定结果为“有问题”。

【不符合事实分析】按照检测方法要求，水中汞的质量浓度应按下式进行计算：

$$P(\text{汞})=\frac{V_1 C}{V_2} \tag{10-5}$$

式中：C——从校准曲线上查得相应测定元素的浓度，μg/L；

V_1——测量时水样的体积，mL；

V_2——预处理时移取水样的体积，mL。

通过对检测过程的反复排查，发现参与计算的 V_2 数值不精准。方法中要求移取一定量水样 V_2，加入 12 mL HCl 和 8 mL 硫脲，最后用纯水定容至 1 000 mL（V_1）进行测定。机构人员考虑本次样品浓度较低，直接用样品定容至 100 mL，求得 V_2［100−12−8=80（mL）］，并代入公式参与计算。这个过程的变化将 V_2 本该是量出式容器移取的体积演变成量入式计算体积，理论上可行但没有经过验证存在不确定的误差，另外如果容量瓶没有彻底干燥，将会引入更多的误差，这些误差会对低浓度样品结果造成较大的影响导致数据结果产生问题。

【解决方案】该机构应通过对本次有问题的结果进行排查，确定检测人员的技术能力包括其必备的知识和专业技能，能与其担任的工作内容相匹配，必要时进行相应的培训、盲样考核和继续参加同参数的能力验证或测量审核。

案例 10.4

【案例描述】某机构参加“环境空气苯系物的测定”能力验证／测量审核，指定方法标准为《环境空气　苯系物的测定　固体吸附／热脱附－气相色谱法》（HJ 583—

2010），然而最终统计的考核结果 Z 值为 2.69。

【不符合事实分析】该批次能力验证样品类型为甲醇介质中的苯系物，需要参加机构按照 HJ 583—2010 标准中要求将液体盲样注入样品管后，按照和标准曲线测试相同的方法（固体吸附 / 热脱附）进行测定。该机构拿到样品后，未按作业指导书要求进行测试，直接采用液体进样，并且未进行两种方法的比对和验证便将测试结果上报组织机构，导致结果的偏离。

【解决方案】机构应认真研读能力验证作业指导书，严格按照作业指导书中的要求进行测试。组织单位一般会考虑不同方法标准对测试结果的影响，会指定方法标准。因此参加机构应尽量采用指定的方法，避免自己和其他机构因为方法差异带来的误差。如未采用指定方法，应进行方法验证和同一浓度质控样品的验证。

案例 10.5

【案例描述】某机构在测定土壤中钾的含量时，检验员完全按标准要求进行全过程的测试，并且监督员对实验员的操作过程进行了全程监督。但该机构最终能力验证结果数值和指定值偏差较大，Z 比分数为 4.21，结果判定为“不满意”。

【不符合事实分析】根据能力验证结果评价规则，该实验室的结果判定为“不满意”，需采取纠正措施。

【可能发生的原因】该机构在查找原因过程中发现实验用电热板校准 / 检定周期较长，中间未做期间核查，通过外接设备的检测发现该电热板已无法逐渐升温，且实际使用温度达不到标准要求，导致前处理样品消解不完全。

【解决方案】检测机构应定期对前处理所用关键试剂和设备进行核查，前处理在化学分析过程占的时间在 60% 左右，也是误差来源主要因素之一。如果样品前处理不完全，基质中的干扰物质排除不充分，或者前处理过程中造成目标物损失，则可能导致测定结果的不准确。

10.3　实验室比对

实验室比对是内部质量控制的重要措施之一，主要分为实验室内比对和实验室间比对。

10.3.1　实验室内部比对

检测机构进行内部比对是确保实验室维持较高的测试水平，对其能力进行考核、监督和确认的一种验证活动，主要包括人员比对、设备比对、方法比对、盲样测试等。

人员比对是采用相同的标准或方法、仪器设备和设施、环境条件，由不同的检验检测人员对同一样品进行的测试。

方法比对是指在仅由不同的标准或方法对同一样品进行同一项目测试。判断标准或方法是否受控、现行有效，且对标准和方法能正确理解和熟练操作。

仪器比对是指相同的检验检测人员、方法、环境条件下，采用不同的仪器对同一测试样品进行的测试。判断仪器是否经过检定、校准、溯源等。

针对人员、方法以及仪器比对试验出现的问题，应查找问题的原因，采取改进措施，从而提高实验室检验检测数据的准确性、稳定性和可靠性。

留样复测、使用标准物质核查也可视为实验室内部比对。

留样复测是利用上次测试数据和结果与本次结果的差异，比较分析测试数据和结果的可靠性、稳定性、准确性。留样复测可以以密码样品或复测样品的方式进行。留样复测适用电感耦合等离子体发射光谱仪、高效液相色谱、离子色谱、气相色谱、原子荧光光度计、原子吸收光谱仪、酸度计、电导仪、测汞仪等测试标准或方法的活动。进行留样复测或再校准时，两次测试结果绝对差值不得大于方法规定的两次重复测试结果间的差值，若两次测试结果存在显著性差异，应查找存在问题的原因，进行整改，消除潜在的影响。

有证标准物质核查是利用测量标准物质的方法来评价标准方法或仪器设备的准确度，来验证检验检测数据和结果的准确性。定期或不定期使用标准物质以比对样、质控样品或密码样品的形式进行监控，检验检测人员接到任务后，应与样品相同的流程和方法同时进行测试，将其检测数据和结果上报质量控制部门，将测试结果与指定值进行比较，评价检验检测数据和结果的准确度，从而判断检验检测过程中存在系统误差或异常状况。

10.3.2 实验室间比对

实验室间比对是一个较为宽泛的概念，是指在预定的条件下，对 2 个或 2 个以上的实验室就相同或相似的检测对象进行检测或测量的组织、实施和评价，它包含了能力验证，事实上，能力验证是用于特定目的的实验室间比对，而“一对一”的能力验证即为测量审核。所以广义的实验室间比对包含能力验证、测量审核及实验室自行组织或参与的实验室间比对。另外，行业主管部门及行业协会组织的“比赛”“比武”等试验检测竞赛类活动也可视为实验室间比对。

1. 检测机构间自行组织的比对和验证项目的选择应考虑的主要因素

（1）能力验证或测量审核不宜获得的项目；

（2）无法溯源的仪器设备；

（3）使用非标准检测方法检测的项目；

（4）计划新开展的项目；

（5）客户投诉的项目；

（6）其他技术水平要求较高的检测项目。

2. 检测机构间自行组织的比对和验证一般优先选择的实验室

（1）通过资质认定或认可的检测机构，且具有比对项目对应的检测能力。

（2）在检测领域中选择具有权威性的机构，或被政府部门授予“国家”字头、或被行业主管部门授予行业中心实验室的检测机构。

（3）客户无投诉的检测机构。

3. 制定比对实施方案

方案应包括以下几部分内容：比对的目的、参与比对的检测机构、样品的来源、比对的项目（仪器）、比对的参数、检测方法、结果统计分析和判定、时间进程安排、比对的结论、各比对实验室所出具正式的检测报告等。

4. 比对案例

以下是某检测机构自行组织的环境空气 $PM_{2.5}$ 的比对项目分析报告：

环境空气 $PM_{2.5}$ 比对项目分析报告

（1）概况

2019 年 12 月 10 日 ××× 有限公司（A 公司）、××× 有限公司（B 公司）、××× 环境监测中心（C 公司）于河北省石家庄市高新技术开发区 ×× 号 ××× 大楼进行了环境空气中 PM2.5 三家检测机构的比对检测。

采样日期：2019 年 12 月 10 日__时__分—__时__分；

采样时环境条件：温湿度__℃__%RH；

压强：__MPa；天气：____。

（2）比对的目的

A 公司首次申请资质认定，申报的项目环境空气 $PM_{2.5}$ 无法获得能力验证或测量审核，现委托 B 公司和 C 公司对同一地点的环境空气中 $PM_{2.5}$ 进行测定。其中 B 公司和 C 公司均通过资质认定且具有测定该参数的能力。

（3）比对实验检测依据、仪器设备、人员信息

单位名称	A 公司	B 公司	C 公司
检测依据	HJ 618—2011/XG1—2018《环境空气中 PM_{10} 和 $PM_{2.5}$ 的测定　重量法》及修改单		
仪器设备	智能小流量 TSP/PM_{10}/$PM_{2.5}$ 采样器	环境颗粒物综合采样器	智能小流量 TSP/PM_{10}/$PM_{2.5}$ 采样器
	恒温恒湿间 XXXX：温度在 15～30 ℃内可调，精度 ±1 ℃，相对湿度控制在（50±5）%	恒温恒湿间 YYYY：温度在 15～30 ℃内可调，精度 ±1 ℃，相对湿度控制在（50±5）%	恒温恒湿间 ZZZZ：温度在 15～30 ℃内可调，精度 ±1 ℃，相对湿度控制在（50±5）%
	分析天平 XX：感量 0.01 mg	分析天平 YY：感量 0.01 mg	分析天平 ZZ：感量 0.01 mg
采样地点	河北省石家庄市高新技术开发区 ×× 号 ××× 大楼		
采样人员	A 公司采样人员：AAA、BBB	B 公司采样人员：CCC、DDD	C 公司采样人员：EEE、FFF

（4）比对试验检测结果

单位名称	A 公司	B 公司	C 公司	相对标准偏差 /%	相对标准偏差评价标准 /%	是否合格
检测结果 /（mg/kg）	0.011	0.011	0.010	0.06	≤5	是

（5）比对试验结论

比对结果符合要求。

（6）附件

A 公司、B 公司和 C 公司环境空气 $PM_{2.5}$ 测试报告。

10.4 不确定度评价及案例

不确定度在环境监测中能够发挥非常重要且关键的作用，它是一个统计分析参数，间接表征了测量结果的可信程度。具体来说，它是对测量结果准确度范围的一个界定，表明了监测分析结果误差值的范围，而实际工作中，环境污染物质的成分十分复杂，造成环境污染的因素又非常多，这都给环境监测的有效性和准确性带来了很大的挑战，为了提高环境监测结果反映真实环境状况的准确性，应该在环境监测数据的分析中引入测量不确定度。

RB/T 214—2017 中对测量不确定度的要求描述如下：

4.5.15 测量不确定度

检验检测机构应根据需要建立和保持应用评定测量不确定度的程序。

检验检测项目中有测量不确定度的要求时，检验检测机构应建立和保持应用评定测量不确定度的程序。检验检测机构应建立相应数学模型，给出相应检验检测能力的评定测量不确定度案例。检验检测机构可在检验检测出现临界值、内部质量控制或客户有要求时，需要报告测量不确定度。

10.4.1 测量不确定度的评定方法

该方法主要源于 JJF 1059.1—2012，对测量不确定度评定的方法简称 GUM 法，用 GUM 法评定测量不确定度的一般流程如下：

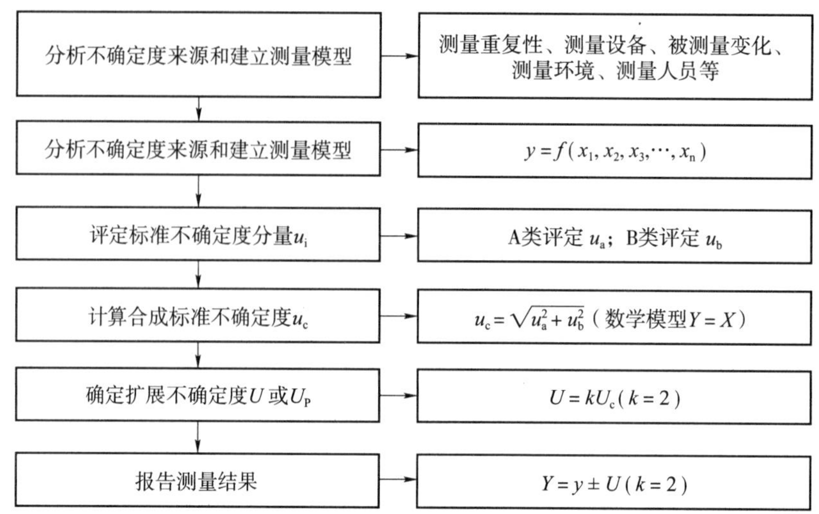

测量不确定度的构架：

测量不确定度
- 标准不确定度
  - A类标准不确定度
  - B类标准不确定度
  - （二者）→ 合成标准不确定度
- 扩展不确定度
  - U（当无法给出U_p时），k=2或3
  - U_p（p为包含概率）

10.4.2 测量不确定度来源分析

测量不确定度的来源必须根据实际测量情况进行具体分析。分析时，除定义的不确定度外，可从测量仪器、测量环境、测量人员、测量方法等方面进行全面考虑。特别注意对测量结果影响较大的不确定度来源，应尽量做到不遗漏、不重复。在实际测量中，有许多可能导致测量不确定度的来源。例如：

（1）被测量的定义不完整；

（2）被测量定义的复现不理想；

（3）取样的代表性不够，即被测样本可能不完全代表所定义的被测量；

（4）对测量受环境条件的影响认识不足或对环境条件的测量不完善；

（5）模拟式仪器的人员读数偏移；

（6）测量仪器的计量性能（如最大允许误差、灵敏度、鉴别力、分辨力、死区及稳定性等）的局限性，即导致仪器的不确定度；

（7）测量标准或标准物质提供的标准值的不准确；

（8）引用的常数或其他参数值的不准确；

（9）测量方法和测量程序中的近似和假设；

（10）在相同条件下，被测量重复观测值的变化。

10.4.3 测量模型的建立

（1）测量中，当被测量（即输出量）Y 由 N 个其他量 X_1，X_2，…，X_N（即输入量），通过函数 f 来确定时，则公式称为测量模型：

$$Y=f\left(X_1, X_2, \cdots, X_N\right)$$

式中：Y、X——量的符号；

f——测量函数。

（2）在简单的直接测量中，测量模型可能简单到公式的形式，如 $Y=X_1-X_2$，甚至简单到公式 $Y=X$ 的形式。

10.4.4 标准不确定度的评定

测量不确定度一般由若干分量组成，每个分量用其概率分布的标准偏差估计值表征，称标准不确定度。用标准不确定度表示的各分量用 u_i 表示。根据对 X_i 的一系列测得值 x_i 得到实验标准偏差的方法为 A 类评定。根据有关信息估计的先验概率分布得到标准偏差估计值的方法为 B 类评定。

合成标准不确定度是当测量结果由若干个其他量的值求得时，按其他各量的方差和协方差算得的标准不确定度。合成标准不确定度全称为合成标准测量不确定度。在数学模型中输入量相关的情况下，计算合成标准不确定度时必须考虑协方差。

10.4.4.1 A 类评定时的注意事项

（1）A 类评定方法通常比用其他评定方法所得的不确定度更为直观，并具有统计学的严格性，但要求有充分多的重复次数。此外，这一测量程序中的重复量所得的测得值应相互独立。

（2）A 类评定时应尽可能将随机效应的来源使其反映到测得值中去。

（3）如果观测数据中存在异常值，应该剔除异常值后再进行 A 类评定。

10.4.4.2 B 类不确定度的常见信息来源

（1）以前的观测数据（如回收率、萃取率等）。

（2）对有关技术资料 / 测量仪特性的了解和经验：仔细阅读测量仪器的技术说明书，包括熟悉型号规格、测量范围、扩展不确定度、最大允差、准确度等级，以及溯源方式等；熟悉测量仪器的工作原理；阅读测量仪器的检定规程或查阅相关资料。

（3）生产企业提供的技术说明文件。

（4）校准证书（检定证书）或其他文件提供的数据、准确度的等级或级别，包括目前仍在使用的极限误差、最大允许误差等。

（5）手册或某些资料给出的参考数据及其不确定度。

（6）规定试验方法的国家标准或类似技术文件中给出的重复性限或复现性限。

10.4.5 扩展不确定度的确定

扩展不确定度是被测量可能值包含区间的半宽度，是由合成标准不确定度的倍数表示的测量不确定度。

（1）扩展不确定度是合成标准不确定度与一个大于 1 的因子的乘积，是被测量可能值包含区间的半宽度，分为 U 和 U_p 两种。在给出测量结果时一般情况下报告扩展不确定度 U。

$U=k\times U_c$，包含因子 k 值一般取 2 或 3。

测量结果可用 $Y=y\pm U$ 表示。当 y 的概率分布近似为正态分布，且 U_c（y）的有效自由度较大的情况下：若 k=2，则 $U=2U_c$ 所确定的区间具有的包含概率约为 95%。若 k=3，则 $U=3U_c$ 所确定的区间具有的包含概率约为 99%。

（2）当要求扩展不确定度所确定的区间具有接近于规定的包含概率 p 时，扩展不确定度用符号 U_p 表示，$U_p=k_p\times U_c$。

当包含概率 p 为 95% 时，用 U_{95} 表示；当包含概率 p 为 99% 时，用 U_{99} 表示。

10.4.6 不确定度评价实例

10.4.6.1 水中高锰酸盐指数测定不确定度的评定

1 方法原理和数学模型

1.1 方法原理

方法名称：《水质 高锰酸盐指数的测定》（GB/T 11892—1989）。

方法原理：样品中加入已知量的高锰酸钾和硫酸，在沸水浴中加热 30 min，高锰酸钾将样品中的某些有机物和无机还原性物质氧化，反应后加入过量的草酸钠还原剩余的高锰酸钾，再用高锰酸钾标准溶液回滴过量的草酸钠。通过计算得到样品中高锰酸盐指数。

1.2 数学模型

水样不经稀释，水中高锰酸盐指数的计算公式如式（10-7）所示：

$$I_m=\frac{[(V_3+V_1)\times\dfrac{10}{V_2}-V_4]\times c_1\times 8\times 1\,000}{V} \tag{10-7}$$

式中　V_1——滴定消耗的高锰酸钾标准溶液的体积，mL；

V_2——标定高锰酸钾标准溶液时，所消耗高锰酸钾标准溶液的体积，mL；

V_3——测定过程中加入的高锰酸钾标准溶液的体积，V_3=10.00 mL；

V_4——测定过程中加入的草酸钠标准溶液的体积，V_4=10.00 mL；

C_1——草酸钠（基本单元为 $1/2Na_2C_2O_4$）标准溶液的浓度；

V——水样体积，mL；

8——1 moL 草酸钠（基本单元为 $1/2Na_2C_2O_4$）所相当的氧的质量，g/mL；

1 000——单位换算系数。

2　测量不确定度的来源分析

测量不确定度主要源于以下几个方面：

（1）测量重复性引入的不确定度 $u(s)$；

（2）测定过程中加入高锰酸钾标准溶液的体积引入的不确定度 $u(V_3)$；

（3）滴定消耗高锰酸钾标准溶液的体积引入的不确定度 $u(V_1)$；

（4）测定过程中加入草酸钠标准溶液的体积引入的不确定度 $u(V_4)$；

（5）配制草酸钠标准溶液引入的不确定度 $u(C_1)$；

（6）标定高锰酸钾标准溶液引入的不确定度 $u(C_2)$；

（7）吸取水样的体积引入的不确定度 $u(V)$。

3　不确定度分量的评定

3.1　测量重复性引入的不确定度

重复测定产生的不确定度属于 A 类不确定度。对某一组水样进行 10 次平行测定，试验中 V=100 mL，V_2=10.05 mL，C_1=0.010 0 moL/L。测试结果见表 10-1。

表 10-1　水质高锰酸盐指数重复测定结果　　单位：mg/L

序 号	1	2	3	4	5	平均值($\bar{I}$)
COD_{Mn} 测定值	2.18	2.32	2.22	2.19	2.35	2.26
序 号	6	7	8	9	10	
COD_{Mn} 测定值	2.32	2.27	2.28	2.18	2.28	

根据贝塞尔公式，重复测量引入的标准差，即标准不确定度为

$$u(s)=\sqrt{\frac{\sum(I_i-\bar{I})^2}{n-1}}=0.062\,8\ \text{mg/L}$$

重复测定的相对标准不确定度为

$$u_{\text{rel}}(s)=\frac{0.062\,8}{2.26\times\sqrt{10}}=8.79\times10^{-3}$$

3.2　测定过程中加入高锰酸钾标准溶液的体积引入的不确定度 $u(V_3)$

（1）玻璃仪器体积允差引入的不确定度。测定时采用 10 mL 单标线移液管量取 10.00 mL 高锰酸钾标准溶液进行标定，校准温度 20℃时所用移液管的最大允许误差为 0.020 mL，按均匀分布，包含因子$k=\sqrt{3}$，则标准不确定度为

$$u_1(V_3)=\frac{0.020}{\sqrt{3}}=0.011\ 5(\text{mL})$$

（2）测定过程中温度变化引起体积的标准不确定度：温度变化 5℃，水的膨胀系数为 2.1×10^{-4}℃，则 10 mL 单标线移液管的体积变化 $10\times2.1\times10^{-4}\times5$=0.010 5（mL）。按均匀分布，包含因子$k=\sqrt{3}$，则标准不确定度为

$$u_2(V_3)=0.010\ 5/\sqrt{3}=0.006\ 1(\text{mL})$$

上述两分量相互独立，则在该过程中加入高锰酸钾标准溶液的体积引入的标准不确定度为

$$u(V_3)=\sqrt{u_1^2(V_3)+u_2^2(V_3)}=0.013\ 0(\text{mL})$$

其相对标准不确定度：$u_{\text{rel}}(V_3)=0.013\ 0/10.00=1.30\times10^{-3}$

3.3　滴定消耗高锰酸钾标准溶液的体积引入的不确定度 $u(V_1)$

（1）玻璃仪器体积允差引入的不确定度：本次试验中 A 级 25 mL 酸式滴定管在 20℃时，其最大允许误差为 0.040 mL，按均匀分布，包含因子$k=\sqrt{3}$，则标准不确定度为

$$u_1(V_1)=\frac{0.040}{\sqrt{3}}=0.023\ 1(\text{mL})$$

（2）测定过程中温度变化引起体积的不确定度：温度变化 5℃，水的膨胀系数为 2.1×10^{-4}℃，V_1=2.62 mL。按均匀分布，包含因子$k=\sqrt{3}$，则标准不确定度为

$$u_2(V_1)=(2.1\times10^{-4}\times2.62\times5)/\sqrt{3}=0.015\ 9(\text{mL})$$

上述两分量相互独立，则在该过程中产生的标准不确定度为

$$u(V_1)=\sqrt{u_1^2(V_1)+u_2^2(V_1)}=0.023\ 2(\text{mL})$$

其相对标准不确定度：$u_{\text{rel}}(V_1)=0.023\ 2/2.62=8.85\times10^{-3}$

3.4　测定过程中加入草酸钠标准溶液的体积引入的不确定度 $u(V_4)$

在测定过程中 10 mL（A 级）单标线吸量管量取 10.00 mL 草酸钠标准溶液于样品中进行滴定，此过程产生的不确定度为 10 mL（A 级）单标线吸量管引入，其相标准对不确定度为

$$u_{\text{rel}}(V_4)=u_{\text{rel}}(V_3)=1.30\times10^{-3}$$

3.5 配制草酸钠标准溶液引入的不确定度 $u(C_1)$

称取 0.670 5 g 基准草酸钠，用水将其溶解并定容至 100 mL，得到草酸钠标准贮备液，从该贮备液中量取 10 mL 至容量瓶中，并稀释至 100 mL，得到草酸钠标准溶液。草酸钠标准溶液的浓度计算公式为

$$C_1=\frac{\left[(m/M)/V_5\right]\times V_6\times 1\,000}{V_7} \tag{10-8}$$

式中：m——草酸钠的质量，g；

M——草酸钠的摩尔质量，g/moL；

V_5——制备草酸钠标准贮备液过程中定容体积，mL；

V_6——制备草酸钠标准溶液过程中量取的草酸钠标准贮备液体积，mL；

V_7——制备草酸钠标准溶液过程中定容体积，mL；

1 000——单位换算系数。

（1）草酸钠称量引入的不确定度。天平检定证书给出的最大误差为 ±0.15 mg，按均匀分布 $k=\sqrt{3}$，则天平校正引入的标准差为 $0.15/\sqrt{3}=0.09$ mg；因称量需进行两次，则由称量草酸钠引入的标准不确定度为

$$u(m)=\sqrt{2\times 0.09^2}=0.13(\text{mg})$$

称取草酸钠质量 670.5 mg，相对标准不确定度为

$$u_{\text{rel}}(m)=0.13/670.5=1.94\times 10^{-4}$$

（2）草酸钠的纯度引入的不确定度。供应商证书上给出的草酸钠（$Na_2C_2O_4$）的纯度 P 是 100±0.05%，考虑为均匀分布，包含因子 $k=\sqrt{3}$，则由草酸钠纯度引入的标准不确定度为

$$u(p)=\frac{0.05\%}{\sqrt{3}}=2.89\times 10^{-4}$$

则相对不确定度为

$$u_{\text{rel}}(p)=2.89\times 10^{-4}$$

（3）在制备草酸钠标准溶液过程中使用玻璃仪器而产生的不确定度。该过程中使用玻璃仪器为 10 mL 移液管和 100 mL 容量瓶，因此在该过程中产生的标准不确定度为

$$u_{\text{rel}}(V)=\sqrt{\left[\frac{u(V_5)}{V_5}\right]^2+\left[\frac{u(V_6)}{V_6}\right]^2+\left[\frac{u(V_7)}{V_7}\right]^2}=1.64\times 10^{-3}$$

相对标准不确定度分量 $u_{\text{rel}}(m)$、$u_{\text{rel}}(p)$、$u_{\text{rel}}(V)$ 相互独立，则配置草酸钠标准溶液引入的相对标准不确定度为

$$u_{rel}(C_1)=\sqrt{u_{rel}(m)^2+u_{rel}(p)^2+u_{rel}(V)^2}=1.68\times10^{-3}$$

3.6　标定高锰酸钾标准溶液引入的不确定度 u（C）

将已滴定完毕的样品加热至约 70℃，准确加入 10.00 mL 草酸钠标准溶液，浓度 C_1=0.010 0 mol/L，再用高锰酸钾标准溶液滴定。计算方法如下：

$$C_2=(C_1\times10)/V_8 \tag{10-9}$$

式中：V_8——标定过程中所添加的高锰酸钾标准溶液体积，mL；

表 10-2　高锰酸钾标准溶液浓度标定结果

	1	2	3	4	5	平均值
V_8/mL	9.85	9.82	9.75	9.90	9.85	—
C_2/（mol/L）	0.010 15	0.010 18	0.010 26	0.010 10	0.010 15	—
	6	7	8	9	10	平均值
V_8/mL	9.78	9.92	9.88	9.78	9.85	9.84
C_2/（mol/L）	0.010 22	0.010 08	0.010 12	0.010 22	0.010 15	0.010 16

（1）重复标定产生的不确定度属于 A 类不确定度，根据贝塞尔公式，重复性引入的标准不确定度为

$$u(s)=\sqrt{\frac{\sum(C_{2i}-\bar{C})^2}{n-1}}=5.72\times10^{-5}\ \text{mol/L}$$

相对标准不确定度：$u_{rel}(s)=1.78\times10^{-3}$

（2）配制草酸钠标准溶液浓度引入的标准不确定度为

$$u_{rel}(C_1)=1.68\times10^{-3}$$

（3）由标定草酸钠标准溶液的体积引入的标准不确定度为

$$u_{rel}(V_4)=u_{rel}(V_3)=1.30\times10^{-3}$$

（4）标定消耗的高锰酸钾标准溶液的体积引入的不确定度。标定过程中采用 25 mL 酸式滴定管，且该过程所加高锰酸钾标准溶液体积 9.85 mL，则标定消耗的高锰酸钾标准溶液的体积引入相对标准不确定度为

$$u_{rel}(V_1)=0.023\,2/9.85=2.35\times10^{-3}$$

若以上相对标准不确定度分量之间是相互独立的，那么由标定高锰酸钾标准溶液引入的相对标准不确定度为

$$u_{rel}(C_2)=3.64\times10^{-3}$$

3.7　量取水样体积而产生的不确定度 $u(V)$

（1）玻璃仪器体积允差引入的不确定的。采用 100 mL 移液管量取水样，该移液管在 20℃条件下最大允许误差为 0.08 mL，按均匀分布考虑，则引入的标准不确定度为

$$u_1(V)=\frac{0.08}{\sqrt{3}}=4.62\times10^{-2}(\text{mL})$$

（2）温度变化引起体积的不确定度为

$$u_2(V)=2.1\times10^{-4}\times5\times100/\sqrt{3}=4.85\times10^{-2}(\text{mL})$$

上述两种标准不确定度相互独立，则量取水样体积而产生的标准不确定度为

$$u(V)=6.70\times10^{-2}(\text{mL})$$

则相对标准不确定度：$u_{\text{rel}}(V)=\dfrac{6.70\times10^{-2}}{100}=6.70\times10^{-4}$

4　合成标准不确定度

在进行上述测定时，各不确定度分量之间是相互独立的，那么相对合成标准不确定度计算如下：

$$u_{\text{rel}}(I)=\sqrt{u_{\text{rel}}(s)^2+u_{\text{rel}}(V_3)^2+u_{\text{rel}}(V_1)^2+u_{\text{rel}}(V_4)^2+u_{\text{rel}}(C_1)^2+u_{\text{rel}}(C_2)^2+u_{\text{rel}}(V)^2}$$
$$=1.32\times10^{-2}$$

$$u(I)=u_{\text{rel}}(I)\times I=1.32\times10^{-2}\times2.26=0.03(\text{mg/L})$$

5　扩展不确定度及测定结果的表示

取包含因子 k=2（近似 95% 置信概率），则扩展不确定度为

$$U=u(I)\times k=0.03\times2=0.06(\text{mg/L})$$

测量样品的浓度为 I=2.26±0.06(mg/L)。

10.4.6.2　火焰原子吸收分光光度法测定土壤中铜含量不确定度的分析

1　方法原理和数学模型

1.1　方法及原理

方法名称：《土壤和沉积物　铜、锌、铅、镍、铬的测定　火焰原子吸收分光光度法》（HJ 491—2019）。

方法原理：土壤和沉积物经酸消解后，试样中铜、锌、铅、镍和铬在空气－乙炔火焰中原子化，其基态原子分别对铜、锌、铅、镍和铬的特征谱线产生选择性吸收，其吸收强度在一定范围内与铜、锌、铅、镍和铬的浓度成正比。

1.2　建立数学模型

测定土壤中铜的计算公式为

$$w = \frac{\rho \times V}{m \times (1-f)} \tag{10-10}$$

式中：w——土壤样品中铜的含量，mg/kg；

ρ——减去空白的试样中铜的质量浓度，mg/L；

V——消解后试样的定容体积，mL；

m——土壤样品的称样量，g；

f——样品中水分的含量，%。

2　测量不确定度的来源分析

由数学模型分析，其不确定度来源主要包括以下几个方面：

（1）标准曲线拟合引入的测量不确定度 $u(r)$；

（2）重复性测定引入的不确定度 $u(s)$；

（3）取样量引入的不确定度 $u(m)$；

（4）定容体积引入的不确定度 $u(V)$；

（5）铜标准溶液的不确定度 $u(c)$；

（6）原子吸收仪引入的不确定度 u（仪器）；

（7）样品的水分含量引入的不确定度 $u(f)$。

3　不确定度分量的评定

3.1　标准曲线拟合引入的测量不确定度 $u(r)$

铜的校准曲线方程表示为

$$y=a+bx \text{（曲线相关系数 } \gamma \text{ 为 0. 999 9）} \tag{10-11}$$

式中：x——溶液中铜的质量浓度；

y——铅质量浓度为 x 时对应的吸光度；

b——校准曲线的斜率，b=0.058 15；

a——校准曲线的截距，a=0.000 11；

本次测量结果见表 10-3。

表 10-3　校准曲线各浓度吸光度值

铜浓度 /（mg/L）	0	0.5	1.0	1.5	2.0	2.5
吸光度	0	0.029 2	0.058 6	0.087 1	0.116 6	0.145 4

空白均值为 0.013 mg/L，由校准曲线方程得 x=1.20 mg/L。

校准曲线拟合引入的标准不确定度为

$$u(r) = \frac{s_r}{b}\sqrt{\frac{1}{p} + \frac{1}{n} + \frac{(x-\overline{x})^2}{\sum_{i=1}^{n}(x_i-\overline{x})^2}} = 4.46 \times 10^{-3}$$

式中：s_r——校准曲线标准差，n=6，$s_r=\sqrt{\dfrac{\sum_{i=1}^{n}\{[y_i-(a+bx_i)]\}^2}{n-2}}=0.24\times10^{-3}$ mg/L；

n——校准曲线浓度点数，n=6；

P——每个浓度点所测定的次数，P=1；

$\bar{x}$——校准曲线各浓度点均值，$\bar{x}$ =1.25 mg/L。

则标准曲线拟合引入的相对标准不确定度为

$$u_{\text{rel}}(r)=\frac{4.46\times10^{-3}}{1.20}=3.72\times10^{-3}$$

3.2　重复性测定引入的不确定度 u（s）

重复测定产生的不确定度属于 A 类不确定度。对某一土壤进行 10 次平行测定，测试结果见表 10-4。

表 10-4　土壤中铜重复测定结果　　单位：mg/kg

序号	1	2	3	4	5	6	7	8	9	10	平均值($\bar{w}$)
铜含量	15.90	15.74	15.84	15.89	15.85	15.81	15.90	15.86	15.77	15.92	15.85

根据贝塞尔公式，重复测量引入的标准差，即标准不确定度为

$$u(s)=\sqrt{\frac{\sum(w_i-\bar{w})^2}{n-1}}=0.059\,4(\text{mg/kg})$$

重复测定的相对标准不确定度为

$$u_{\text{rel}}(s)=\frac{0.059\,4}{15.85\times\sqrt{10}}=1.19\times10^{-3}$$

3.3　取样量引入的不确定度 u（m）

天平检定证书给出的最大误差为 ±0.2 mg，按均匀分布 $k=\sqrt{3}$，则由称量引入的标准不确定度为

$$u(m)=\frac{0.2}{\sqrt{3}}=0.115\text{ mg}$$

称取样品质量 0.250 0 g 计算，相对不确定度为

$$u_{\text{rel}}(m)=\frac{0.115}{0.250\,0\times1\,000}=0.46\times10^{-3}$$

3.4　定容体积引入的不确定度 u（V）

（1）玻璃仪器体积允差引入的不确定度：本次试验中 25 ml A 级单标线容量瓶量器最大允许误差为 ±0.03 mL，按均匀分布计算 $k=\sqrt{3}$，则标准不确定度为

$$u_1(V)=\frac{0.03}{\sqrt{3}}=0.017\ 3(\text{mL})$$

（2）测定过程中温度变化引起体积的不确定度：假设温差为 5℃，水的膨胀系数为 2.1×10^{-4}℃，V=25 mL。按均匀分布，包含因子$k=\sqrt{3}$，则标准不确定度为

$$u_2(V)=(2.1\times10^{-4}\times25\times5)/\sqrt{3}=0.015\ 2(\text{mL})$$

上述两分量相互独立，则在该过程中产生的标准不确定度为

$$u(V)=\sqrt{u_1^2(V)+u_2^2(V)}=0.023\ 0(\text{mL})$$

其相对标准不确定度$u_{\text{rel}}(V)=0.023\ 0/25=9.20\times10^{-4}$

3.5　铜标准溶液的不确定度 u（c）

标准溶液引入的相对标准不确定度分量 u（c）主要分两部分：一是外购标准溶液浓度的标准不确定度 u（C_{Cu}）；二是标准工作液配制过程中引入的不确定度 u（pz）。

已知铜标准贮备液 1 000 mg/L，由标准物质证书上查知其相对扩展不确定度为 1%（k=2），则相对标准不确定度u_{rel}（C_{Cu}）=1%/2=0.005

（1）10 mL 单标线移液管引入的不确定度分量：10 mL 移液管的容量允差为 ±0.020 mL，按均匀分布，标准不确定度为

$$u(V_{10})=0.02/\sqrt{3}=0.011\ 5(\text{mL})$$

则 10 mL 单标线移液管引入的相对标准不确定度 $u_{\text{rel}}(V_{10})$=0.011 5/10=0.001 15

（2）100 mL 容量瓶引入的不确定度分量：100 mL 容量瓶的容量允差为 ±0.10 mL，按均匀分布，标准不确定度为

$$u(V_{100})=0.10/\sqrt{3}=0.057\ 7(\text{mL})$$

则 100 mL 容量瓶引入的相对标准不确定度：$u_{\text{rel}}(V_{100})$=0.055 7/100=0.005 57

配制标准使用液引入的相对标准不确定度为

$$u_{\text{rel}}(pz)=\sqrt{u_{\text{rel}}(V_{10})^2+u_{\text{rel}}(V_{100})^2}=5.69\times10^{-3}$$

铜标准溶液的不确定度 u（c）为

$$u_{\text{rel}}(c)=\sqrt{u_{\text{rel}}(C_{Cu})^2+u_{\text{rel}}(pz)^2}=7.57\times10^{-3}$$

3.6　原子吸收仪引入的不确定度 u（仪器）

由原子吸收分光光度计校准证书可知，仪器不确定度为 2%，k=2 其相对标准不确定度为

$$u_{\text{rel}}(\text{仪器})=2\%/k=0.02/2=0.01$$

3.7　样品的水分含量引入的不确定度 u（f）

含水率的计算公式为

$$f=\frac{m_0-m_1}{m_0} \tag{10-12}$$

式中：m_0——烘前总重；

m_1——烘前总重。

m_0 测量的不确定度分量主要包括万分之一天平本身的最大允差带来的不确定度，天平的分辨率带来的不确定度，恒重带来的不确定度等；其中最大的分量是恒重带来的不确定度分量。当重量差≤0.2 mg 时即为恒重，则恒重带来的标准不确定度为

$$u(m)=\frac{0.2}{\sqrt{3}}=0.115(\text{mg})$$

称取 m_0 质量 25.421 3 g 计算，相对标准不确定度为

$$u_{\text{rel}}(m_0)=\frac{0.115}{25.4213\times1\,000}=4.52\times10^{-6}$$

同理称取 m_1 质量 24.917 4 g 计算，相对标准不确定度为

$$u_{\text{rel}}(m_1)=\frac{0.115}{24.917\,4\times1\,000}=4.62\times10^{-6}$$

则含水率在称量过程中引入的相对标准不确定度为

$$u_{\text{rel}}(f)=\sqrt{u_{\text{rel}}(m_0)^2+u_{\text{rel}}(m_1)^2}=6.46\times10^{-6}$$

4　合成标准不确定度

在进行上述测定时，各不确定度分量之间是相互独立的，那么相对合成标准不确定度计算如下：

$$\begin{aligned}u_{\text{rel}}(w)&=\sqrt{u_{\text{rel}}(r)^2+u_{\text{rel}}(s)^2+u_{\text{rel}}(m)^2+u_{\text{rel}}(V)^2+u_{\text{rel}}(c)^2+u_{\text{rel}}(\text{仪器})^2+u_{\text{rel}}(f)^2}\\&=0.013\,2\end{aligned}$$

$$u(w)=u_{\text{rel}}(w)\times w=0.013\,2\times15.85=0.21(\text{mg/kg})$$

5　扩展不确定度及测定结果的表示

取包含因子 k=2（近似 95% 置信概率），则扩展不确定度为

$$U=u(w)\times k=0.21\times2=0.42(\text{mg/kg})$$

测量样品的浓度为 w=15.85±0.42(mg/kg)。

第 11 章　授权签字人考题

笔者根据环境空气和废气、土壤、水和废水、固体废物，噪声振动、辐射、质量控制等不同的领域，有针对性地出了部分考试题，后面附上考试题的答案和解释以及涉及的标准，供技术人员参考。

11.1　选择题

1. 生态环境监测机构应建立防范和惩治弄虚作假行为的制度和措施，确保出具的监测数据（　　）。

A. 准确　　B. 客观　　C. 真实　　D. 可追溯

答案：A　B　C　D

2. 生态环境监测机构技术负责人要求具有从事生态环境监测相关工作（　　）年以上的经历，授权签字人具有从事生态环境监测相关工作（　　）年以上经历。

A.　　B. 3　　C. 5　　D. 7

答案：C　B

3. 承担生态环境监测工作前应经过必要的培训和能力确认，能力确认方式应包括（　　）等。

A. 基本技能　　B. 基础理论

C. 样品分析的培训与考核　　D. 盲样考核

答案：A　B　C

4. 环境测试场所应根据需要配备安全防护装备或设施，并定期检查其（　　）。

A. 符合性　　B. 可行性　　C. 有效性　　D. 实用性

答案：C

5. 现场测试和采样仪器设备在数量配备方面需满足相关监测标准或技术规范对（　　）和（　　）的要求。

A. 现场采样　　B. 现场布点　　C. 同步测试　　D. 同步测试采样

答案：B　D

6. 与生态环境监测机构的监测活动相关的外来文件，包括（　　）等，均应受控。

A. 环境质量标准　　B. 污染排放或控制标准

C. 监测技术规范　　D. 监测标准（包括修改单）

答案：A　B　C　D

7. 初次使用标准方法前，应进行（　　）。

A. 方法确认　　B. 方法验证

答案：B

8. 生态环境监测档案应做到监测任务合同（委托书 / 任务单）、原始记录及报告审核记录等应与监测报告一起归档。如果有与监测任务相关的其他资料，如（　　）等资料，也应同时归档。

A. 监测方案 / 采样计划

B. 委托方（被测方）提供的项目工程建设、企业生产工艺和工况

C. 原辅材料

D. 排污状况（在线监测或企业自行监测数据）

E. 合同评审记录

F. 分包

答案：A　B　C　D　E　F

9. 检验检测机构有（　　），资质认定部门应当撤销其资质认定证书。

A. 未经检验检测或者以篡改数据、结果等方式，出具虚假检验检测数据、结果的

B. 出具的检验检测数据、结果失实的

C. 违反本办法第四十三条规定，整改期间擅自对外出具检验检测数据、结果，或者逾期未改正、改正后仍不符合要求的

D. 以欺骗、贿赂等不正当手段取得资质认定的

答案：A　C　D

10. 检验检测机构有（　　），由县级以上质量技术监督部门责令整改，处 3 万元以下罚款。

A. 基本条件和技术能力不能持续符合资质认定条件和要求，擅自向社会出具具有证明作用数据、结果的

B. 超出资质认定证书规定的检验检测能力范围，擅自向社会出具具有证明作用数据、结果的

C. 未按照本办法规定对检验检测人员实施有效管理，影响检验检测独立、公正、诚信的

D. 违反本办法和评审准则规定分包检验检测项目的

E. 非授权签字人签发检验检测报告的

答案：A　B　E

11. 根据《污水监测技术规范》（HJ 91.1—2019）的规定，现场监测项目（　　）等不用采现场平行样品。

A. 悬浮物　　B. 石油类

C. 动植物油　　D. 微生物

答案：A　B　C　D

12. 根据《地表水和污水监测技术规范》（HJ/T 91—2002）的规定，地表水中（　　）等监测项目的样品因保存方式不同须单独采集。

A. 悬浮物　B. 石油类　C. COD　D. 硫化物　E. 余氯

答案：A　B　D　E

13.《水质　粪大肠菌群的测定　多管发酵法》（HJ 347.2—2018）中规定，采样后应在（　　）h 内检测，否则，应（　　）℃以下冷藏但不得超过（　　）h。实验室接样后，如不能立即开展检测，应将样品于（　　）℃以下冷藏并在（　　）h 内检测。

A. 2　B. 4　C. 6　D. 8　E. 10

答案：A　E　C　B　A

14. 定电位电解法测定烟气中二氧化硫、氮氧化物、一氧化碳时，一次测量值是指启动抽气泵，以测定仪规定的采样流量取样测定，待测定仪稳定后，按分钟保存测定数据，取连续（　　）分钟测定数据的平均值作为一次测量值。

A. 5　B. 10　C. 15　D. 5～10　E. 5～15

答案：E

15. 分析土壤中（　　）物质，不需要风干，用新鲜样按特定的方法进行样品前处理。

A. 可萃取有机物　B. 有机质

C. 半挥发性有机物　D. 挥发性有机物

E. 全氮量

答案：A　C　D

16. 土壤监测时不同的项目需要用不同粒径的样品，农药或土壤有机质、土壤全氮量等项目分析（　　）目；土壤元素全量分析（　　）目；土壤 pH（　　）目。

A. 10　B. 20　C. 60　D. 100　E. 200

答案：C　D　A

17.《环境空气　PM_{10} 和 $PM_{2.5}$ 的测定　重量法》（HJ 618—2011）中规定，将滤膜放在恒温恒湿箱（室）中平衡 24 h，平衡条件：温度取（　　）℃中任何一点，相对湿度控制在（　　）RH 范围内，记录平衡温度与湿度。

A. 20%～25%　B. 15%～30%　C. 40%～55%　D. 45%～55%

答案：B　D

18.《水质　五日生化需氧量（BOD_5）的测定　稀释与接种法》（HJ 505—2009）中规定，测定前待测试样的温度达到（20±2）℃，若样品中（　　）浓度低，需要用曝气装置曝气 15 min，充分振摇赶走样品中残留的空气泡；若样品中氧（　　），将容器 2/3 体积充满样品，用力振荡赶出（　　）氧，然后根据试样中微生物含量情况确定测定方法。

A. 氧　　　　　　B. 溶解氧　　　　C. 饱和　　　　　D. 过饱和

答案：B　D　D

19.《土壤　pH 值的测定　电位法》（HJ 962—2018）编制说明，测定土壤的 pH 时，将玻璃电极 - 甘汞电极浸于土壤悬浊液与浸于其平衡清液中所测得的结果不同，称为悬浊效应，悬浊效应是有（　　）引起的。

A. 电离效应　　　B. 固液分离效应　　　　　　　C. 液接电位

答案：C

20.《社会生活环境噪声排放标准》（GB 22337—2008）的适用范围：①本标准规定了（　　）和（　　）中可能产生环境噪声污染的设备、设施边界噪声排放限值和测量方法；②本标准适用于对（　　）、（　　）中使用的向环境排放噪声的设备、设施的管理、评价与控制。

A. 固定设备　　　　　　　　　　B. 营业性文化娱乐场所

C. 商业经营活动　　　　　　　　D. 工业企业

答案：B　C

21.《环境空气质量标准》（GB 3095—2012）修改单中，参比状态指大气温度为 298.15 K，大气压力为 1 013.25 hPa 时的状态。本标准中的（　　）、二氧化氮、一氧化碳、（　　）、氮氧化物等气态污染物浓度修改为参比状态下的浓度。

A. 二氧化硫　　　B. 臭氧　　　　C. 颗粒物　　　　D. 苯并［a］芘

答案：A　B

22.《水质　石油类和动植物油类的测定　红外分光光度法》（HJ 637—2018）中规定，石油类是指在 pH≤2 的条件下，能够被（　　）萃取且不被（　　）吸附的物质。

A. 四氯化碳　　　B. 四氯乙烯　　C. 硅酸镁　　　　D. 硫酸镁

答案：B　C

23. 当需用 GB 5085.3—2007 浸出毒性鉴别标准进行评价时，应采用（　　）浸出方法。

A.《固体废物　浸出毒性浸出方法　翻转法》（GB 5086.1—1997）

B.《固体废物　浸出毒性浸出方法　醋酸缓冲溶液法》（HJ/T 300—2007）

C.《固体废物　浸出毒性浸出方法　硫酸硝酸法》（HJ/T 299—2007）

D.《固体废物　浸出毒性浸出方法　水平振荡法》（HJ 557—2010）

答案：C

24. 依据《工业企业厂界环境噪声排放标准》（GB 12348—2008）测定企业噪声排放，被测声源是（　　）噪声，采用 1 min 的等效声级；被测声源是（　　）噪声，测量被测声源有代表性时段的等效声级，必要时测量被测声源整个正常工作时段的等效声级。

A. 连续　　B. 非连续　　C. 稳态　　D. 非稳态

答案：C　D

25.《饮食业油烟排放标准》（GB 18483—2001），饮食业油烟检测时应在油烟排放单位作业（炒菜、食品加工或其他产生油烟的操作）高峰期进行样品采集，采样次数为连续采样（　　）次，每次（　　）min。

A. 3　　B. 4　　C. 5　　D. 15　　E. 10

答案：C　E

26. 国家法定计量单位制基本单位的符号是（　　）。

A. cd　mol　c　A　s　kg　m　　B. V　Pa　s　kg　m　K　mol

C. m　kg　s　A　cd　mol　　D. m　kg　s　A　K　mol　cd

答案：D

27. 对于数字 0.008 50，下列说法哪种是正确的（　　）。

A. 2 位有效数字，2 位小数　　B. 3 位有效数字，5 位小数

C. 4 位有效数字，5 位小数　　D. 6 位有效数字，5 位小数

答案：B

28. 在分析中做空白试验的目的是（　　）。

A. 提高精密度，消除系统误差　　B. 提高精密度，消除偶然误差

C. 提高准确度，消除系统误差　　D. 提高准确度，消除过失误差

答案：C

29. 校准或检验所用的每台设备应（　　）表明其校准状态。

A. 加以标识　　B. 采用统一编号

C. 加以唯一性标识　　D. 检定证书

答案：C

30. 实验室的环境要求（　　）。

A. 控制温度和湿度　　B. 是无尘的

C. 符合卫生和安全的有关规定　　D. 使检测 / 校准有效

答案：D

31. 对测量的条件、测量得到的量值和观察得到的技术状态用规范化的格式和要求予以记载和描述，作为客观的质量证据保存下来，称为（　　）。

A. 文件　　B. 程序　　C. 记录　　D. 报告

答案：C

32. 下列（　　）情况属于要书面通知客户。

A. 分包安排　　B. 实验室搬迁时

C. 实验室结果可能使客户受到影响　　D. 以上皆是

答案：D

33. 当出现（　　）时，应执行附加评审。

A. 技术人员变动

B. 文件修改

C. 不符合或偏离的确认，导致对政策和程序的怀疑

D. 以上皆是

答案：D

34. 下列不属于检验记录的内容的是（　　）。

A. 工作依据　　B. 技术标准

C. 数据处理方法　　D. 基本数据

答案：C

35. 服从正态分布的随机变量的基本性质不包括（　　）。

A. 有界性　　B. 多峰性　　C. 对称性　　D. 抵偿性

答案：B

11.2 判断题

1. 现场测试和采样应至少有 2 名监测人员在场。（√）

2. 实验室接收样品时，应对样品的时效性、完整性和保存条件进行检查和记录，对不符合要求的样品应该拒收。（×）

答案解析：实验室接收样品时，应对样品的时效性、完整性和保存条件进行检查和记录，对不符合要求的样品可以拒收，或明确告知客户有关样品偏离情况，并在报告中注明。

3. 所有对记录（不含电子记录）的更改应该留痕。（×）

答案解析：所有对记录的更改（包括电子记录）实现全程留痕。

4. 生态环境监测机构，指依法成立，依据相关标准或规范开展生态环境监测，向社会出具公正性的数据、结果，并能够承担相应法律责任的专业技术机构。（×）

答案解析：生态环境监测机构，指依法成立，依据相关标准或规范开展生态环境监测，向社会出具具有证明作用的数据、结果，并能够承担相应法律责任的专业技术机构。

5. 有分包事项时，生态环境监测机构应事先征得客户同意，对分包方资质和能力进行确认，并规定不得进行二次分包。（√）

6. 当输出数据打印在热敏纸或光敏纸等保存时间较短的介质上时，应同时保存记录的复印件或扫描件。（√）

7. 生态环境监测机构应保证人员数量及其专业技术背景、工作经历、监测能力等与所开展的监测活动相匹配，中级及以上专业技术职称或同等能力的人员数量应不少

于生态环境监测人员总数的 10%。（ × ）

答案解析：生态环境监测机构应保证人员数量及其专业技术背景、工作经历、监测能力等与所开展的监测活动相匹配，中级及以上专业技术职称或同等能力的人员数量应不少于生态环境监测人员总数的 15%。

8. 生态环境监测机构及其负责人对其监测数据的真实性和准确性负责，采样与分析人员、审核与授权签字人分别对原始监测数据、监测报告的真实性终身负责。（ √ ）

9. 被撤销资质认定证书的检验检测机构，5 年内不得再次申请资质认定。（ × ）

答案解析：被撤销资质认定证书的检验检测机构，3 年内不得再次申请资质认定。

10. 定电位电解法测定烟气中二氧化硫、氮氧化物、一氧化碳时，排放标准中 1 h 平均浓度应以连续 1 h 的采样获取平均值。（ × ）

答案解析：定电位电解法测定烟气中二氧化硫、氮氧化物、一氧化碳时，排放标准中 1 h 平均浓度应以连续 1 h 的采样获取平均值，或在 1 h 内以等时间间隔采集 3～4 个样品，并计算平均值。

11.《固定污染源废气　低浓度颗粒物的测定　重量法》（HJ 836—2017）中规定，采样头平衡后，在恒温恒湿设备内用天平称重，每个样品称量 2 次，每次称量间隔大于 1 h，2 次称量结果间最大偏差应在 0.2 mg 以内。记录称量结果，以 2 次称量的平均值作为称量结果。（ √ ）

12. 验收技术指南中“有明显生产周期，稳定排放的项目，每个周期采集 3至多次”，此处的“次”是指“有效小时值”的次数。（ √ ）

13. 按照《建设项目竣工环境保护验收暂行办法》的有关规定，验收监测应当在确保主体工程调试工况稳定、环境保护设施运行正常的情况下进行，并如实记录监测时的实际工况。若国家和地方有关污染物排放标准或者行业验收技术规范对工况和生产负荷另有规定的，按其规定执行。（ √ ）

14. PM_{10}“标准滤膜”的制作方法：在恒温恒湿室，按平衡条件平衡 24 h 后再称重，每张滤膜应连续称量 10 次以上，将每张滤膜的平均值作为该滤膜的原始质量。（ × ）

答案解析：PM_{10}“标准滤膜”的制作方法：在恒温恒湿室，按平衡条件平衡 24 h 后再称重，每张滤膜应不连续称量 10 次以上，将每张滤膜的平均值作为该滤膜的原始质量。

15. 烟气测试中，所采集的有害气体不同，对采样管加热的温度要求也不同。（ √ ）

16. 采集烟气时，采样期间应保持流量恒定，波动范围应不大于 ±15%。（ × ）

答案解析：采集烟气时，采样期间应保持流量恒定，波动范围应不大于 ±10%。

17.《环境空气质量标准》（GB 3095—2012）修改单中，颗粒物（粒径小于等于 10 μm）、颗粒物（粒径小于等于 2.5 μm）、总悬浮颗粒物及其组分铅、苯并［*a*］芘等浓度为参比状态下的浓度。（ × ）

答案解析：《环境空气质量标准》（GB 3095—2012）修改单中，颗粒物（粒径小于等于 10 μm）、颗粒物（粒径小于等于 2.5 μm）、总悬浮颗粒物及其组分铅、苯并［*a*］芘等浓度为监测时大气温度和压力下的浓度。

18. 水质监测的某些参数，如溶解氧、pH、电导率，应尽可能在现场测定以便取得准确的结果。（√）

19.《饮食业油烟排放标准》（GB 18483—2001）中规定，5 次采样分析结果之间，其中任何一个数据与最大值比较，若该数据小于最大值的 1/3，则该数据为无效值，不能参与平均值计算。（×）

答案解析：《饮食业油烟排放标准》（GB 18483—2001）中规定，5 次采样分析结果之间，其中任何一个数据与最大值比较，若该数据小于最大值的 1/4，则该数据为无效值，不能参与平均值计算。

20.《环境空气　PM_{10} 和 $PM_{2.5}$ 的测定　重量法》（HJ 618—2011）中规定，每次称“滤膜样品”的同时，称量两张“标准滤膜”。若称出“标准滤膜”的重量在原始重量 ±0.5 mg（大流量在 ±5 mg）范围内，则认为对该批“样品滤膜”的称量合格，数据可用。（√）

21.《大气固定污染源　氟化物的测定　离子选择电极法》（HJ/T 67—2001）中的氟化物指的是气态氟。（×）

答案解析：《大气固定污染源　氟化物的测定　离子选择电极法》（HJ/T 67—2001）中的氟化物指尘氟与气态氟的总和。

22.《固定污染源废气　总烃、甲烷和非甲烷总烃的测定　气相色谱法》（HJ 38—2017），样品可以用气袋和注射器采集。（√）

23. 工业固体废物采样记录一般应记录工业固体废物的名称、来源、数量、性状、包装、贮存、处置、环境、编号、份样量、份样数、采样点、采样法、采样日期和采样人等。（√）

24. 内标物是指样品中不含有，但其物理化学性质与待测目标物相似的物质。一般在样品分析前加入，用于目标物的定量分析。（√）

25. 替代物是指样品中不含有，但其物理化学性质与待测目标物相似的物质。一般在样品提取或其他前处理之前加入，通过回收率可以评价样品基体、样品处理过程对分析结果的影响。（√）

26. 质量手册是阐明一个组织的质量方针并描述其质量体系的文件。（√）

27. 实验室向评审组提交整改报告时，需要同时提供相应的证明材料。（√）

28. 实验室应优先选择国家标准、行业标准、地方标准。（√）

29. 失效或废止文件要从使用现场收回，加以标识后存档。如果确因工作需要或其他原因需要保留在现场的，必须明确加以标识，以防误用。（√）

30. 实验过程中人手少，未来得及记录，可在实验结束后补记或追记。（×）

答案解析：记录应该当时当地及时记录，不允许在实验结束后补记或追记。

11.3 问答题

11.3.1 水和废水

1.《水质 pH 值的测定 电极法》（HJ 1147—2020），酸度计的精度有何要求？结果如何表示？

【答案要点】

标准要求精度为 0.01 个 pH 单位，具有温度补偿功能，pH 测定范围为 0～14。测定结果保留小数点后 1 位，并注明样品测定时的温度。当测量结果超出测量范围（0～14）时，以“强酸，超出测量范围”或“强碱，超出测量范围”报出。

2.《水质 可萃取性石油烃（C_{10}～C_{40}）的测定 气相色谱法》（HJ 894—2017），样品如何采集和保存？样品分析如何定性和定量？

【答案要点】

样品的采集与保存：按照 GB 17378.3、HJ/T 91.1 和 HJ/T 164 的相关规定进行水样采集。用采样瓶（1 L 具磨口塞的棕色玻璃瓶）采集约 1 000 mL 样品，加入（1+1）盐酸溶液酸化至 pH≤2，所采样品于 4℃保存，14 d 内完成萃取，40 d 内分析。

注：当水样中石油烃含量过高时，可适当减少采样体积。

方法原理：用二氯甲烷萃取水中的可萃取性石油烃，萃取液经脱水、浓缩、净化、定容后，用带氢火焰离子化检测器（FID）的气相色谱仪检测，根据保留时间定性，根据时间窗口范围内（C_{10}～C_{40}）色谱峰面积的总和与标准物质比较定量。

定性分析：

根据色谱图组分保留时间对目标化合物进行定性，C_{10}～C_{40} 目标化合物采用定总量的方式，即目标化合物积分从 n-$C_{10}H_{22}$（包含）出峰开始时开始，到 n-$C_{40}H_{82}$（包含）出峰结束，计算 C_{10}～C_{40} 的总峰面积（此处峰面积为扣除柱流失后的总峰面积）。

定量分析：

根据保留时间窗口内目标化合物的总峰面积（此处的总峰面积为扣除柱流失后的总峰面积），由外标法得出目标化合物的总浓度。

3.《水质 苯系物的测定 顶空－气相色谱法》（HJ 1067—2019）中规定的苯系物包括哪些？如何定性？

【答案要点】

苯、甲苯、乙苯、邻－二甲苯、间－二甲苯、对－二甲苯、苯乙烯和异丙苯，共 8 种。

定性分析：根据样品中目标物与标准系列中目标物的保留时间进行定性。样品分析前，建立保留时间窗 $t\pm3S$。t 为校准时各浓度级别目标化合物的保留时间均值，S 为初次校准时各浓度级别目标化合物保留时间的标准偏差。样品分析时，目标物应在保留时间窗内出峰。

当在色谱柱Ⅰ（100% 聚乙二醇毛细管柱）上有检出，但不能确认时，可用色谱柱Ⅱ（6% 腈丙苯基 +94% 二甲基聚硅氧烷毛细管柱）做辅助定性。色谱柱Ⅱ的测定参考条件同仪器参考条件。

4. 根据《污水监测技术规范》（HJ 91.1—2019）的规定，哪些项目不用采现场平行样品？水样感官指标如何描述？根据《污水监测技术规范》（HJ/T 91.1—2019）的规定，地表水哪些项目需要单独采样？

【答案要点】

（1）现场监测项目、悬浮物、石油类、动植物油、微生物等项目不用采集现场平行样。

（2）水样感官指标用文字定性描述水的颜色、浑浊度、气味（嗅）等样品状态、水面有无油膜等表观特征，并现场记录。

（3）地表水中测定油类、BOD_5、硫化物、余氯、粪大肠菌群、悬浮物、放射性等项目要单独采样。

5. 根据《污水监测技术规范》（HJ 91.1—2019）的规定，污水采样现场记录应包含哪些内容？

【答案要点】

现场记录应包含监测目的、排污单位名称、气象条件、采样日期、采样时间、现场测试仪器型号与编号、采样点位、生产工况、污水处理设施处理工艺、污水处理设施运行情况、污水排放量 / 流量、现场测试项目和监测方法、水样感官指标的描述、采样项目、采样方式、样品编号、保存方法、采样人、复核人、排污单位人员及其他需要说明的有关事项等内容。

6.《水质　硫化物的测定　亚甲蓝分光光度法》（GB/T 16489—1996），样品如何采集和保存？

【答案要点】

样品采集：由于硫离子很容易被氧化，硫化氢易从水样中逸出，因此在采样时应防止曝气，并加适量的氢氧化钠溶液和乙酸锌 - 乙酸钠溶液，使水样呈碱性并形成硫化锌沉淀。采样时应先加乙酸锌 - 乙酸钠溶液，再加水样。通常氢氧化钠溶液的加入量为每升中性水样加 1 mL，乙酸锌 - 乙酸钠溶液的加入量为每升水样加 2 mL，硫化物含量较高时应酌情多加直至沉淀完全。水样应充满瓶，瓶塞下不留空气。

样品保存：现场采集并固定的水样应贮存在棕色瓶内、保存时间为 1 周。

7. 根据《水质　化学需氧量的测定　重铬酸盐法》（HJ 828—2017），如何进行氯离子含量粗判？

【答案要点】

取 10.0 mL 未加硫酸的水样于锥形瓶，稀释至 20 mL，用氢氧化钠溶液调至中性（pH 试纸判定即可），加入 1 滴铬酸钾指示剂，用滴管滴加硝酸银溶液，并不断摇匀，直至出现砖红色沉淀，记录滴数，换算成体积，粗略确定水样中氯离子的含量。

8. 根据《工业锅炉水质》（GB/T 1576—2018），某次锅炉水碱度检测结果：酚酞碱度 15.4 mmol/L，全碱度 8.7 mmol/L。该检测结果是否合理，为什么？

【答案要点】

不合理。酚酞碱度是以酚酞作为指示剂时所测出的量，其终点的 pH：8.3。全碱度是以甲基橙作为指示剂时测出的量，终点的 pH：4.2。因此，理论上酚酞碱度≤全碱度。

9. 根据《水质　氨氮的测定　纳氏试剂分光光度法》（HJ 535—2009），水样中的余氯为什么会干扰氨氮测定？如何消除？

【答案要点】

余氯和氨氮可形成氯胺。可加入 $Na_2S_2O_3$ 消除干扰，可用淀粉－碘化钾试纸检验余氯是否除尽。

10.《水质　浊度的测定　浊度计法》（HJ 1075—2019），浊度的单位是什么？浊度监测时有哪些注意事项？

【答案要点】

浊度的单位是 NTU，浊度监测时，应该注意：①经冷藏保存的样品应放置至室温后测量，测量时应充分摇匀，并尽快将样品倒入样品池，倒入时应沿着样品池缓慢倒入，避免产生气泡；②仪器样品池的洁净度及是否有划痕会影响浊度的测量，应定期进行检查和清洁，有细微划痕的样品池可通过涂抹硅油薄膜并用柔软的无尘布擦拭来去除；③ 10 NTU 以下样品建议选择入射光为 400～600 nm 的浊度计，有颜色样品应选择入射光为 860 nm±30 nm 的浊度计。

11.3.2　生物

1.《水质　总大肠菌群和粪大肠菌群的测定　纸片快速法》（HJ 755—2015）对样品的时效性有什么要求？方法的质量保证和质量控制要求有哪些？

【答案要点】

（1）采样后应在 2 h 内检测，否则，应 10℃以下冷藏但不得超过 6 h。实验室接样后，如不能立即开展检测，应将样品于 4℃以下冷藏并在 2 h 内检测。

（2）必须使用质量鉴定合格的纸片，并且每批样品应进行空白对照和阳性及阴性对照试验。空白对照：用无菌水做全程序空白测定，培养后的纸片上不得有任何颜色变化，否则该次样品测定结果无效。阳性及阴性对照：将阳性及阴性标准菌株制成浓度为 300～3 000 个 /mL 的菌悬液，分别取相应水量的菌悬液接种纸片，阳性与阴性菌株各 5 张，在要求的条件下培养，阳性菌株（大肠埃希氏菌）应呈现阳性反应，阴性菌株（金黄色葡萄球菌、产气肠杆菌）应呈现阴性反应，否则该次样品测定结果无效。

2.《水质　粪大肠菌群的测定　多管发酵法》（HJ 347.2—2018）对样品的时效性有什么要求？应关注哪些质量控制措施？

【答案要点】

（1）采样后应在 2 h 内检测，否则应 10℃以下冷藏但不得超过 6 h。实验室接样后，如不能立即开展检测，应将样品于 4℃以下冷藏并在 2 h 内检测。

（2）应进行空白对照和阳性及阴性对照试验。每次试验都要用无菌水做实验室空白测定，培养后的试管中不得有任何变色反应，否则，该次样品测定结果无效。定期进行阳性及阴性对照试验，阳性菌株应呈现阳性反应，阴性菌株应呈现阴性反应，否则该次样品测定结果无效。

11.3.3　环境空气和废气

1. 固定污染源颗粒物采样为什么要等速采样？

【答案要点】

颗粒物具有一定的质量，在烟道中由于本身运动的惯性作用，不能完全随气流改变方向，为了从烟道中取得有代表性的烟尘样品，需等速采样，即气体进入采样嘴的速度应与采样点的烟气速度相等，其相对误差应在 10% 以内。气体进入采样嘴的速度大于或小于采样点的烟气速度都将使采样结果产生偏差。

2.《固定污染源废气　一氧化碳的测定　定电位电解法》（HJ 973—2018）中质量保证和质量控制措施有哪些？

【答案要点】

（1）监测前后，测定零气和一氧化碳标气，示值误差不超过 ±5%，系统偏差不超过±5%。

（2）样品测定结果应处于仪器校准量程的 20%～100%，否则应重新选择校准量程。

（3）每个季度至少进行一次零点漂移、量程漂移检查。

（4）传感器的使用寿命一般不超过 2 年，到期后应及时更换。校准传感器时，若发现其动态范围变小，测量上限达不到满量程值，或在复检仪器校准量程时，示值误差超过标准要求，表明传感器已失效，应及时更换。

3.《泄漏和敞开液面排放的挥发性有机物检测技术导则》（HJ 733—2014）规定的泄漏源有哪些？

【答案要点】

指内部含 VOCs 物料且可能泄漏排放的各种设备和管线，包括阀门、法兰及其他连接件、泵、压缩机、泄压装置、开口阀或开口管线、取样连接系统、泵和压缩机密封系统排气口、储罐呼吸口、检修口密封处等。

4.《泄漏和敞开液面排放的挥发性有机物检测技术导则》（HJ 733—2014），检测泄漏挥发性有机物前，应先测试 VOC 分析仪的响应时间。经测试，响应时间为 27 s。该响应时间是否符合要求？测定响应时间时应注意哪些？

【答案要点】

符合要求。注意事项：①从采样探头口通入零气，待仪器读数稳定后迅速切换通入校准气体，记录仪器达到最终稳定显示读数的 90% 所需要的时间。重复 3 次，取平均值。

②仪器响应时间应不超过 30 s。测定响应时间时，采样泵、稀释探头、采样探头和过滤装置都应安装到位。

5.《非道路移动柴油机械排气烟度限值及测量方法》（GB 36886—2018），在不具备加载条件的情况下，用哪种方法测量柴油机械的排放烟度？简要描述检测的过程。

【答案要点】

《非道路移动柴油机械排气烟度限值及测量方法》（GB 36886—2018）规定：在非道路柴油移动机械不具备加载条件的情况下，可采用 GB 3847 描述的自由加速法进行烟度测量，即在 1 s 内，将油门踏板快速、连续但不粗暴地完全踩到底，使喷油泵供给最大油量。在松开油门踏板前，发动机应达到断油点转速（采用手动或其他方式控制供油量的发动机采用类似方法操作），在测量过程中应进行检查。

6.《固定污染源废气　总烃、甲烷和非甲烷总烃的测定　气相色谱法》（HJ 38—2017），利用气袋如何采集样品？如何消除氧对总烃测定的干扰？

【答案要点】

固定污染源废气采样位置与采样点、采样频次和采样时间的确定、排气参数的测定和采样操作执行 GB/T 16157、HJ/T 397 和 HJ 732 的相关规定。连接采样装置，开启加热采样管电源，采样时将采样管加热并保持在（120±5）℃（有防爆安全要求的除外），气袋须用样品气清洗至少 3 次，结束采样后样品应立即放入样品保存箱内避光保存，直至样品分析时取出。

分析时，将气体样品直接注入具氢火焰离子化检测器的气相色谱仪，分别在总烃柱和甲烷柱上测定总烃和甲烷的含量，两者之差即为非甲烷总烃的含量。同时以除烃空气代替样品，测定氧在总烃柱上的响应值，以扣除样品中的氧对总烃测定的干扰。

7.《固定污染源废气　油烟和油雾的测定　红外分光光度法》（HJ 1077—2019），油烟和油雾是如何定义的？如何制备油烟标准油和油雾标准油？

【答案要点】

油烟：指食物烹饪、加工过程中挥发的油脂、有机质及其加热分解或裂解产物。

油雾：指工业生产过程（如机械加工、金属材料热处理等工艺）中挥发产生的矿物油及其加热分解或裂解产物。

油烟标准油：在 500 mL 双颈蒸馏瓶中加入 300 mL 花生油，侧口插入量程为 500℃的温度计，在 120℃温度下敞口加热 30 min，然后在上口安装空气冷凝管，升温至 300℃，回流 2 h，即得标准油，放冷后取适量放入带聚四氟乙烯衬垫螺旋盖的 500 mL 样品瓶中。

油雾标准油：分别用刻度移液管吸取 6.5 mL 正十六烷、2.5 mL 异辛烷和 1.0 mL 苯移入 10 mL 容量瓶，立即塞紧混匀。

8. 定电位电解法测定烟气中二氧化硫、氮氧化物、一氧化碳时，方法标准对一次测量值是如何规定的？排放标准中 1 h 平均浓度应如何采样？

【答案要点】

启动抽气泵，以测定仪规定的采样流量取样测定，待测定仪稳定后，按分钟保存测定数据，取连续 5～15 min 测定数据的平均值作为一次测量值。

以连续 1 h 的采样获取平均值或在 1 h 内，以等时间间隔采集 3～4 个样品，并计算平均值。

9. 根据《饮食业油烟排放标准》（GB 18483—2001），饮食业油烟检测对采样工况、采样时间和频次是如何规定的？简述分析结果的处理要求。

【答案要点】

采样工况：应在油烟排放单位作业（炒菜、食品加工或其他产生油烟的操作）高峰期进行样品采集。采样时间和频次：应在油烟排放单位正常作业期间，采样次数为连续采样 5 次，每次 10 min。

分析结果的处理：5 次采样分析结果之间，其中任何一个数据与最大值比较，若该数据小于最大值的 1/4，则该数据为无效值，不能参与平均值计算。数据经取舍后，至少有 3 个数据参与平均值计算。若数据之间不符合上述条件，则需重新采样。

10. 确定固定污染源废气采样频次和采样时间的依据是什么？

【答案要点】

（1）相关标准和规范的规定和要求；

（2）实施监测的目的和要求；

（3）被测污染源污染物排放特点、排放方式及排放规律，生产设施和治理设施的运行状况；

（4）污染物排放浓度和所采用的检测方法的检出限及测量范围。

11.《环境空气和废气　氯化氢的测定　离子色谱法》（HJ 549—2016），测定环境空气和废气中的氯化氢，如何消除颗粒态氯化物和氯气的干扰？

【答案要点】

采样时用聚四氟乙烯滤膜或石英滤膜去除颗粒物，可消除颗粒态氯化物对测定的干扰；使用酸性吸收液串联碱性吸收液采样，分别吸收氯化氢和氯气，可去除氯气对氯化氢测定的干扰。

12.《环境空气　PM_{10} 和 $PM_{2.5}$ 的测定　重量法》（HJ 618—2011），PM2.5 检测如何获得“标准滤膜”？ 如何用“标准滤膜”来判断所称“样品滤膜”是否称量合格？

【答案要点】

获得“标准滤膜”的方法是取清洁滤膜若干张，在恒温恒湿设施内平衡 24 h 后称重，每张滤膜非连续称量 10 次以上，求出每张滤膜的平均值为该张滤膜的原始质量，即为标准滤膜。

每次称“滤膜样品”的同时，称量两张“标准滤膜”。若称出“标准滤膜”的质量在原始质量 ±0.5 mg（大流量在 ±5 mg）范围内，则认为对该批“样品滤膜”的称量合格，数据可用。

13.《大气固定污染源　氟化物的测定　离子选择电极法》（HJ/T 67—2001）中的氟化物指什么？如何采集？

【答案要点】

氟化物是指尘氟与气态氟的总和。尘氟和气态氟共存时，使用烟尘采样器进行等速采样，滤筒采集尘氟和部分气态氟，在采样管的出口串联 3 个装有 75 mL 吸收液的大型冲击式吸收瓶，采集气态氟。

14.《环境空气　挥发性有机物的测定　吸附管采样 - 热脱附气相色谱 - 质谱法》（HJ 644—2013）环境空气中挥发性有机物采样要求每批样品应至少采集一个现场空白和一根候补吸附管，分别起到什么作用？如何采集？

【答案要点】

现场空白样用于检验样品从采集至分析全过程是否符合质量要求。现场空白样品的采集：将吸附管运输到采样现场，打开密封帽或从专用套管中取出，立即密封吸附管两端或放入专用的套管内，外面包裹一层铝箔纸，同已采集样品的吸附管一同存放并带回实验室分析。

候补吸附管采样用于监视采样是否穿透。在吸附管后串联一根老化好的吸附管采样，方法同样品采样。

15.《固定污染源废气挥发性有机物的测定　固相吸附 - 热脱附　气相色谱 - 质谱法》（HJ 734—2014），如何进行质谱性能检查？

【答案要点】

质谱性能检查：在空白吸附管中加入 4- 溴氟苯（BFB）50 ng，参照仪器条件进行 TD-GCMS 分析，得到的 BFB 质谱图各离子丰度应该满足表 1 的规定，否则需对质谱仪的参数进行调整或者考虑清洗离子源等，以满足表 11-1 的要求。

表 11-1　BFB 进行质谱调谐时各离子的峰及强度

质量数	相对强度	质量数	相对强度
50	质量数 95 的 8.0%～40.0%	174	质量数 95 的 50.0%～120%
75	质量数 95 的 8.0%～40.0%	175	质量数 174 的 4.0%～9.0%
95	基峰，100%	176	质量数 175 的 93.0%～101%
96	质量数 95 的 5.0%～9.0%	177	质量数 176 的 5.0%～9.0%
173	＜质量数 174 的 2.0%		

11.3.4　土壤和沉积物

1.《土壤和沉积物　石油烃（C_{10}～C_{40}）的测定　气相色谱法》（HJ 1021—2019）中规定，石油烃（C_{10}～C_{40}）是如何定性分析的？

【答案要点】

土壤石油烃（C_{10}～C_{40}）经提取、净化、浓缩、定容后，用带氢火焰离子化检测器的气相色谱仪检测，根据石油烃（C_{10}～C_{40}）保留时间窗对目标化合物进行定性，即从正癸烷出峰开始，到正四十烷出峰结束连接一条水平基线进行积分。

2. 根据《土壤环境监测技术规范》（HJ/T 166—2004）的规定，农田土壤混合样如何采集？

【答案要点】

（1）对角线法：适用污灌农田土壤，对角线分 5 等份，以等分点为采样分点；

（2）梅花点法：适用面积较小、地势平坦、土壤组成和受污染程度相对比较均匀的地块，设等分点 5 个左右；

（3）棋盘式法：适宜中等面积、地势平坦、土壤不够均匀的地块，设等分点 10 个左右；受污泥、垃圾等固体废物污染的土壤，等分点应在 20 个以上；

（4）蛇形法：适宜面积较大、土壤不够均匀且地势不平坦的地块，设等分点 15 个左右，多用于农业污染型土壤。各等分点混匀后用四分法取 1 kg 土样装入样品袋，多余部分弃去。

3. 根据《农田土壤环境质量监测技术规范》（NY/T 395—2012），简述如何制备风干土壤样品？

【答案要点】

（1）风干：在风干室将土样放置于风干盘中，摊成 2～3 cm 的薄层，适时地压碎、翻动，拣出碎石、沙砾、植物残体。

（2）样品粗磨：在磨样室将风干的样品倒在有机玻璃板上，用木锤敲打，用木滚、木棒、有机玻璃棒再次压碎，拣出杂质，混匀，并用四分法取压碎样，过孔径 2 mm 尼龙筛。过筛后的样品全部置无色聚乙烯薄膜上，并充分搅拌混匀，再采用四分法取其两份，一份交样品库存放；另一份做样品的细磨用。

（3）细磨样品：用于细磨的样品再用四分法分成两份：一份研磨到全部过孔径 0.25 mm（60 目）筛，用于农药或土壤有机质、土壤全氮量等项目分析；另一份研磨到全部过孔径 0.15 mm（100 目）筛，用于土壤元素全量分析。

（4）样品分装：研磨混匀后的样品，分别装于样品袋或样品瓶，填写土壤标签一式两份，瓶内或袋内一份，瓶外或袋外贴一份。

（5）注意事项：

制样过程中采样时的土壤标签与土壤始终放在一起，严禁混错，样品名称和编码始终不变；

制样工具每处理一份样后擦抹（洗）干净，严防交叉污染。

分析挥发性、半挥发性有机物或可萃取有机物无须上述制样，用新鲜样按特定的方法进行样品前处理。

4. 土壤检测项目之间对样品的粒度要求有何不同？哪些项目采用新鲜样进行样品前处理后分析？

【答案要点】

分析挥发性、半挥发性有机物或可萃取有机物无须制样，用新鲜样按特定的方法进行样品前处理。

农药或土壤有机质、土壤全氮量等项目分析：0.25 mm（60 目）；

土壤元素全量分析：0.15 mm（100 目）；

土壤 pH：2.00 mm（10 目）。

5.《土壤环境质量　建设用地土壤污染风险管控标准（试行）》（GB 36600—2018），建设用地土壤风险筛选值和管制值如何使用？

【答案要点】

（1）建设用地规划用途为第一类用地的，适用表 1 和表 2 中第一类用地的筛选值和管制值；规划用途为第二类用地的，适用表 1 和表 2 中第二类用地的筛选值和管制值。规划用途不明确的，适用表 1 和表 2 中第一类用地的筛选值和管制值。

（2）建设用地土壤中污染物含量等于或者低于风险筛选值的，建设用地土壤污染风险一般情况下可以忽略。

（3）通过初步调查确定建设用地土壤中污染物含量高于风险筛选值，应当依据 HJ 25.1、HJ 25.2 等标准及相关技术要求，开展详细调查。

（4）通过详细调查确定建设用地土壤中污染物含量等于或者低于风险管制值，应当依据 HJ 25.3 等标准及相关技术要求，开展风险评估，确定风险水平，判断是否需要采取风险管控或修复措施。

（5）通过详细调查确定建设用地土壤中污染物含量高于风险管制值，对人体健康通常存在不可接受风险，应当采取风险管控或修复措施。

（6）建设用地若需采取修复措施，其修复目标应当依据 HJ 25.3、HJ 25.4 等标准及相关技术要求确定，且应当低于风险管制值。

（7）表 1 和表 2 中未列入的污染物项目，可依据 HJ 25.3 等标准及相关技术要求开展风险评估，推导特定污染物的土壤污染风险筛选值。

注：表 1 和表 2 是指 GB 36600—2018 标准中的建设用地土壤污染风险筛选值和管制值（基本项目）、建设用地土壤污染风险筛选值和管制值（其他项目）。

6.《土壤和沉积物　挥发性芳香烃的测定　顶空 / 气相色谱法》（HJ 742—2015），土壤样品如何采集与保存？

【答案要点】

按照 HJ/T 166 的相关规定进行土壤样品的采集和保存。按照 GB 17378.3 的相关规定进行沉积物样品的采集和保存。采集样品的工具应用铁铲和不锈钢药勺。所有样品均应至少采集 3 份代表性样品。

用铁铲和不锈钢药勺将样品尽快采集到采样瓶（具聚四氟乙烯 - 硅胶衬垫螺旋盖的 60 mL 或者 200 mL 的螺纹棕色广口玻璃瓶）中，并尽量填满。快速清除掉样品瓶螺纹及外表面上黏附的样品，密封样品瓶。置于便携式冷藏箱内，带回实验室。

采样瓶中的样品用于样品测定和土壤中干物质含量及沉积物含水率的测定。

注 1：必要时，可在采样现场使用用于挥发性芳香烃测定的便携式仪器对样品进行浓度高低的初筛。当样品中挥发性芳香烃浓度大于 1 000 μg/kg 时，视该样品为高含量样品。

注 2：样品采集时切勿搅动土壤及沉积物，以免造成有机物的挥发。

样品送入实验室后应尽快分析。若不能立即分析，在 4℃以下密封保存，保存期限不超过 7 d。样品存放区域应无有机物干扰。

7. 采用《土壤全量钙、镁、钠的测定》（NY/T 296—1995）方法测定钙、镁时，如何克服磷、铝及高含量钛、硫的干扰？

【答案要点】

土壤消解后，在待测液中加入释放剂（氯化锶或氯化镧）可去除磷、铝及高含量钛、硫的干扰。

8. 根据《土壤检测　第 7 部分：土壤有效磷的测定》（NY/T 1121.7—2014），如何区分酸性土壤、中性土壤和石灰性土壤？分别采用哪种浸提剂浸提土壤中的有效磷？

【答案要点】

pH＜6.5 的土壤为酸性土壤，pH≥6.5 的土壤为碱性土壤。酸性土壤用氟化铵 - 盐酸溶液做浸提剂，中性土壤和石灰性土壤采用碳酸氢钠溶液作为浸提剂。

9.《森林土壤钾的测定》（LY/T 1234—2015）标准的适用范围是什么？

【答案要点】

适用森林土壤全钾、速效钾和缓效钾的测定。采用碱熔和酸溶法测定森林土壤全钾，采用 1 mol/L 乙酸铵浸提测定森林土壤速效钾和 1 mol/L 硝酸煮沸浸提测定森林土壤缓效钾。

10. 根据《地块土壤和地下水中挥发性有机物采样技术导则》(HJ 1019—2019)，挥发性有机物的定义是什么？

【答案要点】

沸点低于或等于 260℃，或在 20℃和 1 个大气压下饱和蒸气压超过 133.322 Pa 的有机化合物。

11. 根据《地块土壤和地下水中挥发性有机物采样技术导则》(HJ 1019—2019)，采用便携式有机物快速测定仪对土壤样品进行筛查时，操作流程是什么？

【答案要点】

（1）按照设备说明书和设计要求校准仪器；

（2）将土壤样品装入自封袋中 1/3～1/2 体积，封闭袋口；

（3）适度揉碎样品，对已冻结的样品，应置于室温下解冻后揉碎；

（4）样品置于自封袋中约 10 min 后，摇晃或振动自封袋约 30 s，之后静置约 2 min；

（5）将便携式有机物快速测定仪探头伸至自封袋约 1/2 顶空处，紧闭自封袋；

（6）在便携式有机物快速测定仪探头伸入自封袋后的数秒内，记录仪器的最高读数。

12. 根据《地块土壤和地下水中挥发性有机物采样技术导则》(HJ 1019—2019)，挥发性有机物土壤样品如何采集？

【答案要点】

（1）在土壤样品采集过程中应尽量减少对样品的扰动，禁止对样品进行均质化处理，不得采集混合样。

（2）当采集用于测定不同类型污染物的土壤样品时，应优先采集用于测定挥发性有机物的土壤样品。

（3）使用非扰动采样器采集土壤样品。若使用一次性塑料注射器采集土壤样品，针筒部分的直径应能够伸入 40 mL 土壤样品瓶的颈部。针筒末端的注射器部分在采样之前应切断。若使用不锈钢专用采样器，采样器需配有助推器，可将土壤推入样品瓶。不应使用同一非扰动采样器采集不同采样点位或深度的土壤样品。

（4）如直接从原状取土器中采集土壤样品，应刮除原状取土器中土芯表面约 2 cm 的土壤（直压式取土器除外），在新露出的土芯表面采集样品；如原状取土器中的土芯已经转移至垫层，应尽快采集土芯中的非扰动部分。

（5）在 40 mL 土壤样品瓶中预先加入 5 mL 或 10 mL 甲醇（农药残留分析纯级），以能够使土壤样品全部浸没于甲醇中的用量为准，称重（精确到 0.01 g）后，带到现场。采集约 5 g 土壤样品，立即转移至土壤样品瓶。土壤样品转移至土壤样品瓶过程中应避免瓶中的甲醇溅出，转至土壤样品瓶后应快速清除掉瓶口螺纹处黏附的土壤，拧紧瓶盖，清除土壤样品瓶外表面上黏附的土壤。

（6）用 60 mL 土壤样品瓶（或大于 60 mL 其他规格的样品瓶）另外采集一份土壤样品，用于测定土壤中干物质的含量。

13. 根据《地块土壤和地下水中挥发性有机物采样技术导则》（HJ 1019—2019）的规定，地下水采样洗井出水水质稳定标准是什么？

【答案要点】：见表 11-2。

表 11-2　地下水采样洗井出水水质的稳定标准检测指标

检测指标	稳定标准
pH	±0.1 以内
温度	±0.5℃以内
电导率	10% 以内
氧化还原电位	±10 mV 以内，或在 ±10% 以内
溶解氧	±0.3 mg/L 以内，或在 ±10% 以内
浊度	≤10 NTU，或在 ±10% 以内

14. 根据《地块土壤和地下水中挥发性有机物采样技术导则》（HJ 1019—2019）的规定，洗井水质指标达到稳定后，运用低速采样方法如何采集地下水挥发性有机物样品？

【答案要点】

水质指标达到稳定后，开始采集样品，应符合以下要求：

（1）地下水样品采集应在 2 h 内完成，优先采集用于测定挥发性有机物的地下水样品；按照相关水质环境监测分析方法标准的规定，预先在地下水样品瓶中添加盐酸溶液和抗坏血酸。

（2）控制出水流速一般不超过 100 mL/min；当实际情况不满足前述条件时可适当增加出水流速，但最高不得超过 500 mL/min；应当尽可能降低出水流速。

（3）从输水管线的出口直接采集水样，使水样流入地下水样品瓶，注意避免冲击产生气泡；水样应在地下水样品瓶中过量溢出，形成凸面，拧紧瓶盖，颠倒地下水样品瓶，观察数秒，确保瓶内无气泡，如有气泡应重新采样。

11.3.5　固体废物

1. 固体废物浸出方法有哪几种？当使用《危险废物鉴别标准　浸出毒性鉴别》（GB 5085.3—2007）标准进行评价时，应采用哪种浸出方法？

【答案要点】

固体废物浸出方法有《固体废物　浸出毒性浸出方法　硫酸硝酸法》（HJ/T 299—2007）、《固体废物　浸出毒性浸出方法　醋酸缓冲溶液法》（HJ/T 300—2007）、《固体废物　浸出毒性浸出方法　翻转法》（GB 5086.1—1997）、《固体废物　浸出毒性浸出方法　水平振荡法》（HJ 557—2010）。

使用 GB 5085.3—2007 浸出毒性鉴别标准进行评价时，应采用《固体废物　浸出毒性浸出方法　硫酸硝酸法》（HJ/T 299—2007）浸出方法。

2. 根据《固体废物　六价铬的测定　碱消解 / 火焰原子吸收分光光度法》（HJ 687—2014），测定固体废物中六价铬，为什么三价铬不会干扰测定？该方法中对样品空白有什么质控要求？

【答案要点】

样品在碱性介质中经氯化镁和磷酸氢二钾 - 磷酸二氢钾缓冲溶液抑制，三价铬的存在对六价铬的测定无干扰。

方法中要求每消解一批样品（最多 20 个）样品至少做两个空白样品，其所测得的六价铬浓度必须低于方法的检测限。

3. 根据《工业固体废物采样制样技术规范》（HJ/T 20—1998），简述工业固体废物采样记录一般应包括的内容。

【答案要点】

应记录工业固体废物的名称、来源、数量、性状、包装、贮存、处置、环境、编号、采样点、采样法、份样数、份样量、采样日期、采样人等。

4. 根据《工业固体废物采样制样技术规范》（HJ/T 20—1998），简述常用的固体废物采样方法。

【答案要点】

常用的固体废物采样方法有简单随机采样法、系统采样法、分层采样法、两段采样法、权威采样法。

5. 对固体废物样品进行的酸分解与酸浸提有何不同？

【答案要点】

酸分解是用酸对样品进行全分解，需要加热；酸浸提是以酸为浸提液，无须加热。

6. 根据《城市污水处理厂污泥检验方法》（CJ/T 221—2005）的规定，简述检测酚类的污泥样品采集后存放要求。

【答案要点】

样品采集后应及时检查有无氧化剂存在。必要时加入过量的硫酸亚铁，立即加磷酸酸化至 pH：4.0，并加入适量硫酸铜（ρ=1 g/L）以抑制微生物对酚类的氧化作用，同时应在 4℃冰箱冷藏，在采集后 24 h 内测定。

7.《城市污水处理厂污泥检验方法》（CJ/T 221—2005）的规定，污泥有机物含量的测定中，烘干温度、灼烧温度分别为多少度？烘干恒重是如何规定的？

【答案要点】

污泥有机物含量的测定中，烘干温度、灼烧温度分别为 103～105 ℃、（550±50）℃。烘干恒重是每次烘干后称重相差不大于 0.001 g。

8. 根据《城市污水处理厂污泥检验方法》（CJ/T 221—2005）的规定，测定城市污水处理厂污泥 pH 的影响因素是什么？如何消除“酸误差”和“钠差”对测定结果的影响？

【答案要点】

脂肪酸盐、油状物质、悬浮物或沉淀物、温度和样品中的二氧化碳等会对 pH 测定产生影响。

当 pH<1 时会有酸误差，可按酸度测定；当 pH>10 时产生“钠差”，读数偏低，需选用特制的“低钠差”玻璃电极，或使用与样品的 pH 相近的标准缓冲液对仪器进行校正。

11.3.6 噪声

1. 你单位资质认定通过了哪些噪声标准？这些噪声测量时间都是怎么规定的？

【答案要点】

《工业企业厂界环境噪声排放标准》（GB 12348—2008）1 min

《铁路边界噪声限值及其测量方法》（GB 12525—1990）接近机车车辆平均密度的 60 min

《建筑施工场界环境噪声排放标准》（GB 12523—2011）20 min

《社会生活环境噪声排放标准》（GB 22337—2008）1 min

2. 简述《社会生活环境噪声排放标准》（GB 22337—2008）方法的适用范围。

【答案要点】

《社会生活环境噪声排放标准》（GB 22337—2008）适用范围包括①本标准规定了营业性文化娱乐场所和商业经营活动中可能产生环境噪声污染的设备、设施边界噪声排放限值和测量方法；②本标准适用于对营业性文化娱乐场所、商业经营活动中使用的向环境排放噪声的设备、设施的管理、评价与控制。

3.《机场周围飞机噪声测量方法》（GB/T 9661—1988）中，每个测点的评价量计权等效连续感觉噪声级 WECPNL 的计算公式为 $L_{WECPNL}=L_{EPN}+10\log(N_1+3N_2+10N_3)-39.4$（dB），试说出各符号代表的含义。

【答案要点】

L_{EPN}——N 次飞行的有效感觉噪声级的能量平均值；

N_1——白天（7：00—19：00）飞行次数；

N_2——傍晚（19：00—22：00）飞行次数；

N_3——夜间（22：00—7：00）飞行次数。

（这三段时间的具体划分由当地人民政府决定，一般情况下按此时段划分。）

4.《城市区域环境振动测量方法》（GB/T 10071—1988）中，铁路振动的测量量、读数方法和评价量分别是什么？

【答案要点】

测量量为铅垂向 Z 振级。铁路振动读数方法和评价量：读取每次列车通过过程中的最大示数，每个测点连续测量 20 次列车，以 20 次读数的算术平均值为评价量。

11.3.7 煤质

1. 煤中全硫的测定方法是什么？简述其测定原理（可任意答一种）。

【答案要点】

艾士卡法和艾士卡－离子色谱法。

艾士卡法：将煤样与艾士卡试剂混合灼烧，煤中硫生成硫酸盐，然后使硫酸根离子生成硫酸钡沉淀，根据硫酸钡的质量计算煤中全硫的含量。

艾士卡－离子色谱法：将煤样与艾士卡试剂混合灼烧，煤中硫生成硫酸盐，硫酸盐随着碱性淋洗液进入阴离子色谱柱，以硫酸根的形式被分离出来，用电导检测器检测。根据硫酸根的质量计算煤中全硫的含量。

2. 缓慢灰化法中煤样的灰分指的是什么。

【答案要点】

称取一定量的一般分析试验煤样，放入马弗炉，以一定的速度加热到（815±10）℃，灰化并灼烧到质量恒定。以残留物的质量占煤样质量的质量分数作为煤样的灰分。

11.3.8 辐射

1.《移动通信基站电磁辐射环境监测方法》（HJ 972—2018）规定，移动通信基站电磁辐射环境监测布点要求是什么？

【答案要点】

（1）监测点位布设在以移动通信基站发射天线地面投影点为圆心，半径 50 m 为底面的圆柱体空间内有代表性的电磁辐射环境敏感目标处。

（2）在建筑物外监测时，点位优先布设在公众日常生活或工作距离天线最近处，但不宜布设在需借助工具（如梯子）或采取特殊方式（如攀爬）到达的位置。移动通信基站发射天线为定向天线时，点位优先布设在天线主瓣方向范围内。

（3）在建筑物内监测时，点位优先布设在朝向天线的窗口（阳台）位置，探头（天线）应在窗框（阳台）界面以内，也可选取房间中央位置。探头（天线）与家用电器等设备之间距离不小于 1 m。

2. 根据《交流输变电工程电磁环境监测方法（试行）》（HJ 681—2013）的要求，简述工频电磁场环境检测应注意的事项。

【答案要点】

监测点应选在地势平坦、远离树木及电力线路、广播线路、通信线路的空地上；探头距离地面（或足面）1.5 m；探头使用绝缘支架支撑；测量电场时测量人员距探头不小于 2.5 m，与周围固定物体不小于 1 m；监测工作应在无雨、无雪、无雾的条件下进行，空气相对湿度要小于 80%。

3.《水质　总 β 放射性的测定　厚源法》（HJ 899—2017），测定总 β 放射性对准确度的质量控制要求。

【答案要点】

每批次（≤20）样品，随机抽取 5%～10% 的样品，加入一定量的氯化钾粉末（加入的氯化钾总活度不得超过样品总活度的 3 倍）做加标回收率测定，样品数量少于 10 个时，应至少测定 1 个加标回收率。加标回收率应控制在 70%～130%，也可以按照 $E_n \leqslant 1$ 进行判断。

4.《水质　总 α 放射性的测定　厚源法》（HJ 898—2017），样品如何采集和保存？

【答案要点】

样品的代表性、采样方法和保存方法按 GB 12379、HJ 493、HJ 494、HJ 495、HJ 61 和 HJ 91.1 的相关规定执行。

采样前将采样设备清洗干净，并用原水冲洗 3 遍采样聚乙烯桶。样品采集后，按每升样品加入 20 mL 硝酸溶液酸化样品，以减少放射性物质被容器壁吸收所造成的损失。样品采集后，应尽快分析测定，样品保存期一般不得超过 2 个月。采样量建议不少于 6 L。如果要测量澄清的样品，可通过过滤或静置使悬浮物下沉后，取上清液。

11.3.9　综合

1. 选择监测分析方法应着重考虑哪些因素？

【答案要点】

（1）灵敏度要高；

（2）选择性要好；

（3）稳定性要好；

（4）所用试剂和仪器容易得到，操作方法简便快速；

（5）在可能的条件下尽量采用国内外新方法；

（6）优先等效采用国际标准为我国的标准分析方法。

2. 试述在进行样品分析过程中，内标法和外标法有何区别？

【答案要点】

内标法：是一种间接或相对的校准方法。在分析测定样品中某组分含量时，加入一种内标物质以校准和消除出于操作条件的波动而对分析结果产生的影响，以提高分析结果的准确度。

外标法：用待测组分的纯品作对照物质，以对照物质和样品中待测组分的响应信号相比较进行定量的方法称为外标法。

内标法主要优点是简单，快速。缺点是没有标准曲线法（外标法的一种）定量精确。

3. ICP/AES 检测水中的重金属时，一般都有哪些干扰因素？怎样做可以减少或降低这些干扰？

【答案要点】

（1）光谱干扰，包括谱线直接重叠、强谱线的拓宽、复合原子－离子的连续发射、分子带发射、高浓度时元素发射产生的散射。要避免谱线重叠可以选择适宜的分析波长。避免或减少其他光谱干扰，可用正确的背景校正。

（2）影响样品雾化和迁移有关的物理干扰。一般通过稀释样品、使用基体匹配的标准溶液或标准加入法进行补偿。

（3）化学干扰。可通过认真选择操作条件（入射功率、等离子观察位置）来减小影响。

4. 原子吸收光谱仪的光源应满足哪些条件？

【答案要点】

（1）光源能发射出所需的锐线共振辐射，谱线的轮廓要窄。

（2）光源要有足够的辐射强度，辐射强度应稳定、均匀。

（3）灯内充气及电极支持物所发射的谱线应对共振线没有干扰或干扰极小。

5. 什么是内标物和替代物？它们分别在哪个检测过程中加入？有何作用？

【答案要点】

内标物：指样品中不含有，但其物理化学性质与待测目标化合物相似的物质。

一般在样品分析前加入，用于目标化合物的定量。

替代物：指样品中不含有，但其物理化学性质与待测目标化合物相似的物质。

一般在样品提取或其他前处理之前加入，通过回收率可以评价样品基体、样品处理过程对分析结果的影响。

6. 气相色谱－质谱法对未知样品进行定性分析的依据是什么？

【答案要点】

未知样品的色谱峰的保留时间和标准样品的色谱峰的保留时间相同，未知样品的质谱图特征和标准样品的质谱图特征匹配，使用这两个基本方法对未知样品定性。

7. 从水样采集到分析这段时间，引起水样变化的主要因素有哪些？

【答案要点】

（1）物理作用：光照、温度、密封条件及容器材质等都会影响水样的性质。

（2）化学作用：水样及各组分可能发生化学反应，从而改变某些组分的含量与性质。

（3）生物作用：细菌、藻类以及其他生物体的新陈代谢会消耗水样中的某些组分，改变一些组分的性质。

8. 简述电感耦合等离子体发射光谱法测定水中元素总量的方法原理。

【答案要点】

经消解的水样注入电感耦合等离子体发射光谱仪后，目标元素在等离子体火炬中被气化、电离、激发并辐射出特征谱线，在一定浓度范围内，其特征谱线的强度与元素的浓度成正比。

11.3.10 管理类

1. 什么是授权签字人？授权签字人产生的程序是什么？

【答案要点】

授权签字人是经资质认定管理部门考核批准和经所在检验检测机构授权（包括职权授权和签发领域授权），在所在机构资质认定证书附表范围内，可以签发带有资质认定标识（CMA）的检验检测报告或证书的人员。

程序一般如下：

检验检测机构提名并向资质认定管理部门提交正式的书面申请，资质认定管理部门组织评审组进行考核，资质认定管理部门按程序进行审批。

2. 授权签字人对签发授权领域的检测报告承担什么责任？

【答案要点】

承担法律责任：

（1）《检验检测机构资质认定管理办法》（总局令第 163 号）（以下简称《办法》）第六章规定了这种责任。《办法》第四十三条规定，超出资质认定证书规定的检验检测能力范围，擅自向社会出具具有证明作用的数据、结果的，责令整改，处 3 万元以下罚款；《办法》第四十五条规定，未经检验检测或者以篡改数据、结果等方式，出具虚假检验检测数据、结果的撤销其资质认定证书。

（2）中共中央办公厅、国务院办公厅印发了《关于深化环境监测改革提高环境监测数据质量的意见》（厅字〔2017〕35 号）（十一）建立“谁出数谁负责、谁签字谁负责”的责任追溯制度、环境监测机构及其负责人对其监测数据的真实性和准确性负责。采样与分析人员，审核与授权签字人分别对原始监测数据、监测报告的真实性终身负责。对违法违规操作或直接篡改、伪造监测数据的，依纪依法追究相关人员责任。

3. 目前环境检验检测机构资质认定有哪些相关的法律、法规、标准和文件？

【答案要点】

（1）《中华人民共和国计量法》1985 年 9 月 6 日第六届全国人民代表大会常务委

员会第十二次会议通过，截至 2018 年进行了 5 次修订；

（2）《中华人民共和国计量法实施细则》，1987 年 1 月 19 日经国务院批准，1987 年 2 月 1 日由国家计量局发布的有关实行的法定计量单位制度，规定了国家法定计量单位的名称、符号和非国家法定计量单位的废除办法等细节，截至 2018 年进行了 3 次修订；

（3）《检验检测机构资质认定管理办法》（总局令 163 号）自 2015 年 8 月 1 日起施行；

（4）《检验检测机构资质认定能力评价　检验检测机构通用要求》（RB/T 214—2017）自 2018 年 5 月 1 日起实施；

（5）《检验检测机构资质认定　生态环境监测机构评审补充要求》（国市监检测〔2018〕245 号）自 2019 年 5 月 1 日起实施。

4.《检验检测机构资质认定　生态环境监测机构评审补充要求》（国市监检测〔2018〕245 号）对授权签字人能力有何要求？

【答案要点】

生态环境监测机构授权签字人应掌握较为丰富的授权范围内的相关专业知识，并且具有与授权签字范围相适应的相关专业背景或教育培训经历，具备中级及以上专业技术职称或同等能力，且具有从事生态环境监测相关工作 3 年以上经历。

5. 批准检测报告需要注意哪些要点？

【答案要点】

（1）报告的结论是否准确、客观；

（2）报告的检测项目是否在资质范围内，检测标准是否现行有效；

（3）报告的各级审核是否完整；

（4）偏离是否是允许的；

（5）报告是否能为委托方接受，是否有充分的证据表明报告是经得起法律的审查；

（6）报告是否与国家法律法规、政策相悖。

6. 如何保证使用现行有效的标准，结合《检验检测机构资质认定　生态环境监测机构评审补充要求》简述方法验证应该做哪些工作。

【答案要点】

标准查新；技术负责人确认；标准受控和发放；方法验证；人、机、料、法、环、测准备和确认；标准变更和扩项。

《生态环境监测机构评审补充要求》第十七条规定：初次使用标准方法前，应进行方法验证。包括对方法涉及的人员培训和技术能力、设施和环境条件、采样及分析仪器设备、试剂材料、标准物质、原始记录和监测报告格式、方法性能指标（如校准曲线、检出限、测定下限、准确度、精密度）等内容进行验证，并根据标准的适用范围，选取不少于一种实际样品进行测定。

7. 授权签字人审核报告应该关注哪些内容？

【答案要点】

（1）检测报告的整体符合性审核：符合性审核包括完整性和代表性审核，即报告格式是否是被批准的格式、检测所用标准是否为资质认定通过的，是否在授权范围内，且应用是否得当；CMA 标志使用是否合规；试验数据是否准确，报告数据的有效位数与标准要求是否一致；引用系数、常数和计算公式是否正确；更正数据的规则和更正原因是否符合要求；原始记录中可追溯性的相关信息，包含样品采集是否完整全面有代表性。

（2）检测报告的数据合理性审核：①由于有些被测样品本身的性质及相互关系，某些被测参数之间有紧密的相关性。因此，我们可以结合分析参数间的相互关系来审核报告。②结合影响检验结果因素进行审核。可以从仪器设备精度、操作性能以及运行情况等方面进行了解，审核检测数据合理性。③检测记录中出现异常数据（偏高、偏低）的分析判断，可结合实验室内部质量控制内容进行审核。通过现场查看和检测过程追踪调查，确保数据的真实性和报告的可靠性。

（3）报告结论的准确性，尤其关注超标数据和临界数据。文字表达是否清楚，是否会引起歧义；计量单位的应用与表述；原始记录是否与报告一致。

（4）报告各环节的时间顺序合理性，报告满足客户需求的符合性。

8. 管理体系分为几层？每一层都包含什么？

【答案要点】

管理体系一般分为四级，其中第一级文件是质量手册，明确表明检验检测机构的质量管理体系运作中的总宗旨与总目标，主要功能是将管理层的质量方针及目标以文件形式告诉全体员工或顾客；第二级文件是程序文件，是指导员工如何进行及完成质量手册内容所表达的方针及目标的文件；第三级文件是作业指导书、规章制度等，详细说明特定作业是如何运作的文件；第四级文件是质量、技术记录，用于证实产品或服务是如何依照所定要求运作的文件。

9. 检验检测机构的文件要如何批准和发布？

【答案要点】

（1）发放给机构人员的所有管理体系文件，在发布之前由授权人员审查并批准使用。

（2）建立识别文件当前修订状态和分发控制清单或等效的文件控制程序，保证机构人员使用当前有效版本的文件，防止使用无效和（或）作废的文件。

10. 什么是期间核查？期间核查的主要对象有哪些？

【答案要点】

期间核查不是一般的功能检查，更不是缩短检定校准周期，其目的是在两次正式校准 / 检定的间隔期间，防止使用不符合技术规范要求的设备。期间核查的对象主要是针对仪器设备的性能不够稳定的、有超差风险、使用非常频繁、经常携带运输到现场检测、在恶劣环境下使用以及校准间隔由检验检测机构自行决定的仪器设备。不是所有的设备都要进行期间核查，对无法寻找核查标准（物质）（如破坏性试验）的也无法进行期间核查。

11. 检验检测机构应如何处置质量控制的结果数据?

【答案要点】

检验检测机构应记录并分析质量控制的结果数据，记录方式应便于发现其发展趋势；应制定质量控制结果是否可接受的判断依据，即对每项控制结果，在可接受限以内则判断为符合要求、可以接受；在可接受限以外则判断为不符合要求、不可接受。对于所有被判断为不可接受的质量控制结果，检验检测机构应查找原因，并采取有计划的纠正措施，消除不可接受结果的影响因素。

12. 检验检测机构利用计算机或自动设备对检测或校准数据进行采集、处理、记录、报告、存储或检索时，应如何进行数据的质量控制?

【答案要点】

（1）使用者开发的软件应被制成足够详细的文件，并加以验证。

（2）开展对计算机软件的测评，以确保软件的功能和安全性。

（3）计算机操作人员应该专职制，未经允许不得交叉使用。

（4）计算机硬盘应该备份，并建立定期刻录和电子签名制度。

（5）软盘、光盘、U 盘应由专人妥善保管，禁止非授权人接触，防止结果被修改。

（6）软件应有不同等级的密码保护。

（7）当很多用户同时访问一个数据库时，系统应有不同级别的访问权限。

（8）应经常对计算机进行维护，确保其功能正常，并防止病毒感染。

13. 如何进行对检测质量有影响的重要服务和供应品的供应商的评价?

【答案要点】

（1）业务管理部门采购人员负责搜集有关服务和供应商的资质（如供应商的营业执照、经营范围、管理体系；检定服务部门的计量授权书及其附件等）和规模、信誉等情况，搜集供应品或服务业绩背景资料，经评审筛选建立合格供应商名录，保存其有关资料，定期对供应商为本单位服务的效果进行评审，并应注意对供应商业绩背景资料进行评审，以保证供应商始终是处于良好的运行状态。供应品在技术条件允许的情况下要进行验证（特别对没有独立质量保证的供应商），证明所供品能满足机构质量体系的要求，信誉好、质量佳、服务优的供应商可列入合格供应商名录。通过不断评定，及时充实和增补合格供应商名录。机构应对提供外部支持服务和供应品的所有供应商进行评价并予以记录并完整归档，供应商的信誉证明文件应充分有效。

（2）未列入合格供应商名录的供应商的产品一般不得购买；特殊情况下需采购的，应有技术负责人组织有关责任人根据有关标准或规定进行验收合格后方可使用。

14. 检验检测机构怎样才能做到对检测工作实施有效的监督？

【答案要点】

（1）对监督人员应有资质要求，由熟悉各项检测 / 校准方法、程序、目的和结果评价的人员担任。

（2）开展监督工作要有监督计划，过程和方法确定，突出监督重点，做好监督的记录和评价。

（3）在不同的专业、不同的领域均有监督员。

（4）监督人员的比例恰当，满足监督工作需要。

（5）在一定时期应形成监督报告，将监督工作情况纳入管理评审。

15. 什么是样品的标识系统？其意义何在？

【答案要点】

样品标识是在检测 / 校准过程中识别和记录样品的唯一标记，是样品管理的关键环节，必不可少。一是区分物类，避免混淆，尤其是同一类物品的混淆；二是表明检测 / 校准状态，确定已检、未检、在检、留样；三是表明样品的细分，保证分样、子样、附件的一致；四是保证样品传递过程中不发生混淆。

其意义：保证样品的唯一性和可追溯性。确保样品及所涉及的记录和文件中不发生任何混淆。

16. 公章可以替代检验检测专用章吗？

【答案要点】

检验检测机构的公章是其依法从事相关活动的证明，检验检测机构在检验检测报告、证书上加盖公章的，视同其加盖检验检测专用章。

17. 如果一个事业单位性质的检测机构，仅是为政府检测样品，不对外检测样品，不对外出具检测报告，还一定要取得资质认定（CMA）吗？

【答案要点】

为政府服务的检测机构应该取得资质认定，因为政府会利用检测机构的数据做判断。《检验检测机构资质认定管理办法》要求检验检测机构从事下列活动，应当取得资质认定：

（1）为司法机关做出的裁决出具具有证明任用的数据、结果的；

（2）为行政机关做出的行政决定出具具有证明作用的数据、结果的；

（3）为仲裁机构做出的仲裁决定出具具有证明作用的数据、结果的；

（4）为社会经济、公益活动出具具有证明作用的数据、结果的；

（5）其他法律法规规定应当取得资质认定的。

18. 来样负责与接收到的样品负责两者间有何区别？

【答案要点】

这个问题涉及检验检测机构免责的情况，应该注明对接收到的样品负责，来样过程（如运输环节、包装环节、贮存环节）都有可能影响到检测结果。

19. 如果检验检测机构有两个检测地址，每个地址检测专业不一样，授权签字人也不同，CMA 章和报告章是否可以刻两套？能否在章上标注检测地址或检测专业？

【答案要点】

机构有两个检测地址，每个地址检测专业不一样，授权签字人也不同，CMA 章和报告章可以刻两套。可以在章上标注检测地址或检测专业或者（1）、（2），在文件中注明（1）、（2）分别代表什么地址和专业。

20. 检验检测机构除按计划对质量体系进行审核外，当出现什么情况时应及时安排内审？

【答案要点】

（1）内部监督连续发现质量问题。

（2）发生重大质量事故或客户对某一环节连续投诉。

（3）实验室组织结构、人员、技术、设备发生较大变化。

（4）第二方或第三方现场评审之前。

第 12 章　参考附录 / 附表

随着环境监测行业的深入发展，为保证环境监测数据的完整和准确，检测依据可循，生态环境部组织有关部门对现有的环境监测方法标准体系的建立、完善做了大量的研究工作，尤其是近几年对环境要素的标准规范进行了大范围的制定和修订工作，为便于广大读者和生态环境监测技术人员的学习和了解，笔者对环境监测领域新发布实施的标准规范（截至 2020 年年底）进行了梳理。

笔者结合河北省对生态环境检测机构的管理要求，对检测实验室的管理要求和应知应会的管理知识进行了整理，并对有关文件进行了全文或部分内容的摘录，一并学习。

12.1　政策法规类

序号	文件名称	备注（编号）
1	中华人民共和国环境保护法	2014 年修订本
2	中华人民共和国计量法	2018 年修正本
3	中华人民共和国计量法实施细则	2018 年修正本
4	中华人民共和国认证认可条例	2020 年修正本
5	国务院关于加强质量认证体系建设促进全面质量管理的意见	国发〔2018〕3 号
6	检验检测机构资质认定管理办法	国家质量监督检验检疫总局（总局令第 163 号）2015 年 8 月 1 日实施，2021 年 4 月 2 日修正
7	国家认监委关于实施《检验检测机构资质认定管理办法》的若干意见	国认实〔2015〕49 号
8	国家认监委关于进一步明确检验检测机构资质认定工作有关问题的通知	国认实〔2017〕2 号
9	国家认监委关于推进检验检测机构资质认定统一实施的通知	国认实〔2018〕12 号
10	检验检测机构资质认定　生态环境监测机构评审补充要求	国市监检测〔2018〕245 号
11	环境监测数据弄虚作假行为判定及处理办法	环发〔2015〕175 号
12	河北省生态环境保护条例	河北省第十三届人民代表大会常务委员会公告（第 49 号）
13	河北省生态环境厅、河北省市场监督管理局关于印发《加强社会生态环境监测机构及其监测质量管理的暂行规定》的通知	冀环监测函〔2020〕322 号
14	检验检测机构监督管理办法	国家市场监督管理总局令第 39 号，2021 年 6 月 1 日旅行

12.2 质量管理类

序号	文件名称	编号
1	质量管理体系　基础和术语	GB/T 19000—2016
2	质量管理体系　要求	GB/T 19001—2016
3	质量管理体系文件指南	GB/T 19023—2003
4	质量管理　组织的质量实现持续成功指南	GB/T 19004—2020
5	化学分析方法验证确认和内部质量控制要求	GB/T 32465—2015
6	合格评定　词汇和通用原则	GB/T 27000—2006
7	合格评定　各类检验机构的运作要求	GB/T 27020—2016
8	检测和校准实验室能力的通用要求	GB/T 27025—2019
9	通用计量术语及定义	JJF 1001—2011
10	能力验证结果的统计处理和能力评价指南	CNAS-GL002
11	合格评定　化学分析方法确认和验证指南	GB/T 27417—2017
12	计量比对规范	JJF 1117—2010
13	合格评定　能力验证的通用要求	GB/T 27043—2012
14	利用实验室间比对进行能力验证的统计方法	GB/T 28043—2019
15	实验室内部研制质量控制样品的指南	CNAS-GL005
16	化学分析中不确定度的评估指南	CNAS-GL006
17	实验室认可评审不符合项分级指南	CNAS-GL008
18	标准物质标准样品证书和标签的内容	CNAS-GL010
19	实验室和检验机构内部审核指南	CNAS-GL011
20	实验室和检验机构管理评审指南	CNAS-GL012
21	声明检测或校准结果及与规范符合性的指南	CNAS-GL015
22	标准物质标准样品定值的一般原则和统计方法	CNAS-GL017
23	标准物质标准样品生产者认可指南	CNAS-GL018
24	能力验证提供者认可指南	CNAS-GL019
25	基于质控数据环境检测测量不确定度评定指南	CNAS-GL022
26	化学分析实验室内部质量控制指南——控制图的应用	CNAS-GL027
27	能力验证的选择核查与利用指南	CNAS-GL032
28	检测和校准实验室标准物质标准样品　验收和期间核查指南	CNAS-GL035
29	环境领域有机检测实验室认可技术指南	CNAS-GL036
30	化学检测领域测量不确定度评定　利用质量控制和方法确认数据评定不确定度	RB/T 141—2018

续表

序号	文件名称	编号
31	实验室化学检测仪器设备期间核查指南	RB/T 143—2018
32	实验室测量审核结果评价指南	RB/T 171—2018
33	基于过程的质量管理体系审核指南	RB/T 180—2017
34	实验室管理评审指南	RB/T 195—2015
35	实验室内部审核指南	RB/T 196—2015
36	检测和校准结果及与规范符合性的报告指南	RB/T 197—2015
37	化学实验室内部质量控制　比对试验	RB/T 208—2016
38	检验检测机构资质认定能力评价 - 检验检测机构通用要求	RB/T 214—2017
39	检验检测机构资质认定能力评价 - 司法鉴定机构要求	RB/T 219—2017
40	检测和校准实验室能力认可准则	CNAS-CL01
41	检验检测机构诚信基本要求	GB/T 31880—2015
42	管理体系审核指南	GB/T 19011—2013
43	检验检测机构管理和技术能力评价 - 内部审核要求	RB/T 045—2020
44	检验检测机构管理和技术能力评价 - 授权签字人要求	RB/T 046—2020
45	检验检测机构管理和技术能力评价 - 设施和环境通用要求	RB/T 047—2020

12.3　环境类方法标准

12.3.1　水质方法标准

序号	文件名称	标准编号	发布日期	实施日期
1	水质　无机阴离子（F^-、Cl^-、NO_2^-、Br^-、NO_3^-、PO_4^{3-}、SO_3^{2-}、SO_4^{2-}）的测定　离子色谱法	HJ 84—2016	2016-07-26	2016-10-01
2	水质　二氧化氯和亚氯酸盐的测定　连续滴定碘量法	HJ 551—2016	2016-05-13	2016-8-01
3	水质　乙腈的测定　吹扫捕集 / 气相色谱法	HJ 788—2016	2016-03-29	2016-5-01
4	水质　乙腈的测定　直接进样 / 气相色谱法	HJ 789—2016	2016-03-29	2016-5-01
5	水质　丙烯腈和丙烯醛的测定　吹扫捕集 / 气相色谱法	HJ 806—2016	2016-06-24	2016-8-01
6	水质　钼和钛的测定　石墨炉原子吸收分光光度法	HJ 807—2016	2016-06-24	2016-8-01
7	水质　亚硝胺类化合物的测定　气相色谱法	HJ 809—2016	2016-07-26	2016-10-01

续表

序号	文件名称	标准编号	发布日期	实施日期
8	水质　挥发性有机物的测定　顶空/气相色谱-质谱法	HJ 810—2016	2016-07-26	2016-10-01
9	水质　总硒的测定　3,3′-二氨基联苯胺分光光度法	HJ 811—2016	2016-07-26	2016-10-01
10	水质　可溶性阳离子（Li^+、Na^+、NH_4^+、K^+、Ca^{2+}、Mg^{2+}）的测定　离子色谱法	HJ 812—2016	2016-07-26	2016-10-01
11	水质　苯胺类化合物的测定　气相色谱-质谱法	HJ 822—2017	2017-03-30	2017-5-01
12	水质　氰化物的测定　流动注射-分光光度法	HJ 823—2017	2017-03-30	2017-5-01
13	水质　硫化物的测定　流动注射-亚甲基蓝分光光度法	HJ 824—2017	2017-03-30	2017-5-01
14	水质　挥发酚的测定　流动注射-4-氨基安替比林分光光度法	HJ 825—2017	2017-03-30	2017-5-01
15	水质　阴离子表面活性剂的测定　流动注射-亚甲基蓝分光光度法	HJ 826—2017	2017-03-30	2017-5-01
16	水质　氨基甲酸酯类农药的测定　超高效液相色谱-三重四极杆质谱法	HJ 827—2017	2017-03-30	2017-5-01
17	水质　化学需氧量的测定　重铬酸盐法	HJ 828—2017	2017-03-30	2017-5-01
18	水质　乙撑硫脲的测定　液相色谱法	HJ 849—2017	2017-08-28	2017-11-01
19	水质　硝磺草酮的测定　液相色谱法	HJ 850—2017	2017-08-28	2017-11-01
20	水质　灭多威和灭多威肟的测定　液相色谱法	HJ 851—2017	2017-08-28	2017-11-01
21	水质　松节油的测定　吹扫捕集/气相色谱-质谱法	HJ 866—2017	2017-11-28	2018-1-01
22	水质　挥发性石油烃（C_6～C_9）的测定　吹扫捕集/气相色谱法	HJ 893—2017	2017-12-21	2018-2-01
23	水质　可萃取性石油烃（C_{10}～C_{40}）的测定　气相色谱法	HJ 894—2017	2017-12-21	2018-2-01
24	水质　甲醇和丙酮的测定　顶空/气相色谱法	HJ 895—2017	2017-12-21	2018-2-01
25	水质　丁基黄原酸的测定　吹扫捕集/气相色谱-质谱法	HJ 896—2017	2017-12-21	2018-2-01
26	水质　六价铬的测定 流动注射-二苯碳酰二肼光度法	HJ 908—2017	2017-12-29	2018-4-01
27	水质　多溴二苯醚的测定　气相色谱-质谱法	HJ 909—2017	2017-12-29	2018-4-01
28	水质　百草枯和杀草快的测定　固相萃取-高效液相色谱法	HJ 914—2017	2017-12-29	2018-4-01

续表

序号	文件名称	标准编号	发布日期	实施日期
29	水质　粪大肠菌群的测定　多管发酵法	HJ 347.2—2018	2018-12-26	2019-06-01
30	水质　粪大肠菌群的测定　滤膜法	HJ 347.1—2018	2018-12-26	2019-06-01
31	水质　石油类和动植物油类的测定　红外分光光度法	HJ 637—2018	2018-10-10	2019-01-01
32	水质　钴的测定　火焰原子吸收分光光度法	HJ 957—2018	2018-07-29	2019-01-01
33	水质　钴的测定　石墨炉原子吸收分光光度法	HJ 958—2018	2018-07-29	2019-01-01
34	水质　四乙基铅的测定　顶空 / 气相色谱 - 质谱法	HJ 959—2018	2018-07-29	2019-01-01
35	水质　石油类的测定　紫外分光光度法（试行）	HJ 970—2018	2018-10-10	2019-01-01
36	水质　烷基汞的测定　吹扫捕集 / 气相色谱 - 冷原子荧光光谱法	HJ 977—2018	2018-11-13	2019-03-01
37	水质　细菌总数的测定　平皿计数法	HJ 1000—2018	2018-12-26	2019-06-01
38	水质　总大肠菌群、粪大肠菌群和大肠埃希氏菌的测定　酶底物法	HJ 1001—2018	2018-12-26	2019-06-01
39	水质　丁基黄原酸的测定液相色谱 - 三重四极杆串联质谱法	HJ 1002—2018	2018-12-26	2019-06-01
40	水质　致突变性的鉴别　蚕豆根尖微核试验法	HJ 1016—2019	2019-04-13	2019-09-01
41	水质　联苯胺的测定　高效液相色谱法	HJ 1017—2019	2019-04-13	2019-09-01
42	水质　磺酰脲类农药的测定　高效液相色谱法	HJ 1018—2019	2019-04-13	2019-09-01
43	地块土壤和地下水中挥发性有机物采样技术导则	HJ 1019—2019	2019-05-12	2019-09-01
44	水质　锑的测定　火焰原子吸收分光光度法	HJ 1046—2019	2019-10-24	2020-04-24
45	水质　锑的测定　石墨炉原子吸收分光光度法	HJ 1047—2019	2019-10-24	2020-04-24
46	水质　17 种苯胺类化合物的测定　液相色谱 - 三重四极杆质谱法	HJ 1048—2019	2019-10-24	2020-04-24
47	水质　4 种硝基酚类化合物的测定　液相色谱 - 三重四极杆质谱法	HJ 1049—2019	2019-10-24	2020-04-24
48	水质　氯酸盐、亚氯酸盐、溴酸盐、二氯乙酸和三氯乙酸的测定　离子色谱法	HJ 1050—2019	2019-10-24	2020-04-24
49	水质　苯系物的测定　顶空 / 气相色谱法	HJ 1067—2019	2019-12-24	2020-04-24
50	水质　急性毒性的测定　斑马鱼卵法	HJ 1069—2019	2019-12-31	2020-06-30
51	水质　15 种氯代除草剂的测定　气相色谱法	HJ 1070—2019	2019-12-31	2020-06-30
52	水质　草甘膦的测定　高效液相色谱法	HJ 1071—2019	2019-12-31	2020-06-30

续表

序号	文件名称	标准编号	发布日期	实施日期
53	水质　吡啶的测定　顶空 / 气相色谱法	HJ 1072—2019	2019-12-31	2020-06-30
54	水质　萘酚的测定　高效液相色谱法	HJ 1073—2019	2019-12-31	2020-06-30
55	水质　三丁基锡等 4 种有机锡化合物的测定　液相色谱 - 电感耦合等离子体质谱法	HJ 1074—2019	2019-12-31	2020-06-30
56	水质　浊度的测定　浊度计法	HJ 1075—2019	2019-12-31	2020-06-30
57	水中氚的分析方法	HJ 1126—2020	2020-04-09	2020-04-30
58	水质　pH 值的测定　电极法	HJ 1147—2020	2020-11-26	2021-06-01
59	水质　硝基酚类化合物的测定　气相色谱 - 质谱法	HJ 1150—2020	2020-12-09	2021-03-01

12.3.2　环境空气和废气方法标准

序号	文件名称	标准编号	发布日期	实施日期
1	固定污染源废气　砷的测定　二乙基二硫代氨基甲酸银分光光度法（暂行）	HJ 540—2016	2016-07-26	2016-10-01
2	固定污染源废气　硫酸雾的测定　离子色谱法	HJ 544—2016	2016-03-29	2016-05-01
3	固定污染源废气　氯化氢的测定　硝酸银容量法	HJ 548—2016	2016-05-13	2016-08-01
4	环境空气和废气　氯化氢的测定　离子色谱法	HJ 549—2016	2016-05-13	2016-08-01
5	环境空气　颗粒物中水溶性阴离子（F^-、Cl^-、Br^-、NO_2^-、NO_3^-、PO_4^{3-}、SO_3^{2-}、SO_4^{2-}）的测定　离子色谱法	HJ 799—2016	2016-05-13	2016-08-01
6	环境空气　颗粒物中水溶性阳离子（Li^+、Na^+、NH_4^+、K^+、Ca^{2+}、Mg^{2+}）的测定　离子色谱法	HJ 800—2016	2016-05-13	2016-08-01
7	环境空气和废气　酰胺类化合物的测定　液相色谱法	HJ 801—2016	2016-05-13	2016-08-01
8	固定污染源废气　气态总磷的测定　喹钼柠酮容量法	HJ 545—2017	2017-12-29	2018-04-01
9	固定污染源废气　氯气的测定　碘量法	HJ 547—2017	2017-12-29	2018-04-01
10	固定污染源废气　二氧化硫的测定　定电位电解法	HJ 57—2017	2017-12-28	2018-01-01
11	环境空气　总烃、甲烷和非甲烷总烃的测定　直接进样 - 气相色谱法	HJ 604—2017	2017-12-14	2018-03-01

续表

序号	文件名称	标准编号	发布日期	实施日期
12	固定污染源废气　总烃、甲烷和非甲烷总烃的测定　气相色谱法	HJ 38—2017	2017-12-29	2018-04-01
13	环境空气　颗粒物中无机元素的测定　能量色散 X 射线荧光光谱法	HJ 829—2017	2017-05-02	2017-07-01
14	环境空气　颗粒物中无机元素的测定　波长色散 X 射线荧光光谱法	HJ 830—2017	2017-05-02	2017-07-01
15	固定污染源废气　低浓度颗粒物的测定　重量法	HJ 836—2017	2017-12-29	2018-03-01
16	环境空气　指示性毒杀芬的测定　气相色谱-质谱法	HJ 852—2017	2017-08-28	2017-11-01
17	环境空气　酞酸酯类的测定　气相色谱-质谱法	HJ 867—2017	2017-11-28	2018-01-01
18	环境空气　酞酸酯类的测定　高效液相色谱法	HJ 868—2017	2017-11-28	2018-01-01
19	固定污染源废气　酞酸酯类的测定　气相色谱法	HJ 869—2017	2017-11-28	2018-01-01
20	固定污染源废气　二氧化碳的测定　非分散红外吸收法	HJ 870—2017	2017-11-28	2018-01-01
21	环境空气　氯气等有毒有害气体的应急监测　比长式检测管法	HJ 871—2017	2017-11-28	2018-01-01
22	环境空气　氯气等有毒有害气体的应急监测　电化学传感器法	HJ 872—2017	2017-11-28	2018-01-01
23	环境空气　有机氯农药的测定　气相色谱-质谱法	HJ 900—2017	2017-12-14	2018-03-01
24	环境空气　有机氯农药的测定　气相色谱法	HJ 901—2017	2017-12-14	2018-03-01
25	环境空气　多氯联苯的测定　气相色谱-质谱法	HJ 902—2017	2017-12-14	2018-03-01
26	环境空气　多氯联苯的测定　气相色谱法	HJ 903—2017	2017-12-14	2018-03-01
27	环境空气　多氯联苯混合物的测定　气相色谱法	HJ 904—2017	2017-12-14	2018-03-01
28	环境空气　气态汞的测定　金膜富集 / 冷原子吸收分光光度法	HJ 910—2017 及 XG1—2018 修改单	2017-12-29	2018-04-01 2018-09-01 实施修改单
29	固定污染源废气　气态汞的测定　活性炭吸附 / 热裂解原子吸收分光光度法	HJ 917—2017	2017-12-28	2018-04-01
30	环境空气　挥发性有机物的测定　便携式傅里叶红外仪法	HJ 919—2017	2017-12-28	2018-04-01

续表

序号	文件名称	标准编号	发布日期	实施日期
31	环境空气　无机有害气体的应急监测　便携式傅里叶红外仪法	HJ 920—2017	2017-12-28	2018-04-01
32	环境空气　氟化物的测定　滤膜采样/氟离子选择电极法	HJ 955—2018	2018-07-29	2018-09-01
33	环境空气　苯并［*a*］芘的测定　高效液相色谱法	HJ 956—2018	2018-07-29	2018-09-01
34	环境空气　一氧化碳的自动测定　非分散红外法	HJ 965—2018	2018-08-31	2018-09-01
35	固定污染源废气　一氧化碳的测定　定电位电解法	HJ 973—2018	2018-11-13	2019-03-01
35	环境空气　降水中有机酸（乙酸、甲酸和草酸）的测定　离子色谱法	HJ 1004—2018	2018-12-26	2019-06-01
37	环境空气　降水中阳离子（Na^+、NH_4^+、K^+、Mg^{2+}、Ca^{2+}）的测定　离子色谱法	HJ 1005—2018	2018-12-26	2019-06-01
38	固定污染源废气　挥发性卤代烃的测定　气袋采样-气相色谱法	HJ 1006—2018	2018-12-26	2019-06-01
39	固定污染源废气　碱雾的测定　电感耦合等离子体发射光谱法	HJ 1007—2018	2018-12-26	2019-06-01
40	固定污染源废气　氟化氢的测定　离子色谱法	HJ 688—2019	2019-12-31	2020-06-30
41	固定污染源废气　溴化氢的测定　离子色谱法	HJ 1040—2019	2019-10-24	2020-04-24
42	固定污染源废气　三甲胺的测定　抑制型离子色谱法	HJ 1041—2019	2019-10-24	2020-04-24
43	环境空气和废气　三甲胺的测定　溶液吸收-顶空/气相色谱法	HJ 1042—2019	2019-10-24	2020-04-24
44	环境空气　氮氧化物的自动测定　化学发光法	HJ 1043—2019	2019-10-24	2020-04-24
45	环境空气　二氧化硫的自动测定　紫外荧光法	HJ 1044—2019	2019-10-24	2020-04-24
46	环境空气　氨、甲胺、二甲胺和三甲胺的测定　离子色谱法	HJ 1076—2019	2019-12-31	2020-06-30
47	固定污染源废气　油烟和油雾的测定　红外分光光度法	HJ 1077—2019	2019-12-31	2020-06-30
48	固定污染源废气　甲硫醇等8种含硫有机化合物的测定　气袋采样-预浓缩/气相色谱-质谱法	HJ 1078—2019	2019-12-31	2020-06-30
49	固定污染源废气　氯苯类化合物的测定　气相色谱法	HJ 1079—2019	2019-12-31	2020-06-30

续表

序号	文件名称	标准编号	发布日期	实施日期
50	固定污染源废气　二氧化硫的测定　便携式紫外吸收法	HJ 1131—2020	2020-05-15	2020-08-15
51	固定污染源废气　氮氧化物的测定　便携式紫外吸收法	HJ 1132—2020	2020-05-15	2020-08-15
52	环境空气和废气　颗粒物中砷、硒、铋、锑的测定　原子荧光法	HJ 1133—2020	2020-05-15	2020-08-15
53	固定污染源废气　醛、酮类化合物的测定　溶液吸收 - 高效液相色谱法	HJ 1153—2020	2020-12-14	2021-03-15
54	环境空气　醛、酮类化合物的测定　溶液吸收 - 高效液相色谱法	HJ 1154—2020	2020-12-14	2021-03-15

12.3.3　土壤和沉积物方法标准

序号	文件名称	标准编号	发布日期	实施日期
1	土壤和沉积物　有机物的提取　加压流体萃取法	HJ 783—2016	2016-02-01	2016-03-01
2	土壤和沉积物　多环芳烃的测定　高效液相色谱法	HJ 784—2016	2016-02-01	2016-03-01
3	土壤　电导率的测定　电极法	HJ 802—2016	2016-06-24	2016-08-01
4	土壤和沉积物　12 种金属元素的测定　王水提取 - 电感耦合等离子体质谱法	HJ 803—2016	2016-06-24	2016-08-01
5	土壤　8 种有效态元素的测定　二乙烯三胺五乙酸浸提 - 电感耦合等离子体发射光谱法	HJ 804—2016	2016-06-24	2016-08-01
6	土壤和沉积物　多环芳烃的测定　气相色谱 - 质谱法	HJ 805—2016	2016-06-24	2016-08-01
7	土壤和沉积物　金属元素总量的消解　微波消解法	HJ 832—2017	2017-07-18	2017-09-01
8	土壤和沉积物　硫化物的测定　亚甲基蓝分光光度法	HJ 833—2017	2017-07-18	2017-09-01
9	土壤和沉积物　半挥发性有机物的测定　气相色谱 - 质谱法	HJ 834—2017	2017-07-18	2017-09-01
10	土壤和沉积物　有机氯农药的测定　气相色谱 - 质谱法	HJ 835—2017	2017-07-18	2017-09-01
11	土壤　水溶性氟化物和总氟化物的测定　离子选择电极法	HJ 873—2017	2017-11-28	2018-01-01

续表

序号	文件名称	标准编号	发布日期	实施日期
12	土壤　阳离子交换量的测定　三氯化六氨合钴浸提－分光光度法	HJ 889—2017	2017-11-27	2018-02-01
13	土壤和沉积物　多氯联苯混合物的测定　气相色谱法	HJ 890—2017	2017-12-17	2018-02-01
14	土壤和沉积物　有机物的提取　超声波萃取法	HJ 911—2017	2017-12-29	2018-04-01
15	土壤和沉积物　有机氯农药的测定　气相色谱法	HJ 921—2017	2017-12-28	2018-04-01
16	土壤和沉积物　多氯联苯的测定　气相色谱法	HJ 922—2017	2017-12-28	2018-04-01
17	土壤和沉积物　总汞的测定　催化热解－冷原子吸收分光光度法	HJ 923—2017	2017-12-28	2018-04-01
18	土壤和沉积物　多溴二苯醚的测定　气相色谱－质谱法	HJ 952—2018	2018-07-29	2018-12-01
19	土壤和沉积物　氨基甲酸酯类农药的测定　柱后衍生－高效液相色谱法	HJ 960—2018	2018-07-29	2019-01-01
20	土壤和沉积物　氨基甲酸酯类农药的测定　高效液相色谱－三重四极杆质谱法	HJ 961—2018	2018-07-29	2019-01-01
21	土壤　pH 值的测定　电位法	HJ 962—2018	2018-07-29	2019-01-01
22	土壤和沉积物　11 种元素的测定　碱熔－电感耦合等离子体发射光谱法	HJ 974—2018	2018-11-13	2019-03-01
23	土壤和沉积物　醛、酮类化合物的测定　高效液相色谱法	HJ 997—2018	2018-12-26	2019-06-01
24	土壤和沉积物　挥发酚的测定　4-氨基安替比林分光光度法	HJ 998—2018	2018-12-26	2019-06-01
25	地块土壤和地下水中挥发性有机物采样采样技术导则	HJ 1019—2019	2019-05-12	2019-09-01
26	土壤和沉积物　铜、锌、铅、镍、铬的测定　火焰原子吸收分光光度法	HJ 491—2019	2019-05-12	2019-09-01
27	土壤和沉积物　石油烃（C_6～C_9）的测定　吹扫捕集 / 气相色谱法	HJ 1020—2019	2019-05-12	2019-09-01
28	土壤和沉积物　石油烃（C_{10}～C_{40}）的测定　气相色谱法	HJ 1021—2019	2019-05-12	2019-09-01
29	土壤和沉积物　苯氧羧酸类农药的测定　高效液相色谱法	HJ 1022—2019	2019-05-12	2019-09-01
30	土壤和沉积物　有机磷类和拟除虫菊酯类等 47 种农药的测定　气相色谱－质谱法	HJ 1023—2019	2019-05-12	2019-09-01

续表

序号	文件名称	标准编号	发布日期	实施日期
31	土壤　石油类的测定　红外分光光度法	HJ 1051—2019	2019-10-24	2020-04-24
32	土壤和沉积物　11 种三嗪类农药的测定　高效液相色谱法	HJ 1052—2019	2019-10-24	2020-04-24
33	土壤和沉积物　8 种酰胺类农药的测定　气相色谱 - 质谱法	HJ 1053—2019	2019-10-24	2020-04-24
34	土壤和沉积物　二硫代氨基甲酸酯（盐）类农药总量的测定　顶空 / 气相色谱法	HJ 1054—2019	2019-10-24	2020-04-24
35	土壤和沉积物　草甘膦的测定　高效液相色谱法	HJ 1055—2019	2019-10-24	2020-04-24
36	土壤　粒度的测定　吸液管法和比重计法	HJ 1068—2019	2019-12-24	2020-03-24
37	土壤和沉积物　铊的测定　石墨炉原子吸收分光光度法	HJ 1080—2019	2019-12-31	2020-06-30
38	土壤和沉积物　钴的测定　火焰原子吸收分光光度法	HJ 1081—2019	2019-12-31	2020-06-30
39	土壤和沉积物　六价铬的测定　碱溶液提取 - 火焰原子吸收分光光度法	HJ 1082—2019	2019-12-31	2020-06-30

12.3.4　固体废物方法标准

序号	文件名称	标准编号	发布日期	实施日期
1	固体废物　22 种金属元素的测定　电感耦合等离子体发射光谱法	HJ 781—2016	2016-02-01	2016-03-01
2	固体废物　有机物的提取　加压流体萃取法	HJ 782—2016	2016-02-01	2016-03-01
3	固体废物　铅、锌和镉的测定　火焰原子吸收分光光度法	HJ 786—2016	2016-03-29	2016-05-01
4	固体废物　铅和镉的测定　石墨炉原子吸收分光光度法	HJ 787—2016	2016-03-29	2016-05-01
5	固体废物　丙烯醛、丙烯腈和乙腈的测定　顶空 - 气相色谱法	HJ 874—2017	2017-11-28	2018-01-01
6	固体废物　多氯联苯的测定　气相色谱 - 质谱法	HJ 891—2017	2017-12-17	2018-02-01
7	固体废物　多环芳烃的测定　高效液相色谱法	HJ 892—2017	2017-12-17	2018-02-01
8	固体废物　有机氯农药的测定　气相色谱 - 质谱法	HJ 912—2017	2017-12-29	2018-04-01
9	固体废物　多环芳烃的测定　气相色谱 - 质谱法	HJ 950—2018	2018-07-29	2018-12-01

续表

序号	文件名称	标准编号	发布日期	实施日期
10	固体废物　半挥发性有机物的测定　气相色谱－质谱法	HJ 951—2018	2018-07-29	2018-12-01
11	固体废物　有机磷类和拟除虫菊酯类等 47 种农药的测定　气相色谱－质谱法	HJ 963—2018	2018-07-29	2019-01-01
12	固体废物　苯系物的测定　顶空－气相色谱法	HJ 975—2018	2018-11-13	2019-03-01
13	固体废物　苯系物的测定　顶空 / 气相色谱－质谱法	HJ 976—2018	2018-11-13	2019-03-01
14	固体废物　氟的测定　碱熔－离子选择电极法	HJ 999—2018	2018-12-26	2019-06-01
15	固体废物　热灼减率的测定　重量法	HJ 1024—2019	2019-05-18	2019-09-01
16	固体废物　氨基甲酸酯类农药的测定　柱后衍生－高效液相色谱法	HJ 1025—2019	2019-05-18	2019-09-01
17	固体废物　氨基甲酸酯类农药的测定　高效液相色谱－三重四极杆质谱法	HJ 1026—2019	2019-05-18	2019-09-01

12.3.5 噪声与振动方法标准

序号	文件名称	标准编号	发布日期	实施日期
1	机场周围飞机噪声测量方法	GB 9661—1988	1988-08-11	1988-11-01
2	城市区域环境振动测量方法	GB/T 10071—1988	1988-12-20	1989-07-01
3	铁路边界噪声限值及其测量方法	GB/T 12525—1990	1990-11-09	1991-03-01
4	声屏障声学设计和测量规范	HJ/T 90—2004	2004-07-12	2004-10-01
5	城市轨道交通车站站台声学要求和测量方法	GB 14227—2006	2006-02-07	2006-08-01
6	工业企业厂界环境噪声排放标准	GB 12348—2008	2008-08-19	2008-10-01
7	社会生活环境噪声排放标准	GB 22337—2008	2008-08-19	2008-10-01
8	声环境质量标准	GB 3096—2008	2008-08-19	2008-10-01
9	民用建筑隔声设计规范（附录 A　室内噪声级测量方法）	GB 50118—2010	2010-08-18	2011-06-01
10	建筑施工场界环境噪声排放标准	GB 12523—2011	2011-12-30	2012-07-01
11	城市轨道交通（地下段）结构噪声监测方法	HJ 793—2016	2016-05-13	2016-08-01
12	住宅建筑室内振动限值及其测量方法标准	GB/T 50355—2018	2018-02-08	2018-09-01

12.3.6 机动车排放污染物方法标准

序号	文件名称	标准编号	发布日期	实施日期
1	柴油车污染物排放限值及测量方法（自由加速法及加载减速法）	GB 3847—2018	2018-09-27	2019-05-01
2	汽油车污染物排放限值及测量方法（双怠速法及简易工况法）	GB 18285—2018	2018-09-27	2019-05-01
3	非道路移动柴油机械排气烟度限值及测量方法	GB 36886—2018	2018-09-27	2018-12-01

12.3.7 油气回收方法标准

序号	文件名称	标准编号	发布日期	实施日期
1	储油库大气污染物排放标准	GB 20950—2020	2020-12-28	2021-04-01
2	油品运输大气污染物排放标准	GB 20951—2020	2020-12-28	2021-04-01
3	加油站大气污染物排放标准	GB 20952—2020	2020-12-28	2021-04-01

12.3.8 煤质方法标准

序号	文件名称	标准编号	发布日期	实施日期
1	煤中全硫的测定方法	GB/T 214—2007	2007-11-01	2008-06-01
2	商品煤样人工采取方法	GB 475—2008	2008-12-04	2009-05-01
3	煤样的制备方法	GB 474—2008	2008-12-04	2009-05-01
4	煤的工业分析方法	GB/T 212—2008	2008-07-29	2009-04-01
5	煤的发热量测定方法	GB/T 213—2008	2008-07-29	2009-05-01
6	煤中碳和氢的测定方法	GB/T 476—2008	2008-07-29	2009-05-01
7	煤中全硫的测定　红外光谱法	GB/T 25214—2010	2010-09-26	2011-02-01
8	煤中全硫的测定　艾士卡 - 离子色谱法	HJ 769—2015	2015-11-20	2015-12-15
9	煤中全水分的测定方法	GB/T 211—2017	2017-09-07	2018-04-01

12.3.9 消耗臭氧层物质测定方法标准

序号	文件名称	标准编号	发布日期	实施日期
1	组合聚醚中 HCFC-22、CFC-11 和 HCFC-141b 等消耗臭氧层物质的测定　顶空 / 气相色谱 - 质谱法	HJ 1057—2019	2019-10-31	2019-10-31

续表

序号	文件名称	标准编号	发布日期	实施日期
2	硬质聚氨酯泡沫和组合聚醚中 CFC-12、HCFC-22、CFC-11 和 HCFC-141b 等消耗臭氧层物质的测定　便携式顶空 / 气相色谱 - 质谱法	HJ 1058—2019	2019-10-31	2019-10-31

12.4　环境类技术规范

序号	文件名称	标准编号	发布日期	实施日期
1	环境监测质量管理技术导则	HJ 630—2011	2011-09-08	2011-11-01
2	环境监测　分析方法标准制订技术导则	HJ 168—2020	2020-12-29	2021-04-01
3	分析实验用水规格和试验方法	GB 6682—2008	2008-05-15	2008-11-01
4	生态环境档案管理规范　生态环境监测	HJ 8.2—2020	2020-01-10	2020-04-01
5	地下水环境监测技术规范	HJ 164—2020	2020-12-01	2021-03-01
6	污水监测技术规范	HJ 91.1—2019	2019-12-24	2020-03-24
7	近岸海域环境监测点位布设技术规范	HJ 730—2014	2014-12-13	2015-01-01
8	环境空气质量手工监测技术规范及修改单	HJ 194—2017/ XG1—2018 修改单	2017-12-29	2018-04-01/ 2018-09-01 实施修改单
9	环境空气质量监测点位布设技术规范（试行）	HJ 664—2013	2013-09-22	2013-10-01
10	环境空气颗粒物（$PM_{2.5}$）手工监测方法（重量法）技术规范	HJ 656—2013/ XG1—2018	2013-07-30	2013-08-01/ 2018-09-01 实施修改单
11	固定污染源废气监测技术规范	HJ/T 397—2007	2007-12-07	2008-03-01
12	固定污染源监测　质量保证与质量控制技术规范（试行）	HJ/T 373—2007	2007-11-12	2008-01-01
13	环境二噁英类监测技术规范	HJ 916—2017	2017-12-28	2018-04-01
14	恶臭嗅觉实验室建设技术规范	HJ 865—2017	2017-11-10	2017-11-10
15	恶臭污染环境监测技术规范	HJ 905—2017	2017-12-29	2018-03-01
16	环境噪声监测技术规范　城市声环境常规监测	HJ 640—2012	2012-12-03	2013-03-01

续表

序号	文件名称	标准编号	发布日期	实施日期
17	环境噪声监测技术规范　噪声测量值修正	HJ 706—2014	2014-10-30	2015-01-01
18	环境噪声监测技术规范　结构传播固定设备室内噪声	HJ 707—2014	2014-10-30	2015-01-01
19	环境振动监测技术规范	HJ 918—2017	2017-12-28	2018-04-01
20	土壤环境监测技术规范	HJ/T 166—2004	2004-12-09	2004-12-09
21	危险废物鉴别技术规范	HJ 298—2019	2019-11-12	2020-01-01

12.5　海洋监测规范

序号	文件名称	标准编号	发布日期	实施日期
1	海洋监测规范　第 1 部分：总则	GB 17378.1—2007	2007-10-18	2008-05-01
2	海洋监测规范　第 2 部分：数据处理与分析质量控制	GB 17378.2—2007	2007-10-18	2008-05-01
3	海洋监测规范　第 3 部分：样品采集、贮存与运输	GB 17378.3—2007	2007-10-18	2008-05-01
4	海洋监测规范　第 4 部分：海水分析	GB 17378.4—2007	2007-10-18	2008-05-01
5	海洋监测规范　第 5 部分：沉积物分析	GB 17378.5—2007	2007-10-18	2008-05-01
6	海洋监测规范　第 6 部分：生物体分析	GB 17378.6—2007	2007-10-18	2008-05-01
7	海洋监测规范　第 7 部分：近海污染生态调查和生物监测	GB 17378.7—2007	2007-10-18	2008-05-01

12.6　海洋调查规范

序号	文件名称	标准编号	发布日期	实施日期
1	海洋调查规范　第 1 部分：总则	GB/T 12763.1—2007	2007-08-13	2008-02-01
2	海洋调查规范　第 2 部分：海洋水文观测	GB/T 12763.2—2007	2007-08-13	2008-02-01
3	海洋调查规范　第 3 部分：海洋气象观测	GB/T 12763.3—2020	2020-12-14	2021-07-01
4	海洋调查规范　第 4 部分：海水化学要素调查	GB/T 12763.4—2007	2007-08-13	2008-02-01

续表

序号	文件名称	标准编号	发布日期	实施日期
5	海洋调查规范　第5部分：海洋声、光要素调查	GB/T 12763.5—2007	2007-08-13	2008-02-01
6	海洋调查规范　第6部分：海洋生物调查	GB/T 12763.6—2007	2007-08-13	2008-02-01
7	海洋调查规范　第7部分：海洋调查资料交换	GB/T 12763.7—2007	2007-08-13	2008-02-01
8	海洋调查规范　第8部分：海洋地质地球物理调查	GB/T 12763.8—2007	2007-08-13	2008-02-01
9	海洋调查规范　第9部分：海洋生态调查指南	GB/T 12763.9—2007	2007-08-13	2008-02-01
10	海洋调查规范　第10部分：海底地形地貌调查	GB/T 12763.10—2007	2007-08-13	2008-02-01
11	海洋调查规范　第11部分：海洋工程地质调查	GB/T 12763.11—2007	2007-08-13	2008-02-01

12.7　近岸海域环境监测技术规范

序号	文件名称	标准编号	发布日期	实施日期
1	近岸海域环境监测技术规范　第一部分　总则	HJ 442.1—2020	2020-12-16	2021-03-01
2	近岸海域环境监测技术规范　第二部分　数据处理与信息管理	HJ 442.2—2020	2020-12-16	2021-03-01
3	近岸海域环境监测技术规范　第三部分　近岸海域水质监测	HJ 442.3—2020	2020-12-16	2021-03-01
4	近岸海域环境监测技术规范　第四部分　近岸海域沉积物监测	HJ 442.4—2020	2020-12-16	2021-03-01
5	近岸海域环境监测技术规范　第五部分　近岸海域生物质量监测	HJ 442.5—2020	2020-12-16	2021-03-01
6	近岸海域环境监测技术规范　第六部分　近岸海域生物监测	HJ 442.6—2020	2020-12-16	2021-03-01
7	近岸海域环境监测技术规范　第七部分　入海河流监测	HJ 442.7—2020	2020-12-16	2021-03-01

续表

序号	文件名称	标准编号	发布日期	实施日期
8	近岸海域环境监测技术规范　第八部分　直排海污染源及对近岸海域　水环境影响监测	HJ 442.8—2020	2020-12-16	2021-03-01
9	近岸海域环境监测技术规范　第九部分　近岸海域应急与专题监测	HJ 442.9—2020	2020-12-16	2021-03-01
10	近岸海域环境监测技术规范　第十部分　评价及报告	HJ 442.10—2020	2020-12-16	2021-03-01

12.8　生物多样性观测技术导则

序号	文件名称	标准编号	发布日期	实施日期
1	生物多样性观测技术导则　陆生维管植物	HJ 710.1—2014	2014-10-31	2015-01-01
2	生物多样性观测技术导则　地衣和苔藓	HJ 710.2—2014	2014-10-31	2015-01-01
3	生物多样性观测技术导则　陆生哺乳动物	HJ 710.3—2014	2014-10-31	2015-01-01
4	生物多样性观测技术导则　鸟类	HJ 710.4—2014	2014-10-31	2015-01-01
5	生物多样性观测技术导则　爬行动物	HJ 710.5—2014	2014-10-31	2015-01-01
6	生物多样性观测技术导则　两栖动物	HJ 710.6—2014	2014-10-31	2015-01-01
7	生物多样性观测技术导则　内陆水域鱼类	HJ 710.7—2014	2014-10-31	2015-01-01
8	生物多样性观测技术导则　淡水底栖大型无脊椎动物	HJ 710.8—2014	2014-10-31	2015-01-01
9	生物多样性观测技术导则　蝴蝶	HJ 710.9—2014	2014-10-31	2015-01-01
10	生物多样性观测技术导则　大中型土壤动物	HJ 710.10—2014	2014-10-31	2015-01-01
11	生物多样性观测技术导则　大型真菌	HJ 710.11—2014	2014-10-31	2015-01-01
12	生物多样性观测技术导则　水生维管植物	HJ 710.12—2016	2016-05-04	2016-08-01
13	生物多样性观测技术导则　蜜蜂类	HJ 710.13—2016	2016-05-04	2016-08-01
14	水质　微型生物群落监测　PFU 法	GB/T 12990—1991	1991-08-20	1992-04-01
15	内陆水域浮游植物监测技术规程	SL 733—2016	2016-01-05	2016-04-05

12.9 排污许可证申请与核发技术规范

序号	文件名称	标准编号
1	排污许可证申请与核发技术规范　总则	HJ 942—2018
2	排污单位环境管理台账及排污许可证执行报告技术规范　总则（试行）	HJ 944—2018
3	排污许可证申请与核发技术规范　稀有稀土金属冶炼	HJ 1125—2020
4	排污许可证申请与核发技术规范　铁路、船舶、航空航天和其他运输设备制造业	HJ 1124—2020
5	排污许可证申请与核发技术规范　制鞋工业	HJ 1123—2020
6	排污许可证申请与核发技术规范　橡胶和塑料制品工业	HJ 1122—2020
7	排污许可证申请与核发技术规范　工业炉窑	HJ 1121—2020
8	排污许可证申请与核发技术规范　水处理通用工序	HJ 1120—2020
9	排污许可证申请与核发技术规范　石墨及其他非金属矿物制品制造	HJ 1119—2020
10	排污许可证申请与核发技术规范　储油库、加油站	HJ 1118—2020
11	排污许可证申请与核发技术规范　铁合金、电解锰工业	HJ 1117—2020
12	排污许可证申请与核发技术规范　涂料、油墨、颜料及类似产品制造业	HJ 1116—2020
13	排污许可证申请与核发技术规范　金属铸造工业	HJ 1115—2020
14	排污许可证申请与核发技术规范　羽毛（绒）加工工业	HJ 1108—2020
15	排污许可证申请与核发技术规范　医疗机构	HJ 1105—2020
16	排污许可证申请与核发技术规范　农副食品加工工业—饲料加工、植物油加工工业	HJ 1110—2020
17	排污许可证申请与核发技术规范　农副食品加工工业—水产品加工工业	HJ 1109—2020
18	排污许可证申请与核发技术规范　环境卫生管理业	HJ 1106—2020
19	排污许可证申请与核发技术规范　码头	HJ 1107—2020
20	排污许可证申请与核发技术规范　煤炭加工—合成气和液体燃料生产	HJ 1101—2020
21	排污许可证申请与核发技术规范　专用化学产品制造工业	HJ 1103—2020
22	排污许可证申请与核发技术规范　日用化学产品制造工业	HJ 1104—2020
23	排污许可证申请与核发技术规范　化学纤维制造业	HJ 1102—2020
24	排污许可证申请与核发技术规范　钢铁工业	HJ 846—2017
25	排污许可证申请与核发技术规范　有色金属工业—铝冶炼	HJ 863.2—2017
26	排污许可证申请与核发技术规范　农药制造工业	HJ 862—2017
27	排污许可证申请与核发技术规范　农副食品加工工业—制糖工业	HJ 860.1—2017
28	排污许可证申请与核发技术规范　化肥工业－氮肥	HJ 864.1—2017
29	排污许可证申请与核发技术规范　纺织印染工业	HJ 861—2017
30	排污许可证申请与核发技术规范　电镀工业	HJ 855—2017

续表

序号	文件名称	标准编号
31	排污许可证申请与核发技术规范　炼焦化学工业	HJ 854—2017
32	排污许可证申请与核发技术规范　玻璃工业—平板玻璃	HJ 856—2017
33	排污许可证申请与核发技术规范　石化工业	HJ 853—2017
34	排污许可证申请与核发技术规范　水泥工业	HJ 847—2017
35	排污许可证申请与核发技术规范　有色金属工业—再生金属	HJ 863.4—2018
36	排污许可证申请与核发技术规范　陶瓷砖瓦工业	HJ 954—2018
37	排污许可证申请与核发技术规范　锅炉	HJ 953—2018
38	排污许可证申请与核发技术规范　农副食品加工工业—屠宰及肉类加工工业	HJ 860.3—2018
39	排污许可证申请与核发技术规范　农副食品加工工业—淀粉工业	HJ 860.2—2018
40	排污许可证申请与核发技术规范　有色金属工业—锑冶炼	HJ 938—2017
41	排污许可证申请与核发技术规范　有色金属工业—钴冶炼	HJ 937—2017
42	排污许可证申请与核发技术规范　有色金属工业— 锡冶炼	HJ 936—2017
43	排污许可证申请与核发技术规范　有色金属工业—钛冶炼	HJ 935—2017
44	排污许可证申请与核发技术规范　有色金属工业—镍冶炼	HJ 934—2017
45	排污许可证申请与核发技术规范　有色金属工业—镁冶炼	HJ 933—2017
46	排污许可证申请与核发技术规范　有色金属工业—汞冶炼	HJ 931—2017
47	排污许可证申请与核发技术规范　制药工业—原料药制造	HJ 858.1—2017
48	排污许可证申请与核发技术规范　制革及毛皮加工工业—制革工业	HJ 859.1—2017
49	排污许可证申请与核发技术规范　有色金属工业—铜冶炼	HJ 863.3—2017
50	排污许可证申请与核发技术规范　有色金属工业—铅锌冶炼	HJ 863.1—2017
51	排污许可证申请与核发技术规范　水处理（试行）	HJ 978—2018
52	排污许可证申请与核发技术规范　汽车制造业	HJ 971—2018
53	排污许可证申请与核发技术规范　电池工业	HJ 967—2018
54	排污许可证申请与核发技术规范　磷肥、钾肥　、复混钾肥　、有机肥料及微生物肥料工业	HJ 864.2—2018
55	排污许可证申请与核发技术规范　生活垃圾焚烧	HJ 1039—2019
56	排污许可证申请与核发技术规范　危险废物焚烧	HJ 1038—2019
57	排污许可证申请与核发技术规范　工业固体废物和危险废物治理	HJ 1033—2019
58	排污许可证申请与核发技术规范　食品制造工业—方便食品、食品及饲料添加剂制造工业	HJ1030.3—2019
59	排污许可证申请与核发技术规范　废弃资源加工工业	HJ 1034—2019
60	排污许可证申请与核发技术规范　无机化学工业	HJ 1035—2019

续表

序号	文件名称	标准编号
61	排污许可证申请与核发技术规范　聚氯乙烯工业	HJ 1036—2019
62	排污许可证申请与核发技术规范　人造板工业	HJ 1032—2019
63	排污许可证申请与核发技术规范　电子工业	HJ 1031—2019
64	排污许可证申请与核发技术规范　食品制造工业—调味品、发酵制品制造工业	HJ 1030.2—2019
65	排污许可证申请与核发技术规范　食品制造工业—乳制品制造工业	HJ 1030.1—2019
66	排污许可证申请与核发技术规范　畜禽养殖行业	HJ 1029—2019
67	排污许可证申请与核发技术规范　酒、饮料制造工业	HJ 1028—2019
68	排污许可证申请与核发技术规范　家具制造工业	HJ 1027—2019

12.10　建设项目竣工环境保护验收技术规范

序号	文件名称	标准编号
1	建设项目竣工环境保护验收技术规范　医疗机构	HJ 794—2016
2	建设项目竣工环境保护验收技术规范　制药	HJ 792—2016
3	建设项目竣工环境保护验收技术规范　粘胶纤维	HJ 791—2016
4	建设项目竣工环境保护验收技术规范　涤纶	HJ 790—2016
5	建设项目竣工环境保护验收技术规范　纺织染整	HJ 709—2014
6	建设项目竣工环境保护验收技术规范　煤炭采选	HJ 672—2013
7	建设项目竣工环境保护验收技术规范　石油天然气开采	HJ 612—2011
8	建设项目竣工环境保护验收技术规范　公路	HJ 552—2010
9	建设项目竣工环境保护验收技术规范　水利水电	HJ 464—2009
10	建设项目竣工环境保护验收技术规范　港口	HJ 436—2008
11	储油库、加油站大气污染治理项目验收检测技术规范	HJ/T 431—2008
12	建设项目竣工环境保护验收技术规范　造纸工业	HJ/T 408—2007
13	建设项目竣工环境保护验收技术规范　汽车制造	HJ/T 407—2007
14	建设项目竣工环境保护验收技术规范　乙烯工程	HJ/T 406—2007
15	建设项目竣工环境保护验收技术规范　石油炼制	HJ/T 405—2007
16	建设项目竣工环境保护验收技术规范　黑色金属冶炼及压延加工	HJ/T 404—2007
17	建设项目竣工环境保护验收技术规范　城市轨道交通	HJ/T 403—2007
18	建设项目竣工环境保护验收技术规范　生态影响类	HJ/T 394—2007
19	建设项目竣工环境保护验收技术规范　水泥制造	HJ/T 256—2006
20	建设项目竣工环境保护验收技术规范　火力发电厂	HJ/T 255—2006
21	建设项目竣工环境保护验收技术规范　电解铝	HJ/T 254—2006

12.11 污染地块场地调查相关技术文件

序号	文件名称	标准编号
1	建设用地土壤污染状况调查技术导则	HJ 25.1—2019
2	建设用地土壤污染风险管控和修复　监测技术导则	HJ 25.2—2019
3	建设用地土壤污染风险评估技术导则	HJ 25.3—2019
4	建设用地土壤修复技术导则	HJ 25.4—2019
5	污染地块风险管控与土壤修复效果评估技术导则（试行）	HJ 25.5—2018
6	污染地块地下水修复和风险管控技术导则	HJ 25.6—2019
7	地块土壤和地下水中挥发性有机物采样技术导则	HJ 1019—2019
8	建设用地土壤污染风险管控和修复术语	HJ 682—2019

12.12 在线监测技术类技术规范

序号	文件名称	标准编号
1	水污染源在线监测系统（COD_{Cr}、NH_3-N 等）运行技术规范	HJ 355—2019
2	水污染源在线监测系统（COD_{Cr}、NH_3-N 等）验收技术规范	HJ 354—2019
3	水污染源在线监测系统（COD_{Cr}、NH_3-N 等）数据有效性判别技术规范	HJ 356—2019
4	水污染源在线监测系统（COD_{Cr}、NH_3-N 等）安装技术规范	HJ 353—2019
5	化学需氧量（COD_{Cr}）水质在线自动监测仪技术要求及检测方法	HJ 377—2019
6	超声波明渠污水流量计技术要求及检测方法	HJ 15—2019
7	氨氮水质在线自动监测仪技术要求及检测方法	HJ 101—2019
8	环境空气气态污染物（SO_2、NO_2、O_3、CO）连续自动监测系统运行和质控技术规范	HJ 818—2018
9	环境空气颗粒物（PM_{10} 和 $PM_{2.5}$）连续自动监测系统运行和质控技术规范	HJ 817—2018
10	汞水质自动在线监测仪技术要求及检测方法	HJ 926—2017
11	COD 光度法快速测定仪技术要求及检测方法	HJ 924—2017
12	固定污染源烟气（SO_2、NO_x、颗粒物）排放连续监测系统技术要求及检测方法	HJ 76—2017
13	固定污染源烟气（SO_2、NO_x、颗粒物）排放连续监测技术规范	HJ 75—2017

12.13 EPA 危险废物测试方法

序号	3500 Series: Organic Sample Extraction
1	Method 3500C-Organic Extraction and Sample Preparation
2	Method 3510C-Separatory Funnel Liquid-Liquid Extraction
3	Method 3511-Organic Compounds in Water by Microextraction
4	Method 3520C-Continuous Liquid-Liquid Extraction
5	Method 3535A-Solid-Phase Extraction（SPE）
6	Method 3540C-Soxhlet Extraction
7	Method 3541-Automated Soxhlet Extraction
8	Method 3542-Extraction of Semivolatile Analytes Collected UsingSW-846 test Method 0010（Modified Method 5 Sampling Train）
9	Method 3545A-Pressurized Fluid Extraction（PFE）
10	Method 3546-Microwave Extraction
11	Method 3550C-Ultrasonic Extraction
12	Method 3560-Supercritical Fluid Extraction of Total Recoverable Petroleum Hydrocarbons
13	Method 3561-Supercritical Fluid Extraction of Polynuclear Aromatic Hydrocarbons
14	Method 3562-Supercritical Fluid Extraction of Polychlorinated Biphenyls（PCBs）and Organochlorine Pesticides
15	Method 3572-Extraction of Wipe Samples for Chemical Agents from Wipe Samples Using Microextraction
16	Method 3580A-Waste Dilution
17	Method 3585-Waste Dilution for Volatile Organics
序号	3600 Series: Organic Extract Cleanup
1	Method 3600C-Cleanup
2	Method 3610B-Alumina Cleanup
3	Method 3611B-Alumina Column Cleanup and Separation of Petroleum Wastes
4	Method 3620C-Florisil Cleanup
5	Method 3630C-Silica Gel Cleanup
6	Method 3640A-Gel-Permeation Cleanup
7	Method 3650B-Acid-Base Partition Cleanup
8	Method 3660B-Sulfur Cleanup
9	Method 3665A-Sulfuric Acid/Permanganate Cleanup
10	Method 3815-Screening Solid Samples for Volatile Organics
11	Method 3820-Hexadecane Extraction and Screening of Purgeable Organics

序号	8000 Series: Chromatographic Separation Methods
1	Method 8000D-Determinative Chromatographic Separations
2	Method 8011-1,2-Dibromoethane and 1,2-Dibromo-3-chloropropane by Microextraction and Gas Chromatography
3	Method 8015C-Nonhalogenated Organics by Gas Chromatography
4	Method 8021B-Aromatic and Halogenated Volatiles by Gas Chromatography Using Photoionization and/or Electrolytic Conductivity Detectors
5	Method 8031-Acrylonitrile by Gas Chromatography
6	Method 8032A-Acrylamide by Gas Chromatography
7	Method 8033-Acetonitrile by Gas Chromatography with Nitrogen-Phosphorus Detection
8	Method 8041A-Phenols by Gas Chromatography
9	Method 8061A-Phthalate Esters by Gas Chromatography with Electron Capture Detection（GC/ECD）
10	Method 8070A-Nitrosamines by Gas Chromatography
11	Method 8081B-Organochlorine Pesticides by Gas Chromatography
12	Method 8082A-Polychlorinated Biphenyls（PCBs）by Gas Chromatography Guidance
13	Method 8085-Compound-independent Elemental Quantitation of Pesticides by Gas Chromatography with Atomic Emission Detection（GC/AED）
14	Method 8091-Nitroaromatics and Cyclic Ketones by Gas Chromatography
15	Method 8095-Explosives by Gas Chromatography
16	Method 8100-Polynuclear Aromatic Hydrocarbons
17	Method 8111-Haloethers by Gas Chromatography
18	Method 8121-Chlorinated Hydrocarbons by Gas Chromatography: Capillary Column Technique
19	Method 8131-Aniline and Selected Derivatives by Gas Chromatography
20	Method 8141B-Organophosphorus Compounds by Gas Chromatography
21	Method 8151A-Chlorinated Herbicides by GC Using Methylation or Pentafluorobenzylation Derivatization
22	Method 8260D-Volatile Organic Compounds by Gas Chromatography/Mass Spectrometry（GC/MS）
23	Method 8261-Volatile Organic Compounds by Vacuum DistillatPageion in Combination with Gas Chromatography/Mass Spectrometry（VD/GC/MS）
24	Method 8270E-Semivolatile Organic Compounds by Gas Chromatography/Mass Spectrometry（GC/MS）
25	Method 8275A-Semivolatile Organic Compounds（PAHs and PCBs）in Soils/Sludges and Solid Wastes Using Thermal Extraction/Gas Chromatography/Mass Spectrometry（TE/GC/MS）

序号	8000 Series: Chromatographic Separation Methods
26	Method 8276-Toxaphene and Toxaphene Congeners by Gas Chromatography/Negative Ion Chemical Ionization Mass Spectrometry（GC-NICI/MS）
27	Method 8280B-Polychlorinated Dibenzo-p-Dioxins（PCDDs）and Polychlorinated Dibenzofurans（PCDFs）by High Resolution Gas Chromatography/Low Resolution Mass Spectrometry（HRGC/LRMS）
28	Method 8290A-Polychlorinated Dibenzodioxins（PCDDs）and Polychlorinated Dibenzofurans（PCDFs）by High-Resolution Gas Chromatography/High Resolution Mass Spectrometry（HRGC/HRMS）
29	Method 8310-Polynuclear Aromatic Hydrocarbons
30	Method 8315A-Determination of Carbonyl Compounds by High Performance Liquid Chromatography（HPLC）
31	Method 8316-Acrylamide，Acrylonitrile and Acrolein by High Performance Liquid Chromatography（HPLC）
32	Method 8318A-N-Methylcarbamates by High Performance Liquid Chromatography（HPLC）
33	Method 8321B-Solvent Extractable Nonvolatile Compounds by High Performance Liquid Chromatography/Thermospray/Mass Spectrometry（HPLC/TS/MS）or Ultraviolet（UV）Detection
34	Method 8325 –Solvent Extractable Nonvolatile Compounds by High Performance Liquid Chromatography/Particle Beam/Mass Spectrometry（HPLC/PB/MS）
35	Method 8330A-Nitroaromatics and Nitramines by High Performance Liquid Chromatography（HPLC）
36	Method 8331-Tetrazene by Reverse Phase High Performance Liquid Chromatography（HPLC）
37	Method 8332-Nitroglycerine by High Performance Liquid Chromatography
38	Method 8410-Gas Chromatography/Fourier Transform Infrared（GC/FT-IR）Spectrometry for Semivolatile Organics: Capillary Column
39	Method 8430-Analysis of Bis（2-chloroethyl）Ether and Hydrolysis Products by Direct Aqueous Injection GC/FT-IR
40	Method 8440-Total Recoverable Petroleum Hydrocarbons by Infrared Spectrophotometry
41	Method 8510-Colorimetric Screening Procedure for RDX and HMX in Soil
42	Method 8515-Colorimetric Screening Method for Trinitrotoluene（TNT）in Soil
43	Method 8520-Continuous Measurement of Formaldehyde in Ambient Air
44	Method 8535-Screening Procedure for Total Volatile Organic Halides in Water
45	Method 8540-Pentachlorophenol by UV-Induced Colorimetry

12.14 附录文本

附录 1 《易制毒化学品购销和运输管理办法》中华人民共和国公安部令第 87 号

中华人民共和国公安部令

第 87 号

《易制毒化学品购销和运输管理办法》已经 2006 年 4 月 21 日公安部部长办公会议通过，现予发布，自 2006 年 10 月 1 日起施行。

2006 年 8 月 22 日

易制毒化学品购销和运输管理办法

第一章 总 则

第一条 为加强易制毒化学品管理，规范购销和运输易制毒化学品行为，防止易制毒化学品被用于制造毒品，维护经济和社会秩序，根据《易制毒化学品管理条例》，制定本办法。

第二条 公安部是全国易制毒化学品购销、运输管理和监督检查的主管部门。

县级以上地方人民政府公安机关负责本辖区内易制毒化学品购销、运输管理和监督检查工作。

各省、自治区、直辖市和设区的市级人民政府公安机关禁毒部门应当设立易制毒化学品管理专门机构，县级人民政府公安机关应当设专门人员，负责易制毒化学品的购买、运输许可或者备案和监督检查工作。

第二章 购销管理

第三条 购买第一类中的非药品类易制毒化学品的，应当向所在地省级人民政府公安机关申请购买许可证；购买第二类、第三类易制毒化学品的，应当向所在地县级人民政府公安机关备案。取得购买许可证或者购买备案证明后，方可购买易制毒化学品。

第四条 个人不得购买第一类易制毒化学品和第二类易制毒化学品。

禁止使用现金或者实物进行易制毒化学品交易，但是个人合法购买第一类中的药品类易制毒化学品药品制剂和第三类易制毒化学品的除外。

第五条 申请购买第一类中的非药品类易制毒化学品和第二类、第三类易制毒化学品的，应当提交下列申请材料：

（一）经营企业的营业执照（副本和复印件），其他组织的登记证书或者成立批准文件（原件和复印件），或者个人的身份证明（原件和复印件）；

（二）合法使用需要证明（原件）。

合法使用需要证明由购买单位或者个人出具，注明拟购买易制毒化学品的品种、数量和用途，并加盖购买单位印章或者个人签名。

第六条 申请购买第一类中的非药品类易制毒化学品的，由申请人所在地的省级人民政府公安机关审批。负责审批的公安机关应当自收到申请之日起 10 日内，对申请人提交的申请材料进行审查。对符合规定的，发给购买许可证；不予许可的，应当书面说明理由。

负责审批的公安机关对购买许可证的申请能够当场予以办理的，应当当场办理；对材料不齐备需要补充的，应当一次性告知申请人需补充的内容；对提供材料不符合规定不予受理的，应当书面说明理由。

第七条 公安机关审查第一类易制毒化学品购买许可申请材料时，根据需要，可以进行实地核查。遇有下列情形之一的，应当进行实地核查：

（一）购买单位第一次申请的；

（二）购买单位提供的申请材料不符合要求的；

（三）对购买单位提供的申请材料有疑问的。

第八条 购买第二类、第三类易制毒化学品的，应当在购买前将所需购买的品种、数量，向所在地的县级人民政府公安机关备案。公安机关受理备案后，应当于当日出具购买备案证明。

自用一次性购买 5 千克以下且年用量 50 千克以下高锰酸钾的，无须备案。

第九条 易制毒化学品购买许可证一次使用有效，有效期 1 个月。

易制毒化学品购买备案证明一次使用有效，有效期 1 个月。对备案后 1 年内无违规行为的单位，可以发给多次使用有效的备案证明，有效期 6 个月。

对个人购买的，只办理一次使用有效的备案证明。

第十条 经营单位销售第一类易制毒化学品时，应当查验购买许可证和经办人的身份证明。对委托代购的，还应当查验购买人持有的委托文书。

委托文书应当载明委托人与被委托人双方情况、委托购买的品种、数量等事项。

经营单位在查验无误、留存前两款规定的证明材料的复印件后，方可出售第一类易制毒化学品；发现可疑情况的，应当立即向当地公安机关报告。

经营单位在查验购买方提供的许可证和身份证明时，对不能确定其真实性的，可以请当地公安机关协助核查。公安机关应当当场予以核查，对于不能当场核实的，应当于 3 日内将核查结果告知经营单位。

第十一条 经营单位应当建立易制毒化学品销售台账，如实记录销售的品种、数量、日期、购买方等情况。经营单位销售易制毒化学品时，还应当留存购买许可证或者购买备案证明以及购买经办人的身份证明的复印件。

销售台账和证明材料复印件应当保存 2 年备查。

第十二条 经营单位应当将第一类易制毒化学品的销售情况于销售之日起 5 日内报当地县级人民政府公安机关备案，将第二类、第三类易制毒化学品的销售情况于 30 日内报当地县级人民政府公安机关备案。

备案的销售情况应当包括销售单位、地址，销售易制毒化学品的种类、数量等，并同时提交留存的购买方的证明材料复印件。

第十三条 第一类易制毒化学品的使用单位，应当建立使用台账，如实记录购进易制毒化学品的种类、数量、使用情况和库存等，并保存 2 年备查。

第十四条 购买、销售和使用易制毒化学品的单位，应当在易制毒化学品的出入库登记、易制毒化学品管理岗位责任分工以及企业从业人员的易制毒化学品知识培训等方面建立单位内部管理制度。

第三章　运输管理

第十五条 运输易制毒化学品，有下列情形之一的，应当申请运输许可证或者进行备案：

（一）跨设区的市级行政区域（直辖市为跨市界）运输的；

（二）在禁毒形势严峻的重点地区跨县级行政区域运输的。禁毒形势严峻的重点地区由公安部确定和调整，名单另行公布。

运输第一类易制毒化学品的，应当向运出地的设区的市级人民政府公安机关申请运输许可证。

运输第二类易制毒化学品的，应当向运出地县级人民政府公安机关申请运输许可证。

运输第三类易制毒化学品的，应当向运出地县级人民政府公安机关备案。

第十六条 运输供教学、科研使用的 100 克以下的麻黄素样品和供医疗机构制剂配方使用的小包装麻黄素以及医疗机构或者麻醉药品经营企业购买麻黄素片剂 6 万片以下、注射剂 1.5 万支以下，货主或者承运人持有依法取得的购买许可证明或者麻醉药品调拨单的，无须申请易制毒化学品运输许可。

第十七条 因治疗疾病需要，患者、患者近亲属或者患者委托的人凭医疗机构出具的医疗诊断书和本人的身份证明，可以随身携带第一类中的药品类易制毒化学品药品制剂，但是不得超过医用单张处方的最大剂量。

第十八条 运输易制毒化学品，应当由货主向公安机关申请运输许可证或者进行备案。

申请易制毒化学品运输许可证或者进行备案，应当提交下列材料：

（一）经营企业的营业执照（副本和复印件），其他组织的登记证书或者成立批准文件（原件和复印件），个人的身份证明（原件和复印件）；

（二）易制毒化学品购销合同（复印件）；

（三）经办人的身份证明（原件和复印件）。

第十九条 负责审批的公安机关应当自收到第一类易制毒化学品运输许可申请之日起 10 日内，收到第二类易制毒化学品运输许可申请之日起 3 日内，对申请人提交的申请材料进行审查。对符合规定的，发给运输许可证；不予许可的，应当书面说明理由。

负责审批的公安机关对运输许可申请能够当场予以办理的，应当当场办理；对材料不齐备需要补充的，应当一次性告知申请人需补充的内容；对提供材料不符合规定不予受理的，应当书面说明理由。

运输第三类易制毒化学品的，应当在运输前向运出地的县级人民政府公安机关备案。公安机关应当在收到备案材料的当日发给备案证明。

第二十条 负责审批的公安机关对申请人提交的申请材料，应当核查其真实性和有效性，其中查验购销合同时，可以要求申请人出示购买许可证或者备案证明，核对是否相符；对营业执照和登记证书（或者成立批准文件），应当核查其生产范围、经营范围、使用范围、证照有效期等内容。

公安机关审查第一类易制毒化学品运输许可申请材料时，根据需要，可以进行实地核查。遇有下列情形之一的，应当进行实地核查：

（一）申请人第一次申请的；

（二）提供的申请材料不符合要求的；

（三）对提供的申请材料有疑问的。

第二十一条 对许可运输第一类易制毒化学品的，发给一次有效的运输许可证，有效期 1 个月。

对许可运输第二类易制毒化学品的，发给 3 个月多次使用有效的运输许可证；对第三类易制毒化学品运输备案的，发给 3 个月多次使用有效的备案证明；对于领取运输许可证或者运输备案证明后 6 个月内按照规定运输并保证运输安全的，可以发给有效期 12 个月的运输许可证或者运输备案证明。

第二十二条 承运人接受货主委托运输，对应当凭证运输的，应当查验货主提供的运输许可证或者备案证明，并查验所运货物与运输许可证或者备案证明载明的易制毒化学品的品种、数量等情况是否相符；不相符的，不得承运。

承运人查验货主提供的运输许可证或者备案证明时，对不能确定其真实性的，可以请当地人民政府公安机关协助核查。公安机关应当当场予以核查，对于不能当场核实的，应当于 3 日内将核查结果告知承运人。

第二十三条 运输易制毒化学品时，运输车辆应当在明显部位张贴易制毒化学品标识；属于危险化学品的，应当由有危险化学品运输资质的单位运输；应当凭证运输的，运输人员应当自启运起全程携带运输许可证或者备案证明。承运单位应当派人押运或者采取其他有效措施，防止易制毒化学品丢失、被盗、被抢。

运输易制毒化学品时，还应当遵守国家有关货物运输的规定。

第二十四条　公安机关在易制毒化学品运输过程中应当对运输情况与运输许可证或者备案证明所载内容是否相符等情况进行检查。交警、治安、禁毒、边防等部门应当在交通重点路段和边境地区等加强易制毒化学品运输的检查。

第二十五条　易制毒化学品运出地与运入地公安机关应当建立情况通报制度。运出地负责审批或者备案的公安机关应当每季度末将办理的易制毒化学品运输许可或者备案情况通报运入地同级公安机关，运入地同级公安机关应当核查货物的实际运达情况后通报运出地公安机关。

第四章　监督检查

第二十六条　县级以上人民政府公安机关应当加强对易制毒化学品购销和运输等情况的监督检查，有关单位和个人应当积极配合。对发现非法购销和运输行为的，公安机关应当依法查处。

公安机关在进行易制毒化学品监督检查时，可以依法查看现场、查阅和复制有关资料、记录有关情况、扣押相关的证据材料和违法物品；必要时，可以临时查封有关场所。

被检查的单位或者个人应当如实提供有关情况和材料、物品，不得拒绝或者隐匿。

第二十七条　公安机关应当对依法收缴、查获的易制毒化学品安全保管。对于可以回收的，应当予以回收；对于不能回收的，应当依照环境保护法律、行政法规的有关规定，交由有资质的单位予以销毁，防止造成环境污染和人身伤亡。对收缴、查获的第一类中的药品类易制毒化学品的，一律销毁。

保管和销毁费用由易制毒化学品违法单位或者个人承担。违法单位或者个人无力承担的，该费用在回收所得中开支，或者在公安机关的禁毒经费中列支。

第二十八条　购买、销售和运输易制毒化学品的单位应当于每年 3 月 31 日前向所在地县级公安机关报告上年度的购买、销售和运输情况。公安机关发现可疑情况的，应当及时予以核对和检查，必要时可以进行实地核查。

有条件的购买、销售和运输单位，可以与当地公安机关建立计算机联网，及时通报有关情况。

第二十九条　易制毒化学品丢失、被盗、被抢的，发案单位应当立即向当地公安机关报告。接到报案的公安机关应当及时立案查处，并向上级公安机关报告。

第五章　法律责任

第三十条　违反规定购买易制毒化学品，有下列情形之一的，公安机关应当没收非法购买的易制毒化学品，对购买方处非法购买易制毒化学品货值10倍以上20倍以下的罚款，货值的20倍不足1万元的，按1万元罚款；构成犯罪的，依法追究刑事责任：

（一）未经许可或者备案擅自购买易制毒化学品的；

（二）使用他人的或者伪造、变造、失效的许可证或者备案证明购买易制毒化学品的。

第三十一条 违反规定销售易制毒化学品，有下列情形之一的，公安机关应当对销售单位处1万元以下罚款；有违法所得的，处3万元以下罚款，并对违法所得依法予以追缴；构成犯罪的，依法追究刑事责任：

（一）向无购买许可证或者备案证明的单位或者个人销售易制毒化学品的；

（二）超出购买许可证或者备案证明的品种、数量销售易制毒化学品的。

第三十二条 货主违反规定运输易制毒化学品，有下列情形之一的，公安机关应当没收非法运输的易制毒化学品或者非法运输易制毒化学品的设备、工具；处非法运输易制毒化学品货值10倍以上20倍以下罚款，货值的20倍不足1万元的，按1万元罚款；有违法所得的，没收违法所得；构成犯罪的，依法追究刑事责任：

（一）未经许可或者备案擅自运输易制毒化学品的；

（二）使用他人的或者伪造、变造、失效的许可证运输易制毒化学品的。

第三十三条 承运人违反规定运输易制毒化学品，有下列情形之一的，公安机关应当责令停运整改，处5 000元以上5万元以下罚款：

（一）与易制毒化学品运输许可证或者备案证明载明的品种、数量、运入地、货主及收货人、承运人等情况不符的；

（二）运输许可证种类不当的；

（三）运输人员未全程携带运输许可证或者备案证明的。

个人携带易制毒化学品不符合品种、数量规定的，公安机关应当没收易制毒化学品，处1 000元以上5 000元以下罚款。

第三十四条 伪造申请材料骗取易制毒化学品购买、运输许可证或者备案证明的，公安机关应当处1万元罚款，并撤销许可证或者备案证明。

使用以伪造的申请材料骗取的易制毒化学品购买、运输许可证或者备案证明购买、运输易制毒化学品的，分别按照第三十条第一项和第三十二条第一项的规定处罚。

第三十五条 对具有第三十条、第三十二条和第三十四条规定违法行为的单位或个人，自作出行政处罚决定之日起3年内，公安机关可以停止受理其易制毒化学品购买或者运输许可申请。

第三十六条 违反易制毒化学品管理规定，有下列行为之一的，公安机关应当给予警告，责令限期改正，处1万元以上5万元以下罚款；对违反规定购买的易制毒化学品予以没收；逾期不改正的，责令限期停产停业整顿；逾期整顿不合格的，吊销相应的许可证：

（一）将易制毒化学品购买或运输许可证或者备案证明转借他人使用的；

（二）超出许可的品种、数量购买易制毒化学品的；

（三）销售、购买易制毒化学品的单位不记录或者不如实记录交易情况、不按规定保存交易记录或者不如实、不及时向公安机关备案销售情况的；

（四）易制毒化学品丢失、被盗、被抢后未及时报告，造成严重后果的；

（五）除个人合法购买第一类中的药品类易制毒化学品药品制剂以及第三类易制毒化学品外，使用现金或者实物进行易制毒化学品交易的；

（六）经营易制毒化学品的单位不如实或者不按时报告易制毒化学品年度经销和库存情况的。

第三十七条 经营、购买、运输易制毒化学品的单位或者个人拒不接受公安机关监督检查的，公安机关应当责令其改正，对直接负责的主管人员以及其他直接责任人员给予警告；情节严重的，对单位处 1 万元以上 5 万元以下罚款，对直接负责的主管人员以及其他直接责任人员处 1 000 元以上 5 000 元以下罚款；有违反治安管理行为的，依法给予治安管理处罚；构成犯罪的，依法追究刑事责任。

第三十八条 公安机关易制毒化学品管理工作人员在管理工作中有应当许可而不许可、不应当许可而滥许可，不依法受理备案，以及其他滥用职权、玩忽职守、徇私舞弊行为的，依法给予行政处分；构成犯罪的，依法追究刑事责任。

第三十九条 公安机关实施本章处罚，同时应当由其他行政主管机关实施处罚的，应当通报其他行政机关处理。

第六章 附 则

第四十条 本办法所称“经营单位”，是指经营易制毒化学品的经销单位和经销自产易制毒化学品的生产单位。

第四十一条 本办法所称“运输”，是指通过公路、铁路、水上和航空等各种运输途径，使用车、船、航空器等各种运输工具，以及人力、畜力携带、搬运等各种运输方式使易制毒化学品货物发生空间位置的移动。

第四十二条 易制毒化学品购买许可证和备案证明、运输许可证和备案证明、易制毒化学品管理专用印章由公安部统一规定式样并监制。

第四十三条 本办法自 2006 年 10 月 1 日起施行。《麻黄素运输许可证管理规定》（公安部令第 52 号）同时废止。

附件：

易制毒化学品的分类和品种目录

第一类

1. 1- 苯基 -2- 丙酮
2. 3,4- 亚甲基二氧苯基 -2- 丙酮
3. 胡椒醛
4. 黄樟素
5. 黄樟油
6. 异黄樟素
7. N- 乙酰邻氨基苯酸
8. 邻氨基苯甲酸
9. 麦角酸 *
10. 麦角胺 *
11. 麦角新碱 *
12. 麻黄素、伪麻黄素、消旋麻黄素、去甲麻黄素、甲基麻黄素、麻黄浸膏、麻黄浸膏粉等麻黄素类物质 *

第二类

1. 苯乙酸
2. 醋酸酐
3. 三氯甲烷
4. 乙醚
5. 哌啶

第三类

1. 甲苯
2. 丙酮
3. 甲基乙基酮
4. 高锰酸钾
5. 硫酸
6. 盐酸

说明：

一、第一类、第二类所列物质可能存在的盐类，也纳入管制。

二、带有 * 标记的品种为第一类中的药品类易制毒化学品，第一类中的药品类易制毒化学品包括原料药及其单方制剂。

附录 2 《人间传染的病原微生物名录》（节选）

表 2　细菌、放线菌、衣原体、支原体、立克次体、螺旋体分类名录（节选）

序号	病原菌名称		危害程度分类	实验活动所需生物安全实验室级别				运输包装分类[e]		备注
	学名	中文名		大量活菌操作[a]	动物感染实验[b]	样本检测[c]	非感染性材料的实验[d]	A/B	UN 编号	
1	*Chlamydia trachomatis*	沙眼衣原体	第三类	BSL-2	ABSL-2	BSL-2	BSL-1	B	UN 3373	—
	Clostridium botulinum	肉毒梭菌	第三类	BSL-2	ABSL-2	BSL-2	BSL-1	A	UN 2814	菌株按第二类管理
	Eikenella corrodens	啮蚀艾肯菌	第三类	BSL-2	ABSL-2	BSL-2	BSL-1	B	UN 3373	—
2	*Enterobacter aerogenes/cloacae*	产气肠杆菌 / 阴沟肠杆菌	第三类	BSL-2	ABSL-2	BSL-2	BSL-1	B	UN 3373	—
3	*Pathogenic Escherichia coli*	致病性大肠埃希氏菌	第三类	BSL-2	ABSL-2	BSL-2	BSL-1	B	UN 2814	—
4	*Legionella pneumophila*	嗜肺军团菌	第三类	BSL-2	ABSL-2	BSL-2	BSL-1	B	UN 3373	—
5	*Mycobacterium kansasii*	堪萨斯分支杆菌	第三类	BSL-2	ABSL-2	BSL-2	BSL-1	B	UN 3373	—
6	*Pseudomonas aeruginosa*	铜绿假单胞菌	第三类	BSL-2	ABSL-2	BSL-2	BSL-1	B	UN 3373	—
7	*Rhodococcus equi*	马红球菌	第三类	BSL-2	ABSL-2	BSL-2	BSL-1	B	UN 3373	—
8	*Salmonella arizonae*	亚利桑那沙门菌	第三类	BSL-2	ABSL-2	BSL-2	BSL-1	B	UN 3373	—
9	Salmonella choleraesuis	猪霍乱沙门菌	第三类	BSL-2	ABSL-2	BSL-2	BSL-1	B	UN 3373	—
10	*Salmonella enterica*	肠沙门菌	第三类	BSL-2	ABSL-2	BSL-2	BSL-1	B	UN 3373	—
11	*Salmonella meleagridis*	火鸡沙门菌	第三类	BSL-2	ABSL-2	BSL-2	BSL-1	B	UN 3373	—

续表

序号	病原菌名称		危害程度分类	实验活动所需生物安全实验室级别				运输包装分类[e]		备注
	学名	中文名		大量活菌操作[a]	动物感染实验[b]	样本检测[c]	非感染性材料的实验[d]	A/B	UN 编号	
12	*Salmonella paratyphi* A，B，C	甲、乙、丙型副伤寒沙门菌	第三类	BSL-2	ABSL-2	BSL-2	BSL-1	B	UN 3373	—
13	*Salmonella typhi*	伤寒沙门菌	第三类	BSL-2	ABSL-2	BSL-2	BSL-1	B	UN 3373	—
14	*Salmonella typhimurium*	鼠伤寒沙门菌	第三类	BSL-2	ABSL-2	BSL-2	BSL-1	B	UN 3373	—
15	*Mycobacterium tuberculosis*	结核分支杆菌	第二类	BSL-3	ABSL-3	BSL-2	BSL-1	A	UN 2814	—
	Corynebacterium pseudotuberculosis	假结核棒杆菌	第三类	BSL-2	ABSL-2	BSL-2	BSL-1	B	UN 3373	—
16	*Mycobacterium paratuberculosis*	副结核分支杆菌	第三类	BSL-2	ABSL-2	BSL-2	BSL-1	B	UN 3373	—
17	*Yersinia pseudotuberculosis*	假结核耶尔森菌	第三类	BSL-2	ABSL-2	BSL-2	BSL-1	B	UN 3373	—
18	*Shigella spp*	志贺菌属	第三类	BSL-2	ABSL-2	BSL-2	BSL-1	B	UN 3373	—
19	*Staphylococcus aureus*	金黄色葡萄球菌	第三类	BSL-2	ABSL-2	BSL-2	BSL-1	B	UN 3373	—
20	*Streptococcus pyogenes*	化脓链球菌	第三类	BSL-2	ABSL-2	BSL-2	BSL-1	B	UN 3373	—
21	*Streptococcus spp*	链球菌属	第三类	BSL-2	ABSL-2	BSL-2	BSL-1	B	UN 3373	—
22	*Streptococcus suis*	猪链球菌	第三类	BSL-2	ABSL-2	BSL-2	BSL-1	B	UN 2814	—
23	*Treponema carateum*	斑点病密螺旋体	第三类	BSL-2	ABSL-2	BSL-2	BSL-1	B	UN 3373	—
24	*Treponema pallidum*	苍白（梅毒）密螺旋体	第三类	BSL-2	ABSL-2	BSL-2	BSL-1	B	UN 373	—

续表

序号	病原菌名称		危害程度分类	实验活动所需生物安全实验室级别				运输包装分类[e]		备注
	学名	中文名		大量活菌操作[a]	动物感染实验[b]	样本检测[c]	非感染性材料的实验[d]	A/B	UN 编号	
25	*Treponema pertenue*	极细密螺旋体	第三类	BSL-2	ABSL-2	BSL-2	BSL-1	B	UN 3373	
26	*Treponema vincentii*	文氏密螺旋体	第三类	BSL-2	ABSL-2	BSL-2	BSL-1	B	UN 3373	

注：BSL-*n*/ABSL-*n*：代表不同生物安全级别的实验室 / 动物实验室。

[a] 大量活菌操作：实验操作涉及“大量”病原菌的制备，或易产生气溶胶的实验操作，如病原菌离心、冻干等。

[b] 动物感染实验：特指以活菌感染的动物实验。

[c] 样本检测：包括样本的病原菌分离纯化、药物敏感性实验、生化鉴定、免疫学实验、PCR 核酸提取、涂片、显微观察等初步检测活动。

[d] 非感染性材料的实验：如不含致病性活菌材料的分子生物学、免疫学等实验。

[e] 运输包装分类：按国际民航组织文件 Doc9284《危险品航空安全运输技术细则》的分类包装要求，将相关病原和标本分为 A、B 两类，对应的联合国编号分别为 UN 2814 和 UN 3373；A 类中传染性物质特指菌株或活菌培养物，应按 UN 2814 的要求包装和空运，其他相关样本和 B 类的病原和相关样本均按 UN 3373 的要求包装和空运；通过其他交通工具运输的可参照以上标准包装。

[f] 因属甲类传染病，流行株按第二类管理，涉及大量活菌培养等工作可在 BSL-2 实验室进行；非流行株归第三类。

说明：

1. 在保证安全的前提下，对临床和现场的未知样本的检测可在生物安全二级或以上防护级别的实验室进行。涉及病原菌分离培养的操作，应加强个体防护和环境保护。但此项工作仅限于对样本中病原菌的初步分离鉴定。一旦病原菌初步明确，应按病原微生物的危害类别将其转移至相应生物安全级别的实验室开展工作。

2. “大量”的病原菌制备，是指病原菌的体积或浓度，大大超过了常规检测所需要的量。比如在大规模发酵、抗原和疫苗生产，病原菌进一步鉴定以及科研活动中，病原菌增殖和浓缩所需要处理的剂量。

3. 本表未列之病原微生物和实验活动，由单位生物安全委员会负责危害程度评估，确定相应的生物安全防护级别。如涉及高致病性病原微生物及其相关实验的，应经国家病原微生物实验室生物安全专家委员会论证。

4. 国家正式批准的生物制品疫苗生产用减毒、弱毒菌种的分类地位另行规定。

附录 3 《危险化学品安全管理条例》

国家安全生产监督管理总局、中华人民共和国工业和信息化部、中华人民共和国公安部、中华人民共和国环境保护部、中华人民共和国交通运输部、中华人民共和国农业部、中华人民共和国国家卫生和计划生育委员会、中华人民共和国国家质量监督检验检疫总局、国家铁路局、中国民用航空局

公 告

2015 年 第 5 号

依照《危险化学品安全管理条例》（国务院令　第 591 号）的有关规定，安全监管总局会同工业和信息化部、公安部、环境保护部、交通运输部、农业部、国家卫生计生委、质检总局、铁路局、民航局制定了《危险化学品目录（2015 版）》，现予公布。《危险化学品目录（2015 版）》于 2015 年 5 月 1 日起施行。《危险化学品名录（2002 版）》（原国家安全生产监督管理局公告 2003 年第 1 号）、《剧毒化学品目录（2002 年版）》（原国家安全生产监督管理局等 8 部门公告 2003 年第 2 号）同时废止。

附件：危险化学品目录（2015 版）

2015 年 2 月 27 日

电子文档下载地址：

https://www.mem.gov.cn/gk/gwgg/xgxywj/wxhxp_228/201503/W020200317436190600087.pdf

危险化学品安全管理条例

（2002 年 1 月 26 日中华人民共和国国务院令　第 344 号公布
2011 年 2 月 16 日国务院第 144 次常务会议修订通过
根据 2013 年 12 月 7 日《国务院关于修改部分行政法规的决定》修订）

第一章　总　则

第一条　为了加强危险化学品的安全管理，预防和减少危险化学品事故，保障人民群众生命财产安全，保护环境，制定本条例。

第二条　危险化学品生产、储存、使用、经营和运输的安全管理，适用本条例。

废弃危险化学品的处置，依照有关环境保护的法律、行政法规和国家有关规定执行。

第三条　本条例所称危险化学品，是指具有毒害、腐蚀、爆炸、燃烧、助燃等性质，对人体、设施、环境具有危害的剧毒化学品和其他化学品。

危险化学品目录，由国务院安全生产监督管理部门会同国务院工业和信息化、公

安、环境保护、卫生、质量监督检验检疫、交通运输、铁路、民用航空、农业主管部门，根据化学品危险特性的鉴别和分类标准确定、公布，并适时调整。

第四条 危险化学品安全管理，应当坚持安全第一、预防为主、综合治理的方针，强化和落实企业的主体责任。

生产、储存、使用、经营、运输危险化学品的单位（以下统称危险化学品单位）的主要负责人对本单位的危险化学品安全管理工作全面负责。

危险化学品单位应当具备法律、行政法规规定和国家标准、行业标准要求的安全条件，建立、健全安全管理规章制度和岗位安全责任制度，对从业人员进行安全教育、法制教育和岗位技术培训。从业人员应当接受教育和培训，考核合格后上岗作业；对有资格要求的岗位，应当配备依法取得相应资格的人员。

第五条 任何单位和个人不得生产、经营、使用国家禁止生产、经营、使用的危险化学品。

国家对危险化学品的使用有限制性规定的，任何单位和个人不得违反限制性规定使用危险化学品。

第六条 对危险化学品的生产、储存、使用、经营、运输实施安全监督管理的有关部门（以下统称负有危险化学品安全监督管理职责的部门），依照下列规定履行职责：

（一）安全生产监督管理部门负责危险化学品安全监督管理综合工作，组织确定、公布、调整危险化学品目录，对新建、改建、扩建生产、储存危险化学品（包括使用长输管道输送危险化学品，下同）的建设项目进行安全条件审查，核发危险化学品安全生产许可证、危险化学品安全使用许可证和危险化学品经营许可证，并负责危险化学品登记工作。

（二）公安机关负责危险化学品的公共安全管理，核发剧毒化学品购买许可证、剧毒化学品道路运输通行证，并负责危险化学品运输车辆的道路交通安全管理。

（三）质量监督检验检疫部门负责核发危险化学品及其包装物、容器（不包括储存危险化学品的固定式大型储罐，下同）生产企业的工业产品生产许可证，并依法对其产品质量实施监督，负责对进出口危险化学品及其包装实施检验。

（四）环境保护主管部门负责废弃危险化学品处置的监督管理，组织危险化学品的环境危害性鉴定和环境风险程度评估，确定实施重点环境管理的危险化学品，负责危险化学品环境管理登记和新化学物质环境管理登记；依照职责分工调查相关危险化学品环境污染事故和生态破坏事件，负责危险化学品事故现场的应急环境监测。

（五）交通运输主管部门负责危险化学品道路运输、水路运输的许可以及运输工具的安全管理，对危险化学品水路运输安全实施监督，负责危险化学品道路运输企业、水路运输企业驾驶人员、船员、装卸管理人员、押运人员、申报人员、集装箱装箱现场检查员的资格认定。铁路监管部门负责危险化学品铁路运输及其运输工具的安全管理。民用航空主管部门负责危险化学品航空运输以及航空运输企业及其运输工具的安全管理。

（六）卫生主管部门负责危险化学品毒性鉴定的管理，负责组织、协调危险化学品事故受伤人员的医疗卫生救援工作。

（七）工商行政管理部门依据有关部门的许可证件，核发危险化学品生产、储存、经营、运输企业营业执照，查处危险化学品经营企业违法采购危险化学品的行为。

（八）邮政管理部门负责依法查处寄递危险化学品的行为。

第七条 负有危险化学品安全监督管理职责的部门依法进行监督检查，可以采取下列措施：

（一）进入危险化学品作业场所实施现场检查，向有关单位和人员了解情况，查阅、复制有关文件、资料；

（二）发现危险化学品事故隐患，责令立即消除或者限期消除；

（三）对不符合法律、行政法规、规章规定或者国家标准、行业标准要求的设施、设备、装置、器材、运输工具，责令立即停止使用；

（四）经本部门主要负责人批准，查封违法生产、储存、使用、经营危险化学品的场所，扣押违法生产、储存、使用、经营、运输的危险化学品以及用于违法生产、使用、运输危险化学品的原材料、设备、运输工具；

（五）发现影响危险化学品安全的违法行为，当场予以纠正或者责令限期改正。

负有危险化学品安全监督管理职责的部门依法进行监督检查，监督检查人员不得少于2人，并应当出示执法证件；有关单位和个人对依法进行的监督检查应当予以配合，不得拒绝、阻碍。

第八条 县级以上人民政府应当建立危险化学品安全监督管理工作协调机制，支持、督促负有危险化学品安全监督管理职责的部门依法履行职责，协调、解决危险化学品安全监督管理工作中的重大问题。

负有危险化学品安全监督管理职责的部门应当相互配合、密切协作，依法加强对危险化学品的安全监督管理。

第九条 任何单位和个人对违反本条例规定的行为，有权向负有危险化学品安全监督管理职责的部门举报。负有危险化学品安全监督管理职责的部门接到举报，应当及时依法处理；对不属于本部门职责的，应当及时移送有关部门处理。

第十条 国家鼓励危险化学品生产企业和使用危险化学品从事生产的企业采用有利于提高安全保障水平的先进技术、工艺、设备以及自动控制系统，鼓励对危险化学品实行专门储存、统一配送、集中销售。

第二章 生产、储存安全

第十一条 国家对危险化学品的生产、储存实行统筹规划、合理布局。

国务院工业和信息化主管部门以及国务院其他有关部门依据各自职责，负责危险化学品生产、储存的行业规划和布局。

地方人民政府组织编制城乡规划，应当根据本地区的实际情况，按照确保安全的原则，规划适当区域专门用于危险化学品的生产、储存。

第十二条 新建、改建、扩建生产、储存危险化学品的建设项目（以下简称建设项目），应当由安全生产监督管理部门进行安全条件审查。

建设单位应当对建设项目进行安全条件论证，委托具备国家规定的资质条件的机构对建设项目进行安全评价，并将安全条件论证和安全评价的情况报告报建设项目所在地设区的市级以上人民政府安全生产监督管理部门；安全生产监督管理部门应当自收到报告之日起 45 日内作出审查决定，并书面通知建设单位。具体办法由国务院安全生产监督管理部门制定。

新建、改建、扩建储存、装卸危险化学品的港口建设项目，由港口行政管理部门按照国务院交通运输主管部门的规定进行安全条件审查。

第十三条 生产、储存危险化学品的单位，应当对其铺设的危险化学品管道设置明显标志，并对危险化学品管道定期检查、检测。

进行可能危及危险化学品管道安全的施工作业，施工单位应当在开工的 7 日前书面通知管道所属单位，并与管道所属单位共同制定应急预案，采取相应的安全防护措施。管道所属单位应当指派专门人员到现场进行管道安全保护指导。

第十四条 危险化学品生产企业进行生产前，应当依照《安全生产许可证条例》的规定，取得危险化学品安全生产许可证。

生产列入国家实行生产许可证制度的工业产品目录的危险化学品的企业，应当依照《中华人民共和国工业产品生产许可证管理条例》的规定，取得工业产品生产许可证。

负责颁发危险化学品安全生产许可证、工业产品生产许可证的部门，应当将其颁发许可证的情况及时向同级工业和信息化主管部门、环境保护主管部门和公安机关通报。

第十五条 危险化学品生产企业应当提供与其生产的危险化学品相符的化学品安全技术说明书，并在危险化学品包装（包括外包装件）上粘贴或者拴挂与包装内危险化学品相符的化学品安全标签。化学品安全技术说明书和化学品安全标签所载明的内容应当符合国家标准的要求。

危险化学品生产企业发现其生产的危险化学品有新的危险特性的，应当立即公告，并及时修订其化学品安全技术说明书和化学品安全标签。

第十六条 生产实施重点环境管理的危险化学品的企业，应当按照国务院环境保护主管部门的规定，将该危险化学品向环境中释放等相关信息向环境保护主管部门报告。环境保护主管部门可以根据情况采取相应的环境风险控制措施。

第十七条 危险化学品的包装应当符合法律、行政法规、规章的规定以及国家标准、行业标准的要求。

危险化学品包装物、容器的材质以及危险化学品包装的形式、规格、方法和单件质量（重量），应当与所包装的危险化学品的性质和用途相适应。

第十八条 生产列入国家实行生产许可证制度的工业产品目录的危险化学品包装物、容器的企业，应当依照《中华人民共和国工业产品生产许可证管理条例》的规定，取得工业产品生产许可证；其生产的危险化学品包装物、容器经国务院质量监督检验检疫部门认定的检验机构检验合格，方可出厂销售。

运输危险化学品的船舶及其配载的容器，应当按照国家船舶检验规范进行生产，并经海事管理机构认定的船舶检验机构检验合格，方可投入使用。

对重复使用的危险化学品包装物、容器，使用单位在重复使用前应当进行检查；发现存在安全隐患的，应当维修或者更换。使用单位应当对检查情况做出记录，记录的保存期限不得少于 2 年。

第十九条 危险化学品生产装置或者储存数量构成重大危险源的危险化学品储存设施（运输工具加油站、加气站除外），与下列场所、设施、区域的距离应当符合国家有关规定：

（一）居住区以及商业中心、公园等人员密集场所；

（二）学校、医院、影剧院、体育场（馆）等公共设施；

（三）饮用水水源、水厂以及水源保护区；

（四）车站、码头（依法经许可从事危险化学品装卸作业的除外）、机场以及通信干线、通信枢纽、铁路线路、道路交通干线、水路交通干线、地铁风亭以及地铁站出入口；

（五）基本农田保护区、基本草原、畜禽遗传资源保护区、畜禽规模化养殖场（养殖小区）、渔业水域以及种子、种畜禽、水产苗种生产基地；

（六）河流、湖泊、风景名胜区、自然保护区；

（七）军事禁区、军事管理区；

（八）法律、行政法规规定的其他场所、设施、区域。

已建的危险化学品生产装置或者储存数量构成重大危险源的危险化学品储存设施不符合前款规定的，由所在地设区的市级人民政府安全生产监督管理部门会同有关部门监督其所属单位在规定期限内进行整改；需要转产、停产、搬迁、关闭的，由本级人民政府决定并组织实施。

储存数量构成重大危险源的危险化学品储存设施的选址，应当避开地震活动断层和容易发生洪灾、地质灾害的区域。

本条例所称重大危险源，是指生产、储存、使用或者搬运危险化学品，且危险化学品的数量等于或者超过临界量的单元（包括场所和设施）。

第二十条 生产、储存危险化学品的单位，应当根据其生产、储存的危险化学品的种类和危险特性，在作业场所设置相应的监测、监控、通风、防晒、调温、防火、灭火、防爆、泄压、防毒、中和、防潮、防雷、防静电、防腐、防泄漏以及防护围堤或者隔离操作等安全设施、设备，并按照国家标准、行业标准或者国家有关规定对安全设施、设备进行经常性维护、保养，保证安全设施、设备的正常使用。

生产、储存危险化学品的单位，应当在其作业场所和安全设施、设备上设置明显的安全警示标志。

第二十一条 生产、储存危险化学品的单位，应当在其作业场所设置通信、报警装置，并保证处于适用状态。

第二十二条 生产、储存危险化学品的企业，应当委托具备国家规定的资质条件的机构，对本企业的安全生产条件每 3 年进行一次安全评价，提出安全评价报告。安全评价报告的内容应当包括对安全生产条件存在的问题进行整改的方案。

生产、储存危险化学品的企业，应当将安全评价报告以及整改方案的落实情况报所在地县级人民政府安全生产监督管理部门备案。在港区内储存危险化学品的企业，应当将安全评价报告以及整改方案的落实情况报港口行政管理部门备案。

第二十三条 生产、储存剧毒化学品或者国务院公安部门规定的可用于制造爆炸物品的危险化学品（以下简称易制爆危险化学品）的单位，应当如实记录其生产、储存的剧毒化学品、易制爆危险化学品的数量、流向，并采取必要的安全防范措施，防止剧毒化学品、易制爆危险化学品丢失或者被盗；发现剧毒化学品、易制爆危险化学品丢失或者被盗的，应当立即向当地公安机关报告。

生产、储存剧毒化学品、易制爆危险化学品的单位，应当设置治安保卫机构，配备专职治安保卫人员。

第二十四条 危险化学品应当储存在专用仓库、专用场地或者专用储存室（以下统称专用仓库）内，并由专人负责管理；剧毒化学品以及储存数量构成重大危险源的其他危险化学品，应当在专用仓库内单独存放，并实行双人收发、双人保管制度。

危险化学品的储存方式、方法以及储存数量应当符合国家标准或者国家有关规定。

第二十五条 储存危险化学品的单位应当建立危险化学品出入库核查、登记制度。

对剧毒化学品以及储存数量构成重大危险源的其他危险化学品，储存单位应当将其储存数量、储存地点以及管理人员的情况，报所在地县级人民政府安全生产监督管理部门（在港区内储存的，报港口行政管理部门）和公安机关备案。

第二十六条 危险化学品专用仓库应当符合国家标准、行业标准的要求，并设置明显的标志。储存剧毒化学品、易制爆危险化学品的专用仓库，应当按照国家有关规定设置相应的技术防范设施。

储存危险化学品的单位应当对其危险化学品专用仓库的安全设施、设备定期进行检测、检验。

第二十七条 生产、储存危险化学品的单位转产、停产、停业或者解散的，应当采取有效措施，及时、妥善处置其危险化学品生产装置、储存设施以及库存的危险化学品，不得丢弃危险化学品；处置方案应当报所在地县级人民政府安全生产监督管理部门、工业和信息化主管部门、环境保护主管部门和公安机关备案。安全生产监督管理部门应当会同环境保护主管部门和公安机关对处置情况进行监督检查，发现未依照规定处置的，应当责令其立即处置。

第三章　使用安全

第二十八条　使用危险化学品的单位，其使用条件（包括工艺）应当符合法律、行政法规的规定和国家标准、行业标准的要求，并根据所使用的危险化学品的种类、危险特性以及使用量和使用方式，建立、健全使用危险化学品的安全管理规章制度和安全操作规程，保证危险化学品的安全使用。

第二十九条　使用危险化学品从事生产并且使用量达到规定数量的化工企业（属于危险化学品生产企业的除外，下同），应当依照本条例的规定取得危险化学品安全使用许可证。

前款规定的危险化学品使用量的数量标准，由国务院安全生产监督管理部门会同国务院公安部门、农业主管部门确定并公布。

第三十条　申请危险化学品安全使用许可证的化工企业，除应当符合本条例第二十八条的规定外，还应当具备下列条件：

（一）有与所使用的危险化学品相适应的专业技术人员；

（二）有安全管理机构和专职安全管理人员；

（三）有符合国家规定的危险化学品事故应急预案和必要的应急救援器材、设备；

（四）依法进行了安全评价。

第三十一条　申请危险化学品安全使用许可证的化工企业，应当向所在地设区的市级人民政府安全生产监督管理部门提出申请，并提交其符合本条例第三十条规定条件的证明材料。设区的市级人民政府安全生产监督管理部门应当依法进行审查，自收到证明材料之日起 45 日内做出批准或者不予批准的决定。予以批准的，颁发危险化学品安全使用许可证；不予批准的，书面通知申请人并说明理由。

安全生产监督管理部门应当将其颁发危险化学品安全使用许可证的情况及时向同级环境保护主管部门和公安机关通报。

第三十二条　本条例第十六条关于生产实施重点环境管理的危险化学品的企业的规定，适用于使用实施重点环境管理的危险化学品从事生产的企业；第二十条、第二十一条、第二十三条第一款、第二十七条关于生产、储存危险化学品的单位的规定，适用于使用危险化学品的单位；第二十二条关于生产、储存危险化学品的企业的规定，适用于使用危险化学品从事生产的企业。

第四章　经营安全

第三十三条　国家对危险化学品经营（包括仓储经营，下同）实行许可制度。未经许可，任何单位和个人不得经营危险化学品。

依法设立的危险化学品生产企业在其厂区范围内销售本企业生产的危险化学品，不需要取得危险化学品经营许可。

依照《中华人民共和国港口法》的规定取得港口经营许可证的港口经营人，在港区内从事危险化学品仓储经营，不需要取得危险化学品经营许可。

第三十四条　从事危险化学品经营的企业应当具备下列条件：

（一）有符合国家标准、行业标准的经营场所，储存危险化学品的，还应当有符合国家标准、行业标准的储存设施；

（二）从业人员经过专业技术培训并经考核合格；

（三）有健全的安全管理规章制度；

（四）有专职安全管理人员；

（五）有符合国家规定的危险化学品事故应急预案和必要的应急救援器材、设备；

（六）法律、法规规定的其他条件。

第三十五条　从事剧毒化学品、易制爆危险化学品经营的企业，应当向所在地设区的市级人民政府安全生产监督管理部门提出申请，从事其他危险化学品经营的企业，应当向所在地县级人民政府安全生产监督管理部门提出申请（有储存设施的，应当向所在地设区的市级人民政府安全生产监督管理部门提出申请）。申请人应当提交其符合本条例第三十四条规定条件的证明材料。设区的市级人民政府安全生产监督管理部门或者县级人民政府安全生产监督管理部门应当依法进行审查，并对申请人的经营场所、储存设施进行现场核查，自收到证明材料之日起 30 日内做出批准或者不予批准的决定。予以批准的，颁发危险化学品经营许可证；不予批准的，书面通知申请人并说明理由。

设区的市级人民政府安全生产监督管理部门和县级人民政府安全生产监督管理部门应当将其颁发危险化学品经营许可证的情况及时向同级环境保护主管部门和公安机关通报。

申请人持危险化学品经营许可证向工商行政管理部门办理登记手续后，方可从事危险化学品经营活动。法律、行政法规或者国务院规定经营危险化学品还需要经其他有关部门许可的，申请人向工商行政管理部门办理登记手续时还应当持相应的许可证件。

第三十六条　危险化学品经营企业储存危险化学品的，应当遵守本条例第二章关于储存危险化学品的规定。危险化学品商店内只能存放民用小包装的危险化学品。

第三十七条　危险化学品经营企业不得向未经许可从事危险化学品生产、经营活动的企业采购危险化学品，不得经营没有化学品安全技术说明书或者化学品安全标签的危险化学品。

第三十八条 依法取得危险化学品安全生产许可证、危险化学品安全使用许可证、危险化学品经营许可证的企业，凭相应的许可证件购买剧毒化学品、易制爆危险化学品。民用爆炸物品生产企业凭民用爆炸物品生产许可证购买易制爆危险化学品。

前款规定以外的单位购买剧毒化学品的，应当向所在地县级人民政府公安机关申请取得剧毒化学品购买许可证；购买易制爆危险化学品的，应当持本单位出具的合法用途说明。

个人不得购买剧毒化学品（属于剧毒化学品的农药除外）和易制爆危险化学品。

第三十九条 申请取得剧毒化学品购买许可证，申请人应当向所在地县级人民政府公安机关提交下列材料：

（一）营业执照或者法人证书（登记证书）的复印件；

（二）拟购买的剧毒化学品品种、数量的说明；

（三）购买剧毒化学品用途的说明；

（四）经办人的身份证明。

县级人民政府公安机关应当自收到前款规定的材料之日起 3 日内，做出批准或者不予批准的决定。予以批准的，颁发剧毒化学品购买许可证；不予批准的，书面通知申请人并说明理由。

剧毒化学品购买许可证管理办法由国务院公安部门制定。

第四十条 危险化学品生产企业、经营企业销售剧毒化学品、易制爆危险化学品，应当查验本条例第三十八条第一款、第二款规定的相关许可证件或者证明文件，不得向不具有相关许可证件或者证明文件的单位销售剧毒化学品、易制爆危险化学品。对持剧毒化学品购买许可证购买剧毒化学品的，应当按照许可证载明的品种、数量销售。

禁止向个人销售剧毒化学品（属于剧毒化学品的农药除外）和易制爆危险化学品。

第四十一条 危险化学品生产企业、经营企业销售剧毒化学品、易制爆危险化学品，应当如实记录购买单位的名称、地址、经办人的姓名、身份证号码以及所购买的剧毒化学品、易制爆危险化学品的品种、数量、用途。销售记录以及经办人的身份证明复印件、相关许可证件复印件或者证明文件的保存期限不得少于 1 年。

剧毒化学品、易制爆危险化学品的销售企业、购买单位应当在销售、购买后 5 日内，将所销售、购买的剧毒化学品、易制爆危险化学品的品种、数量以及流向信息报所在地县级人民政府公安机关备案，并输入计算机系统。

第四十二条 使用剧毒化学品、易制爆危险化学品的单位不得出借、转让其购买的剧毒化学品、易制爆危险化学品；因转产、停产、搬迁、关闭等确需转让的，应当向具有本条例第三十八条第一款、第二款规定的相关许可证件或者证明文件的单位转让，并在转让后将有关情况及时向所在地县级人民政府公安机关报告。

第五章　运输安全

第四十三条　从事危险化学品道路运输、水路运输的，应当分别依照有关道路运输、水路运输的法律、行政法规的规定，取得危险货物道路运输许可、危险货物水路运输许可，并向工商行政管理部门办理登记手续。

危险化学品道路运输企业、水路运输企业应当配备专职安全管理人员。

第四十四条　危险化学品道路运输企业、水路运输企业的驾驶人员、船员、装卸管理人员、押运人员、申报人员、集装箱装箱现场检查员应当经交通运输主管部门考核合格，取得从业资格。具体办法由国务院交通运输主管部门制定。

危险化学品的装卸作业应当遵守安全作业标准、规程和制度，并在装卸管理人员的现场指挥或者监控下进行。水路运输危险化学品的集装箱装箱作业应当在集装箱装箱现场检查员的指挥或者监控下进行，并符合积载、隔离的规范和要求；装箱作业完毕后，集装箱装箱现场检查员应当签署装箱证明书。

第四十五条　运输危险化学品，应当根据危险化学品的危险特性采取相应的安全防护措施，并配备必要的防护用品和应急救援器材。

用于运输危险化学品的槽罐以及其他容器应当封口严密，能够防止危险化学品在运输过程中因温度、湿度或者压力的变化发生渗漏、洒漏；槽罐以及其他容器的溢流和泄压装置应当设置准确、启闭灵活。

运输危险化学品的驾驶人员、船员、装卸管理人员、押运人员、申报人员、集装箱装箱现场检查员，应当了解所运输的危险化学品的危险特性及其包装物、容器的使用要求和出现危险情况时的应急处置方法。

第四十六条　通过道路运输危险化学品的，托运人应当委托依法取得危险货物道路运输许可的企业承运。

第四十七条　通过道路运输危险化学品的，应当按照运输车辆的核定载质量装载危险化学品，不得超载。

危险化学品运输车辆应当符合国家标准要求的安全技术条件，并按照国家有关规定定期进行安全技术检验。

危险化学品运输车辆应当悬挂或者喷涂符合国家标准要求的警示标志。

第四十八条　通过道路运输危险化学品的，应当配备押运人员，并保证所运输的危险化学品处于押运人员的监控之下。

运输危险化学品途中因住宿或者发生影响正常运输的情况，需要较长时间停车的，驾驶人员、押运人员应当采取相应的安全防范措施；运输剧毒化学品或者易制爆危险化学品的，还应当向当地公安机关报告。

第四十九条　未经公安机关批准，运输危险化学品的车辆不得进入危险化学品运输车辆限制通行的区域。危险化学品运输车辆限制通行的区域由县级人民政府公安机关划定，并设置明显的标志。

第五十条 通过道路运输剧毒化学品的，托运人应当向运输始发地或者目的地县级人民政府公安机关申请剧毒化学品道路运输通行证。

申请剧毒化学品道路运输通行证，托运人应当向县级人民政府公安机关提交下列材料：

（一）拟运输的剧毒化学品品种、数量的说明；

（二）运输始发地、目的地、运输时间和运输路线的说明；

（三）承运人取得危险货物道路运输许可、运输车辆取得营运证以及驾驶人员、押运人员取得上岗资格的证明文件；

（四）本条例第三十八条第一款、第二款规定的购买剧毒化学品的相关许可证件，或者海关出具的进出口证明文件。

县级人民政府公安机关应当自收到前款规定的材料之日起 7 日内，做出批准或者不予批准的决定。予以批准的，颁发剧毒化学品道路运输通行证；不予批准的，书面通知申请人并说明理由。

剧毒化学品道路运输通行证管理办法由国务院公安部门制定。

第五十一条 剧毒化学品、易制爆危险化学品在道路运输途中丢失、被盗、被抢或者出现流散、泄漏等情况的，驾驶人员、押运人员应当立即采取相应的警示措施和安全措施，并向当地公安机关报告。公安机关接到报告后，应当根据实际情况立即向安全生产监督管理部门、环境保护主管部门、卫生主管部门通报。有关部门应当采取必要的应急处置措施。

第五十二条 通过水路运输危险化学品的，应当遵守法律、行政法规以及国务院交通运输主管部门关于危险货物水路运输安全的规定。

第五十三条 海事管理机构应当根据危险化学品的种类和危险特性，确定船舶运输危险化学品的相关安全运输条件。

拟交付船舶运输的化学品的相关安全运输条件不明确的，货物所有人或者代理人应当委托相关技术机构进行评估，明确相关安全运输条件并经海事管理机构确认后，方可交付船舶运输。

第五十四条 禁止通过内河封闭水域运输剧毒化学品以及国家规定禁止通过内河运输的其他危险化学品。

前款规定以外的内河水域，禁止运输国家规定禁止通过内河运输的剧毒化学品以及其他危险化学品。

禁止通过内河运输的剧毒化学品以及其他危险化学品的范围，由国务院交通运输主管部门会同国务院环境保护主管部门、工业和信息化主管部门、安全生产监督管理部门，根据危险化学品的危险特性、危险化学品对人体和水环境的危害程度以及消除危害后果的难易程度等因素规定并公布。

第五十五条 国务院交通运输主管部门应当根据危险化学品的危险特性，对通过内河运输本条例第五十四条规定以外的危险化学品（以下简称通过内河运输危险化学品）实行分类管理，对各类危险化学品的运输方式、包装规范和安全防护措施等分别做出规定并监督实施。

第五十六条 通过内河运输危险化学品，应当由依法取得危险货物水路运输许可的水路运输企业承运，其他单位和个人不得承运。托运人应当委托依法取得危险货物水路运输许可的水路运输企业承运，不得委托其他单位和个人承运。

第五十七条 通过内河运输危险化学品，应当使用依法取得危险货物适装证书的运输船舶。水路运输企业应当针对所运输的危险化学品的危险特性，制定运输船舶危险化学品事故应急救援预案，并为运输船舶配备充足、有效的应急救援器材和设备。

通过内河运输危险化学品的船舶，其所有人或者经营人应当取得船舶污染损害责任保险证书或者财务担保证明。船舶污染损害责任保险证书或者财务担保证明的副本应当随船携带。

第五十八条 通过内河运输危险化学品，危险化学品包装物的材质、形式、强度以及包装方法应当符合水路运输危险化学品包装规范的要求。国务院交通运输主管部门对单船运输的危险化学品数量有限制性规定的，承运人应当按照规定安排运输数量。

第五十九条 用于危险化学品运输作业的内河码头、泊位应当符合国家有关安全规范，与饮用水取水口保持国家规定的距离。有关管理单位应当制定码头、泊位危险化学品事故应急预案，并为码头、泊位配备充足、有效的应急救援器材和设备。

用于危险化学品运输作业的内河码头、泊位，经交通运输主管部门按照国家有关规定验收合格后方可投入使用。

第六十条 船舶载运危险化学品进出内河港口，应当将危险化学品的名称、危险特性、包装以及进出港时间等事项，事先报告海事管理机构。海事管理机构接到报告后，应当在国务院交通运输主管部门规定的时间内做出是否同意的决定，通知报告人，同时通报港口行政管理部门。定船舶、定航线、定货种的船舶可以定期报告。

在内河港口内进行危险化学品的装卸、过驳作业，应当将危险化学品的名称、危险特性、包装和作业的时间、地点等事项报告港口行政管理部门。港口行政管理部门接到报告后，应当在国务院交通运输主管部门规定的时间内做出是否同意的决定，通知报告人，同时通报海事管理机构。

载运危险化学品的船舶在内河航行，通过过船建筑物的，应当提前向交通运输主管部门申报，并接受交通运输主管部门的管理。

第六十一条 载运危险化学品的船舶在内河航行、装卸或者停泊，应当悬挂专用的警示标志，按照规定显示专用信号。

载运危险化学品的船舶在内河航行，按照国务院交通运输主管部门的规定需要引航的，应当申请引航。

第六十二条 载运危险化学品的船舶在内河航行，应当遵守法律、行政法规和国家其他有关饮用水水源保护的规定。内河航道发展规划应当与依法经批准的饮用水水源保护区划定方案相协调。

第六十三条 托运危险化学品的，托运人应当向承运人说明所托运的危险化学品的种类、数量、危险特性以及发生危险情况的应急处置措施，并按照国家有关规定对所托运的危险化学品妥善包装，在外包装上设置相应的标志。

运输危险化学品需要添加抑制剂或者稳定剂的，托运人应当添加，并将有关情况告知承运人。

第六十四条 托运人不得在托运的普通货物中夹带危险化学品，不得将危险化学品匿报或者谎报为普通货物托运。

任何单位和个人不得交寄危险化学品或者在邮件、快件内夹带危险化学品，不得将危险化学品匿报或者谎报为普通物品交寄。邮政企业、快递企业不得收寄危险化学品。

对涉嫌违反本条第一款、第二款规定的，交通运输主管部门、邮政管理部门可以依法开拆查验。

第六十五条 通过铁路、航空运输危险化学品的安全管理，依照有关铁路、航空运输的法律、行政法规、规章的规定执行。

第六章　危险化学品登记与事故应急救援

第六十六条 国家实行危险化学品登记制度，为危险化学品安全管理以及危险化学品事故预防和应急救援提供技术、信息支持。

第六十七条 危险化学品生产企业、进口企业，应当向国务院安全生产监督管理部门负责危险化学品登记的机构（以下简称危险化学品登记机构）办理危险化学品登记。

危险化学品登记包括下列内容：

（一）分类和标签信息；

（二）物理、化学性质；

（三）主要用途；

（四）危险特性；

（五）储存、使用、运输的安全要求；

（六）出现危险情况的应急处置措施。

对同一企业生产、进口的同一品种的危险化学品，不进行重复登记。危险化学品生产企业、进口企业发现其生产、进口的危险化学品有新的危险特性的，应当及时向危险化学品登记机构办理登记内容变更手续。

危险化学品登记的具体办法由国务院安全生产监督管理部门制定。

第六十八条　危险化学品登记机构应当定期向工业和信息化、环境保护、公安、卫生、交通运输、铁路、质量监督检验检疫等部门提供危险化学品登记的有关信息和资料。

第六十九条　县级以上地方人民政府安全生产监督管理部门应当会同工业和信息化、环境保护、公安、卫生、交通运输、铁路、质量监督检验检疫等部门，根据本地区实际情况，制定危险化学品事故应急预案，报本级人民政府批准。

第七十条　危险化学品单位应当制定本单位危险化学品事故应急预案，配备应急救援人员和必要的应急救援器材、设备，并定期组织应急救援演练。

危险化学品单位应当将其危险化学品事故应急预案报所在地设区的市级人民政府安全生产监督管理部门备案。

第七十一条　发生危险化学品事故，事故单位主要负责人应当立即按照本单位危险化学品应急预案组织救援，并向当地安全生产监督管理部门和环境保护、公安、卫生主管部门报告；道路运输、水路运输过程中发生危险化学品事故的，驾驶人员、船员或者押运人员还应当向事故发生地交通运输主管部门报告。

第七十二条　发生危险化学品事故，有关地方人民政府应当立即组织安全生产监督管理、环境保护、公安、卫生、交通运输等有关部门，按照本地区危险化学品事故应急预案组织实施救援，不得拖延、推诿。

有关地方人民政府及其有关部门应当按照下列规定，采取必要的应急处置措施，减少事故损失，防止事故蔓延、扩大：

（一）立即组织营救和救治受害人员，疏散、撤离或者采取其他措施保护危害区域内的其他人员；

（二）迅速控制危害源，测定危险化学品的性质、事故的危害区域及危害程度；

（三）针对事故对人体、动植物、土壤、水源、大气造成的现实危害和可能产生的危害，迅速采取封闭、隔离、洗消等措施；

（四）对危险化学品事故造成的环境污染和生态破坏状况进行监测、评估，并采取相应的环境污染治理和生态修复措施。

第七十三条　有关危险化学品单位应当为危险化学品事故应急救援提供技术指导和必要的协助。

第七十四条　危险化学品事故造成环境污染的，由设区的市级以上人民政府环境保护主管部门统一发布有关信息。

第七章　法律责任

第七十五条　生产、经营、使用国家禁止生产、经营、使用的危险化学品的，由安全生产监督管理部门责令停止生产、经营、使用活动，处 20 万元以上 50 万元以下的罚款，有违法所得的，没收违法所得；构成犯罪的，依法追究刑事责任。

有前款规定行为的，安全生产监督管理部门还应当责令其对所生产、经营、使用的危险化学品进行无害化处理。

违反国家关于危险化学品使用的限制性规定使用危险化学品的，依照本条第一款的规定处理。

第七十六条 未经安全条件审查，新建、改建、扩建生产、储存危险化学品的建设项目的，由安全生产监督管理部门责令停止建设，限期改正；逾期不改正的，处50万元以上100万元以下的罚款；构成犯罪的，依法追究刑事责任。

未经安全条件审查，新建、改建、扩建储存、装卸危险化学品的港口建设项目的，由港口行政管理部门依照前款规定予以处罚。

第七十七条 未依法取得危险化学品安全生产许可证从事危险化学品生产，或者未依法取得工业产品生产许可证从事危险化学品及其包装物、容器生产的，分别依照《安全生产许可证条例》《中华人民共和国工业产品生产许可证管理条例》的规定处罚。

违反本条例规定，化工企业未取得危险化学品安全使用许可证，使用危险化学品从事生产的，由安全生产监督管理部门责令限期改正，处10万元以上20万元以下的罚款；逾期不改正的，责令停产整顿。

违反本条例规定，未取得危险化学品经营许可证从事危险化学品经营的，由安全生产监督管理部门责令停止经营活动，没收违法经营的危险化学品以及违法所得，并处10万元以上20万元以下的罚款；构成犯罪的，依法追究刑事责任。

第七十八条 有下列情形之一的，由安全生产监督管理部门责令改正，可以处5万元以下的罚款；拒不改正的，处5万元以上10万元以下的罚款；情节严重的，责令停产停业整顿：

（一）生产、储存危险化学品的单位未对其铺设的危险化学品管道设置明显的标志，或者未对危险化学品管道定期检查、检测的；

（二）进行可能危及危险化学品管道安全的施工作业，施工单位未按照规定书面通知管道所属单位，或者未与管道所属单位共同制定应急预案、采取相应的安全防护措施，或者管道所属单位未指派专门人员到现场进行管道安全保护指导的；

（三）危险化学品生产企业未提供化学品安全技术说明书，或者未在包装（包括外包装件）上粘贴、拴挂化学品安全标签的；

（四）危险化学品生产企业提供的化学品安全技术说明书与其生产的危险化学品不相符，或者在包装（包括外包装件）粘贴、拴挂的化学品安全标签与包装内危险化学品不相符，或者化学品安全技术说明书、化学品安全标签所载明的内容不符合国家标准要求的；

（五）危险化学品生产企业发现其生产的危险化学品有新的危险特性不立即公告，或者不及时修订其化学品安全技术说明书和化学品安全标签的；

（六）危险化学品经营企业经营没有化学品安全技术说明书和化学品安全标签的危险化学品的；

（七）危险化学品包装物、容器的材质以及包装的形式、规格、方法和单件质量（重量）与所包装的危险化学品的性质和用途不相适应的；

（八）生产、储存危险化学品的单位未在作业场所和安全设施、设备上设置明显的安全警示标志，或者未在作业场所设置通信、报警装置的；

（九）危险化学品专用仓库未设专人负责管理，或者对储存的剧毒化学品以及储存数量构成重大危险源的其他危险化学品未实行双人收发、双人保管制度的；

（十）储存危险化学品的单位未建立危险化学品出入库核查、登记制度的；

（十一）危险化学品专用仓库未设置明显标志的；

（十二）危险化学品生产企业、进口企业不办理危险化学品登记，或者发现其生产、进口的危险化学品有新的危险特性不办理危险化学品登记内容变更手续的。

从事危险化学品仓储经营的港口经营人有前款规定情形的，由港口行政管理部门依照前款规定予以处罚。储存剧毒化学品、易制爆危险化学品的专用仓库未按照国家有关规定设置相应的技术防范设施的，由公安机关依照前款规定予以处罚。

生产、储存剧毒化学品、易制爆危险化学品的单位未设置治安保卫机构、配备专职治安保卫人员的，依照《企业事业单位内部治安保卫条例》的规定处罚。

第七十九条 危险化学品包装物、容器生产企业销售未经检验或者经检验不合格的危险化学品包装物、容器的，由质量监督检验检疫部门责令改正，处 10 万元以上 20 万元以下的罚款，有违法所得的，没收违法所得；拒不改正的，责令停产停业整顿；构成犯罪的，依法追究刑事责任。

将未经检验合格的运输危险化学品的船舶及其配载的容器投入使用的，由海事管理机构依照前款规定予以处罚。

第八十条 生产、储存、使用危险化学品的单位有下列情形之一的，由安全生产监督管理部门责令改正，处 5 万元以上 10 万元以下的罚款；拒不改正的，责令停产停业整顿直至由原发证机关吊销其相关许可证件，并由工商行政管理部门责令其办理经营范围变更登记或者吊销其营业执照；有关责任人员构成犯罪的，依法追究刑事责任：

（一）对重复使用的危险化学品包装物、容器，在重复使用前不进行检查的；

（二）未根据其生产、储存的危险化学品的种类和危险特性，在作业场所设置相关安全设施、设备，或者未按照国家标准、行业标准或者国家有关规定对安全设施、设备进行经常性维护、保养的；

（三）未依照本条例规定对其安全生产条件定期进行安全评价的；

（四）未将危险化学品储存在专用仓库内，或者未将剧毒化学品以及储存数量构成重大危险源的其他危险化学品在专用仓库内单独存放的；

（五）危险化学品的储存方式、方法或者储存数量不符合国家标准或者国家有关规定的；

（六）危险化学品专用仓库不符合国家标准、行业标准的要求的；

（七）未对危险化学品专用仓库的安全设施、设备定期进行检测、检验的。

从事危险化学品仓储经营的港口经营人有前款规定情形的，由港口行政管理部门依照前款规定予以处罚。

第八十一条 有下列情形之一的，由公安机关责令改正，可以处 1 万元以下的罚款；拒不改正的，处 1 万元以上 5 万元以下的罚款：

（一）生产、储存、使用剧毒化学品、易制爆危险化学品的单位不如实记录生产、储存、使用的剧毒化学品、易制爆危险化学品的数量、流向的；

（二）生产、储存、使用剧毒化学品、易制爆危险化学品的单位发现剧毒化学品、易制爆危险化学品丢失或者被盗，不立即向公安机关报告的；

（三）储存剧毒化学品的单位未将剧毒化学品的储存数量、储存地点以及管理人员的情况报所在地县级人民政府公安机关备案的；

（四）危险化学品生产企业、经营企业不如实记录剧毒化学品、易制爆危险化学品购买单位的名称、地址、经办人的姓名、身份证号码以及所购买的剧毒化学品、易制爆危险化学品的品种、数量、用途，或者保存销售记录和相关材料的时间少于 1 年的；

（五）剧毒化学品、易制爆危险化学品的销售企业、购买单位未在规定的时限内将所销售、购买的剧毒化学品、易制爆危险化学品的品种、数量以及流向信息报所在地县级人民政府公安机关备案的；

（六）使用剧毒化学品、易制爆危险化学品的单位依照本条例规定转让其购买的剧毒化学品、易制爆危险化学品，未将有关情况向所在地县级人民政府公安机关报告的。

生产、储存危险化学品的企业或者使用危险化学品从事生产的企业未按照本条例规定将安全评价报告以及整改方案的落实情况报安全生产监督管理部门或者港口行政管理部门备案，或者储存危险化学品的单位未将其剧毒化学品以及储存数量构成重大危险源的其他危险化学品的储存数量、储存地点以及管理人员的情况报安全生产监督管理部门或者港口行政管理部门备案的，分别由安全生产监督管理部门或者港口行政管理部门依照前款规定予以处罚。

生产实施重点环境管理的危险化学品的企业或者使用实施重点环境管理的危险化学品从事生产的企业未按照规定将相关信息向环境保护主管部门报告的，由环境保护主管部门依照本条第一款的规定予以处罚。

第八十二条 生产、储存、使用危险化学品的单位转产、停产、停业或者解散，未采取有效措施及时、妥善处置其危险化学品生产装置、储存设施以及库存的危险化学品，或者丢弃危险化学品的，由安全生产监督管理部门责令改正，处 5 万元以上 10 万元以下的罚款；构成犯罪的，依法追究刑事责任。

生产、储存、使用危险化学品的单位转产、停产、停业或者解散，未依照本条例规定将其危险化学品生产装置、储存设施以及库存危险化学品的处置方案报有关部门备案的，分别由有关部门责令改正，可以处 1 万元以下的罚款；拒不改正的，处 1 万元以上 5 万元以下的罚款。

第八十三条 危险化学品经营企业向未经许可违法从事危险化学品生产、经营活动的企业采购危险化学品的，由工商行政管理部门责令改正，处 10 万元以上 20 万元以下的罚款；拒不改正的，责令停业整顿直至由原发证机关吊销其危险化学品经营许可证，并由工商行政管理部门责令其办理经营范围变更登记或者吊销其营业执照。

第八十四条 危险化学品生产企业、经营企业有下列情形之一的，由安全生产监督管理部门责令改正，没收违法所得，并处 10 万元以上 20 万元以下的罚款；拒不改正的，责令停产停业整顿直至吊销其危险化学品安全生产许可证、危险化学品经营许可证，并由工商行政管理部门责令其办理经营范围变更登记或者吊销其营业执照：

（一）向不具有本条例第三十八条第一款、第二款规定的相关许可证件或者证明文件的单位销售剧毒化学品、易制爆危险化学品的；

（二）不按照剧毒化学品购买许可证载明的品种、数量销售剧毒化学品的；

（三）向个人销售剧毒化学品（属于剧毒化学品的农药除外）、易制爆危险化学品的。

不具有本条例第三十八条第一款、第二款规定的相关许可证件或者证明文件的单位购买剧毒化学品、易制爆危险化学品，或者个人购买剧毒化学品（属于剧毒化学品的农药除外）、易制爆危险化学品的，由公安机关没收所购买的剧毒化学品、易制爆危险化学品，可以并处 5 000 元以下的罚款。

使用剧毒化学品、易制爆危险化学品的单位出借或者向不具有本条例第三十八条第一款、第二款规定的相关许可证件的单位转让其购买的剧毒化学品、易制爆危险化学品，或者向个人转让其购买的剧毒化学品（属于剧毒化学品的农药除外）、易制爆危险化学品的，由公安机关责令改正，处 10 万元以上 20 万元以下的罚款；拒不改正的，责令停产停业整顿。

第八十五条 未依法取得危险货物道路运输许可、危险货物水路运输许可，从事危险化学品道路运输、水路运输的，分别依照有关道路运输、水路运输的法律、行政法规的规定处罚。

第八十六条 有下列情形之一的，由交通运输主管部门责令改正，处 5 万元以上 10 万元以下的罚款；拒不改正的，责令停产停业整顿；构成犯罪的，依法追究刑事责任：

（一）危险化学品道路运输企业、水路运输企业的驾驶人员、船员、装卸管理人员、押运人员、申报人员、集装箱装箱现场检查员未取得从业资格上岗作业的；

（二）运输危险化学品，未根据危险化学品的危险特性采取相应的安全防护措施，或者未配备必要的防护用品和应急救援器材的；

（三）使用未依法取得危险货物适装证书的船舶，通过内河运输危险化学品的；

（四）通过内河运输危险化学品的承运人违反国务院交通运输主管部门对单船运输的危险化学品数量的限制性规定运输危险化学品的；

（五）用于危险化学品运输作业的内河码头、泊位不符合国家有关安全规范，或者未与饮用水取水口保持国家规定的安全距离，或者未经交通运输主管部门验收合格投入使用的；

（六）托运人不向承运人说明所托运的危险化学品的种类、数量、危险特性以及发生危险情况的应急处置措施，或者未按照国家有关规定对所托运的危险化学品妥善包装并在外包装上设置相应标志的；

（七）运输危险化学品需要添加抑制剂或者稳定剂，托运人未添加或者未将有关情况告知承运人的。

第八十七条 有下列情形之一的，由交通运输主管部门责令改正，处 10 万元以上 20 万元以下的罚款，有违法所得的，没收违法所得；拒不改正的，责令停产停业整顿；构成犯罪的，依法追究刑事责任：

（一）委托未依法取得危险货物道路运输许可、危险货物水路运输许可的企业承运危险化学品的；

（二）通过内河封闭水域运输剧毒化学品以及国家规定禁止通过内河运输的其他危险化学品的；

（三）通过内河运输国家规定禁止通过内河运输的剧毒化学品以及其他危险化学品的；

（四）在托运的普通货物中夹带危险化学品，或者将危险化学品谎报或者匿报为普通货物托运的。

在邮件、快件内夹带危险化学品，或者将危险化学品谎报为普通物品交寄的，依法给予治安管理处罚；构成犯罪的，依法追究刑事责任。

邮政企业、快递企业收寄危险化学品的，依照《中华人民共和国邮政法》的规定处罚。

第八十八条 有下列情形之一的，由公安机关责令改正，处 5 万元以上 10 万元以下的罚款；构成违反治安管理行为的，依法给予治安管理处罚；构成犯罪的，依法追究刑事责任：

（一）超过运输车辆的核定载质量装载危险化学品的；

（二）使用安全技术条件不符合国家标准要求的车辆运输危险化学品的；

（三）运输危险化学品的车辆未经公安机关批准进入危险化学品运输车辆限制通行的区域的；

（四）未取得剧毒化学品道路运输通行证，通过道路运输剧毒化学品的。

第八十九条 有下列情形之一的，由公安机关责令改正，处 1 万元以上 5 万元以下的罚款；构成违反治安管理行为的，依法给予治安管理处罚：

（一）危险化学品运输车辆未悬挂或者喷涂警示标志，或者悬挂或者喷涂的警示标志不符合国家标准要求的；

（二）通过道路运输危险化学品，不配备押运人员的；

（三）运输剧毒化学品或者易制爆危险化学品途中需要较长时间停车，驾驶人员、押运人员不向当地公安机关报告的；

（四）剧毒化学品、易制爆危险化学品在道路运输途中丢失、被盗、被抢或者发生流散、泄漏等情况，驾驶人员、押运人员不采取必要的警示措施和安全措施，或者不向当地公安机关报告的。

第九十条 对发生交通事故负有全部责任或者主要责任的危险化学品道路运输企业，由公安机关责令消除安全隐患，未消除安全隐患的危险化学品运输车辆，禁止上道路行驶。

第九十一条 有下列情形之一的，由交通运输主管部门责令改正，可以处 1 万元以下的罚款；拒不改正的，处 1 万元以上 5 万元以下的罚款：

（一）危险化学品道路运输企业、水路运输企业未配备专职安全管理人员的；

（二）用于危险化学品运输作业的内河码头、泊位的管理单位未制定码头、泊位危险化学品事故应急救援预案，或者未为码头、泊位配备充足、有效的应急救援器材和设备的。

第九十二条 有下列情形之一的，依照《中华人民共和国内河交通安全管理条例》的规定处罚：

（一）通过内河运输危险化学品的水路运输企业未制定运输船舶危险化学品事故应急救援预案，或者未为运输船舶配备充足、有效的应急救援器材和设备的；

（二）通过内河运输危险化学品的船舶的所有人或者经营人未取得船舶污染损害责任保险证书或者财务担保证明的；

（三）船舶载运危险化学品进出内河港口，未将有关事项事先报告海事管理机构并经其同意的；

（四）载运危险化学品的船舶在内河航行、装卸或者停泊，未悬挂专用的警示标志，或者未按照规定显示专用信号，或者未按照规定申请引航的。

未向港口行政管理部门报告并经其同意，在港口内进行危险化学品的装卸、过驳作业的，依照《中华人民共和国港口法》的规定处罚。

第九十三条 伪造、变造或者出租、出借、转让危险化学品安全生产许可证、工业产品生产许可证，或者使用伪造、变造的危险化学品安全生产许可证、工业产品生产许可证的，分别依照《安全生产许可证条例》《中华人民共和国工业产品生产许可证管理条例》的规定处罚。

伪造、变造或者出租、出借、转让本条例规定的其他许可证，或者使用伪造、变造的本条例规定的其他许可证的，分别由相关许可证的颁发管理机关处 10 万元以上 20 万元以下的罚款，有违法所得的，没收违法所得；构成违反治安管理行为的，依法给予治安管理处罚；构成犯罪的，依法追究刑事责任。

第九十四条 危险化学品单位发生危险化学品事故，其主要负责人不立即组织救援或者不立即向有关部门报告的，依照《生产安全事故报告和调查处理条例》的规定处罚。

危险化学品单位发生危险化学品事故，造成他人人身伤害或者财产损失的，依法承担赔偿责任。

第九十五条 发生危险化学品事故，有关地方人民政府及其有关部门不立即组织实施救援，或者不采取必要的应急处置措施减少事故损失，防止事故蔓延、扩大的，对直接负责的主管人员和其他直接责任人员依法给予处分；构成犯罪的，依法追究刑事责任。

第九十六条 负有危险化学品安全监督管理职责的部门的工作人员，在危险化学品安全监督管理工作中滥用职权、玩忽职守、徇私舞弊，构成犯罪的，依法追究刑事责任；尚不构成犯罪的，依法给予处分。

第八章　附　则

第九十七条 监控化学品、属于危险化学品的药品和农药的安全管理，依照本条例的规定执行；法律、行政法规另有规定的，依照其规定。

民用爆炸物品、烟花爆竹、放射性物品、核能物质以及用于国防科研生产的危险化学品的安全管理，不适用本条例。

法律、行政法规对燃气的安全管理另有规定的，依照其规定。

危险化学品容器属于特种设备的，其安全管理依照有关特种设备安全的法律、行政法规的规定执行。

第九十八条 危险化学品的进出口管理，依照有关对外贸易的法律、行政法规、规章的规定执行；进口的危险化学品的储存、使用、经营、运输的安全管理，依照本条例的规定执行。

危险化学品环境管理登记和新化学物质环境管理登记，依照有关环境保护的法律、行政法规、规章的规定执行。危险化学品环境管理登记，按照国家有关规定收取费用。

第九十九条 公众发现、捡拾的无主危险化学品，由公安机关接收。公安机关接收或者有关部门依法没收的危险化学品，需要进行无害化处理的，交由环境保护主管部门组织其认定的专业单位进行处理，或者交由有关危险化学品生产企业进行处理。处理所需费用由国家财政负担。

第一百条 化学品的危险特性尚未确定的，由国务院安全生产监督管理部门、国务院环境保护主管部门、国务院卫生主管部门分别负责组织对该化学品的物理危险性、环境危害性、毒理特性进行鉴定。根据鉴定结果，需要调整危险化学品目录的，依照本条例第三条第二款的规定办理。

第一百零一条 本条例施行前已经使用危险化学品从事生产的化工企业，依照本条例规定需要取得危险化学品安全使用许可证的，应当在国务院安全生产监督管理部门规定的期限内，申请取得危险化学品安全使用许可证。

第一百零二条 本条例自 2011 年 12 月 1 日起施行。

应急管理部、工业和信息化部、公安部、交通运输部公告

2020 年 第 3 号

为认真贯彻落实《危险化学品安全综合治理方案》，深刻吸取事故教训，加强危险化学品全生命周期管理，强化安全风险防控，有效防范遏制重特大事故，切实保障人民群众生命和财产安全，应急管理部、工业和信息化部、公安部、交通运输部联合制定了《特别管控危险化学品目录（第一版）》，现予公告。

附件：特别管控危险化学品目录（第一版）

2020 年 5 月 30 日

下载地址：https://www.mem.gov.cn/gk/tzgg/yjbgg/202006/t20200612_353782.shtml

管控措施

对列入《特别管控危险化学品目录（第一版）》的危险化学品应针对其产生安全风险的主要环节，在法律法规和经济技术可行的条件下，研究推进实施以下管控措施，最大限度降低安全风险，有效防范遏制重特大事故。

一、建设信息平台，实施全生命周期信息追溯管控

推进全国危险化学品监管信息共享平台建设，构建特别管控危险化学品从生产、储存、使用到产品进入物流、运输、进出口环节的全生命周期追溯监管体系，完善信息共享机制，确保相关部门监管信息实时动态更新。探索在特别管控危险化学品的产品包装以及中型散装容器、大型容器、可移动罐柜和罐车上加贴二维码或电子标签，利用物联网、云计算、大数据等现代信息技术手段，逐步实现特别管控危险化学品的全生命周期过程跟踪、信息监控与追溯。

二、研究规范包装管理

加强与相关部门的沟通协调，推动规范特别管控危险化学品产品包装的分类、防护材料、标志标识等技术要求以及中型散装容器、大型容器、可移动罐柜和罐车的设计、制造、试验方法、检验规则、标志标识、包装规范、使用规范等技术要求，推动实施涉及特别管控危险化学品的危险货物的包装性能检验和包装使用鉴定。

三、严格安全生产准入

对特别管控危险化学品的建设项目从严审批，严格从业人员准入，对不符合安全生产法律法规、标准和产业布局规划的建设项目一律不予审批，对符合安全生产法律法规、标准和产业布局规划的建设项目，依法依规予以审批，避免“一刀切”。

四、强化运输管理

建立健全并严格执行充装和发货查验、核准、记录制度，加强运输车辆行车路径和轨迹、卫星定位以及运输从业人员的管理，从源头杜绝违法运输行为，降低安全风

险。利用危险货物道路运输车辆动态监控，强化特别管控危险化学品道路运输车辆运行轨迹以及超速行驶、疲劳驾驶等违法行为的在线监控和预警。加快推动实施道路、铁路危险货物运输电子运单管理，重点实现特别管控危险化学品的流向监控。

五、实施储存定置化管理

相关单位（港口、学校除外）应在危险化学品专用仓库内划定特定区域、仓间或者储罐定点储存特别管控危险化学品，提高管理水平，合理调控库存量、周转量，加强精细化管理，实现特别管控危险化学品的定置管理。加强港口危险货物储存管理，危险货物港口经营人应当在危险货物专用仓库、堆场、储罐储存特别管控危险化学品，并严格按照有关法律法规标准实施隔离，建立作业信息系统，实时记录特别管控危险化学品的种类、数量、货主信息等，并在作业场所以外备份。

六、其他要求

通过水运、空运、铁路、管道运输的特别管控危险化学品，

应依照相关法律、行政法规及有关主管部门的规定执行。

特别管控危险化学品的管控措施，法律、行政法规、规章另有规定的，依照其规定。

对科学实验必需的试剂类产品暂不纳入本目录管理，但有关单位可根据人才培养、科学研究的实际情况和存在的风险，采取措施加强管理。根据《城镇燃气管理条例》的要求，城镇燃气不适用本目录及特别管控措施。

附录 4 《加强社会生态环境监测机构及其监测质量管理的暂行规定》

加强社会生态环境监测机构及其
监测质量管理的暂行规定
（冀环监测函〔2020〕322 号）

第一条 为加强对社会生态环境监测机构及其监测质量管理，规范生态环境监测社会化服务行为，提高环境监测数据质量，促进我省生态环境监测社会化服务市场健康发展，根据《中华人民共和国环境保护法》《中华人民共和国计量法》《检验检测机构资质认定管理办法》《关于深化环境监测改革提高环境监测数据质量的意见》《河北省深化环境监测改革提高环境监测数据质量实施方案》《环境监测数据弄虚作假行为判定及处理办法》等有关法律法规规定，结合我省实际，制定本暂行规定。

第二条 本规定所称社会生态环境监测机构（以下简称社会监测机构），是指通过合同约定方式提供生态环境监测社会化服务，出具具有证明作用的监测数据或结果，并能够独立承担相应法律责任的检验检测机构。

第三条 本规定适用于对在我省开展生态环境监测社会化服务的具备相应资质和能力的社会监测机构监督管理。国家或我省有关法律法规另有规定的，从其规定。

第四条 社会监测机构的监督管理立足全省生态环境管理的需要，以强化监管能力、健全质量管理制度、规范监测行为、鼓励社会监督为核心，坚持依法依规、全程监管、从严惩戒、信息公开、社会监督的原则。

第五条 市场监督管理部门依法负责省内社会监测机构的资质认定工作，并对技术能力有效维持及管理体系有效性实施监管；省生态环境主管部门负责对在我省从事生态环境监测社会化服务的社会监测机构的监管，负责建立河北省生态环境监测机构监管平台（以下简称监管平台），监管平台分省、市两级实施监管。各市（含定州、辛集市）生态环境局、河北雄安新区生态环境局负责辖区内社会监测机构和生态环境监测社会化服务活动的监管，日常监督管理工作通过市级监管平台实施。

省市生态环境主管部门与市场监督管理部门之间应加强工作配合、衔接，及时共享省内社会监测机构的资质认定名单和违法违规行为及处罚结果等监管信息。

第六条 委托方的环境监测业务应选择具备相应资质的环境监测机构进行委托，并严格按约定对监测活动质量实施监督。委托方发现社会监测机构在合同履行过程中涉嫌弄虚作假或有其他违法违规行为的，应及时向生态环境主管部门与市场监管部门反映，并配合查处。

委托方不得强令、胁迫、授意社会监测机构及其监测人员在环境监测服务过程中弄虚作假。委托方篡改、伪造或指使篡改、伪造监测数据，以及在监测过程中有人为操纵、干扰、干预监测活动等弄虚作假行为的，由各级生态环境主管部门依法处罚。构成犯罪的，依法追究刑事责任。

第七条 社会监测机构在我省承接以下生态环境监测业务，依照本规定接受监督管理：生态环境质量监测、排污许可监测、污染企事业单位排污状况自行监测及涉环境税监测、环境影响评价现状监测、建设项目竣工环保验收监测、辐射安全许可证延续辐射监测、辐射工作单位相关场所辐射监测、环境损害鉴定评估监测、污染场地评估调查监测、清洁生产审核监测、环境管理体系认证监测、生态环境主管部门通过政府采购形式委托或指定的其他各类生态环境监测服务活动以及按规定应当纳入生态环境主管部门监管范围的其他环境监测服务活动。

第八条 在我省开展生态环境监测服务的社会监测机构应满足《检验检测机构资质认定管理办法》的规定，依法取得检验检测机构资质认定证书，具有与监测活动相匹配的监测人员、场所环境、设备设施，按照资质证书的有效期和资质证书认定的检测项目范围承接业务。强化以下基本要求：

（一）社会监测机构应建立防范和惩治弄虚作假行为的制度和措施，确保其出具的监测数据准确、客观、真实、可追溯。社会监测机构及其负责人对其出具监测数据的真实性与准确性负责。监测人员、审核与授权签字人分别对样品、原始监测数据、监测报告真实性终身负责。

（二）社会监测机构建立的质量管理体系应覆盖布点、采样、现场测试、样品流转、样品制备、分析测试、数据传输、评价和综合分析、报告编制、发放、存档等全场所、全过程。

（三）社会监测机构应配齐符合国家标准及生态环境保护标准规范要求的监测设备，包括测试和采样、样品保存运输和制备、实验室分析及数据处理等监测工作各环节所需的仪器设备，其中现场测试和采样仪器设备在数量配备方面必须满足环境监测标准或技术规范对现场布点和同步测试采样要求，鼓励使用具有实时定位及实时数据上传功能的现场监测设备。使用有证标准物质（样品）或者具有计量溯源性的标准物质（样品）开展监测活动。

（四）社会监测机构应按要求对从事环境监测人员进行能力确认并授权上岗。

（五）参与我省各类生态环境监测业务的社会监测机构须确保样品时效、保存、管理、运输符合相关监测技术规范要求。具备留样条件的样品须按照技术规范要求留样保存。

（六）社会监测机构应严格遵守委托合同约定及国家、省有关生态环境监测数据和信息的保密规定，不得擅自发布或以有偿服务方式对外提供在生态监测服务中掌握的数据和信息。

（七）社会监测机构及其工作人员应当配合生态环境主管部门、市场监督管理部门实施的监督检查工作，对有关事项的询问和调查如实提供相关材料和信息。

（八）社会监测机构接受政府及有关部门、企业事业单位委托承担监测任务的，需主动采取回避措施，不得同时承担不同委托方对同一对象有利益冲突的监测业务。

（九）社会监测机构应按市场监督管理部门的统计信息上报要求报送上年度的工作总结和监测服务情况，同时抄报省生态环境主管部门。

（十）法律法规规章和规范性文件规定的其他要求。

第九条 社会监测机构在我省承接生态环境监测业务，应当将监测业务所形成的委托合同、监测方案、原始记录（采样记录、样品流转记录、分析记录、报告审核记录）、监测报告等资料保存形成完整的纪实档案，相关记录保存期限不得少于 6 年，且满足生态环境监测领域相关法律法规和技术文件的规定。纪实档案应与同步上传至监管平台的电子档案保持一致。

第十条 在我省承接生态环境监测业务的社会监测机构，需主动进入监管平台接受监管，并将机构名称、地址、法人及法人性质、关键岗位人员、服务类别、技术能力范围等诚信信息在监管平台上进行公示，接受社会监督，社会监测机构对提交信息的真实性负责。诚信信息包括：

（一）统一社会信用代码的社会组织法人登记证书；

（二）资质认定证书，包括《检验检测机构资质认定证书》及检验检测能力附表复印件、CNAS 认可证书（具备时）、质量管理体系认证证书（具备时）等其他资质证明材料一并提供；

（三）法人及最高管理者、授权签字人、技术负责人、质量负责人身份证明；

（四）授权签字人签字字样及授权签字人授权证明；

（五）对在用工作场所拥有产权或使用权的证明材料（实验场所房产证、租赁协议等有效证明材料）；

（六）正式员工名单，以及与其技术能力和服务类别相适应的仪器设备（含检定证书、标准物质）等固定资产清单；

（七）经法人或最高管理者签署的自我声明文件；

（八）省生态环境主管部门认为需要提交的其他材料。

第十一条 社会监测机构在我省承接生态环境监测业务，应在签订技术服务协议（或其他类似委托文件）及出具监测方案后的 5 个工作日之内（必须在监测工作实施前），按监管平台要求填报所承接业务信息，包括任务编号、任务名称、监测目的、监测时间、委托方信息、监测内容等。并通过监管平台及时报送监测服务活动全过程信息，自动获取该次监测活动的统一编码，并在相应监测报告上予以标注，报送监测活动信息的及时性和完整性将作为监管评价的重要参考；鼓励全省社会监测机构应用实验室信息管理系统（LIMS 系统）进行实验室信息管理。

全省生态环境系统在各项生态环境管理工作中使用由社会监测机构（含省外社会监测机构）提供的各类监测报告，必须具有监管平台发放的统一编码标识。

第十二条 社会监测机构的名称、地址、法人性质、关键岗位人员（法人、单位负责人、技术负责人、授权签字人等）、服务类别、能力范围、法人登记证书、资质证书等事项如发生变更，应按市场监督管理部门规定及时进行变更，并于变更后 15 个工作日内完成监管平台公示内容更新。对于在日常经营活动中的发生的正式人员入职、离职、授权以及设备使用变更，社会监测机构应在变更发生后 30 日内完成监管平台公示内容更新。

第十三条 省、市生态环境主管部门在对本行政区内社会监测机构监督检查过程中，可以进入生态环境监测活动场所进行现场检查，向社会监测机构、委托人等有关单位及人员询问、调查有关情况，查阅、复制有关监测活动档案、合同、发票、账簿及其他相关资料。有权对其下列监测活动实施监督检查：监测点位、仪器设备、试剂材料、标准物质（样品）、监测方法的使用、环境条件与人员；样品采集制备、分析测试、数据传输、评价等原始记录和监测报告；纪实档案与监管平台电子档案一致性、承接业务信息及工作总结、统计信息等。

监督检查采取网上审核、调阅资料、现场检查等方式进行，必要时可以采取盲样考核、留样复测、比对监测、随机抽查等方式。

第十四条 社会监测机构及其监测人员在我省开展生态环境监测服务中严禁以下弄虚作假行为：

（一）未开展监测活动出具监测报告，篡改、伪造、编造原始记录或监测报告中的监测数据、监测时间、签名等信息的。

（二）擅自改变采样或监测点位、改变采样或监测时间、改变或更换监测样品（包括故意或默许他人更换、隐匿、遗弃监测样品或者通过稀释、吸附、吸收、过滤、改变样品保存条件等方式改变监测样品性质）、干扰采样口（点）或周围局部环境等影响样品代表性的。

（三）故意漏检监测项目或者无正当理由故意改动关键项目的监测方法、改变监测条件、不正常运行或破坏监测设备及辅助设施、擅自改动仪器参数、不按规范处理数据、擅自修改数据等影响监测结果准确性的；故意不真实记录或者选择性记录原始数据。

（四）违反规定要求，多次监测并从中挑选数据或强制要求监测人员多次监测并从中挑选数据，或者有选择性评价监测数据、出具监测报告或者发布结果，以至评价结论失真的；通过仪器数据模拟功能，或者植入模拟软件，凭空生成监测数据的。

（五）纸质原始记录与电子存储记录不一致，或者谱图与分析结果不对应，或者用其他样品的分析结果和谱图替代的；监测报告与原始记录信息不一致，或者没有相应原始数据的；监测报告的副本与正本不一致的；

（六）法律法规规定以及监督管理中发现的其他弄虚作假行为。

第十五条 在我省开展生态环境监测服务的社会监测机构及其监测人员应当严格执行生态环境监测技术标准、规范，不得存在以下违法违规行为：

（一）超资质范围或超资质期限开展生态环境监测服务，未按规定要求使用资质认定标识的；

（二）违反环境监测技术规范标准实施监测，或者非授权签字人签发报告的；

（三）样品的采集、标识、分发、流转、制备、保存不符合相关标准、规范，造成样品混淆、污染、损毁、丢失的，未按规定对样品留样或保存，导致无法对监测结果进行复核的；

（四）监测人员未按要求进行能力确认并授权上岗、关键岗位人员变更未按相关规定办理的；

（五）所使用的仪器设备未按要求开展检定/校准的，问题设备经验证不符合检定/校准要求或相应标准规范要求的；

（六）所使用的标准物质不是有效期内有证标准物质或不具有溯源性的；

（七）未建立质控体系或质控体系存在严重缺陷的；

（八）不如实提供诚信材料、不按规定在监管平台上传监测服务活动信息的；

（九）拒不接受、配合监督检查，不按规定管理监测数据的；

（十）其他违规行为。

第十六条 社会监测机构及其监测人员在我省开展生态环境监测服务中存在弄虚作假行为的，由负责调查的省、市生态环境主管部门依法依规进行处理，处理结果由省生态环境主管部门通过监管平台向社会公示，从监管平台中予以清除，并及时移交省市场监督管理局，省市场监督管理局依法撤销其资质。对于省外社会监测机构在我省开展生态环境监测服务中存在弄虚作假行为的查处，由负责调查的省、市生态环境主管部门将查处情况通报其注册地的市场监督管理部门按规定处理。

其他单位或个人接受弄虚作假社会监测机构环境监测服务的，生态环境主管部门对其环境监测数据和监测报告不予采纳。

社会监测机构在提供生态环境监测服务中弄虚作假，对造成的环境污染和生态破坏负有责任的，除依法处罚外，检察机关、社会组织和其他法律规定的机关提起民事公益诉讼或者省政府授权的行政机关依法提起生态环境损害赔偿诉讼时，可以要求社会监测机构与造成环境污染和生态破坏的其他责任者承担连带责任。

第十七条 社会监测机构及其监测人员在我省开展生态环境监测服务中存在其他违法违规行为，由负责调查的各级生态环境主管部门对该机构依法依规进行处理，并下达整改通知，责令其整改；性质严重的由生态环境主管部门将其列入“黑名单”在监管平台中向社会公示，并将处理结果及时通报省市场监督管理局。整改期间，暂停其参与政府购买生态环境监测服务或政府委托项目，其他单位或个人接受其服务所形成的监测数据和监测报告，生态环境主管部门不予采纳。

对于省外社会监测机构在我省开展生态环境监测服务中存在其他违法违规行为的，由负责调查的生态环境主管部门进行查处，按规定向社会公开并将查处情况上报省生态环境厅，省生态环境厅及时将查处情况移送省市场监督管理局，并通报其注册地的省级市场监督管理部门。

第十八条　省、市生态环境主管部门查实的篡改伪造环境监测数据案件，除依照有关法律法规进行处理外，应依法移送公安机关予以行政拘留；对涉嫌环境犯罪案件的，应当制作涉嫌犯罪案件移送书、案件调查报告、现场勘查笔录、涉案物品清单等证据材料，及时向同级公安机关移送，并将案件移送书抄送同级检察机关。

第十九条　省生态环境主管部门通过监管平台，依法向社会公开下列信息：

（一）向省生态环境厅报告机构信息的社会监测机构；

（二）社会监测机构在我省开展业务活动的情况；

（三）省内各级生态环境主管部门对社会监测机构实施监督检查的情况；

（四）省内各级生态环境主管部门依法处罚的环境监测数据弄虚作假企业、机构和个人信息；

（五）社会监测机构、从业人员和委托方涉及环境监测违法违规的其他不良信用信息；

（六）依法应该公开的其他相关信息。

第二十条　省生态环境主管部门在监管平台中设置社会监测机构诚信公示窗口，公示社会监测机构及其监测人员和委托方涉及环境监测违法违规问题的不良信用信息。省生态环境主管部门负责将依法处罚的环境监测数据弄虚作假机构和个人信息向社会公开，并依法纳入全国信用信息共享平台（河北），同时将社会监测机构违法信息依法纳入国家企业信用信息公示系统（河北），实施失信联合惩戒。

第二十一条　任何单位和个人发现社会监测机构及其从业人员、委托方、各级生态环境主管部门工作人员有违反本规定的行为，有权通过信函、省生态环境厅网站、全省“12369”环境保护举报平台和“12315”市场监督管理举报平台等渠道举报、投诉。

第二十二条　本暂行规定由河北省生态环境厅、河北省市场监督管理局负责解释。

第二十三条　本暂行规定自 2020 年 7 月 1 日起实施。

附录 5 《环境监测数据弄虚作假行为判定及处理办法》

环境监测数据弄虚作假行为判定及处理办法

环发〔2015〕175 号

第一条 为保障环境监测数据真实准确，依法查处环境监测数据弄虚作假行为，依据《中华人民共和国环境保护法》和《生态环境监测网络建设方案》（国办发〔2015〕56 号）等有关法律法规和文件，结合工作实际，制定本办法。

第二条 本办法所称环境监测数据弄虚作假行为，是指故意违反国家法律法规、规章等以及环境监测技术规范，篡改、伪造或者指使篡改、伪造环境监测数据等行为。

本办法所称环境监测数据，是指按照相关技术规范和规定，通过手工或者自动监测方式取得的环境监测原始记录、分析数据、监测报告等信息。

本办法所称环境监测机构，是指县级以上环境保护主管部门所属环境监测机构、其他负有环境保护监督管理职责的部门所属环境监测机构以及承担环境监测工作的实验室不从事环境监测业务的企事业单位等其他社会环境监测机构。

第三条 本办法适用于以下活动中涉及的环境监测数据弄虚作假行为：

（一）依法开展的环境质量监测、污染源监测、应急监测；

（二）监管执法涉及的环境监测；

（三）政府购买的环境监测服务或者委托开展的环境监测；

（四）企事业单位依法开展或者委托开展的自行监测；

（五）依照法律、法规开展的其他环境监测行为。

第四条 篡改监测数据，是指利用某种职务或者工作上的便利条件，故意干预环境监测活动的正常开展，导致监测数据失真的行为，包括以下情形：

（一）未经批准部门同意，擅自停运、变更、增减环境监测点位或者故意改变环境监测点位属性的；

（二）采取人工遮挡、堵塞和喷淋等方式，干扰采样口或周围局部环境的；

（三）人为操纵、干预或者破坏排污单位生产工况、污染源净化设施，使生产或污染状况不符合实际情况的；

（四）稀释排放或者旁路排放，或者将部分或全部污染物不经规范的排污口排放，逃避自动监控设施监控的；

（五）破坏、损毁监测设备站房、通讯线路、信息采集传输设备、视频设备、电力设备、空调、风机、采样泵、采样管线、监控仪器或仪表以及其他监测监控或辅助设施的；

（六）故意更换、隐匿、遗弃监测样品或者通过稀释、吸附、吸收、过滤、改变样品保存条件等方式改变监测样品性质的；

（七）故意漏检关键项目或者无正当理由故意改动关键项目的监测方法的；

（八）故意改动、干扰仪器设备的环境条件或运行状态或者删除、修改、增加、干扰监测设备中存储、处理、传输的数据和应用程序，或者人为使用试剂、标样干扰仪器的；

（九）未向环境保护主管部门备案，自动监测设备暗藏可通过特殊代码、组合按键、远程登录、遥控、模拟等方式进入不公开的操作界面对自动监测设备的参数和监测数据进行秘密修改的；

（十）故意不真实记录或者选择性记录原始数据的；

（十一）篡改、销毁原始记录，或者不按规范传输原始数据的；

（十二）对原始数据进行不合理修约、取舍，或者有选择性评价监测数据、出具监测报告或者发布结果，以至评价结论失真的；

（十三）擅自修改数据的；

（十四）其他涉嫌篡改监测数据的情形。

第五条 伪造监测数据，是指没有实施实质性的环境监测活动，凭空编造虚假监测数据的行为，包括以下情形：

（一）纸质原始记录与电子存储记录不一致，或者谱图与分析结果不对应，或者用其他样品的分析结果和图谱替代的；

（二）监测报告与原始记录信息不一致，或者没有相应原始数据的；

（三）监测报告的副本与正本不一致的；

（四）伪造监测时间或者签名的；

（五）通过仪器数据模拟功能，或者植入模拟软件，凭空生成监测数据的；

（六）未开展采样、分析，直接出具监测数据或者到现场采样，但未开设烟道采样口，出具监测报告的；

（七）未按规定对样品留样或保存，导致无法对监测结果进行复核的；

（八）其他涉嫌伪造监测数据的情形。

第六条 涉嫌指使篡改、伪造监测数据的行为，包括以下情形：

（一）强令、授意有关人员篡改、伪造监测数据的；

（二）将考核达标或者评比排名情况列为下属监测机构、监测人员的工作考核要求，意图干预监测数据的；

（三）无正当理由，强制要求监测机构多次监测并从中挑选数据，或者无正当理由拒签上报监测数据的；

（四）委托方人员授意监测机构工作人员篡改、伪造监测数据或者在未做整改的前提下，进行多家或多次监测委托，挑选其中“合格”监测报告的；

（五）其他涉嫌指使篡改、伪造监测数据的情形。

第七条 环境监测机构及其负责人对监测数据的真实性和准确性负责。负责环境自动监测设备日常运行维护的机构及其负责人按照运行维护合同对监测数据承担责任。

第八条 地市级以上人民政府环境保护主管部门负责调查环境监测数据弄虚作假行为。地市级以上人民政府环境保护主管部门应定期或者不定期组织开展环境监测质量监督检查，发现环境监测数据弄虚作假行为的，应当依法查处，并向上级环境保护主管部门报告。

第九条 对干预环境监测活动，指使篡改、伪造监测数据的行为，相关人员应如实记录。任何单位和个人有权举报环境监测数据弄虚作假行为，接受举报的环境保护主管部门应当为举报人保密，对能提供基本事实线索或相关证明材料的举报，应当予以受理。

第十条 负责调查的环境保护主管部门应当通报环境监测数据弄虚作假行为及相关责任人，记入社会诚信档案，及时向社会公布。

第十一条 环境保护主管部门发现篡改、伪造监测数据，涉及目标考核的，视情节严重程度将考核结果降低等级或者确定为不合格，情节严重的，取消授予的环境保护荣誉称号；涉及县域生态考核的，视情节严重程度，建议国务院财政主管部门减少或者取消当年中央财政资金转移支付；涉及《大气污染防治行动计划》《水污染防治行动计划》排名的，分别以当日或当月监测数据的历史最高浓度值计算排名。

第十二条 社会环境监测机构以及从事环境监测设备维护、运营的机构篡改、伪造监测数据或出具虚假监测报告的，由负责调查的环境保护主管部门将该机构和涉及弄虚作假行为的人员列入不良记录名单，并报上级环境保护主管部门，禁止其参与政府购买环境监测服务或政府委托项目。

第十三条 监测仪器设备应当具备防止修改、伪造监测数据的功能，监测仪器设备生产及销售单位配合环境监测数据造假的，由负责调查的环境保护部主管部门通报公示生产厂家、销售单位及其产品名录，并上报环境保护部，将涉嫌弄虚作假的单位列入不良记录名单，禁止其参与政府购买环境监测服务或政府委托项目，对安装在企业的设备不予验收、联网。

第十四条 国家机关工作人员篡改、伪造或指使篡改、伪造监测数据的，由负责调查的环境保护主管部门提出建议，移送有关任免机关或监察机关依据《行政机关公务员处分条例》和《事业单位工作人员处分暂行规定》的有关规定予以处理。

第十五条 党政领导干部指使篡改、伪造监测数据的，由负责调查的环境保护主管部门提出建议，移送有关任免机关或监察机关依据《党政领导干部生态环境损害责任追究办法（试行）》的有关规定予以处理。

第十六条 环境监测数据弄虚作假行为构成违法的，按照有关法律法规的规定处理。

第十七条 本办法由国务院环境保护主管部门负责解释。

第十八条 本办法自 2016 年 1 月 1 日起实施。

附录 6　EPA 附表方法下载地址

https://www.epa.gov/hw-sw846/sw-846-compendium